油菜
品质抗性育种研究

YOUCAI PINZHI KANGXING YUZHONG YANJIU

张振乾　等　著

中国农业科学技术出版社

图书在版编目(CIP)数据

油菜品质抗性育种研究 / 张振乾等著 . -- 北京：中国农业科学技术出版社，2024. 11. -- ISBN 978-7-5116-7163-9

Ⅰ. S634. 303. 4

中国国家版本馆 CIP 数据核字第 2024T7Y924 号

责任编辑 穆玉红
责任校对 马广洋
责任印制 姜义伟　王思文

出 版 者 中国农业科学技术出版社
北京市中关村南大街 12 号　　邮编：100081
电　　话 (010) 82106626 (编辑室)　　(010) 82106624 (发行部)
(010) 82109709 (读者服务部)
网　　址 https://castp.caas.cn
经 销 者 各地新华书店
印 刷 者 北京建宏印刷有限公司
开　　本 185 mm×260 mm　1/16
印　　张 24. 25
字　　数 560 千字
版　　次 2024 年 11 月第 1 版　2024 年 11 月第 1 次印刷
定　　价 45. 00 元

《油菜品质抗性育种研究》著作人员

主　著　张振乾　湖南农业大学

参　著　高友丽　湖南省种子质量检测中心

　　　　甘晴琴　湖南农业大学

　　　　王国槐　湖南农业大学

　　　　刘迎霞　长沙金田种业有限公司

主　审　王国槐

序　言

油菜是提供我国50%以上自产食用植物油的第一大油料作物，对保障国家重要农产品供给具有重要作用。因此，发展油菜生产是国家油料产能提升的战略举措，受到各级政府部门的高度重视。同时，我国油菜主产区的长江流域为冬油菜生产区，油菜种植不与主要粮食作物生产争地，加上近年油菜生产机械化率不断提升，使生产效率逐年提高，极大地提高了农民的生产积极性，我国油菜产业稳步发展，自产油菜籽（菜油）总产年增幅达到了3%~7%。

本书以多年相关科研和教学工作为基础，从育种的角度思考如何利用有限的耕地面积扩种油菜，如何在育种已达较高水平的背景下进一步提高菜籽产量和含油量，如何在自然环境不断变化的形势下培育抗生物或非生物逆境的新品种，这些思考和实践将支撑我国油菜生产持续发展。

本书收集整理了近年来油菜产业发展最新数据及分子生物学研究成果，系统介绍了油菜含油量、油酸和亚油酸成分改良等品质育种方面研究，以及近年生产特别关注的早熟耐寒、抗除草剂、抗重金属、耐盐、耐渍和抗病等抗性育种热点研究；从油菜产业扩面（盐碱地利用和早熟油菜）、增产（重金属胁迫、耐盐和耐渍等）以及优质高效生产（含油量及脂肪酸成分改良）等方面，为广大油菜科研、农技推广人员提供参考资料。

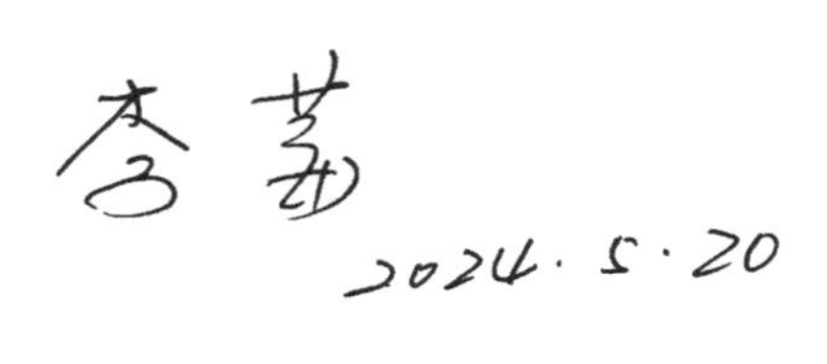

2024.5.20

序 言

目录

第一章　概　述

第一节　油菜品质改良育种研究概况

一、我国油菜发展现状

油菜是世界第二大油料作物，占世界植物油产量的13%~16%[1-2]，是食用油和饲用蛋白的重要来源，种植规模与产业价值仅次于粮食作物，对农业经济发展具有重要影响[3]。随着人民生活水平的不断提高，我国油脂需求快速增长[4]，油菜作为国产植物油第一大油源，每年可提供优质食用油约520万t，占国产植物油的47%；每年还生产高蛋白饲用饼粕约800万t，是我国第二大饲用蛋白源；且在长江中下游油菜主产区主要利用冬闲田，不与粮食作物争地[5]。我国当前油菜栽培品种以甘蓝型油菜（*Brassica napus*，AACC，$n=19$）为主，是由白菜（*B. campestris*，AA，$n=10$）与甘蓝（*B. olerecea*，CC，$n=9$）自然杂交后，经不断进化而形成的异源四倍体，在长江流域发展潜力巨大[6-7]。

2020年国内食用植物油总消费量3 421万t，自给率30%左右，中国人均食用油消费量28.4 kg，相当于每人年均消费约6桶油（以1桶油容量为5 L计算），其中豆油占45.3%，菜籽油占17.9%，棕榈油占14.9%，花生油占9.3%。我国食用植物油自给率远低于国际安全线，因此我国菜籽的供给量在相当长一段时间将维持紧张局面。

随着油菜育种技术的不断发展，新品种的推出，目前已有不少高产品种，如‘中油821’具有高产、高抗、广适等突出优点，覆盖了全国1/3的油菜种植面积，20世纪80年代后期及90年代初期，常年推广面积在180万hm^2左右，成为历史上我国油菜推广面积最大的一个优良品种。‘秦油2号’具有抗逆性强、适应性广以及丰产稳产等特点，一般比常规良种增产30%左右，在我国黄淮和长江流域冬油菜甘蓝型主产区推广，是世界上第一个通过审定并大面积推广应用的杂交品种。‘中油杂501’再次刷新了产量纪录，该品种由中国农业科学院油料作物研究所王汉中院士团队经过多年攻关选育而成，具有耐密植、高产、高油、优质、抗病、抗倒、抗裂角、适合机械化收获等优点。每亩油菜种植密度，从1.5万株提高到3万株，产油量高达每亩211.57 kg，2023年4月24日，在襄阳襄州区召开油菜绿色革命核心技术观摩会，籽单产达每亩419.95 kg，刷新了长江流域油菜高产纪录；2023年6月2日，在江苏盐城东台市进行了现场测产，密度高达6万株/亩，机收实产达323.87 kg/亩，亩产油量约163.17 kg，比当地油菜平均单产增加 59.5%，比当地油菜平均亩产油量增加 82.7%，创盐碱地油菜高产新纪录。

但当前大面积生产的单产却不甚理想（表 1-1），主要是在油菜生产过程中面临着复杂的气候、环境、土壤以及管理等影响因素，因此抗性是影响油菜单产的关键制约因素。同时，多年来油菜种植面积及产量一直徘徊不前（表 1-2），一个重要的原因就是种植效益低，农户积极性不高，通过生产优质优价的油菜新品种，提高综合效益，才能从根本上解决我国菜油供应不足的问题。

表 1-1　2022 年度油菜生产情况（国家统计年鉴）

地区	面积（10^3 hm^2）	总产（万 t）	单产（kg/hm^2）
全国	7 253	1 553.1	2 141
湖南	1 388.6	243.8	1 756
四川	1 386.6	354.1	2 554
湖北	1 152.4	274.2	2 379
江西	524.6	79.1	1 507
贵州	446.7	94.7	1 870
安徽	393.2	96.4	2 452
上海	0.7	0.2	3 143
江苏	188.6	55.7	2 951
河南	187.4	49.0	2 615
新疆	29.5	8.5	2 877
山东	9.0	2.3	2 565

表 1-2　近年来我国油菜种植面积、产量及单产（国家统计年鉴）

年份	面积（10^3 hm^2）	总产（万 t）	单产（kg/hm^2）	产量最高省单产（kg/hm^2）		面积最大省	
				产量（万 t）	单产（kg/hm^2）	面积（10^3 hm^2）	单产（kg/hm^2）
1978	2 600	186.8	718				
1980	2 844	238.4	838				
1985	4 494	560.7	1 248				
1990	5 503	695.8	1 264				
1995	6 907	977.7	1 415				
2000	7 494	1 138.1	1 519	湖北（160.0）	1 594	湖北（1 003.6）	1 594
2005	7 278	1 305.2	1 793	湖北（235.1）	1 982	湖北（1 186.1）	1 982
2006	5 984	1 096.6	1 833	湖北（219.1）	1 859	湖北（1 178.7）	1 859
2007	6 140	1 139.2	1 854	湖北（207.1）	1 915	湖北（1 081.3）	1 915

（续表）

年份	面积（10^3 hm^2）	总产（万 t）	单产（kg/hm^2）	产量最高省单产（kg/hm^2）		面积最大省	
				产量（万 t）	单产（kg/hm^2）	面积（10^3 hm^2）	单产（kg/hm^2）
2008	6 838	1 240.3	1 814	湖北（193.3）	2 085	湖北（927.1）	2 085
2009	7 170	1 353.6	1 888	湖北（214.9）	1 972	湖北（1 089.6）	1 972
2010	7 316	1 278.8	1 748	湖北（236.5）	2 029	湖北（1 165.9）	2 029
2011	7 192	1 313.7	1 827	湖北（232.6）	2 005	湖北（1 159.7）	2 005
2012	7 187	1 340.1	1 865	湖北（220.4）	1 931	湖南（1 167.2）	1 559
2013	7 193	1 363.6	1 896	湖北（230.0）	1 971	湖南（1 201.3）	1 486
2014	7 158	1 391.4	1 944	湖北（250.5）	2 042	湖南（1 259.9）	1 545
2015	7 028	1 385.9	1 972	湖北（257.2）	2 059	湖南（1 298.2）	1 561
2016	6 623	1 312.8	1 982	湖北（255.2）	2 071	湖南（1 314.6）	1 604
2017	6 653	1 327.4	1 995	湖北（241.6）	2 100	湖南（1 306.8）	1 611
2018	6 651	1 328.1	2 027	四川（288.0）	2 388	四川（1 206.2）	2 388
2019	6 683	1 348.5	2 048	四川（292.2）	2 398	湖南（1 222.2）	1 671
2020	6 765	1 404.9	2 077	四川（296.4）	2 425	湖南（1 241.0）	1 676
2021	6 992	1 471.4	2 104	四川（338.7）	2 501	四川（1 354.1）	2 501
2022	7 253	1 553.1	2 141	四川（354.1）	2 554	湖南（1 388.6）	1 756

二、菜籽油脂肪酸组成及作用

菜籽油品质的优劣主要取决于脂肪酸碳氢链饱和程度。脂肪酸根据碳氢链饱和与不饱和分为 3 类：饱和脂肪酸（主要有棕榈酸、硬脂酸等）、单不饱和脂肪酸（油酸、芥酸等）和多不饱和脂肪酸（亚油酸、亚麻酸等）[8]，研究表明预防冠心病的指导方针集中在将食用油中的饱和脂肪酸和反式脂肪酸转化为不饱和脂肪酸[9]，饱和脂肪酸熔点较高，若饱和脂肪酸含量超过 12%，就会在人体内产生脂肪积聚，易凝固在血管壁上，导致造成血脂水平异常，诱发高血脂、高血压、动脉粥样硬化等心脑血管疾病[10-11]，不饱和脂肪酸熔点较低，容易被人体吸收。

棕榈酸是游离脂肪酸中最主要的饱和脂肪酸，能够诱导肝细胞、骨骼肌和心肌细胞等发生胰岛素抵抗[12-14]，还能引起成人成骨肉瘤细胞 MG 63 细胞和肝细胞凋亡[15-16]。硬脂酸是自然界广泛存在的一种脂肪酸，在动物脂肪中的含量较高，植物油中含量较少，主要应用于橡胶和化妆品工业，人若长期微量摄入可能会刺激眼睛、呼吸系统。油酸是人体最易消化吸收的脂肪酸，油酸含量高具有降低人体血液中有害的低密度脂，同时可减少血浆中脂蛋白胆固醇含量[17]，有效的预防及治疗动脉的硬化[18]。亚油酸是一种人体必需脂肪酸，在机体内含量极为丰富，具有降血脂、降血压、防止动脉硬化，还参与了人体物质循环和免疫调节[19]。α-亚麻酸是二十碳五烯酸（Eicosapentaenoic Acid，EPA）和二十二碳六烯酸（Docosahexaenoic Acid，DHA）的前体物质，EPA 和 DHA 在视网膜和大脑的结构膜中也起重要作用[20-21]，亚麻酸还具有抗动脉粥样硬化、预防心脑血管疾病及减肥、降血脂等生理功能[20-22]。花生四烯酸具有增加血管弹性、酯化胆固醇，调节血细胞功能等一系列生理活性，对预防心血管疾病、糖尿病和肿瘤等具有重要功效[23]。花生四烯酸及其代谢产物还参与了人体造血和免疫调节[24]，花生四烯酸降低血液中胆固醇的效果是亚油酸和亚麻酸的四倍，其降低血液中血脂和血压的能力也要强于亚油酸和亚麻酸[25-26]。芥酸在人体内不易被消化吸收，而且芥酸凝固点高，不适于食品加工[27]。

三、菜籽油品质改良育种现状

在近 70 年内，在科技创新的有力支撑下，物种和品种变革推动了我国油菜生产三次革命性的飞跃：第一次飞跃（1964—1979 年），以中产甘蓝型油菜取代低产的白菜型油菜作为主要栽培油菜；第二次飞跃（1979—2000 年），高产抗病甘蓝型油菜品种的推广与应用；第三次飞跃（2000—2010 年），双低高产油菜品种的育成与普及[28]。随着经济的不断发展，科学技术向前推进、国民生活水平提高，消费者对食用油的品质提出了新的要求，油菜品质改良已成为当前油菜育种领域的热点。

（一）油酸育种

1992 年，世界上第一个油菜高油酸突变体问世[29]。1995 年，第一个品种（油酸含量 81%）选育成功[30]。随后，欧洲[31-33]、加拿大[34]和澳大利亚[35]等纷纷开始了相关研究。

在中国，湖南农业大学油料作物研究所官春云院士率先进行高油酸油菜育种研究，从 1999 年开始，利用^{60}Co γ 射线处理‘湘油 15 号’干种子，对辐射后代进行连续选择，2006 年获得稳定的高油酸油菜种子。2005 年以来，华中农业大学油菜遗传改良创新团队从高油酸育种资源创新、高油酸性状形成的遗传及分子机理等方面开展了较为系统的研究，已育成 5 个常规品系和 3 个核不育杂交种，这些品系的油酸含量稳定在 75%以上。西南大学李加纳教授利用航天诱变技术，获得油酸含量 87. 22%的甘蓝型油菜突变体，开展了大量高油酸油菜研究。2015 年，浙江省农业科学院审定了国内第一个高油酸油菜新品种‘浙油 80’（油酸含量 83. 4%，亩产 190 kg 左右，产油量与普通品种相当）。

（二）亚油酸育种

在高亚油酸油菜研究中，欧洲一些国家最取得进展，西德的 Rakow（1970）采用 X 射线和化学诱变剂已基甲烷磺酸盐（EMS）处理低芥酸油菜品种‘Oro’得到亚麻酸含量 5.6%的突变体，经 Robbelen 和 Nitsch（1975）进一步加工育成了亚油酸含量 30.1%的双突变体，但其表现缺绿，育性下降，植株矮小结实率低。澳大利亚育种家 Roy 和 Tarr（1983）以芥菜型油菜‘Accession42’为母本，以甘蓝型双低油菜‘Tower’为父本种间杂交，经过连续自交，选育出一批含高亚油酸和低亚麻酸，育性正常，长势良好的无芥酸品系[36]。

李德谋等[37]在无芥酸甘蓝型油菜品种‘lisadra’（*Brassica napus* L.）和高亚油酸、低亚麻酸芥菜型油菜 JN63（*B. juncea*）杂交产生的 F4 代各株系中，采用半粒法发现一个高油酸、无亚麻酸、无芥酸的特殊材料 464-5-1-5，以及一系列的高油酸、高亚油酸、低亚麻酸、无芥酸含量的材料，为油菜的品质育种提供了很好的育种材料。

（三）亚麻酸育种

近年来，李殿荣研究员团队在选育富含亚麻酸油菜品种而筛选和创制高亚麻酸油菜种植资源中，育出了一批亚麻酸含量大于 15%的新品系，2018 年从富含亚麻酸的油菜后代中获得了一份亚麻酸含量高达 21%的新品系，且符合优质油菜品种（系）的要求。

（四）芥酸育种

芥酸（C 22：1）是十字花科植物种子特有的脂肪酸，因其有害营养效应而被认为对人体健康不利，因此食用菜籽油要求低芥酸或零芥酸。然而，芥酸作为工业用途的脂肪酸前景十分广阔，芥酸及其衍生物已在润滑剂、热处理剂、壬酸以及软化剂等广泛应用。傅寿仲等[38]以两个常规芥酸品种杂交，以单株和单粒筛选相结合对芥酸含量正向选择为核心的技术，育成了芥酸含量达 60%的甘蓝型高芥酸油菜新品种‘高芥 1 号’。韩仁长等[39]采用杂交转育方法，利用高芥酸隐性核不育系 H10AB 与高芥酸恢复系 H29R 组配而成芥酸含量达到 50.4%的新品种‘豪油 29’。

四、油菜品质育种对产业发展的作用

（一）提升我国菜油品质

油菜品质育种先后经历了传统油菜（高芥酸高硫苷的白菜型油菜和甘蓝型油菜）、双低油菜和高油酸油菜（符合双低标准）等发展过程。菜油品质不断提升，逐步改变了从而使菜油消费量不断增大。

1. 传统油菜

传统“双高”［芥酸含量 40%～50%，硫苷含量 100～200 μmol/g（饼）］油菜，其加工产品为高芥酸植物油和高硫苷菜籽饼粕。芥酸是一种长链脂肪酸，人体不易消化吸收，营养价值不高。硫苷本身无毒，但在芥子酶作用下降解为异硫氰酸酯、噁唑烷硫酮、硫氰酸酯和腈类等毒素，引起动物甲状腺肿大，使动物发育迟缓，影响动物的生长。

2. 双低油菜

20 世纪 90 年代，经过全国 20 多个科研单位近二十年的协作科技攻关，选育出一批优质双低的油菜新品种，‘湘油 11 号’是我国第一个通过国家审定的双低油菜品种。随之‘秦优 7 号’‘中双 4 号’‘华杂 4 号’‘油研 7 号’‘德油 5 号’‘沣油 737’等油菜新品种不断涌现，食用油品质得到了极大的改善。当前，除特殊用途品种外，“双低”品质要求已成为我国新品种审定的最低品质标准。

3. 高油酸及其他成分改良油菜

油酸、亚油酸和亚麻酸等不饱和脂肪酸对心脑血管疾病防治、儿童发育等均有较好作用，尤其是亚油酸和亚麻酸对孕妇、婴幼儿和青少年非常重要。目前，我国对优质油菜的品质主要提出了 4 个方面的指标：①低芥酸（1%以下）、低硫代葡萄糖苷（每克菜籽饼含 30 μmol 以下，不包括吲哚硫苷）、低亚麻酸（3%以下）；②高油分（45%以上）；③高蛋白（占种子重的 28%以上，或饼粕重的 48%以上）；④油酸含量达 70%以上。

（二）保障我国食用油安全

1. 中国油料作物种植整体呈下降趋势

主要由于：①目前国内油料作物种植机械化水平普遍低，生产成本不断增加，种植效益相对偏低；②国家持续加强主粮生产补贴，以保证国内粮食供给抢占了油料作物种植面积；③随着中国油脂油料的大量进口，植物油市场长期供大于求，价格持续走低，国内油料油用需求被压缩。

2. 国家食用植物油缺口较大，发展油菜生产意义重大

国产植物油供应有限，且未来仍成下降趋势，国内需求仍靠大量进口来满足。2021 年自给率仅 35. 9%左右。菜油是国内第一大自产食用植物油源，产量占国产食用植物油的 40%以上，有助于保障我国食用油安全。油菜是南方地区主要冬季作物，若能将我国南方双季稻区 2 800 多万亩冬闲田充分利用，将大大缓解我国食用植物油供应不足的问题。

3. 各级部门高度重视油菜生产

国家最高领导层和各级政府部门对油菜生产、供给形势高度重视。国家领导人曾两次作出批示：大力发展油菜生产，保障国家食用植物油供给。2008 年 11 月 13 日，国家发展和改革委员会发布《国家粮食安全中长期规划纲要（2008—2020 年）》，第一次专门就油菜生产形势发布促进油菜生产意见。2008 年 9 月 12 日农业部发布《全国优势农产品区域布局规划（2008—2015 年）》。2011 年 9 月 21 日，农业部发布《全国种植业发展第十二个五年规划（2011—2015 年）》提出，扩大油菜生产，加强长江流域油菜优势区建设，重点开发利用南方冬闲田和沿江湖边滩涂地，扩大双低油菜种植面积，北方地区调整好种植结构，适当扩大春油菜面积。2017 年农业部批准开展转基因油菜研究，此举将有助于加快优良新品种选育。2019 年中央一号文件明确提出，支持长江流域油菜生产，推进新品种新技术示范推广和全程机械化。2021 年中央一号文件提出：“稳定大豆生产，多措并举发展油菜、花生等油料作物”。2022 年中央一号文件特别强调“大力实施油料产能提升工程”，“在长江流域开发冬闲田扩种油菜”。2023

年中央一号文件强调："深入推进油料产能提升工程。统筹油菜综合性扶持措施，推行稻油轮作，大力开发利用冬闲田种植油菜。分类型开展油菜高产竞赛，分区域总结推广可复制的高产典型。实施耕地轮作项目，对开发冬闲田扩种油菜实行补贴，推广稻油、稻稻油和旱地油菜等种植模式"。2024 年中央一号文件提出："扩大油菜面积，支持发展油茶等特色油料"。

4. 优质油菜可促进油菜产业发展

农民种植优质油菜，菜籽收购价提升，种植效益显著增加；加工企业也可降低生产成本，从而增加生产利润，有效实现了企业与农户共赢，对油菜产业发展和"三农"建设均有较好促进作用。

第二节 油菜抗性育种研究概况

一、草害防治对油菜生产的影响

我国油菜主产区在长江中下游，以稻茬油菜田为主，禾本科杂草和阔叶混生型杂草危害严重。每年 50%~90%的油菜发生草害，引起 15%~20%油菜减产[41]，严重的甚至减产 50%以上。杂草会影响油菜光合作用，与油菜争夺养分，同时，杂草可成为多种病虫的宿主，防治不到位则会增加病虫害感染率，造成油菜大面积减产，影响油籽品质，危害粮油安全。

生产上采用的除草剂能有效防除油菜单子叶杂草，但双子叶阔叶型杂草较难防治，目前还未开发出安全高效的除草剂，从而成为限制油菜产量的重要因素之一，因此油菜杂草防治问题亟须解决。我国油菜田间杂草防治方式主要有农业防治（中耕除草、深耕、水旱轮作和人工除草）、化学防治（除草剂）等，由于农村青壮年向城市转移，油菜产业向轻简化方向发展，油菜田间除草主要为化学防治，但喷施除草剂防治双子叶阔叶型杂草易毒害油菜苗，甚至导致油菜死亡。当下农业生产上，预防除草剂对作物的危害措施主要有，除草剂混合使用、选用生物除草剂[42]、使用安全剂量和选用抗除草剂新品种。

目前应用潜力最大的草甘膦、草胺膦和 ALS 酶抑制类三类除草剂，转基因抗除草剂油菜研究也多集中在这三类除草剂上[43]。植物对除草剂的抗性机制：①过量表达除草剂的靶标基因。过量的 5－烯醇丙酮莽草酸－3－磷酸合酶基因（5－enolpyruvylshikimate－3－phosphatesynthase，*EPSPS*）除了与草甘膦结合，还可以满足与其底物磷酸烯醇丙酮酸（Phosphoenolpyruvate，PEP）的结合，产生足够的芳香族氨基酸满足植物生长的需要，从而解除了草甘磷的毒性[44]；②靶标基因的抗性突变。*EPSPS* 基因突变引起的对草甘膦抗性，乙酰乳酸合成酶基因（Acetolactate Synthase，*ALS*）突变引起的对 ALS 酶抑制类除草剂的抗性；③靶标同源抗性基因的导入，如导入与草甘膦不亲和或亲和性低的 *EPSPS* 基因可以使作物获得草甘膦抗性，目前主要是导入 Class Ⅱ 型 *EPSPS* 基因；④除草剂氧化或解毒基因的表达或导入。解毒基因导入引起的草甘膦抗性机理，改良过后的 *gox v*247[45]。解毒基因导入引起的草胺膦抗性机理，如抗草胺膦的 *pat* 基因用农杆菌介导发导入油菜中，获得抗草胺膦油菜‘T45’（HCN28）[46]。湖南农业大学将 *bar* 基因导入‘湘油 15 号’‘742’两个油菜品种中，育成具有草胺膦抗性的 15A、742R 油菜种质[47]。

二、病害防治对油菜生产的影响

（一）菌核病

菌核病是当前我国油菜生产上的首要病害，在我国所有油菜产区均有发生，常年造成的经济损失在 30 亿元以上。近年来，受全球气候变暖、极端天气频发、耕作制度和栽培模式变革等诸多因素影响，该病的发生为害呈逐年加重趋势，已经成为我国油菜高产稳产的主要限制因子之一。种植抗病品种是目前生产上防治油菜菌核病最经济、有效和安全的措施[48]。

（二）根肿病

根肿病作为一种十字花科植物病害，由芸薹根肿菌引起，是全球芸薹属作物中最严重的土传病害之一[49-50]。目前在我国，根肿病也已成为油菜重要病害，对长江流域油菜主产区产业发展造成严重影响，导致 20%~60%的油菜减产和重大经济损失，对油菜生产造成了巨大为害[51-52]。由于根肿病为土传病害，其休眠孢子常常存在于深层土壤中，且能够在田间存活 10 年以上[53-54]，因此传统的根肿病防治方法效果欠佳，最有效且最环保的防治方法就是选育抗病品种[55]。

三、水分胁迫

（一）渍水对生理生化指标的影响

由于长江流域油菜种植制度以“稻—油”或“稻—稻—油”为主，稻田土壤黏重、透气性差、地下水位高，土壤水分含量过大，会导致油菜根际缺氧，根系发育受阻，幼苗生长缓慢甚至死苗，形成渍害[56]。研究表明渍害会导致油菜株高、茎粗、根粗、根长、绿叶数、叶面积、干重等均明显降低[57]。李玲等[58]等研究结果表明，短期渍水油菜叶片超氧化物歧化酶（SOD）和过氧化氢酶（CAT）活性随时间显著升高，而长期渍水油菜叶片 SOD 和 CAT 活性随时间显著降低，时间转折点为 13 d。另外油菜发生渍害时还会导致植株生理代谢失调，根系功能障碍，吸收水分和养分的能力降低，叶片黄化早衰，过量的活性氧自由基会引起叶绿体膜脂双层分子结构发生变化，导致叶绿体被膜膨胀和断裂、最终解体，从而导致叶绿体和光合色素含量下降，影响油菜光合作用[59]。

（二）干旱对生理生化指标的影响

冬油菜种植区域已经逐渐向西北地区拓展，但由于西北地区干旱少雨，导致冬油菜在秋播时土壤水分含量少而影响出苗及苗期生物体的形态建成，越冬性差。如果幼苗阶段出现缺水，将阻碍叶片和根系的生长，最终导致作物减产[60]。干旱胁迫通常与活性氧（ROS）如 H_2O_2 和 MDA 的积累有关，ROS 对细胞膜特性和叶绿素结构造成严重损害，影响植物细胞的正常代谢。植物具有清除活性氧的抗氧化防御系统。一些主要的酶活性氧清除剂包括 SOD、过氧化物酶（POD）、抗坏血酸过氧化物酶（Ascorbate peroxidase，APX）和 CAT[61]。Ayyazd 等[62]研究表明，在干旱胁迫下，所有甘蓝型油菜品种的抗氧化酶（如 SOD、POD、CAT、谷胱甘肽还原酶（Glutathione Reductase，GR）活性、tsp 和脯氨酸含量以及 ABA 和 JA 含量显著增加。李阳阳等[63]的研究结果显示，干旱胁迫下甘蓝型油菜幼苗地上部干重和鲜重、叶片相对含水量降低，叶片过氧化物酶活性和丙二醛、脯氨酸和可溶性糖含量升高。

四、重金属胁迫

重金属离子是植物生长非必需元素，当重金属含量超过植物耐受阈值，对植物细胞产生毒害，干扰 DNA 修复机制并诱导 ROS 产生[64]，将会抑制植物细胞的光合作用和酶活性，使细胞内 ATP 分解加速，改变细胞膜的通透性，严重致防御系统崩溃[65-66]，严重影响作物产量和品质[67]。在植物生长发育过程中，重金属胁迫会导致其产生过量的 ROS[68]，细胞内自由基和 ROS 具有较强的氧化作用，部分自由基在细胞内游离，膜质过氧化会致使生物膜中不饱和脂肪酸双键破裂，生物膜结构破坏，蛋白质、核酸等生物大分子含量降低，导致细胞成分的氧化损伤，干扰生理过程[69]，失去正常功能，严重时可导致死亡。POD 和 CAT 对 Cd^{2+} 较为敏感，Cd^{2+} 浓度过高造成，酶活力下降，导致 SOD 催化产生的过氧化物不能及时清除，引起膜脂过氧化，MDA 积累，膜结构受到破坏，电解质外渗，相对电导率上升[70]。

（一）镉胁迫对农作物生理特性影响研究

Cd 通过植物根系从质外体和共生体途径吸收，在转运蛋白的帮助下通过木质部将其转运至嫩枝，然后通过韧皮部转运至种子，对植物产生毒害[71]。镉（Cd）胁迫会影响作物关键的生理生化过程，如光合作用、细胞壁生物合成、能量产生和蛋白质合成，从而抑制作物的产量和品质[72]。Cd 通过影响种子中淀粉酶和蛋白酶的活性使其淀粉和蛋白质分解，影响种子萌发[73]，还会引起根系活性氧增加，导致植物氧化胁迫和损伤[74]。

（二）砷胁迫对农作物生理特性影响研究

植物砷（As）中毒会导致氧化应激，生成大量自由基，破坏细胞成分，导致细胞损伤或死亡[75]。过量的 As 会对植物产生较大的毒害作用，抑制植物种子萌发，影响植物光合作用能量代谢以及碳氮代谢等生理过程，且毒害作用随着浓度增大而增大[76]。Zhang 等[77]研究发现，高浓度的 As 会抑制小麦种子的发芽和幼苗生长。Imran 等[78]在向日葵中也有同样发现，高浓度 As 胁迫会降低向日葵幼苗的胚芽和胚根长度。此外研究人员还发现，As 进入植物体内还可通过与蛋白质的巯基反应来减少光合色素、破坏叶绿体膜、降低酶活性，并且还可以改变营养平衡和蛋白质代谢[79]。

（三）铅胁迫对农作物生理特性影响研究

土壤中铅（Pb）污染已经成为对植物生长和人类健康的主要环境威胁之一。Pb 对植物具有毒害，影响作物生长，生物量、叶绿素含量、气体交换以及抗氧化酶活性[80]。抑制 NADPH 氧化酶能逆转因 Pb 胁迫受损的 SOD 和 CAT 酶活性，提高防御酶活性，改善 Pb 胁迫下玉米种子的萌发[81]。林昕[82]在探究土壤中 Cd、Pb 复合污染对植物的伤害程度试验中发现，低浓度 Pb（500 mg/kg）时，对油菜的生长有促进作用；随着 Pb 浓度的增加，在高浓度 Pb（850 mg/kg）时，生物量呈下降趋势，且 Pb 主要沉积在根部。孙杰等[83]以‘秦油 3 号’油菜种子为试验材料，研究发现 Pb^{2+} 胁迫对油菜幼苗的株高、鲜重及根长具有明显的抑制作用，且浓度越大，抑制作用越强。

五、其他胁迫

（一）低温胁迫

油菜属于越冬植物，受环境因素影响较大，冬季的低温胁迫是限制其生产、影响其种植区域的主要因素之一。湖南、江西、广东和广西为代表的南方地区光温资源丰富，属于典型的三熟制区域，也是我国重要的油菜产区，发展“油稻稻”对确保我国水稻和油菜的供应水平十分重要。然而，三熟制种植存在荐口非常紧张的矛盾，因此急需选用早熟油菜品种来保证最高的油稻周年产量。早熟品种生育进程快，现蕾、抽薹、开花都较早，耐冬季低温和春寒能力较弱，因而耐低温是早熟油菜研究的重点[84]。

米文博[85]在研究低温胁迫下甘蓝型油菜差异蛋白分析中发现：在受到低温胁迫时，抗寒性好的甘蓝型油菜品种体内保护酶活性高，反之，抗寒性较差的品种在受到低温胁迫时各类保护酶活性也较低，植物受到伤害的程度较高。许耀照[86]在研究白菜型油菜抗寒生理基础及分子机理研究中发现：随着根部可溶性糖和可溶性蛋白含量的增加以及较高的 SOD 活性可以提升白菜型冬油菜的低温耐受性。

（二）盐碱胁迫

土壤盐碱化是全球范围内广泛存在的环境问题，严重阻碍作物的生长和发育，限制作物的产量和品质，近年来，育种专家们开始培育经济生态效益高的耐盐碱作物。杨洋[87]在研究中发现：油菜幼苗在受到盐碱胁迫时，苗前期表现出渗透胁迫，后期体内开始适应并积累脯氨酸、可溶性糖作出相应的调节随着盐胁迫程度的增加，油菜叶片中的可溶性糖和可溶性蛋白含量增加，并且相较于敏盐品系而言，耐盐品系中渗透调节物质含量高，这说明在盐胁迫的逆境之下，细胞内各类生理生化物质有效协调，抵抗了盐碱胁迫引起的水分胁迫[88]。

第三节　品质抗性育种分子生物学方法

一、基于组学分析技术

Omics 是组学的英文称谓，目前主要包括四大组学：基因组学（Genomics）、转录组学（Transcriptomics）、代谢组学（Metabolomics）和蛋白组学（Proteinomics）。

基因组学按研究内容主要分为结构基因组学（structural genomics）、功能基因组学（functional genomics）与比较基因组学（comparative genomics）三大部分（图 1-1）。结构基因组是研究基因组的结构、基因序列及基因定位的一门科学。功能基因组学则应用“结构基因组学”的研究成果，在整个基因组的规模或范围内，分析与研究基因的功能，特点是“高通量”“大规模”，计算机辅助分析。比较基因组学是基于结构基因组学和功能基因组学信息，比较不同物种或不同群体间的基因组差异和相关性的系统生物学研究。功能基因组学是利用高通量技术在基因组或系统调控网络水平上全面分析基因的功能及其相互作用关系[40]。目前已完成了油菜基因组测序，建立了一系列基因组学数据库。

图 1-1　基因组学分类

（一）转录组学方法应用

转录组学[89]是一门研究生物细胞中所有 RNA，包括小 RNA（MicroRNA）、非编码 RNA（ncRNA）和能够编码蛋白质的信使 RNA（mRNA）的表达和调控的学科。通过研究基因转录结构和生物体的基因表达，挖掘新的功能基因[90]。近年来，随着高通量测序技术的发展，转录水平的调控成为目前研究最广泛的生物体调控方式[91]。转录组学分析技术有多种类型[92]，例如普通转录组（transcriptome）；全长转录组（Full-length transcriptome）；绝对定量转录组（Digital RNA Squencing）等。转录组测序能分析出植物基因表达差异，揭示植物在非生物胁迫下体内基因组的调控网络，快速筛选出植物抗性相关的关键基因[93]。

（二）蛋白质组在农作物重金属胁迫研究中的应用

蛋白质组学是通过研究细胞内动态变化的蛋白质组成成分、表达水平和修饰状态，来探究不同蛋白质之间的相互作用[94]。目前主要有两种蛋白质组学定量分析技术，一种是相对和绝对定量的同位素标记技术（Isobaric tags for relative and absolute quantitation，iTRAQ），另一种是基于质谱吸收峰测定蛋白质肽段丰度的定量检测技术（Mass spectrometry，MS）[95]。蛋白质组学可分为：表达蛋白质组学、相互作用蛋白质组学和结构蛋白质组学（图 1-2）。①表达蛋白质组学（expression proteomics or differential display proteomics）是在整体水平上研究细胞蛋白质表达丰度变化的科学，包括分离复杂的蛋白质混合物、鉴定各个组分性质和系统定量分析。在蛋白质定量研究上，其目前主要依赖于双向凝胶电泳技术和图像分析技术；在蛋白质修饰上，主要分为磷酸化、乙酰化、泛素化和琥珀酰化等翻译后修饰。②相互作用蛋白质组学也称细胞图谱蛋白质组学（protein-protein interactions or cell-map proteomics），是研究蛋白质遗传和物理相互作用以及蛋白质与核酸或小分子间相互作用的科学。酵母双杂交技术、噬菌体展示技术、核糖体展示技术和 RNA-肽融合技术等是研究相互作用蛋白质组的关键技术；③结构蛋白质组学（structural proteomics）是预测蛋白质三维结构的科学，主要包括蛋白质结构贮存、提交、比较和预测等[96]。

Farooq 等[97]以甘蓝型油菜为试验材料，探究了 200 μmol 浓度 As 处理下外源茉莉酸甲酯（MeJA）对油菜生长的影响。通过 iTRAQ 测定，在 As 胁迫下检测到 61 种蛋白质，其中 49 种检测到为 MeJA 诱导的蛋白，对表达的蛋白质根据其功能进行进一步分类借以阐述了 MeJA 诱导油菜对 As 耐受的分子机制。Mustafa[98]利用蛋白质组学分析外源半胱氨酸对植物提高铬（Cr）耐受性。

（三）代谢组学分析及应用

代谢组学是一种对所有低分子量代谢物进行定性和定量分析的新兴技术，目前广泛应用于毒理学、疾病诊断、植物研究等领域，已成为系统生物学的重要组成部分。植物代谢组学是定性和定量分析植物代谢成分的科学技术在遭遇外界干扰或刺激前后，研究植物代谢网络和相关基因功能[99]，灵敏地反映生物体在逆境胁迫下代谢的微妙变化，更直接地反映生物体的生理状态和环境应答[100]。目前，代谢组检测主要分为靶向代谢组检测（Targeted Metabolomics）和非靶向代谢组检测（Untargeted Metabolomics）两种。其中，液相色谱和质谱（LC-MS/MS）主要用于检测不同样品相互间的差异代谢物[101]，利用液相色谱技术分离样品中不同的差异代谢物，质谱技术准确鉴定代谢物的种类和含量。代谢物经计算机分析后，再进行差异代谢物鉴定和定量分析是代谢组测定最重要的组成部分，包括数据质量评估、代谢物鉴定及 KEGG 富集分析、KEGG 数据库富集分析等[102]。

靶向代谢组分析主要是参照结合已知代谢物的特征信息针对特定一类代谢物进行鉴别，不同代谢物具有其特定的鉴定信息，代谢物的特征通常依赖于二级光谱的机外信

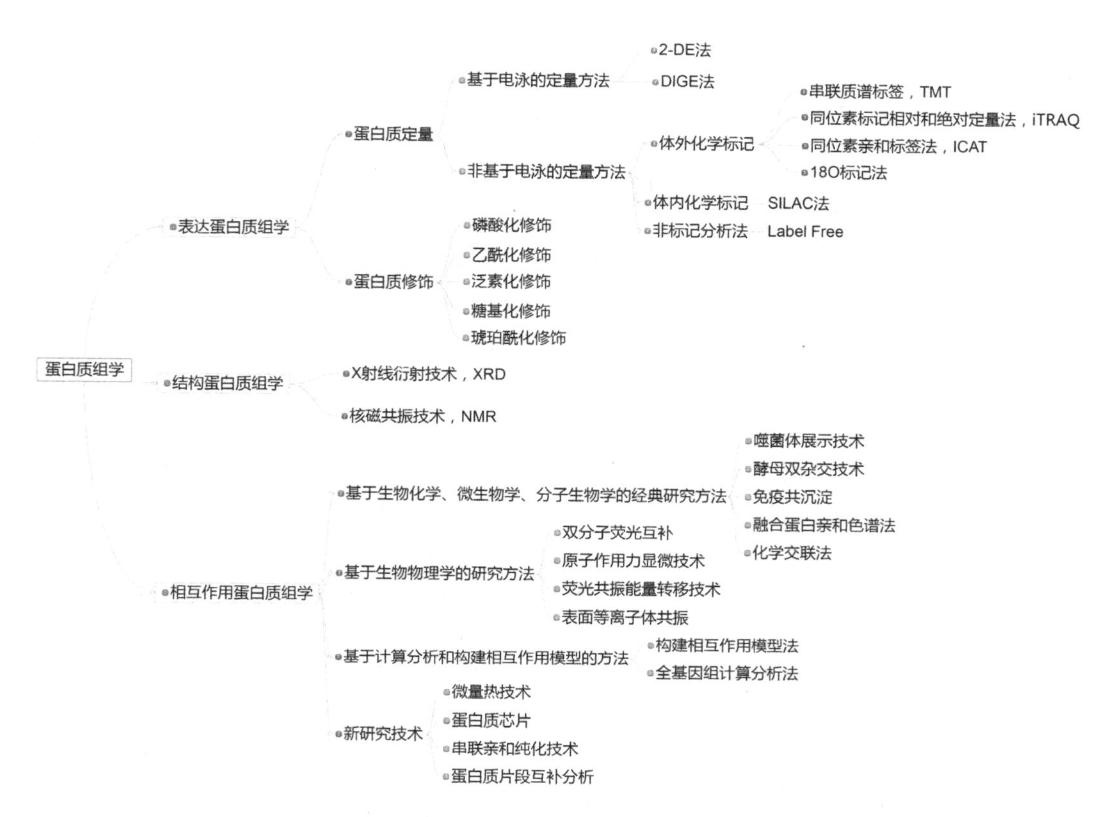

图 1-2　蛋白质组学分类

息[103]。参照结合离子的质荷比等特性，借助调节电场强度来筛选特征离子，选择目标特征离子，同时对目标离子进行计数特征离子的鉴定被认为是特定代谢物的鉴定。借助整合不同代谢物的质谱峰的峰面积，进一步校正了不同样品中相同代谢物的鉴定[104]。Fu 等[105]通过对 Cd 胁迫下的水稻根系分泌物进行代谢分析，发现中 Cd 胁迫会增强植物体内有机酸（包括草酸、酒石酸、苹果酸、柠檬酸、琥珀酸、丙二酸和乙酸）和氨基酸（包括赖氨酸、甘氨酸、丙氨酸、蛋氨酸、谷氨酸和组氨酸）等的分泌，其中酒石酸和组氨酸含量最多。

非靶向代谢组学是指采用 LC-MS、GC-MS、NMR 等技术，无偏向性的检测细胞、组织、器官或者生物体内受到刺激或扰动前后所有小分子代谢物（主要是相对分子量 1 000Da 以内的内源性小分子化合物）的动态变化，并通过生信分析筛选差异代谢物，对差异代谢物进行通路分析，揭示其变化的生理机制。Mwamba 等[106]通过研究低 Cd 累积基因型油菜和高 Cd 累积基因型油菜之间代谢组学反应差异，发现抗坏血酸（AsA）、血清素、植物类固醇、单萜、类胡萝卜素和木脂素等能增强植物的抗氧化能力。

（四）多组学关联分析及应用

高通量组学分析技术的发展，引导着系统生物学进入海量大数据时代，其中转录组学与蛋白组学是后基因组学发展研究领域的热点[107]。在生物学的研究中，多组学关联分析已经成为一种重要的研究方法。通过整合分析转录组学、蛋白组学、代谢组学等不同层面的数据，可以揭示生物体在不同生理状态下的全局调控模式，理解生命现象的复杂性和多样性[108]。

1. 转录组和蛋白组联合分析

如今通过转录组和蛋白组联合分析解析植物代谢通路，了解植物应对胁迫的分子机制已成为研究人员热衷的方式，利用转录组和蛋白组整合分析在多种植物中均有应用[109-111]。转录组作为特定发育阶段或生理条件下细胞内的完整转录信息的集合，可以对所有转录物进行分类、确定基因的转录结构、量化转录物的表达水平[112]；蛋白质是生命功能的直接执行者，整合转录组学和蛋白质组学的表达数据对生物样本进行研究，可以从整体上解释生物学问题，探究生物体生理和疾病机理等[113]。当前随着高通量测序技术的发展，转录组学和蛋白组学已经成为系统生物学研究的核心手段。

Lan 等[114]研究了因磷（Phosphorus）缺乏引起的拟南芥根转录组和蛋白质组谱变化之间的相关性，鉴定出 13 298 种蛋白质和 24 591 个转录本，其中，356 种蛋白质和 3 106 种 mRNA 在磷缺乏期间差异表达，参与膜脂重塑和糖酵解代谢过程中的相关 mRNA 和蛋白质变化显著。Mehmood[115]通过比较 4℃处理下 0 d 油菜幼苗与 1 d 和 7 d 的样品，鉴定到 8 485 个 DEGs 和 241 个 DEPs，筛选出三个候选基因 *BnNIR*、*BnCML* 和 *BnCAT* 与油菜抵御冷胁迫相关，揭示了 AtNIR 或 AtCML 与低温胁迫条件下冷应答基因的诱导表达直接或间接相关。这些研究都表明，转录组学和蛋白组学的整合分析可以为我们提供更全面的生物信息，帮助我们深入理解生物体的生理生化机制。

2. 转录组和代谢组联合分析

转录组学和代谢组学整合分析，能从原因和结果两个层面上对研究对象进行内在变化的分析，更加系统全面地解析生物分子功能和调控机制，实现对生物变化大趋势及方向的了解，进而提出分子生物学变化机制模型，筛选重点代谢通路或者基因、代谢产物进行后续深入研究与应用[116]。

Ali[117]利用转录组与代谢组联合分析，解析了耐冷油菜品种（C18）和冷敏感油菜品种（C6）在分子水平上的耐冷机制。Qiang 等[118]利用转录组和代谢组联合分析发现 Cd 胁迫会破坏水稻中类黄酮生物的合成，转录组中的 EDG 主要集中在查尔酮异构酶和羟基肉桂酰转移酶，代谢组中的差异代谢物主要集中在白杨素和高良姜素。

3. 蛋白组和代谢组联合分析

蛋白质组学和代谢组学进行联合分析，能过相互验证、相互补充，从大分子和小分子两个层面共同分析，能更系统全面地解析生物分子功能和调控机制，实现对生物变化大趋势及方向的了解。Geng 等[119]利用联用代谢组学和串联质量标签（Tandem Mass Tagging，TMT）技术对甘蓝型油菜保卫细胞对低 CO_2 的反应。Ali 等[120]利用代谢组和蛋白质组学分析方法探究甘蓝型油菜对 Cd^{2+} 的耐受性，共鉴定到 34 个蛋白，其中有 18 个蛋白受到丙氨酸（Alanine，ALA）的显著调节，显着提高了抗氧化酶活性基因的表达，增强油菜对 Cd^{2+} 的耐受性。

4. 多组学联合分析

多组学联合分析是指研究人员将转录组、蛋白质组、代谢组和基因组进行联合分析，从不同分子层面大规模获取组学数据，进而能更加深入对生物学的研究与生命现象的解释，同时多组学联合分析能够使研究人员从单一层面上的研究逐步走向完善。

单一组学分析方法可以提供不同生命进程与正常组相比差异的生物学过程信息。但分析具有一定的局限性，不能更完整的了解生物体内的变化，通过将基因、mRNA、调控因子、蛋白、代谢等不同层面之间的信息进行整合分析，构建基因调控网络，深层次理解各个分子之间的调控及因果关系，能帮助解答更多更深入复杂性状的分子机理和遗传基础[121]。

Liang 等[122]利用转录组学、蛋白质组学和代谢组学结合分析了光对拟南芥叶片的生理影响，解析了光照对拟南芥叶片中 mRNA 和蛋白质丰度的影响以及叶绿体和线粒体在光照下转录组和蛋白质组谱变化的信息。Avin-Wittenberg 等[123]利用黄化的拟南芥幼苗结合代谢组学、脂质组学和蛋白组学分析研究缺碳条件下自噬作用对细胞代谢的影响，缺碳会导致自噬作用影响细胞代谢，丧失能量。Li 等[124]对 388 个欧洲油菜自交系的自然群体进行全基因组关联研究和代谢物转录组范围关联研究，证明了 *TT4*、*BnaC02. TT4* 和 *BnaC05. UK* 甘蓝型油菜中的类黄酮代谢对种子油含量具有显著影响。Zhang 等[125]也对 382 个欧洲油菜种质进行了全转录组和全基因组关联研究影响种皮含量分子机制。Zhao 等[126]综合代谢组、转录组和全基因组关联研究种皮颜色形成的机制。

二、基于功能研究

基因测序完成后，基于所需的目的基因或 ncRNA，对它们的功能、作用机制等进行生物信息学分析后，依靠分子实验手段研究筛选到的目的基因或 ncRNA 的功能及作用机制。目前基因功能研究方法主要有基因转导、反义技术、转基因和基因敲除、染色体转导、RNA 干扰等。

（一）基因转导

基因转导是将目的基因转入某一细胞中，然后观察该细胞生物学行为的变化，从而了解该基因的功能，这是目前应用最多、技术最成熟的研究基因功能的方法之一。主要有物理的、化学的和生物的方法。物理方法包括 DNA 直接注射法、颗粒轰击技术等；化学方法包括脂质体载体、受体介导法等，生物学方法主要通过构建病毒载体来完成，因其转染效率高、目的基因可稳定表达等优势被广泛应用。

（二）反义基因技术

反义基因技术的基础是根据核酸杂交原理设计针对特定靶序列的反义核酸，从而抑制特定基因的表达，包括反义 RNA、反义 DNA 及核酶（Ribozyme），它们通过人工合成和生物合成获得，包括：反义寡核苷酸技术（ASON）、反义 RNA 技术与核酶技术[127]。

（三）RNAi 技术

RNAi 是指由小非编码 RNA（Small non-coding RNA，sncRNA）诱导 mRNA 降解、抑制翻译或促使异染色质形成等，进而引发基因沉默的现象[128-130]。RNAi 由长度为 20～30nt 的 sncRNA 触发，根据 sncRNA 生物合成和作用机制的不同，可将其分为 siRNA（small interfering RNA）、miRNA（microRNA）和 piRNA（PIWI - interacting

RNA）3种[131]。

（四）基因敲除和敲入

基因敲除（gene knock out），又称基因打靶，指用外源的与受体细胞基因组中顺序相同（和）或非常相近的基因发生同源重组，整合至受体细胞基因组中并得以表达的一种外源导入技术[132]。

基因敲入（gene knock in）是指将特定的外源核酸序列转入细胞或个体基因组中的特定位点，以实现条件性基因敲除、单碱基或序列替换、细胞或基因标记等多种精确和（或）复杂的基因组靶向修饰[133]。

（五）基因互作

基因间互作是指不同位点非等位基因之间的相互作用，表现为互补，抑制，上位性等[134]。可以分为互补效应（complementary effect）、累加效应（additive effect）、叠加效应［又叫重叠效应（duplicate effect）］、显性上位作用（epistatic dominance）、隐性上位作用（epistatic recessiveness）、抑制作用（inhibiting effect）、叠加作用。

（六）基因与蛋白互作

1. 凝胶迁移或电泳迁移率实验（electrophoreticmobility shift assay，EMSA）

用于检测DNA与蛋白质的是否结合，在体外研究DNA或RNA与蛋白质相互作用的一种特殊的凝胶电泳技术[135-137]。

2. 酵母单杂交（Yeast One-hybrid method）

根据DNA结合蛋白（即转录因子）与DNA顺式作用元件结合调控报道基因表达的原理来克隆编码目的转录因子的基因（cDNA）[138]。

3. 足迹实验（foot-printing assay）

用于检测转录因子蛋白质同DNA结合的精确序列部位。当DNA分子中的某一区段同特异的转录因子结合之后便可以得到保护而免受DNaseI酶的切割作用，而不会产生出相应的切割分子，结果在凝胶电泳放射性自显影图片上便出现了一个空白区，俗称为“足迹”[139]。

4. 甲基化干扰实验

可用于研究转录因子与DNA结合位点中的G残基之间的联系，甲基化干扰实验（Methylationinterference assay）是根据DMS（硫酸二甲酯）能够使DNA分子中裸露的鸟嘌呤（G）残基甲基化，而六氢吡啶又会对甲基化的G残基作特异性的化学切割这一原理设计的另一种研究蛋白质同DNA相互作用的实验方法[140]。

5. 染色质免疫共沉淀技术（Chromatin Immunoprecipitation，ChIP）

用于研究转录因子与DNA结合位点的序列信息是目前唯一研究体内DNA与蛋白质相互作用的方法。在生理状态下把细胞内的DNA与蛋白质交联在一起，通过超声或酶处理将染色质切为小片段后，利用抗原抗体的特异性识别反应，将与目的蛋白相结合的DNA片段沉淀下来，以富集存在组蛋白修饰或者转录调控的DNA片段，再通过多种下游检测技术（定量PCR、基因芯片、测序等）来检测此富集片段的DNA序列[141]。

6. Southwestern杂交

Southwestern印迹杂交（Southwestern Blot）已广泛应用于分子遗传学、分子生物学的诸多领域。将核蛋白粗提物进行 SDS-PAGE 电泳分析，转膜后与同位素标记的特异 DNA 序列探针结合，位点特异性 DNA 结合蛋白借助于氢键、离子键和疏水键结合 DNA 探针，从而可通过放射自显影对 DNA 结合蛋白进行定性、定量分析[142]。

三、分子标记辅助育种

（一）分子标记辅助育种特点

分子标记辅助育种是利用分子标记与决定目标性状基因紧密连锁的特点，通过检测分子标记，即可检测到目的基因的存在，达到选择目标性状的目的，具有快速、准确、不受环境条件干扰的特点。

（二）分子标记在油菜中的应用

分子标记技术在油菜育种中的应用概括起来大致有以下几个方面：①广泛开发利用种质资源，拓宽育种基础；②标记重要基因，提高育种效率；③鉴定遗传多样性，确定杂优育种的亲本选配；④揭示物种亲缘关系，有效进行种质资源创新。

四、植物组织培养技术

（一）植物组织培养特点

植物组织培养是指在无菌条件下，将离体植物细胞、组织、器官及原生质体在人工控制的环境下培养成完整植株的生物学技术。其理论依据是植物细胞的全能性，即在合适情况下，任何一个细胞都可以发育成一个新个体，通过对外植体进行脱分化处理，诱导愈伤组织，随后进行再分化、植株再生、获得试管苗。

（二）植物组织培养技术应用

植物组织培养技术主要应用：①采用离体培养技术创造突变体；②采用花药培养快速获得纯系；③采用小孢子培养和单、双倍体育种，缩短育种时间和提高与育种效率；④植物原生质体的培养，重组核基因的细胞质，获得胞质杂种。

现代生物技术只能作为传统育种的一种补充，在育种的一些环节发挥作用，如加快育种进程，增加育种手段，提高育种效率；对复杂性状的改良基本无能为力，如对基因型与环境的互作研究。

参考文献

［1］ Gu J, Chao H, Wang H, et al. Identification of the Relationship between Oil Body Morphology and Oil Content by Microstructure Comparison Combining with QTL Analysis in *Brassica napus* [J]. Frontiers in Plant Science, 2017, 7: 1989.

［2］ Hajduch M, Casteel J E, Hurrelmeyer K E, et al. Proteomic analysis of seed filling in *Brassica napus*. Developmental characterization of metabolic isozymes using high-resolution two-dimensional gel electrophoresis. [J]. Plant Physiol, 2006, 141 (1): 32-46.

［3］ 王汉中，殷艳．我国油料产业形势分析与发展对策建议［J］．中国油料作物

学报，2014，36（3）：414-421.

[4] 王佳友，何秀荣，王茵．中国油脂油料进口替代关系的计量经济研究［J］．统计与信息论坛，2017，32（5）：69-75.

[5] 刘成，冯中朝，肖唐华，等．我国油菜产业发展现状、潜力及对策［J］．中国油料作物学报，2019，41（4）：485-489.

[6] 傅廷栋．论油菜的起源进化与雄性不育三系选育［J］．中国油料，1989（1）：9-12.

[7] 张永霞，赵锋，张红玲．中国油菜产业发展现状、问题及对策分析［J］．世界农业，2015（4）：96-99，203-204.

[8] 熊秋芳，张效明，文静，等．菜籽油与不同食用植物油营养品质的比较：兼论油菜品质的遗传改良［J］．中国粮油学报，2014，29（6）：122-128.

[9] FAO. Fats and fatty acids in human nutrition［R］. FAO Food and Nutrition Paper，2010，91（91）：1.

[10] 刘丽莉，杨协立，张仲欣．低胆固醇发酵肉制品的研究与开发［J］．食品科学，2005，26（9）：632-636.

[11] 国家林业局油茶产业发展办公室，国家林业局场圃总站，国家林业局科技司．茶油营养与健康［M］．杭州：浙江科学技术出版社，2016：9-11.

[12] Pardo V，González-Rodtíguez Á，Muntané J，et al. Role of hepatocyte S6K1 in palmitic acid - induced endoplasmic reticulum stress，lipotoxicity，insulin resistance and in oleicacid-induced protection［J］. Food Chem Toxicol，2015，80：298-309.

[13] Kwak H J，Choi H E，Cheon H G. 5-LO inhibition ameliorates palmitic acid-induced ER stress，oxidative stress and insulin resistance via AMPK activation in murine myot［J］. Scientific Reports，2017，7（1）：5025.

[14] Talukder M A，Preda M，Ryzhova L，et al. Heterozygouscaveolin-3 mice show increased susceptibility to palmitate - induced in sulin resistance［J］. Physiological Reports，2016，4（6）：e12736.

[15] 王筱菁，李万根，苏杭，等．棕榈酸及亚油酸对人成骨肉瘤细胞 MG63 作用的研究［J］．中国骨质疏松杂志，2007（8）：542-546.

[16] 张利，纪军，朱晓钰，等．软脂酸诱导人肝癌 HepG2 细胞的凋亡［J］．中国医学科学院学报，2004（6）：671-676.

[17] Grundy S M. Composition of monounsaturated fatty acids and carbohydrates for lowering plasma cholesteroll［J］. New England Journal of Medicine，1986，314：745-748.

[18] Nicolosi R J，Woolfrey B，Wilson T A，et al. Decreased aortic early atherosclerosis and associated risk factors in hyper-cholesteromemic hamsters fed a high- or mid-oleic acid oil compared to a high-linoleic acid oil［J］. Journal of Nutritional Biochemistry，2004，15：540-547.

[19] 胥莉．亚油酸氧化产物的体外活性和促炎作用［D］．杨凌：西北农林科技大学，2013.

[20] 李加兴，李忠海，刘飞，等．α-亚麻酸的生理功能及其富集纯化［J］．食品与机械，2009，25（5）：172-177.

[21] 刘峰，王正武，王仲妮．α-亚麻酸的分离技术及功能［J］．食品与药品，2007，9（8）：60-63.

[22] Kim K，Nam Y A，Kim H S，et al. α-Linolenic acid：nutraceutical，pharmacological and toxicological evaluation［J］．Food and Chemical Toxicology，2014（70）：163-178.

[23] 丛珊．细胞色素酶介导的花生四烯酸代谢机制研究［D］．上海：上海交通大学，2015.

[24] 李春梅．花生四烯酸衍生物与造血和免疫调节［J］．军事医学科学学院院刊，1989，13（4）：259-265.

[25] Yamashima T. Dual effects of the non-esterified fatty acid receptor ‘GPR40’ for human health［J］．Progress in Lipid Research，2015，58：40-50.

[26] Kanter J E，Bornfeldt K E. Inflammation and diabetes - accelerated atherosclerosis：myeloid cell mediators［J］．Trends in Endocrinology & Metabolism，2013，24（3）：137-144.

[27] Martinez-Rivas J M，Sperling P，Luhs W，et al. Spatial and temporal regulation of three different microsomal oleate desaturase genes（FAD2）from normal-type and high-oleic varieties of sunflower（*Helianthus annuus* L.）［J］．Molecular Breeding，2001，8（2）：159-168.

[28] 王汉中．我国油菜产业发展的历史回顾与展望［J］．中国油料作物学报，2010，32（2）：300.

[29] Auld D L，Heikkinen M K，Erickson D A，et al. Rapeseed mutants with reduced levels of polyunsaturated fatty acids and increased levels of oleic acid［J］．Crop science，1992，32（3）：657-662.

[30] Rücker B，Röbbelen G. Impact of low linolenic acid content on seed yield of winter oilseed rape（*Brassica napus* L.）［J］．Plant breeding，1996，115（4）：226-230.

[31] 周永明．油菜品质遗传改良的进展和动态［J］．国外农学：油料作物，1996（1）：1-5.

[32] Jean P，Despeghel，Heinrich，等．欧洲第一个高油酸低亚麻酸冬油菜品种："SPLENDOR"．第十二届国际油菜大会论文集，2007，1.

[33] Guguin N，Lehman L，Richter A，et al. Breeding and development of HOLL winter oilseed rape hybrids［C］．Proc 13th Intern Rapeseed Congress. Prague，Czech，2011：566-568.

[34] 官春云．2004年加拿大油菜研究情况简介［J］．作物研究，2005，19（3）：

196-198.
[35] Laura M, Wayne B, Phil S, et al. High Oleic, low linolenic (HOLL) specialty canola development in Australia [C]. in Proceedings of the 12th International Rapeseed Congress, 2007.
[36] 傅寿仲 . 油菜高亚油酸、低亚麻酸育种的进展 [J]. 世界农业, 1990 (4): 21-23.
[37] 李德谋, 杨光伟, 罗小英, 等 . 高亚油酸低亚麻酸甘蓝型油菜育种材料的选育 [J]. 西南农业大学学报, 2001 (2): 126-129.
[38] 傅寿仲, 张洁夫, 戚存扣, 等 . 工业专用型高芥酸油菜新品种选育 [J]. 作物学报, 2004 (5): 409-412.
[39] 韩仁长, 黄冠, 余洪根, 等 . 高芥酸油菜新品种豪油 29 的选育 [J]. 园艺与种苗, 2019, 39 (9): 51-53.
[40] 张振乾, 官梅, 陈浩, 等 . 高油酸油菜 [M]. 北京: 科学出版社, 2020: 3-5
[41] 王汉中 . 我国油菜产业发展的历史回顾与展望 [J]. 中国油料作物学报, 2010, 32 (2): 300-302.
[42] Stéphane C, Marion T, Sandra W, et al. Bioherbicides: Dead in the water? A review of the existing products for integrated weed management [J]. Crop Protection, 2016, 87: 44-49.
[43] 管文杰, 张付贵, 闫贵欣, 等 . 油菜抗除草剂机理与种质创制研究进展 [J]. 中国油料作物学报, 2021, 43 (6): 1159-1173.
[44] 游大慧 . 白菜型油菜 EPSP、全长 cDNA 的克隆和原核表达 [D]. 成都: 四川大学, 2004
[45] 张百彤, 王瑞楠, 孙墨楠, 等 . 抗草甘膦转基因作物分子育种策略 [J]. 生物技术, 2019, 29 (3): 288-293, 307.
[46] International Service for the Acquisition of Agribiotech Applications [DB/OL]. http: //www. isaaa. org/gmapprovaldatabase/default. asp.
[47] 张荣, 信晓阳, 邢泽农, 等 . 分子标记辅助快速回交选育抗草铵膦油菜不育系及恢复系 [J]. 西北农业学报, 2016, 25 (2): 249-257.
[48] 程晓晖, 刘越英, 黄军, 等 . 2015—2020 年我国冬油菜新品种菌核病抗性动态分析 [C] //植物病理科技创新与绿色防控: 中国植物病理学会 2021 年学术年会论文集 . 北京: 中国农业科学技术出版社, 2021.
[49] 罗延青, 王云月, 俎峰, 等 . 芸薹根肿菌侵染早期甘蓝型油菜转录组分析 [J]. 中国油料作物学报, 2019, 41: 421-434.
[50] Hejna O, Havlickova L, He Z, et al. Analysing the genetic architecture of clubroot resistance variation in *Brassica napus* by associative transcriptomics [J]. Mol Breed, 2019 (8): 13.
[51] 谢芳玲, 谢绍兴, 徐福才, 等 . 油菜根肿病抗病资源研究进展 [J]. 南方农

业，2021，15：220-222.
[52] 张莹莹，郝文娟，李宏玉，等．一株多黏类芽孢杆菌 Paenibacillus polymyxa 菌株 P1 防治广东菜心根肿病的研究［J］．植物保护，2022，48：291-296.
[53] Dekker J P，Lodder A，van EkJ. Theory for the electromigration wind force in dilute alloys. Phys Rev B，1997，56：12167-12177.
[54] 何璋超．寄主与根肿菌互作的代谢组学研究［D］．武汉：华中农业大学，2017.
[55] 吴鑫燕．利用分子标记辅助育种创制抗根肿病的青梗松花花椰菜新种质［D］．上海：上海应用技术大学，2021.
[56] 刘波，魏全全，鲁剑巍，等．苗期渍水和氮肥用量对直播冬油菜产量及氮肥利用率的影响［J］．植物营养与肥料学报，2017，23（1）：144-153.
[57] 马海清，刘清云，高立兵，等．油菜初花期淹水胁迫对产量及构成因子的影响［J］．中国农业文摘-农业工程，2020，32（6）：77-80.
[58] 李玲，张春雷，张树杰，等．渍水对冬油菜苗期生长及生理的影响［J］．中国油料作物学报，2011，33（3）：247-252.
[59] Yu H，Liu Z L，Hu H L，et al. Effect of drought stress on the ultramicrostructures of chloroplasts and mitochondria of five plants［J］. Bulletin of Botanical Research，2011，31（2）：152-158.
[60] 朱小慧，马君红，刘锋博，等．干旱胁迫下甘蓝型油菜幼苗萌发特性及生理指标分析［J］．西北农业学报，2021，30（9）：1331-1337.
[61] 全芮萍，陈建福，张蕾，等．抗氧化酶和植物螯合肽对苎麻重金属 Cd 胁迫的应答［J］．热带作物学报：1-12［2022-04-04］.
[62] Ayyaz Ahsan，Miao Yilin，Hannan Fakhir，et al. Drought tolerance in Brassica napus is accompanied withenhanced antioxidative protection，photosynthetic and hormonal regulation at seedling stage［J］. Physiologia plantarum，2021，172（2）.
[63] 李阳阳，李驰，任俊洋，等．甘蓝型油菜苗期耐旱性综合评价与耐旱性鉴定指标筛选［J］．中国生态农业学报，2021，29（8）：1327-1338.
[64] 朱秀红，韩晓雪，温道远，等．镉胁迫对油菜亚细胞镉分布和镉化学形态的影响［J］．北方园艺，2020，457（10）：1-9.
[65] 肖雪，张秀侠，陈玉琳，等．重金属铅、镉及其互作胁迫下油菜种子萌发差异分析及筛选［J］．耕作与栽培，2020，40（4）：8-12，18.
[66] Du J，Guo Z，LiR，et al. Screening of Chinese mustard（*Brassica juncea* L.）cultivars for the phytoremediation of Cd and Zn based on the plant physiological mechanisms［J］. Environ Pollut，2020，261：114213.
[67] 王玉锁，李洁芬，冯梓琪．土壤重金属污染程度对农作物生长的影响研究［J］．环境科学与管理，2021，46（5）：165-170.
[68] Shahid M，Pourrut B，Dumat C，et al. Heavy-metal-induced reactive oxygen

species: phytotoxicity and physicochemical changes in plants [J]. Rev Environ Contam Toxicol, 2014, 232: 1-44.

[69] Zheng S, Liu S, Feng J, et al. Overexpression of a stress response membrane protein gene OsSMP1 enhances rice tolerance to salt, cold and heavy metal stress [J]. Environmental and Experimental Botany, 2021, 182: 104327.

[70] 郑楠，王月平，吴玉环，等．重金属对油菜生理生化影响的研究现状 [J]. 安徽农业科学，2011，39 (9)：5156-5158.

[71] Li Y L, Rahman U S, Qiu Z X, et al. Toxic effects of cadmium on the physiological and biochemical attributes of plants, and phytoremediation strategies: A review [J]. Environmental Pollution, 2023, 325: 121433.

[72] Cao F, Dai H, Hao P F, et al. Silicon regulates the expression of vacuolar H (+) -pyrophosphatase 1 and decreases cadmium accumulation in rice (Oryza sativa L.) [J]. Chemosphere, 2020, 240: 124907.

[73] 何俊瑜，任艳芳，朱诚，等．镉胁迫对不同水稻品种种子萌发、幼苗生长和淀粉酶活性的影响 [J]. 中国水稻科学，2008 (4)：399-404.

[74] 肖清铁，王经源，郑新宇，等．水稻根系响应镉胁迫的蛋白质差异表达 [J]. 生态学报，2015，35 (24)：8276-8283.

[75] Kanwar K M, Poonam, Bhardwaj R. Arsenic induced modulation of antioxidative defense system and brassinosteroids in *Brassica juncea* L [J]. Ecotoxicol Environ Saf, 2015, 115: 119-25.

[76] 张盛楠．外源植物激素对水稻和油菜耐镉砷胁迫的诱抗效应及生理机制 [D]. 北京：中国农业科学院，2021.

[77] Zhang Y X, Yu Z L, Fu X R, et al. Noc3p, a bHLH protein, plays an integral role in the initiation of DNA replication in budding yeast [J]. Cell, 2002, 109 (7): 849-860.

[78] Imran M A, Muhammad N C, Khan R M, et al. Toxicity of arsenic (As) on seed germinationof sunflower (*Helianthus annuus* L.) [J]. International Journal of Physical Sciences, 2013, 8 (17): 840-847.

[79] Ahsan N, Lee D G, Kim K H, et al. Analysis of arsenic stress-induced differentially expressed proteins in rice leaves by two-dimensional gel electrophoresis coupled with mass spectrometry [J]. Chemosphere, 2010, 78 (3): 22.

[80] Kanwal U, Ali S, Shakoor M B, et al. EDTA ameliorates phytoextraction of lead and plant growth by reducing morphological and biochemical injuries in *Brassica napus* L. under leadstress [J]. Environ Sci Pollut Res Int, 2014, 21 (16): 9899-9910.

[81] Zhang Y, Deng B, Li Z. Inhibition of NADPH oxidase increases defense enzyme activities and improves maize seed germination under Pb stress [J]. Ecotoxicol Environ Saf, 2018, 158: 187-192.

[82]　林昕，高建培．油菜对镉、铅复合污染土壤修复潜力的研究［J］．大理学院学报，2010，9（4）：76-80.
[83]　孙杰，王一峰，田凤鸣，等．重金属 Pb^{2+} 胁迫对油菜种子萌发及幼苗生长的影响［J］．陇东学院学报，2019，30（2）：67-70.
[84]　张尧锋，余华胜，曾孝元，等．早熟甘蓝型油菜研究进展及其应用［J］．植物遗传资源学报，2019，20（2）：258-266.
[85]　米文博．低温胁迫下甘蓝型冬油菜差异蛋白组学分析［D］．兰州：甘肃农业大学，2020.
[86]　许耀照．白菜型冬油菜抗寒生理基础及分子机理研究［D］．兰州：甘肃农业大学，2020.
[87]　杨洋．不同程度复合盐碱胁迫对油菜苗期生理生化特性的影响［D］．石河子：石河子大学，2020.
[88]　陶顺仙．碱性盐对甘蓝型油菜苗期生长的影响及耐盐候选基因分析［D］．杨凌：西北农林科技大学，2020.
[89]　段民孝．基因组学研究概述［J］．北京农业科学，2001（2）：6-10.
[90]　汪京超．基于转录组学的油菜镉胁迫响应机制研究［D］．重庆：西南大学，2016.
[91]　崔凯，吴伟伟，刁其玉．转录组测序技术的研究和应用进展［J］．生物技术通报，2019，35（7）：1-9.
[92]　王晓丹，肖钢，张振乾，等．转录组学和蛋白质组学关联分析在植物研究中的应用［J］．基因组学与应用生物学，2018，37（1）：432-439.
[93]　Anderson J T，Mitchell-Olds T. Ecological genetics and genomics of plant defenses：Evidence and approaches［J］. Funct Ecol，2011，25（2）：312-324.
[94]　孔谦，陈中健，贝锦龙，等．蛋白质组学方法及其在农业生物科研领域的应用［J］．广东农业科学，2013，40（15）：164-167.
[95]　Pierce A，Unwin R D，Evans C A，et al. Eight-channel iTRAQ enables comparison of the activity of six leukemogenic tyrosine kinases［J］. Molecular & Cellular Proteomics，2008，7（5）：853-863.
[96]　陈捷，徐书法，刘力行，等．农业生物蛋白质组学［M］．北京：科学出版社，2009.
[97]　Farooq M A，Zhang K，Islam F，et al. Physiological and iTRAQ-Based Quantitative Proteomics Analysis of Methyl Jasmonate-Induced Tolerance in *Brassica napus* Under Arsenic Stress［J］. Proteomics，2018，18（10），1700290.
[98]　Yıldız M，Terzi H. Exogenous cysteine alleviates chromium stress via reducing its uptake and regulating proteome in roots of *Brassica napus* L. seedlings［J］. South African Journal of Botany，2021，139：114-121.
[99]　Ruan C J，Teixeira da Silva J A. Metabolomics：Creating new potentials for unraveling the mechanisms in response to salt and drought stress and for the biotech-

nological improvement of xero - halophytes [J]. Critical Reviews in Biotechnology, 2010, 31 (2): 153-169.

[100] Rochfort S. Metabolomics Reviewed: A New "Omics" Platform Technology for Systems Biology and Implications for Natural Products Research [J]. Journal of Natural Products, 2005, 68 (12), 1813-1820.

[101] 成玉. 基于色谱质谱联用技术的代谢组学方法研究及大肠癌代谢组学研究 [D]. 上海：华东师范大学，2012.

[102] 朱智国. 全长转录组关联代谢组揭示类黄酮在马铃薯冻害胁迫中的作用 [D]. 昆明：云南师范大学，2023.

[103] Zhang X, Liu C. Multifaceted regulations of gateway rnzyme phenylalanine ammonialyase in the biosynthesis of phenylpropanoids [J]. Molplant, 2014, 8 (1): 17-27.

[104] Fraga C, Clowers B, Moore R, et al. Signature-discovery approach for sample matching of a nerve-agent precursor using liquid chromatography-mass spectrometry, XCMS, and chemometrics [J]. Analchem, 2010, 82.

[105] Fu H, Yu H, Li T, et al. Influence of cadmium stress on root exudates of high cadmium accumulating rice line (*Oryza sativa* L.) [J]. Ecotoxicology and Environmental Safety, 2018, 150: 168-175.

[106] Mwamba T M, Islam F, Ali B, et al. Comparative metabolomic responses of low-and high-cadmium accumulating genotypes reveal the cadmium adaptive mechanism in Brassica napus [J]. Chemosphere, 2020.

[107] 孙亚平. 基于转录组和蛋白组整合分析的油菜毛状根镉胁迫响应机制初步研究 [D]. 北京：北京交通大学，2020.

[108] Bai C M, Zheng Y Y, Watkins C B, et al. Revealing the Specific Regulations of Brassinolide on Tomato Fruit Chilling Injury by Integrated Multi-Omics [J]. Frontiers in Nutrition, 2021, 8: 769715.

[109] Li M, Wang K, Li S, et al. Exploration of rice pistil responses during early post-pollination through a combined proteomic and transcriptomic analysis [J]. J Proteomics, 2016, 131: 214-226.

[110] 张振亚，裴翠明，马进. 基于转录组和蛋白质组关联研究技术筛选紫花苜蓿耐盐相关候选基因 [J]. 植物生理学报，2016，52 (3): 317-324.

[111] He F, Wei C, Zhang Y, et al. Genome-Wide Association Analysis Coupled With Transcriptome Analysis Reveals Candidate Genes Related to Salt Stress in Alfalfa (*Medicago sativa* L.) [J]. Front Plant Sci, 2021, 12: 826584.

[112] Yang X, Kui L, Tang M, et al. High-Throughput Transcriptome Profiling in Drug and Biomarker Discovery [J]. Frontiers in Genetics, 2020, 11: 19.

[113] Liu S, Li Z, Yu B, et al. Recent advances on protein separation and purification methods [J]. Advances in Colloid and Interface Science, 2020.

［114］ Lan P，Li W，Schmidt W. Complementary proteome and transcriptome profiling in phosphate - deficient Arabidopsis roots reveals multiple levels of gene regulation［J］. Mol Cell Proteomics，2012，11（11）.

［115］ Mehmood SS. 利用转录组与蛋白组比较分析揭示不同油菜品种低温应答机制［D］. 北京：中国农业科学院，2022.

［116］ Kumar V，Kumar P，Bhargava B，et al. Transcriptomic and Metabolomic Reprogramming to Explore the High-Altitude Adaptation of Medicinal Plants：A Review［J］. J Plant Growth Regul，2023，42：7315-7329.

［117］ Ali R. 甘蓝型油菜响应低温胁迫的转录组与代谢组学分析［D］. 北京：中国农业科学院，2022.

［118］ Qiang L W，Zhao N，Liao K Z，et al. Metabolomics and transcriptomics reveal the toxic mechanism of Cd and nano TiO_2 coexposure on rice（*Oryza sativa* L.）［J］. Journal of Hazardous Materials，2023，453：131411.

［119］ Geng S，Yu B，Zhu N，et al. Metabolomics and Proteomics of *Brassica napus* Guard Cells in Response to Low CO_2［J］. Frontiers in Molecular Biosciences，2017，4：51.

［120］ Ali B，Gill RA，Yang S，et al. Regulation of Cadmium-Induced Proteomic and Metabolic Changes by 5 - Aminolevulinic Acid in Leaves of Brassica napus L［J］. PLOS ONE，2015，10（4）：0123328.

［121］ 熊强强，魏雪娇，施翔，等．多层组学在植物逆境及育种中的研究进展［J］. 江西农业大学学报，2018，40（6）：1197-1206.

［122］ Liang C，Cheng S，Zhang Y，et al. Transcriptomic，proteomic and metabolic changes in *Arabidopsis thaliana* leaves after the onset of illumination［J］. BMC Plant Biology，2016，16（1）.

［123］ Avin-Wittenber T，Bajdzienko K，Wittenberg G，et al. Global analysis of the role of autophagy in cellular metabolism and energy homeostasis in *Arabidopsis* seedlings under carbon starvation［J］. Plant Cell，2015，27（2）：306-322.

［124］ Li L，Tian Z，Chen J，et al. Characterization of novel loci controlling seed oil content in *Brassica napus* by marker metabolite - based multi - omics analysis［J］. Genome Biol，2023，24：141.

［125］ Zhang Y，Zhang H，Zhao H，et al. Multi-omics analysis dissects the genetic architecture of seed coat content in *Brassica napus*［J］. Genome Biol，2022，23：86.

［126］ Zhao H，Shang G，Yin N，et al. Multi-omics analysis reveals the mechanism of seed coat color formation in *Brassica napus* L.［J］. Theor Appl Genet，2022，135：2083-2099.

［127］ 刘俊杰，魏小春，齐树森，等．反义基因技术及其在植物研究上的应用［J］. 生物技术通报，2008（4）：78-84.

[128] Nejepinska J, Flemr M, Svoboda P. The Canonical RNA Interferenceb Pathway in Animals [M]. Mallick B, Ghosh Z. Regulatory RNAs-Basics, Methods and Applications. Berlin: Springer, 2012: 111-149.

[129] 崔喜艳，孙小杰，刘忠野，等．RNAi 机制及在植物中应用的研究概述 [J]．吉林农业大学学报，2013，35（2）：160-166.

[130] Czech B, Hannon G J. Small RNA sorting: matchmaking for Argonautes [J]. Nature Reviews Genetics, 2010, 12 (1): 19-31.

[131] Jinek M, Doudna J A. A three-dimensional view of the molecular machinery of RNA interference [J]. Nature, 2009, 457 (7228): 405-412.

[132] Capecchi M R. Altering the genome by homologous recombination [J]. Science, 1989, 244: 1288-1292.

[133] 韩冰舟，张亚鸽，张博．基因组靶向敲入技术在模式动物中的发展与应用：以斑马鱼为例 [J]．生命科学，2018，30（9）：967-979.

[134] 吴姗．对基因间相互作用的研究和基因调控网络预测 [D]．上海：同济大学，2003.

[135] Bannister A, Kouzarides T. Basic peptides enhance protein-DNA interaction in vitro. Nucl Acids Res, 1992, 20: 3523.

[136] Sambrook J, Russell D. Molecular cloning: a laboratory manual [M]. 3rd ed. New York: Cold Spring Harbor Laboratory Press, 2001: 1322-1336.

[137] Fried M G, Crothers D M. Kinetics and mechanism in the reaction of gene regulatory proteins with DNA [J]. J Mol Biol, 1984, 172: 263-282.

[138] 刘巍峰，秦玉静，高东．酵母杂交系统的发展及其应用 [J]．生物工程进展，2001（1）：23-24，10.

[139] Sun D Y, Guo K X, Rusche J J, et al. Facilitation of a structural transition in the polyporine/polypyrimidine tract within the proximal promoter region of the human VEGF gene by the presence of potassium and G-quadruplex-interactive agents [J]. Nucleic Acids Res, 2005, 33 (18): 6070-6080.

[140] Shaw P E, Stewart A F. Identification of protein-DNA contacts with dimethyl sulfate methylation protection and methylation interference [J]. Methods Mol Biol, 2001, 148: 221-227.

[141] 李玲，杨鹏跃，朱本忠，等．染色质免疫共沉淀技术的应用和研究进展 [J]．中国食品学报，2012，12（6）：124-132.

[142] 张金璧，潘增祥，林飞，等．核酸-蛋白质互作的生物化学研究方法 [J]．遗传，2009，31（3）：325-336.

第二章　油菜含油量改良育种

第一节　高含油油菜育种进展

提高菜油供应量可提高扩大种植面积和提高单位面积产油量两个途径，但目前我国油菜种植面积不断萎缩[1]，亩产短期内也难以有显著提升；而菜籽含油量与国外相比还有4%~6%的差距，增长潜力大[2]，如果生产中的油菜品种含油量超过48%，则相当于总产量提高10%[2]。

近年来，我国油菜遗传育种改良取得巨大成效，选育出了一系列高产、高含油的突破性品种[3]。但含油量接近国外（50%左右）的高含油油菜新品种较少[2]，相关分子机理研究也较少。本节综述了高含油油菜新品种（索氏抽提测定含油量50%左右）选育研究及其分子机理方面研究，以期为我国高含油油菜发展提供参考。

一、高含油新品种选育

我国是白菜型和芥菜型油菜的原产地，有很多含油量超过48%、甚至50%以上的油菜资源材料[4]。培育优良品种的方法通常是常规育种和杂交育种。常规育种工作烦琐，耗时长，但种植成本较低[5]；杂交育种后代优势相对明显，但必须每年制备新的种子[6]。

（一）常规高含油油菜新品种选育

当前我国通过常规方法选育的高含油新品种多为甘蓝型油菜，白菜型和芥菜型新品种较少，且因抗性和产量等原因，未投入生产，含油量总体趋势是甘蓝型最高，其次是白菜型和芥菜型[6]。与加拿大大规模生产的Zephyr和Midas（51%左右）相比[7]，仍有一定的差距。

1. 连续单株选择和品种间杂交

青海省浩门农场于1975年从6个白菜型油菜中选出了含油量较高的单株，通过连续3代单株选择，获得了一批含油量大于49%的品系[2]；西藏隆子县培育的白菜型品种含油量可达51.6%[2]；云南盘溪大寨的芥菜型油菜含油量可达49.09%[2]。同时，选育的高含油量甘蓝型油菜的产量和品质也有所改善，相关研究如表2-1所示。

表 2-1　常规高含油油菜新品种的选育

品种	父母本		选育代数	方法	含油量	产量（kg/hm²）	品质	
	母本	父本					芥酸	硫苷（μmol/g）
浙油 51	9603	宁油 10 号	8	品种间杂交	48.54%	3 264	0.3%	22.68
浙油 50	沪油 15	浙双 6 号	8	品种间杂交	49.00%	4 557	0.05%	25.99
中双 11	26102	中双 9 号/2F10	8	连续单株选择、回交	49.04%	2 394	0	18.84
沪油 25	沪油 16	9840×沪油 16 F_4 代	6	品种间杂交	49.07%	2 434	0.97%	16.12
沪油 19	中双 4 号	84004×8920F_3 代	10	品种间杂交	49.16%	3 021	0.1%	18.87

由表 2-1 可知，目前我国的高含油油菜新品种多为甘蓝型油菜，且为双低油菜。常规育种周期长、选择效率低，新品种的选育进度会受到制约，也可能导致其他品质的降低。因此要与其他育种方式结合才能显著提高育种效率。

2. 诱变育种

诱变育种有化学诱变和物理诱变两种。目前高含油油菜多采用辐射诱变。印度加纳把褐粒的芥菜型油菜成功突变出黄粒突变体 TM_1，且含油量提高 2%。中国学者用 $^{60}Co\gamma$ 射线辐照甘蓝型油菜干种子，选育出的突变体含油量增加 6.29%~6.80%。但诱变育种成本较高，不稳定易变异，新品种很难大面积投入生产。

（二）杂交高含油油菜选育

油菜含油量的杂种优势并没有其他经济性状那么显著，F_1 代含油量往往介于双亲之间[8]。钱武[9]研究发现，含油量高的品种作母本后代杂交优势明显；双亲亲缘关系越远后代杂种优势越强。因而，选育高含油油菜新品种时应选择差异较大的亲本，以含油量较高的亲本做母本。

1. 杂交高含油油菜新品种选育

2002 年我国第一个含油量超过 45%的‘秦杂油 2 号’问世后，高含油杂交油菜新品种选育取得了较大进展，获得了一大批含油量超过 48%的杂交新品种（表 2-2）。

表 2-2　杂交高含油油菜新品种的选育

品种	春化品性	亲本	含油量	产量（kg/hm²）	品质	
					芥酸	硫苷（μmol/g）（饼）
中双 11 号	半冬性	（中双 9/2F10）//26102	49.04%	2 668.8	0	18.84
中油杂 200	半冬性	86A×P028	48.4%	2 868	0.1%	20.9
大地 199	冬性	中双 11CA×R11	48.67%	2 989	0.04%	18.02
中油杂 19	半冬性	中双 11 号×zy293	49.95%	1 444	0.15%	21.05
喜多油 1 号	半冬性	S01A×S02R	51.98%	3 078	0.1%	20.54
贡油 6201	半冬性	BZ222AB×7（50）R	50.2%	2 818.2	0.598%	25.34

（续表）

品种	春化品性	亲本	含油量	产量（kg/hm²）	品质	
					芥酸	硫苷（μmol/g）（饼）
新油 24 号	春油菜	11 Gapersist001A×10 Grstar001R	50.02%	3 428.25	0.13%	24.86
中油杂 501	半冬性	优异种质复合杂交	50.38%	3 196.65	0.02%	23.18
湘作油 719	半冬性	Z15X×H719	49.75%	2 953.5	0.10%	19.82
春云油 7 号	半冬性	H82×D682	54.70%	3 184.5	0	26.00

杂交育种得到的后代虽然性状优良，但只使用一年便会出现性状分离。因此无法作为唯一的育种手段，应结合其他育种方法提高育种效率，获得更多高含油量品种。

2. 杂交育种三系材料的选育

“三系配套”是常用的育种手段，不育系的使用减少了烦琐的去雄工作，显著提高了育种效率。品质良好的雄性不育系更受育种者的青睐。近年来选育出大量优良的三系材料含油量较高（表 2–3）。

表 2–3　高含油雄性不育新品种的培育

名称	系别	类型	亲本	含油量	品质特性
6420A	不育系	甘蓝型	6113A×6420	47.00%	生长势强、双抗、配合力高、适应性广
18R	恢复系	甘蓝型	浙 18R×3911R	47.38%	农艺性状优良，硫苷、芥酸低
2368A	不育系	甘蓝型	QTA1、QTA2 混合轮回	48.34%	配合力好芥酸、硫苷低
1521C	恢复系	甘蓝型	油 77×宁油 10 号	48.50%	耐寒抗冻，适应性广
2392A	不育系	甘蓝型	QTA1、QTA2 混合轮回	49.72%	配合力好芥酸、硫苷低
T057–7	恢复系	甘蓝型	T057 小孢子培育	51.72%	农艺性状优良，可作为高育种材料

由表 2–3 可知，目前含油量较高的三系材料多为不育系和恢复系，且多为甘蓝型油菜。

（三）转基因新品种或新材料选育

转基因高含油油菜目前报道的仅有浙江农科院选育成功的转基因油菜‘超油 1 号’（47.84%）和‘超油 2 号’（52.7%），原因主要是转基因油菜尚未被允许投入市场，同时大多数转入的基因无法稳定的遗传给后代[10]。

（四）黄籽品种的培育

天然存在的黄籽油菜材料只有白菜型油菜和芥菜型油菜，甘蓝型黄籽油菜是采用远缘杂交以及辐射诱变等方法合成的[11]。在相同遗传背景下，黄籽油菜普遍比黑籽油菜的含油量高[12]；黄籽油菜皮壳含油量和种子含油量都高于黑籽油菜，在育种中有较大应用价值，可作为亲本选育高含油油菜新品种。

中国于1990年育成了世界上第一个可以投入生产的甘蓝型黄籽油菜‘华黄1号’，含油量稳定在45%以上[11]。随后，大量黄籽油菜新品种相继问世，但含油量多在48%以下。湖南农业大学刘忠松教授将芥菜型油菜黄籽转育到甘蓝型油菜中，经长期选择培育，创制出性状遗传稳定含油量高达52.38%‘黄矮早’等新种质[13]。

二、高含油油菜分子生物学研究

油菜含油量由一个主基因和显性多基因共同控制的，受较少基因控制，容易通过基因重组出现高含油量的类型[14]。Ecke等[15]最先利用DH群体定位了甘蓝型油菜种子含油量及芥酸合成基因，3个与含油量相关的QTLs位点分属第6、第10、第12三个连锁群，其中两个位点与芥酸含量基因紧密连锁。因而，如何在低芥酸的条件前提下提高含油量是一个很值得研究的问题。

（一）功能基因研究

陈锦清[16]率先在国内克隆PEP基因并导入油菜下胚轴，得到含油量为49.54%的植株，证明外源基因可以转入油菜基因组并得到表达。近年来研究如表2-4所示。

表2-4　含油量相关基因的研究进展

基因	来源	对含油量的影响		表达模型	参考文献
		单基因影响	多基因影响		
BnGDPH、*BnGPAT*、*ScLPAAT*、*BnDGAT*、*ScGPDH*	三酰甘油途径（TAG）	*BnGDPH*超表达可增加4%，*BnGPAT*超表达可增加4%，*ScLPAAT*超表达可增加6.84%~8.55%	同时超表达可增加12.5%~14.46%	烟草模拟系统	[17]
BnLPAT5.2	LPAT的同源基因	超表达可增加5%		InGate载体	[18]
BnGDSL1	GDSL脂肪基因	抑制表达可增加3.8%~4.64%		大肠杆菌	[19]
AtFAE1	极长链脂肪酸合成酶基因	超表达可提高1.0%~2.2%		农杆菌介导	[20]

由表2-4可知，近年来相关研究大多与乙酰CoA相关。乙酰CoA是软脂酸合成的关键物质，还参与TAG和极长链脂肪酸的合成，可通过乙酰化方面研究来提高油菜含油量。

（二）分子标记

利用与含油量相关的基因紧密连锁的分子标记，对携带有高含油量基因的植株进行早期选择，能够减少田间选择的工作量，同时尽量避开与芥酸相关的连锁，增加育种效率。

万成燕[21]选择高含油量（47%）和低含油量（33%）的甘蓝型油菜的菜籽，利用SSR、RAPD和SRAP三种方法构建出一张遗传图谱，检测到2个与含油量相关位点。王燕惠[22]以Springfield-B和ymnm-8作为亲本构建F_2群体，利用SRAP分子标记构建甘蓝型油菜遗传连锁图谱选出了两个与含油量相关的QTLs，可解释11.23%和4.12%的变异。近年来相关研究如表 2-5 所示。

表 2-5　含油量相关的数量性状位点研究进展

连锁群位置	群体名称	个数	表型变异解释率	参考文献
A6、A10、C2	DH 群体	3	51%	[15]
A1、A3、A4、A5、A7、A8、C3、C4	RIL 群体	11	5.19%~13.57%	[23]
A1、A5、A7、A9、C2、C3、C6、C8	DH 群体	9	57.79%	[24]
A2、A3、A5、A6、C2、C5、C8、C9	DH 群体	14	9.15%~24.56%	[25]

由表 2-5 可知，变异率高的 QTL 大多位于 A1、A3、A5、C2、C3 等染色体上。目前虽检测到了许多含油量相关的 QTL，但重复性低，且不同的材料或种质资源含油量相关的等位基因也不完全一致，难直接应用于油菜育种。但这些发现可为未来高含油油菜育种提供指导。

（三）组学研究

组学研究可以从整体上对含油量进行把控，寻找影响高含油量根源因素[26]。目前在基因组学[27]、转录组学[28]和蛋白质组学[29]等方面都有大量相关研究，大大加快了高含油油菜分子机理研究进程，但使用的方法普遍比较落后，未能跟上当前研究潮流[27]。

1. 基因组学

油菜基因组中至少有 10 万多个编码蛋白的基因[26]，与拟南芥基因上具有高达 80%~95%的同源性，但拷贝数量多，许多基因在拟南芥中并未发现同源序列，这些差异基因可能是改变含油量的关键因素[27]。

2. 转录组学

姜成红[28]最先使用 miRNA 测序和降解组测序研究含油量，找到了 7 个相关的靶基因。但由于油菜基因组庞大，很难完全覆盖，不论是少数 T-DNA 还是转座子的插入，都很难引起含油量发生显著改变。

3. 蛋白组学研究

甘露等[29]对不同含油量的甘蓝型油菜油体蛋白的 2-DE 差异蛋白进行鉴定，发现了 34 个差异蛋白，证明油脂合成需要多种蛋白参与。何宇清等[30]分析了高含油量（49.5%）和低含油量（40.24%）甘蓝型油菜种子的总蛋白双向图谱，找到了 57 个与差异蛋白质点，表达量超过了 2 倍以上。

相关质谱方面的研究有所欠缺，蛋白质鉴定的灵敏度和精确度也比较低[29]。特别是低拷贝蛋白鉴定，与含油量相关的调节蛋白通常是微量蛋白[30]；难溶蛋白中有一些是重要的膜蛋白，检测这类蛋白对脂类合成的研究有促进作用[26]。

第二节　高含油量油菜育种材料筛选

高光谱技术已被广泛应用油菜产量监测[31]，可通过构建油菜早期光谱特性和性状间的联系预测产量、品质和生长状态[32]，极大地减少了育种工程中的烦琐操作。本研究以三组不同含油量油菜为材料，测定其不同生育期的冠层高光谱及对应叶绿素含量，分析含油量、叶绿素含量和光谱反射率之间的相关性，寻找其内在规律，提高育种效率。

一、材料与方法

（一）供试材料

试验采用不同含油量的甘蓝型油菜材料（表2-6），由湖南农业大学油料作物研究所提供。第三、第四章试验均使用上述材料完成。

表2-6　9个材料的含油量

材料	低含油量油菜			中含油量油菜			高含油量油菜		
	低1	低2	低3	中1	中2	中3	高1	高2	高3
品系	C627	C584	C575	F252	F189	F245	D721	F435	F259
含油量（%）	35.1	36.7	35.9	44.22	44.40	46.16	52.99	52.36	52.55
简称	A	B	C	D	E	F	G	H	I

（二）试验方法

试验在湖南农业大学耘园基地内进行，小区面积为6 m^2，3次重复，共27个小区，行距0.2 m，每小区行数为8行，随机区组设计。连续播种两年，2017年9月30日播种，2018年5月1日收获；2018年9月30日播种，2019年5月1日收获。

1. 光谱数据采集

2017—2018年度，分别在幼苗期（10月20日）、5~6叶期（11月20日）、蕾薹期（12月20日）、花期（2月20日）和角果期（4月20日）使用FieldSpec Pro FR2500型背挂式野外地物波谱仪（ASD，USA）进行高光谱测定。测定选择晴朗、少云少风的天气进行，最适宜的时间段为每天的10：00—14：00。测定时光谱仪探头垂直向下，距正上方50 cm处，每次测量前进行白板校正，每个小区随机选取5株长势均一的材料进行测量，并取算术平均值作为该小区的光谱测量值。具体操作方法参考方慧等[33]。

2. 叶绿素测定

将上述测定光谱的材料一一对应取样，营养生长期取倒数第三片伸展叶，花期取盛花期花蕾（自交套袋）和第三片伸展叶，角果期取角果皮，测定叶绿素含量[34]，具体操作方法如下。

称取0.5 g材料，加入适量石英砂和碳酸钙磨碎。

倒入80%丙酮10 mL，加盖，在黑暗处浸提取，摇动数次，至材料完全变白。

用721 A型分光光度计（屹谱仪器有限公司，上海）在447nm、645nm和663nm波长下测得OD值。

按下列公式计算叶绿素含量：叶绿素A含量 $C_A=12.7A_{663}-2.69A_{645}$、叶绿素B含

量 $C_B=22.9A_{645}-4.68A_{663}$、总叶绿素含量 $C_{A+B}=20.2A_{645}-80.2A_{663}$。

3. 含油量测定

用索式抽提法[35]，即残余法（国标 GB 2906—1982）测定含油量。具体操作步骤如下。

将滤纸裁成正方形，放入 60℃烘箱中，烘干过夜。

取出滤纸放入干燥器中冷却。

按顺序称重滤纸，记结果为 W_1。

将 1 g 油菜籽粉碎后，封入上述纸包，放入 60℃烘箱中过夜，移入干燥器中冷却，按顺序称重，记结果为 W_2。

将纸包倒入抽提筒加入石油醚，盖过样品，浸泡一夜，翌日加入再加入石油醚使其流入抽提瓶。

在抽提筒中反复加入石油醚，在 50～60℃的水浴中蒸馏抽提，直至石油醚颜色澄清。

取出样包放在通风处将石油醚挥发后在 60℃烘箱中干燥，取出放入干燥器冷却至室温，按顺序将各包在天平上称重，结果记为 W_3。

含油量计算按照如下公式。

油菜籽粒含油量（%）＝（W_2-W_3）/（W_2-W_1）×100%

4. 结果验证

随机选择 30 个含油量为 40%～50%的甘蓝型油菜（由湖南农业大学油料所提供），于翌年相同生育期测定光谱反射率，进行结果验证。

5. 数据分析与利用

（1）分析方法

叶绿素差异分析采用 SSR 法，光谱反射率、叶绿素含量和含油量相关性分析采用 Excel 2010 中 Correl 函数分析。数据分析、模型构建、检验及作图主要采用 View Spec 数据后处理软件、SPSS 18.0 及 Matlab R 2010a 等软件完成。

（2）模型检验

选出较优生育期的模型，于 2018—2019 年度，随机选择 30 个含油量不同的材料验证含油量和光谱反射率间的关系。

二、结果与分析

（一）不同生育期高光谱特性

测定不同生育期油菜冠层高光谱发现，如图 2-1 所示。

由图 2-1 可知，幼苗期不同含油量材料间光谱反射率有较大差异，油菜的反射率曲线分别在 400～500nm（蓝紫光）和 620～760nm 处出现两个低反射区，前者是叶片中存在可吸收蓝紫光的叶绿素 b 和类胡萝卜素[36]，后者是叶片中存在可吸收红光的叶绿素 a[37]。波长为 520～600nm（绿光）处，存在一个明显的反射峰，原因是一小部分绿色光被反射，导致叶片呈绿色[38]。整体曲线呈现出绿色植物典型的“两峰三谷”，与孙岩[39]研究一致。幼苗期，高含油量的材料不仅在两个反射谷的反射率较低，而且在

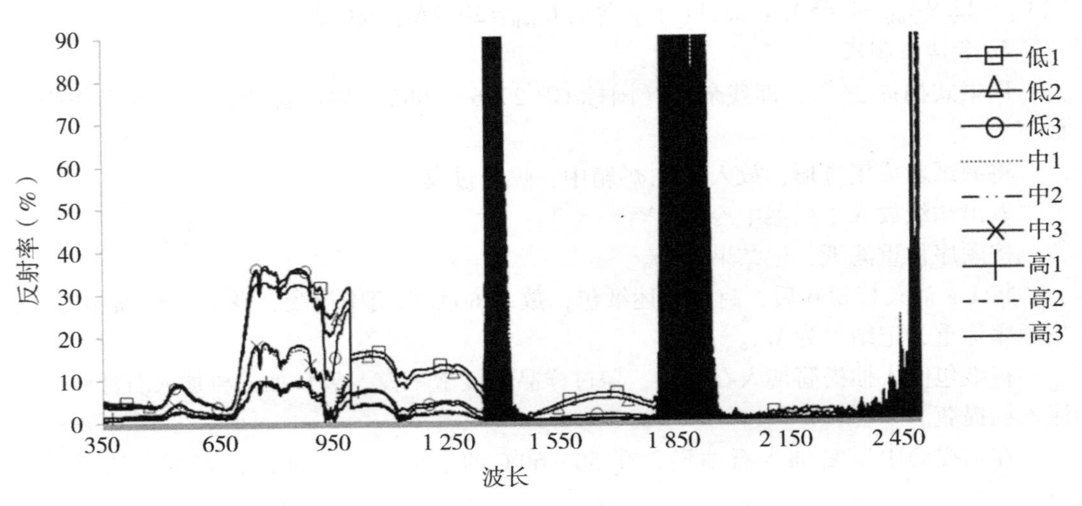

图 2-1　幼苗期不同油菜材料高光谱反射率曲线

整个可见光范围内的光反射都较低。在 700nm 后的反射高台上，含油量越高的材料在此波段反射率越低。

（二）不同生育期叶绿素含量

测定不同生育期叶绿素含量，并进行显著性分析，结果如图 2-2、图 2-3、图 2-4 所示。由图 2-2、图 2-3、图 2-4 可知，总叶绿素含量随着油菜生育期的变化不断降低，与 Fan 等[40]研究结果一致。

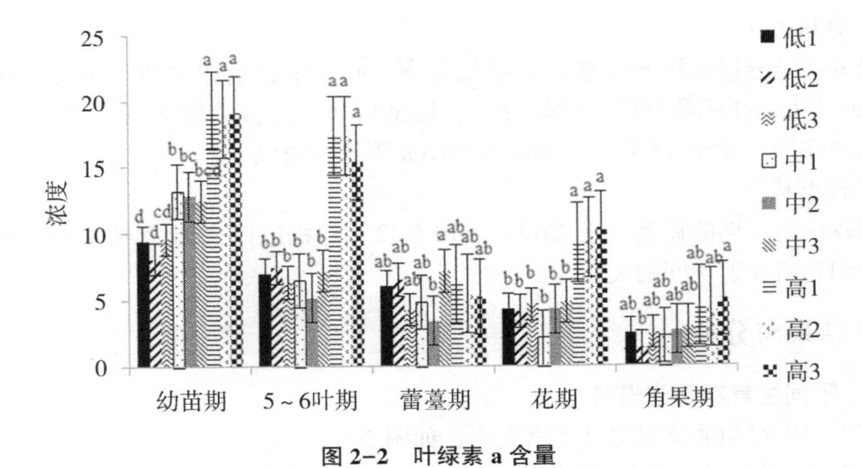

图 2-2　叶绿素 a 含量

叶绿素 a 在幼苗期、5～6 叶期和花期随含油量增加而增加；幼苗期总叶绿素含量随含油量增加而增加；5～6 叶期和花期时，高含油量材料与其他两类材料间差异显著。上述结果表明，叶绿素 a 是导致不同含油量油菜间叶绿素差异的主要原因，这与 Wang 等[41]结论一致。幼苗期含油量越高的材料总叶绿素含量越高，其光合作用越强，为后期油脂合成积累更多的底物[42]。

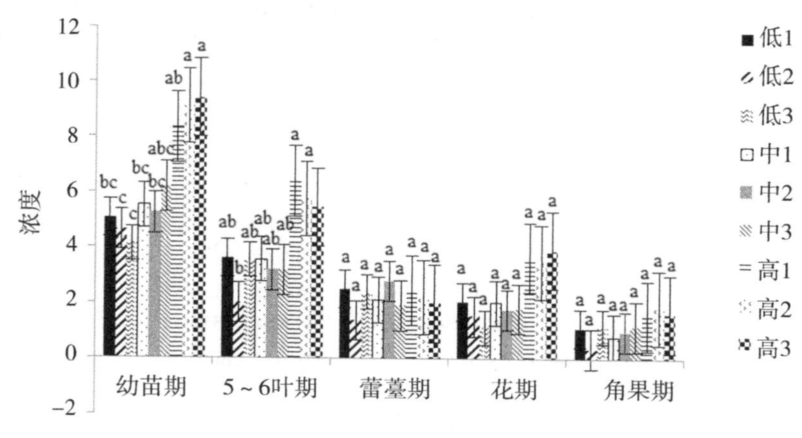

图 2-3　叶绿素 b 和类胡萝卜素含量

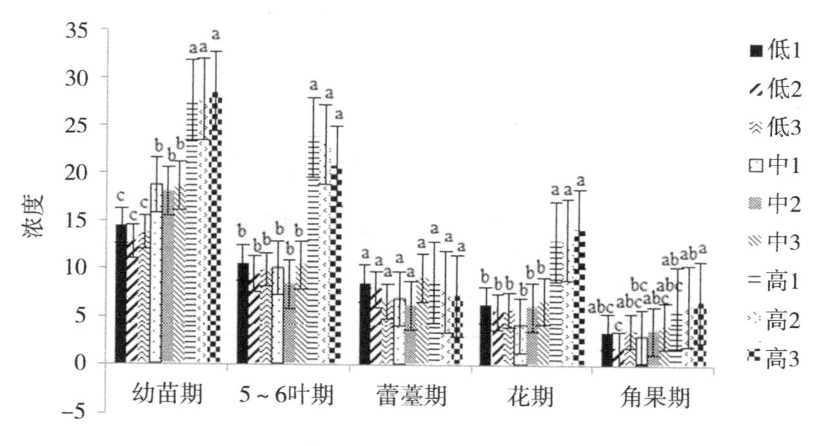

图 2-4　总叶绿素含量

由表 2-7 可知，幼苗期叶绿素 a 和 670nm 处的反射率相关性达到极显著水平，幼苗期、蕾薹期和花期的叶绿素 b 和类胡萝卜素和 490nm 相关性达到极显著水平。对这些时生育期叶绿素含量与对应谷值进行回归模拟，结果见表 2-8。

表 2-7　特征光谱与对应叶绿素的相关性分析

生育期	490nm/叶绿素 a	670nm/叶绿素 b+类胡萝卜素
幼苗期	-0.898**	-0.783**
5~6 叶期	-0.471	-0.355
蕾薹期	0.061	0.642*
花期	-0.286	-0.664*
角果期	-0.316	0.304

注：$n=9$，$P_{0.05}=0.553$，$P_{0.01}=0.684$。

表 2-8　油菜不同生育期 490nm、670nm 处反射率与叶绿素（x）含量预测模型

项目	叶绿素 a	叶绿素 b+类胡萝卜素		
	幼苗期	幼苗期	蕾薹期	花期
线性	$y=-0.0028x+0.0611$ $R^2=0.806$	$y=-0.0055x+0.0568$ $R^2=0.614$	$y=0.0188x+0.0274$ $R^2=0.413$	$y=-0.0054x+0.054$ $R^2=0.441$
指数	$y=0.1116e^{-0.127x}$ $R^2=0.864$	$y=0.1148e^{-0.291x}$ $R^2=0.776$	$y=0.039e^{0.2523x}$ $R^2=0.384$	$y=0.0558e^{-0.129x}$ $R^2=0.434$
幂函数	$y=1.7046x^{-1.735}$ $R^2=0.903$	$y=0.6146x^{-1.952}$ $R^2=0.796$	$y=0.0478x^{0.4548}$ $R^2=0.315$	$y=0.0525x^{-0.312}$ $R^2=0.449$
对数	$y=-0.039\ln(x)+0.1227$ $R^2=0.873$	$y=-0.038\ln(x)+0.0897$ $R^2=0.650$	$y=0.0339\ln(x)+0.0427$ $R^2=0.337$	$y=-0.013\ln(x)+0.0522$ $R^2=0.463$

决定系数 R^2 越接近 1 时，该模型计算越准确[43]。由表 2-8 可知，叶绿素 a 和 670nm、叶绿素 b 和类胡萝卜素和 490nm 最佳预测模型均为幼苗期，该生育期线性和指数的预测精度最大，可用于利用反射率预测叶绿素浓度。

（三）幼苗期基于叶绿素对含油量的预估

将油菜 5 个生育期总叶绿素含量和含油量进行相关分析，结果见表 2-9。

表 2-9　不同生育期总叶绿素含量与含油量的相关分析

项目	幼苗期	5~6 叶期	蕾薹期	花期	角果期
总叶绿素含量/含油量	0.962**	0.817**	0.118	0.810**	0.851**

注：$n=9$，$P_{0.05}=0.553$，$P_{0.01}=0.684$。

由表 2-9 可知，油菜幼苗期、5~6 叶期、花期和角果期和总叶绿素含量有较高相关性，对这些生育期含油量与总叶绿素含量间关联性进行分析，结果见表 2-10。

表 2-10　油菜主要相关生育期含油量（y）与总叶绿素含量（x）预测模型

项目	幼苗期	5~6 叶期	花期	角果期
线性	$y=1.1065x+22.31$ $R^2=0.926$	$y=0.9187x+31.602$ $R^2=0.668$	$y=1.5017x+32.016$ $R^2=0.656$	$y=3.79x+28.34$ $R^2=0.724$
指数	$y=26.609e^{0.025x}$ $R^2=0.897$	$y=33.063e^{0.0203x}$ $R^2=0.617$	$y=33.37e^{0.0331x}$ $R^2=0.605$	$y=30.636e^{0.0847x}$ $R^2=0.685$
幂函数	$y=9.6201x^{0.5143}$ $R^2=0.932$	$y=20.276x^{0.3028}$ $R^2=0.596$	$y=25.266x^{0.2736}$ $R^2=0.547$	$y=28.553x^{0.3132}$ $R^2=0.616$
对数	$y=22.619\ln(x)-22.326$ $R^2=0.952$	$y=13.736\ln(x)+9.3952$ $R^2=0.647$	$y=12.441\ln(x)+19.32$ $R^2=0.596$	$y=13.959\ln(x)+25.27$ $R^2=0.645$

由表 2-10 可知，含油量和总叶绿素在幼苗期决定系数最高，其余几个生育期的相关性也在 0.6 左右。因此，含油量和总叶绿素最佳回归方程的生育期为幼苗期。

(四) 不同波段光反射率与含油量的相关分析

5 个生育期油菜 490nm、560nm 和 670nm 的峰值与含油量进行相关分析（$n=9$），详见表 2-11。

表 2-11　不同波段光反射率与含油量的相关性分析

生育期	490nm 反射率/含油量	560nm 反射率/含油量	670nm 反射率/含油量
幼苗期	−0.949**	−0.962**	−0.937**
5~6 叶期	−0.436	−0.711**	−0.325
蕾薹期	−0.399	−0.463	−0.352
花期	−0.543	−0.437	−0.483
角果期	0.268	0.185	−0.041

注：$P_{0.05}=0.553$，$P_{0.01}=0.684$。

由表 2-11 可知，幼苗期时三种光对应的极值点与含油量负相关程度均达到了 0.9 以上，含油量随着幼苗期 490nm 和 670nm 反射率的降低或 560nm 反射率的增加而增加。说明幼苗期叶片进行光合作用吸收的光越多，贮藏的营养物质越多，对后期油分的积累影响作用越大[44]。该结果与图 2-1 结果一致。对表中相关程度达到 0.6 以上的生育期进行回归模拟，结果见表 2-12。

表 2-12　油菜主要相关生育期含油量（y）与光谱反射率（x）预测模型

项目	幼苗期		5~6 叶期	
	490nm 反射率/含油量	560nm 反射率/含油量	670nm 反射率/含油量	560nm 反射率/含油量
线性	$y=-520.97x+55.428$ $R^2=0.898$	$y=-255.51x+56.83$ $R^2=0.923$	$y=-507.77x+55.898$ $R^2=0.883$	$y=-200.02x+71.933$ $R^2=0.501$
指数	$y=56.683e^{-12.12x}$ $R^2=0.921$	$y=58.516e^{-5.928x}$ $R^2=0.942$	$y=57.304e^{-11.81x}$ $R^2=0.906$	$y=81.368e^{-4.49x}$ $R^2=0.478$
幂函数	$y=15.949x^{-0.251}$ $R^2=0.932$	$y=17.719x^{-0.286}$ $R^2=0.960$	$y=15.823x^{-0.258}$ $R^2=0.899$	$y=13.657x^{-0.583}$ $R^2=0.482$
对数	$y=-10.87\ln(x)+0.514$ $R^2=0.926$	$y=-12.43\ln(x)+5$ $R^2=0.957$	$y=-11.18\ln(x)+0.21$ $R^2=0.891$	$y=-26.01\ln(x)-7.617$ $R^2=0.505$

由表 2-12 可知，幼苗期反射率和含油量的回归方程系数均在 0.9 左右，幼苗期 490nm、560nm 和 670nm 等特征光谱反射率可用于预测含油量。

(五) 幼苗期早期筛选高含油材料准确度检验

将 2018—2019 年度 30 个验证材料幼苗期不同波段的光谱反射率代入表 2-13，不同波段下含油量和光谱反射率准确性见表 2-13。由表 2-13 可知，在 490nm、560nm 和 670nm 波段下，含油量和光谱线性方程准确率均高于其他函数，则说明结果可靠，可用于高含油量油菜早期筛选。

表 2-13　30 个幼苗期验证材料准确性

项目	490nm 反射率/含油量	560nm 反射率/含油量	670nm 反射率/含油量
线性	70%	90%	67%
指数	47%	42%	36%
幂函数	33%	12%	17%
对数	37%	41%	26%

三、讨论

油菜光合作用会受到叶绿素含量的影响，而含油脂积累则会受到光合作用的影响。方慧等[33]研究表明，油菜叶片的叶绿素含量和光谱反射率之间可以建立模型。本研究发现，在 490nm 和 670nm 处，幼苗期光谱反射率和叶绿素含量负相关，相关系数分别为-0.8 和-0.7，并得出了 R^2 较高的预测模型，叶绿素 a 含量是导致总叶绿素含量差异的主要原因叶绿素在光合作用的光吸收中起核心作用[37]，其含量与油菜后续长势密切相关。本研究发现光谱反射率和叶绿素含量有较高的相关性，可通过光谱反射率快速测定来预测叶绿素含量，进而筛选出光合能力强的育种新材料。幼苗期油菜的叶绿素含量会影响最终的含油量。康文霞等[45]研究表明，油菜含油量会受到各生育期叶绿素的影响。本研究发现，除蕾薹期外叶绿素含量和含油量极显著正相关，尤其是幼苗期相关系数高达 0.9，可用于检测幼苗期叶绿素含量。蕾薹期叶绿素含量和含油量相关性低可能是该时期油菜体内大多数的储能物质转化为可溶性糖之类抗寒的物质，具体原因有待于后续进一步研究。已有研究表明，油菜角果皮冠层的反射率与含油量之间相关性显著[33]，通过光谱反射率对油菜进行筛选是可行的。本研究发现，幼苗期含油量越高则高光谱反射率越低，特征光谱波段 490nm、560nm、670nm 反射率与含油量之间呈负相关，相关系数均达到-0.9。

本研究随机选择了 30 个含油量不同的材料验证光谱反射率—叶绿素含量—含油量的关系。结果表明，560nm 处光谱反射和含油量的准确性为 90%，说明结果可靠。

四、小结

本研究研究了油菜全生育期的光谱反射率、叶绿素含量和收获期的含油量，构建了幼苗期光谱反射率—叶绿素含量—含油量的关系，结果表明：幼苗期 490nm、560nm 和 670nm 反射率和含油量的回归方程系数均在 0.9 左右，说明该方法可用于油菜含油量早期预测。随机选择了 30 个含油量不同的材料验证光谱反射率—叶绿素—含油量的关系，在 560nm 线性方程准确性达 90%，说明结果可靠，表明油菜幼苗期光谱反射率可用于预测其含油量和叶绿素含量。

第三节　高含油量油菜生理特性研究

菜油是我国重要的食用油来源，但我国菜油自给率不足 40%[3]，生产中投入更多含油量高的品种能有效缓解现状[46]。但传统育种耗时长，无法快速筛选满足要求的材料[47]。若能通过油菜生长过程中某些指标与含油量间的联系，提前筛选含油量高的材料，则能大大降低育种成本，加快育种进程。

油菜含油量的高低会受到生长过程中多种因素的影响，生理生化指标的变化和种皮的结构差异都会影响种子油分的积累[48~50]。生理生化、种皮结构和含油量间相关的研究较少。康文霞[49]以 12 个含油量不同（36.22%~49.9%）的甘蓝型油菜为材料，研究了角果期时生理生化指标与含油量的关系，认为该生育期可溶性蛋白是影响含油量高低的主要竞争因素。Hua[50]等在显微结构上对比了高含油量（50.4%）和低含油量（41.4%）的两个品系的种子结构，认为开花 20 d 以后油脂积累才出现差异，高含油材料油脂积累的速度显然大于低含油材料。生理生化指标和种皮结构对含油量的影响未能综合分析[51~52]，但上述研究均未对含油量影响进行综合分析，也未系统研究各生育期和含油量相关性较大的主要生理生化指标，因而无法为选育高含油材料提供参考。

本研究以三组不同含油量的甘蓝型油菜为材料，研究其不同生育期的主要生理生化指标及成熟期种皮结构，首次结合生理生化指标和种皮结构分析不同材料间油脂积累的差异，为高含油油菜育种材料筛选提供参考。

一、材料与方法

（一）试验材料

三组不同含油量的甘蓝型油菜材料（索氏抽提法测定），如表 2-14 所示。

表 2-14　不同含油量油菜

材料	低含油量油菜			中含油量油菜			高含油量油菜		
	低 1	低 2	低 3	中 1	中 2	中 3	高 1	高 2	高 3
品系	C627	C584	C575	F252	F189	F245	D721	F435	F259
含油量	35.1	36.7	35.9	44.22	44.40	46.16	52.99	52.36	52.55

（二）试验方法

试验田位于湖南农业大学耘园基地内，小区面积为 2 m×3 m，密度为 25 cm×30 cm，3 次重复，共 27 个小区，随机区组设计。2017 年 9 月 30 日播种，2018 年 5 月 1 日收获，按大田管理方式进行管理。

1. 生理生化指标测定方法

取幼苗期、5~6 叶期、蕾薹期、花期、角果期 5 个生育期样，营养生长期取倒数第 3 片伸展叶，花期取盛花期花蕾（自交套袋）和第 3 片伸展叶，角果期取授粉后 15 d

种子的角果皮，取样后用锡箔纸包裹迅速放入液氮速冻后放入-80℃暂存。测定的指标为丙二醛（MDA）、过氧化物酶（POD）、超氧化物歧化酶（SOD）、可溶性蛋白、可溶性糖、赤霉素（GA）。具体方法参考萧浪涛[34]等。

2. 种皮石蜡切片制作

授粉后7 d、14 d、21 d、28 d取角果，脱粒后取15粒左右，用清水在室温下洗涨后6 h后浸入75%FAA固定液中进行固定后，制作石蜡切片，具体方法参考代柳亭[47]。

3. 含油量的测定

采用索氏抽提法[35]。

（三）分析方法

生理生化差异分析采用SSR法，各指标和含油量相关性分析采用Excel 2010中CORREL函数分析。

二、结果与分析

（一）生理生化指标结果分析

1. 不同生育期油菜可溶性糖含量变化

不同材料各生育期可溶性糖总量和含量见图2-5。

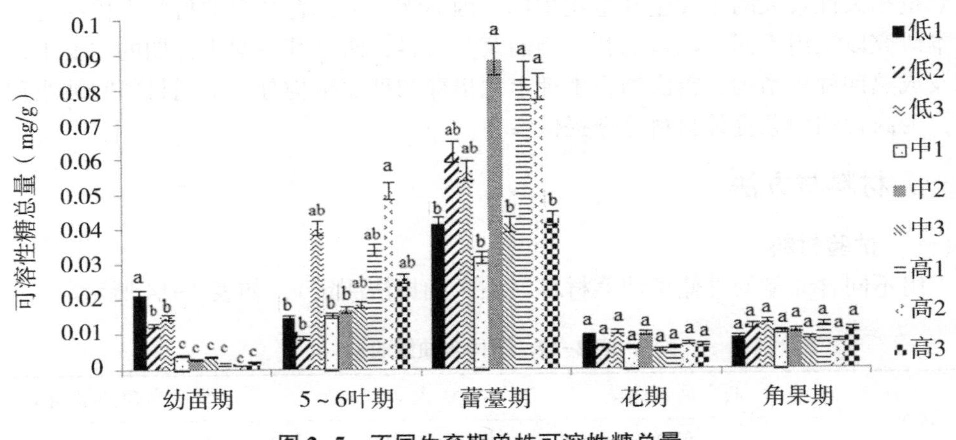

图2-5 不同生育期单株可溶性糖总量

由图2-5和图2-6可知，可溶性糖的含量与总量趋势基本相同。幼苗期和5～6叶期含量相对较低，蕾薹期含量最高，花期和角果期时含量下降，材料间的差距逐渐缩小，最后基本一致，变化趋势与刘浩荣等[53]相同。

2. 不同生育期油菜MDA含量变化

不同材料各生育期MDA含量见图2-7。

由图2-7知，除角果期外，不同含油量材料间MDA含量变化无明显规律，差异极显著；9个不同材料中，除低1、低2外，其他材料MDA在蕾薹期达到最低点，角果期时MDA含量基本一致，与华营鹏[54]等相同。

3. 不同生育期油菜POD变化

不同材料各生育期POD活性见图2-8。

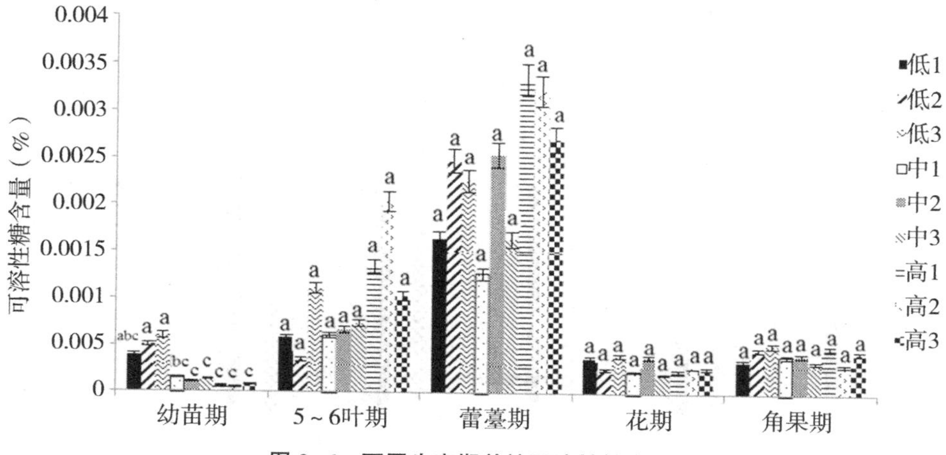

图 2-6　不同生育期单株可溶性糖含量

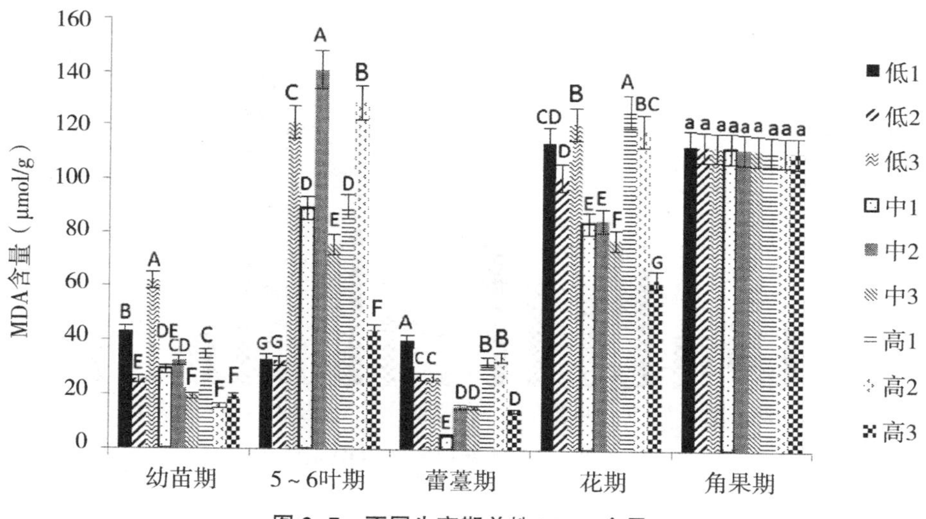

图 2-7　不同生育期单株 MDA 含量

由图 2-8 知，POD 活性在蕾薹期含量高于其他生育期，角果期相对一致且高于大部分生育期，与康文霞[49]等结论相同。

4. 不同生育期油菜 SOD 变化

不同材料各生育期 SOD 活性见图 2-9。

由图 2-9 知，角果期以前，SOD 活性随着生育期而增加，角果皮中的 SOD 活性下降，与 Sadura[55]结果相同。

5. 不同生育期油菜可溶性蛋白含量变化

不同材料各生育期可溶性蛋白见图 2-10。

由图 2-10 知，可溶性蛋白在整个生育期没有太大的变化，但整体呈略微上升趋势。这与苏苑君[56]结论一致。

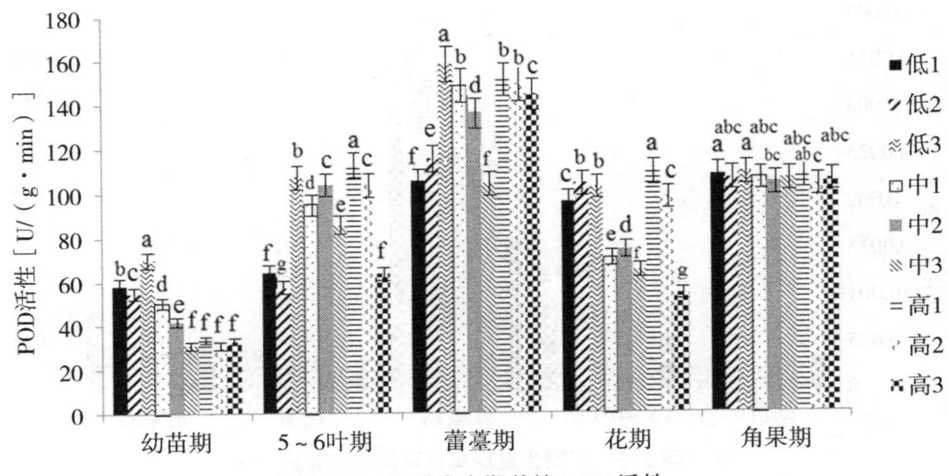

图 2-8　不同生育期单株 POD 活性

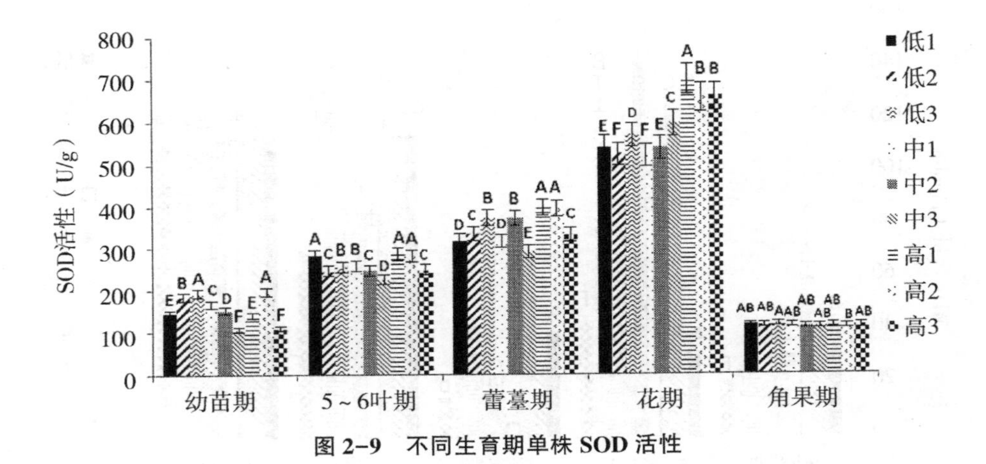

图 2-9　不同生育期单株 SOD 活性

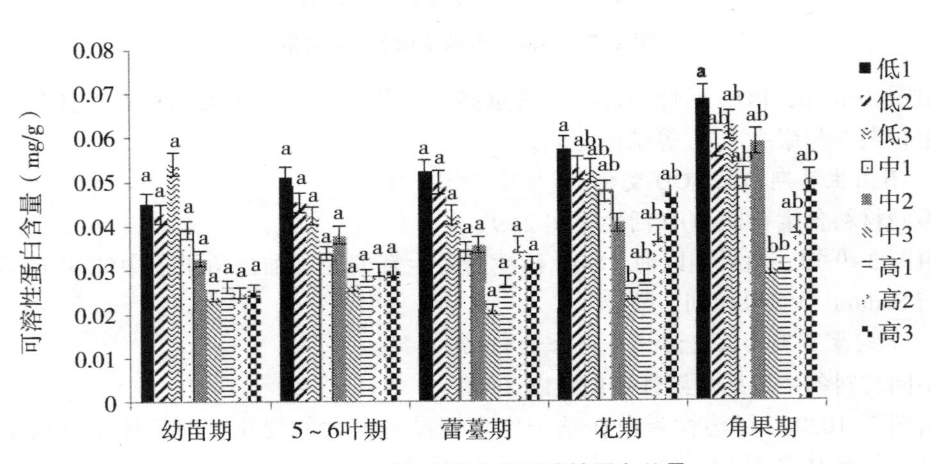

图 2-10　不同生育期单株可溶性蛋白总量

6. 不同生育期油菜 GA 含量变化

不同材料各生育期 GA 见图 2-11。

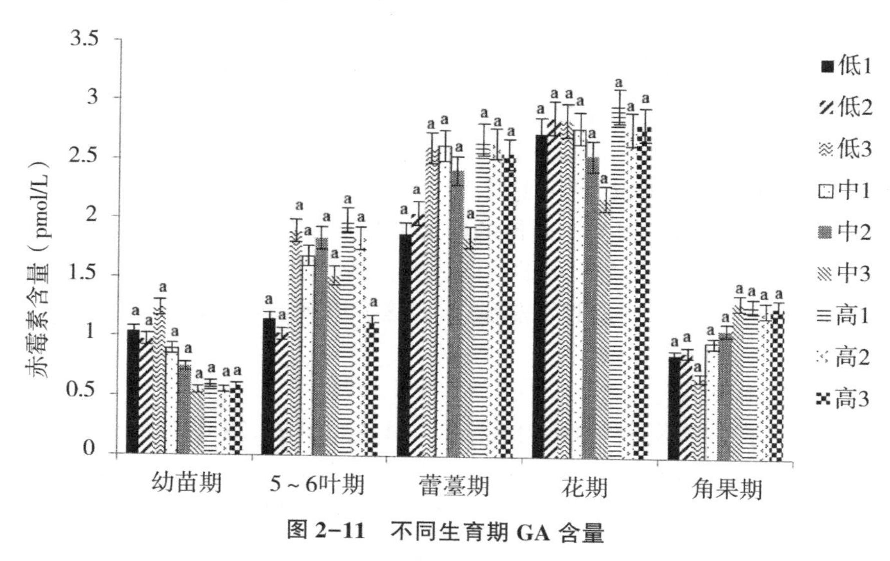

图 2-11　不同生育期 GA 含量

由图 2-11 知，花期的 GA 含量最高，随着生育期的变化，在所有材料中 GA 呈整体上升的趋势，花期达到最高，角果期含量降低，与 Minguet[57] 结果相同。

7. 油菜不同生育期生理生化指标与含油量相关性分析

使用 Excel 对不同生育期的各种生理生化指标与整体含油量进行相关性分析，对应相关系数见表 2-15。

表 2-15　不同生育期各指标与含油量的相关性分析

生育期	MDA	POD	SOD	可溶性糖	可溶性蛋白	GA
幼苗期	-0.636 6	-0.904 1	-0.375 8	-0.897 6	-0.901 2	-0.902 9
5~6 叶期	0.256 4	0.341 4	0.156 3	0.547 9	-0.894 8	0.342 0
蕾薹期	-0.200 5	0.408 4	0.344 9	0.442 6	-0.768 8	0.521 8
花期	-0.218 6	-0.318 5	0.820 9	-0.541 6	-0.687 0	0.006 8
角果期	-0.957 8	-0.588 8	-0.619 4	-0.195 9	-0.773 5	0.903 6

由表 2-15 知，幼苗期 POD、可溶性糖、可溶性蛋白和 GA 相关性较大，负相关程度均达到了 0.9 以上，MDA 负相关程度达到-0.636 6，相关性较高的物质多为与抗寒相关，Chai[58] 的研究也表明，前期某些指标含量的积累可以提升油菜对该环境的适应性，但后期油分积累时，条件发生改变，导致某些新陈代谢活动如光合作用等随之降低，油分积累的前体物质减少，这是植物适应条件下的本能反应。

5~6 叶期和蕾薹期可溶性蛋白的负相关程度最高，分别为-0.894 8 和-0.768 8；蕾薹期油菜生长最为旺盛，此时可溶性糖含量上升，MDA 含量下降。低温胁迫可以促进 MDA 的积累，刚进入蕾薹期时温度并未达到很低水平，Egierszdorff 等[59] 和华英鹏等[54]研究表明，此时这两种指标主要是寒冷影响变化，因此与油分积累不显著，结论一致。

花期 SOD 活性和可溶性蛋白相关性较高，为 0.820 9 和 -0.687 0；花期 SOD 的活性越高，花的生命力也越旺盛，更有利于来自不同亲本优良性状的聚合。赤霉素可以促进枝条发芽和植物开花[56]，这是花期赤霉素含量最高的原因。

角果期 MDA、GA 和可溶性蛋白相关性最高，分别为 -0.957 8、-0.773 5 和 0.903 6。MDA 由脂质代谢产生[50]，此时 MDA 含量增加会导致油脂的分解以及其前体物质的减少，所以呈现出负相关；适量的内源 GA 有提升果实结实率的作用[60]，此时角果皮中 GA 水平较高可促进角果皮的代谢速度，从而积累油脂[59]，但此时主要 GA 还是积累在了种子中，为将来萌发打下基础[57]。这说明随着代谢的旺盛，赤霉素的作用也越来越强。

（二）种皮结构分析

图 2-12 展示了 9 个不同材料授粉后 7 d、14 d、21 d、28 d 的种子结构。木质化、木栓化和角质化的组织以及蛋白质能被番红染色，细胞质和核仁则会被染成绿色[60]。

由图 2-12 可知，油菜种皮可分为三层结构，从外到里依次为表皮层、栅栏层和糊粉层，此结果与文婷婷[48]借助扫描电镜和倒置生物显微镜观察到的种皮结果一致。种子生长早期（7 d），还未形成明确的结构，种皮也尚未形成明显的三层结构，主要以表皮层和栅栏层为主，该结果与 Lu 等研究一致[61]；生长一段时间后，子叶开始成型，此时糊粉层变厚，营养物质开始积累，种子中被着色的程度越大（高 2、高 3）。材料低 2 和材料高 2 子叶成型较早，其主要原因是这两个材料为早熟材料，生育期短。授粉 20 d 左右，所有材料种子的结构已经基本形成，此时种皮的结构已经十分明显，含油量高的材料表皮层和栅栏层已经开始退化，子叶中已经积累了大量油分并且已经向胚聚拢，这和张静研究结果一致[62]；最后油菜收获时种皮只能观察到糊粉层，并与子叶之间形成一条缝隙。

三、结论与讨论

（一）讨论

油菜的含油量会随着生理生化指标和种皮结构的变化而变化[49-50]。根据相关性分析可知，MDA、POD、可溶性糖和 GA 等在幼苗期的过多作用会导致后期油分积累受到阻碍。整个生育期中，可溶性蛋白的变化相对稳定并且与含油量始终保持较大的负相关性。其原因是油脂的积累和蛋白质的前体物质均为丙酮酸，两者之间的关系符合“底物竞争”假说，因此减少合成蛋白质的丙酮酸量并使之流向脂肪酸代谢方向也是提高含油量的有效方法[63]。

石蜡切片结果表明，含油量高的材料在生长过程种皮三层结构成型早，子叶成型较早，前期糊粉层较厚。子叶成型的过程是积累油分的主要过程，这一阶段种子的表皮层较厚，该结论与文婷婷[48]研究结果一致。表皮层含有角质，可以防止水分深入种子内部。根据生理生化分析可知，可溶性蛋白与油分的积累负相关性较大，此阶段表皮层较厚主要是为了缓解蛋白质对水的吸收进而积累油分，但表皮层厚度和含油量之间并未出

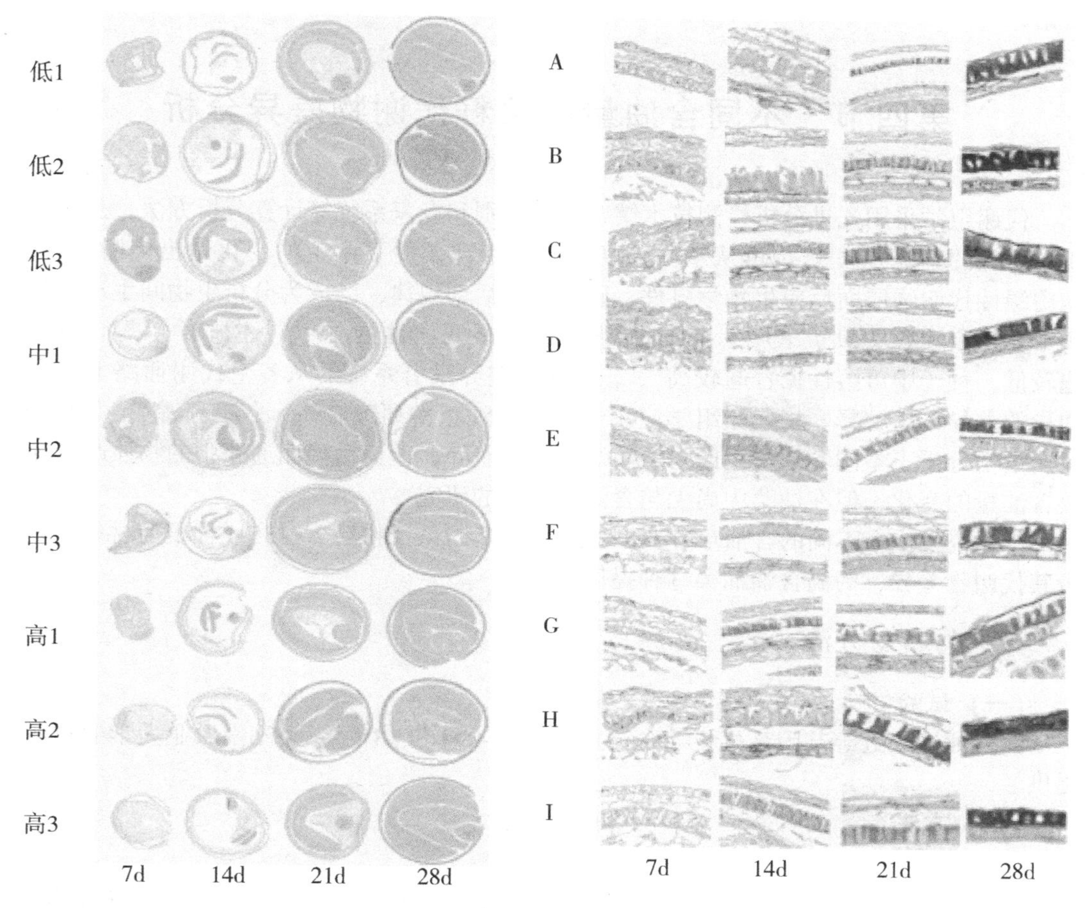

图 2-12　9 个不同材料不同生育期种子、种皮结构变化

（图片左方为种子外侧，右方为种子内部）

A-I 分别代表

现明显的相关关系，因此可以推断，表皮层在子叶形成过程中是影响油脂积累的重要因素，但不是造成含油量差异的关键性因素。含油量越高的材料种皮在最着色时紫色越明显，即栅栏层越厚，这与王济人[64]的结果一致。所以，种子成型过程中，对油脂积累起作用的结构按时间排序依次为糊粉层、表皮层和栅栏层，但具体影响的程度还需进一步对不同结构的厚度进行测量验证。

（二）结论

本研究对油菜关键生育期的主要生理生化指标并与含油量进行相关分析，幼苗期的 POD、可溶性糖、可溶性蛋白和 GA 相关性较大，负相关程度均超过了 0.9 以上；5～6 叶期可溶性蛋白的负相关程度最高，接近 0.9；花期 SOD 相关性较高，为 0.820 9；角果期为 MDA 和 GA，分别为 -0.957 8 和 0.903 6。种皮结构研究发现 7～14 d 糊粉层对油脂积累起主要作用，14～21 d 之后表皮层起主要作用，21 d 之后栅栏层起主要作用。说明这些指标在对应的生育期确实可以影响含油量，因此可用作为高含油材料筛选的依据。

第四节　不同含油量油菜籽代谢物差异分析

代谢组学采用先进分析检测技术结合模式识别和专家系统等计算分析方法，是代谢组学研究的基本方法[65]。可从整体角度对机体生理条件下产生的变化做出代谢应答，从内源性代谢物层面反应生物学事件，研究生命活动规律，已成为分析生物间生理差异的重要手段[66-67]。研究表明，高含油油菜种皮中的可溶性蛋白[68]、木质素[69]等含量普遍较低，种子中可溶性糖普遍较高[70]。但这些差异没有系统的从各个代谢通路上对含油量的差异作出解释。将代谢组学应用于植物含油量的研究较少，仅有李婧涵[71]使用代谢组学分析了不同含油量寇氏隐甲藻油脂积累差异，认为糖代谢通路中的物质改变导致含油量的变化，但在油菜中尚无与含油量相关的研究。

本研究以2个不同的含油量甘蓝型油菜近等基因系授粉后20~35 d种子为材料，分析其代谢物差异，为高含油油菜育种提供参考。

一、材料与方法

（一）试验材料

高含油油菜近等基因系材料（含油量分别为48%和38%），由湖南农业大学油料所提供。

（二）方法

1. 样本制备

分别取10株自交套袋授粉后20~35 d油菜种子，每组6个重复，-80℃保存备用。然后真空冷冻干燥并研磨成粉，每个样品称取0.1 g于离心管中，加入1.0 mL 70%甲醇（含0.1 mg/L利多卡因作为内标，用于消除进样误差），混匀后4℃过夜。然后10 000 g离心10 min，取上清用0.22 μm微孔滤膜过滤到新的离心管中，-80℃保存待用。

2. UPLC-Q-TOF/MS分析步骤

采用ACQUITY UPLC CSH C18 column（100 mm×2.1 mm，1.7 μm，Waters，UK）进行色谱分离，色谱柱柱温为55℃，流速为0.4 mL/min，其中A流动相为ACN∶H_2O=60∶40，0.1% FA和10 mmol甲酸氨，B流动相为IPA∶ACN=90∶10，0.1% FA和10 mmol甲酸氨。对代谢物采用以下梯度进行洗脱：0~2 min，40%~43%流动相B；2.1~7 min，50%~54%流动相B；7.1~13 min，70%~99%流动相B；13.1~15 min，40%流动相B。每个样本的上样体积为5 μL。对从色谱柱上洗脱下来的小分子，利用高分辨串联质谱Xevo G2-XS QTOF（Waters，UK）分别进行正负离子模式采集。正离子模式下，毛细管电压和锥孔电压分别为3.0 kV和40.0 V。负离子模式下，毛细管电压及锥孔电压分别为2.0 kV和40.0 V。采用MSE模式进行Centroid数据采集，正离子一级扫描范围为100~2 000 Da，负离子为50~2 000 Da，扫描时间为0.2 s，对所有母离子按照 19~45 eV 的能量进行碎裂，采集所有的碎片信息，扫描时间为 0.2 s。在数据采集过程中，对 LE 信号每 3 s 进行实时质量校正。同时，每隔 10 个样本进行一次混合后质控样本的采集，用于评估在样本采集过程中仪器状态的稳定性[72-75]。

（三）数据处理与分析

UHPLC-Q-TOF/MS 分析获得的原始图谱分别采用 DA Reprocessor software（Agilent Tech.，Santa Clara，CA）和 Mass Profiler Professional 13.0 软件（Agilent Tech.，Santa Clara，美国）进行峰匹配和积分。主成分分析（PCA）使用 Simca-P 11.5 软件。Tukey s-b（K）检验使用 PASWstat software（版本 18.0，美国）软件。

采用 FC 分析 T 检验及对高含油材料组和低含油材料组的数据进行单变量分析[76]，可筛选出不同含油量油菜的差异代谢物，以 1.2>FC>0.83，且 $P<0.05$ 作为筛选标准，FC 指高含油油菜相对于低含油材料的变化倍数，本试验结果表明，高含油与低含油材料可明显聚为两类，表明所筛选的代谢物合理。

二、结果与讨论

（一）差异代谢物质鉴定

将 QC 样本的总离子流图进行谱图重叠（$n=12$），结果见图 2-13。结果表明，各色谱峰的响应强度和保留时间基本重叠，说明在整个试验过程中仪器误差引起的变异较小。本次试验的仪器分析系统稳定性较好，试验数据稳定可靠，在试验中获得的代谢谱差异能反映样本自身间的差异。

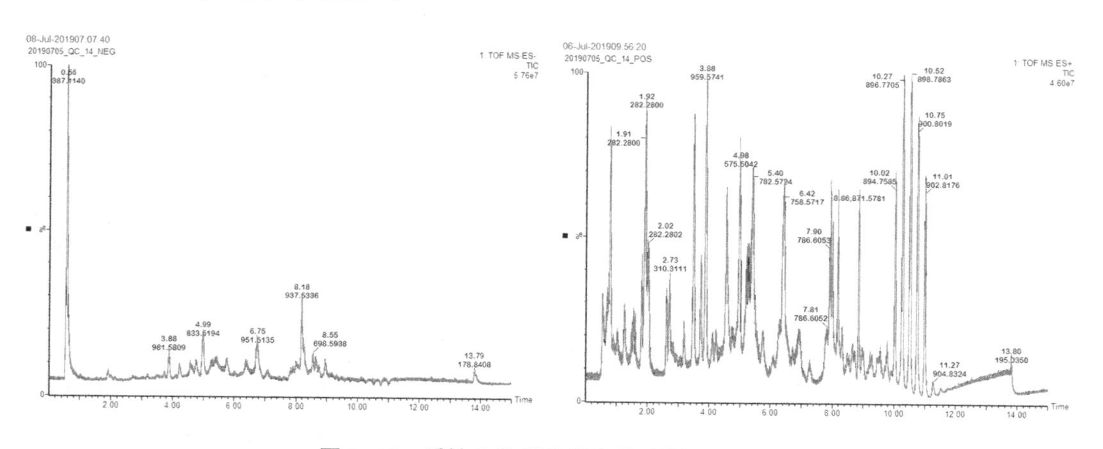

图 2-13　质控血浆样品总离子流图（$n=12$）

为了更加详细地了解代谢物对油菜含油量的影响，对 2 组油菜种子的代谢物进行了 UHPLC-Q-TOF/MS 分析。经过峰提取和匹配后，共得到 11 473 个化合物特征离子，其中 9 421 个在 QC 样品中 RSD<30%的特征离子用于下一步分析。PCA 分析显示 2 组样品之间被明显的区分开来，表明不同含油量油菜种子的代谢物发生了明显的变化（图 2-14）。以低含油材料为对照，共筛选出 1.2>FC>0.83 的显著差异代谢物 46 种，将筛选所得差异代谢物输入 KEGG 数据库（www.kegg.jp/kegg.mapper.html）查询代谢通路。这些代谢产物主要参与脂质代谢、脂肪酸代谢和糖代谢等途径，表明这些代谢物质的改变导致含油量的变化。

（二）脂质代谢通路代谢物的差异

脂质代谢通路种中鉴定到24种差异代谢物（表2-16）。高含油油菜中有14种代谢物较高，10种代谢物较低。本研究中检测脂质代谢通路中的主要差异物包括甾醇、脂肪酮、脂肪醇、乙酰乙酸盐等物质。与对照相比，高含油油菜中脂肪酮、脂肪醇、乙酰乙酸盐的含量显著较高，固醇类物质的含量显著较低。高含油材料中两种脱氧皮质醇和硬质酰胺表达量均较高，皮质醇和脂酰胺是油脂合成中的重要物质[77-78]，其含量增高可能对含油量的提高造成影响。

表2-16　高-低含油量油菜在脂质代谢通路中的显著性代谢差异物

表达	代谢物名称	VIP	变化倍数	Compound ID	p value
上调	皮质脂酮	0.047	1.313	0.65_369.2029m/z	0.047
	9,12,13-TriHOME	0.047	1.313	0.65_369.2029m/z	0.047
	9,10,13-TriHOME（11）	0.047	1.313	0.65_369.2029m/z	0.047
	11-脱氧皮质醇	0.047	1.313	0.65_369.2029m/z	0.047
	21-脱氧皮质醇	0.047	1.313	0.65_369.2029m/z	0.047
	阿尔孕酮	0.047	1.313	0.65_369.2029m/z	0.047
	Abietol	0.042	1.315	5.75_306.2770m/z	0.042
	Stearamide	0.042	1.315	5.75_306.2770m/z	0.042
	Taxa-4（20）,11（12）-dien-5α-ol	0.042	1.315	5.75_306.2770m/z	0.042
	硬脂酰胺	0.042	1.315	5.75_306.2770m/z	0.042
	全反式-13,14-二氢视黄醇	0.042	1.315	5.75_306.2770m/z	0.042
	异马拉-7,15-二烯醇	0.042	1.315	5.75_306.2770m/z	0.042
	乙酰乙酸盐	1.753	1.382	0.67_146.0454m/z	0.030
	全反式植物氟烷	0.044	1.494	1.92_560.5151m/z	0.044
下调	孟买醇	0.024	0.824	10.27_261.2210m/z	0.024
	脱水四醋酸	1.711	0.775	0.57_556.1840n	0.000
	五乙酸脂	1.711	0.775	0.57_556.1840n	0.000
	4α-甲基粪甾醇	0.029	0.625	3.47_413.3739m/z	0.029
	燕麦甾醇	0.029	0.625	3.47_413.3739m/z	0.029
	岩藻甾醇	0.029	0.625	3.47_413.3739m/z	0.029
	多孔甾醇	0.029	0.625	3.47_413.3739m/z	0.029
	粉苞苣甾醇	0.029	0.625	3.47_413.3739m/z	0.029
	豆固醇	0.029	0.625	3.47_413.3739m/z	0.029

VIP：variable importance for the projection.

（三）脂肪酸代谢通路代谢物的差异

脂肪酸代谢通路种中鉴定到14种差异代谢物（表2-17）。高含油油菜中有5种脂肪酸上调，9种下调。与对照相比，高含油油菜中下调脂肪酸的种类较多，但多为碳原子数较多且不饱和程度高的脂肪酸，与油菜油脂积累的主要脂肪酸如硬脂酸和亚油酸等均以上调为主。表明油菜种子中的含油量主要与几种关键的脂肪酸相关。

表2-17　高—低含油量油菜在脂肪酸代谢通路中的显著性代谢差异物

表达	代谢物名称	VIP	变化倍数	Compound ID	p value
上调	亚油酸	1.455	1.369	1.06_279.2325*m/z*	0.046
	瘤胃酸	1.455	1.369	1.06_279.2325*m/z*	0.046
	锦葵酸	1.455	1.369	1.06_279.2325*m/z*	0.046
	硬脂酸	1.455	1.369	1.06_279.2325*m/z*	0.046
	2-环戊烯-1S-十三烷酸	1.455	1.369	1.06_279.2325*m/z*	0.046
下调	α-亚麻酸	0.024	0.824	10.27_261.2210*m/z*	0.024
	γ-亚麻酸	0.024	0.824	10.27_261.2210*m/z*	0.024
	2-十六烯	0.024	0.824	10.27_261.2210*m/z*	0.024
	克伦炔酸	0.024	0.824	10.27_261.2210*m/z*	0.024
	石榴酸	0.024	0.824	10.27_261.2210*m/z*	0.024
	α-桐油酸	0.024	0.824	10.27_261.2210*m/z*	0.024
	6-酮-PGF1α	1.598	0.729	5.66_391.2245*m/z*	0.013
	6Z,9Z十六二烯酸	0.040	0.603	2.00_270.2408*m/z*	0.040
	3α,12α-二羟基-5β-胆酸-6-烯-24-油酸	0.040	0.515	2.00_408.3080*m/z*	0.040

VIP：投影的可变变量。

（四）其他代谢物的差异

本研究还鉴定到了差异代谢物包括：糖代谢通路3种、维生素代谢2种、激素1种、花青素2种（表2-18）。对照相比，高含油油菜中花青素、马钱子苷五乙酸含量上调，含量是高含油材料的2倍以上。赤霉素、维生素E、糖酸等物质下调。花青素、马钱子苷五乙酸均有较强的抗寒氧化性[79-80]，而赤霉素有促进作物提早成熟的作用[81]，其含量变化可能影响了种子的活性及油脂积累。

表2-18　高—低油量油菜其他显著性代谢差异物

代谢通路	代谢物名称	VIP	变化倍数	Compound ID	p value
糖代谢	葡萄糖酸	0.024	0.543	0.52_210.0612*m/z*	0.024
	异岩藻甾苷	0.029	0.625	3.47_413.3739*m/z*	0.029
	马钱子苷五乙酸	1.855	2.037	0.57_585.1814*m/z*	3.326

（续表）

代谢通路	代谢物名称	VIP	变化倍数	Compound ID	p value
激素	赤霉素 A8	4.683	0.403	0.58_364.1495n	3.663
花青素	原花青素 B2	5.053	2.095	0.57_579.1488*m/z*	5.053
	原花青素 B4	5.053	2.095	0.57_579.1488*m/z*	5.053
维生素代谢	维生素 E	0.029	0.625	3.47_413.3739*m/z*	0.029
	二酮古洛糖酸	0.024	0.543	0.52_210.0612*m/z*	0.024

VIP：投影的可变变量。

三、讨论

（一）固醇类物质对含油量的影响

研究发现脂质代谢通路中脂肪酮、脂肪醇、乙酰乙酸盐的含量较高，而固醇类物质的含量较低。固醇有多种不同的生物学功能，一方面是作为细胞膜的成分及合成脂肪酮、脂肪醇等物质，另一方面是作为乙酰辅酶 A 转化成油脂的中间物质，植物体内以乙酰辅酶 A 为原料，经缩合等反应产生甲羟戊酸，再经一系列磷酸化反应生成的异戊二烯单位缩合产生 C30 烯，再经环化生成固醇类物质[82]。本研究中，高含油材料中固醇类物质整体下降原因可能有二：一是转化成为细胞膜，增强了细胞膜的活性，促进了油脂合成和积累，二是直接作为乙酰辅酶 A 转化为油脂的中间物质参与了脂质合成。

（二）抗氧化物对含油量的影响

本研究发现高含油油菜种子中花青素高于低含油材料。孙月娥等[83]研究表明，植物体内的脂肪在氧化条件下会被脂肪酶分解为甘油、单双甘油脂和游离脂肪酸等物质，进而被消耗。本研究中，低含油油菜可能由于在种子发育后期脂肪降解酶活性增高，脂肪快速降解从而导致了含油量下降。同时，高含油油菜中花青素含量显著上升，可能是高含油油菜种子中花青素含量较高，导致种子中抗氧化程度提升，抑制了脂肪酶的活性，减少了脂肪的分解。

（三）代谢差异物对品质的影响

代谢物质差异还会影响菜油品质。脂肪酮、脂肪醇等物质均是脂肪酸还原产生[84]，其含量提高可能是脂肪酸含量增加所致。亚油酸是不饱和脂肪酸代谢的关键物质，可转化为 γ-亚麻酸和花生烯酸等不饱和脂肪酸[85]，本研究中亚油酸含量增高而 γ-亚麻酸降低，可能是因为高含油材料积累的亚油酸尚未完全转化所致。研究表明[86-88]，花青素是当今人类发现最有效的抗氧化剂，也是最强效的自由基清除剂。高含油材料中花青素含量较高，可能是其抗氧化能力强，降低了细胞受到了损害，促进油脂积累所致。而维生素 E 可抑制过氧化脂反应[89]，其含量下降可能是油脂含量的增加以致消耗过多，最终导致品质改变。

（四）基于 LC-MS 的代谢组学方法具有的优势

在本研究中，还鉴定到乙酰乙酸盐、游离脂肪酸、马钱子苷五乙酸等常规分析方法难以检测到的物质，这些物质均对含油量具有重要影响[90]。

四、结论

本研究利用代谢组学检测不同含油量油菜近等基因系材料授粉后20~35 d种子中代谢物的差异，两个材料在脂质代谢、脂肪酸代谢、花青素和糖代谢方面有显著差异。其中，高含油油菜中脂肪酮、脂肪醇、乙酰乙酸盐的含量显著较高，两种脱氧皮质醇和硬质酰胺表达量均较高，固醇类物质的含量显著较低。高含油油菜中下调脂肪酸的种类较多，但多为碳原子数较多且不饱和程度高的脂肪酸，与油菜油脂积累的主要脂肪酸如硬脂酸和亚油酸等均以上调为主。高含油油菜中花青素、马钱子苷五乙酸含量上调，含量是高含油材料的2倍以上。赤霉素、维生素E、糖酸等物质下调。本研究可为高含油量油菜育种提供参考。

第五节　高含油油菜分子育种研究

一、不同含油量油菜中关键基因表达规律研究

油菜油脂合成和光合作用的基因会影响油脂积累的能力，进而影响含油量[91]，*DGAT*和*PDAT*基因[92]、*RbcL*和*RbcS*[93]在油菜中相关研究较多。本研究以三组不同含油量的甘蓝型油菜为材料，分析全生育期材料间油脂合成和光合作用关键基因表达量的差异，并进行相关性分析，对比整个生育期基因的表达量，找出其内在联系和规律，为高含油油菜材料筛选提供依据。

（一）主要试剂及仪器

1. 试剂

RNA提取和反转录使用TransZol™ Up RNA试剂盒、All-in-One First-Strand cDNA Synthesis SuperMix（北京全式金生物有限公司）。氯仿、无水乙醇均为分析纯（上海国药集团化学试剂有限公司）。

2. 仪器

5910 R高速冷冻离心机（Eppendorf，Germany）。NanoDrop 2000分光光度计、Syngene凝胶成像仪（Thermal，USA）、CFX 96定量PCR仪（Bio-Rad，USA）等。

（二）方法

1. 取样

取幼苗期、5~6叶期和蕾薹期倒数第三片伸展开的嫩叶各5片（1片每株）；初花期、盛花期和终花期各取自交套袋植株的花5朵；分别于授粉后21 d、28 d、35 d取样，每次取5个角果，液氮条件下分离角果皮和角果，保存于-80℃备用。

2. RNA提取和反转录

取适量材料，置于酒精灯烧并用液氮预冷过的研钵中，加液氮研磨，参考TransZol™ Up RNA试剂盒说明书分别提取备用种子的总RNA。

用 Nanodrop 2000 检测 RNA 纯度，A260/A280 比值均在 1.8~2.1 即可。

采用 1.5%琼脂糖凝胶电泳检测 RNA 的完整性，当 28S 是 5S 两倍亮度时即可[92]。

用 TransScript One-Step RT-PCR SuperMix 试剂盒反转录合成 cDNA 第一链及去除 gDNA。

3. 荧光定量 PCR 引物的设计和筛选

利用 Primer Premier 5.0 软件分别设计引物（表 2-19），由湖南擎科生物技术公司合成。利用全式金荧光定量试剂盒进行定量 PCR 扩增反应。

表 2-19　qPCR 基因引物序列

引物名称	引物序列（5′-3′）
*BnDGAT*1-F	F：AAAGCGTTGGAGATGTGAGTT
*BnDGAT*1-R	R：TATGGAAGAAGTAGTGGGACC
*BnPDAT*1-F	F：TCCATCCTCGTTCTGTTATCC
*BnPDAT*1-R	R：CACCGACGACTGATGAAACGA
BnrbcL-F	F：CTTGGCAGCATTCCGAGTAAC
BnrbcL-R	R：TGTTTCCTGCTACGATGGTGT
BnRbcS-F	F：TAATGGCTTCCTCTATGCTCT
BnRbcS-R	R：AATCGTTGCCTCCTTCTCAAT
*BnUBC*21-F	F：CCTCTGCAGCCTCCTCAAGT
*BnUBC*21-R	R：GCATTTCAAGACAGGGGAGATATG

4. 结果验证

随机选择 12 个不同含油量材料，由湖南农业大学农学院提供。

5. 数据分析

RT-qPCR 采用 $2^{-\triangle\triangle ct}$ 方法计算基因相对表达量，用 Excel 2010 作图。

二、结果与分析

（一）不同含油量甘蓝型油菜含油基因表达及验证

1. 不同生育期含油量基因表达情况

（1）营养生长期叶片中 *BnDGAT*1、*BnPDAT*1 基因表达量

对材料营养生长期的叶片进行表达分析，结果见图 2-14。*BnDGAT*1 在不同含油量油菜的表达量为：5~6 叶期>幼苗期>蕾薹期，这 3 个生育期基因表达量的情况为：高含油量材料>中含油量材料>低含油量材料。*BnPDAT*1 在不同含油量材料的表达量为：幼苗期时，低含油量最低；5~6 叶期时，*BnPDAT*1 基因依然在中含油量材料中表达最高；蕾薹期时，高含油量最高。

（2）花期花的 *BnDGAT*1、*BnPDAT*1 基因表达情况

对花进行表达分析，结果见图 2-15。*BnDGAT*1 表达量在初花期和蕾薹期相比显著增加（最高达 30 倍），在材料中含油量材料中表达最低；盛花期时，*BnDGAT*1 表达量

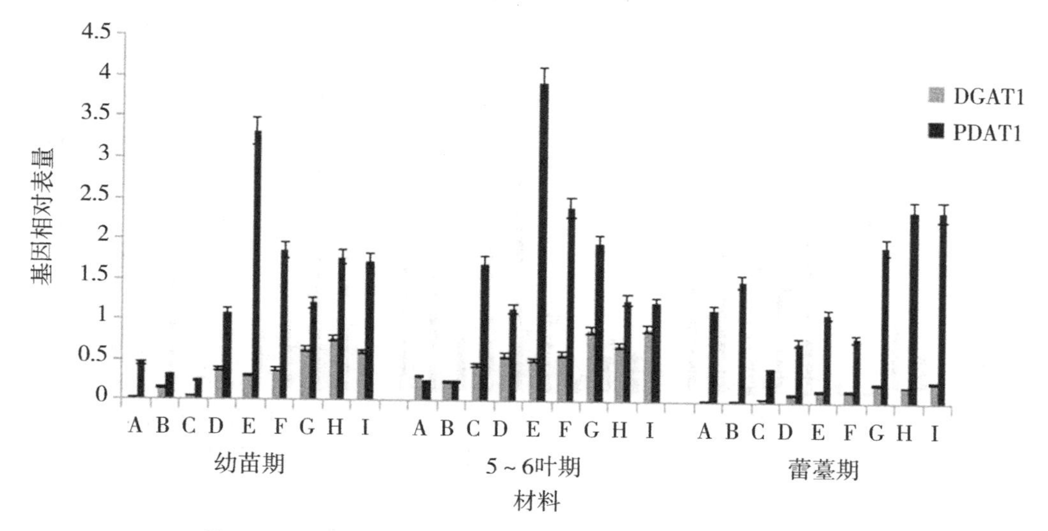

图 2-14　*BnDGAT*1 与 *BnPDAT*1 基因在营养生长期的表达量

不随含油量变化而变化；终花期时，*BnDGAT*1 表达量整体比盛花期有所增加。*BnPDAT*1 表达量在盛花期中高含油量材料中表达量最高，中含油量材料中表达最低，低含油材料最低。

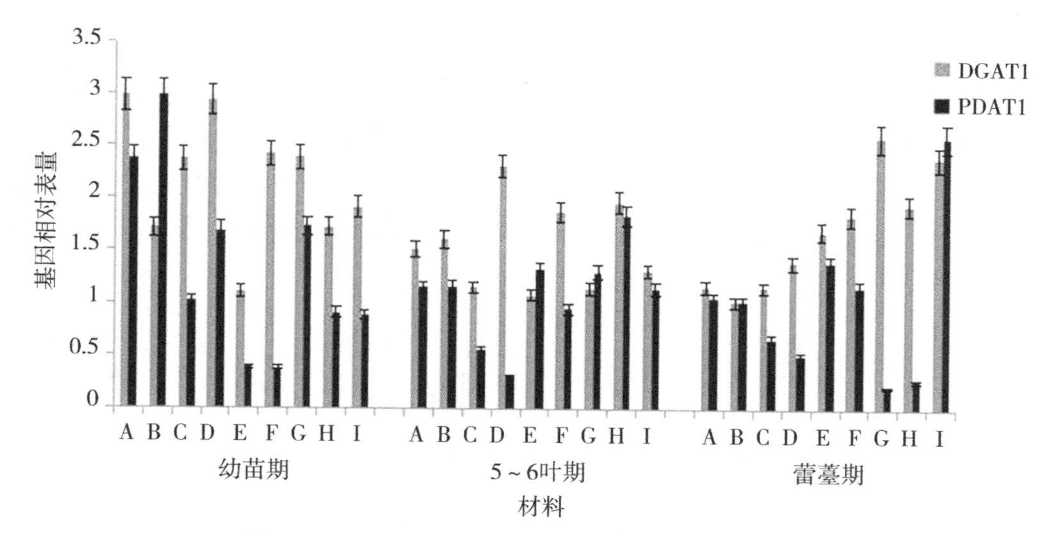

图 2-15　*BnDGAT*1 与 *BnPDAT*1 基因在花期的表达量

（3）角果皮中 *BnDGAT*1、*BnPDAT*1 基因表达情况

角果皮中基因表达情况如图 2-16 所示。由图 2-16 可知，*BnDGAT*1 表达量在授粉后 21 d 角果皮中与幼苗期等相似，表达量随含油量增加而增加；授粉后 28 d 角果皮中，*BnDGAT*1 表达量与授粉后 21 d 时相似，表达量随含油量变化而变化；35 d 角果皮中，*BnDGAT*1 表达量随含油量变化而变化。*BnPDAT*1 表达量在授粉后 21 d 角果皮中，低含油量材料中表达最低，在中含油量材料中表达最高；授粉后 35 d 角果皮中，*BnPDAT*1 在中含油量材料表达量最低，在低含油量材料中表达量最高。

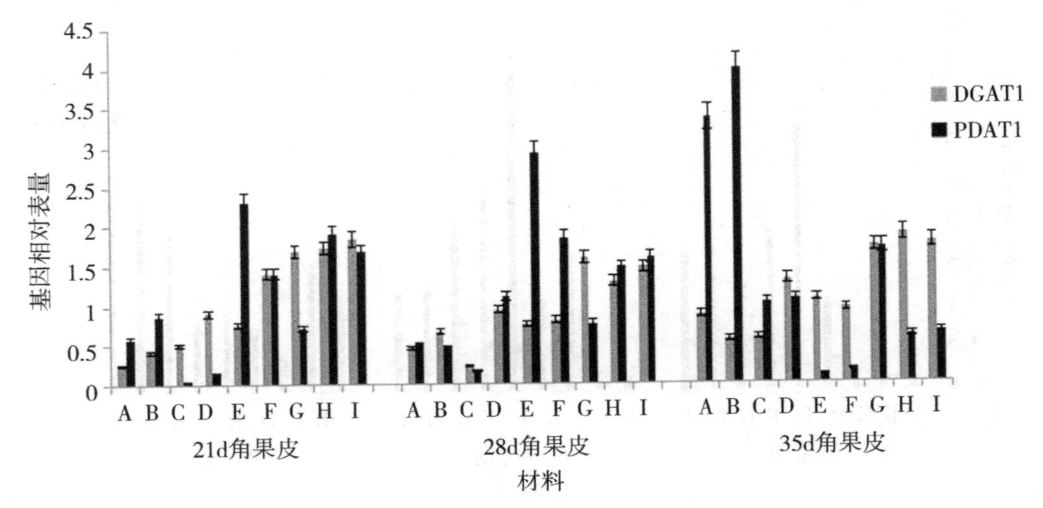

图 2-16　*BnDGAT*1 与 *BnPDAT*1 基因在角果皮中的表达量

（4）种子 *BnDGAT*1、*BnPDAT*1 的基因表达情况

对材料未成熟种子进行表达分析，结果见图 2-17。*BnDGAT*1 在授粉后 21 d 种子中变化趋势与授粉后 21 d 角果皮中相似，含油量越高的材料表达量越高；授粉后 28 d 种子中，*BnDGAT*1 的表达量与授粉后 21 d 相似，表达量明显大于叶片、花和角果皮，表达量随含油量增加而增加；授粉后 35 d 种子中，*BnDGAT*1 表达量依然随含油量增加而增加。*BnPDAT*1 在授粉后 21 d 种子中，低含油量表达量较高，高含油量材料中有材料表达最低，整体表达量低于 *BnDGAT*1；授粉后 28 d 的种子中，含油量高的材料 *BnPDAT*1 表达量高于中含油量高于低含油量，该生育期的种子中 2 个控制含油量的基因都随含油量变化而变化；35 d 种子中，*BnPDAT*1 在低含油量材料中表达最低，中含油量材料表达最高。

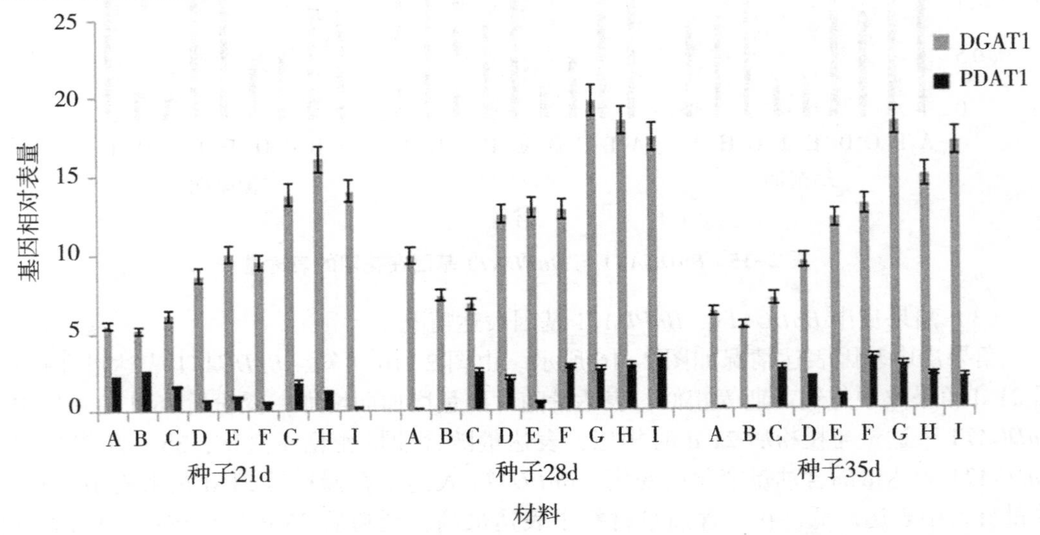

图 2-17　*BnDGAT*1 与 *BnPDAT*1 基因在种子中的表达量

（5）全基因表达与含油量关系分析

对各生育期 *BnDGAT1* 与 *BnPDAT1* 基因表达量与含油量进行相关性分析，结果见表 2-20。结果显示，除花期外，*BnDGAT1* 基因表达量和含油量的相关性均达极显著水平。*BnPDAT1* 基因在幼苗期、授粉后 21 d 和授粉后 35 d 种子中达显著水平，在蕾薹期、授粉后 35 d 的角果皮、授粉后 28 d 种子中相关性均达显著水平。在叶片、角果皮和种子中，*BnDGAT1* 的相关性高于 *BnPDAT1*。

表 2-20　各生育期 *BnDGAT1* 与 *BnPDAT1* 基因表达量与含油量相关分析

基因	营养生长期			花期			角果期					
							角果皮			种子		
	幼苗期	5~6 叶期	蕾薹期	初花期	盛花期	终花期	21 d	28 d	35 d	21 d	28 d	35 d
BnDGAT1	0.973 **	0.931 **	0.976 **	-0.258	0.061	0.134	0.968 **	0.939 **	0.925 **	0.966 **	0.961 **	0.966 **
BnPDAT1	0.562 *	0.319	0.704 **	-0.482	0.444	0.069	0.523	0.473	-0.581 **	-0.553 *	0.704 **	0.579 *

注：$n=9$，*：$P_{0.05}=0.553$，**：$P_{0.01}=0.684$。

油菜全生育期 *BnDGAT1* 和 *BnPDAT1* 基因表达情况为：成熟期时，*BnDGAT1* 表达量最高，与含油量相关性也较高。营养生长期和种子发育中后期，*BnPDAT1* 表达量增加。*BnDGAT1* 表达量在营养生长期时先上升后下降，在种子中表达量最高，在叶片、角果皮和种子中随含油量增加而增加，除花期外其表达量与含油量的相关性均达极显著水平；*BnPDAT1* 表达量在各生育期表达量无明显差异，除 5~6 叶期、花期和授粉后 21 d 角果皮外均达显著水平。该研究可应用于高含油油菜早期筛选。

2. 脂肪酸合成基因筛选高含油材料检验

由上述研究可以发现，在未成熟的种子中油脂合成相关基因的表达情况和含油量间关联性较强，可用于早期筛选，为进一步验证该方法是否可行，选取含油量为 38%、46%、54%的材料各 4 个对授粉后 21 d、28 d 和 35 d 角果皮中的 *BnDGAT1* 和 *BnPDAT1* 表达量进行分析，结果如图 2-18、图 2-19 所示。

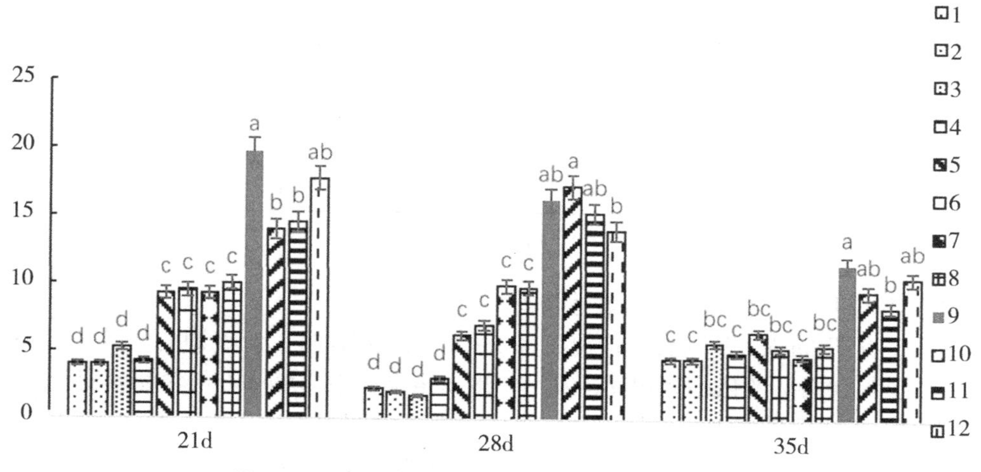

图 2-18　12 个验证材料种子期 *BnDGAT1* 表达量

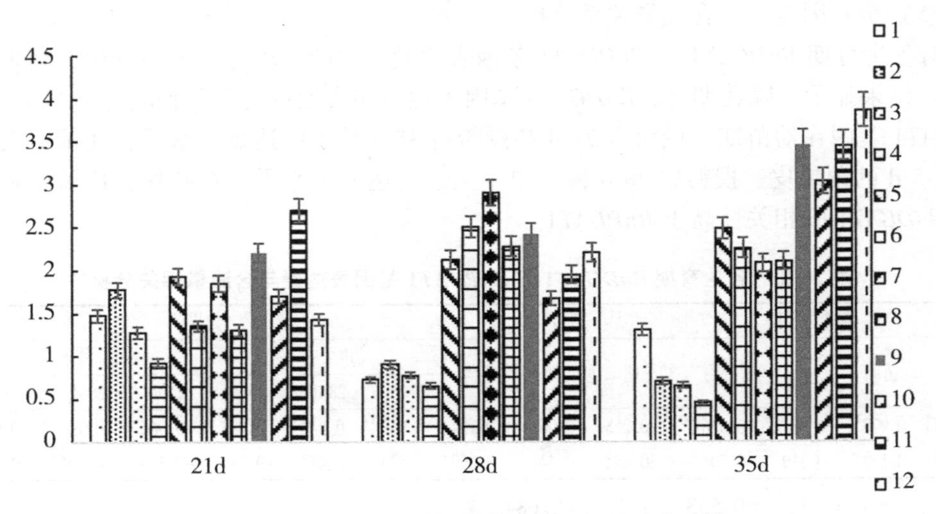

图 2-19　12 个验证材料种子期 *BnPDAT*1 表达量

由图 2-19 可知，*BnDGAT*1 基因表达量与实验结果变化趋势一致。相对表达水平与实验结果得到的结果相同（约 95%）。由图 2-20 可知，*BnPDAT*1 与实验结果变化趋势一致，相对表达水平与实验结果得到的结果相同（约 88%）。说明基因表达结果可靠，可应用于高含油材料早期筛选。

（二）不同含油量甘蓝型油菜光合基因表达及验证

1. 不同生育期光合基因表达情况

将材料光合作用相关基因的表达量和最终含油量进行相关性分析，结果见表 2-21。由表 2-21 可知，仅蕾薹期的叶片和角果期的角果皮中 *BnrbcL* 和 *BnRbcS* 基因和含油量之间相关性显著，故只对该时期进行分析。

表 2-21　各生育期 *BnrbcL* 与 *BnRbcS* 基因表达量与含油量相关分析

基因	营养生长期			花期			角果期					
	幼苗期	5~6叶期	蕾薹期	初花期	盛花期	终花期	角果皮			种子		
							21 d	28 d	35 d	21 d	28 d	35 d
BnrbcL	0.427	0.266	−0.892*	0.287	0.325	0.283	0.756*	0.942**	0.726*	0.218	0.454	0.394
BnRbcS	0.347	0.208	−0.924**	0.462	0.413	0.205	0.759*	0.943**	0.679*	0.244	0.318	0.324

注：$n=9$，*：$P_{0.05}=0.553$，**：$P_{0.01}=0.684$。

（1）不同生育期 *BnrbcL* 基因表达情况

不同生育期 *BnrbcL* 基因表达情况见图 2-20。结果表明：蕾薹期的叶片中，*BnrbcL* 基因表达量与含油量变化趋势相反；21 d、28 d 角果皮中，*BnrbcL* 与含油量变化趋势一致；授粉后 35 d 角果皮中，*BnrbcL* 基因表达量在各材料中表达基本一致。

蕾薹期的叶片中，低含油量材料 *BnrbcL* 基因表达量是中含油量材料的 1.18~1.31 倍，是高含油材料的 1.36~1.70 倍；21 d 角果皮中，低含油量材料的表达量是中含油

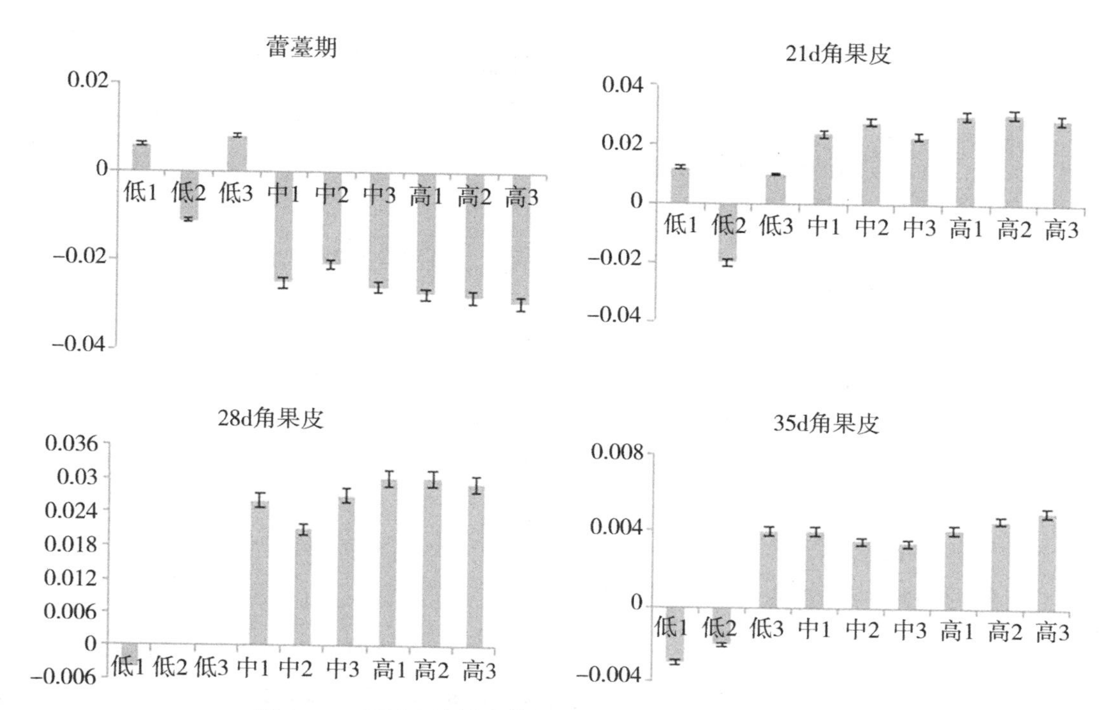

图 2-20　不同含油量油菜主要生育期 *BnrbcL* 基因表达量

材料的 0. 36~0. 52 倍，是高含油材料的 0. 32~0. 41 倍；28 d 角果皮中，低含油量材料表达量是中含油量材料的 0. 14~0. 19 倍，是高含油材料的 0. 12~0. 13 倍。该结果说明在某些生育期 *BnrbcL* 基因的相对表达量与油脂积累过程密切相关。在叶片中，*BnrbcL* 基因表达量与含油量变化趋势相反。在 21 d、28 d 角果皮中，基因表达量和含油量变化趋势一致。

（2）不同生育期 *BnRbcS* 基因表达情况

主要生育期 *BnRbcS* 基因表达情况见图 2-21。结果表明：蕾薹期的叶片中，*BnRbcS* 基因表达量随含油量升高而降低；授粉后 21 d、28 d 角果皮中，*BnRbcS* 基因表达随含油量升高而升高；35 d 角果皮中，*BnRbcS* 基因表达量在各材料中表达基本一致。

蕾薹期的叶片中，低含油量材料 *BnRbcS* 基因表达量是中含油量材料的 3. 5~9. 3 倍，是高含油材料的 4. 85~10. 03 倍；授粉后 21 d 角果皮中，低含油量材料的表达量是中含油材料的 0. 42~0. 91 倍，是高含油材料的 0. 32~0. 68 倍；授粉后 28 d 角果皮中，低含油量材料表达量是中含油量材料的 0. 07~0. 19 倍，是高含油材料的 0. 06~0. 13 倍。该结果说明在某些生育期 *BnRbcS* 基因的相对表达量与油脂积累过程密切相关。在叶片中，该基因表达量随含油量升高而降低。在授粉后 21 d、28 d 的角果皮中，基因表达量随含油量升高而升高。

2. 角果皮中光合作用相关基因筛选高含油材料检验

由上述研究可以发现，在角果皮中光合作用相关基因的表达情况和含油量间关联性较强，可用于早期筛选，为进一步验证该方法是否可行，选取含油量为 38%、46%、

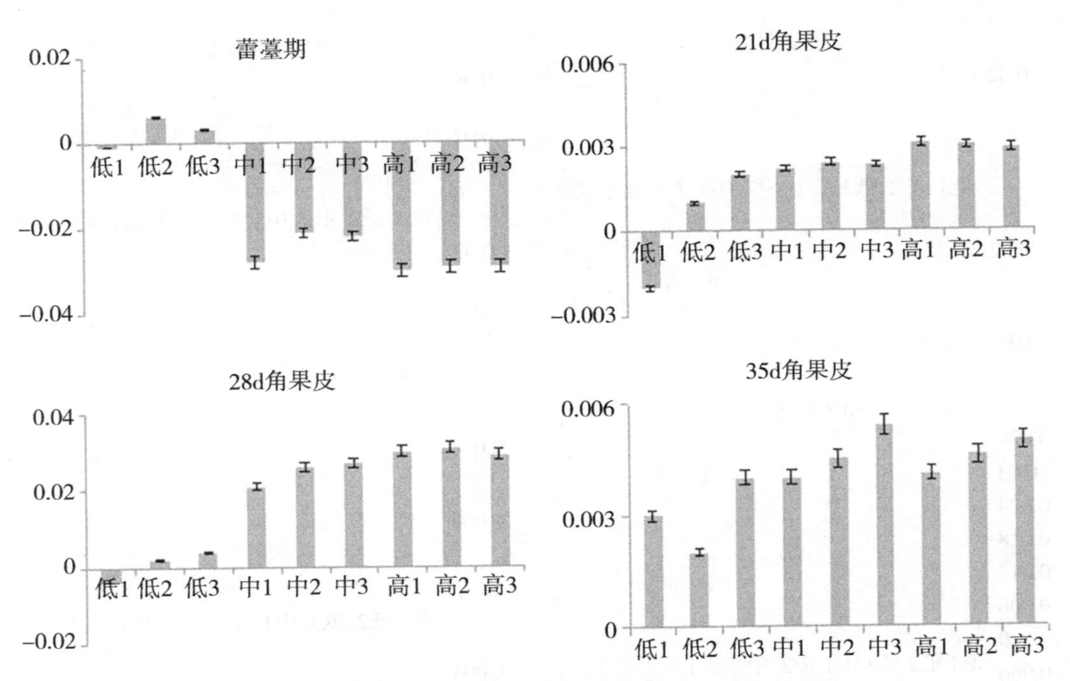

图 2-21　不同含油量油菜主要生育期 *BnRbcS* 基因表达量

54%的材料各 4 个对授粉后 21 d、28 d 和 35 d 角果皮中的 *BnrbcL* 和 *BnRbcS* 表达量进行分析，结果见表 2-22。

表 2-22　12 个验证材料角果皮中 *BnrbcL* 和 *BnRbcS* 表达情况

基因	21 d	28 d	35 d
BnrbcL	0. 656*	0. 723**	0. 746**
BnRbcS	0. 659*	0. 718**	0. 612*

注：$n=9$，*：$P_{0.05}=0.553$，**：$P_{0.01}=0.684$。

由表 2-22 可知，*BnrbcL* 和 *BnRbcS* 基因表达量在角果皮中的表达量与含油量均显著相关，与试验结果相关性变化一致，相对表达水平与实验结果得到的结果相同（分别约为 83%和 86%），说明利用光合基因在不同材料中的表达情况筛选高含油材料的方法可行。

三、讨论

（一）油脂合成关键基因表达量与含油量的关系

油菜 *BnDGAT*1 和 *BnPDAT*1 的表达量都会影响含油量[94]。DAG 转化的效率是影响含油量的重要因素[95]，而这些转化的途径关键基因分别为 *BnDGAT*1 和 *BnPDAT*1。本实验同时研究了不同含油量油菜全生育期 *BnDGAT*1 和 *BnPDAT*1 的表达情况，发现营养生长期时不同含油量油菜在叶片中的 *BnDGAT*1 表达量均高于 *BnPDAT*1，说明在营养生长期时，TAG 的合成主要是 PDAT 途径；在种子中 *BnDGAT*1 的表达量和相关性都高于 *BnPDAT*1，说明在种子中油菜油脂的积累主要是 Kennedy 途径，这与戚维聪[96]结论一致。营养生长期时，主效基因为 *BnPDAT*1，DAG 也主要用于促进油菜生长，而未合成 TAG；成熟期时营养生长已完成，不需要 DAG 的调控作用，此时 DAG 大量积累使油脂积累达到极限，*BnDGAT*1 基因表达促使油脂合成。DGAT 的主要作用是催化 DAG 和脂酰 CoA 生成 TAG，同时该基因控制油脂的积累是多层次的。本研究表明，*BnDGAT* 基因在叶片、角果皮和种子中的表达量与含油量均达到了极显著水平。在叶片和角果皮中可能是由于光合作用的强度改变了油脂的积累，而在种子中是直接参与了油脂的合成。*PDAT* 可有效缓解脂肪酸过多导致的细胞死亡[97]，可增加菜籽中脂肪酸的耐受性。本研究中，*BnPDAT*1 在种子中表达量与含油量相关性达到显著水平。但早期时的种子 *BnPDAT*1 的表达量与含油量呈负相关，中后期转变为正相关，可能是种子生长前期形成的脂肪酸较少，中后期脂肪酸大量积累，*BnPDAT*1 基因才开始表达以提高油脂积累的上限。

（二）光合作用关键基因表达量与含油量的关系

光合作用是高等植物积累能量和产生代谢物质最重要的反应。对于油菜而言，光合作用产生的糖类可通过糖酵解转化为丙酮酸进而转化为乙酰 CoA，同时将光能固定成为稳定的化学能，为油脂积累提供了物质和能量储备[98]。目前，关于油菜油脂代谢和光合作用相关联系研究尚不充分[99-100]。本研究发现，蕾薹期的叶片和角果期的角果皮中 *BnrbcL* 基因和 *BnRbcS* 基因表达量和含油量相关性达到显著水平。这两个基因的表达量趋势基本一致，蕾薹期的叶片中与含油量呈负相关，角果皮中呈正相关。据此推测油菜不同生育期时，光合作用对油脂代谢的影响不同。

蕾薹期时，含油量越高的材料 *BnrbcL* 基因和 *BnRbcS* 基因表达量反而越低，原因可能是这个阶段外界环境条件恶劣，RuBisCo 酶的作用不以催化所化反应为主，而是以加氧化反应为主[93]。进入蕾薹期后，油菜进入生长的逆境条件，气温低、光照相对不充分。受外界条件的影响，RuBisCo 在光合作用途径中的活性减弱，转而去催化 RuBP 与 O_2 氧化裂解的加氧反应，导致了细胞内过氧化物聚集，对油菜造成的毒害，可能会导致核糖体和内质网等细胞器降解。此时这两个基因的表达量越低，越有利于后续的生殖生长。授粉后 21 d 和 28 d 的角果皮中，*BnrbcL* 基因和 *BnRbcS* 基因和含油量呈显著正相关，而授粉后 35 d 角果皮中，这两个基因相关性降低。可能是因为在种子形成初期，光合作用对油脂积累的影响比较大，到了种子形成后期，角果逐渐成熟，光合作用能力也有所下降，角果皮的光合作用对油脂积累起着非常大的作用，其不仅能截获吸收光合辐射，还能将产生的同化产物大量转移到种子中。角果期时，环境条件适宜油菜生长，RuBisCo 酶的作用主要以羧化为主，可能产生了更多的 3-磷酸甘油酸参加了糖酵解，为 PEP 和乙酰 CoA 的产生提供了前体物质，这也就解释了含油量与这两个基因表达呈正相关性的原因。本研究还发现，在授粉后 21 d 和 28 d 的角果皮中，*BnrbcL* 基因和 *BnRbcS* 基因的表达量在中低含油量材料之间差异倍数较大，在中低含油量材料间差异倍数较小，原因可能是光合作用对油脂积累起着较为基础的作用，当含油量到达一定的限度，影响油脂积累的主要因素就以油脂代谢过程的基因为主了。据此可以推测，

RuBisCo 酶可以通过影响油脂代谢前体影响油脂的合成。

（三）利用基因表达量早期筛选高含油材料

油菜种子油脂合成和光合作用基因的表达情况能在一定程度上反应含油量[91]。本研究研究了全生育期的油脂合成和光合作用关键基因与含油量，结果表明：*BnDGAT*1 基因在叶片、角果皮和种子中的表达量与含油量极显著相关；*BnPDAT*1 在早期的种子的表达量与含油量呈负相关，中后期转变为正相关。*BnrbcL*、*BnRbcS* 基因在蕾薹期的高表达会导致最终含油量降低，在角果皮中高表达会使含油量增加。但由于幼苗期和蕾薹期时基因表达量在材料间差异不显著，故本研究只选择了角果期的种子和角果皮分别对油脂合成基因和光合作用基因进行了验证，4 个基因的准确性均在 80%以上，说明结果可靠，这些差异可在油菜种子成熟前快速预测含油量，避免收获期时非高含油量材料混杂种子，加快育种进程。

四、小结

本研究构建了未成熟种子中油脂合成基因（*BnDGAT*1、*BnPDAT*1）表达量和角果皮中光合作用基因（*BnrbcL*、*BnRbcS*）表达量和含油量的关系，结果表明：不同含油量油菜种子 *BnDGAT*1、*BnPDAT*1 表达量与含油量相关性较高，角果皮中 *BnrbcL*、*BnRbcS* 表达量与含油量相关性较高，验证结果表明 *BnDGAT*1、*BnPDAT*1 基因的准确性分别为 95%和 88%，光合基因的准确性分别为 83%和 86%。该结论可用于高含油油菜种子的早期筛选，以降低非高含油材料种子的影响，为高含油油菜分子育种提供参考。

第六节　高含油量油菜品种选育

一、‘金油 1 号’

我国油菜播种面积达 700 万 hm^2，但亩产较低，提高产量是油菜育种的重要目标之一，因而选育优质高产油菜新品种，可增加油菜产量，减少供需缺口，提高经济效益[101]。娄底市农业科学研究所选育的高产油菜新品种‘娄文油 99’在湖南和湖北多点试验中，平均产量达 182.65 kg/亩[102]；湖南农业大学油料作物研究所先后选育的高产高抗油菜新品种‘湘杂油 199’‘湘杂油 631’和‘湘杂油 763’在湖南及周边省共增产菜籽 18 801 万 kg[103]。现长江流域直播油菜产区主要以轻简化与合理密植进行油菜栽培[104]，密植程度高会导致田间湿度增加，提高菌核病和病毒病发病率，影响油菜产量，而种植抗性佳的油菜品种是减少产量损失的必要措施。自 2015 年以来，湖南省油菜种植面积稳居全国第一[105]，市场面临空缺大，高产优质抗病性好的油菜的选育工作需进一步发展。

长沙金田种业有限公司利用化学杀雄法，通过杂交组合后，筛选出高产、优质、抗病性强的油菜新品种‘金油 1 号’，该品种适宜在湖南省推广种植。

（一）材料与方法

1. 试验材料

母本‘J258’的选育始于2012年，对10个‘中双10号’优良的自交系进行化学杀雄敏感性和产量试验，结果筛选出对化学杀雄较敏感同时产量高的自交系‘J258’，刚现蕾时喷药2次，整个花期达到98%的不育效果。

父本‘T04’的选育始于2012年，来源于‘湘油15号’与‘中双11号’的杂交后代，通过该组合后代的连续选择，在第5代，选出稳定的优系‘T02’。

‘金油1号’（J258×T02）的选育始于2016年，利用‘J258’与10个自交系配制10个杂交组合，进行了2个点组合比较试验，2017年春从10个组合中筛选出化学杀雄新组合‘J258×T02’，其表现综合性状好，比对照增产11.70%。

2. 试验设计

湖南省分别在金田种业浔龙河基地（113.20117N，28.35768E），慈利县旱科所（29.5584396705N，111.0391432490E），湘西自治州农科院（28.3469375017N，109.7633413755E），永州市农科所（26.2336947529N，111.6054622232E）和岳阳市农科所（29.3588735248N，113.1364569273E）开展。试验地土壤肥力中等偏上，前作为一季中稻，随机区组排列，3次重复，小区面积20 m^2，开沟条播，1.1.2万株/亩。

3. 农艺性状及品质分析

角果成熟后在第二区组取每个组合各10个单株进行室内考种，采用DPS6.0分析结果。

芥酸采用气相色谱法（GB/T 17377—1998，ISO 5508：1990）；硫苷标测定采用近红外法［ISO 9167—1，1992（E）］；含油率采用NY/T 4—1982测定。

4. 病害鉴定

在长沙金田种业有限公司浔龙河基地依据油菜抗菌核病性田间鉴定技术规程（DB51/T 1035—2010）[106]和油菜抗病毒病性田间鉴定技术规程（DB51/T 1036—2010）[107]进行苗期和成熟期病害调查。

5. 参数计算与数据分析

产油量（kg/亩）= 油菜籽产量×籽粒含油率[108]

采用Excel 2010进行数据处理。

（二）试验结果

1. 气候条件

2018年秋季全省平均气温18.5℃，较常年偏高0.1℃，10月、11月、12月降水偏多，全省平均日照时数366 h，较常年偏少17.6 h。2018年12月至2019年2月，全省平均气温为5.9℃，较常年偏低0.9℃，较上年偏低1.2℃；全省平均日照时数为68.0 h，较常年偏少148.8 h，为1951年有连续气象记录以来同期最低值；全省平均降水量为252.1 mm，较常年偏多30.4%，春季全省平均降水量537.8 mm，较常年多10.5%。2019年3—5月，全省平均气温17.5℃，较常年偏高0.5℃；全省平均日照时数200.1 h，较常年偏少101.1 h，位居1951年以来历史同期第一低位。

2019年9—11月平均气温19.7℃，较常年偏高1.3℃，位居1951年以来历史同期第三高位；平均降水量 134. 3 mm，较常年偏少 40. 3%；全省平均日照时数 445. 2 h，较常年偏多 63. 7 h，较上年偏多 78. 3 h。2019 年 12 月至 2020 年 2 月温度较低，春季前期低温阴雨，4 月、5 月天气较好，光照充分。油菜长势较好，病害较少。（上述资料由湖南省气象局提供）

2. 产量情况

本试验中，2018—2019 年，对照品种‘沣油 520’的平均单产为 157. 59 kg/亩，‘金油 1 号’178. 9 kg/亩，比对照产量增产 21. 31%（表 2-23）；2019—2020 年，对照品种的平均单产为 154. 64 kg/亩，‘金油 1 号’180. 84 kg/亩，比对照增产 26. 2%，2 年平均比对照增产 15. 22%，产油量比对照增加 30. 45%，增产幅度较大。2018—2020 年，各试点情况中，产量最高较对照增加 24. 06%，在油菜生产中增产潜力大。

表 2-23　各试点‘金油 1 号’产量情况

试验点	2018—2019 年度		2019—2020 年度	
	金油 1 号	CK 沣油 520	金油 1 号	CK 沣油 520
岳阳	189. 5	152. 75	179. 6	156. 5
长沙县	182. 1	164. 60	183. 1	152. 6
慈利	172. 5	151. 50	188. 5	168. 4
湘西自治州	167. 2	157. 85	176. 8	150. 1
永州	183. 2	156. 25	176. 2	145. 6
平均亩产（kg）	178. 9	156. 59	180. 84	154. 64
增产（%）	21. 31		26. 2	

3. 主要经济性状

对各组合的株高、分枝起点等主要经济性状进行了考察，结果详见表 2-24。由表 2-24 可知，‘金油 1 号’经济性状总体较好，且年度差异小，比较稳定。

表 2-24　各组合的平均主要经济性状

农艺性状	2018—2019 年度		2019—2020 年度	
	金油 1 号	沣油 520（CK）	金油 1 号	沣油 520（CK）
株高（cm）	168. 40	164. 80	169. 40	164. 60
一次有效枝部位（cm）	61. 80	60. 70	60. 80	62. 40
一次有效分枝数	7. 10	6. 52	7. 20	6. 94
全株有效角果数（个）	215. 00	163. 20	207. 20	175. 20
每果粒数	22. 24	19. 80	22. 06	19. 80
单株产量（g）	14. 40	11. 76	14. 80	12. 56
千粒重（g）	4. 05	3. 94	4. 05	3. 90
成熟一致性	一致	一致	一致	一致
植株整齐度	齐	齐	齐	齐

4. 品质性状

2020年由长沙金田种业有限公司对‘金油1号’种子进行品质测定，分别检测芥酸、硫苷和含油量（表2-25）。‘金油1号’含油量较对照‘沣油520’高5.5%。

表2-25　‘金油1号’品质性状

品种	芥酸（%）	硫苷（μmol/g）	含油量（%）
金油1号	未检出	26.0	46.5
沣油520	未检出	23.0	41.0

5. 冬前长势

各组合冬前苗期情况如表2-26所示。

表2-26　各组合冬前苗期情况

调查时间	品名	主茎绿叶数（片）	主茎总叶数（片）	最大叶		根茎粗（mm）	苗期一致性
				长（cm）	宽（cm）		
2019/1/14	金油1号	16.1	18.2	40.6	17.6	17.7	一致
	CK沣油520	18.6	21.4	43.0	15.4	20.1	一致
2020/1/14	金油1号	16.2	22.2	40.2	15.8	17.2	一致
	CK沣油520	16.5	20.6	38.1	14.9	18.9	一致

6. 生育期

各参试组合于2019年9月30日播种，‘金油1号’生育期较对照短0.2 d，与对照相近（表2-27）。

表2-27　参试组合在各点的生育期（d）

品名	长沙县	岳阳市农科所	慈利县旱科所	湘西自治州所	永州所	平均	比对照增减
金油1号	208	209	206	211	203	207.4	-0.2
CK沣油520	206	208	211	209	204	207.6	—

7. 抗病性调查

在苗期、成熟期进行了2次田间菌核病、病毒病害调查，苗期未见病害，成熟期（2020年4月20日）结果见表2-28。

表2-28　参试组合的病害调查情况

品种	生育期	菌核病		病圃鉴定	病毒病		病圃鉴定
		发病率	病指		发病率	病指	
金油1号	成熟期	8.20	5.07	中抗	5.70	2.19	高抗
沣油520	成熟期	6.40	4.07	中抗	4.40	1.58	高抗

（三）讨论

油菜作为我国第一大油料作物[109]，发展油菜生产是保障我国粮油安全的重要部分。由于油菜播种面积短时间内难以大量增加，选育高产高含油新品种成为改善油菜产业问题的有效途径[110]。‘金油 1 号’符合双低标准，抗病性好，增产显著。油菜菌核病由核盘菌引发[111]，主要在油菜花期发生，会造成油菜减产 10%～70%[112]，严重影响油菜产量与品质，我国防治菌核病的主要措施是选育抗病品种[113]；油菜病毒病的发生会造成结实率降低，严重影响产量[114]。在近 10 年油菜主要病虫为害统计中，菌核病以实际损失 57.74%的占比排名第一，病毒病实际损失 1.82%，排名第六[115]。在新品种试验中，‘金油 1 号’对菌核病和病毒病均具有抗性，产油量增加 30.45%，可提高油菜产量，增加农民经济效益，具有广泛的市场应用前景和发展潜力，如能大规模应用推广可有效缓解我国不断增加的食用油需求[116]，增加我国植物油自给率，保障我国食用油安全[117]。

（四）结论

2018—2019 年，‘金油 1 号’亩产 178.9 kg，比平均产量增产 21.31%，平均株高 168.4 cm，一次有效分枝 7.1 个，一次有效分枝高度 61.8 cm，主单株有效角果数 215 个，每角粒数 22.24 粒，千粒重 4.05 g，单株产量 14.4 g，全生育期 208.4 d。菌核病和病毒病均较轻。

2019—2020 年，‘金油 1 号’亩产 180.84 kg，比对照增产 16.94%，产油量比对照增加 32.32%，平均株高 169.4 cm，一次有效分枝 7.2 个，一次有效分枝高度 60.8 cm，单株有效角果数 207.2 个，每角粒数 22.06 粒，千粒重 4.05 g，单株产量 14.8 g，全生育期 207.4 d。菌核病和病毒病均较轻。2 年平均比对照增产 15.22%，产油量比对照增加 30.45%，综合性状较好，于 2022 年度获得农业部品种登记证书［GPD 油菜（2022）430258］。

二、‘帆鸣 2 号’（‘159-6×E306’）品种选育过程

（一）亲本组合

甘蓝型化学杀雄两系杂交油菜新组合‘帆鸣 2 号’（‘159-6×E306’），由湖南农业大学选育而成。

（二）亲本来源

‘帆鸣 2 号’由‘159-6’×‘E306’配组而成。母本‘159-6’来源于‘湘农油 571’变异株；父本‘E306’来源于‘湘油 11 号’与‘中双 11 号’的杂交后代，2 个亲本在 2013 年定型配组。

（三）选育方法

该组合系利用化学杀雄的方法配制而成。

（四）世代和特性描述

母本‘159-6’的选育始于 2011 年，对 12 个优良的自交系进行化学杀雄敏感性和产量试验，结果筛选出对化学杀雄较敏感同时产量高的自交系‘159-6’，刚现蕾时喷药 2 次，整个花期达到 98%的不育效果。

父本‘E306’的选育始于2009年，来源于‘湘油11号’与‘中双11号’的杂交后代，通过该组合后代的连续选择，在第4代，选出稳定的优系‘E306’。‘帆鸣2号’（‘159-6×E306’）的选育始于2013年，利用‘159-6’与12个自交系配制12个杂交组合，进行了2个点组合比较试验，2015年春从这12个组合中筛选出新组合‘帆鸣2号’，其表现综合性状好，比对照增产11.60%。

2016年冬，‘帆鸣2号’参加了三个单位8个组合9个点的联合品比试验，结果产量居参试组合第二位，比对照增产5.34%，产油量比对照增加17.08%。2017年冬参加了三个单位8个组合9个点的联合品比试验，产量居参试组合第二位，比对照增产8.21%，产油量比对照增加23.53%。2年平均比对照增产6.78%，产油量比对照增加20.31%，居第二位。

（五）品种（含杂交种亲本）特征特性描述

1. 杂交种亲本特征特性

（1）母本特征特性

母本‘159-6’：植株生长习性半直立，叶中等绿色，无裂片，叶翅2~3对，叶缘弱，最大叶长41.00 cm（长），叶宽15.40 cm（中），叶柄长度中，刺毛无，叶弯曲程度弱，开花期中，花粉量多，主茎蜡粉无或极少，植株花青苷显色弱，花瓣中等黄色，花瓣长度中，花瓣宽度中，花：花瓣相对位置侧叠，植株总长度176.60 cm（中），一次分枝部位67.00 cm，一次有效分枝7.90个，单株果数228.90个，果身长度7.80 cm（中），果喙长度1.21 cm（中），角果姿态上举，籽粒黑褐色，千粒重3.92 g（中），全生育期216 d左右。

（2）父本特征特性

父本‘E306’：植株生长习性半直立，叶中等绿色，无裂片，叶翅2~3对，叶缘弱，最大叶长41.00 cm（长），叶宽14.50 cm（中），叶柄长度中，刺毛无，叶弯曲程度弱，开花期中，花粉量多，主茎蜡粉无或极少，植株花青苷显色弱，花瓣中等黄色，花瓣长度中，花瓣宽度中，花：花瓣相对位置侧叠，植株总长度180.20 cm（中），一次分枝部位66.00 cm，一次有效分枝7.20个，单株果数227.10个，果身长度7.20 cm（中），果喙长度1.10 cm（中），角果姿态上举，籽粒褐色，千粒重3.90 g（中），全生育期217 d左右。

（3）‘帆鸣2号’（‘159-6×E306’）特征特性

植株生长习性半直立，叶中等绿色，无裂片，叶翅2~3对，叶缘弱，2年测试平均，最大叶长45.50 cm（长），最大叶宽15.20 cm（中），叶柄长度中，刺毛无，叶弯曲程度弱，开花期中，花粉量多，主茎蜡粉无或极少，植株花青苷显色弱，花瓣中等黄色，花瓣长度中，花瓣宽度中，花：花瓣相对位置侧叠，植株总长度172.80 cm（中），一次分枝部位62.60 cm，一次有效分枝6.59个，单株果数235.15个，果身长度7.10 cm（中），果喙长度1.20 cm（中），角果姿态上举，籽粒黑褐色，千粒重3.91 g（中）。该组合在湖南2年多点试验结果表明，在湖南9月下旬播种，次年5月初成熟，全生育期216 d左右。

芥酸0%，硫苷25.50 μmol/g，含油为47.40%，测试结果均符合国家标准，含油量高。菌核病平均发病株率为5.25%，中抗菌核病；病毒病的平均发病株率为3.80%，高抗病毒病。经转基因成分检测，不含任何转基因成分。

参考文献

[1] 曾川，徐洪志，黄涌．稻田免耕油菜研究进展［J］．南方农业，2018，12（4）：23-25，28.

[2] 康雷．利用分子标记辅助选育甘蓝型油菜高含油量核不育系及同型临保系［D］．武汉：华中农业大学，2014.

[3] 张雯丽．供给侧结构性改革背景下油菜产业发展路径选择［J］．农业经济问题，2017，38（10）：11-17.

[4] 文均．甘蓝型油菜种子发育过程中油脂积累动态及关键基因的表达差异分析［D］．重庆：西南大学，2017.

[5] 朱彦涛．油菜小孢子培养和DH系繁殖研究［D］．杨凌：西北农林科技大学，2005.

[6] 王贵春，杨光圣．油菜高含油量育种研究进展［J］．安徽农业科学，2007（18）：5373-5375，5411.

[7] Sahasrabudhe M. R.，1977，Crismer values and erucic acid contents of rapeseed oils［J］. Journal of the American Oil Chemists' Society，54（8）：323-324.

[8] 陈军．利用高密度SNP图谱定位甘蓝型油菜含油量及角粒相关性状QTL［D］．武汉：华中农业大学，2017.

[9] 钱武，李学才，孙万仓，等．冬油菜远缘杂交亲和性分析［J］．西南农业学报，2016，29（9）：2027-2033.

[10] 张志玲．菊花不定胚再生及转基因体系的建立［D］．大连：大连理工大学，2012.

[11] 曲存民．甘蓝型油菜种皮色泽形成机理研究［D］．重庆：西南大学，2012.

[12] Wang Y，Rong H，Xie T，et al. Comparison of DNA methylation in the developing seeds of yellow-and black-seeded *Brassica napus* through MSAP analysis［J］. Euphytica，2016，209（1）：157-169.

[13] 刘忠松，官春云，陈社员，等．芥菜型油菜优良性状导入甘蓝型油菜研究［J］. Agricultural Science Technology，2010，11（6）：49-52.

[14] Li C，Li B，Qu C，et al. Analysis of Difference QTLs for Oil Content Between Two Environments in *Brassica napus* L.［J］. Acta Agronomica Sinica，2011，37（2）：249-254.

[15] Ecke W，Uzunova M，and Weileder K. Mapping the genome of rapeseed（*Brassica napus* L.）. II. localization of genes controlling erucic acid synthesis and seed oil content［J］. Theor. Appl. Genet，1995，91（6-7）：972-977.

[16] 陈锦清，黄锐之，郎春秀，等．油菜PEP基因的克隆及PEP反义基因的构建［J］．浙江大学学报（农业与生命科学版），1999（4）：25-27.

[17] Liu F, Xia Y, Wu L, et al. Enhanced seed oil content by overexpressing genes related to triacylglyceride synthesis [J]. Gene, 2015, 557 (2): 163-171
[18] 尹永泰．甘蓝型油菜溶血磷脂酰基转移酶家族基因的克隆与表达 [D]．武汉：华中科技大学，2016.
[19] 郭小娟．通过调控 GDSL 转录水平提高甘蓝型油菜抗菌核病、种子萌发速度和含油量 [D]．镇江：江苏大学，2016.
[20] Li D, Lei Z, Xue J, et al. Regulation of *FATTY ACID ELONGATION*1 expression and production in *Brassica oleracea* and *Capsella rubella* [J]. Planta, 2017, 246 (24): 1-16.
[21] 万成燕．甘蓝型油菜含油量的遗传与 QTL 定位 [D]．雅安：四川农业大学，2011.
[22] 王燕惠，顾元国，范李萍．甘蓝型油菜含油量性状的 QTL 定位 [J]．新疆农业科学，2017，54 (8)：1437-1443.
[23] Pu Y, Chang S, Lin C, et al. Identification of a major QTL for silique length and seed weight in oilseed rape (*Brassica napus* L.) [J]. TAG. Theoretical and applied genetics [J]. Theoretische und angewandte Genetik, 2012, 125 (2): 285-296.
[24] Qiu D, Morgan C, Shi J, et al. A comparative linkage map of oilseed rape and its use for QTL analysis of seed oil and erucic acid content [J]. Theor. Appl. Genet., 114 (1): 67-80.
[25] Cao Z, Tian F, Wang N, et al. Analysis of QTLs for erucic acid and oil content in seeds on A8 chromosome and the linkage drag between the alleles for the two traits in *Brassica napus* [J]. Journal of Genetics and Genomics, 2010, 37 (4): 231-240.
[26] Yu C Y. Molecular mechanism of manipulating seed coat coloration in oilseed *Brassica species* [J]. Journal of Applied Genetics, 2013, 54 (2): 135-145.
[27] 段继凤．甘蓝型油菜含油量性状全基因组关联分析 [D]．武汉：华中农业大学，2013.
[28] 姜成红，耿鑫鑫，魏文辉，等．甘蓝型油菜株高 QTL 定位及主效 QTL 区间候选基因预测 [J]．河南农业科学，2017，46 (8)：27-31.
[29] 甘露．不同含油量甘蓝型油菜品系比较蛋白质组学研究 [D]．武汉：华中科技大学，2011.
[30] 何宇清，操春燕，沈文忠，等．甘蓝型油菜种子中油体的超微结构及蛋白质组分析 [J]．植物科学学报，2017，35 (4)：566-573.
[31] 何勇，彭继宇，刘飞，等．基于光谱和成像技术的作物养分生理信息快速检测研究进展 [J]．农业工程学报，2015，31 (3)：174-189.
[32] 潘根兴，丁元君，陈硕桐，等．从土壤腐殖质分组到分子有机质组学认识土壤有机质本质 [J]．地球科学进展，2019，34 (5)：451-470.

[33] 方慧，宋海燕，曹芳，等．油菜叶片的光谱特征与叶绿素含量之间的关系研究［J］．光谱学与光谱分析，2007，27（9）：1731-1734.
[34] 萧浪涛．植物生理学实验技术［M］．北京：中国农业出版社，2008：110-113.
[35] 方敏，丁小霞，李培武，等．索氏抽提测定含油量的方法改良及其应用［J］．中国油料作物学报，2012，34（2）：210-214.
[36] Fan X，Zang J，Xu Z，et al. Effects of different light spectra on photosynthetic structures and photosynthate of nonheading Chinese cabbage［J］. Research on Crops，2013，14（2）：555-560.
[37] Clevers J，Kooistra L. Using hyperspectral remote sensing data for retrieving canopy chlorophyll and nitrogen content［J］. Journal of Selected Topics in Applied Earth Observations & Remote Sensing，2012，5（2）：574-583.
[38] 韩超．基于叶片光谱估测水稻叶绿素含量研究［D］．青岛：青岛科技大学，2010.
[39] 孙岩．湿地植物高光谱特征分析与物种识别模型构建［D］．北京：清华大学，2008.
[40] Fan X X，Jie Z，Xu Z G，et al. Effects of different light quality on growth，chlorophyll concentration and chlorophyll biosynthesis precursors of non-heading chinese cabbage（*Brassica campestris* L.）［J］. Acta Physiologiae Plantarum，2013，35（9）：2721-2726.
[41] Wang J X，Wang X M，Geng S Y，et al. Genome-wide identification of hexokinase gene family in *Brassica napus*：structure，phylogenetic analysis，expression，and functional characterization［J］. Planta，2018，248（1）：171-182.
[42] Akram N A，Iqbal M，Muhammad A，et al. Aminolevulinic acid and nitric oxide regulate oxidative defense and secondary metabolisms in canola（*Brassica napus* L.）under drought stress［J］. Protoplasma，2018，255（1）：163-174.
[43] Barbetti M J，Banga S K，Fu T D，et al. Comparative genotype reactions to *Sclerotinia sclerotiorum* within breeding populations of *Brassica napus* and *B. juncea* from India and China［J］. Euphytica，2014，197（1）：47-59.
[44] 杨爱杰．油菜素内酯对低温与遮荫下羊草生理特性的影响研究［D］．重庆：西南大学，2017.
[45] 康文霞，董军刚，梁晓芳，等．甘蓝型油菜含油量与角果叶绿素质量分数的相关性［J］．西北农业学报，2015，24（11）：57-63.
[46] 涂金星，张冬晓，张毅，等．我国油菜育种目标及品种审定问题的商榷［J］．中国油料作物学报，2007（3）：350-352.
[47] 代柳亭．不同含油量甘蓝型油菜种子油脂分布、生理生化特性以及化学调控的研究［D］．重庆：西南大学，2008.

［48］ 文婷婷，利站，林程，等．油菜种子种皮的结构和细胞壁成分研究［J］．浙江农业科学，2016，57（1）：22-25.

［49］ 康文霞．生理生化指标及气象因子与甘蓝型油菜含油量的相关性研究［D］．杨凌：西北农林科技大学，2015.

［50］ Hua S，Chen Z H，Zhang Y，et al. Chlorophyll and carbohydrate metabolism in developing silique and seed are prerequisite to seed oil content of *Brassica napus* L.［J］. Botanical Studies，2014，55（1）：34.

［51］ Naeem MS，Dai L，Ahmad F，et al. AM1 is a potential ABA substitute for drought tolerance as revealed by physiological and ultra-structural responses of oil-seed rape［J］. Acta Physiologiae Plantarum，2016，38（7）：183.

［52］ Velicka R，Rimkeviciene M，Novickiene L，et al. Improvement of Oil Rape Hardening and Frost Tolerance［J］. Russian Journal of Plant Physiology，2005，52（4）：473-480.

［53］ 刘浩荣，宋海星，刘代平，等．油菜茎叶可溶性糖与游离氨基酸含量的动态变化［J］．西北农业学报，2007（1）：123-126.

［54］ 华营鹏．甘蓝型油菜硼高效 QTL 的图位克隆与响应硼胁迫的表达谱分析［D］．武汉：华中农业大学，2017.

［55］ Sadura I，Janeczko A. Physiological and molecular mechanisms of brassinosteroid-induced tolerance to high and low temperature in plants［J］. Biologia Plantarum，2018：1-16.

［56］ 苏苑君．水培生菜营养液最佳配比与品质调控试验研究［D］．杨凌：西北农林科技大学，2016.

［57］ Minguet E G，Alabadí D，Blázquez M A. Gibberellin Implication in Plant Growth and Stress Responses［J］. 2014：119-161.

［58］ Chai Q，Gan Y，Zhao C，et al. Regulated deficit irrigation for crop production under drought stress. A review［J］. Agronomy for Sustainable Development，2016，36（1）：3.

［59］ Egierszdorff S，Kacperska A. Low temperature effects on growth and actin cytoskeleton organisation in suspension cells of winter oilseed rape［J］. Plant Cell Tissue & Organ Culture，2001，65（2）：149-158.

［60］ 李嵘．文冠果茎段组织培养技术研究［D］．呼和浩特：内蒙古农业大学，2015.

［61］ Lu Z，Pan Y，Hu W，et al. The photosynthetic and structural differences between leaves and siliques of *Brassica napus* exposed to potassium deficiency［J］. Bmc Plant Biology，2017，17（1）：240.

［62］ 张静．干旱对油菜萌发出苗与生长的影响及抗旱机制研究［D］．武汉：华中农业大学，2015.

［63］ Pandey N. Role of Plant Nutrients in Plant Growth and Physiology［J］. Plant

Nutrients and Abiotic Stress Tolerance，2018，7：51-93.
[64] 王济人．油菜种皮厚度的研究［D］．长沙：湖南农业大学，2009.
[65] Van Erp H，Kelly A A，Menard G，et al. Multigene engineering of Triacylglycerol metabolism boosts seed oil content in Arabidopsis［J］. Plant physiology，2014，165（1）：30-36.
[66] Focks N，Benning C. Wrinkled：A Novel，Low-Seed-Oil Mutant of Arabidopsis with a Deficiency in the Seed-Specific Regulation of Carbohydrate Metabolism［J］. 1998，118（1）：91-101.
[67] 钱俊青，张铮，张培培．油菜磷脂中磷脂酰胆碱的液相色谱分析方法［J］. 中国粮油学报，2010，25（1）：128-131.
[68] 常涛，张振乾，陈浩，等．不同含油量甘蓝型油菜生理生化指标和种皮结构分析［J］. 分子植物育种，2019，17（23）：7871-7878.
[69] 丁忆然．甘蓝型油菜种皮木质素合成相关基因的差异表达分析［D］. 重庆：西南大学，2019.
[70] 康文霞．生理生化指标及气象因子与甘蓝型油菜含油量的相关性研究［D］. 杨凌：西北农林科技大学，2015.
[71] 李婧涵．化学诱导剂对寇氏隐甲藻油脂积累的影响及其机理研究［D］. 天津：天津大学，2015.
[72] Lucie N，Ludmila M，Petr S. Advantages of application of UPLC in pharmaceutical analysis［J］. Talanta，2006，68（3）：910-918.
[73] 毕云枫，朱洪彬，皮子凤，等．UPLC-MS/MS 结合多探针底物方法研究刺五加叶中黄酮苷类成分对 CYP450 活性的影响［J］. 高等学校化学学报，2013，34（5）：1049-1051.
[74] Plumb R S，Granger J H，Stumpf C L，et al. A rapid screening approach to metabonomics using UPLC and oa-TOF mass spectrometry：application to age，gender and diurnal variation in normal · Zucker obese rats and black，white and nude mice［J］. Analyst，2005，130（6）：844.
[75] Shearer J，Duggan G，Weljie A，et al. Metabolomic profiling of dietary-induced insulin resistance in the high fat-fed C57BL · 6J mouse［J］. Diabetes Obesity & Metabolism，2008，10（10）：950-958.
[76] 杨秀娟，杨志军，李硕，等．基于超高效液相色谱-四极杆飞行时间质谱联用技术的血瘀模型大鼠血浆代谢组学分析［J］. 色谱，2019，37（1）：71-79.
[77] 陈常见．脂肪酸酰胺蜡的研究［D］. 上海：华东理工大学，2011.
[78] 王晓红，刘进丰，徐涛，等．二十八烷醇的生理功能与应用进展［J］. 中国食物与营养，2018，24（9）：14-20.
[79] 黄宝玺，王大为，王金凤．多不饱和脂肪酸的研究进展［J］. 农业工程技术（农产品加工业），2009（8）：26-30.

[80] 罗玉燕，卢成瑛，陈功锡，等．裂环烯醚萜类化合物研究概况［J］．食品科学，2010，31（21）：431-436.
[81] 徐庆玉，陈秀峯，杨振花．赤霉素生产和应用的研究［J］．植物生理学通讯，1965（5）：31-41.
[82] 罗永明，刘爱华，李琴，等．植物萜类化合物的生物合成途径及其关键酶的研究进展［J］．江西中医学院学报，2003（1）：45-51.
[83] 孙月娥，王卫东．国内外脂质氧化检测方法研究进展［J］．中国粮油学报，2010，25（9）：123-128.
[84] 曾琼，刘德春，刘勇．植物角质层蜡质的化学组成研究综述［J］．生态学报，2013，33（17）：5133-5140.
[85] 黄宝玺，王大为，王金凤．多不饱和脂肪酸的研究进展［J］．农业工程技术（农产品加工业），2009（8）：26-30.
[86] Ghalanbor Z，Ghaemi N，Marashi SA，et al. Binding of Tris to Bacillus licheniformis α-Amylase Can Affect Its Starch Hydrolysis Activity［J］. Protein & Peptide Letters，2008，15（2）：212-214.
[87] Carmela F，Fausto B，Giorgio C，et al. Effect of Cyanidin 3-O-β-Glucopyranoside on Micronucleus Induction in Cultured Human Lymphocytes by Four Different Mutagens［J］. Environmental & Molecular Mutagenesis，2004，43（1）：45-52.
[88] 孙智谋，周旭，张佳霖，等．黑果腺肋花楸花青素抗氧化功能的研究进展［J］．食品研究与开发，2017，38（16）：220-224.
[89] 何晨，刘晶晶，陈楠，等．抗衰老药物的研究进展［J］．西北药学杂志，2020，35（1）：154-157.
[90] 马晓静．槐糖脂合成的氮源代谢调控及槐糖脂的廉价底物生产和性质研究［D］．济南：山东大学，2012.
[91] 刘蕊，王宁宁，王玉康，等．油菜种子含油量影响因素及调控综述［J］．江苏农业科学，2019，47（12）：25-29.
[92] 虢慧，贺慧，吴宁柔，等．不同关键酶基因在油菜种子发育进程中的表达［J］．分子植物育种，2017，15（8）：3030-3035.
[93] 米超，赵艳宁，刘自刚，等．白菜型冬油菜 RuBisCo 蛋白亚基基因 *rbcL* 和 *rbcS* 的克隆及其在干旱胁迫下的表达［J］．作物学报，2018，44（12）：1882-1890.
[94] Savadi S，Lambani N，Kashyap P L，et al. Genetic engineering approaches to enhance oil content in oilseed crops［J］. Plant Growth Regulation，2016，83（2）：207-222.
[95] Chapman K D，Ohlrogge J B. Compartmentation of Triacylglycerol Accumulation in Plants［J］. Journal of Biological Chemistry，2012，287（4）：2288-2294.
[96] 戚维聪．油菜发育种子中油脂积累与 Kennedy 途径酶活性的关系研究［D］.

南京：南京农业大学，2008.
[97] 胡利宗，郭婕，乔琳，等．大豆 *PDAT* 基因的鉴定、表达与进化分析 [J]. 基因组学与应用生物学，2016，35（3）：677-686.
[98] 钱俊青，张铮，张培培．油菜磷脂中磷脂酰胆碱的液相色谱分析方法 [J]. 中国粮油学报，2010，25（1）：128-131.
[99] 刘浩荣，宋海星，刘代平，等．油菜茎叶可溶性糖与游离氨基酸含量的动态变化 [J]. 西北农业学报，2007，16（1）：123-126.
[100] 苏苑君，王文娥，胡笑涛，等．氮对水培生菜营养液元素动态变化及产量与品质的影响 [J]. 华北农学报，2016，31（3）：198-204.
[101] 陆光远，陈晓婷，余珠，等．南方早熟油菜新品种丰产稳产性分析及其光合特性 [J]. 华北农学报，2022，37（4）：113-121.
[102] 何梦婷．杂交油菜新品种娄文油 99 [J]. 作物研究，2020，13：37.
[103] 王峰．油菜新品种选育与时俱进 [J]. 湖南农业，2018，2：9.
[104] 蒯婕，王积军，左青松，等．长江流域直播油菜密植效应及其机理研究进展 [J]. 中国农业科学，2018，51（24）：4625-4632.
[105] 范连益，惠荣奎，邓力超，等．湖南油菜产业发展的现状、问题与对策 [J]. 湖南农业科学，2020，415（4）：80-83，87.
[106] DB51/T 1035-2010，油菜抗菌核病性田间鉴定技术规程 [S].
[107] DB51/T 1036-2010，油菜抗病毒病性田间鉴定技术规程 [S].
[108] 杨泽鹏，门胜男，刘定辉，等．耕作与施肥方式对成都平原冬油菜产量、干物质积累和品质的影响 [J]. 中国土壤与肥料，2022，300（4）：140-147.
[109] 李利霞，陈碧云，闫贵欣，等．中国油菜种质资源研究利用策略与进展 [J]. 植物遗传资源学报，2020，21（1）：1-19.
[110] 李殿荣，陈文杰，于修烛，等．双低菜籽油的保健作用与高含油量优质油菜育种及高效益思考 [J]. 中国油料作物学报，2016，38（6）：850-854.
[111] Bolton Melvin D，Thomma Bart PHJ，Nelson Berlin D. *Sclerotinia sclerotiorum* (Lib.) de Bary：biology and molecular traits of a cosmopolitan pathogen [J]. Molecular plant pathology，2006，7（1）：1-16.
[112] 张俊，夏海生，陈永田，等．不同药剂防治油菜菌核病田间试验 [J]. 现代农业科技，2022（15）：97-99.
[113] 张蕾，余垚颖，刘勇，等．核盘菌接种不同抗性油菜后致病力分化的研究 [J]. 中国油料作物学报，2015，37（2）：201-205.
[114] 宋娟，敖已倩云，周末．油菜病毒病的发生及综合控制 [J]. 植物医生，2014，27（5）：17-18.
[115] 杨清坡，刘万才，黄冲．近 10 年油菜主要病虫害发生危害情况的统计和分析 [J]. 植物保护，2018，44（3）：24-30.

[116]　范成明，田建华，胡赞民，等．油菜育种行业创新动态与发展趋势［J］．植物遗传资源学报，2018，19（3）：447-454.
[117]　常涛，程潜，张振乾，等．高含油量油菜新品种选育研究进展［J］．分子植物育种，2019，17（13）：4424-4430.

第三章　油菜油酸含量改良育种

第一节　油酸改良育种进展

高油酸油菜是种子中油酸含量大于75%的油菜品种[1]，高油酸菜油因具有营养保健功能，且稳定性好，保质期长等优点而深受人们大众喜爱[2-3]，是可以和茶油、橄榄油相媲美的高级食用油[1]。深入研究高油酸油菜分子机理，可促进高油酸油菜育种研究，推动我国油菜产业发展。

一、高油酸油菜育种发展

1992 年，世界上第一个油菜高油酸突变体问世[4]。1995 年，第一个品种（油酸含量 81%）选育成功[5]。随后，荷兰[6]、欧洲[7]、加拿大[8]等国家和地区纷纷开始了相关研究。

我国高油酸油菜研究发展较晚，但发展速度较快，湖南农业大学[9]、浙江省农业科学院[10]等育种单位都开展了品种培育及分子机理方面的研究。华中农业大学于 2012 年在江陵县马家寨乡建立高油酸油菜籽生产基地。2015 年，浙江省农业科学院审定通过高油酸油菜新品种‘浙油 80’，为我国第一个高油酸油菜新品种[1]。但迄今为止，仍无在生产上大面积应用的高油酸油菜新品种。

二、高油酸油菜遗传规律研究

油菜油酸代谢调控机制复杂[1]，目前研究表明，脂肪酸去饱和酶 2（*fatty acid desaturase* 2，*FAD*2）基因为油酸合成关键基因，与其他基因关联影响、共同参与油酸代谢[11-12]。

1. *FAD*2 基因相关研究

（1）*FAD*2 拷贝数研究

Jung 等[13]对油菜‘Tammi’10 d 苗、根、茎、叶、花及授粉后 10～30 d 种子和 40～50 d 种子进行全基因组分析，鉴定出两个 *FAD*2 基因，其中 *brfad*2-1 基因包含功能序列信息，但 *brfad*2-2 基因发生突变，过早出现终止密码子，使其不起作用。

肖钢等[14-15]对 56 个材料 DNA 中的 *fad*2 进行克隆并双向测序发现，56 个 *fad*2 序列的碱基同源性为 91.0%～99.9%，从中得到 11 个差异序列。其中 6 个在编码区中出现多个终止密码子，另外 5 个的同源性为 90.60% ～ 99.74%。根据同源性分为两组，命名为*fad2I*和*fad2II*。RT-PCR分析发现在授粉27 d的种子中*fad2I*有较强表达，*fad2II*没有表达；但在叶片中两者都有表达。

（2）*FAD2*分子生物学研究

Suresha等[16]发现芥菜型油菜‘*Pusa Bold*’中，*FAD2*基因表达量与开花后15 d和开花后45 d种子发育阶段相比，开花30 d表达量上升。低温处理下表达量提高1倍以上，而较高温度处理上升3倍以上。

Xiao等[17]对*fad2*基因启动子的研究发现，*fad2*（*bnfad2*）在其5-UTR区含有1192bp的内含子。与无内含子对照组相比，该内含子在转基因拟南芥中表现出启动子活性，并使*gus*表达增加5~15倍。对*bnfad2*启动子和内含子的缺失分析，发现-220~-1bp是最小的启动子区，-220~-110bp，+34~+285bp是两个重要的高水平转录区。光、低温和脱落酸（ABA）诱导*bnfad2*转录，光、低温反应与-662~-220 bp和+516~+809区有关，而-538~-544bp是ABA反应元件。结果表明内含子介导的调控可能是基因表达调控的一个重要方面。

刘芳等[18]与刘睿洋等[19]从甘蓝型油菜中分别克隆了A5、C5、A1、C1连锁群上4个*BnFAD2*基因的全长cDNA序列，分别命名为*BnFAD2-A5*、*BnFAD2-C5*、*BnFAD2-A1*，和*BnFAD2-C1*，各自编码384个、384个、136个和385个氨基酸。qRT-PCR分析及血凝素标签法分析表明，*BnFAD2-A5*和*BnFAD2-C5*是影响油菜种子油酸积累的主效基因。

（3）*FAD2*功能研究

郎春秀等[20]在高油酸油菜中沉默内源*BnFAD2*基因，并获得了低亚油酸、亚麻酸的转基因株系；*FAD3*控制亚油酸向亚麻酸转化，Schierholt[21]发现低亚麻酸性状可整合到高油酸油菜中，但不能增加油酸含量，刘芳等[22]同时对甘蓝型油菜‘中双9号’植株中*BnFAD2*、*BnFAD3*和*BnFATB*基因进行沉默，得到的种子油酸含量由66.76%提升至82.98%，提高了24%。而Peng[23]等同时沉默*FAD2*、*FAE1*基因，得到了油酸85%以上的转基因株系。

但想仅仅通过抑制*FAD2*基因以获得85%以上油酸含量的油菜很困难，且一味的抑制*FAD2*表达可能不利于植株的生长[24]。

2. 其他与油酸代谢相关基因研究

Xiao等[25]从‘湘油15号’和高油酸突变体‘854-1’中分离到*bnhol34*的启动子区序列，其中‘854-1’材料中*bnhol34*的启动子区有一个93 bp的缺失。且RT-PCR表明其在‘湘油15号’中的表达量是‘854-1’的8倍，推测其在高油酸形成过程中起负调控作用。

Zhang等[26]对甘蓝型油菜*BnZFP1*基因进行了过表达和沉默后，T5代*BnZFP1*过表达植株种子油酸含量增加18.8%，含油量增加3.8%。而*BnZFP1*沉默植株油酸含量下降4.5%，而含油量变化不明显。基因芯片和Pull-Down实验表明*BnZFP1*共有30个潜在的靶基因。对其中的二酰甘油O-酰基转移酶1（*DGAT1*）基因进一步分析和验证表明，该基因受*BnZFP1*正调控，且油菜籽中含油量和油酸含量随其表达水平升高而增加。

韦云婷等[27]从甘蓝型油菜‘湘油15号’中克隆到*BnaFUS3*基因的两个拷贝

BnaA2.FUS3 和 *BnaA6.FUS3*。对其脂肪酸积累与基因表达之间的关系研究发现，*BnaA2.FUS3* 和 *BnaA6.FUS3* 在授粉 30 d 后表达迅速升高，此时各脂肪酸亦进入快速增长期；授粉后 45~50 d，脂肪酸积累进入缓慢增长期，而两拷贝表达量变化较小。表明 *BnaFUS3* 对脂肪酸的合成和油脂积累起到重要作用。

此外，Pidkowich[28]在拟南芥中发现，降低 *KASⅡ* 基因表达水平，硬脂酸比例提高，油酸比例减少；*FAB2* 参与 18∶0 ACP 至 18∶1ACP 过程；Zhang 等[29]发现在大豆中，抑制 *FAB2* 基因，可以增加硬脂酸含量；*FAT* 是 ACP 转变为相应游离脂肪酸的重要水解酶，Moreno-Pérez[30]发现敲除拟南芥中 *FAT* 基因后，种子油酸含量低于野生型；*ACS* 参与游离脂肪酸转化为酰基 CoA 过程，de Azevedo Souza[11]发现该蛋白的活性与油酸基质密切相关。刘盼[31]对芝麻中的硬脂基载体蛋白脱饱和酶（SAD）进行克隆并过表达转化酵母发现油酸含量较对照分别上升了 4.7%、0.11%和 2.82%等。这些基因的研究可为油菜油酸积累机制提供参考。

第二节　生理特性研究

对于油菜来说，生理生化指标是衡量生长至关重要的因素，如果油菜在生长过程中遭遇到外界霜冻、水淹、干旱等环境的胁迫，细胞对光能的吸收效率将会下降，体内 CO_2 固定受阻，最终 O_2 则会被作为电子受体形成 O_2^- 产生大量的活性氧 ROS[32]。对高油酸油菜的生理生化特性进行研究可以分析高油酸优良性状形成的内在机理。

一、‘帆鸣 1 号’生理生化特性研究

（一）试验设计

高油酸杂交油菜新品种‘帆鸣 1 号’为材料，2018 年 9 月 30 日在湖南农业大学耘园基地进行播种，2019 年 5 月 8 日收获。

分别于油菜幼苗期（10 月中旬）、5~6 叶期（11 月中旬）、蕾薹期（12 月中旬）、花期（3 月上旬）和角果期（4 月上旬）等 5 个主要的生育期进行取样。幼苗期、5~6 叶期、蕾薹期取从上往下第三片功能叶，花期取盛花期时的花和叶片，角果期取授粉后 21 d 的角果皮和种子。

参照 2006 年萧浪涛等[33]主编《植物生理学实验指导》，测定以上各生育期材料中过氧化物酶（POD）、过氧化氢酶（CAT）、可溶性糖、可溶性蛋白、丙二醛含量（MDA）。超氧化物歧化酶（SOD）测定按 WST-1 试剂盒（南京建成生物工程研究所）操作表进行。通过最小二乘法进行线性回归分析[34]分析数据。

（二）结果与分析

1. 可溶性物质含量变化

（1）可溶性糖含量变化

‘帆鸣 1 号’不同生育期叶片可溶性糖含量见图 3-1，变化趋势先升高后降低。蕾薹期时，叶片中的可溶性糖含量达到最大值，进入花期后，可溶性糖含量开始有减少的

趋势，角果期时可溶性糖含量达到全生育期最低值。与陈秀斌等[35]研究一致。

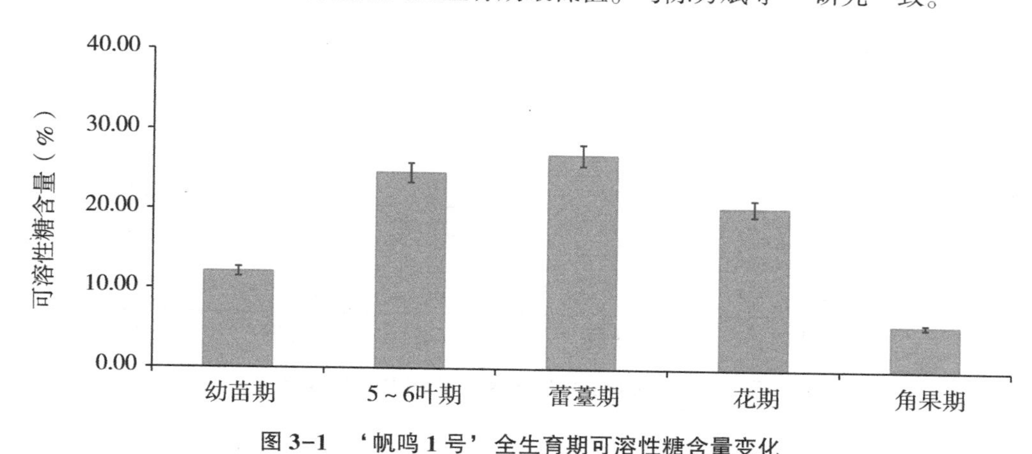

图 3-1　'帆鸣 1 号'全生育期可溶性糖含量变化

（2）可溶性蛋白含量变化

'帆鸣 1 号'不同生育期叶片可溶性蛋白含量见图 3-2，在蕾薹期之前，可溶性蛋白含量持续增长，在蕾薹期时，叶片中含量达到最大值。花期之后，其含量有下降的趋势，角果期时，种子可溶性蛋白含量降至全生育期最低。可溶性蛋白在植物体内变化趋势大概是先增后减。这与王必庆等[36]研究的早熟油菜的可溶性蛋白含量的变化趋势基本一致。角果期时可溶性蛋白含量达到全生育期最低，此时油脂代谢也最旺盛。

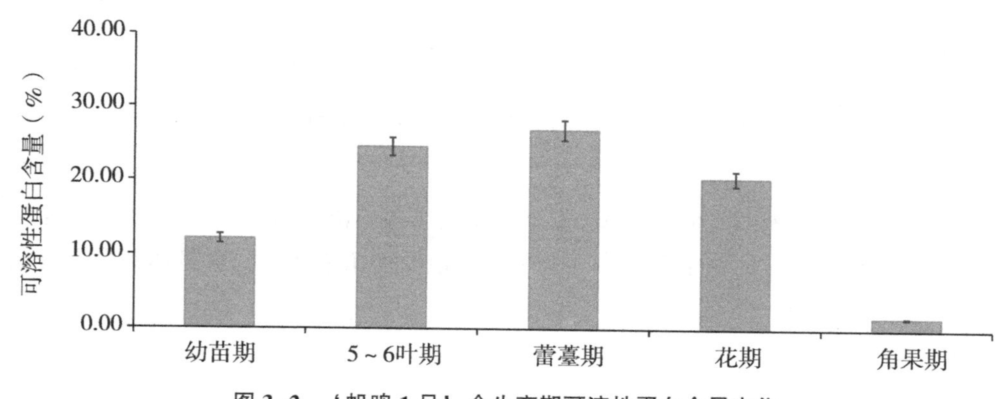

图 3-2　'帆鸣 1 号'全生育期可溶性蛋白含量变化

2. 酶活性变化

（1）SOD 活力的分析

'帆鸣 1 号'不同生育期 SOD 活性见图 3-3，SOD 活性在全生育期无很大变化，在营养生长期的叶片中基本不变。花中的 SOD 活力下降，角果期 SOD 活力再次上升，达到全生育期最高。

（2）POD 活性的分析

高油酸油菜叶片中 POD 在不同时期活性的变化见图 3-4。蕾薹期越冬时，POD 含量达到最高，越冬前和越冬后，各部位 POD 活性基本一致。

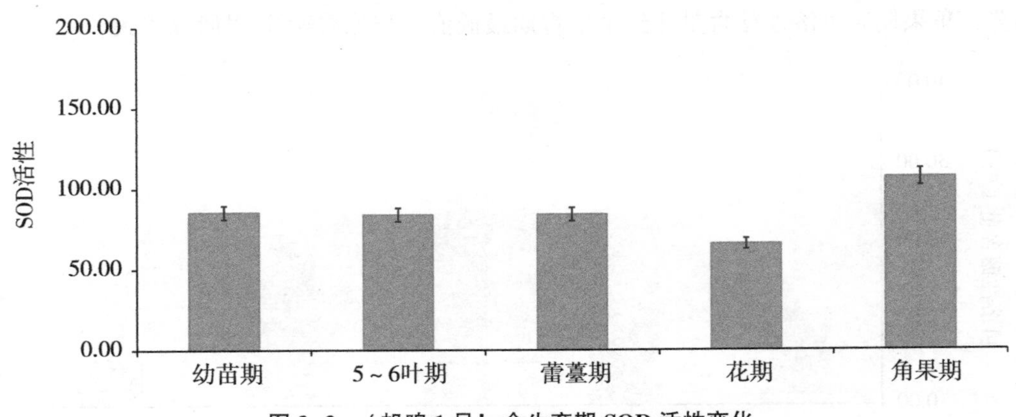

图 3-3 ‘帆鸣 1 号’全生育期 SOD 活性变化

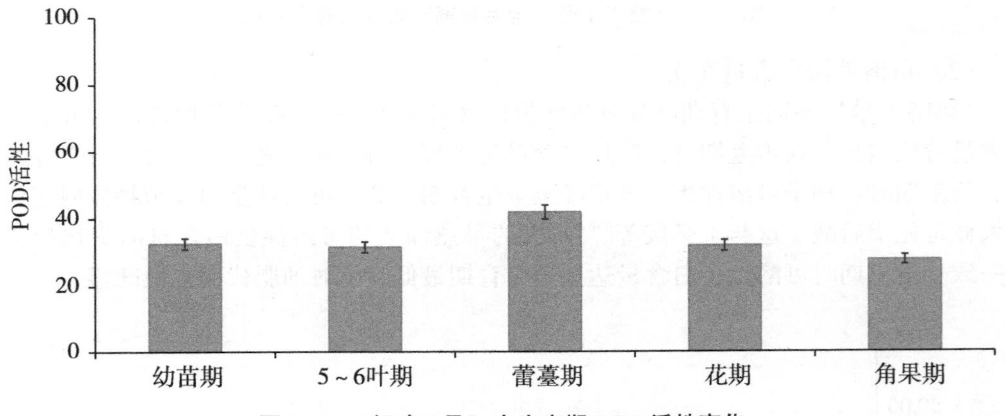

图 3-4 ‘帆鸣 1 号’全生育期 POD 活性变化

（3）MDA 含量的分析

高油酸油菜材料不同时期叶片 MDA 含量见图 3-5。MDA 在营养生长期的叶片中含量逐步增加。到花期时的花中含量降至全生育期最低。角果期时，含量达到全生育期最高，超过营养生长期。

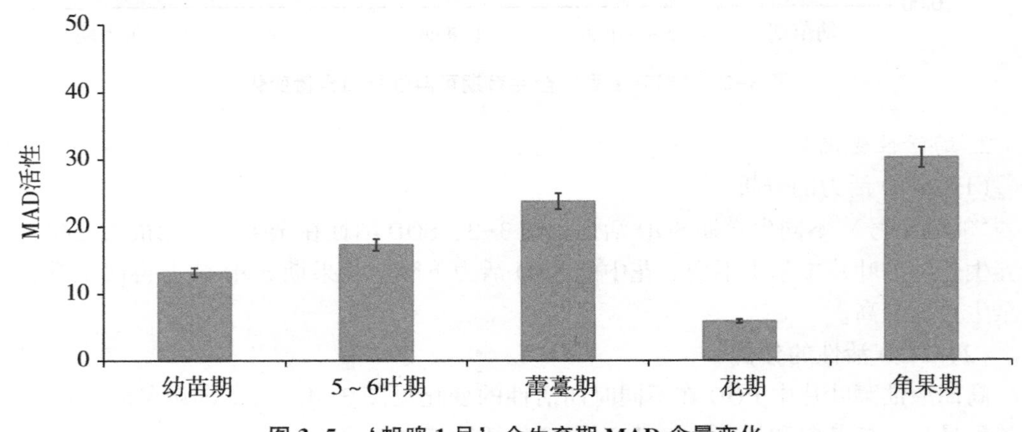

图 3-5 ‘帆鸣 1 号’全生育期 MAD 含量变化

（三）讨论

农作物物质代谢最基础的指标分为两类：可溶性物质含量、酶活性，这两者之间农作物生长过程中存在着双重关系，既相互促进又是相互制约[37]，分别影响农作物的抗逆性、生长程度、物质积累程度及最终产量性状[38]。油菜越冬期的抗寒程度对最终品质有重要影响[39]。此时抗逆性高，则花蕾不易遭受冻害，为之后的生殖生长奠定基础，更容易积累油脂。在‘帆鸣 1 号’油菜生长过程中，随着生育期的推进，可溶性糖、蛋白含量呈现出先增后减的变化趋势，其最高点均出现在蕾薹期。蕾薹期是油菜越冬御寒的关键时期，油菜在该生育期需要消耗更多的能量以抵御寒冷，生长变得迟缓，这一变化趋势和一般植物的生长规律相吻合[38,40]。蕾薹期时 POD 活性也达到最高值，植物体内的代谢活性高，抗逆性越强，也说明在蕾薹期时的生命活性要高于其他生育期，但其他时期 POD 活性基本一致，推测与气温变化范围小有关，抑或是与采集部位、测量误差等相关，需要作进一步验证。

MDA 是自由基在生物体内作用于脂质发生过氧化反应的产物，MDA 的含量过高会产生毒性[41]，一方面导致生物体的抗逆性下降，另一方面也导致油脂积累的减少。在‘帆鸣 1 号’的全生育期中，MDA 的含量从幼苗期开始直线上升，到蕾薹期达到最大值，进入花期后 MDA 的含量急剧下降。说明在花中，脂质的过氧化程度下降，其原因可能是花未经过授粉，没有产生很剧烈的生化活动。但在种子中，MDA 含量达到最大值，其原因可能是种子积累了大量油脂，过氧化程度可能因此提升，以便于更多地积累油脂。

（四）结论

‘帆鸣 1 号’全生育期的生理生化指标变化情况如下：可溶性糖在全生育期变化趋势先升高后降低。可溶性蛋白在蕾薹期时，叶片中含量达到最大值，花期之后，其含量有下降的趋势，角果期时，种子可溶性蛋白含量降至全生育期最低，角果期时可溶性蛋白含量达到全生育期最低，此时油脂代谢也最旺盛。SOD 活性在营养生长期的叶片中基本不变，花中的 SOD 活力下降，角果期 SOD 活力再次上升。POD 活性在蕾薹期越冬时最高，越冬前和越冬后，各部位 POD 活性基本一致。MDA 在营养生长期的叶片中含量逐步增加。到花期时的花中含量降至全生育期最低，在种子中含量达到全生育期最高，超过营养生长期。

二、近等基因系材料生理生化特性差异研究

生理生化活动是植物最基本的活动，可以直观地反映生命活动规律，是衡量植物细胞间能量传播、物质传递、信号传导的重要指标[42-44]。植物通过各种生理生化指标相互作用，构成一个有机整体，进行各项生命活动，进而合成各种代谢物质。对高油酸油菜的生理生化指标进行探究有助于在细胞层面对油酸的合成进行分析。

不同的生理生化指标可以反映植物不同方面的功能[45]。例如：光合作用是衡量植物合成功能的重要生理指标，叶绿素是植物光合作用的基础[46]；可溶性糖和可溶性蛋白含量分别反映作物的氮、碳代谢强度，是分析农产品品质的重要指标[47]。过氧化物酶（POD）与光合作用、呼吸作用等均有密切关系，可以反映某一时期植物体内代谢

的变化[48]；超氧化物歧化酶（SOD）是一种常见的抗氧化酶，它与 POD 等酶协同作用防御活性氧或其他过氧化物自由基对细胞膜系统的伤害等[49]。湖南农业大学油料改良中心以一组高油酸油菜近等基因系为材料，对其不同生育期生理生化特性进行研究，找出其中差异，为高油酸油菜育种提供参考。

（一）试验设计

由湖南农业大学油料改良中心提供的高油酸油菜近等基因系材料，油酸含量分别为 81.4%、56.2%。2016 年 10 月 9 日至 2017 年 5 月 6 日种植于湖南农业大学耘园基地。每个小区 6 m^2，5 行，每行 12 株，田间管理和施肥按大田高产油菜栽培方法进行。

（二）结果与分析

1. 可溶性糖与可溶性蛋白含量

（1）可溶性糖含量分析

高、低油酸材料不同时期叶片可溶性糖含量如图 3-6 所示。高油酸材料可溶性糖含量在幼苗期与低油酸材料无显著差异（$P=0.965$），随着生育进程的推进，在 5~6 叶期与蕾薹期差异不显著（$P>0.05$），花期有极显著差异（$P=0.043$），到角果期时，两材料又无显著差异（$P=0.923$）。两材料叶片中可溶性糖含量都呈现幼苗期低，蕾薹期出现高峰，花期有降低的趋势，与陈秀斌[35]的研究一致，表明糖在生殖生长后期参与转化为蛋白质与脂肪等物质。

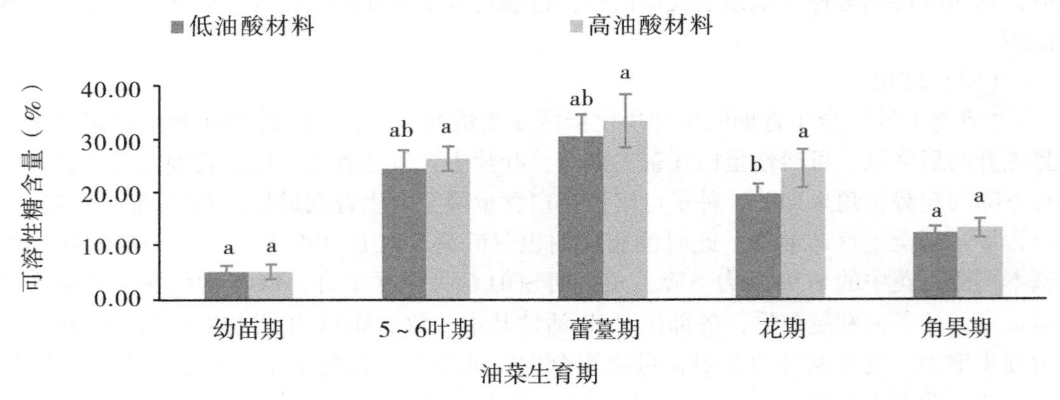

图 3-6　不同时期高、低油酸油菜可溶性糖含量差异

注：同一时期不同字母表示高低油酸油菜在 0.05 水平差异显著。

（2）可溶性蛋白质含量

高、低油酸材料不同时期叶片可溶性蛋白质含量如图 3-7 所示。在蕾薹期两者无显著差异（$P=0.947$），在蕾薹期以前高油酸材料可溶性蛋白质含量较低，与低油酸有显著差异（$P<0.05$），在蕾薹期以后则高于低油酸材料并与之有显著差异（$P<0.05$）。不同材料可溶性蛋白质含量变化趋势相同，均先升高后下降，在蕾薹期达到最大值，与王必庆等[36]研究的早熟油菜生理生化特性结果相似。

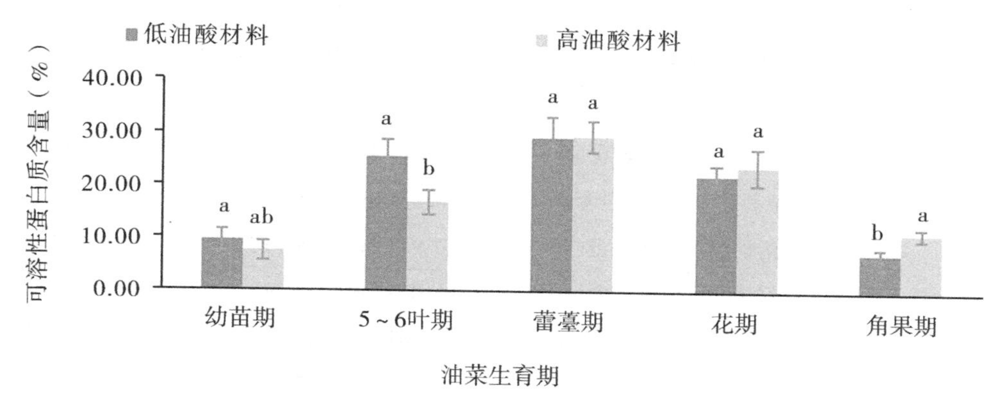

图 3-7　不同时期高、低油酸油菜可溶性蛋白质含量差异

2. 叶绿素含量及其与可溶性糖、可溶性蛋白质间的关系

（1）叶绿素含量

高、低油酸材料不同时期叶片叶绿素含量如图 3-8 所示。高油酸油菜在蕾薹期以前，均低于低油酸油菜（$P<0.05$），蕾薹期差异不显著，以后则高于低油酸油菜（$P<0.05$）即在生殖生长后期高油酸油菜仍有较强的光合作用，代谢比低油酸油菜旺盛。此外，两材料的叶绿素含量整体变化趋势与可溶性糖及可溶性蛋白含量变化趋势一致，即随着生育期推进先升高后降低，在蕾薹期达到最高值，后期由于组织细胞的不断衰老，其叶绿素不断被分解，故而叶绿素含量降低。

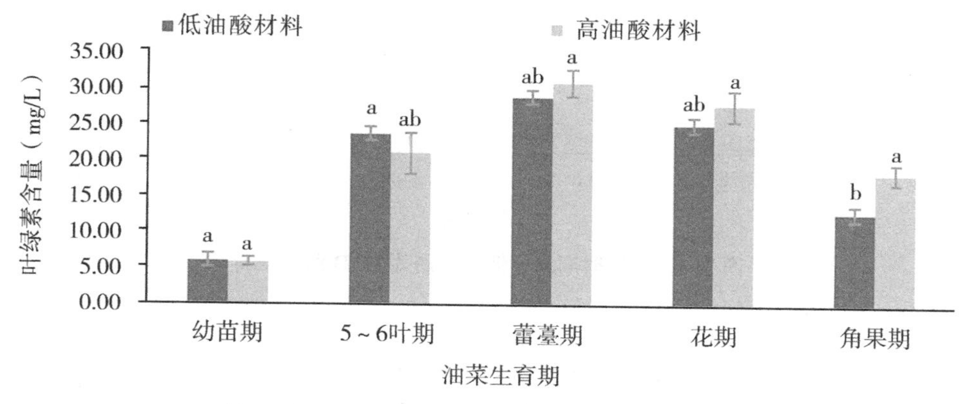

图 3-8　不同时期高、低油酸油菜叶绿素含量差异

注：同一时期不同字母表示高低油酸油菜在 0.05 水平差异显著。

（2）叶绿素含量与可溶性糖、可溶性蛋白质间的关系

叶绿素是光合作用最重要的色素，可溶性糖是植物光合作用的直接产物，也是氮代谢的物质和能量来源[33]。本研究由图 3-8 可知，在整个生育期内，叶绿素含量变化趋势与可溶性糖与可溶性蛋白含量是相同的，利用 Spss 22.0 对三者的相关性做线性回归

分析，发现三者两两间均有较高拟合度，呈正相关关系（表 3-1）。

表 3-1　叶绿素含量与可溶性糖及可溶性蛋白间的相关性分析

材料	相互关系	线性拟合公式	相关系数
低油酸油菜	叶绿素与可溶性糖含量	$y=1.0114x-0.7746$	$R^2=0.9233$
	叶绿素与可溶性蛋白含量	$y=0.9759x+0.2377$	$R^2=0.8662$
	可溶性糖与可溶性蛋白	$y=0.9277x+1.6876$	$R^2=0.8674$
高油酸油菜	叶绿素与可溶性糖含量	$y=1.0753x-1.5219$	$R^2=0.8627$
	叶绿素与可溶性蛋白含量	$y=0.8841x-0.2180$	$R^2=0.8853$
	可溶性糖与可溶性蛋白	$y=0.7537x+2.4703$	$R^2=0.8624$

3. POD 活性

高、低油酸材料中不同时期叶片 POD 活性结果如图 3-9 所示。高油酸油菜 POD 活性在营养生长期与低油酸材料无显著差异（$P>0.05$），在生殖生长期高于低油酸材料（$P\leqslant0.05$）。两材料在营养生长期，POD 活性均较低，随着生育期推进，在花期急剧增加，在角果期达最高值。一般而言，POD 活性越高，植物体内代谢越旺盛[50]，说明在生殖生长期，两材料的代谢都比较旺盛，且高油酸油菜高于低油酸油菜，推测可能与其油酸含量高有关。

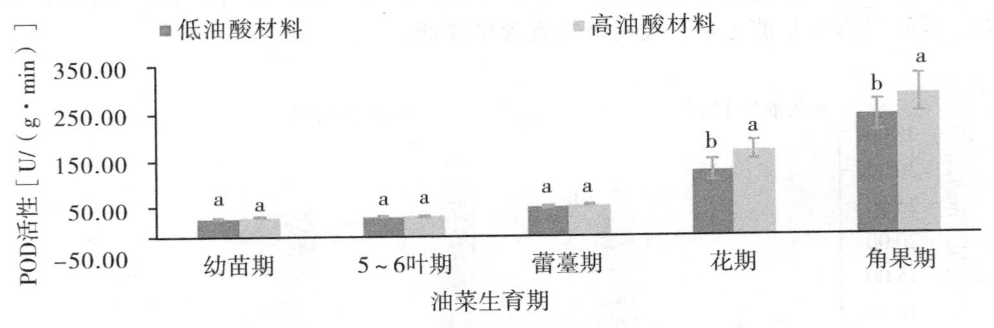

图 3-9　不同时期高、低油酸油菜 POD 活性差异

4. SOD 活性

高、低油酸材料不同时期叶片 SOD 活性如图 3-10 所示。高油酸油菜 SOD 活性在蕾薹期以前与低油酸油菜无显著差异（$P>0.05$），而在花期与角果期低于低油酸油菜（$P<0.05$），SOD 的活性强弱直接决定植物的抗逆性[49]，说明高油酸油菜在生育后期抗逆性较差。此外，两材料在整个生育期的 SOD 活性变化同 POD 相似，在花期和角果期增加明显，可能与此时期病害严重有关。

（三）讨论

碳、氮代谢是植物体内最基础、最主要的两大代谢过程。两者之间紧密联系又相互制约，共同影响着植物生长发育，且对作物产量与品质有重要作用[51-53]。POD 活性在

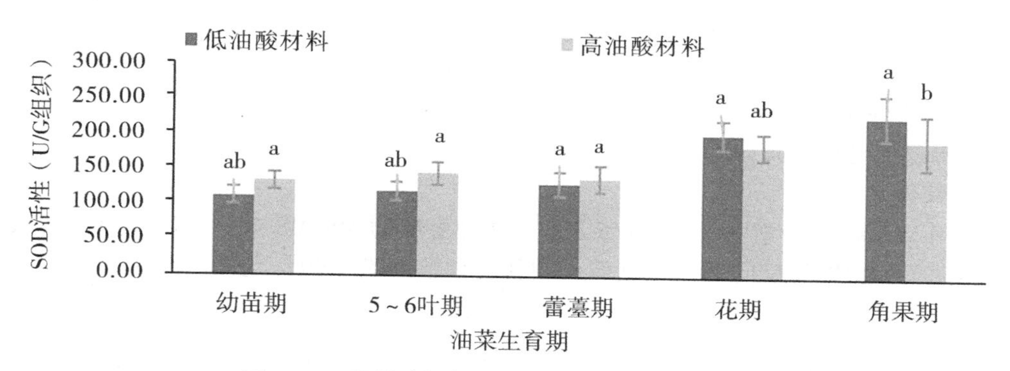

图 3-10　不同时期高、低油酸油菜 SOD 活性差异

植物生长发育过程中变化较大。本研究中，POD 活性在油菜营养生长期活性较低，而在生殖生长期急剧增加，角果期达最大值。造成这种激增的原因可能有多种，首先，谢海平[54]曾证明 POD 活性在植物生长后期会增加，对成熟，衰老过程有重要作用；其次，石如玲等[55]证明过氧化物酶体参与脂的合成，而生殖生长期是油菜脂肪酸积累的关键期，尤其是角果期；此外，在本试验后期，试验田内病害严重，POD 作为保护性物质，可能参与了抵抗病虫害。SOD 一般与 POD 等酶协同作用防御活性氧或其他过氧化物自由基对细胞膜系统的伤害，与植物抗逆性有关。本研究中，SOD 活性在整个生育期的变化趋势与 POD 活性变化趋势相同。而官梅等[56]在对三个高油酸品系做农艺性状研究时发现高油酸材料的病害程度较高，本研究中高油酸油菜 SOD 活性在蕾薹期以前均高于低油酸材料，而在花期与角果期比低油酸材料低，推测高油酸油菜可能生殖生长期的抗性略差，可做进一步研究。

（四）结论

本研究中，高、低油酸油菜可溶性糖与可溶性蛋白含量以及叶绿素含量整体变化趋势一致，均先升高，后降低，并在蕾薹期达最大值，符合植物生长一般规律，且线性拟合分析发现叶绿素含量与可溶性糖及可溶性蛋白之间呈正相关关系。但高油酸油菜叶绿素含量在蕾薹期以前，均低于低油酸油菜，蕾薹期以后则高于低油酸油菜。推测与高油酸油菜生长后期较高的油酸积累有关，亦可能与采集部位，测量误差相关，需要作进一步验证。

第三节　油菜油酸改良的分子机制研究

一、基于乙酰化修饰筛选关键差异蛋白

（一）材料与方法

1. 供试材料

一组油酸含量不同的甘蓝型油菜近等基因系（HOCR，油酸含量 81.4%；LOCR，油酸含量 56.2%），由湖南农业大学农学院提供。

2. 乙酰化修饰定量组学分析

分别取两个甘蓝型油菜自花授粉后 20~35 d 混合种子（每隔 5 d 取样，每次取 3 个角果），以 LOCR 作为对照，保存于超低温冰箱（-80℃）备用，之后送杭州景杰生物科技有限公司进行相关分析。

3. 数据库搜索

使用 Maxquant 搜索引擎（v. 1. 5. 2. 8）处理生成的 MS/MS 数据。串联质谱搜索了甘蓝型油菜数据库与反向诱饵数据库。用胰蛋白酶为裂解酶，允许多达 4 个缺失的裂解。对前体离子的质量耐受性，第一次搜索为 20 ppm，主搜索为 5 ppm，片段离子的质量耐受性为 0. 02 Da。将半胱氨酸烷基化设置为固定修饰，可变修饰为甲硫氨酸的氧化，蛋白 N 端的乙酰化，赖氨酸的乙酰化。

4. 分析数据与软件

油菜基因组数据库（http：//www. genoscope. cns. fr/brassicanapus/），芸薹属数据库（http：//brassicadb. org/brad/），修饰位点基序分析软件 Motif - x，Gene Ontology（GO）基因功能注释分析（http：//geneontology. org/），Kyoto Encyclopedia of Genes and Genomes（KEGG）代谢通路注释（https：//www. kegg. jp/），InterPro 结构域数据库（http：//www. ebi. ac. uk/interpro/）。

5. 蛋白质相互作用分析

使用 STRING 数据库（v. 0. 5）对检测出的蛋白质进行相互作用分析预测，并在 Cytoscape 中可视化 STRING 的互动网络。

6. 乙酰化与 iTRAQ 分析之间的关联分析

采用聚类分析方法对本研究鉴定出的差异丰度蛋白与 iTRAQ 获得的差异丰度蛋白进行关联分析[57]。

（二）结果与分析

1. 质谱质控检测

图 3-11 表示质谱数据的质控检测结果，图 3-11A 是对所有鉴定到的肽段的质量偏移（mass error）检测，质量误差以 0 为中轴并且集中在低于 10 ppm 的范围内，说明质量误差符合要求；其次，图 3-11B 绝大部分的肽段长度分布在 8~20 个氨基酸残基，符合胰酶消化肽段的规律，说明样品制备达到标准。

2. 乙酰化修饰测序结果分析

本研究一共鉴定到位于 1 610 个蛋白上的 2 903 个乙酰化位点，其中 1 409 个蛋白的 2 473 个位点包含定量信息。以 1. 3 倍为变化阈值，t 检验 P 值<0. 05 为标准，那在定量到的乙酰化位点中，有 80 个位点的修饰水平发生上调，21 个位点的修饰水平发生下调。

3. 蛋白质修饰基序分析

为了检测甘蓝型油菜中的保守基序，用 Motif-x 搜索所有已鉴定的乙酰化蛋白中的保守氨基酸序列[58]。大多数保守残基位于 Kac 位点的±1 或±2 位置，在发生修饰位点的侧翼序列中发现了两种类型：一种是位于下游的赖氨酸（K）、组氨酸（H）、丝氨酸（S）、精氨酸（R）、谷氨酸（E）、苯丙氨酸（F）、苏氨酸（T）、天冬酰胺（N）和天

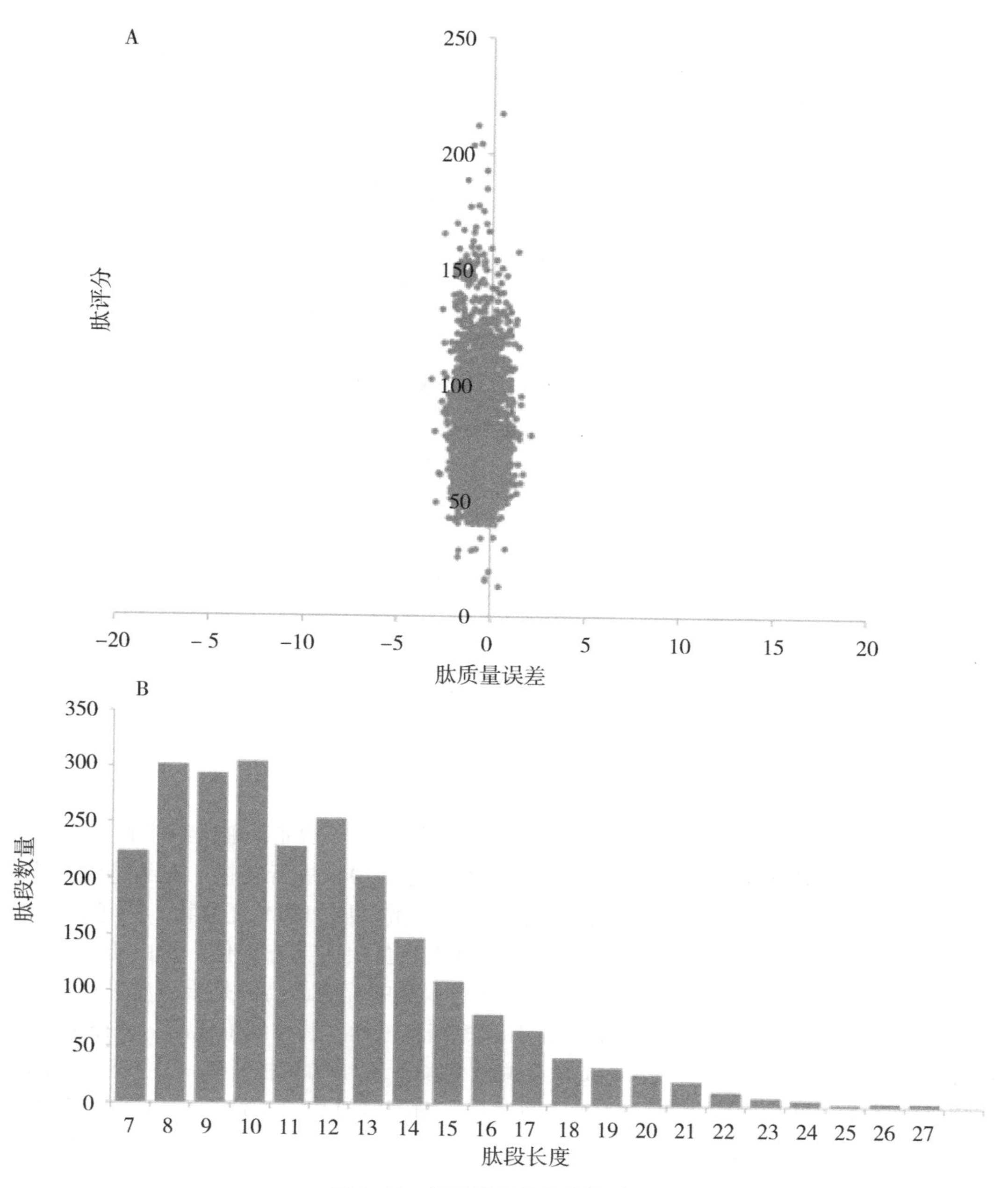

图 3–11　质谱数据的质控检测结果

注：A：鉴定肽段的质量偏移分布；B：鉴定肽段的长度分布。

冬氨酸（D）；另一种是位于修饰位点上游的 H，E，F 和甘氨酸（G）（图 3–12）。在修饰位点的上，下游均检测到 H、E 和 F。结果表明这些氨基酸基序对于植物，细菌和动物中的赖氨酸乙酰化而言可能是保守且重要的。

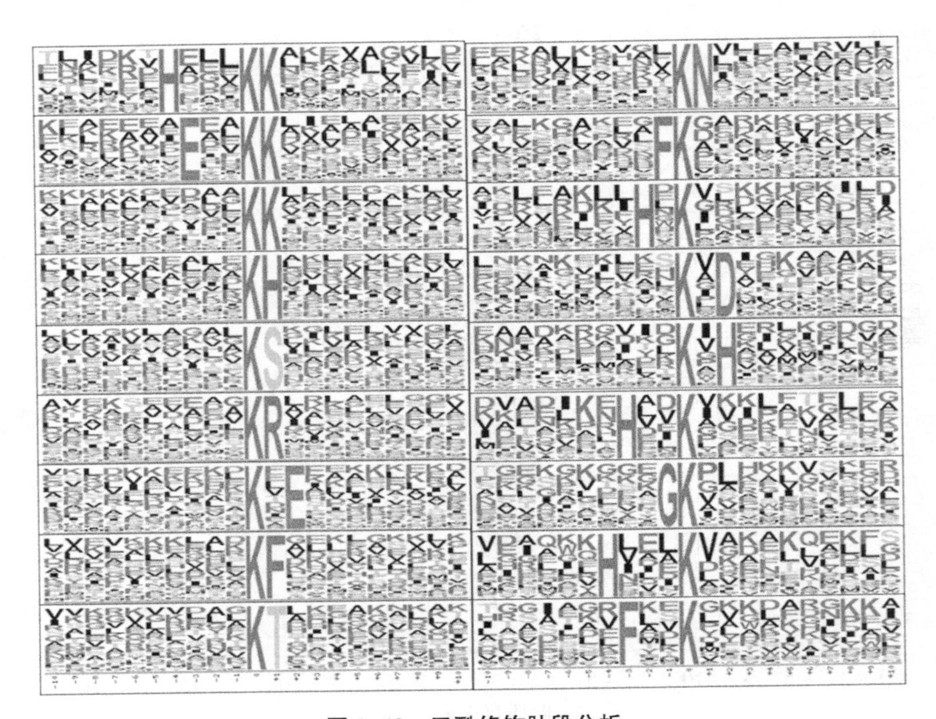

图 3-12 乙酰修饰肽段分析

注：字母的大小对应于氨基酸残基出现的频率。

4. 蛋白质GO及结构域富集分析

为了了解发生乙酰化修饰蛋白的功能，我们分别对分子功能、细胞组成和生物学过程进行了功能富集分析（图 3-13A），以负对数（-log10）进行转换。在细胞组成中，DNA 包装复合体、核小体、染色质、染色体部分、蛋白质-DNA 复合物、染色体、细胞核和细胞器部分显著富集；在分子功能中，富集到蛋白质异二聚化、蛋白质二聚化、DNA 结合蛋白、蛋白质结合蛋白和核酸结合蛋白，其中程度最高的是蛋白质异二聚化，最低的是核酸结合蛋白；在生物过程中，有调控细胞过程、调控细胞代谢、调控生物过程、调控代谢过程、生物调控、RNA 聚合酶Ⅱ启动子转录的调控、单一生物碳水化合物的代谢过程、ADP 生成 ATP、ADP 代谢过程、糖酵解过程、核糖核苷二磷酸代谢过程、嘌呤核苷二磷酸代谢过程、RNA 生物合成过程的调控以及嘌呤核糖核苷二磷酸代谢过程被富集到。

此外，还对测序中存在显著差异的乙酰化修饰蛋白进行了结构域富集分析（图 3-13B）。在鉴定出的蛋白质中，有包括组蛋白折叠，氧化还原酶 FAD/NAD（P）结合、铁氧还原型蛋白 FAD 结合域和酰基辅酶 A N-酰基转移酶在内的 14 个结构域显著富集。

5. 蛋白质KEGG代谢通路富集分析

本研究对鉴定到的乙酰化修饰差异蛋白进行 KEGG 代谢富集分析，结果发现与光合作用、碳代谢、柠檬酸丙酮酸代谢、乙醛酸和二羧酸代谢等代谢途径的蛋白被显著富集（图3-14）；此外，还发现了3-氧代酰基-［酰基-载体蛋白］合酶Ⅱ（FABF），酰基-［酰基-载体蛋白］去饱和酶（FAB2），酰基-ACP3与脂肪酸代谢有关，结果表明，甘蓝型油菜蛋白SEP乙酰化修饰可能参与调控多种代谢途径。

6. 蛋白质相互作用分析

在STRING数据库（v. 0. 5）中搜索所有已识别出蛋白质，以检测蛋白质-蛋白质相互作用分析[59]。STRING定义了一个“可信度得分”指标来定义相互作用的可信度，以置信度得分≥0. 7（高置信度）获取所有交互并在Cytoscape中可视化[60]。使用一种新颖的图论聚类算法和分子复合物检测（MCODE）来分析密集连接的区域（图3-15），而MCODE是Cytoscape插件工具套件的一部分，用于网络分析和可视化。

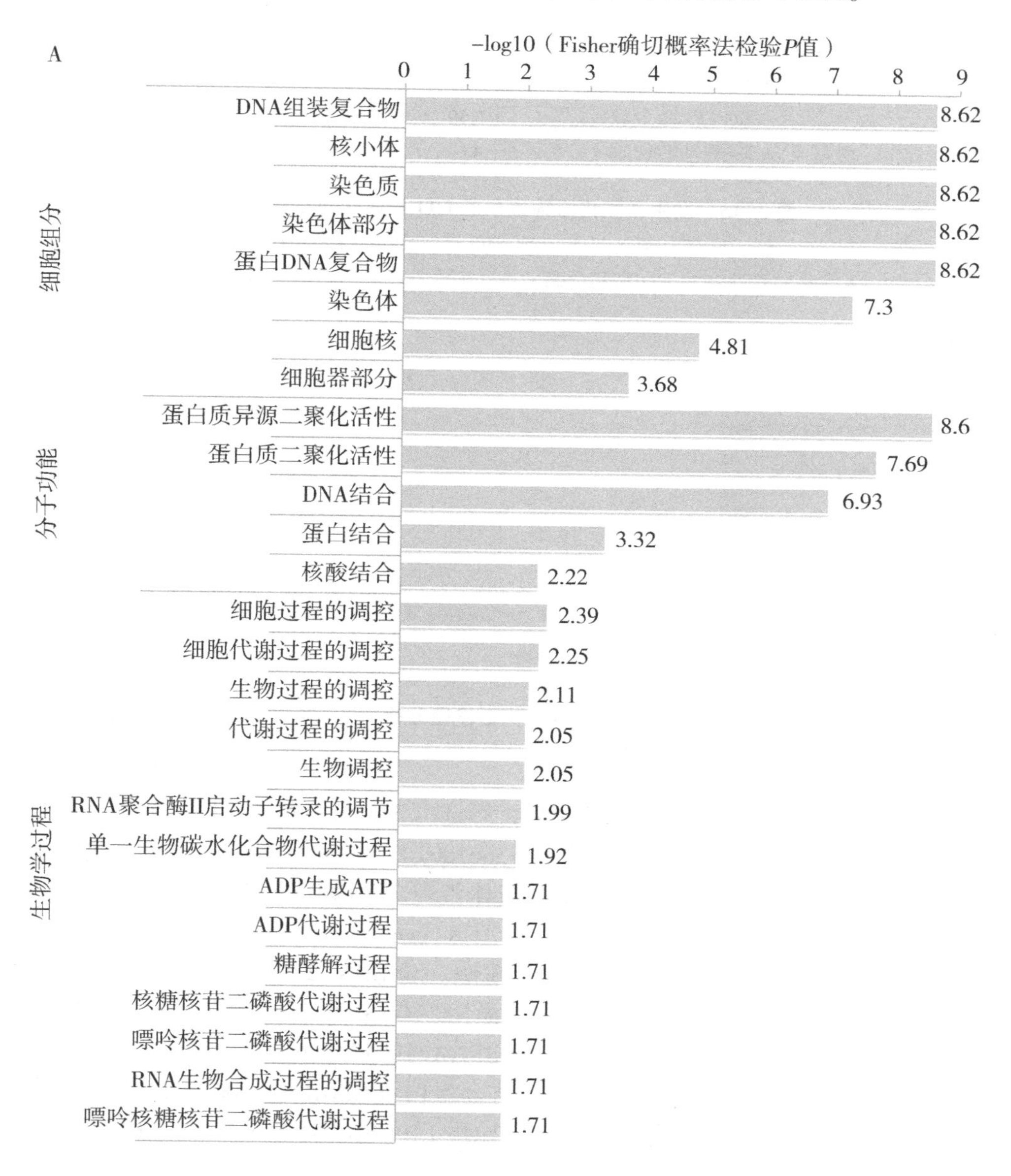

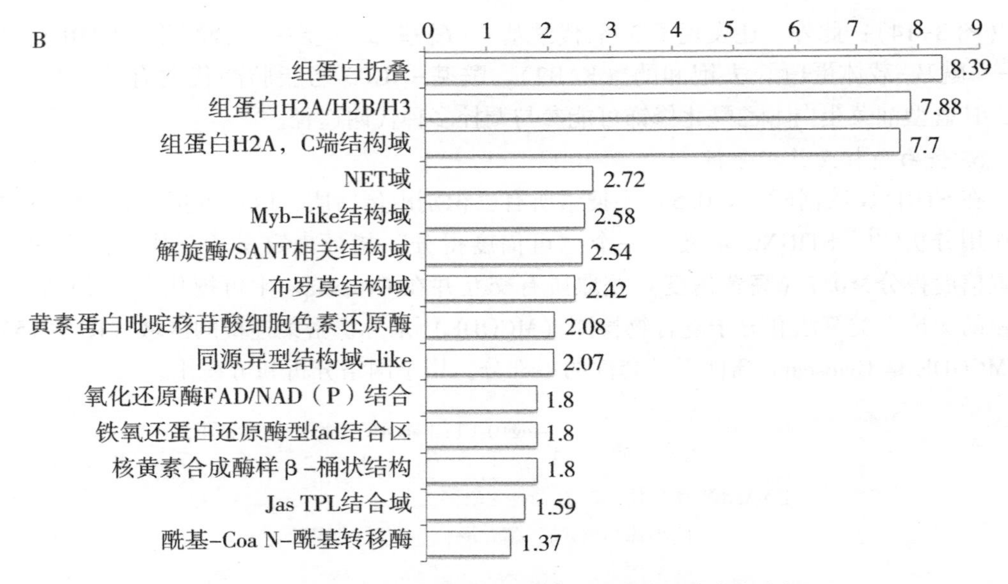

图 3-13　发生乙酰化修饰蛋白的 GO 和结构域富集分析

注：横坐标值为显著 P 值的负对数变换（$P<0.05$）；

A：差异表达蛋白 GO 富集分析；B：差异表达蛋白结构域富集分析。

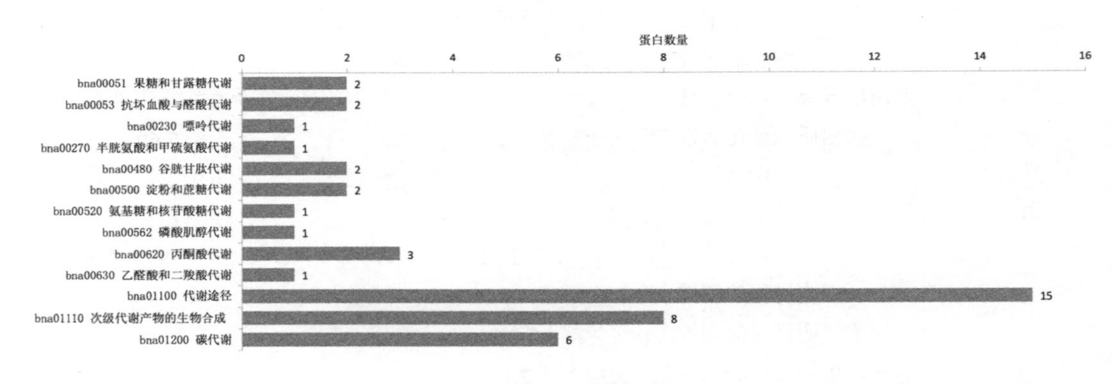

图 3-14　代谢途径分析

7. 关键差异蛋白筛选

结合本节 1.2.2、1.2.4 和 1.2.5 结果，筛选出 3 个与脂肪酸代谢相关：酰基-［酰基载体蛋白］去饱和酶 5（GSBRNA2T00153661001）、3-氧代酰基-［酰基载体蛋白］合酶 I（GSBRNA2T00054708001）和酰基载体蛋白 3（GSBRNA2T00100854001）；4 个与三羧酸循环（tricarboxylic acid cycle，TCA cycle）相关：磷酸甘油酸激酶 1（GSBRNA2T00076479001）、果糖二磷酸醛缩酶（GSBRNA2T00069603001）、磷酸丙糖异构酶（GSBRNA2T00108116001）、丙酮酸激酶（GSBRNA2T00009340001）；3 个与光合作用相关：进氧增强蛋白 1-1（GSBRNA2T00134966001）、苹果酸脱氢酶 1（GSBRNA2T00024656001）和叶绿素 a-b 结合蛋白（GSBRNA2T00141918001）以及 1 个与植物逆境生理有关的单脱氢抗坏血酸还原酶 1（GSBRNA2T00129427001）。

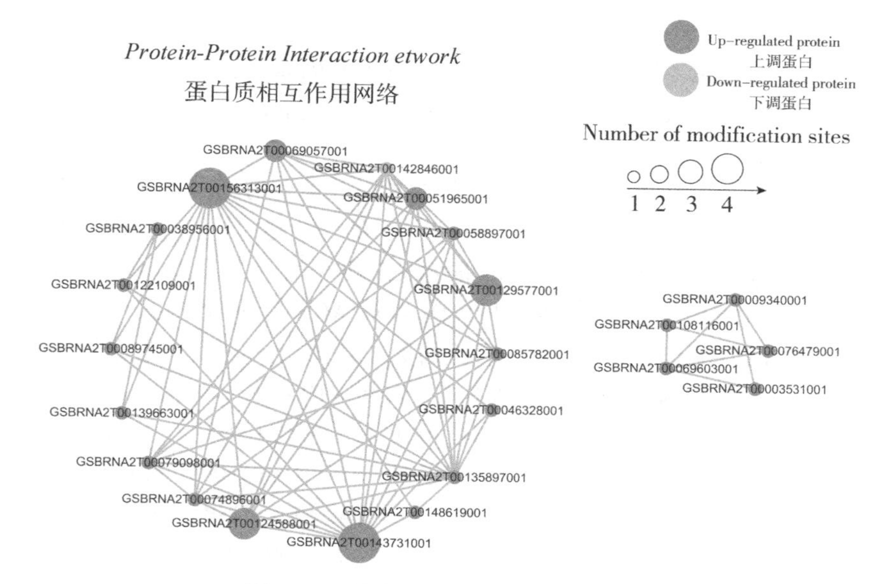

图 3-15　蛋白质相互作用网络分析

8. 乙酰化和 iTRAQ 之间的关联分析

在 iTRAQ 分析中，鉴定出 6 774 种蛋白质，以比值> 1.3 或<0.769 则认为差异显著发现有 331 个上调，351 个下调。通过比较乙酰化（TP）和 iTRAQ（iQ）数据集，共鉴定了 2 628 个位点或蛋白质（图 3－16A）。5 个同下调：过氧化物酶－2B（GSBRNA2T00030155001）、十字花科素 CRU1 样（GSBRNA2T00065804001）、天冬氨酸蛋白酶 A2（GSBRNA2T00028653001）、十字花科素 CRU4（GSBRNA2T00150321001）、推测含有五肽重复序列的蛋白质（GSBRNA2T00153577001），1 个同上调：进氧增强蛋白 1－1（GSBRNA2T00134966001），与筛选得到的关键蛋白一致。（图 3-16B）。

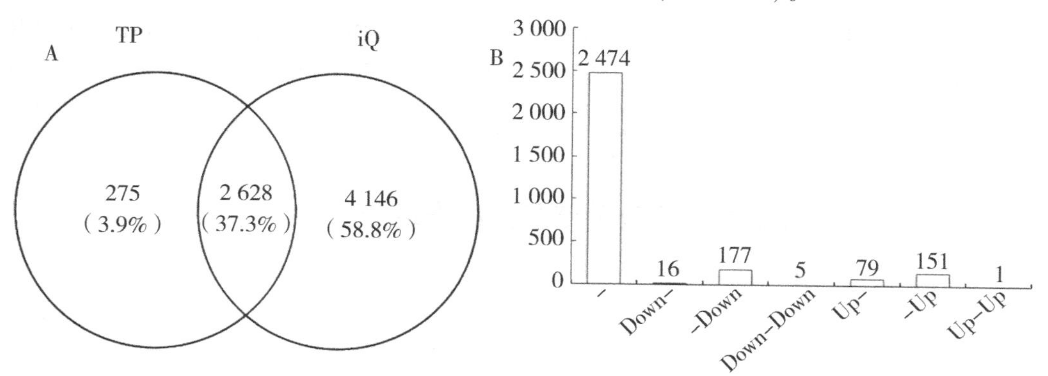

图 3-16　乙酰化与 iTRAQ 关联分析

注：（A）TP 和 iQ 关联韦恩图；（B）TP 和 iQ 显著性差异表达位点或蛋白比较柱状图；‘-’表示修饰和蛋白组都没有变化；‘Down-’修饰下调蛋白组没有变化；‘-Down’修饰没有变化蛋白组下调；‘Down-Down’修饰和蛋白组都发生下调；‘Up-’修饰上调蛋白组没有变化；‘-Up’修饰没有变化蛋白组上调；‘Up-Up’修饰和蛋白组都发生上调。

（三）讨论

本研究以油酸含量不同的一组甘蓝型油菜近等基因系为材料进行乙酰基测序，发现所有鉴定到的肽段质量误差符合要求，且遵循胰酶消化肽段规律，说明样品制备达到标准，测序结果良好。

经生物信息学分析发现3个与脂肪酸代谢相关、4个与糖酵解相关、3个与光合作用相关和1个与植物逆境生理相关的关键差异蛋白：研究表明，GSBRNA2T00153661001是可溶性酶，可催化双键插入与ACP结合的饱和脂肪酸中[61]；GSBRNA2T00054708001能将顺式9-十六碳烯基ACP延伸至顺式-11-十八碳烯基ACP[62]；GSBRNA2T00100854001属于广泛的保守载体蛋白家族，它们是各种主要和次要代谢途径的不可缺少的辅因子，包括FAs，磷脂，内毒素，糖脂，代谢辅助因子和信号分子的生物合成[63]。GSBRNA2T00076479001主要在糖酵解第二个阶段的第二步，催化1,3-二磷酸甘油酸转变成3-磷酸甘油酸[64]；GSBRNA2T00069603001可使果糖-1,6-双磷酸断裂转变成为甘油醛-3-磷酸和二羟丙酮磷酸；GSBRNA2T00108116001可催化二羟丙酮磷酸和D型甘油醛-3-磷酸；GSBRNA2T00009340001能使磷酸烯醇式丙酮酸和ADP变为ATP和丙酮酸，是糖酵解过程中的主要限速酶之一。GSBRNA2T00134966001是结合在类囊体膜内的光系统Ⅱ的外缘，与放氧关系最为密切的外周蛋白，在维持光系统Ⅱ复合体的稳定方面发挥重要作用[65]；GSBRNA2T00024656001在光合作用中固定二氧化碳，是植物光系统中的一类膜蛋白；GSBRNA2T00141918001具有捕获和传递光能，维持类囊体膜结构，光保护以及响应环境变化等作用[66-67]；GSBRNA2T00129427001在清除活性氧、维持植物细胞还原性和抵抗逆境胁迫中发挥重要作用，在缺乏抗坏血酸的细胞组分中，它调节苯氧自由基还原是酚类物质再生的唯一途径[68]。

本研究为油菜蛋白质翻译后修饰组学研究提供了参考，并根据乙酰化与iTRAQ关联分析结果，在TP和iQ研究中共鉴定出2628个位点或蛋白质，发现在关联分析中GSBRNA2T00030155001、GSBRNA2T00065804001、GSBRNA2T00028653001、GSBRNA2T00150321001、GSBRNA2T00153577001五个蛋白在修饰和蛋白组都下调表达，GSBRNA2T00134966001下调表达，且与筛选得到的关键蛋白一致，为促进油菜脂肪酸代谢机理研究提供参考。

二、乙酰化修饰结果验证及关键基因的表达分析

（一）材料与方法

1. 供试材料

验证测序结果所用材料为送测序的同时期自花授粉种子。

表达规律研究材料取HOCR，LOCR两个材料苗期，5~6叶期和蕾薹期的第一片伸展叶，取盛开的花，角果期取自花授粉后20~35 d混合自交种，每次取5株样品，液氮速冻后，置于-80℃低温保存备用。

2. 试验用试剂与仪器

试验用试剂：二硫苏糖醇，曲古柳菌素（TSA），N-乙酰-L-蛋氨酸（NAM），尿

素购自西格玛奥德里奇（上海）贸易有限公司，均为分析纯，甲醇购自杭州高晶精细化工有限公司，丙酮购自杭州双林化工试剂有限公司，鼠二抗、兔二抗用自美国 Pierce 公司，NC 膜（0.2 μm）用自 Bio-rad 公司。BCA 蛋白质浓度测定试剂盒购自上海碧云天生物技术有限公司；植物总 RNA 提取试剂盒（TransZol UP Plus RNA Kit）购自北京全式金生物技术有限公司；反转录试剂盒［Goldenstar™ RT6 cDNA Synthesis Mix（gDNA remover and Rnasin selected）］、荧光定量 PCR 试剂盒［2×T5 Fast qPCR Mix（SYBR Green I）］购自北京擎科新业生物技术有限公司；引物均由北京擎科新业生物技术有限公司（长沙）合成。

试验用仪器：PTC200PCR 仪（Bio-Rad，美国）、Nano Drop 2000 分光光度计（Thermo，美国）、GelDoc2000 凝胶成像仪（Bio-Rad，美国）、恒温水浴锅（AmerSham，美国），CFX96 荧光定量 PCR 仪（Bio-Rad，美国）等。

3. 试验方法

（1）蛋白提取及免疫印迹

①蛋白提取及浓度测定：取适量组织样品（送测序同批材料）加液氮研磨至粉末。分别加入粉末 4 倍体积酚抽提缓冲液（含 10 mmol 二硫苏糖醇，1%蛋白酶抑制剂，3 μmol TSA，50 mmol NAM），超声裂解。加入等体积的 Tris 平衡酚，4℃，5 500*g* 离心 10 min，取上清并加入 5 倍体积的 0.1 mol 乙酸铵/甲醇沉淀过夜，用甲醇和丙酮洗涤蛋白沉淀后，用 8 mol 尿素复溶，利用 BCA 试剂盒进行蛋白浓度测定。

②电泳：取 20 μg 蛋白质样品，加入 4×Sample buffer，调至 1×，配制浓度控制在 2 mg/mL，95℃加热 10 min。电泳条件：先 80 V 恒压 30 min，再 120 V 恒压电泳至溴酚蓝刚跑出分离胶。

③转膜：电转缓冲液放 4℃冰箱预冷 1 h 后，将 NC 膜浸在电转缓冲液中平衡 30 min 左右。将胶平铺于膜上，放于 4℃环境，80V 恒压电转 2 h。用 5%脱脂奶粉（1×TBST 配制）进行封闭，室温封闭 1 h。

④一抗、二抗孵育：封闭结束，使用 TBST 漂洗三次，每次 10 min。使用含 5%脱脂奶粉的 TBST 稀释抗体，加入抗体后于 4℃冰箱，温和摇晃孵育过夜。一抗孵育结束后，使用 TBST 漂洗三次，每次 10 min。加入二抗孵育，室温 1 h。二抗孵育结束，用 TBST 漂洗 3 次，每次 10 min。

⑤曝光：加入荧光底物孵育 5 min，用自封袋覆盖在膜上，放入暗盒曝光。

（2）RNA 提取及 cDNA 合成

所有样品从-80℃取出，称取适量组织样品至液氮预冷的研钵中，加液氮充分研磨至粉末，其余步骤按说明书进行，电泳检测 RNA 完整性，ND 2000 测定浓度后备用。

以总 RNA 为模板，去除总 RNA 中的残留基因组 DNA 后，合成第一链 cDNA，用 20 μL 反应体系（表 3-2）。

表 3-2　反应体系

反应组分	20 μL 体系
总 RNA	5 μL
gDNA 洗脱液	1 μL
10×gDNA 洗脱缓冲液	1 μL
Goldenstar™ RT6 cDNA 合成	4 μL
无核酸酶水	Up to 20 μL

反应程序：42℃孵育 2 min，随后 60℃孵育 5 min，短暂离心后 50℃孵育 15 min，85℃继续孵育 5 min 后，置于-20℃保存备用。

（3）荧光定量 PCR 验证相关差异蛋白对应基因及表达规律

用 Premier 5.0 设计引物（表 3-3），对引物进行检测[69]，以油菜 *BnaActin* 基因（FJ529167.1）为内参基因（F：5′-GGTTGGGATGGACCAGAAGG-3′；R：5′-TCAGGAGCAATACGGAGC-3′），进行荧光定量分析，用 20 μL 反应体系（表 3-3，表 3-4）：

表 3-3　荧光定量 PCR 反应体系

反应组分	20 μL 体系
2×T5 Fast qPCR Mix	10 μL
10 μmol 引物 F	0.8 μL
10 μmol 引物 R	0.8 μL
模板 DNA（<100 ng）	1 μL
无核酸酶水	Up to 20 μL

反应程序：

95℃（预变性）	1 min	
95℃（变性）	10 s	40 个循环
55~65℃（退火）	5 s	40 个循环
72℃（延伸）	10~15 s	40 个循环
72℃（延伸）	8 min	

采用 Pfaffl 等[70]的方法进行基因表达情况评价，实验重复 3 次，取平均值。

表 3-4　相关差异蛋白对应基因 qPCR 引物

差异蛋白	蛋白编号	对应基因编号	引物序列（5′→3′）
酰基-［酰基载体蛋白］去饱和酶 5	GSBRNA2T00153661001	*BnaC03g33080D*	F：TTCGTGGTGCTTGTTGGT R：GGGTTGTTCTCAGTTTTAGG
3-氧代酰基-［酰基载体蛋白］合酶 I	GSBRNA2T00054708001	*BnaA06g36060D*	F：GGACTGGTATGGGTGGTTT R：GGTAGCACAAGCGGTAGAG

（续表）

差异蛋白	蛋白编号	对应基因编号	引物序列（5′→3′）
酰基载体蛋白 3	GSBRNA2T00100854001	*BnaC09g16320D*	F：GTTCTTCACCCTCCTCTCTTTG R：GCTTTTTGACCACTTCACACACT
进氧增强蛋白 1-1	GSBRNA2T00134966001	*BnaC09g07990D*	F：GGAAGTGAAGGGAACTGGAAC R：AAGAGTGTAGGTGAGACGGGT
磷酸甘油酸激酶 1	GSBRNA2T00076479001	*BnaA01g30320D*	F：ACAATCACTGACGATACGAGG R：TGGACAGGATGACTTTAGCAC
果糖二磷酸醛缩酶	GSBRNA2T00069603001	*BnaA02g27140D*	F：CTTTCGTCTGGCGGAGTCTTC R：GCAATCGTTTTGGCGGTTT
磷酸丙糖异构酶	GSBRNA2T00108116001	*BnaC04g33690D*	F：TCATCTATCCGTCTCGTTTC R：GAGTCCTTAGTCCCGTTACA
丙酮酸激酶	GSBRNA2T00009340001	*BnaC09g29010D*	F：ATGGCTCAGGTGGTTGCT R：CCTCTTCGCTTCGTTTCC
苹果酸脱氢酶 1	GSBRNA2T00024656001	*BnaA06g01050D*	F：AGGCTAATGTCCCTGTTGC R：TTGGTGAGAGCGGTGAGT
叶绿素 a-b 结合蛋白 1	GSBRNA2T00141918001	*BnaA03g15830D*	F：GCTCAAAGCATCTTAGCCATT R：TCCAGCGACTCTGTAACCCT
单脱氢抗坏血酸还原酶 1	GSBRNA2T00129427001	*BnaA09g33250D*	F：CACAAACCAACTTCAGCCA R：CGTTCATAAGGAGCCACC

（二）结果与分析

1. 免疫印迹法验证测序结果

从 1.2.7 蛋白相互作用分析中，选择发生乙酰化修饰的组蛋白 H3K27ac（GSBRNA2T00135897001）用于免疫印迹分析以验证测序结果，以组蛋白 H3 作为内部参考（图 3-17）。

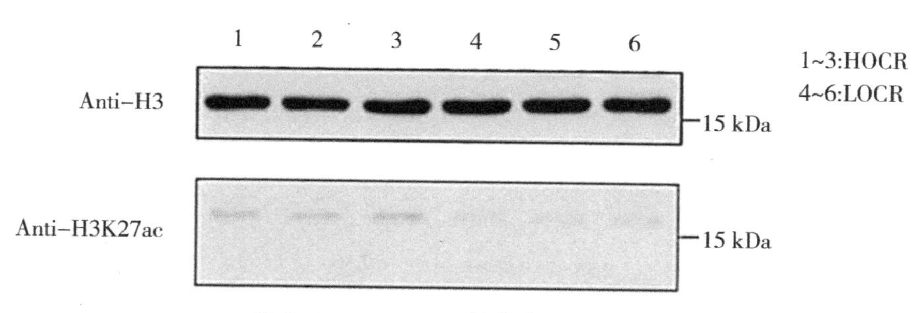

图 3-17　H3K27ac 抗体的蛋白质印迹

注：1 为 20 μg 蛋白质/泳道；2 为 SDS-PAGE 浓度：15%；3 为一抗：抗 H3K27ac 抗体 1∶1 000 稀释；4 为第二抗体：Thermo，Pierce，山羊抗兔 IgG（H+L），过氧化物酶结合物，1∶5 000 稀释；5 为 Thermo，Pierce，山羊抗小鼠 IgG，（H+L），共轭过氧化物酶，1∶5 000 稀释。

由图 3-17 可看出组蛋白 H3K27ac 在第 1、第 2 和第 3 泳道，比第 4、第 5 和第 6 的泳道颜色深度，表明该组蛋白在油酸含量较高的材料中的含量要高，与测序结果一致。

2. 荧光定量法验证测序结果

提出甘蓝型油菜 LOCR 和 HOCR 的 RNA 并经电泳检测后（图 3-18），反转录合成 cDNA。

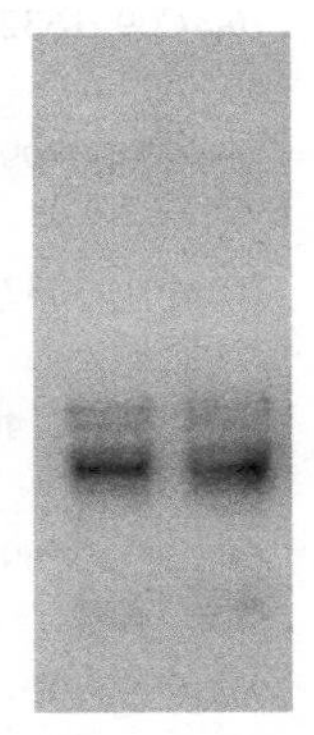

图 3-18　甘蓝型油菜 LOCR，HOCR 总 RNA

筛选出 8 个相关差异蛋白质对应基因，用测序相同样品进行荧光定量分析（图 3-19），并结合测序结果，与 LOCR 相比，这些基因在 HOCR 材料中的表达情况均要高于 LOCR 材料，*BnaC03g33080D*，（1.82 倍），BnaA06g36060D（2.59 倍），*BnaC09g16320D*（2.53 倍），*BnaC09g07990D*，（1.57 倍），*BnaA01g30320D*（2.86 倍），*BnaA02g27140D*（5.91 倍），*BnaC04g33690D*（19.52 倍）和 *BnaC09g29010D*（48.54 倍），与测序结果一致。

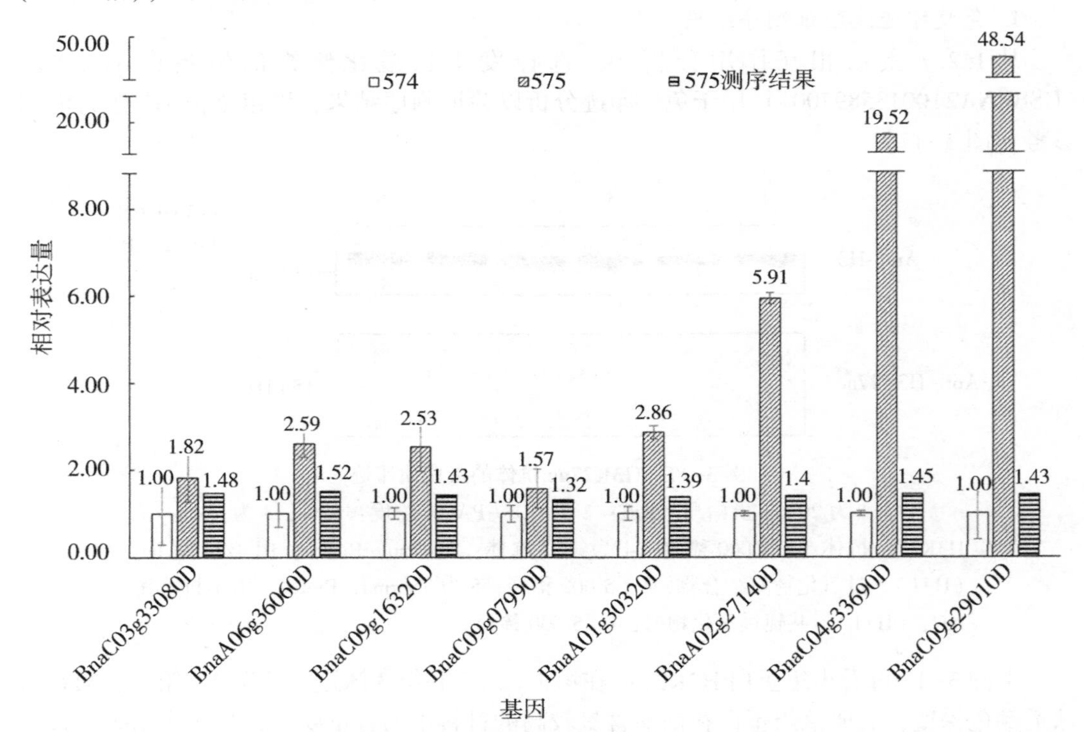

图 3-19　自花授粉 20~35 d 混合种子基因表达量

3. 差异蛋白对应基因表达量研究

以筛选出的 11 个关键差异蛋白对应基因，以两个甘蓝型油菜（LOCR，HOCR）的苗期、5~6 叶期、蕾薹期的叶、花期时盛开的花和成熟期自花授粉 20~35 d 混合种子为材料进行表达量研究，以 HOCR 与 LOCR 相对表达量的比值表示（图 3-20）。

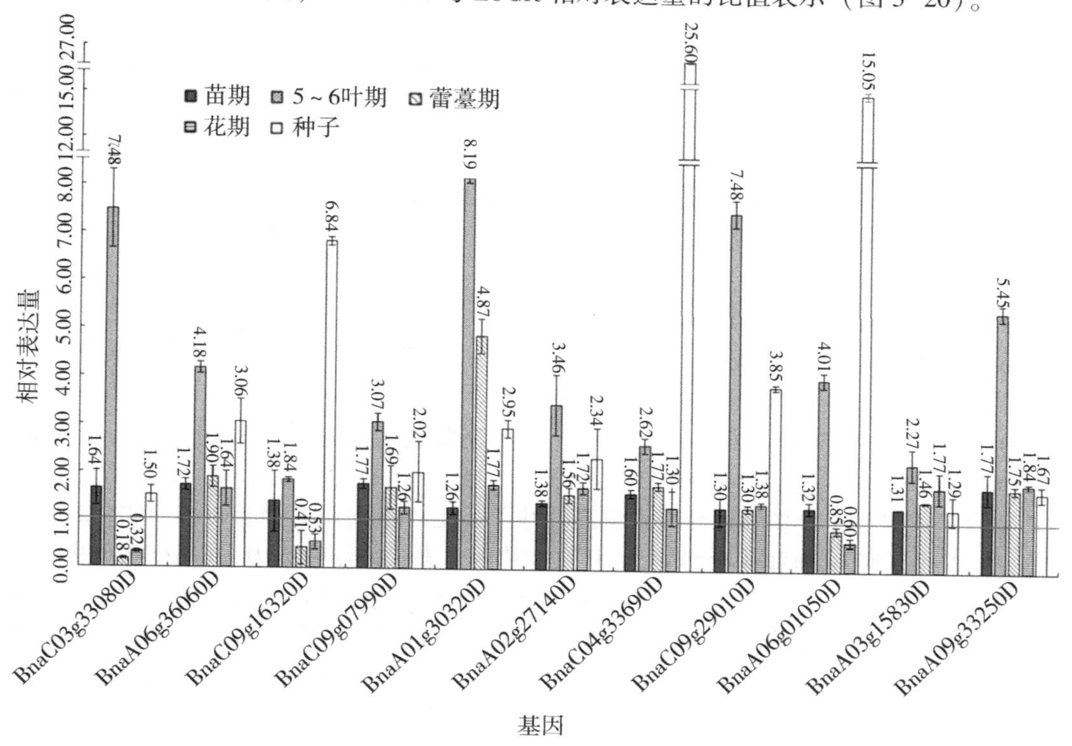

图 3-20　基因表达量

注：以 HOCR 与 LOCR 相对表达量的比值表示。

研究发现 HOCR 材料在这 5 个时期，*BnaC03g33080D* 和 *BnaC09g16320D* 具有相同的表达情况，均在 5~6 叶期升高后下降，再持续升高的表达，且在蕾薹期和花期要低于对照 LOCR 的表达量。*BnaA06g36060D*、*BnaC09g07990D*、*BnaA01g30320D* 和 *BnaC04g33690D* 具有相同的表达规律，均在 5~6 叶期先升高，在蕾薹期和花期再持续下降，到成熟种子中再升高。在整个生育期均高于对照 LOCR，且在 5~6 叶期具有较高的表达量。*BnaA02g27140D* 和 *BnaC09g29010D* 这 5 个时期，均呈现先上升后下降，再持续上升，与 *BnaC03g33080D* 和 *BnaC09g16320D* 不同，在蕾薹期和花期的表达量均要高于对照 LOCR。*BnaA06g01050D* 在 5~6 叶期先升高，在蕾薹期和花期时持续下降，在成熟种子中的表达量再升高，而在蕾薹期和花期中间的表达量均低于 LOCR 材料。

（三）讨论

1. 测序结果真实可靠

在获得一项测序结果之后，需要对测序结果进行验证。目前使用较多的是荧光定量技术和免疫印迹技术。张明伟等[71]对具有广谱抗性水稻‘W6023’材料与感病轮回亲本‘IR24’进行转录组学测序分析后，选择差异表达基因进行 qPCR 分析，发现结果与转录组测序结果一致，表明获得的转录组测序数据结果可靠。张稳等[72]对 CRISPR/Cas9-ZmpTAC2 玉米转基因编辑纯合突变株系和转基因阴性材料（CK）进行转录组测序后，从测序结果中选取了 15 个差异基因研究其表达模式，发现均与测序数据相一致，表明测序结果可靠。魏担等[73]对不同类型的厚朴叶片组织进行转录组测序和蛋白质组学测序分析中，采用基于质谱的靶向蛋白质组定量技术（Parallel reaction monito, PRM）验证了测序结果的准确性。

本研究用 WB 法在同批测序样品中检测组蛋白 H3K27ac 在两个材料中的表达情况，结果发现在 HOCR 中的表达情况要高于 LOCR，符合测序结果；选出 8 个差异蛋白对应基因在测序同期样品中，发现均在 HOCR 中的表达量要高于 LOCR，符合测序结果。

2. 基因表达情况用于作物筛选

研究表明，基因表达情况可以用于目的材料的筛选，且具有缩短育种时间并降低成本的作用。本研究中 11 个基因在两个材料五个时期的表达情况，发现这 11 个基因在 HOCR 材料的苗期至蕾薹期均呈现先升高后下降的表达趋势。在苗期，5~6 叶期和成熟期种子中的表达量均高于 LOCR 材料，在 5~6 叶期时的表达量一般是对照材料的 2 倍以上，可用于早期筛选油酸含量高的油菜。此外还发现 1 个脂肪酸代谢，2 个光合作用，1 个逆境生理和 4 个糖酵解相关的基因（*BnaA06g36060D*、*BnaC09g07990D*、*BnaA01g30320D*、*BnaA02g27140D*、*BnaC04g33690D*、*BnaC09g29010D*、*BnaA03g15830D* 和 *BnaA09g33250D*）在 HOCR 五个时期的表达量均高于 LOCR，表明在油酸含量高的油菜中的代谢活动程度可能要高于油酸含量低的油菜，可为油菜脂肪酸代谢机理研究提供参考。

三、*BnaACP*3 基因克隆、定点突变及生物信息学分析

（一）材料与方法

1. 供试材料

植物材料：以 HOCR 苗期叶片 cDNA 为模板。

菌株：大肠杆菌 DH5α（*E. coli*）感受态细胞购自北京全式金生物技术有限公司。

2. 试验用试剂与仪器

试验用试剂：植物总 RNA 提取试剂盒（TransZol UP Plus RNA Kit）、反转录试剂盒（TransScript® One-Step gDNA Removal and cDNA Synthesis SuperMix）、高保真酶试剂盒（TransTaq® DNA Polymerase High Fidelity（HiFi））购自北京全式金生物技术有限公司；分子量标准（DL2000 DNA Marker）购自北京擎科新业生物技术有限公司；克隆载体试剂盒（Zero Background pTOPO-TA Simple Cloning Kit）购自北京艾德莱生物科技有限公司；AxyPrep DNA 凝胶回收试剂盒购自爱思进公司；引物均由北京擎科新业生物技术有限公司（长沙）合成。胰蛋白胨（Oxoid，英国）、酵母提取物（Oxoid，英国）、琼脂粉（Biofroxx，德国）、氨苄青霉素（Amp），卡那霉素（Kan），利福平（Rif），潮霉素（Hyg）等均购自北京索莱宝公司，无水乙醇、氯仿均为分析纯（上海国药集团化

学试剂有限公司）。

仪器：细菌培养箱（EYELA LTI－700）、无菌超净工作台（Thermo Electro Industries，S1-1203）、摇床（Sciencific Industries，S1-1203），等。

3. 试验方法

（1）甘蓝型油菜总 RNA 提取检测及 cDNA 合成

总 RNA 提取，反转录合成 cDNA 第一链，根据试剂盒说明书，用 20 μL 体系（表 3-5）：

表 3-5　反应体系

反应组分	20 μL 体系
Total RNA	5 μL
Random Primer（N9）（0.1 g/μL）	1 μL
TransScript® RT/RI Enzyme Mix	1 μL
2×ES Reaction Mix	10 μL
gDNA Remover	1 μL
RNase-free Water	2 μL

反应程序：25℃孵育 10 min，42℃孵育 30 min，85℃加热 5 s 后失活 TransScript® RT/RI 与 gDNA Remover。置于-20℃保存。

（2）甘蓝型油菜 *BnaACP3* 的克隆及突变碱基引入

引物设计

根据乙酰化修饰差异表达数据结果，利用 PCR 法对蛋白酰基载体蛋白（GSBRNA2T00100854001）进行克隆。在甘蓝型油菜数据库（http：//www. genoscope. cns. fr/brassicanapus/）中，下载其 cDNA 序列和 CDS 序列命名为 *BnaACP3*（*BnaC09g16320D*）。

根据测序结果，在其第 63 号位氨基酸（赖氨酸）位置，用重叠引物法（图 3-21）定向引入一个突变碱基，使其由赖氨酸（K，AAA）突变为精氨酸（R，AGA）以及谷氨酰胺（Q，CAA）。以甘蓝型油菜 HOCR 苗期叶片 cDNA 为模板，根据序列及所需引入突变碱基设计引物（表 3-6）。

表 3-6　*BnaACP3* 克隆及定点突变碱基所需引物序列

引物名称	引物序列（5′→3′）
F1	GAATTCTCCTCTCTTTGCCTTTCTCCGC
R（R）1	AGTTGCTTTCTGACCACTTCACACA
F（R）2	TGTGTGAAGTGGTCAGAAAGCAACT
R2	GTCGACGTGGGTTTGGGTTTAGTGGGTT
R（Q）1	AGTTGCTTTTGGACCACTTCACACA
F（Q）2	TGTGTGAAGTGGTCCAAAAGCAACT

注：下划线表示酶切位点，底纹表示定点突变位置。

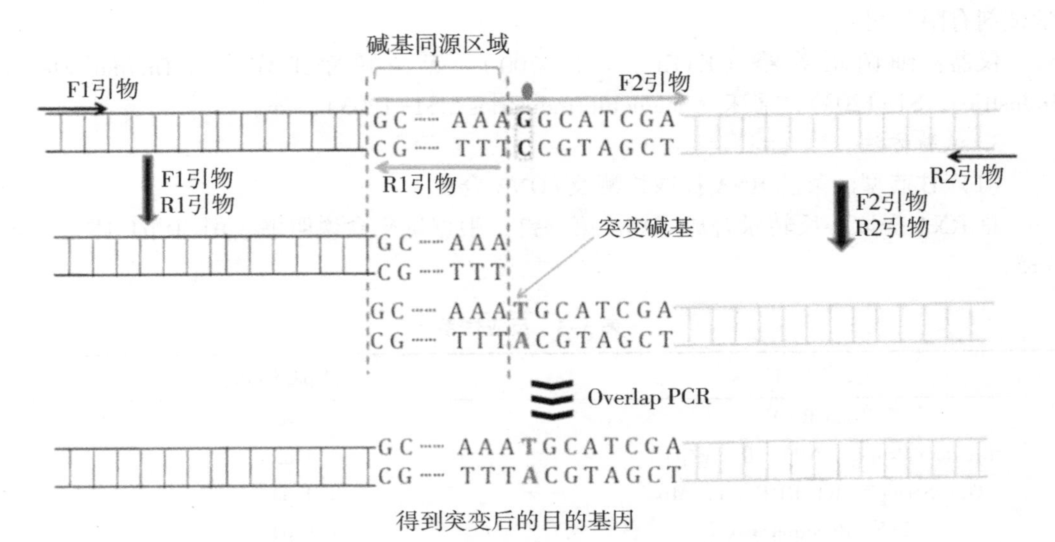

图 3-21　重叠引物 PCR 法

引物 F1 与 R2 用于克隆 *BnaACP*3^{63K}（约 560 bp）；引物 F1 与 R（R）1 用于克隆 *BnaACP*3^{63R-1}（约 280 bp），F（R）2 与 R2 用于克隆 *BnaACP*3^{63R-2}（约 280 bp），经胶回收纯化后，以这两段产物为模板，用引物 F1 与 R2 克隆获得 *BnaACP*3^{63R}（约 560 bp）；引物 F1 与 R（Q）1 用于克隆 *BnaACP*3^{63Q-1}（约 280 bp），F（Q）2 与 R2 用于克隆 *BnaACP*3^{63Q-2}（约 280 bp），经胶回收后，以这两段产物为模板，用引物 F1 与 R2 克隆获得 *BnaACP*3^{63Q}（约 560 bp）。

（3）目的片段 PCR 扩增

50 μL 反应体系（表 3-7）。

表 3-7　PCR 扩增反应体系

反应组分	50 μL 体系
cDNA（模板）	1 μL
2. 5 mmol/L dNTP	4 μL
10×TransTaq® HiFi Buffer I	5 μL
TransTaq® HiFi DNA Polymerase	0. 5 μL
引物 w	1 μL
引物 v	1 μL
ddH_2O	Up to 50 μL

反应程序：

94℃（预变性）	5 min	
94℃（变性）	30 s	33 个循环
50～65℃（退火）	30 s	
72℃（延伸）	1 min	
72℃（延伸）	10 min	

退火温度：65℃（*BnaACP3*^{63K}）、64℃（*BnaACP3*$^{63R-1}$）、64℃（*BnaACP3*$^{63R-2}$）、65℃（*BnaACP3*^{63R}）、64℃（*BnaACP3*$^{63Q-1}$）、64℃（*BnaACP3*$^{63Q-2}$）、65℃（*BnaACP3*^{63Q}）；反应结束后以 20 μL 体系，1.5%琼脂糖凝胶电泳检测扩增产物并胶回收。

（4）目的片段胶回收

参照 AxyPrep DNA 凝胶回收试剂盒说明书进行 PCR 产物回收，NanoDrop 2000 分光光度计检测回收产物浓度后，将目的片段溶液置于-20℃保存。

（5）连接 T 载体及转化感受态细胞

参照 Zero Background pTOPO-TA Simple Cloning Kit 试剂盒说明书，对目的片段与 T 载体进行连接反应。连接体系及反应条件（10 μL 反应体系）：将目的片段、pEASY® -T1 Cloning Vector 于冰上溶解，吸取 1 μL 目的片段、1 μL pTOPO-T Simple Vector、1 μL 10×Enhancer、7 μL 灭菌水于 200 μL PCR 管中，在室温（20~30℃）下用移液器轻轻吹打混匀，低速瞬时离心收集所有液体在离心管底，室温（20~30℃）连接 5 min。用热激法转化 Trans1-T1 大肠杆菌感受态细胞[74]。

（6）菌落检测

在灭菌 200 μL PCR 管中加入 10 μL 灭菌水，挑取 Amp（50 mg/mL）+LB 固体培养基上生长的白色单菌落于管内。

20 μL 反应体系（表 3-8）。

表 3-8 PCR 扩增反应体系

反应组分	20 μL 体系
菌液（模板）	1 μL
2.5 mmol/L dNTP	2 μL
10×Buffer	2 μL
普通 Taq 酶	0.5 μL
M13-Fw	0.75 μL
M13-Rv	0.75 μL
ddH_2O	Up to 20 μL

反应程序：

94℃（预变性）	5 min	
94℃（变性）	30 s	33 个循环
55℃（退火）	30 s	
72℃（延伸）	90 s	
72℃（延伸）	10 min	

反应结束后以 1.5%琼脂糖凝胶电泳检测单菌落扩增产物。

菌种保存及测序：挑取阳性单菌落于 5 mL Amp（50 mg/mL）+LB 液体培养基中，200 r/min，37℃，摇菌，过夜培养。分成两份各 1 mL，一份送至上海生工生物科技有限公司进行测序，另一份加入 300 μL 菌液+300 μL 40% LB 甘油保存液，-20℃保存菌种。

（7）生物信息学分析

用 SnapGene 3. 2. 1 将克隆到的靶基因序列翻译成氨基酸，进行生物信息学分析[75]，聚类分析：以 BnaACP363K 氨基酸序列为参考序列，运用 NCBI 数据库 BlastP 查找同源物种氨基酸序列，利用 DNAMAM7. 0 对其进行聚类，分析其亲缘关系。

（二）结果分析

1. *BnaACP3*^{63K}、*BnaACP3*^{63R}与 *BnaACP3*^{63Q}基因的克隆

分别克隆 *BnaACP3*^{63R}-1、*BnaACP3*^{63R}-2、*BnaACP3*^{63Q}-1、*BnaACP3*^{63Q}-2 长度约为 280 bp（图 3-22A），经胶回收后，再以 *BnaACP3*^{63R}-1 和 *BnaACP3*^{63R}-2 为模板合成 *BnaACP3*^{63R}（约 560 bp），以 *BnaACP3*^{63Q}-1、*BnaACP3*^{63Q}-2 为模板合成 *BnaACP3*^{63Q}（约 560 bp）（图 3-22B），目的条带符合预期。

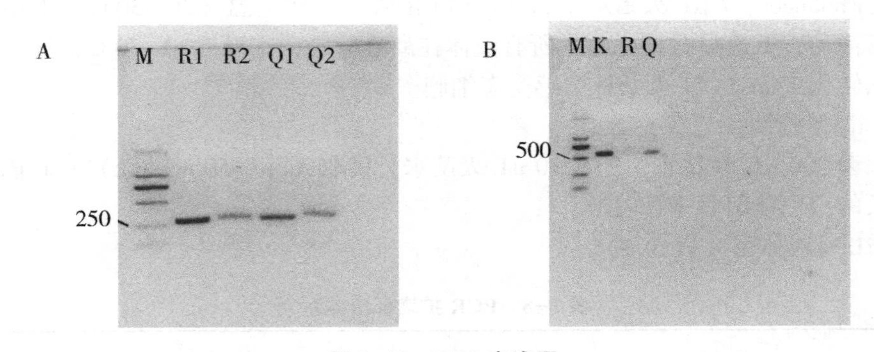

图 3-22 PCR 电泳图

注：A：分段基因克隆电泳；

B：*BnaACP3*^{63K}、*BnaACP3*^{63R}与 *BnaACP3*^{63Q}基因克隆

回收目的基因片段 T 载体连接并转化大肠杆菌感受态细胞，经单菌落筛选和菌落 PCR 验证后（约 700 bp）（图 3-23），送生物公司测序。

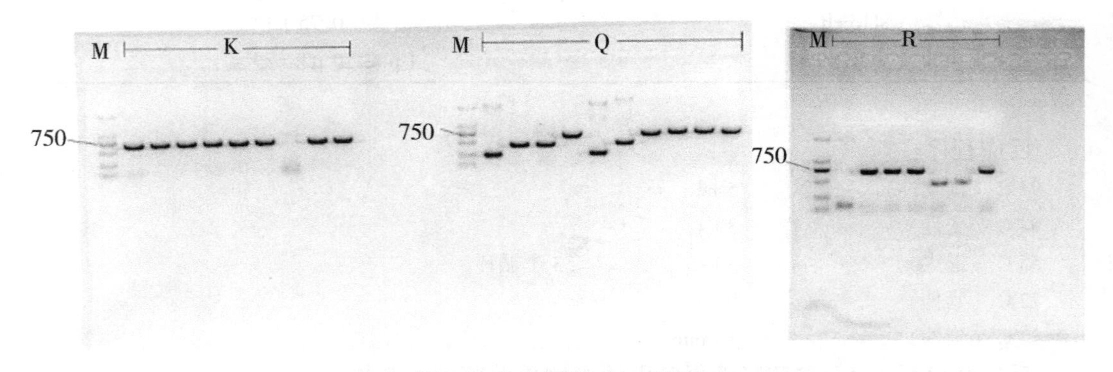

图 3-23 单菌落 PCR 检测

2. 三个基因的鉴定及其编码序列、氨基酸序列多重比对

测序结果得到 3 条 CDS 序列，长度均为 396 bp，编码 131 个氨基酸，分别命名为

BnaACP3^{63K}、*BnaACP3*^{63R}与 *BnaACP3*^{63Q}。根据芸薹属数据库及甘蓝型油菜数据库的序列(*BnaC09g16320D*)，用 DNAMAN 7.0 比对其 CDS 序列以及氨基酸序列，并构建进化树（图 3-24），结果显示，克隆到的 *BnaACP3*^{63K}、*BnaACP3*^{63R} 和 *BnaACP3*^{63Q} 与 *BnaC09g16320D* 比对结果中，有 99.12%的同源性，*BnaACP3*^{63K}、*BnaACP3*^{63R}与编码序列有 99%的同源性，与 *BnaACP3*^{63Q} 有 98%的同源性；在编码氨基酸的序列比对中，*BnaACP3*^{63K}与数据库中编码序列同源性达到 100%，与 *BnaACP3*^{63R} 和 *BnaACP3*^{63Q} 达到 99%，表明成功通过重叠引物 PCR 的方法，将第 63 号位氨基酸分别定向突变为精氨酸和谷氨酰胺，达到预期结果。

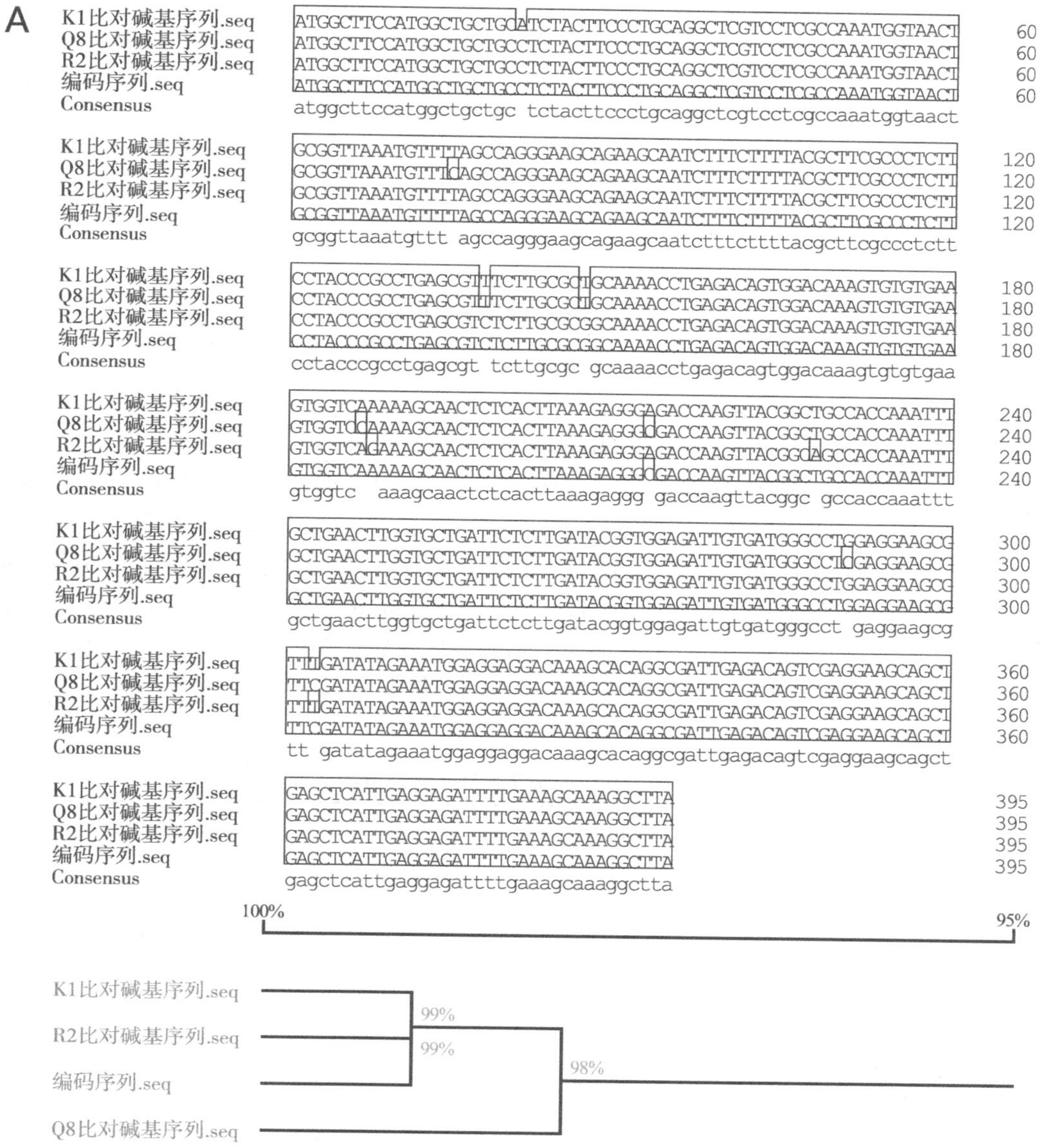

A

```
K1比对碱基序列.seq   ATGGCTTCCATGGCTGCTGCATCTACTTCCCTGCAGGCTCGTCCTCGCCAAATGGTAACT   60
Q8比对碱基序列.seq   ATGGCTTCCATGGCTGCTGCCTCTACTTCCCTGCAGGCTCGTCCTCGCCAAATGGTAACT   60
R2比对碱基序列.seq   ATGGCTTCCATGGCTGCTGCCTCTACTTCCCTGCAGGCTCGTCCTCGCCAAATGGTAACT   60
编码序列.seq         ATGGCTTCCATGGCTGCTGCCTCTACTTCCCTGCAGGCTCGTCCTCGCCAAATGGTAACT   60
Consensus           atggcttccatggctgctgc tctacttccctgcaggctcgtcctcgccaaatggtaact

K1比对碱基序列.seq   GCGGTTAAATGTTTTAGCCAGGGAAGCAGAAGCAATCTTTCTTTTACGCTTCGCCCTCTT   120
Q8比对碱基序列.seq   GCGGTTAAATGTTTCAGCCAGGGAAGCAGAAGCAATCTTTCTTTTACGCTTCGCCCTCTT   120
R2比对碱基序列.seq   GCGGTTAAATGTTTTAGCCAGGGAAGCAGAAGCAATCTTTCTTTTACGCTTCGCCCTCTT   120
编码序列.seq         GCGGTTAAATGTTTTAGCCAGGGAAGCAGAAGCAATCTTTCTTTTACGCTTCGCCCTCTT   120
Consensus           gcggttaaatgttt agccagggaagcagaagcaatctttcttttacgcttcgccctctt

K1比对碱基序列.seq   CCTACCCGCCTGAGCGTTTCTTGCGCTGCAAAACCTGAGACAGTGGACAAAGTGTGTGAA   180
Q8比对碱基序列.seq   CCTACCCGCCTGAGCGTTTCTTGCGCTGCAAAACCTGAGACAGTGGACAAAGTGTGTGAA   180
R2比对碱基序列.seq   CCTACCCGCCTGAGCGTCTCTTGCGCGGCAAAACCTGAGACAGTGGACAAAGTGTGTGAA   180
编码序列.seq         CCTACCCGCCTGAGCGTCTCTTGCGCGGCAAAACCTGAGACAGTGGACAAAGTGTGTGAA   180
Consensus           cctacccgcctgagcgt tcttgcgc gcaaaacctgagacagtggacaaagtgtgtgaa

K1比对碱基序列.seq   GTGGTCAAAAAGCAACTCTCACTTAAAGAGGGAGACCAAGTTACGGCTGCCACCAAATTT   240
Q8比对碱基序列.seq   GTGGTCCAAAAGCAACTCTCACTTAAAGAGGGCGACCAAGTTACGGCTGCCACCAAATTT   240
R2比对碱基序列.seq   GTGGTCAGAAAGCAACTCTCACTTAAAGAGGGAGACCAAGTTACGGCAGCCACCAAATTT   240
编码序列.seq         GTGGTCAAAAAGCAACTCTCACTTAAAGAGGGCGACCAAGTTACGGCTGCCACCAAATTT   240
Consensus           gtggtc aaagcaactctcacttaaagaggg gaccaagttacggc gccaccaaattt

K1比对碱基序列.seq   GCTGAACTTGGTGCTGATTCTCTTGATACGGTGGAGATTGTGATGGGCCTGGAGGAAGCG   300
Q8比对碱基序列.seq   GCTGAACTTGGTGCTGATTCTCTTGATACGGTGGAGATTGTGATGGGCCTCGAGGAAGCG   300
R2比对碱基序列.seq   GCTGAACTTGGTGCTGATTCTCTTGATACGGTGGAGATTGTGATGGGCCTGGAGGAAGCG   300
编码序列.seq         GCTGAACTTGGTGCTGATTCTCTTGATACGGTGGAGATTGTGATGGGCCTGGAGGAAGCG   300
Consensus           gctgaacttggtgctgattctcttgatacggtggagattgtgatgggcct gaggaagcg

K1比对碱基序列.seq   TTTGATATAGAAATGGAGGAGGACAAAGCACAGGCGATTGAGACAGTCGAGGAAGCAGCT   360
Q8比对碱基序列.seq   TTCGATATAGAAATGGAGGAGGACAAAGCACAGGCGATTGAGACAGTCGAGGAAGCAGCT   360
R2比对碱基序列.seq   TTTGATATAGAAATGGAGGAGGACAAAGCACAGGCGATTGAGACAGTCGAGGAAGCAGCT   360
编码序列.seq         TTCGATATAGAAATGGAGGAGGACAAAGCACAGGCGATTGAGACAGTCGAGGAAGCAGCT   360
Consensus           tt gatatagaaatggaggaggacaaagcacaggcgattgagacagtcgaggaagcagct

K1比对碱基序列.seq   GAGCTCATTGAGGAGATTTTGAAAGCAAAGGCTTA   395
Q8比对碱基序列.seq   GAGCTCATTGAGGAGATTTTGAAAGCAAAGGCTTA   395
R2比对碱基序列.seq   GAGCTCATTGAGGAGATTTTGAAAGCAAAGGCTTA   395
编码序列.seq         GAGCTCATTGAGGAGATTTTGAAAGCAAAGGCTTA   395
Consensus           gagctcattgaggagattttgaaagcaaaggctta
```

100%　95%

K1比对碱基序列.seq
R2比对碱基序列.seq
编码序列.seq
Q8比对碱基序列.seq

99%
99%
98%

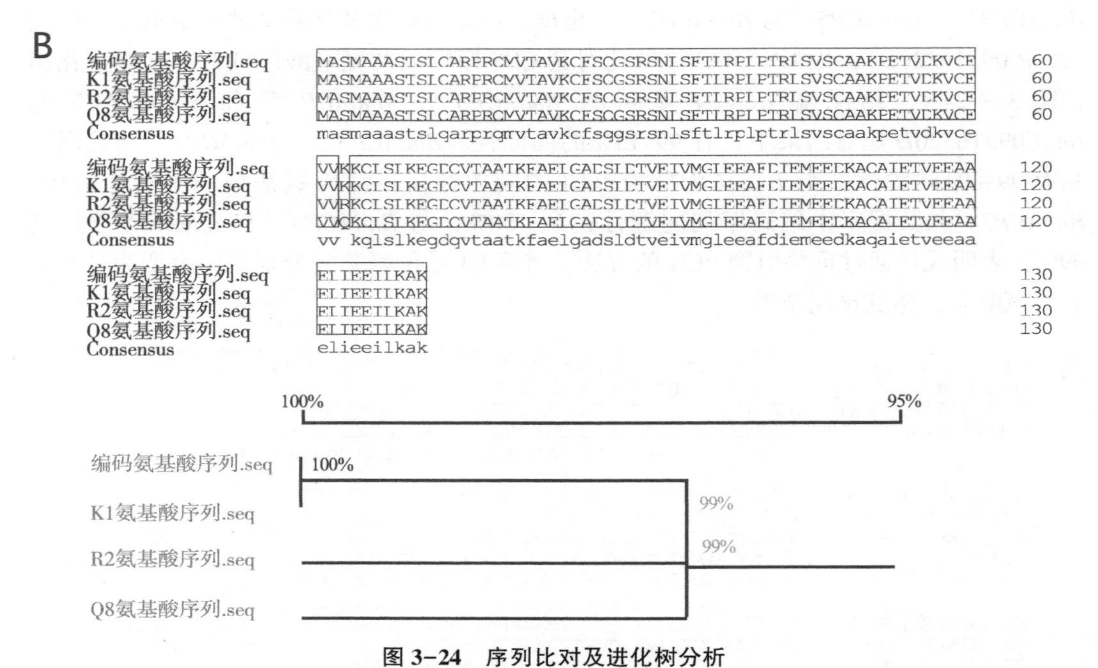

图 3-24　序列比对及进化树分析

注：A：碱基序列分析；B：氨基酸序列分析。

3. 三个基因的蛋白结构预测及分析

（1）三个基因编码的蛋白一级结构预测

甘蓝型油菜 *BnaACP*3 基因位于染色体 C09 上，使用在线软件 ExPASy-ProtParam tool 对 3 个 *BnaACP*3 基因编码的蛋白基本理化性质预测（表 3-9），结果显示：3 个 *BnaACP*3 编码的蛋白的氨基酸数目均为 131，理论分子量极相近，分别为 14.123 19 kDa、14.151 21 kDa、14.123 15 kDa；*BnaACP*3^{63K} 与 *BnaACP*3^{63R} 比 *BnaACP*3^{63Q} 多一个正电荷残基，三者的负电荷残基以及脂肪系数相同；三者皆为疏水性蛋白，且均为不稳定蛋白（小于 40 为稳定，大于 40 为不稳定），等电点均小于 7，属于酸性蛋白。

表 3-9　蛋白一级结构理化性质分析

一级结构理化性质	*BnaACP*3^{63K}	*BnaACP*3^{63R}	*BnaACP*3^{63Q}
氨基酸数目（个）	131	131	131
分子量（kDa）	14.123 19	14.151 21	14.123 15
等电点	4.69	4.69	4.60
正电荷残基（Arg+Lys）	15	15	14
负电荷残基（Asp+Glu）	22	22	22
不稳定系数	50.93	51.15	51.15
脂肪系数	89.47	89.47	89.47
平均亲水性（GRAVY）	-0.072	-0.076	-0.069

（2）三个基因编码的蛋白亚细胞定位及二级结构预测

通过在线 PredictProtein 软件对这三个基因编码的蛋白质进行亚细胞定位预测，发现均定位在叶绿体（图 3-25），其中 *BnaACP3*^{63K}与 *BnaACP3*^{63Q}预测的可能性为 73，*BnaACP3*^{63R}预测的可能性有 74；利用在线软件 TMHMM 预测对 3 个蛋白的跨膜区分析，预测结果显示 3 个蛋白均为膜外蛋白，无跨膜结构。

图 3-25　亚细胞定位

通过在线软件 SOPMA 对甘蓝型油菜 3 个基因编码的蛋白的二级结构进行预测（表 3-10），结果显示，3 个蛋白均由 α-螺旋、延伸链和无规则卷曲构成，其中比例最高的是 α-螺旋，分别是 48. 85%、48. 09%和 59. 54%，其次是无规则卷曲，分别是 38. 93%、38. 93%和 30. 53%，延伸链分别为 12. 21%，12. 98%和 8. 40%；只有 *BnaACP3*^{63Q}存在 β-转角，含有 1. 53%。

表 3-10　蛋白二级结构预测

二级结构	*BnaACP3*^{63K}	*BnaACP3*^{63R}	*BnaACP3*^{63Q}
α-螺旋（%）	48. 85	48. 09	59. 54
β-折叠（%）	0	0	0
延伸连（%）	12. 21	12. 98	8. 40
β-转角（%）	0	0	1. 53
无规则卷曲（%）	38. 93	38. 93	30. 53

（3）三个蛋白的保守结构域分析及三级结构建模

用 NCBI 中的 Blastp 工具对 *BnaACP3*^{63K}、*BnaACP3*^{63R}、*BnaACP3*^{63Q}蛋白的保守结构域进行分析，结果显示，三个蛋白都属于 PP-binding super family 超基因家族（图 3-26）。经 SWISS-MODEL 同源建模发现，*BnaACP3*^{63K}、*BnaACP3*^{63R}、*BnaACP3*^{63Q}编码的蛋白质均适应酰基载体蛋白模型（图 3-27）。

（4）蛋白的氨基酸聚类分析

以 K1 氨基酸序列作为参考，通过 NCBI 中的 Blsatp 工具，搜索与其同源的其他氨基酸序列。利用 DNAMAM7. 0 对其进行聚类，分析其亲缘关系，将 *BnaACP3*^{63K}（K1）、

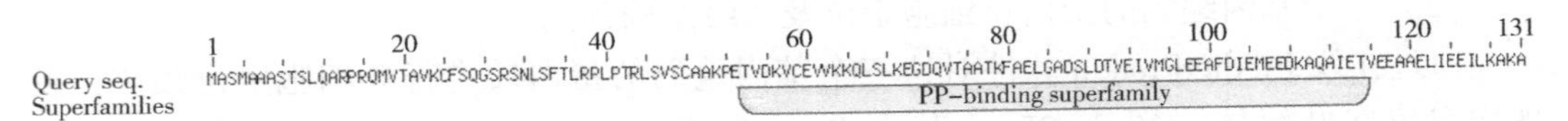

图 3-26　*BnaACP3* 蛋白保守结构域

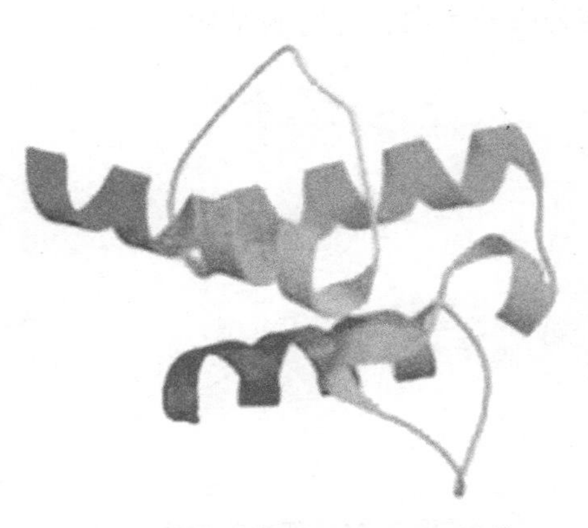

图 3-27　*BnaACP3* 蛋白三级结构

BnaACP3^{63R}（R2）、*BnaACP3*^{63Q}（Q8）基因编码的氨基酸序列与拟南芥（*Arabidopsis thaliana*，NP_564663. 1）、琴叶拟南芥（*Arabidopsis lyrata*，XP_002894596. 1）、荠菜（*Capsella rubella*，XP_006302863. 2）、亚麻芥（*Camelina sativa*，XP_010414907. 1）、萝卜（*Raphanus sativus*，XP_018438994. 1）的氨基酸序列进行聚类分析（图 3-28），由图可看出，大致可以分为 2 大类：第 1 类包括 *BnaACP3*^{63K}、*BnaACP3*^{63R}、*BnaACP3*^{63Q}，拟南芥，琴叶拟南芥，荠菜，亚麻芥；第 2 类是萝卜。

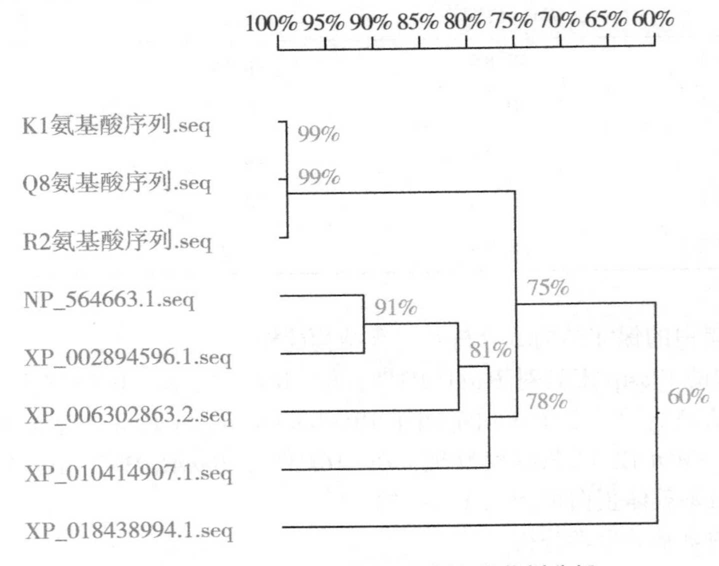

图 3-28　不同植物中 ACP 蛋白进化树分析

（三）讨论

酰基载体蛋白是一类混杂的小蛋白，能够与各种酰基链相互作用，在所有细胞的新陈代谢过程中都有重要的作用，酰基载体蛋白位于脂肪酸代谢途径的中心，是最为关键的一个蛋白质[76]。本研究克隆得到 *BnaACP*3^{63K}，并通过重叠引物 PCR 法往其第 63 号为引入一个碱基突变得到 *BnaACP*3^{63R} 与 *BnaACP*3^{63Q}，编码的氨基酸均为 131 个，分子量约 14.1 kDa，主要为 α-螺旋结构为主，定位在叶绿体上，无跨膜结构。拟南芥 ACP 基因家族的 8 个成员均由核基因编码，有 5 种质体 ACP 以及 3 种线粒体 ACP[77]，有不同的调控方式和表达模式[78-79]，贺慧等[80]以‘湘油 15 号’为材料，采用同源克隆法得到 *BnACP*5，基因共编码 138 个氨基酸，比本研究克隆到的 *BnaACP*3 多 7 个，生物信息分析表明，*BnACP*5 蛋白的相对分子质量 15.25 kDa，属于不稳定蛋白，不含跨膜结构，也不含信号肽序列，*BnACP*5 定位在线粒体内，本研究克隆到的 *BnaACP*3 定位在叶绿体上。

四、*BnaACP3*^{63K}、*BnaACP3*^{63R} 与 *BnaACP3*^{63Q} 的过表达载体构建及转化拟南芥分析

（一）材料与方法

1. 供试材料

菌株：大肠杆菌 DH5α（*E. coli*）感受态细胞购自北京全式金生物技术有限公司。农杆菌 GV3101［具有利福平（Rif）抗性选择］由湖南省水稻和油菜抗病育种重点实验室提供。

载体：植物双元表达载体 pCAMBIA1300［含有卡那霉素（KanR）抗性，潮霉素（HygR）筛选标记］载体购于上海康颜生物公司。

2. 实验试剂与仪器

实验试剂：高保真酶试剂盒［TransTaq® DNA Polymerase High Fidelity（HiFi）］，质粒抽提试剂盒（EasyPure® Plasmid MiniPrep Kit）购自北京全式金生物技术有限公司；分子量标准（DL2000 DNA Marker）购自北京擎科新业生物技术有限公司；AxyPrep DNA 凝胶回收试剂盒购自爱思进公司；*Eco* RI，*Sal* I 限制性核酸内切酶购自 Thermo Fisher 公司；T_4 DNA 连接酶购自南京诺唯赞生物科技股份有限公司；引物均由北京擎科新业生物技术有限公司（长沙）合成。

3. 植物表达载体构建

（1）引物设计

根据克隆结果，设计引物 M13，用于检测阳性克隆载体。根据 *BnaACP*3 基因序列信息，选择植物双元表达载体 pCAMBIA1300 多克隆位点附近 *Eco* RI（GAATTC）、*Sal* I（GTCGAC）作为酶切位点。选择 35 s 启动子内一段序列作为上游引物，*BnaACP*3 内一段保守序列为下游引物，作为检测阳性表达载体及转基因阳性苗引物，此为检测引物 1，另根据表达载体 pCAMBIA1300 上 Hyg 抗性标签序列，设计检测引物 2，以上引物均利用 Primer Premier 6.0 设计，由擎科生物科技有限公司合成（表 3-11）。

表 3-11　植物表达载体构建及检测引物

引物名称	引物序列（5′→3′）	扩增长度（bp）
*BnaACP*3-Fw	GAATTCTCCTCTCTTTGCCTTTCTCCGC	536
*BnaACP*3-Rw	GTCGACGTGGGTTTGGGTTTAGTGGGGTT	
M13-Fw	TGTAAAACGACGGCCAGT	667
M13-Rv	CAGGAAACAGCTATGACC	
检测 1-Fw（35 s）	AGTGGGATTGTGCGTCAT	1 153
检测 1-Rv	TCAGGCGGGTAGGAAGA	
检测 2-Fw（Hyg）	GCTCCATACAAGCCAACC	670
检测 2-Rv	AGCGTCTCCGACCTGAT	

（2）质粒提取及双酶切

①提取大肠杆菌质粒：取 10 μL 经琼脂糖凝胶电泳及测序鉴定的阳性大肠杆菌于 10 mL Amp（50 mg/mL）+LB 液体培养基中，另挑取大肠杆菌（含 pCAMBIA1300 质粒）单菌落于 10 mL kan（50 mg/mL）+LB 液体培养基中，37℃，摇菌，过夜培养。参照质粒抽提试剂盒说明书提取质粒，用 *BnaACP*3 和 M13 引物检测克隆载体质粒。

②酶切：使用 *Eco* RI、*Sal* I 限制性内切酶对阳性质粒（含目的片段）及 pCAMBIA1300 植物表达载体进行双酶切反应。反应体系（30 μL 体系）：6 μL 质粒（<1 μg），2 μL 10×Buffer，1 μL *Eco* RI、1 μL *Sal* I，20 μL ddH_2O。反应条件：混匀酶切液后，置于 PCR 仪 37℃，孵化 1 h。反应结束后以 1.5%琼脂糖凝胶电泳检测及回收目的片段。

（3）重组质粒连接及大肠杆菌转化

①连接重组质粒：连接反应体系（10 μL 体系）：5 μL 目的片段、2 μL 线性化的 pCAMBIA1300 植物表达载体片段、1 μL 10×Ligase Buffer、1 μL T_4 DNA Ligase，1 μL ddH_2O。

连接反应条件：将连接液混匀后，置于 PCR 仪，16℃，连接过夜。

②重组质粒转化大肠杆菌 DH5α（*E. coli*）感受态细胞：参照前文。

③提取重组质粒：参照前文。

④重组质粒转化农杆菌 GV3101：参照陶芬芳的实验方法[74]，制备农杆菌感受态、重组质粒转化及阳性鉴定。

⑤过表达载体转化拟南芥：野生型（WT）拟南芥种植与侵染参照邢蔓[81]的实验方法并加以改进。

（二）结果与分析

1. *BnaACP3*^{63K}、*BnaACP3*^{63R}、*BnaACP3*^{63Q}基因的过表达载体构建

克隆载体质粒阳性检测，提取前文保存的大肠杆菌液（含有目的基因）质粒，利

用 M13 引物（667 bp）和克隆引物（536 bp）对其进行 PCR 检测（图 3-29），目的条带符合预期，可用于下一步工作。

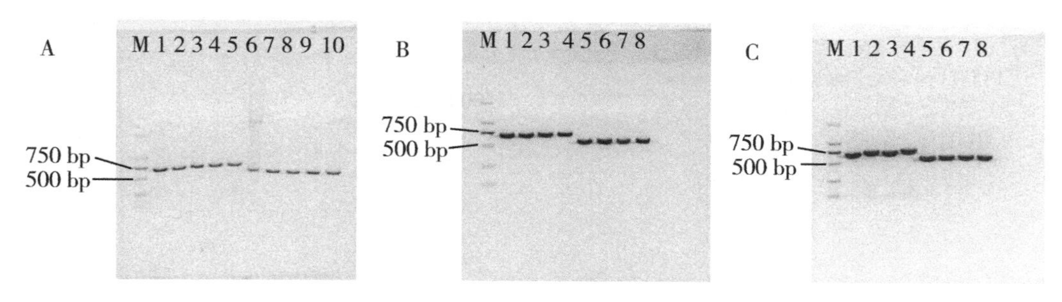

图 3-29　克隆载体质粒 PCR 检测

注：A：*BnaACP3*^{63K}，泳道 1~5，M13 引物；泳道 6~10，克隆引物；
B：*BnaACP3*^{63R}，泳道 1~4，M13 引物；泳道 5~8，克隆引物；
C：*BnaACP3*^{63Q}，泳道 1~4，M13 引物；泳道 5~8，克隆引物。

挑选阳性克隆载体质粒，利用限制性内切酶 *Eco* RI、*Sal* I，分别对其以及植物表达载体 pCAMBIA1300 进行双酶切（图 3-30），胶回收目的片段，用连接酶连接回收的目的片段与线性化后的 pCAMBIA1300，转化大肠杆菌感受态细胞 DH5α，加大培养并提取质粒。用检测引物 1 对其做 PCR 检测，目的片段约 1 153 bp，目的条带符合预期。利用限制性内切酶 *Eco* RI、*Sal* I 对其进行双酶切检测，结果如图 3-31 所示。经过质粒 PCR 检测及酶切检测等双重检测，其电泳片段与目的片段大小一致，表明 pCAMBIA1300-BnaACP3 载体构建成功。用 SnapGene 3.2.1 构建重组质粒图谱（图 3-32）。

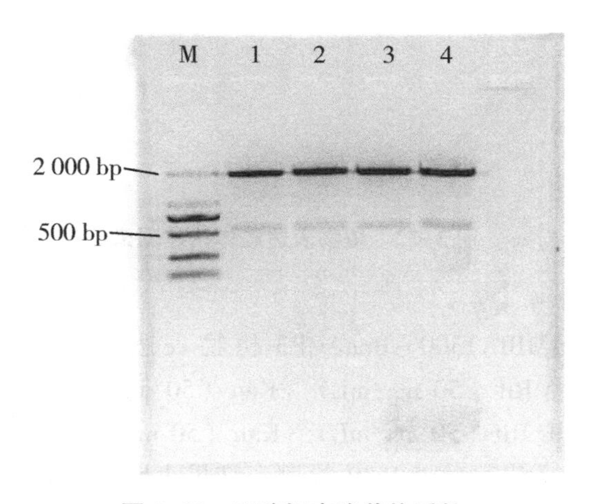

图 3-30　双酶切克隆载体质粒

注：泳道 1：K1，泳道 2：R2，泳道 3：R4，泳道 4：Q8。

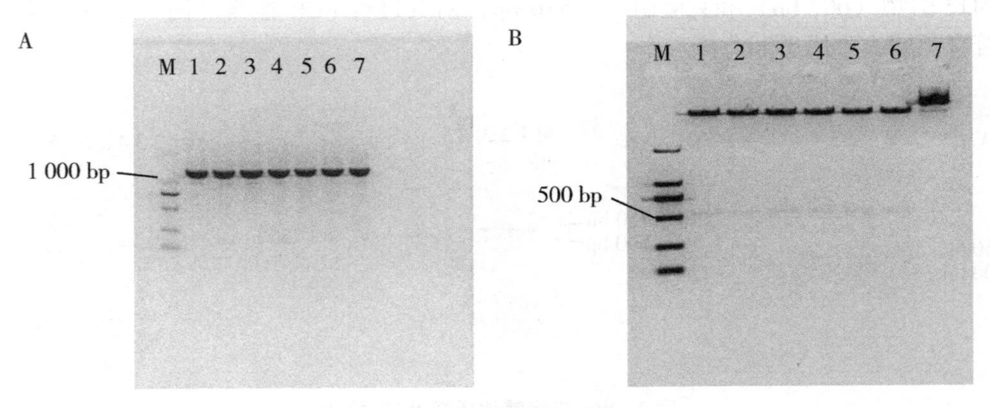

图 3-31 重组质粒检测

注：A：重组质粒 PCR 检测，泳道 1~3：K，泳道 4~5：R：泳道 6~7，Q；B：重组质粒双酶切检测，泳道 1~2：K，泳道 3~4：R，泳道 5~6：Q，泳道 7：未切。

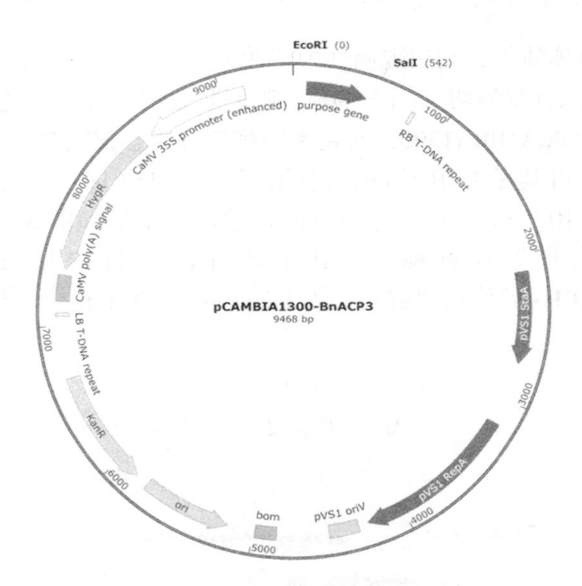

图 3-32 植物表达载体构建图谱

2. 农杆菌转化及检测

将构建成功的 pCAMBIA1300-BnaACP3 植物表达载体，用热激法转化农杆菌 GV3101 感受态细胞，经 Rif（50 mg/mL）+Kan（50 mg/mL）+YEB 固体培养基筛选后，挑取单菌落于 10 mL Rif（50 mg/mL）+Kan（50 mg/mL）+YEB 液体培养基摇菌，用检测引物 1（1 153bp）进行菌液 PCR 检测，结果表明 pCAMBIA1300-BnaACP3 植物表达载体转化农杆菌成功（图 3-33），并将其转入拟南芥。

（三）讨论

目前，植物中 *ACP* 基因的研究进展十分迅速，过表达拟南芥叶片中的 *ACP*-1 将导致叶片脂肪酸中的亚麻酸（18：3）含量上升，16：3 含量下降[82]。通过反义 RNAi 技

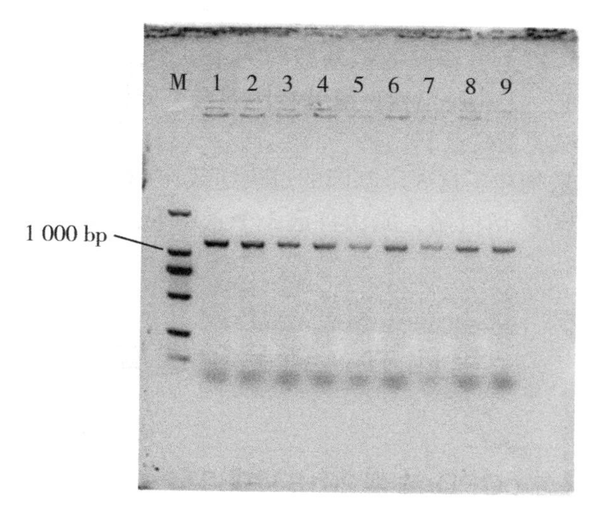

图 3-33　菌液 PCR 检测

注：泳道 1~3：*BnaACP3*^{63K}；泳道 4~6：*BnaACP3*^{63R}；泳道 7~9：*BnaACP3*^{63Q}。

术显著降低 *ACP*4 的表达量导致叶片脂肪酸含量降低以及 16：3 在总脂肪酸组成中所占比例的降低[83]，因此，改变 ACP 基因的表达有可能改变菜籽油中脂肪酸的组成及含量[84]。本研究利用双酶切法构建了 *BnaACP3*^{63K}、*BnaACP3*^{63R} 和 *BnaACP3*^{63Q} 三个基因的表达载体，并转化拟南芥。

五、结论

本研究以 1 组油酸含量不同的甘蓝型油菜近等基因系为材料进行相关研究，获得如下结果。

（1）通过乙酰化修饰定量组学测序分析，获得具有定量信息的 1 409 个蛋白质中的 2 473 个位点。其中有 80 个位点的乙酰化修饰显著上调，21 个位点显著下调。筛选得到 3 个与脂肪酸代谢相关；4 个与三羧酸循环相关；3 个与光合作用相关以及 1 个与植物逆境生理有关的差异蛋白。

（2）选出 1 个差异表达的组蛋白进行蛋白质免疫印迹实验，8 个差异蛋白对应基因进行荧光定量实验，两个实验结果均与测序结果吻合，表明乙酰化修饰测序结果可靠。

（3）研究了 11 个基因在两个材料的 5 个时期中的表达情况，发现在苗期，5~6 叶期和成熟期种子中的表达量均高于 LOCR 材料。在 5~6 叶期时的表达量一般是对照材料的 2 倍以上，可用于早期筛选油酸含量高的油菜。此外还发现 *BnaA06g36060D*、*BnaC09g07990D*、*BnaA01g30320D*、*BnaA02g27140D*、*BnaC04g33690D*、*BnaC09g29010D*、*BnaA03g15830D* 和 *BnaA09g33250D* 在 HOCR 五个时期的表达量均高于 LOCR，表明在油酸含量高的油菜中的代谢活动程度可能要高于油酸含量低的油菜，可为油菜脂肪酸代谢机理研究提供参考。

（4）以甘蓝型油菜 HOCR 苗期叶片为材料，克隆获得 *BnaACP3*^{63K}，并通过重叠引物 PCR 法在其第 63 号位引入一个碱基突变，成功获得氨基酸定向突变的 *BnaACP3*^{63R} 和

BnaACP3^{63Q}。生物信息学分析发现，3 个碱基序列与数据库公布序列同源性在 98%以上，氨基酸序列在 99%以上，编码的氨基酸均为 131 个，是为不稳定疏水性酸性蛋白质，且定位在叶绿体上，无跨膜结构。氨基酸序列聚类分析表明，与拟南芥，琴叶拟南芥，荠菜，亚麻芥亲缘关系较近。

(5) 利用双酶切法构建了这 3 个基因的过表达载体 pCAMBIA1300-35s-X，绘制了相关图谱，经 PCR 和双酶切检测，成功将这 3 个重组表达载体转化农杆菌感受态，并进行了拟南芥转化。

第四节　新品种选育

一、'帆鸣 1 号'（GPD 油菜 2018430307）

（一）试验材料

母本选育：母本'E649'的选育始于 2009 年，通过对品种'湘油 11 号'的变异株进行连续 4 年的综合性连续选择，2012 年定型，筛选出对化学杀雄较敏感同时产量高的自交系 E635，刚现蕾时喷药二次，整个花期达到 97%的不育效果。

父本选育：父本'E628'的选育始于 2009 年，来源于'湘油 13 号'与'571'的杂交后代，通过该组合后代的连续选择，在第 4 代，选出稳定的优系'E628'。

'帆鸣 1 号'筛选：'帆鸣 1 号'的选育始于 2013 年，利用与 10 个自交系配制 10 个杂交组合。2013 年冬，用这 10 个组合与对照进行了 2 个点组合比较试验，2014 年春从这 10 个组合中筛选出'帆鸣 1 号'，表现综合性状好，比对照增产 9. 8%。油酸含量为 78. 5%，含油量为 48. 5%。

（二）试验地点和设计

湖南省分别在湖南农业大学耘园基地（28°10′52″N，113°4′34″E），慈利县农业局旱土作物科学研究所（29°33′30″N，111°2′21″E），湘西自治州农业科学研究院（28°20′49″N，109°45′48″E），永州市农业科学研究所（26°14′1″N，111°36′20″E）和岳阳市农业科学研究所（29°21′32″N，113°8′11″E）；江西省分别在南昌县农业科学研究所（28°49′11″N，115°31′24″E），九江市农业科学研究所（29°27′29″N，115°48′37″E），宜春市农业科学研究所（27°47′30″N，114°21′14″E），进贤县农业科学研究所（28°21′30″N，116°17′12″E），湘东市农业科学研究所（27°32′21″N，113°38′22″E）。试验地要求，田排灌方便。土壤类型壤土或砂壤土，肥力中等偏上。前作为一季中稻。

试验按油菜正规区域试验的方案实施，随机区组排列，三次重复，小区面积 20 m^2，直播栽培，播种方式为开沟条播。种植密度 1. 2 万株/亩。元旦前后进行苗期生长情况调查，成熟期调查病害发生情况，角果成熟后在第二区组取每个组合各 10 个单株进行室内考种。采用 DPS6. 0 分析结果。

（三）品质分析

芥酸测定采用气相色谱法，国家标准（GB/T 17377—1998），ISO 5508：1990；硫

苷标测定采用近红外法，国际标准［ISO 9167-1；1992（E）］；含油率采用国家标准（NY/T 4—1982），残余法测定。

（四）病害鉴定

苗期、成熟期进行了2次田间病毒病害调查。依据的规程：DB51/T 1035—2010 油菜抗菌核病性田间鉴定技术规程；DB51/T 1036—2010 油菜抗病毒病性田间鉴定技术规程。

（五）结果与分析

1. ‘帆鸣1号’两年多点试验产量表现

两年多点试验产量表现（表3-12）。在湖南省，2015—2016年‘帆鸣1号’比对照增产4.54%，差异显著；2016—2017年‘帆鸣1号’比对照增产1.34%，增产显著；两年平均产量为134.73 kg/亩，增产2.98%。在江西省，2015—2016年‘帆鸣1号’比对照增产7.66%，差异极显著；2016—2017年，‘帆鸣1号’比对照增产5.97%，增产极显著；两年平均产量为136.24 kg/亩，增产5.96%。在江西省的表现较好，增产幅度较大，可能与湖南省春季低温阴雨天气较多有关。

表3-12　两年度在湖南和江西两省各试点参试组合的产量表现（kg）

地区		2015—2016年		2016—2017年	
		‘帆鸣1号’	‘沣油792’	‘帆鸣1号’	沣油792
湖南省	岳阳县	139.00	123.70	138.26	138.63
	长沙市	123.21	134.23	124.17	134.6
	慈利	150.67	141.28	134.84	124.13
	湘西	147.42	145.02	118.68	122.7
	永州	139.87	133.94	131.17	118.47
	平均值	140.03	133.95	129.42	127.71
	比对照（%）	4.54		1.34	
	显著水平	极显著		显著	
江西省	南昌	136.63	128.3	133.86	135.09
	九江	135.86	126.87	135.20	125.32
	宜春	138.53	133.53	135.53	134.64
	湘东	137.86	129.54	144.52	126.54
	进贤	133.87	126.21	130.54	119.77
	平均值	136.55	128.89	135.93	128.27
	比对照（%）	7.66		5.97	
	显著水平	极显著		极显著	

注：极显著差异在0.01水平，显著差异在0.05水平。

2. ‘帆鸣 1 号’两年多点试验主要经济性状

对 2015—2016 年度和 2016—2017 年度各参试组合的株高、分枝起点、有效分枝数、主花序长度、单株有效角果数、角粒数、千粒重和单株产量等主要经济性状进行考查（表 3-13）。与对照品种‘沣油 792’相比，‘帆鸣 1 号’株高较高，一次分枝部位稍高，千粒重稍大，含油量较高，其他性状接近，符合双低品种要求。

表 3-13　两年平均主要经济性状

年度	湖南省				江西省			
	2015—2016 年度		2016—2017 年度		2015—2016 年度		2016—2017 年度	
品种	帆鸣 1 号	沣油 792	帆鸣 1 号	沣油 792	帆鸣 1 号	沣油 792	帆鸣 1 号	沣油 792
株高（cm）	184.6	185.2	190.8	189.5	186.6	186.2	191.8	189.5
一次有效枝部位（cm）	78.2	72.62	77.6	65.75	76.2	72.61	76.6	67.75
一次有效分枝数（个）	6.14	6.42	6.24	6.47	6.34	6.47	6.24	6.57
全株有效角果数（个）	201.8	203.8	237.6	230.5	200.8	203.5	227.6	230.5
每果粒数（粒）	21.38	20.08	21.32	20.075	21.30	21.08	21.42	20.07
单株籽粒重（g）	10.56	10.9	12.98	13.47	11.56	11.9	12.98	12.47
千粒重（g）	4.01	3.76	3.95	3.85	4.01	3.76	3.85	3.85
成熟一致性	一致	一致	一致	一致	一致	一致	一致	一致
芥酸（%）	0	0	0	0	0	0	0	0
硫苷（μmol/g）	24.7	22	22	30	24.7	27	22	32
粗脂肪（%）	48.5	43	46	43.2	48.5	43.9	48.6	43

3. ‘帆鸣 1 号’两年多点试验苗期长势和生长一致性比对

对两年度、两省份各组合苗期长势及性状进行调查可知，‘帆鸣 1 号’主茎绿叶数均在 18 片左右，主茎总叶数约 22 片，最大叶长约 49 cm（除 2016—2017 年度湖南省结果外），最大叶宽约 15.5 cm。根茎粗约 20 mm，苗期长势强，生长一致性好，与对照相比，苗期各性状无显著差异（表 3-14）。

表 3-14　各组合冬前苗期情况

地区	湖南省				江西省			
	2015—2016 年度		2016—2017 年度		2015—2016 年度		2016—2017 年度	
品名	帆鸣 1 号	沣油 792	帆鸣 1 号	沣油 792	帆鸣 1 号	沣油 792	帆鸣 1 号	沣油 792
主茎绿叶数	18.1	18.5	17.1	17.6	19.2	17.6	18.9	18.4
主茎总叶数	22	22.2	21.7	19.1	21.4	19.5	22	22.4

（续表）

地区	湖南省				江西省			
	2015—2016 年度		2016—2017 年度		2015—2016 年度		2016—2017 年度	
最大叶长（cm）	49.3	45.4	41.1	41.5	47.8	48.3	49.7	45.8
最大叶宽（cm）	15.3	16.1	15	14	15.9	14.3	15.8	16.1
根茎粗（mm）	18.8	22.5	21.7	20.1	20.7	20.2	18.6	20.2
苗期一致性	一致	一致	一致	一致	一致	一致	一致	一致

4. ‘帆鸣 1 号’两年多点试验生育期和抗性调查情况

（1）生育期调查

对 2015—2016 年度和 2016—2017 年度各参试组合全生育期进行统计，发现‘帆鸣 1 号’与对照在不同地区不同年份的全生育期的变化不大（表 3-15），在湖南省‘帆鸣 1 号’平均比对照早 1.4 d，在江西省平均比对照多 0.65 d，总体差别不大，在 220 d 左右，属于中早熟品种，适合在湖南、江西两省秋播种植。

表 3-15　两年参试组合在各点的生育期表现（d）

地区		2015—2016 年度		2016—2017 年度	
		帆鸣 1 号	沣油 792	帆鸣 1 号	沣油 792
湖南省	岳阳县	220	218	212	217
	长沙市	219	217	217	220
	慈利	222	221	212	217
	湘西	223	222	215	222
	永州	211	210	203	207
	平均值	219	217.6	211.8	216.6
	比对照（%）	1.4		-5.2	
江西省	南昌	219.3	218.5	217.3	217.5
	九江	219.7	217.7	216.5	219.3
	宜春	220	217.6	214.4	215.4
	湘东	218.4	214.4	215.6	214.6
	进贤	217.7	215.3	213.7	216.1
	平均值	219.1	216.7	215.5	216.6
	比对照（%）	2.4		-1.1	

（2）抗性调查

对 2015—2016 年度和 2016—2017 年度各参试组合抗倒性、抗病性进行调查并统计分析表明，‘帆鸣 1 号’的抗倒性较好，两年均无倒伏。病毒病发病率约 3%，高抗病毒病。菌核病随年度气候不同及地域不同有一定差别，发病率在 5.75%~8.5%，中抗菌核病（表 3-16）。

表 3-16　两年抗性表现

地区	年份	抗倒性（正常/斜/倒伏）	病毒病病株率（%）	病毒病病情指数	菌核病病株率（%）	菌核病病情指
湖南省	2015—2016	正常	2	1.99	7	4.67
	2016—2017	正常	3.25	1.73	8.5	5.47
江西省	2015—2016	正常	2.97	1.56	5.75	3.64
	2016—2017	正常	3.50	1.70	5.90	3.74

二、春云油 6 号

（一）选育过程

甘蓝型化学杀雄两系杂交油菜新组合‘春云油 6 号’（‘B145’×‘B205’），由湖南省春云农业科技股份有限公司选育而成。由‘B145’×‘B205’配组而成。母本‘B145’来源于‘湘油 15 号’自交系，选育始于 2008 年，对油酸含量较高、产量性状较好的自交系进行筛选，2010 年定型，2011 年对 12 个高油酸自交系进行化学杀雄敏感性和产量试验，结果筛选出对化学杀雄较敏感同时产量高的高油酸自交系‘B145’，刚现蕾时喷药二次，整个花期达到 98%的不育效果。父本‘B205’来源于‘湘农油 571’的后代，选育始于 2008 年，通过该自交系后代的连续选择，在第 4 代，选出稳定的高油酸优系‘B205’，两个亲本在 2013 年定型配组（图 3-34）。

‘春云油 6 号’（‘B145’×‘B205’）的配组始于 2013 年，2014 年利用‘B145’与 12 个自交系配制 12 个杂交组合，进行了 2 个点组合比较试验，2015 年春从这 12 个组合中筛选出新组合（B145×B205），其表现综合性状好，油酸含量高，产量比对照增产 12.60%。2016 年，‘春云油 6 号’参加了 3 个单位 5 个组合 9 个长江中游点的联合品比试验，结果产量居参试组合第 1 位，比对照增产 15.66%，产油量增加 17.08%。2017 年‘春云油 6 号’参加了 3 个单位 5 个组合 9 个长江中游点的联合品比试验，产量居参试组合第 1 位，比对照增产 11.36%，产油量增加 12.39%。2 年平均比对照增产 14.01%，产油量增加 14.74%，油酸达到 78.50%。

（二）品种（含杂交种亲本）特征特性

1. 杂交种亲本特征特性

母本特征特性。母本‘B145’：植株生长习性半直立，叶中等绿色，无裂片，叶翅 2~3 对，叶缘弱，最大叶长 41.00 cm（长），叶宽 15.40 cm（宽），叶柄长度中，刺毛无，叶弯曲程度弱，开花期中，花粉量多，主茎蜡粉无或极少，植株花青苷显色弱，花瓣中等黄色，花瓣长度中，花瓣宽度中。花：花瓣相对位置侧叠，植株总长度 176.60 cm（长），一次分枝部位 65.00 cm，一次有效分枝 7.91 个，单株果数 238.90 个，果身长度 7.80 cm（中），果喙长度 1.21 cm（中），角果姿态上举，籽粒黑褐色，千粒重

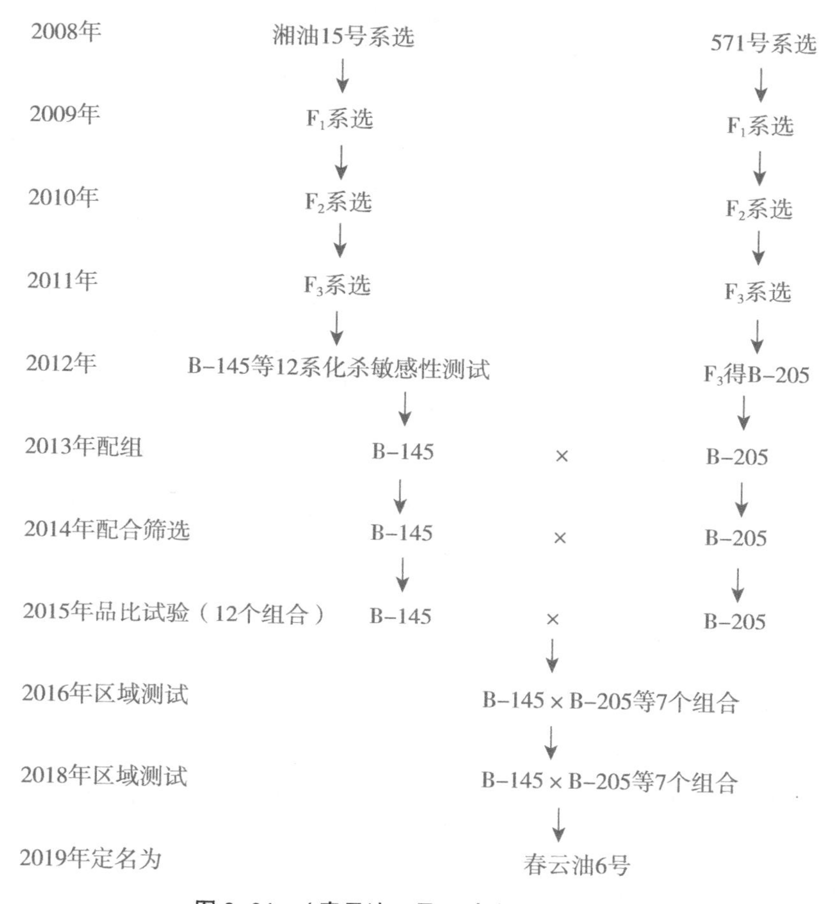

图 3-34　‘春云油 6 号’选育过程系谱图

3. 92 g（中），全生育期 214 d 左右。

父本特征特性。父本‘B205’：植株生长习性半直立，叶中等绿色，无裂片，叶翅 2~3 对，叶缘弱，最大叶长 43. 00 cm（长），叶宽 13. 50 cm（中），叶柄长度中，刺毛无，叶弯曲程度弱，开花期中，花粉量多，主茎蜡粉无或极少，植株花青苷显色弱，花瓣中等黄色，花瓣长度中，花瓣宽度中。花：花瓣相对位置侧叠，植株总长度 181. 21 cm（长），一次分枝部位 64. 00 cm，一次有效分枝 7. 40 个，单株果数 237. 10 个，果身长度 7. 40 cm（中），果喙长度 1. 20 cm（中），角果姿态上举，籽粒黄色，千粒重 3. 99 g（中），全生育期 215 d 左右。

2. ‘春云油 6 号’（‘B145×B205’）特征特性

植株生长习性半直立，叶中等绿色，无裂片，叶翅 2~3 对，叶缘弱，2 年测试平均，最大叶长 43. 5 cm（长），最大叶宽 16. 4 cm（长），叶柄长度中，刺毛无，叶弯曲程度弱，开花期中，花粉量多，主茎蜡粉无或极少，植株花青苷显色弱，花瓣中等黄色，花瓣长度中，花瓣宽度中。花：花瓣相对位置侧叠，植株总长度 178. 1 cm（中），一次分枝部位 68. 50 cm，一次有效分枝 6. 88 个，单株果数 261. 75 个，果身长度 12. 5

cm（中），果喙长度 1.21 cm（中），角果姿态上举，籽粒黄色，千粒重 4.18 g（中）。该组合在湖南 2 年多点试验结果表明，在湖南 9 月下旬播种，翌年 5 月初成熟，全生育期 216.84 d。

芥酸 0%，硫苷 25.00 μmol/g，含油为 48.2%，油酸达到 78.5%，测试结果均符合国家标准，含油量高。菌核病平均发病株率为 5.80%，中抗菌核病；病毒病的平均发病株率为 2.40%，高抗病毒病。经转基因成分检测，不含任何转基因成分。

（三）结论

‘春云油 6 号’在湖南省两年平均亩产 182.25 kg，2 年平均比对照增产 14.01%，产油量增加 9%，油酸达到 78.5%。平均株高 178.1 cm，芥酸和硫苷含量符合双低油菜标准，千粒重 4.18 g，抗倒伏，高抗病毒病，中抗菌核病，生育期 216.84 d，为中早熟品种，适合在湖南省大面积秋播种植。

综上所述，该品种符合双低要求，抗倒抗病性强，产油量增幅大，油酸含油大于 75%，中早熟，适合在湖南、江西两省大面积秋播种植的高油酸油菜新品种，2017 年 12 月通过农业部认定（GPD 油菜 2018430307）。

参考文献

[1] 张振乾，胡庆一，官春云. 高油酸油菜研究现状、存在问题及发展建议［J］. 作物研究，2016，4：462-474.

[2] Iwona Rudkowska，Catherine E Roynette，Dilip K Nakhasi，et al. Phytosterols mixed with medium-chain triglycerides and high-oleic canola oil decrease plasma lipids in overweight men［J］. Metabolism Clinical and Experimental，2006，55：391-395.

[3] Olesea Roman，Bertrand Heyd，Bertrand Broyart，et al. Oxidative reactivity of unsaturated fatty acids from sunflower，high oleic sunflower and rapeseed oils subjected to heat treatment，under controlled conditions［J］. LWT-Food Science and Technology，2013，52：49-59.

[4] Auld D L，Heikkinen M K，Erickson D A，et al. Rapeseed mutants with reduced levels of polyunsaturated fatty acids and increased levels of oleic acid［J］. Crop Science，1992，32（3）：657-662.

[5] Rücker B，Röbbelen G. Impact of low linolenic acid content on seed yield of winter oilseed rape［J］. Plant Breeding，1996，115：226-230.

[6] 周永明. 油菜品质遗传改良的进展和动态［J］. 国外农学-油料作物，1996（1）：1-6.

[7] Jean P，Despeghel H，Busch CS，et al. 欧洲第一个高油酸低亚麻酸冬油菜品种：“SPLENDOR”［C］. 2007，12 届油菜大会摘要集，遗传育种：品质育种.

[8] 官春云. 2004 年加拿大油菜研究情况简介［J］. 作物研究，2005，19（3）：123-125.

[9] 官春云，刘春林，陈社员，等．辐射育种获得油菜（*Brassica napus*）高油酸材料 [J]．作物学报，2006，32（11）：1625-1629.

[10] 张冬青．浙江省优质油菜育种进展 [J]．浙江农业科学，2015，56（5）：650-654.

[11] de Azevedo Souza C，Kim S S，Koch S，et al. A novel fatty Acyl－CoA synthetase is required for pollen development and sporopollenin biosynthesis in Arabidopsis [J]．Plant Cell，2009，21（2）：507-525.

[12] Liu R Y，Liu F，and Guan C Y. Cloning and expression analyses for BnFAD2 genes in *Brassica napus* [J]．Acta Agronomica Sinica，2016，42（7）：1000-1008.

[13] Jung J H，Kim H，Go Y S，et al. Identification of functional *BrFAD*2－1 gene encoding microsomal delta-12 fatty acid desaturase from *Brassica rapa* and development of *Brassica napus* containing high oleic acid contents [J]．Plant Cell Rep，2011，30（10）：1881-1892.

[14] 肖钢，张宏军，彭琪，等．甘蓝型油菜油酸脱氢酶基因（*fad*2）多个拷贝的发现及分析 [J]．作物学报，2008，34（9）：1563-1568.

[15] Xiao G，Wu X M，Guan C Y. Identification of differentially expressed genes in seeds of two *Brassica napus* mutant lines with different oleic acid content [J]．African Journal of Biotechnology，2009，8（20）：5155-5162.

[16] Suresha G S，Rai R D，Santha I M. Molecular cloning，expression analysis and growth temperature dependent regulation of a novel oleate desaturase gene（*fad*2）homo-logue from *Brassica juncea* [J]．Australian Journal of Crop Science，2012，6（2）：296-308.

[17] Xiao G，Zhang Z Q，Yin C F，et al. Characterization of the promoter and 5′-UTR intron of oleic acid desaturase（*FAD*2）gene in *Brassica napus* [J]．Gene，2014，545（1）：45-55.

[18] 刘芳，刘睿洋，彭烨，等．甘蓝型油菜 *BnFAD*2-*C*1 基因全长序列的克隆、表达及转录调控元件分析 [J]．作物学报，2015，41（11）：1663-1670.

[19] 刘睿洋，刘芳，官春云．甘蓝型油菜 *BnFAD*2 基因的克隆、表达及功能分析 [J]．作物学报，2016，42（7）：1000-1008.

[20] 郎春秀，王伏林，吴学龙，等．油菜种子低亚油酸和亚麻酸含量异交稳定技术的建立 [J]．核农学报，2016，30（9）：1716-1721.

[21] Schierholt A，Becker H，Ecke W. Mapping a high oleic acid mutation in winter oilseed rape（*Brassica napus* L.）[J]．TAG Theoretical and Applied Genetics，2000，101（5）：897-901.

[22] 刘芳，刘睿洋，官春云．*BnFAD*2、*BnFAD*3 和 *BnFATB* 基因的共干扰对油菜种子脂肪酸组分的影响 [J]．植物遗传资源学报，2017，18（2）：290-297.

[23] Peng Q, Hu Y, Wei R, et al. Simultaneous silencing of *FAD2* and *FAE1* genes affects both oleic acid and erucic acid contents in *Brassica napus* seeds [J]. Plant cell reports, 2010, 29 (4): 317-325.

[24] Zhang J, Liu H, Sun J, et al. Arabidopsis fatty acid desaturase *FAD2* is required for salt tolerance during seed germination and early seedling growth [J]. PLoS One, 2012, 7 (1): e30355

[25] Xiao G, Zhang Z Q, Liu R Y, et al. Molecular Cloning and Characterization of a Novel Gene Involved in Fatty Acid Synthesis in *Brassica napus* L. [J]. Journal of Integrative Agriculture, 2013, 12 (6): 962-970.

[26] Zhang H, Zhang Z, Xiong T, et al. The CCCH - type transcription factor *BnZFP1* is a positive regulator to control oleic acid levels through the expression of diacylglycerol O-acyltransferase 1 gene in *Brassica napus* [J]. Plant Physiology and Biochemistry, 2018, 132: 633-640.

[27] 韦云婷，彭烨，吴宁柔，等. 甘蓝型油菜转录因子 FUS3 的克隆、表达分析及其与脂肪酸组分的关系 [J]. 中国油料作物学报，2018，40 (1)：1-9.

[28] Pidkowich M S, Nguyen H T, Heilmann I, et al. Modulating seed beta-ketoacy-lacyl carrier protein synthase II level converts the composition of a temperate seed oil to that of a palm-like tropical oil [J]. Proc Natl Acad Sci USA, 2007, 104 (11): 4742-4747.

[29] Zhang P, Burton J W, Upchurch R G, et al. Mutations in a delta 9-Stearoyl-ACP-Desaturase gene are associated with enhanced stearic acid levels in soybean seeds [J]. Crop Science, 2008, 48 (6): 2305-2313.

[30] Moreno-Pérez A J, Venegas-Calerón M, Vaistij F E, et al. Reduced expression of FatA thioesterases in Arabidopsis affects the oil content and fatty acid composition of the seeds [J]. Planta, 2011: 1-11.

[31] 刘盼. 芝麻油酸代谢相关基因的克隆及功能分析 [D]. 北京：中国农业科学院，2017.

[32] 代辉，胡春胜，程一松，等. 小同氮水平下冬小麦农学参数与光谱植被指数的相关性 [J]. 干旱地区农业研究，2005，23 (4)：16-21.

[33] 萧浪涛，王三根. 植物生理学实验技术 [M]. 北京：中国农业出版社，2005.

[34] Weijiang L, Jian G, Wei D, et al. Method for estimation of flow length distributions based on least square method [J]. Journal of Southeast University (Natural Science Edition), 2006, 36 (3): 467-471.

[35] 陈秀斌. 不同熟期油菜品种在早晚播下生长发育及产量比较研究 [D]. 武汉：华中农业大学，2013.

[36] 王必庆，王国槐. 早熟油菜生理生化特性研究进展 [J]. 作物研究，2011，25 (3)：269-271.

[37] Haibo W, Ming G, Hu X, et al. Effects of chilling stress on the accumulation of soluble sugars and their key enzymes in *Jatropha curcas* seedlings [J]. Physiology and Molecular Biology of Plants, 2018, 24 (5): 857-865.
[38] 白鹏，冉春艳，谢小玉．干旱胁迫对油菜蕾薹期生理特性及农艺性状的影响 [J]. 中国农业科学，2014，47 (18): 3566-3576.
[39] Kott L S, Erickson L R, Beversdorf W D. The Role of Biotechnology in Canola/Rapeseed Research [M]. Canola and Rapeseed. Springer US, 1990.
[40] 王寅，汪洋，鲁剑巍，等．直播和移栽冬油菜生长和产量形成对氮磷钾肥的响应差异 [J]. 植物营养与肥料学报，2016，22 (1): 132-142.
[41] 宋以玲，于建，陈士更，等．化肥减量配施生物有机肥对油菜生长及土壤微生物和酶活性影响 [J]. 水土保持学报，2018，32 (1): 352-360.
[42] 王晓丹，张振乾，彭多姿，等. 高油酸油菜生理生化特性研究 [J]. 分子植物育种，2018，16 (19): 6488-6493.
[43] Chang T I A N, Xuan Z H O U, Qiang L I U, et al. Effects of a controlled-release fertilizer on yield, nutrient uptake, and fertilizer usage efficiency in early ripening rapeseed (*Brassica napus* L.) [J]. Journal of Zhejiang University-Science B (Biomedicine & Biotechnology), 2016, 17 (10): 775-786.
[44] Khan M N, Zhang J, Luo T, et al. Morpho-physiological and biochemical responses of tolerant and sensitive rapeseed cultivars to drought stress during early seedling growth stage [J]. Acta Physiologiae Plantarum, 2019, 41 (2).
[45] 郁万文，曹福亮，吴广亮．镁、锌、钼配施对银杏苗叶生物量和药用品质的影响 [J]. 植物营养与肥料学报，2012，18 (4): 981-989.
[46] 昝亚玲，王朝辉，Graham Lyons. 硒、锌对甘蓝型油菜产量和营养品质的影响 [J]. 中国油料作物学报，2010，32 (3): 413-417.
[47] Grundy S M. Composition of monounsaturated fatty acids andcar-bohydrates for lowering plasma cholesterol [J]. N Eng J Med, 1986 (314): 745-748.
[48] 曾琦，耿明建，张志江，等．锰毒害对油菜苗期 Mn、Ca、Fe 含量及 POD、CAT 活性的影响 [J]. 华中农业大学学报，2004 (3): 300-303.
[49] Sakhno L O, Slyvets M S. Superoxide dismutase activity in transgenic canola [J]. Cytology and Genetics, 2014, 48 (3): 145-149.
[50] Hura K, Hura T, Dziurka K, et al. Biochemical defense mechanisms induced in winter oilseed rape seedlings with different susceptibility to infection with Leptosphaeria maculans [J]. Physiological and Molecular Plant Pathology, 2014, 87: 42-50.
[51] 许文博，邵新庆，王宇通，等．锰对植物的生理作用及锰中毒的研究进展 [J]. 草原与草坪，2011，31 (3): 5-14.
[52] 王文明，张振华，宋海星，等．大气 CO_2 浓度和供氮水平对油菜中微量元素吸收及转运的影响 [J]. 应用生态学报，2015，26 (7): 2057-2062.

[53] 王利红，徐芳森，王运华．硼钼锌配合对甘蓝型油菜产量和品质的影响［J］．植物营养与肥料学报，2007（2）：318-323.

[54] 谢海平．竹类植物叶片衰老机理研究［D］．南京：南京林业大学，2004.

[55] 石如玲，姜玲玲．过氧化物酶体脂肪酸 β 氧化［J］．中国生物化学与分子生物学报，2009，25（1）：12-16.

[56] 官梅，李栒．油菜（*Brassica napus*）油酸性状的遗传规律研究［J］．生命科学研究，2009，13（2）：152-157.

[57] Wang Y，Yang Q，Xiao G，et al. iTRAQ-based quantitative proteomics analysis ofan immature high-oleic acid near-isogenic line of rapeseed［J］．Molecular Breeding，2018，38（1）：2.

[58] Chou M F and Schwartz D. Biological sequence motif discovery using motif-x. Curr Protoc Bioinformatics，2011，Chapter 13，Unit 13. 15-24.

[59] Liang S S，Wang T N，Tsai E M. Analysis of protein-protein interactions in MCF-7 and MDA-MB-231 cell lines using phthalic acid chemical probes［J］．International Journal of Molecular Sciences. 2014，15（11）：20770-20788.

[60] Bindea G，Mlecnik B，Hackl H，et al. ClueGO：a Cytoscape plug-in to decipher functionally grouped gene ontology and pathway annotation networks［J］．Bioinformatics. 2009，25（8）：1091-1093.

[61] Cao Y，Xian M，Yang J，et al. Heterologous expression of stearoyl-acyl carrier protein desaturase（S-ACP-DES）from *Arabidopsis thaliana* in *Escherichia coli*［J］．Protein Expression and Purification，2010，69（2）：209-214.

[62] Garwin J L，Klages A L，Cronan J E. Beta-ketoacyl-acyl carrier protein synthase Ⅱ of *Escherichia coli*. Evidence for function in the thermalregulation of fatty acid synthesis［J］．J Biol Chem，1980，255（8）：3263-3265.

[63] Byers D M and Gong H. Acyl carrier protein：structure-function relationships in a conserved multifunctional protein family［J］．Biochemistry and Cell Biology. 2007，85（6）：649-662.

[64] 吴德，吴忠道，余新炳．磷酸甘油酸激酶的研究进展［J］．中国热带医学，2005（2）：385-387，276.

[65] 于勇，翁俊，徐春和．植物光系统Ⅱ放氧复合体外周蛋白结构和功能的研究进展［J］．植物生理学报，2001（6）：441-450.

[66] Xia Y，Ning Z，Bai G，et al. Allelic variations of a light harvesting chlorophyll a/b-binding protein gene（Lhcb1）associated with agronomic traits in barley［J］．PLoS One. 2012，7（5）：e37573.

[67] Xu Y H，Liu R，Yan L，et al. Light-harvesting chlorophyll a/b-binding proteins are required for stomatal response to abscisic acid in Arabidopsis［J］．J Exp Bot. 2012，63（3）：1095-106.

[68] 钱雯婕，王斐，石峰，等．棉花单脱氢抗坏血酸还原酶基因的克隆及原核

表达［J］. 西北农业学报，2012，21（5）：118-122.

［69］　刘芳，刘睿洋，彭烨，等．甘蓝型油菜 *BnaFAD2-C1* 基因全长序列的克隆、表达及转录调控元件分析［J］. 作物学报，2015，41（11）：1663-1670.

［70］　Pfaffl M W. A new mathematical model for relative quantification in real-time RT-PCR［J］. Nucleic Acids Research，2001，29（9）：45.

［71］　张明伟，徐飞飞，郝巍，等．野生稻基因导入系 W6023 对白叶枯菌的抗谱及转录组差异表达基因分析［J］. 植物遗传资源学报，2017，18（2）：298-309.

［72］　张稳，孟淑君，王琪月，等．玉米 pTAC2 影响苗期叶片叶绿素合成的转录组分析［J］. 中国农业科学，2020，53（5）：874-889.

［73］　魏担，晏宇杭，刘钰萍，等．基于叶绿素代谢途径的不同类型厚朴转录组与蛋白质组学研究［J］. 中国中药杂志，2020，45（16）：3826-3836.

［74］　陶芬芳．甘蓝型油菜二酰甘油酰基转移酶（*BnDGAT3*）基因克隆与表达研究［D］. 长沙：湖南农业大学，2017.

［75］　岳宁燕，洪波，陶芬芳，等．甘蓝型油菜 *BnDGAT3* 基因克隆与载体构建及其生物信息学分析［J］. 分子植物育种，2019，17（10）：3157-3164.

［76］　Nguyen C，Haushalter R W，Lee D J，et al. Trapping the dynamic acyl carrier protein in fatty acid biosynthesis［J］. Nature，2014，505：427-431.

［77］　李孟军，史占良，郭进考，等．植物酰基载体蛋白基因家族序列分析［J］. 华北农学报，2010，25（S）：1-6.

［78］　Bonaventure G，Ohlrogge J B. Differential regulation of mRNA levels of acyl carrier protein isoforms in Arabidopsis［J］. Plant Physiology，2002，128（1）：223-235.

［79］　Hlousek-Radojci A，Post-Beittenmiller D，Ohlrogge J B. Expression of constitutive and tissue-specific acyl carrier protein isoforms in Arabidopsis［J］. Plant Physiology，1992，98（1）：206-214.

［80］　贺慧，虢慧，官春云．甘蓝型油菜 *BnACP5* 基因克隆及表达分析［J］. 华北农学报，2018，33（1）：96-101.

［81］　邢蔓．甘蓝型油菜 *BnGPAT9* 基因的克隆与表达分析［D］. 长沙：湖南农业大学，2018.

［82］　Branen J K，Chiou T J，Engeseth N J. Over expression of acyl carrier protein-1 alters fatty acid composition of leaf tissue in Arabidopsis［J］. Plant Physiol，2001，127：222-229.

［83］　Branen J K，Shintani D K，Engeseth N J. Expression of antisense acyl carrier protein-4 reduces lipid content in Arabidopsis leaf tissue［J］. Plant Physiol，2003，132：748-756.

［84］　陶永佳，薛永常．酰基载体蛋白在不同代谢通路中的作用［J］. 生命的化学，2016，36（6）：914-917.

第四章　油菜亚油酸改良育种

第一节　油菜亚油酸改良育种概况

脂肪酸组成是评价菜籽油品质的重要指标，菜籽油含棕榈酸（C16:0）、硬脂酸（C18:0）、油酸（C18:1）、亚油酸（C18:2）、亚麻酸（C18:3）、花生烯酸（C20:1）和芥酸（C22:1）7种主要成分，其中油酸和亚油酸等不饱和脂肪酸对人体健康有利[1]。

近年来，脂肪酸分子机理研究逐渐成为国内外油菜育种研究者关注的焦点[2]。分子手段可加快菜籽油的品质改良进程，促进我国油菜产业快速发展[3]，而目前脂肪酸分子机理研究主要集中在油酸和亚麻酸，针对亚油酸的研究较少[4]。脂肪酸各组分相互影响[5]，因此，脂肪酸分子机理研究需要对不同脂肪酸开展研究，进行综合分析。

一、油菜亚油酸种质资源研究现状

亚油酸是人体中的必需脂肪酸，具有降低血脂、软化血管、促进微循环等作用，有“血管清道夫”的美誉，可预防动脉粥样硬化和心血管疾病[6]，亚油酸相关制剂也被我国药典收录[7-9]。国外对甘蓝型油菜（*Brassica napus* L.）亚油酸育种的研究始于20世纪70年代，加拿大研究者于1975年育成高亚油酸（28.9%）Stellar品种，澳大利亚1986年育成NZELENIC高亚油酸（30.0%）品种[10]。我国油菜亚油酸育种研究起步较晚，2010年推广的油菜品种亚油酸含量在20.0%左右[11]，2019年中国农业科学院油料作物研究所报道，我国多地的油菜品种亚油酸平均含量为17.0%左右，最高为32.69%[12]。与国外相比，我国油菜亚油酸育种研究仍有较大差距。

（一）杂交育种研究

杂交育种是油菜育种的常用方法。Ali等[13]将8个巴基斯坦芥菜型油菜（*Brassica juncea* Coss.）材料完全双列杂交，育成低亚油酸芥菜型油菜材料，NUM123与NUM113组合的F_1代种子油酸含量最高（40.30%）。Janetta等[14]利用我国白菜型油菜（*Brassia campestris* L.）与孢子甘蓝（*B. oleracea* var. *gemmifera*）杂交，MS_8株系的亚油酸含量从9.8%升至17.56%，增加了79.18%。杨盛强等[15]利用H0810为母本（亚油酸含量4.23%）、H0804（亚油酸含量22.68%）为父本进行杂交，获得了亚油酸含量为30.14%的株系。常世豪等[5]创建3930份甘蓝型油菜轮回选择群体材料，F_3材料中亚油酸含量均较高（平均为32.16%），在F_4代中筛选到大于40%的高亚油酸株系。而杂交育种研究周期较长，难以在短时间内取得进展。

（二）诱变育种研究

龙卫华等[16]采用物理诱变的方法，利用 800 Gray $^{60}Co-\gamma$ 射线处理 L13-306-171 材料（亚油酸 18.06%），小孢子培养技术获得双单倍体 B161 株系，其亚油酸含量为 5.03%，显著下降了 72.14%。化学诱变剂的出现增加了获得新材料的可能性。Rahman 等[17]用 EMS 溶液（Ethyl Methyl Sulfone，甲基磺酸乙酯）处理 Alboglabra 材料，筛选出外显子由 G 突变为 A 的 *FAD*3 基因突变体植株，获得了亚油酸含量较高的突变材料。唐珊等[18]使用 EMS 诱变剂，得到与亚油酸含量相关的大量突变体，其中 L42 株系亚油酸含量（21.07%）比对照组亚油酸含量增加 51.91%，L1876 株系亚油酸含量（7.99%）降低 42.39%。诱变育种能够获得较多的变异材料，但筛选的工作量通常较大。

（三）倍性育种研究

倍性育种方法有利于油菜亚油酸育种研究。Daurova 等[19]利用甘蓝型油菜 Kris 株系（亚油酸含量 19.50%）分别与两个白菜型油菜品系 Zolotistaya（亚油酸含量 28.10%）和 Yantarnaya（亚油酸含量 24.90%）进行单倍体杂交，获得了两个双单倍体 DHBYZ（亚油酸含量 18.10%）和 DHBKY（亚油酸含量 18.30%）材料，其亚油酸含量分别下降 23.90%和 17.57%，饱和脂肪酸含量降低约 2.0%。

（四）现代分子育种研究

分子育种技术如：CRISPR/Cas9 技术（Clustered Regularly Interspaced Short Palindromic Repeats，CRISPR）、关联分析和数量性状基因定位（Quantitative Trait Locus，QTL）等是当前常用的技术。

1. CRISPR/Cas9 技术

崔婷婷等[20]利用 CRISPR/Cas9 技术转化油菜 J9707 材料，其中 *FAD*2 转基因突变株 T_3 代较未转化植株的亚油酸含量下降 23.04%，*FAD*3 转基因 T_2 代材料亚油酸含量下降 13.89%。

2. 关联分析技术

全基因组关联分析（Genome wide association study，GWAS）有利于油菜分子育种研究。Guan 等[21]利用全基因组关联分析，挖掘到油菜基因组中存在 95 个与亚油酸代谢高度相关的候选基因。Yang 等[22]通过 GWAS 技术，在 2013Cq 和 2014Cq 材料中分别挖掘到 53 个和 24 个与亚油酸相关的 SNP 位点，并发现影响亚油酸含量的 *FAD3C* 基因高度保守，仅存在一个碱基变异位点。Qu 等[23]利用 GWAS 和 PCA+K 模型对来自不同国家的 520 余份材料与亚油酸关联分析，共检测出多个 SNP 与亚油酸含量相关，在 A02、A03、A06、A08、A09、A10、C02、C03、C05、C07 和 C08 染色体上均有分布。

3. QTL 定位技术的应用

QTL 技术在分子育种研究中应用较多。杨盛强等[15]发现油菜 A05 连锁群上 *BnGMS*615 至 *BnGMS*159 标记间，存在一个调控亚油酸含量的 QTL 位点（qLIC-A5-1）。Zhao 等[24]利用 375 份油菜自交系材料进行脂肪酸含量关联分析，在 A05 染色体上发现 1 个与亚油酸相关的 QTL 位点，推测其为 *FAD*2 基因，并在 A08、C03 染色体 9.49 Mb

与0.73 Mb处找到多个亚油酸调控位点。叶桑等[25]将人工合成的甘蓝型油菜10D130与中双11材料杂交，获得RIL材料，并利用QTL IciMapping V4.1完备区间作图法，找到A05、A08、C03染色体中存在多个脂肪酸QTL的“富集区”，其调控亚油酸含量的主效基因位于A05（S-182087654-S-86232724）和C03（S-177633794-S-95506569）染色体上。Javed等[26]对两个春季油菜品种Polo和Topas进行研究，找到20个与亚油酸代谢相关的QTL，在7个连锁群体上均有分布：A01、A02、A03、A05、C01、C03和C09。

二、甘蓝型油菜亚油酸合成途径研究进展

（一）基因型与环境调控

亚油酸含量受基因型和环境影响。Niemann等[27]利用Calfornium（自花授粉）、23个甘蓝型油菜种间杂交品系和$MS8F_8$代雄性不育系三种材料组合杂交，设置不同地理环境、不同季节条件，发现亚油酸含量受基因型和环境影响显著，地理环境对亚油酸含量的影响较大。Ratajczak等[28]对三个冬季油菜材料PR45D03、PR46W31和Californium两两杂交，发现亚油酸含量和菜籽产量均受基因型、播期和种植密度的影响。Qu等[23]收集我国主要育种机构的520份甘蓝型油菜材料，发现基因型和环境均显著影响亚油酸积累（$P<0.01$）。郭图丽等[29]利用CRISPR/Cas9技术，获得*BnTT2*基因突变体油菜植株，脂肪酸中亚油酸和亚麻酸含量显著提升。翟云孤[30]挖掘到甘蓝型油菜基因组中*BnaTT8*基因存在3个拷贝基因，利用CRISPR/Cas9技术，获得双纯合突变体黄籽材料，T_1代突变体植株亚油酸含量显著增加了42.27%，T_3代突变体植株亚油酸含量提高（18.66%~35.17%）。

（二）脂肪酸组分相关性分析

脂肪酸各组分存在相互影响[27-31]。杨盛强等[15]对甘蓝型油菜F_2代群体中的235个单株研究，发现亚油酸与油酸含量联系紧密，亚油酸含量在2.1%~30.1%间均受到油酸含量的影响。姚琳等[32]检测312份甘蓝型油菜种质，找到了29份可作为优良亲本的高亚油酸（24.07%~31.72%）材料，发现它们的亚油酸含量与油酸含量极显著负相关。晏伟等[33]检测363份甘蓝型油菜材料，找到亚油酸含量（31.63%）较高的材料印AB（林编13-5号），其亚油酸与油酸（$r=0.51$）、亚油酸与亚麻酸（$r=0.30$）含量正相关。原小燕等[34]分析150份云南芥菜型油菜地方品种，发现亚油酸与棕榈酸和油酸极显著相关，与芥酸和花生烯酸显著负相关。程军勇等[35]检测24种优质油茶树种子脂肪酸，发现油酸与亚油酸极显著负相关。汪学德等[36]在多个芝麻品种中发现亚油酸与油酸极显著负相关，棕榈酸与油酸、亚麻酸和花生酸极显著负相关，棕榈酸与亚油酸极显著正相关。赵卫国等[37]在170份甘蓝型油菜DH纯系（Doubled Haploid，DH）中，发现芥酸含量与其他组分极显著负相关，与蛋白质含量极显著负相关（$r=-0.72$）。田恩堂等[38]利用我国34份芥菜型油菜研究，芥酸与油酸极显著负相关，亚麻酸与硬脂酸极显著正相关，亚麻酸与亚油酸负相关等。葛宇等[39]在7个品种油梨脂肪酸中发现亚麻酸与花生烯酸极显著正相关，亚油酸与肉豆蔻酸（C14:0）正相关。孟桂元等[40]检测15种亚麻种子脂肪酸，发现α-亚麻酸与油酸和亚油酸负相关，γ-亚麻酸与油酸和亚

油酸含量呈正相关，亚油酸与油酸呈负相关。脂肪酸成分相关性分析，有利于油菜品质改良。

三、植物 *AT*、*OPR* 基因研究现状

（一）植物 *AT* 基因研究现状

植物 *AT* 基因（Acetyltransferase gene，*AT*，乙酰转移酶）通过 N-末端乙酰化（N-Terminal Acetylation，NTA）催化乙酰基从乙酰辅酶 A（Acetyl - Coenzyme，乙酰 CoA）转移到异烟肼的氮原子上使之失活，其作用底物芳香胺及杂环胺类物质参与脂肪酸转化与降解过程[41]。NAT 对蛋白质的稳定性及蛋白折叠起着至关重要的作用，对芳香胺有着广泛的选择特异性[42-44]。乙酰化组蛋白能够影响染色质的结构、基因的转录，进而调节多种生命活动，如：抗逆性和育性等生理过程[41,44-45]。张琳等[46]从油茶中获得乙酰 CoA 酰基转移酶基因，该基因在脂肪酸代谢过程中发挥重要作用，并发现 *BrcuHAC*1 乙酰转移酶基因与油菜、拟南芥、萝卜（*Raphanus sativus* L.）、甘蓝（*Brassica oleracea* var. *capitata* L.）、白菜［*Brassica pekinensis*（Lour.）Rupr.］等 12 个物种的同源性高达 80%以上。*AT* 基因参与多种生物代谢途径[41,47]，但在脂肪酸代谢调控方面的研究还较少。

（二）植物 *OPR* 基因研究现状

1. *OPR* 基因多拷贝现象

甘蓝型油菜基因组中含有大量多拷贝基因，存在较多冗余基因，难以通过常规分子生物学手段创制突变体，阻碍基因功能研究[48]。植物 *OPR* 基因（12-oxo-phytodienoi acid reductase，*OPR*，12-氧-植物二烯酸还原酶）在多个物种中被鉴定出来，常有多个拷贝。如拟南芥和番茄（*Lycopersicon esculentum*）中存在 3 个 *OPR* 拷贝基因[49]，在豌豆（*Pisum sativum* L.）[50]、玉米（*Zea mays* L.）[51]、水稻（*Oryza sativa* L.）[52]和小麦（*Triticum aestivum* L.）[53]中分别挖掘到了 6 个、8 个、13 个和 48 个 *OPR* 拷贝基因。Biesgen[54]和王艳微等[55]发现拟南芥中 *OPR* 基因多个拷贝基因参与植物组织的受伤防御过程。Stintzi 等[56]报道拟南芥 *AtOPR*3 基因对 12 - 氧 - 植物二烯酸（12 - Oxophytodienoic Acid，OPDA）具有还原性。Zhang[51]和 Yan[57]等发现玉米 *ZmOPR*7 与 *ZmOPR*8 基因参与 OPDA 还原过程。此外，*OPR* 基因分为多个亚族，其中水稻中可划分 7 个亚家族，各亚族基因功能相似[58,59]。

2. 植物 *OPR* 基因对脂肪酸的调节功能

据报道，12-氧-植物二烯酸还原酶以 α-亚麻酸为前提物质，经 β 氧化等多种酶催化，生成茉莉酸类化合物[60]，最终可调控赤霉素的合成（图 1-1）。12-氧-植物二烯酸还原酶是合成茉莉酸的重要酶，也是合成赤霉素的调控基因，对植株的抗逆性有重要意义[61,62]。Guang 等[63]发现西瓜（*Citrullus lanatus*）在外源茉莉酸、水杨酸和乙烯等化学试剂的处理下，*ClOPR*2 和 *ClOPR*4 基因的表达量显著上调。Mandaokar 等[64]在 *OPR* 基因突变体中，发现 *OPR* 基因与 *MYB*21 和 *MYB*24 基因共同调控茉莉酸的合成。

OPR 基因广泛参与植物的生物与非生物胁迫，能通过抗氧化酶系统提高植物的抗性[65]。在沉默 *OPR* 基因后，可以降低豌豆植株对植物毒素-冠菌素病害的敏感性[66]。

Liu 等[67]通过病毒诱导 *GhOPR*9 基因沉默后可增加棉花（*Gossypium* spp.）对大丽黄萎病的敏感性。Xia 等[71]从水稻中克隆了 *OsOPR* 基因，通过农杆菌介导在烟草（*Nicotiana tabacum* L.）中表达，发现 *OPR* 基因的过表达株系对重金属 Cd^{2+} 的抗性显著增强。You 等[72]发现 *OPR* 基因也广泛参与了非生物的胁迫过程。

拟南芥 *AtOPRs* 基因[54]、水稻 *OsOPRs* 基因[59]、香蕉（*Musa nana* L.）*MaOPR* 基因[68]、甘蔗（*Saccharum officinarum* L.）*ScOPRs* 基因[69]等，其表达具有时空特异性，且各拷贝基因在器官中的表达量有较大差异。Biesgen 等[54]发现拟南芥中生物 *AtOPR*1 和 *AtOPR*2 基因与花药开裂有关，它们在拟南芥的根中表达量最高，在花中表达量较低。植物 *OPR* 基因在不同作物中的作用位点也存在差异。甘蔗 *ScOPR*1 和香蕉 *MaOPR* 定位于细胞质中[59]，而不结球白菜（*Brassica campestris* ssp.）的 *BcOPR*3 基因定位于细胞膜[46]。

第二节　亚油酸合成相关基因筛选及功能研究

一、材料与方法

（一）材料

1. 供试材料

20 个甘蓝型油菜品系，由湖南农业大学农学院提供。其主要脂肪酸成分由气相色谱仪（Agilent，USA）测定（表 4-1，花生 1-烯酸与芥酸的含量较低，故未考虑）。

表 4-1　甘蓝型油菜品系脂肪酸成分组成（%）

品系	棕榈酸	硬脂酸	油酸	亚油酸	亚麻酸
1	3.122	2.485	84.041	3.826	5.001
2	3.084	2.530	85.163	3.116	4.404
3	3.273	2.672	83.232	3.538	4.437
4	3.113	2.649	85.215	3.134	4.727
5	2.964	2.589	85.620	2.923	4.624
6	3.054	2.823	86.683	2.877	3.727
7	3.458	2.587	78.785	7.572	6.135
8	3.043	2.296	85.505	3.069	4.772
9	3.426	2.360	81.265	5.721	5.784
10	3.112	2.355	85.460	3.120	5.841
11	3.494	1.620	76.883	9.648	7.741
12	3.577	1.822	84.759	3.768	5.774
13	3.341	2.014	85.688	3.739	5.088
14	3.379	1.972	85.291	4.242	4.940
15	3.352	2.330	85.724	3.410	5.074

（续表）

品系	棕榈酸	硬脂酸	油酸	亚油酸	亚麻酸
16	3.341	1.952	86.537	3.418	4.661
17	3.090	1.146	88.210	3.628	4.628
18	3.584	1.474	86.421	3.290	5.112
19	3.053	1.528	86.969	3.413	4.814
20	3.679	1.251	85.367	4.515	5.742

2. 试剂

植物总 RNA 提取试剂盒 TransZol UP、反转录试剂盒 TransScript One-Step gDNA Removal and cDNA Synthesis SuperMix 及 qRT-PCR 试剂盒 TransScript Tip Green qRT-PCR Super Mix 购自北京全式金生物技术有限公司。

（二）方法

1. 材料选择

在营养生长期分别取幼苗期、5~6 叶期、蕾苔期倒数第三片伸展叶，花期取花蕾、盛开的花和即将凋谢的花，角果期取授粉后 15 d、25 d 和 35 d 的自交种子。每次取 5 株样品，混合提取 RNA，检测合格的 RNA 于-80℃保存备用。

2. RNA 提取、反转录与 qRT-PCR

RNA 提取参照植物总 RNA 提取试剂盒说明书。

根据 *OPR* 与 *AT* 基因各自保守序列设计引物，以 *UBC9* 为内参（表 4-2）。

表 4-2　定量 PCR 引物及内参基因序列

基因名称	基因 ID	序列（5′-3′）
OPR	AT1G01453	F：CCGATGTTCCAACCTTCA R：CCTCTACCCTCCACTTGTT
AT	AT5G61500	F：TCGGCGTTCAAGGAGAAG R：TGCCAGGGTCACCAGATT
UBC9	AT4G27960	F：TCCATCCGACAGCCCTTACTCT R：ACACTTTGGTCCTAAAAGCCACC

3. 统计分析

测得的数据以 SPSS20.0 处理，并用 Excel 2010 作图。

二、结果与分析

（一）脂肪酸组分相关性分析

对 20 个高油酸油菜不同脂肪酸成分进行相关性分析，发现油酸与亚油酸、亚麻酸均呈极显著负相关，亚油酸与亚麻酸、棕榈酸与亚油酸及亚麻酸均呈正相关（表 4-3），该结果与杨柳等[70]一致。

表 4-3　不同脂肪酸组分相关性分析

项目	棕榈酸	硬脂酸	油酸	亚油酸	亚麻酸
棕榈酸	1	-0.382	-0.394	0.498*	0.594**
硬脂酸	—	1	-0.238	-0.114	-0.230
油酸	—	—	1	-0.910**	-0.770**
亚油酸	—	—	—	1	0.850**
亚麻酸	—	—	—	—	1

注：** 表示在 0.01 水平上显著差异

（二）*OPR* 与 *AT* 基因在营养生长期表达规律

对 20 个不同油菜品系的 *OPR* 在营养生长期中不同材料的表达量进行分析（图 4-1A），发现除 6 和 8 之外，两基因表达量在幼苗期叶、5~6 叶期叶、蕾薹期叶呈逐渐递增的趋势。且相关性分析表明（表 4-4），在整个营养生长期，高油酸材料的 *OPR* 基因表达量与 5 种脂肪酸成分均无显著相关性。

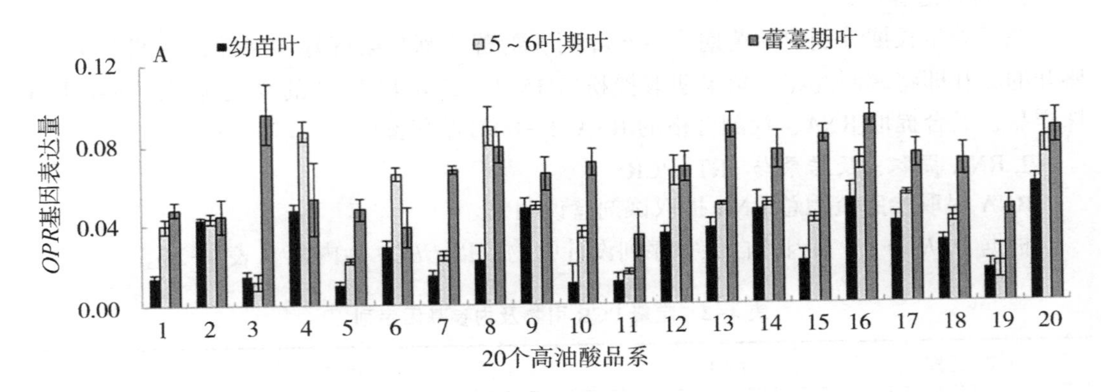

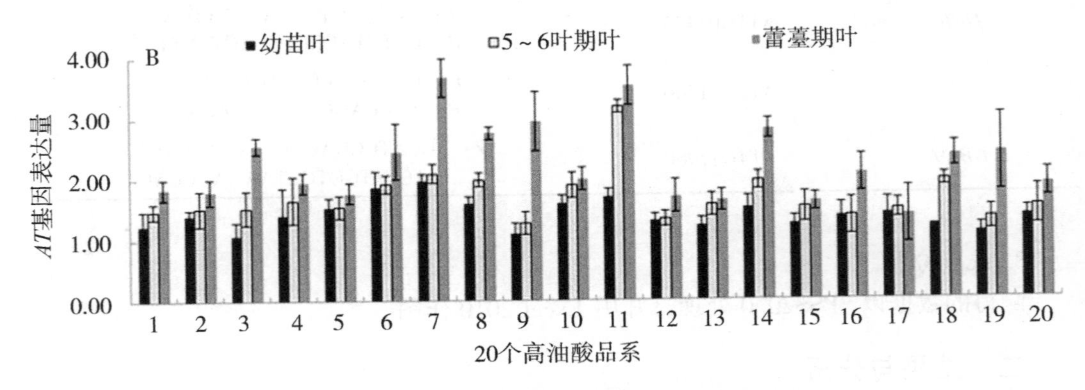

图 4-1　*OPR* 与 *AT* 基因在营养生长期表达情况

对 20 个不同油菜品系的 *AT* 基因在营养生长期中不同材料的表达量进行分析（图 4-1B），发现该基因表达规律与 *OPR* 相同。相关性分析表明（表 4-4），在整个营养生长期，*AT* 基因表达量在 5~6 叶期及蕾薹期叶中表达量均与油酸含量呈极显著负相关，与亚油酸及亚麻酸有极显著/显著正相关，但与棕榈酸、硬脂酸含量均无显著相关性。结合油酸、亚油酸及亚麻酸关系分析发现，随着 *AT* 基因表达量的升高，油酸含量降低而亚油酸与亚麻酸含量升高。

表 4-4　营养生长期 *OPR* 与 *AT* 基因表达量与不同脂肪酸成分间相关性分析

不同成分	幼苗期叶		5~6 叶期叶		蕾薹期叶	
	OPR	*AT*	*OPR*	*AT*	*OPR*	*AT*
棕榈酸	0.342	-0.130	0.057	0.184	0.384	0.265
硬脂酸	-0.383	0.195	-0.186	0.021	-0.249	0.232
油酸	0.301	-0.319	0.417	-0.604**	0.248	-0.761**
亚油酸	-0.163	0.355	-0.360	0.672**	-0.226	0.730**
亚麻酸	-0.185	0.192	-0.268	0.594**	-0.111	0.487*

（三）*OPR* 与 *AT* 基因在花期表达规律

对 20 个不同油菜品系的 *OPR* 在花期花中不同材料的表达量进行分析（图 4-2A），在盛开的花中表达量最高，在将凋零的花中表达量最低；另外，相关性分析表明（表 4-5），*OPR* 在花蕾和盛开的花中表达量与油酸、亚油酸及亚麻酸有极显著相关，在将凋谢的花中表达量与 5 种脂肪酸成分均无显著相关性。

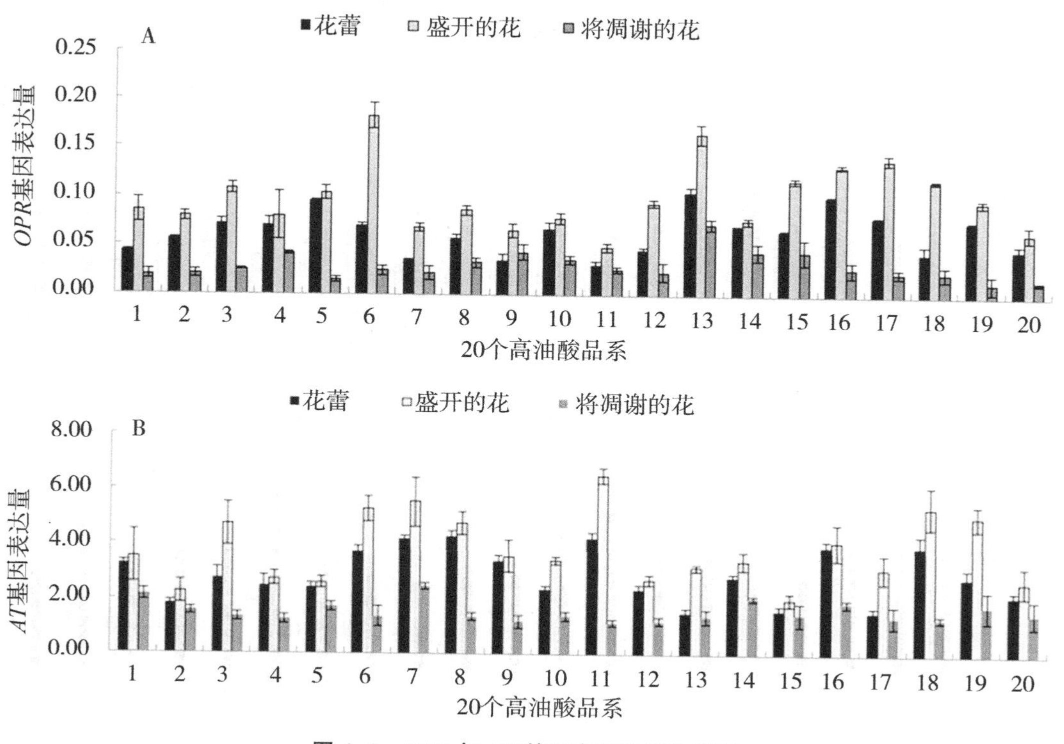

图 4-2　*OPR* 与 *AT* 基因在花期表达情况

对20个不同油菜品系的*AT*在花期花中不同材料的表达量进行分析（图4-2B），变化趋势同*OPR*。另外，相关性分析表明（表4-5），*AT*在花蕾和盛开的花与油酸有极显著相关性、在盛开的花中表达量与亚油酸亦有显著相关性。研究表明，*AT*通过乙酰化修饰FPA蛋白，可间接调节开花抑制子（*FLC*）的表达，从而调控植物的开花时间[71-72]。本试验中，*AT*在花期表达量高于其他时期，且在盛花期表达量最高，与肖旭峰等[73]在芸薹属菜心中的研究结果一致。

表4-5　*OPR*与*AT*基因在花期不同材料相关性分析

不同成分	花蕾		盛开的花		将凋谢的花	
	OPR	*AT*	*OPR*	*AT*	*OPR*	*AT*
棕榈酸	-0.464*	0.145	-0.265	0.125	0.105	-0.072
硬脂酸	0.037	0.232	0.019	0.047	0.211	0.135
油酸	0.628**	-0.462*	0.605**	-0.464*	0.009	-0.081
亚油酸	-0.578**	0.428	-0.524*	0.517*	-0.033	0.100
亚麻酸	-0.584**	0.251	-0.638**	0.304	0.032	-0.088

（四）*OPR*与*AT*基因在角果期表达规律

对20个高油酸油菜品系*OPR*基因在角果期中不同材料的表达量进行分析（图4-3A），该基因在整个角果期呈逐渐递减的趋势，但角果期的整体表达量高于其他时期。

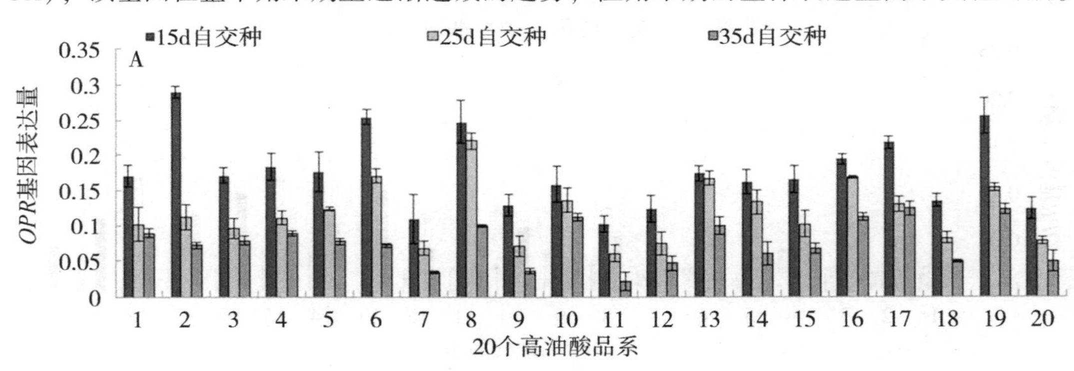

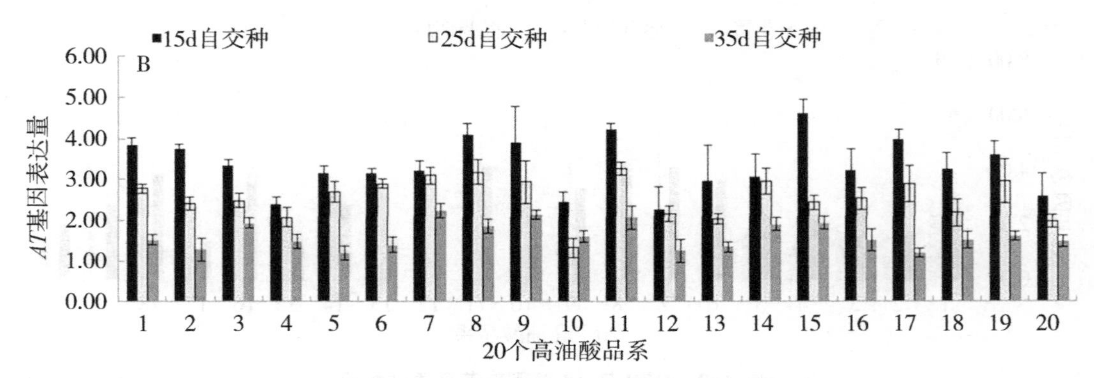

图4-3　*OPR*与*AT*基因在角果期表达情况

相关性分析表明（表4-6），*OPR* 基因与棕榈酸、油酸、亚油酸及亚麻酸在整个角果期均有极显著/显著相关性。角果期是脂肪酸积累的关键期，而江南等[74]发现，油茶果实中 *OPR* 基因参与亚麻酸代谢，且在油茶种子成熟过程不同时期都有表达，但不同时期均表达丰度较低；推测 *OPR* 基因参与了油菜籽脂肪酸积累过程。

对20个高油酸油菜品系 *AT* 基因在角果期中不同材料的表达量进行分析（图4-3B），表达变化趋势同 *OPR*。相关性分析表明（表4-6），*AT* 基因在授粉后35 d角果中与油酸、亚油酸及亚麻酸有极显著或显著相关性。

表4-6　*OPR* 与 *AT* 基因在角果期不同材料相关性分析

不同成分	15 d种子		25 d种子		35 d种子	
	OPR	*AT*	*OPR*	*AT*	*OPR*	*AT*
棕榈酸	−0.692**	−0.183	−0.626**	−0.151	−0.770**	0.325
硬脂酸	−0.083	−0.002	0.131	0.056	0.157	0.254
油酸	0.705**	−0.201	0.596**	−0.367	0.592**	−0.710**
亚油酸	−0.653**	0.251	−0.567**	0.443	−0.607**	0.636**
亚麻酸	−0.574**	0.051	−0.594**	0.048	−0.750**	0.488*

三、结论

OPR_3 与 *AT* 基因在整个生长期表达量变化规律相似，均在苗期表达量逐渐升高直至花期盛开的花，角果期逐渐下降，但 *OPR* 基因表达量比内参基因低得多，*AT* 则相反；通过综合两基因表达情况结合脂肪酸成分分析得知，*AT* 基因在5~6叶期叶、蕾薹期叶中均与油酸、亚油酸、亚麻酸有显著（极显著）相关性；*OPR* 在35 d种子中与油酸呈显著负相关、与亚油酸和亚麻酸呈显著正相关。

第三节　亚油酸合成相关关键基因克隆及载体构建

一、材料与方法

（一）材料

1. 供试材料

高油酸油菜近等基因系，由湖南农业大学农学院提供。

2. 实验菌株

大肠杆菌感受态DH5α购自于北京擎科生物公司。

3. 实验载体

pCAMBIA1300-35S-N1；pCAMBIA1300-RNAi 载体购于上海康颜生物公司。

4. 分子生物学试剂

植物总RNA提取试剂盒 *TransZol* UP、*TransScript* One-Step gDNA Removal and cDNA Synthesis SuperMix 购自北京全式金生物技术有限公司、Pfu 高保真酶、DNA marker 购自天根公司，限制性内切酶、dNTP、T4 DNA Ligation Kit 购自北京擎科生物公司。

5. 仪器

PCR 仪（PTC200）、琼脂糖凝胶成像系统（Syngene）、高压灭菌锅（TOMY SX-500）、恒温水浴锅（AmerSham BioScience）、细菌培养箱（EYELA LTI-700）、无菌超净工作台（Thermo Electro Industries，S1－1203）、摇床（Sciencific Industries，S1－1203）、GelDoc2000 凝胶成像仪等。

（二）方法

1. RNA 的提取和检测

同第二节。

2. cDNA 第一链的合成

按照 *TransScript* One-Step gDNA Removal and cDNA Synthesis SuperMix 试剂盒说明书进行操作。

3. PCR 扩增

对通过验证的 *OPR* 和 *AT* 基因，利用 TAIR 和 Brassica Database 数据库进行检索，发现 *AT* 基因有两个拷贝，分别在 A 基因组和 C 基因组，而 *OPR* 基因有 4 个拷贝，A、C 基因组各两个，并以此序列进行后续引物设计（表 4-7）。

表 4-7　与脂肪酸代谢相关的 miRNA 及其靶基因

miRNA 名称	靶标 ID（简写）	靶标名称
bna-miR396	GSBRNA2T00114025001（114）	乙酰转移酶（*AT*）
	GSBRNA2T00148464001（148）	
bna-miR156b>c>g	GSBRNA2T00012422001（124）	1,2-氧代植物二烯酸还原酶（*OPR*）
	GSBRNA2T00082938001（829）	
	GSBRNA2T00094910001（949）	
	GSBRNA2T00135385001（135）	

（1）靶基因扩增

根据甘蓝型油菜数据库中 *OPR* 和 *AT* 基因序列分别设计引物（表 4-8），其中 5′端酶切位点前的序列用于重组连接。以提取的高油酸油菜 cDNA 为模板，进行 PCR 扩增（表 4-9）。扩增条件：98℃ 2 min 预变性；98℃ 10 s，60℃ 30 s，68℃ 2 min，35 个循环；68℃ 7 min 延伸。

表 4-8　PCR 扩增引物

基因名称	引物名称	引物序列（5′-3′）
114	114*BamH* Ⅰ -F	TCTGATCAAGAGACAggatccATGAATTCTTCACCATCAGTG
	114*SalI*-R	CATCGGTGCactagtgtcgacTCAAAAATAAACAAGAGACATG
148	148*BamHI*-F	TCTGATCAAGAGACAggatccATGAATTCTTCTTCATCAGTA
	148*SalI*-R	CATCGGTGCactagtgtcgacTCAAATAGAAACAAGAGACA
124	124*BamHI*-F	TCTGATCAAGAGACAggatccATGGAAAATGCAGTAGCGAAAG
	124*SalI*-R	CATCGGTGCactagtgtcgacTTAAGCTGTTGATTCAAGAAAAG
829	829*BamHI*-F	TCTGATCAAGAGACAggatccATGGAAAATGCAGTAGCGAAAC
	829*SalI*-R	CATCGGTGCactagtgtcgacTTAAGCTTTTGATTCAAGAAAAG
949	949*BamHI*-F	TCTGATCAAGAGACAggatccATGGAAAACGTAGTGACGAAAC
	949*SalI*-R	CATCGGTGCactagtgtcgacTTAACTAGCTGTTGAATCAAG
135	135*BamHI*-F	TCTGATCAAGAGACAggatccATGGAAAACGTAGTAACGAAAC
	135*SalI*-R	CATCGGTGCactagtgtcgacTTAACTAGCTGTTGAATCAAG

表 4-9　PCR 扩增体系

反应组分	50 μL（体系）
KOD-FX	1 μL
2×PCR buffer	25 μL
dNTP Mixture	10 μL
F primer	0.2 μmol（终浓度）
R primer	0.2 μmol（终浓度）
cDNA	小于 500 ng
ddH_2O	Up to 50 μL

（2）靶基因干扰片段的扩增

同样由甘蓝型油菜数据库获得 *OPR* 和 *AT* 基因全长序列，选择长度为 300 bp 特异序列设计引物（表 4-10），以合成的 cDNA 为模板进行高保真扩增。扩增条件：98℃ 2 min 预变性；98℃ 10 s，60℃ 30 s，68℃ 30 s，35 个循环；68℃ 7 min 延伸。

表 4-10　RNAi 干扰引物

基因名称	引物名称	引物序列（5′-3′）
148	148Ri-PBF	AGTCTCTCTGCAGGGATCCAAGGTATCTCAGATGATTG
	148Ri-SXR	tttccagGTCGACTCTAGAAATAGAAACAAGAGACATG
124/829	124/829Ri-PBF	GAGTCTCTCTGCAGGGATCCATGGAAAATGCAGTAGCG
	124/829Ri-SXR	tttccagGTCGACTCTAGAACCTTTGGCATGAACAGC

（续表）

基因名称	引物名称	引物序列（5′-3′）
114	114Ri-PBF	AGTCTCTCTGCAGGGATCCAAGGTAACTCAAATGATTG
	114Ri-SXR	tttccagGTCGACTCTAGAAAAATAAACAAGAGACATG
135	135Ri-PBF	GAGTCTCTCTGCAGGGATCCATGGAAAACGTAGTAACG
	135Ri-SXR	tttccagGTCGACTCTAGAGCCTTTTGCATGAACAGC
949	949Ri-PBF	GAGTCTCTCTGCAGGGATCCATGGAAAACGTAGTGACG
	949Ri-SXR	tttccagGTCGACTCTAGAACCTTTGGCATGAACAGC

PCR 扩增体系同（1）。

将 PCR 扩增产物凝胶电泳，拍照观察，并切胶回收。与 PMD18-T 载体相连，送擎科生物测序。

4. PCR 产物回收

实验步骤参照擎科胶回收试剂盒说明书。挑取阳性克隆接种于含有 *Amp* 的 LB 液体培养基当中，震荡过夜。取新鲜菌液送与北京擎科公司进行测序，剩余菌液加入 30% 甘油，于-70℃保存菌种。

5. 过表达载体构建

（1）体外重组

双酶切 pCAMBIA1300-35S-N1 载体（表 4-11），胶回收，产物进行体外同源重组反应（表 4-12），获得重组质粒。

表 4-11 酶切体系

反应组分	20 μL 体系
pCAMBIA1300-35S-N1	16 μL
10×FastDigest buffer	2 μL
FastDigest BamHI	1 μL
FastDigest SalI	1 μL

表 4-12 体外重组反应体系

反应组分	10 μL 体系
PCR 产物	4 μL
酶切 vector	4 μL
Assembly Enzyme	1 μL
10×Assembly Buffer	1 μL

重组体系反应置于37℃反应30 min，反应完成后连接产物置于冰上进入转化步骤。

（2）转化

①连接产物加入感受态细胞（50~100 μL）混匀，冰浴30 min；

②42℃恒温热激90 s，热激结束立即置于冰浴中2~3 min；

③加500 μL无抗生素的LB液体培养基，37℃，220 r/min振荡培养45~60 min；

④6 000 r/min离心1 min，弃去上清，留悬浮菌液约100 μL，均匀涂布到含卡那霉素（50 mg/L）的LB固体琼脂培养基，37℃倒置培养12~16 h。

（3）摇菌提取质粒并测序

挑取阳性菌落再培养，菌液送擎科生物公司测序，测序结果通过SnapGene与DNA-MAN比对，核对碱基判读结果，减少测序仪误差。

6. 干扰载体的构建

（1）体外重组

*XbaI*及*BamHI*双酶切pCAMBIA1300-RNAi载体（表4-13）以及各个基因的RNAi片段的PCR产物（表4-14），胶回收，进行连接，获得重组质粒。测序正确后，*PstI*和*SalI*双酶切重组质粒及各个基因的RNAi片段的PCR产物，再次进行连接，转化，获得最终的RNAi载体。

表4-13　反向酶切体系

反应组分	20 μL体系
pCAMBIA1300-RNAi	16 μL
10×FastDigest buffer	2 μL
FastDigest *Bam*HI	1 μL
FastDigest *Xba*I	1 μL

表4-14　反向连接体系

反应组分	20 μL体系
酶切后的pCAMBIA1300-RNAi	3 μL
酶切后的RNAi片段	5 μL
10×Ligation buffer	1 μL
Ligation Enzyme	1 μL

连接体系在22℃反应1 h，反应完成后连接产物置于冰上进入转化步骤。转化步骤同上。

（2）酶切重组质粒及RNAi片段（表4-15，表4-16）

表 4-15　正向酶切体系

反应组分	20 μL 体系
连入片段的重组 RNAi 载体/RNAi 片段	16 μL
10×FastDigest buffer	2 μL
FastDigest *Pst*I	1 μL
FastDigest *Sal*I	1 μL

表 4-16　正向连接体系

反应组分	20 μL 体系
酶切后的 pCAMBIA1300-RNAi	3 μL
酶切后的 RNAi 片段	5 μL
10×Ligation buffer	1 μL
Ligation Enzyme	1 μL

连接体系在 22℃反应 1 h，反应完成后连接产物置于冰上进入转化步骤。

二、结果与分析

（一）目的序列的克隆与 PCR 扩增检测结果

1. 靶基因克隆及检测结果

以高油酸油菜 20~35 d 自交种为材料，cDNA 为模板，高保真扩增了这 6 个靶基因，其中 bna-miR156b>c>g 的 4 个靶基因长度分别为 1 122bp（949），1 119bp（124）1 119bp（829），1 125bp（135），bna-miR396 的 2 个靶基因 114 和 148 均为 1 350bp，目的条带符合预期（图 4-4）。

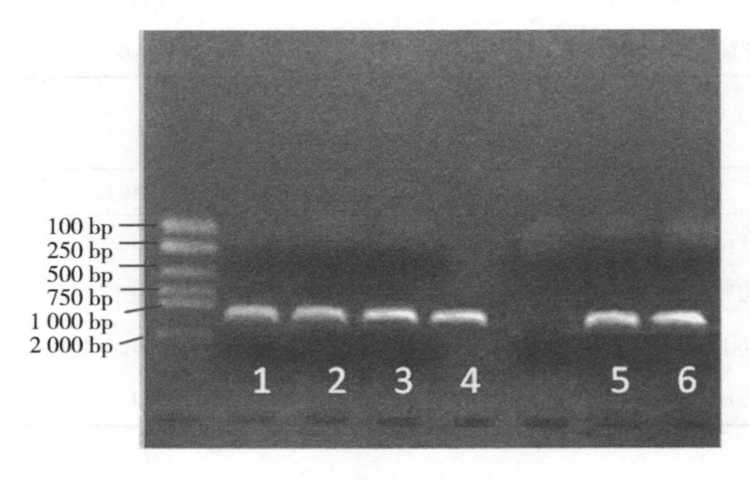

M：*Trans*2000；1：949；2：124；3：829；4：135；5：114；6：148

图 4-4　靶基因 PCR 扩增

2. 靶基因特异干扰片段克隆

以合成的 cDNA 为模板，分别对 6 个靶基因特异片段进行 PCR 高保真扩增，均得到了目的片段长度大小的 DNA 片段（图 4-5）。

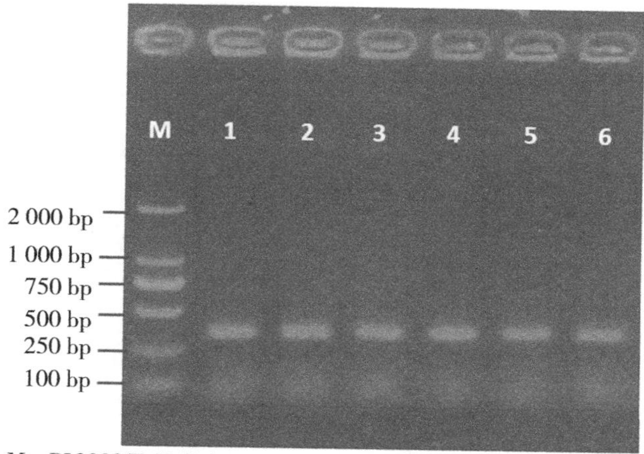

M：DL2000(TaKaRa); 1：124；2：829；3：949；4：135；5：114；6：148

图 4-5　油菜目的基因 RNAi 片段 PCR 电泳图 M：DL2000（TaKaRa）

（二）重组质粒图谱构建

1. 过表达重组质粒图谱

AT 基因的两个拷贝 114 与 148 过表达重组质粒见图 4-6。*OPR* 基因的 124 与 829 拷贝见图 4-7，949 与 135 拷贝见图 4-8。

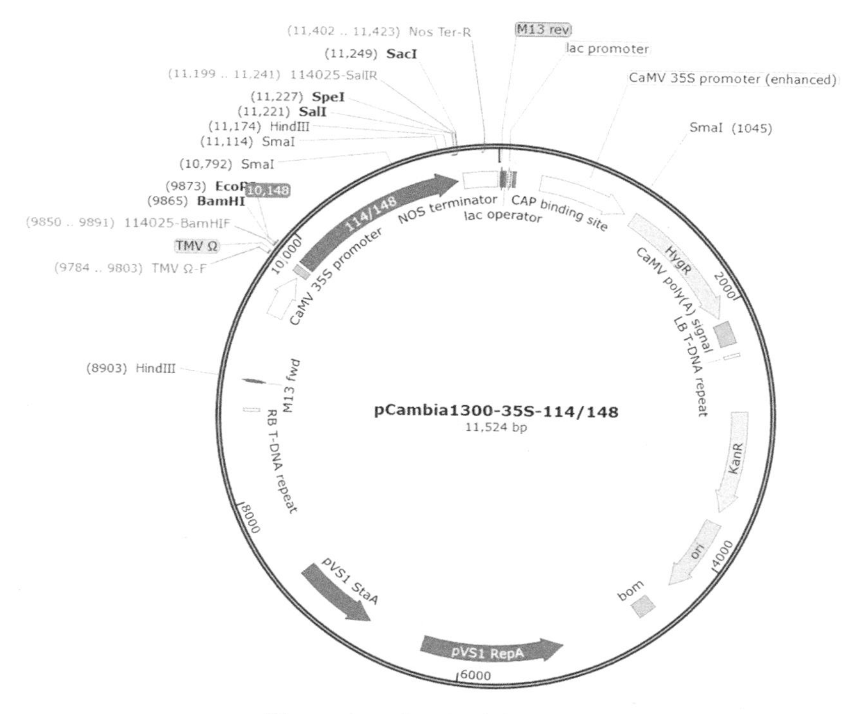

图 4-6　114 与 148 过表达载体

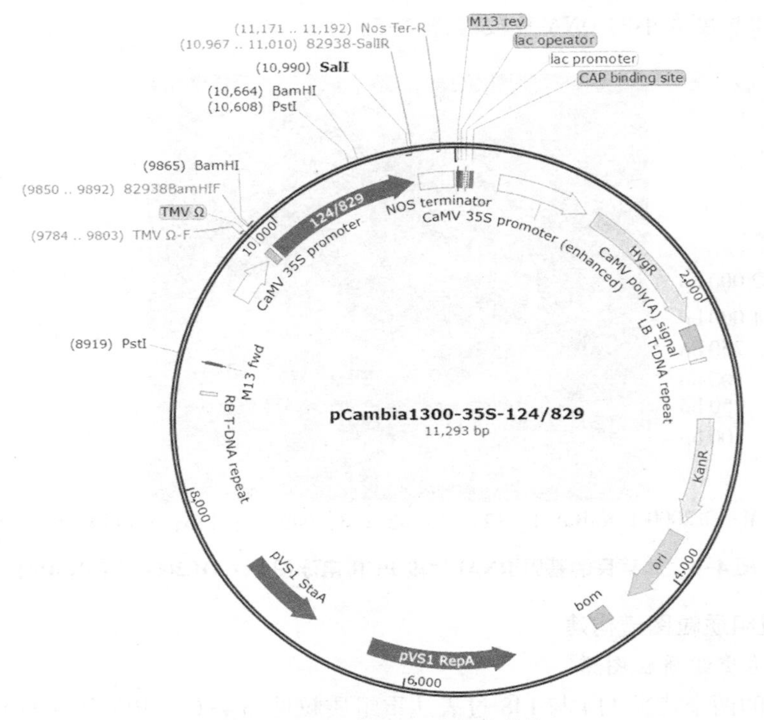

图 4-7　124 与 829 过表达载体

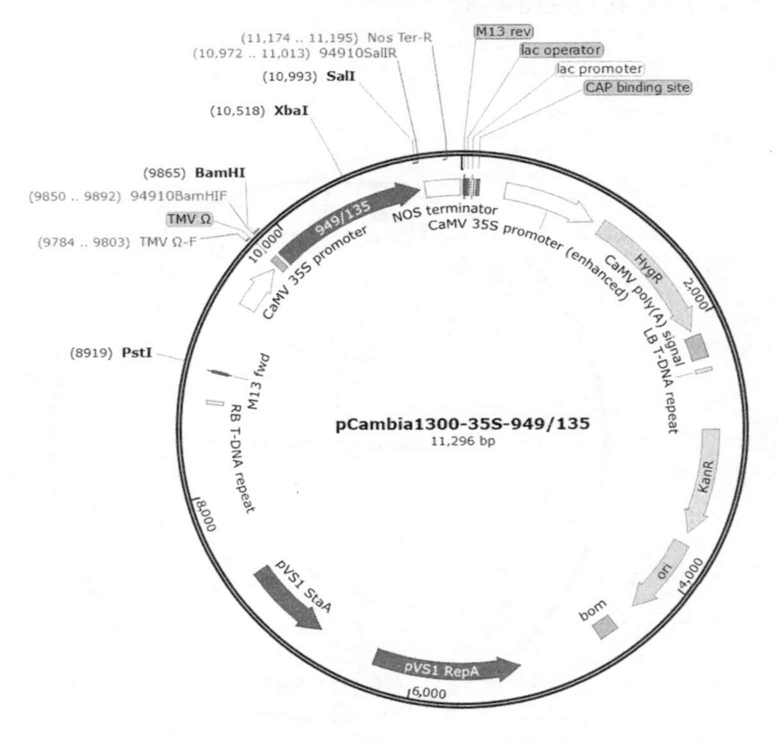

图 4-8　949 与 135 过表达载体

2. RNAi 重组质粒图谱

AT 基因的两个拷贝 114 与 148 RNAi 重组质粒见图 4-9。*OPR* 基因的 4 个拷贝 124、829、949 与 135 RNAi 重组质粒见图 4-10。

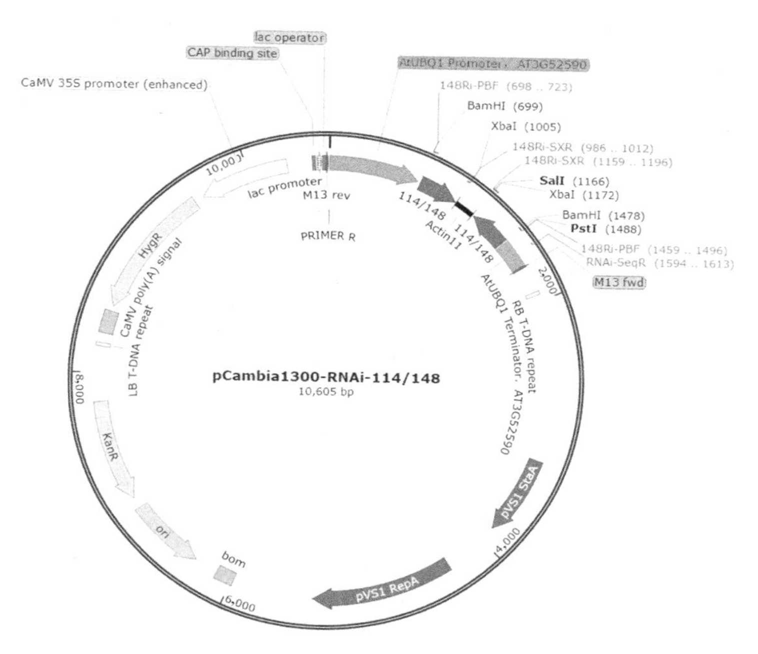

图 4-9　*AT* 基因 RNAi 载体

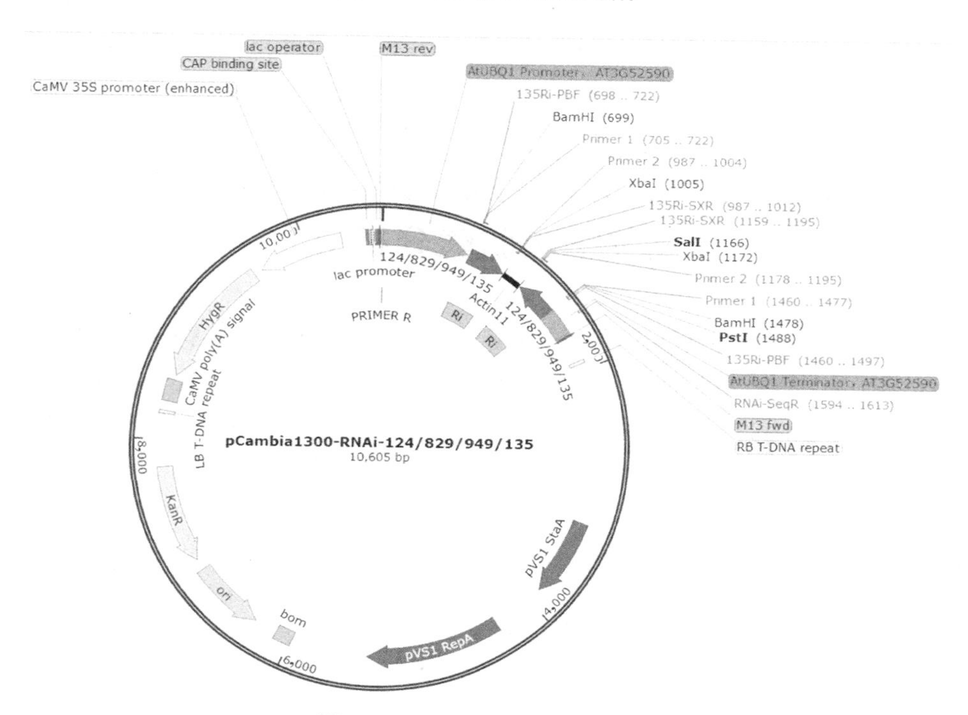

图 4-10　*OPR* 基因 RNAi 载体

三、结论

基因克隆分别扩增到 bna-miR396 靶基因 *AT* 的两个拷贝 114 与 148，两个拷贝全长均为 1 350 bp。和 bna-miR156b>c>g 靶基因 *OPR* 的 4 个拷贝，其长度分别为 1 122 bp（949），1 119 bp（124）1 119 bp（829），1 125 bp（135），114 和 148 均为 1 350 bp，目的条带符合预期。同时，成功构建了这 6 个基因的过表达载体 pCAMBIA1300-35S-X 和 RNAi 干扰载体 pCAMBIA1300-RNAi-X，并绘制了相关图谱，为后续功能验证打下基础。

四、讨论

基因的不同拷贝除了序列信息有一定差异之外，可能在调控作物功能及作用方式等方面存在差异[75-78]。胡军等[76]对 *BnGPDH* 家系的多个拷贝进行过表达研究发现，多数转基因家系与拟南芥种子含油量之间并无显著差异，只有 *BnGPDHpl* 的 08 家系作用最强，与对照含油量相比达显著水平。李旭刚等[77]对农杆菌介导法获得的 *GUS*（uidA）基因在烟草中进行 *GUS* 表达发现，部分转基因植株无 *GUS* 活性，而其中整合了多个 *uidA* 拷贝的植株表现 *GUS* 失活，而活性高的植株多为 *uidA* 单拷贝，表明 *uidA* 基因失活与基因多拷贝整合有关。林萍等[78]对中间锦鸡儿的根、茎、叶及不同发育时期（发芽 15 d、25 d、35 d）种子的 *FAD2* 基因分析表明，中间锦鸡儿 *FAD2* 基因至少有 4 个拷贝，且不同拷贝的表达模式不同，其中 *FAD2-2A* 基因可能主要负责合成膜脂中的亚油酸，*FAD2-1A* 主要负责种子及叶子贮脂中亚油酸的合成，*FAD2-1B* 负责种子贮脂中油酸的去饱和作用。本研究对克隆到的 *AT* 基因的 2 个拷贝和 *OPR* 基因的 4 个拷贝分别构建了过表达与 RNAi 载体，并在拟南芥中的进行转化试验以确定各拷贝的功能。

第四节　*BnaATs*、*BnaOPRs* 转化拟南芥及种子脂肪酸分析

油菜为异源四倍体，其基因通常具有多个拷贝，难以获得有表型的突变体。油菜和拟南芥同属十字花科，以拟南芥为受体进行转化，有助于研究油菜基因的功能[79]。油菜脂肪酸研究为油菜品质育种研究热点之一，当前研究亚油酸调控多集中于 *FAD2* 基因[4,5,16]，而微效基因的挖掘较少，难以对分子机理进行全面的解析。本研究以哥伦比亚型拟南芥为受体，利用花粉管通道法将 *BnaATs* 和 *BnaOPRs* 基因导入拟南芥中，探究 *BnaAT* 和 *BnaOPR* 基因对脂肪酸合成的影响，为油菜品质育种提供参考。

一、材料

（一）植物材料

拟南芥（Columbia，哥伦比亚型），由本实验室提供。

（二）试剂与仪器

试剂与菌种：T_4DNA 连接酶、潮霉素、卡纳霉素、利福平、DNA Marker、限制性内切酶（*Bam* HⅠ、*Xba* Ⅰ和 *Xma* Ⅰ）等采购自北京全式金生物科技有限公司；根癌农杆菌 *GV*3101、克隆载体 pUCm-T、凝胶质粒提取与纯化试剂、菌落 PCR 检测试剂盒、重组质粒序列测序等均采购自北京擎科生物公司；植物基因组 DNA 提取试剂盒购自天根生物公司；人工合成植物双元表达载体 pCAMBIA1300，采购自上海康颜生物科技有限公司。

仪器：离心机（TG16-WS，叶拓）、涡旋震荡仪（VM-300，千石）、人工气候培养箱（QHP-600BE，力辰科技）、凝胶电泳仪（DYCP-31DN，北京六一）、超声波清洗仪（JP-010T，洁盟）、恒温水浴锅（HH-2，JOANLAB）、高压灭菌锅（XFH-150CA，中实仪）、超净工作台（BHC-1000IIA2，力辰科技）、-80℃超低温冰箱（DW-L938，驰恩诚）、超微量分光光度计（ND 2000，Thermo）、PCR 仪（T100，Bio-rad）、恒温培养箱（303-4，苏珀）、气相色谱仪（GC-2010，岛津）等。

二、方法

（一）农杆菌介导转化拟南芥

重组质粒已在前期由本课题组构建完毕[80]，通过 pCAMBIA1300-35S、pCAMBIA1300-RNAi 质粒，分别构建了 *OPRs* 基因和 *ATs* 基因的过表达与 RNAi 干扰表达重组质粒（表 4-17），并已获得农杆菌转化菌株（*GV*3101）。通过抗性平板筛选，并挑取单菌落进行 DNA 验证。根据重组质粒与目的基因序列，设计特异性引物（表 4-17）鉴定转化菌株，其中过表达菌株鉴定引物见目标序列为 1 200bp 左右；沉默表达菌株目标序列为 1 840bp 左右。

表 4-17　农杆菌过表达 *BnaATs*、*BnaOPRs* 基因鉴定引物

菌株	基因	基因名	引物名称	引物序列（5′→3′）
过表达	AT_1	*BnaA02g23330D*	AT_1-F	GCTCTAGAATGAATTCTTCACCATCAGTG
			AT_1-R	CGCGGATCCAAAATAAACAAGAGACATGAACTCT
	AT_2	*BnaC04g17540D*	AT_2-F	GCTCTAGAATGAATTCTTCTTCATCAGT
			AT_2-R	CGCGGATCCCTTCATCTGATTCCAAAGCT
	*OPR*1	*BnaC02g24210D*	*OPR*1-F	GCTCTAGAATGGAAAATGCAGTAGCGAA
			*OPR*1-R	TCCCCCCGGGAGCTGTTGATTCAAGAAAAG
	*OPR*2	*BnaA02g17670D*	*OPR*2-F	GCTCTAGAATGGAAAACGTAGTAACGAA
			*OPR*2-R	TCCCCCCGGGTTAACTAGCTGTTGAATCAAGAA
	*OPR*3	*BnaC09g41020D*	*OPR*3-F	GCTCTAGAATGGAAAATGCAGTAGCGAA
			*OPR*3-R	TCCCCCCGGGTTAAGCTTTTGATTCAAGAAAAG

（续表）

菌株	基因	基因名	引物名称	引物序列（5′→3′）
	*OPR*4	*BnaA10g17650D*	*OPR*4-F	GCTCTAGAATGGAAAACGTAGTGACGAA
			*OPR*4-R	TCCCCCCGGGCTTGATTCAACAGCTAGTTAA.
沉默表达	AT_1	*BnaA02g23330D*	AT_1-F	AGAAACTTCTCGACAGACGT
			AT_1-R	GAAGATTCAATCTCTCCCAC
	AT_2	*BnaC04g17540D*	AT_2-F	TGTCGAACTTTTCGATCAG
			AT_2-R	CTCTTCTCACTCCCTACA
	*OPR*1	*BnaC02g24210D*	*OPR*1-F	CAGAAACTTCTCGACAGACG
			*OPR*1-R	CCATGGAAAATGCAGTAG
	*OPR*2	*BnaA02g17670D*	*OPR*2-F	GTGAGTTCAGGCTTTTTCA
			*OPR*2-R	AATCTCTCCCACAGGGTTGTT
	*OPR*3	*BnaC09g41020D*	*OPR*3-F	AGACGTCGCGGTGAGTTCA
			*OPR*3-R	ACTCCCTACAAGATGGGAAG
	*OPR*4	*BnaA10g17650D*	*OPR*4-F	TTTTCATATCTCATTGCCCCC
			*OPR*4-R	AGGGTTGTTCTGGCACCATT

（二）转基因拟南芥阳性植株的获得与鉴定

拟南芥转化具体方法参考洪波[81]进行。转基因植株命名：*ATi* 表示 RNAi 干扰载体转基因植株（*AT*1i 和 *AT*2i）；AT-OE 表示 35 s 强启动子转基因植株（*AT*1-*OE* 和 *AT*2-*OE*）。OPRi 表示 RNAi 干扰载体转基因植株（*OPR*1*i*、*OPR*2*i*、*OPR*3*i*、*OPR*4*i*）；*OPR*-*OE* 表示 35 s 强启动子转基因植株（*OPR*1-*OE*、*OPR*2-*OE*、*OPR*3-*OE*、*OPR*4-*OE*）。已知潮霉素和目的基因均在重组质粒中，转化前已对农杆菌进行了单菌落 PCR 鉴定与筛选，并将转基因植株在潮霉素抗性平板中筛选。为避免存在抗潮霉素的假阳性幼苗，为鉴定阳性转化植株，采用潮霉素引物对抗性植株进行初步的 PCR 鉴定（F：ATGAAAAAGCC TGAACTCACC，R：AAT-TGCCGTCAACCAAGCTC），为避免转化植株的假阳性，待植株种子成熟时，使用目的基因与载体序列引物对潮霉素引物筛选后的阳性植株再进行 PCR 鉴定，确保试验准确性。北京擎科公司试剂盒进行 PCR 扩增，凝胶电泳分离扩增条带，并拍照取证。

（三）转基因拟南芥种子脂肪酸检测

通过多重筛选与鉴定后，对阳性转化植株的 T_1 和 T_2 代种子均单株收种，每个株系取 10 颗植转基因株进行单株收种，并参考张振乾[82]和 Waalen[83]的方法进行气相色谱检测，且每个样品进行 3 次独立的生物学重复试验，最终以各转基因株系的平均值进行分析。

三、结果与分析

（一）根癌农杆菌鉴定

用 SnapGene 3.2 软件构建重组质粒图（图 4-11）。转基因农杆菌划线培养后挑取单菌落，鉴定结果如图 4-12 所示。扩增条带与目的条带大小一致，送往北京擎科生物科技公司测序，利用 DNAman 7.0 软件比对，测序结果与预期一致。表明 *BnaATs* 和 *Bn-aOPRs* 基因过表达载体和 RNAi 干扰载体已分别转入了根癌农杆菌中。

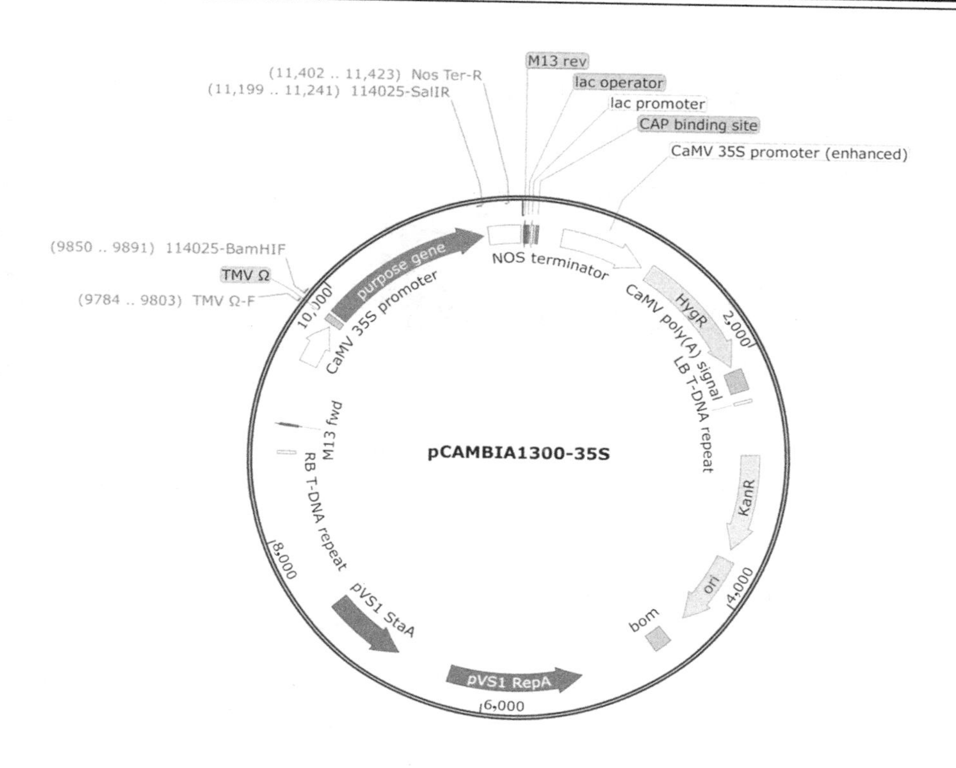

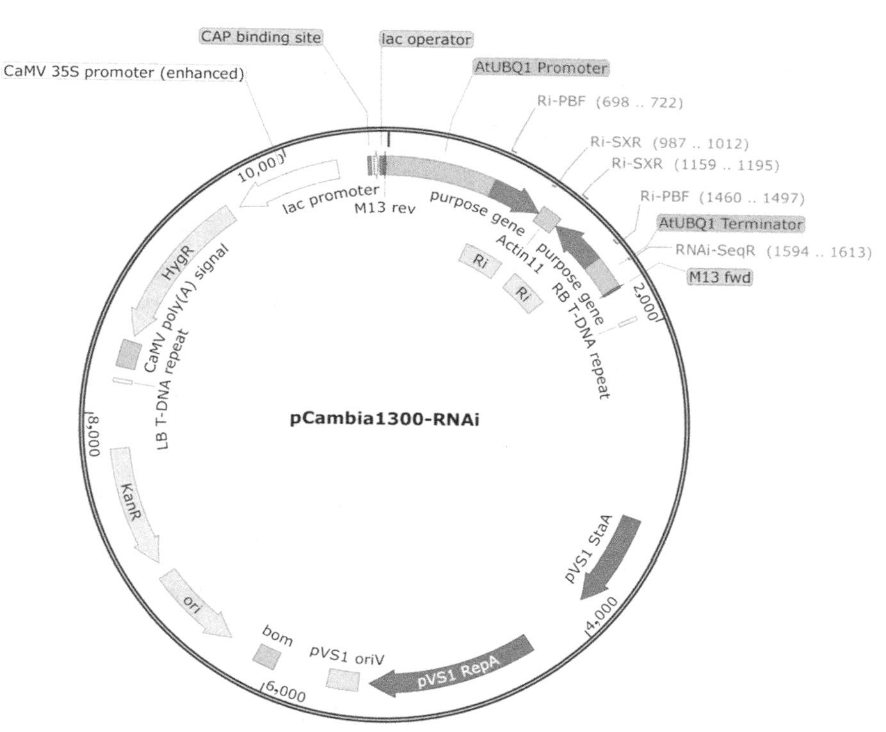

图 4-11　植物表达载体构建

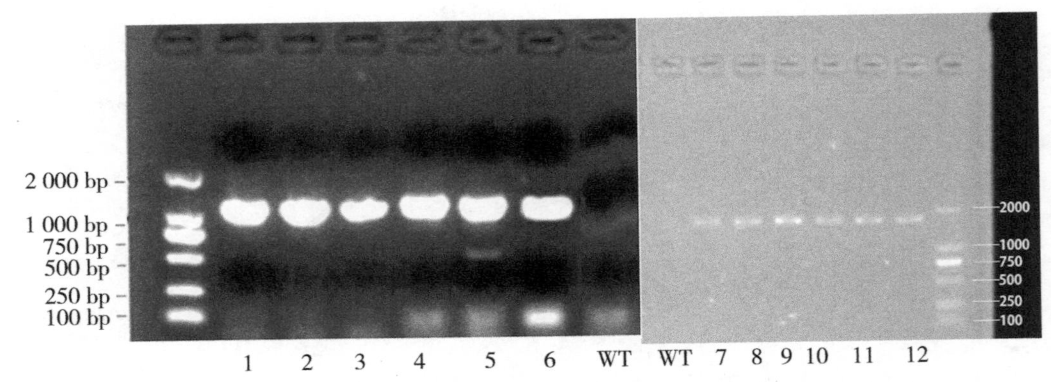

1-6：35s-AT_1/AT_2，35s-*OPR*1/2/3/4；7-12：RNAi-AT_1/AT_2，RNAi-*OPR*1/2/3/4

图 4-12　农杆菌过表达与沉默表达 *BnaATs* 和 *BnaOPRs* 基因 PCR 鉴定

（二）T_1/T_2 拟南芥转基因植株的获得

1. *BnaATs*、*BnaOPRs* 转基因拟南芥阳性植株筛选

农杆菌介导对拟南芥进行浸染，以此方法获得 T_1 代和 T_2 代拟南芥种子。种子烘干后经过春化和消毒处理，平铺于含有抗性的 1/2 MS 固体培养基上进行筛选，*BnaATs* 和 *BnaOPRs* 转基因拟南芥筛选结果见图 4-13、图 4-14，选取生长状态良好且根系发达的植株进行培养，并用于后续鉴定。

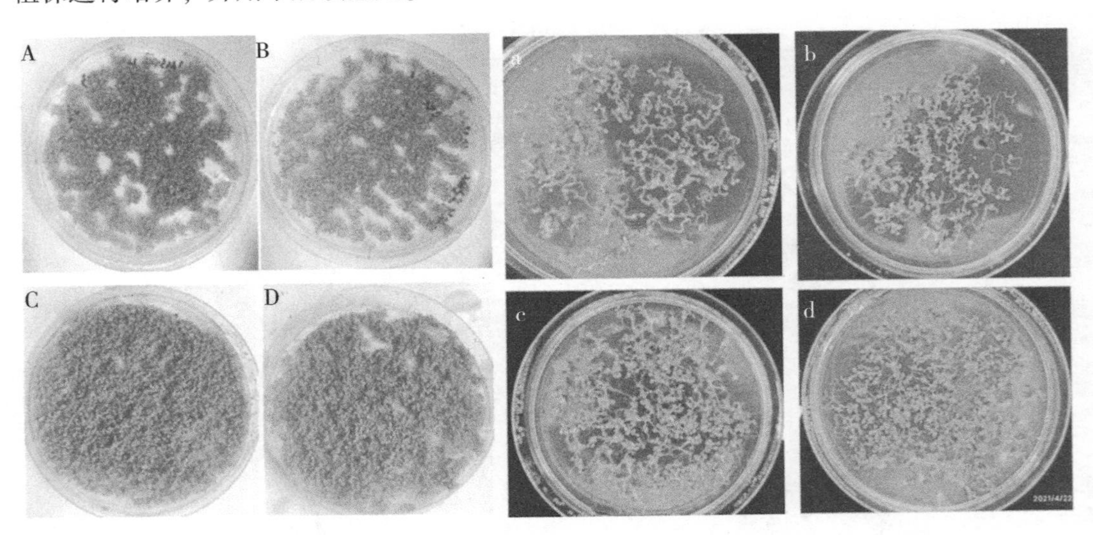

T_1：A-D；T_2：a-d；A/a：AT_1-OE；B/b：AT_1i；C/c：*AT*2-OE；D/d：AT_2i

图 4-13　*BnaATs* 转基因拟南芥 T_1/T_2 代潮霉素筛选

2. 转基因植株阳性苗的鉴定

转基因植株阳性苗 PCR 鉴定结果如图 4-15、图 4-16 和图 4-17 所示，筛选 *BnaATs* 和 *BnaOPRs* 转基因拟南芥阳性植株。T_1 和 T_2 代植株幼苗期使用潮霉素筛选，并在成熟期使用目的基因与载体序列的特异性引物再次进行鉴定。

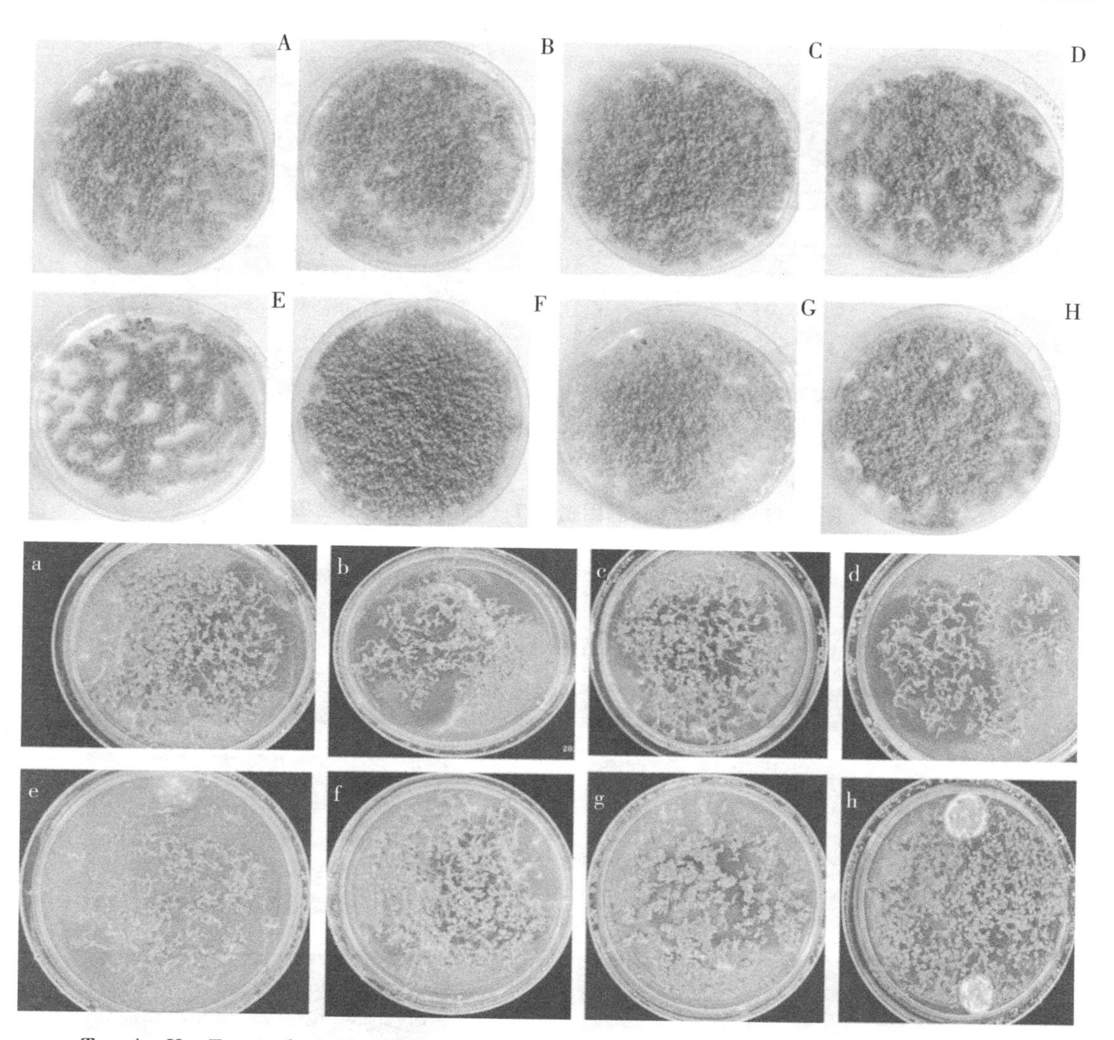

T_1：A－H，T_2：a－h. A/a：*OPR*1－OE；B/b：*OPR*1i；C/c：*OPR*2－OE；D/d：*OPR*2i；E/e：*OPR*3－OE；F/f：*OPR*3i；G/g：*OPR*4－OE；H/h：OPR4i

图 4-14 *BnaOPRs* 转基因拟南芥 T_1/T_2 代潮霉素筛选

（三）转基因植株种子脂肪酸含量分析

1. *BnaATs* 转基因植株脂肪酸含量分析

以未转化拟南芥作对照，*BnaATs* 转基因植株种子脂肪酸检测结果见表 4-18。由该可知，*BnaAT*s 基因转入拟南芥后，种子脂肪酸各组分含量变化显著，且对亚油酸含量影响较直接。T_1 和 T_2 代过表达植株中，亚油酸含量显著增加，而沉默表达植株亚油酸含量减少。T_1 代中，沉默表达 AT_1i 和 AT_2i 植株中亚油酸含量分别下降了 7.21%、5.67%，过表达 AT_1-OE 和 AT_2-OE 植株中亚油酸含量分别上升 14.11%、15.53%；T_2 代中，沉默表达 AT_1i 和 AT_2i 植株中亚油酸含量分别下降 2.34%、2.55%，过表达 AT_1-OE 和 AT_2-OE 植株中亚油酸含量上升 6.93%、9.73%。*BnaATs* 基因各拷贝对亚油酸含量均有直接影响。此外，*BnaATs* 基因改变了其他脂肪酸含量，对脂肪酸改良作用显著。

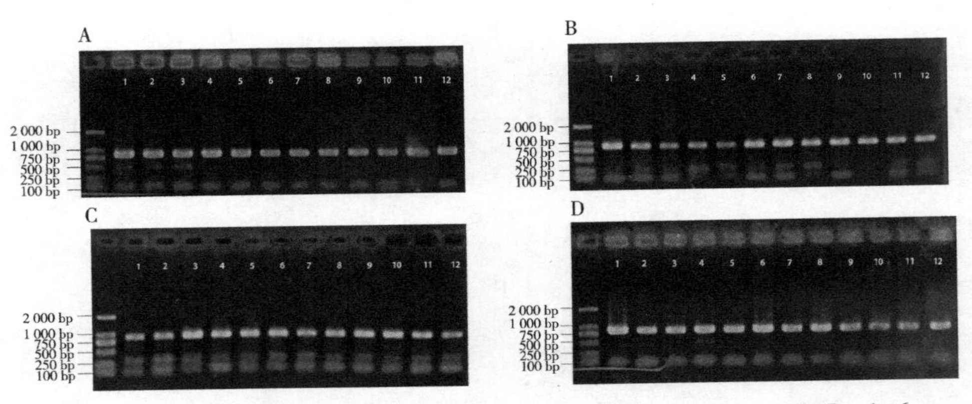

T_1：A，B，T_2：C，D. In A/C：1-6 are *AT_1-OE*，7-12 are *AT_1*i；In B/D：1-6 are *AT_2-OE*，7-12 are *AT_2*i

图 4-15　*BnaATs* 转基因植株 T_1/T_2 代潮霉素引物鉴定

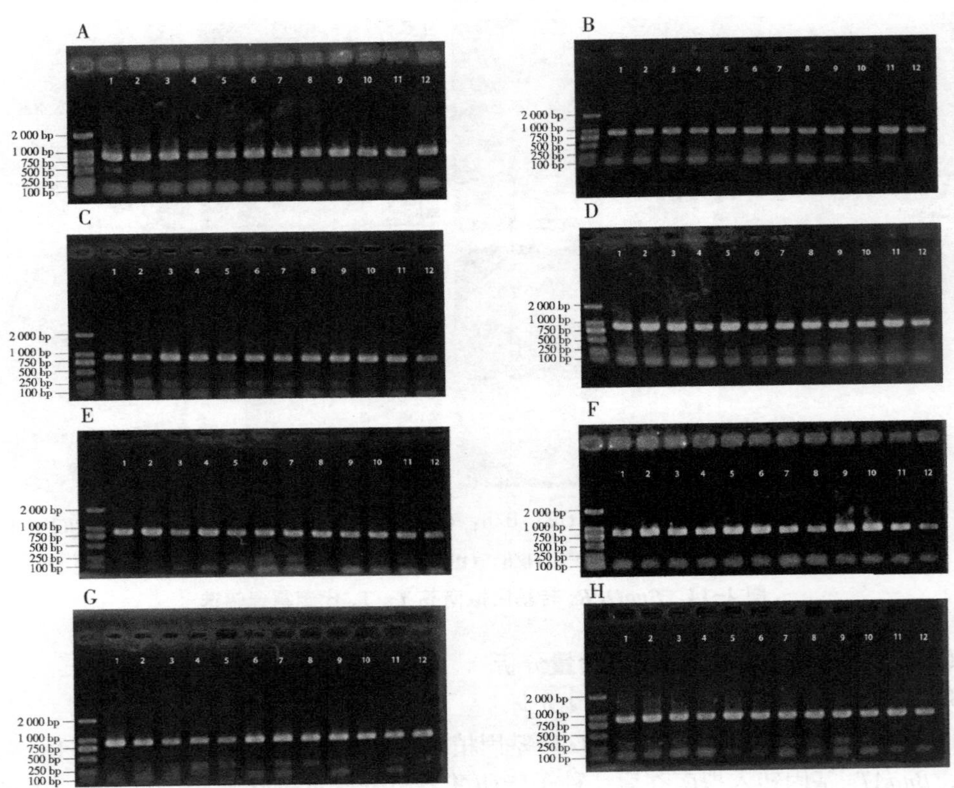

T_1：A/B/C/D，T_2：E/F/G/H. In A/E：1-6 are *OPR*1-*OE*，7-12 are *OPR*1i；In B/F：1-6 are *OPR*2-*OE*，7-12 are *OPR*2i；In C/G：1-6 are OPR3-OE，7-12 are *OPR*3i；In D/H：1-6 are *OPR*4-*OE*，7-12 are *OPR*4i

图 4-16　*BnaOPRs* 转基因植株 T_1/T_2 代潮霉素引物鉴定

表 4-18　*BnaATs* 转基因拟南芥 T_1/T_2 代种子脂肪酸含量分析（%）

品系			饱和脂肪酸含量（%）			不饱和脂肪酸（%）					
			棕榈酸	硬脂酸	总计	油酸	亚油酸	亚麻酸	花生烯酸	芥酸	总计
T_1	Contrast T_1		9.028±0.37	3.359±0.14	12.388	11.358±3.51	27.357±2.31	20.835±1.53	18.132±2.05	0	77.684
	AT_1	AT_1i	7.562±2.79	3.839±0.26	11.402	16.450±0.82	25.386±0.66	16.429±1.33	18.651±2.93	0.688±0.09	77.603
		改变	-16.24%**	14.29%**	-7.96%**	44.82%**	-7.21%**	-21.15%**	2.87%*	—	-0.10%
		AT_1-OE	10.68±0.73	1.753±0.84	12.442	15.429±0.54	31.217±1.35	18.818±0.34	12.770±0.99	0	78.234
		改变	18.39%**	-47.81%**	0.44%	35.83%**	14.11%**	-9.68%**	-29.57%**	—	0.71%*
	AT_2	AT_2i	8.425±0.75	3.331±0.91	11.756	13.064±0.68	25.807±1.62	19.523±0.58	17.576±2.01	2.109±0.53	78.079
		改变	-6.69%**	-0.85%	-5.10%*	15.01%**	-5.67%*	-6.30%**	-3.07%*	—	0.51%
		AT_2-OE	10.57±1.45	1.562±1.25	12.137	14.941±2.26	31.606±0.25	18.017±1.35	17.478±1.91	0.452±0.21	82.492
		改变	17.13%**	-53.51%**	-2.02%*	31.54%**	15.53%**	-13.53%**	-3.61%*	—	6.19%**
T_2	Contrast T_2		9.09±0.564	3.48±0.154	12.57	11.742±2.154	27.486±2.345	20.848±1.253	18.165±2.078	1.635±0.178	79.876
	AT_1	AT_1i	8.025±0.91	3.607±0.336	11.632	10.465±1.002	26.842±1.831	21.996±1.753	20.187±1.572	1.797±0.031	81.287
		改变	-11.72%**	3.65%*	-7.46%**	-10.88%**	-2.34%*	5.51%**	11.13%**	9.91%**	1.77%
		AT_1-OE	9.168±1.33	4.172±0.581	13.34	11.725±1.332	29.392±1.287	20.187±0.983	15.866±0.531	1.74±0.012	78.93
		改变 Change	0.86%	19.89%**	6.13%**	-0.03%	6.93%**	-3.17%*	-12.66%**	6.42%*	-1.18%
	AT_2	AT_2i	8.088±0.22	3.981±0.331	12.069	10.106±0.583	26.785±1.582	23.011±1.634	19.177±0.731	1.934±0.110	81.013
		改变	-11.02%**	14.40%**	-3.99%*	-13.93%**	-2.55%*	10.38%**	5.57%*	18.29%**	1.42%
		AT_2-OE	9.026±0.06	3.933±0.038	12.959	9.627±0.531	30.16±1.935	21.395±1.368	15.875±0.669	1.784±0.068	78.841
		改变	-0.70%	13.02%**	3.09%**	-18.01%**	9.73%**	2.62%*	-12.61%**	9.11%**	-1.30%

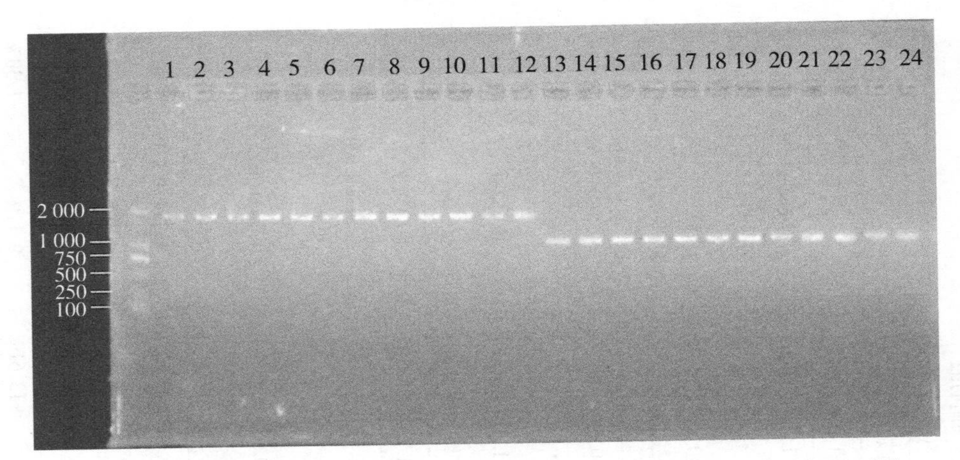

T_1：1-6 are RNAi-AT_1/AT_2 and *RNAi-OPR*1/2/3/4，13-18 are 35s-AT_1/AT_2 and 35s-*OPR*1/2/3/4；T_2：7-12 are *RNA*i-AT_1/AT_2 and *RNA*i-*OPR*1/2/3/4，19-24 are 35s-AT_1/AT_2 and 35s-*OPR*1/2/3/4

图 4-17　BnaATs 与 BnaOPRs 转基因南芥 T1/T2 代植株含目的序列引物鉴定

对不饱和脂肪酸中油酸、亚麻酸、花生烯酸和芥酸含量单因素变量方差分析，结果如表 4-19。T_1 代拟南芥 *BnaAT*1 植株与油酸、亚麻酸含量显著相关（0.01≤P≤0.05），

表 4-19　*BnaATs* 转基因拟南芥脂肪酸相关性分析

	品系	油酸	亚麻酸	花生烯酸	芥酸
T_1	AT_1i	21.933±0.82	15.072±1.33	—	—
	AT_1-*OE*	20.572±0.54	17.264±0.34	—	—
	组间均方	50.702	472.293	—	—
	组内均方	8.803	84.343	—	—
	P 值	0.028 1*	0.029 4*	—	—
	AT_2i	17.418±0.68	17.911±0.58	19.314±2.01	—
	AT_2-*OE*	19.921±2.26	16.529±1.35	19.206±1.91	—
	组间均方	0.408	135.773	1.784	—
	组内均方	18.283	31.784	7.466	—
	P 值	0.883	0.043 4*	0.631	—
T_2	AT_1i	10.465±1.002	—	—	1.797±0.031
	AT_1-*OE*	11.725±1.332	—	—	1.74±0.012
	组间均方	6.816	—	—	0.005 78
	组内均方	1.814	—	—	0.030 5
	P 值	0.068 4	—	—	0.666
	AT_2i	10.106±0.583	23.011±1.634	—	1.934±0.110
	AT_2-*OE*	9.627±0.531	21.395±1.368	—	1.784±0.068
	组间均方	0.007	3.861	—	0.194
	组内均方	2.055	0.716	—	0.022 5
	P 值	0.955	0.028 3*	—	0.005 94**

T_2 代 *BnaAT*2 转基因植株与芥酸含量显著相关（P=0.0059）；T_1/T_2 代 $BnaAT_2$ 转基因拟南芥与亚麻酸含量显著正相关（P=0.043、0.028）。

通过脂肪酸组分相关性统计分析（表 4-20），其中脂肪酸成分相互影响。T_1/T_2 植株中，棕榈酸与亚油酸为正相关（AT_2i 显著相关，r=0.902），油酸与亚麻酸负相关（AT_1-*OE* 极显著，r=-0.993），该结果与 Zhao[84] 和阎星颖等[85] 的结论一致。

表 4-20　*BnaATs* 转基因拟南芥 T_1/T_2 代种子脂肪酸相关性分析

硬脂酸/亚麻酸	硬脂酸/亚油酸	硬脂酸/油酸	棕榈酸/亚麻酸	棕榈酸/亚油酸	棕榈酸/油酸	棕榈酸/硬脂酸	亚麻酸/花生烯酸	亚油酸/亚麻酸	油酸/亚麻酸	油酸/亚油酸	品系	
-0.460**	0.980**	-0.549**	-0.203*	0.891**	-0.754**	0.963**	0.088	-0.626**	-0.489**	-0.373**	Contrast	
-0.076	-0.641**	-0.051	0.718**	0.403**	-0.209*	-0.518**	0.715**	0.311**	-0.389**	-0.556**	AT1i	T_1
0.614**	-0.156*	-0.481**	0.661**	0.411**	0.607**	-0.284*	-0.123*	0.278*	-0.993**	0.294*	AT1-OE	
-0.730**	-0.825**	0.689**	-0.201*	0.591**	-0.764**	-0.145*	0.982**	0.972**	-0.986**	-0.961**	AT2i	
-0.540**	0.124*	-0.288*	0.382**	0.527**	0.684**	-0.414**	-0.246*	-0.228*	0.709**	0.285*	AT2-OE	
-0.539**	0.508**	0.598**	-0.304**	0.116*	0.163*	0.758**	0.511**	-0.288*	-0.720**	0.217*	AT1i	T_2
0.171*	0.543**	-0.531**	-0.032	0.279*	-0.360**	0.677**	-0.280*	0.022	-0.133*	-0.336**	AT1-OE	
0.133*	0.691**	-0.629**	-0.046	0.902**	-0.664**	0.743**	-0.152	-0.071	-0.450**	-0.710**	AT2i	
-0.337**	0.753**	-0.065	-0.403**	0.799**	-0.032	0.938**	0.168*	-0.285*	-0.260*	-0.167*	AT2-OE	

2. *BnaOPRs* 转基因植株脂肪酸含量分析

BnaOPRs 转基因植株种子脂肪酸成分测定结果见表 4-21。*BnaOPR*s 基因转入拟南芥后，改变脂肪酸含量。首次发现 *BnaOPRs* 基因可显著影响亚油酸含量：T_1 代中，沉默表达 *OPR*1i、*OPR*2i、*OPR*3i 和 *OPR*4i 植株中亚油酸含量分别下降了 10.86%、5.20%、1.58%和 6.26%，过表达 *OPR*1-*OE*、*OPR*2-*OE*、*OPR*3-*OE* 和 *OPR*4-*OE* 植株中亚油酸含量分别上升 14.17%、10.02%、14.50%和 11.56%；T_2 代中，沉默表达 *OPR*1i、*OPR*2i、*OPR*3i 和 *OPR*4i 植株中亚油酸含量分别下降 0.44%、0.81%、1.14%和 1.01%，过表达 *OPR*1-*OE*、*OPR*2-*OE*、*OPR*3-*OE*、*OPR*4-*OE* 植株中亚油酸含量上升 9.70%、9.35%、4.47%和 5.22%。*BnaOPRs* 基因各拷贝对亚油酸含量均有直接影响，其中 *BnaOPR*1 和 *BnaOPR*3 基因影响较强。该结果与 Turner[86]、Weber[87] 等的理论研究类似。此外，*BnaOPRs* 基因各拷贝也改变其他脂肪酸含量。

BnaOPRs 转基因拟南芥脂肪酸趋势一致性方差分析（表 4-22），在 T_1 代拟南芥中，沉默表达和过表达转基因植株中 *BnaOPR*1 和 *BnaOPR*2 基因与油酸含量变化显著相关（P=0.043 7、0.000 97），*BnaOPR*3、*BnaOPR*4 基因与花生烯酸含量变化显著相关（P=0.000 053、0.004 93）。T_2 代拟南芥与未转化植株相比，沉默表达和过表达转基因植株中 *BnaOPR*2 基因植株与亚麻酸含量变化显著相关（P=0.002 85），*BnaOPR*3 基因与花生烯酸、芥酸含量变化显著相关（P=0.000 338、0.000 112）。

表 4-21 ***BnaOPRs*** 转基因拟南芥 T_1/T_2 代种子脂肪酸含量分析

品系			饱和脂肪酸含量（%）			不饱和脂肪酸（%）					
			棕榈酸	硬脂酸	汇总	油酸	亚油酸	亚麻酸	花生烯酸	芥酸	汇总
T_1		Contrast T_1	9.028±0.37	3.359±0.14	12.388	11.358±3.51	27.357±2.31	20.835±1.53	18.132±2.05	0	77.684
	*OPR*1	OPR1i	7.855±0.27	3.850±0.22	11.705	16.924±2.40	24.389±1.83	15.515±1.05	17.067±1.97	1.21±0.53	75.104
		对照增减	-12.99%**	14.55%**	-5.50%*	48.99%**	-10.86%**	-25.55%**	-5.85%*	—	-3.32%
		OPR1-OE	10.936±1.04	1.588±0.43	12.525	15.439±1.60	31.237±1.66	21.576±7.50	16.721±3.33	0.21±0.25	85.184
		对照增减	21.21%*	-52.66%*	1.11%	35.90%**	14.17%**	3.58%*	-7.78%*	—	9.66%
	*OPR*2	OPR2i	8.292±0.38	3.747±0.18	12.039	12.663±1.53	25.931±3.09	19.036±1.08	18.168±0.18	0.04±0.10	75.838
		对照增减	-8.15%*	11.56%**	-2.81%*	11.47%**	-5.20%*	-8.61%*	0.19%	—	-2.37%
		OPR2-OE	10.488±0.58	1.256±0.52	11.745	16.076±3.32	30.093±1.83	18.545±1.74	16.529±2.31	0.31±0.32	81.554
		对照增减	16.17%**	-62.53%**	-5.18%*	41.51%**	10.02%*	-10.99%*	-8.83%*	—	4.99%*
	*OPR*3	OPR3i	8.429±0.43	3.28±1.01	11.708	13.736±2.43	26.920±1.05	119.166±1.26	17.613±0.83	0.17±0.38	77.606
		对照增减	-6.53%*	-2.51%	-5.47%	20.95%**	-1.58%	-7.99%*	-2.85%*	—	-0.10%
		OPR3-OE	11.764±1.92	1.542±0.56	13.307	17.225±1.38	31.325±3.81	20.617±2.31	13.007±1.93	0.25±0.25	82.424
		对照增减	30.31%**	-54.16%**	7.43%*	51.63%**	14.50%**	-1.04%	-28.25%**	—	6.10%*
	*OPR*4	OPR4i	8.441±0.29	3.519±0.25	11.959	14.944±5.85	25.639±3.58	17.477±2.20	16.657±2.50	1.58±0.39	76.298
		OPR4-OE	11.017±0.79	1.143±0.34	12.159	15.709±3.03	30.519±0.98	21.631±7.04	13.972±1.48	0.22±0.28	82.052
		对照增减	22.03%**	-65.79%**	-1.83%	38.32%**	11.56%**	3.84%*	-22.91%**	—	5.63%*
		对照增减	-6.41%*	4.83%*	-3.44%	31.55%**	-6.26%*	-16.11%**	-8.14%*	—	-1.78%

（续表）

品系			饱和脂肪酸含量（%）			不饱和脂肪酸（%）					
			棕榈酸	硬脂酸	汇总	油酸	亚油酸	亚麻酸	花生烯酸	芥酸	汇总
T_2		Contrast T_2	9.09±0.56	3.48±.0154	12.57	11.742±2.154	27.48±2.34	20.848±1.253	18.165±2.078	1.635±0.178	79.876
	OPR1	OPR1i	8.46±0.24	3.59±0.78	12.053	9.23±1.54	27.36±1.64	23.57±5.79	18.20±0.63	1.88±0.48	80.2528
		对照增减	-6.90%*	3.16%*	-4.11%*	-21.39%**	-0.44%	13.08%**	0.22%	14.98%**	0.47%
		OPR1-OE	10.21±0.79	4.55±0.254	14.77	9.89±2.36	30.15±0.99	21.12±2.16	17.34±1.42	1.64±0.25	80.166
		对照增减	12.40%*	30.98%**	17.54%**	-15.71%**	9.70%*	1.31%	-4.49%*	0.61%	0.36%
	OPR2	OPR2i	8.42±0.28	4.04±0.64	12.46	8.57±3.04	27.41±1.56	22.43±1.57	17.83±0.97	2.26±4.16	78.823
		对照增减	-7.37%*	16.32%**	-0.81%	-26.95%**	-0.81%	7.60%*	-1.79%	38.47%**	-1.32%
		OPR2-OE	10.03±0.45	5.19±0.21	15.23	9.44±1.23	30.05±0.59	21.46±0.14	15.29±0.54	1.91±0.84	78.164
		对照增减	10.44%*	49.17%**	21.16%**	-19.60%**	9.35%*	2.97%	-15.82%**	16.82%**	-2.14%
	OPR3	OPR3i	8.85±0.85	3.41±0.84	12.26	8.25±1.25	27.17±0.91	24.26±0.14	17.03±0.93	2.24±0.77	78.971
		对照增减	-2.57%	-1.93%	-2.39%	-29.66%**	-1.14%	16.39%**	-6.25%*	37.25%**	-1.13%
		OPR3-OE	9.43±1.34	3.88±0.91	13.31	10.06±0.18	28.71±0.94	20.72±0.97	16.84±0.94	2.14±0.14	78.486
		对照增减	3.77%	11.61%**	5.94%*	-14.30%**	4.47%*	-0.61%	-7.29%*	31.31%**	-1.74%
	OPR4	OPR4i	9.13±0.64	3.45±0.91	12.587	7.51±1.21	27.20±0.91	24.70±0.51	17.79±0.26	2.01±0.64	79.236
		对照增减	0.47%	-0.75%	0.14%	-35.98%**	-1.01%	18.51%**	-2.06%	23.06%**	-0.80%
		OPR4-OE	8.75±0.81	3.73±0.64	12.49	11.38±1.13	28.92±0.61	20.51±0.64	16.67±1.05	1.61±1.34	79.099
		对照增减	-3.66*%	7.27%*	-0.64%	-3.07%	5.22%*	-1.62%	-8.21%*	-1.47%	-0.97%

表 4-22 *BnaOPRs* 转基因拟南芥脂肪酸相关性分析

	品系	油酸	亚麻酸	花生烯酸	芥酸
T_1	*OPR*1i	22.565±2.401	—	18.760±1.975	—
	*OPR*1-OE	20.583±1.609	—	18.374±3.331	—
	组间均方	19.650	—	0.744	—
	组内均方	4.177	—	7.496	—
	P 值	0.043 7**	—	0.756	—
	*OPR*2i	16.883±1.533	17.470±1.08	—	—
	*OPR*2-OE	21.432±3.32	17.015±1.747	—	—
	组间均方	103.494	1.034	—	—
	组内均方	6.685	2.109	—	—
	P 值	0.000 972**	0.493	—	—
	*OPR*3i	18.318±2.432	17.587±1.266	19.357±0.831	—
	*OPR*3-OE	22.964±1.382	18.917±2.314	14.296±1.938	—
	组间均方	107.918	8.835	128.038	—
	组内均方	46.948	14.921	4.662	—
	P 值	0.147	0.452	0.000 055 3**	—
	*OPR*4i	19.923±5.580	—	18.304±2.500	—
	*OPR*4-OE	20.949±3.030	—	15.359±1.484	—
	组间均方	5.259	—	43.342	—
	组内均方	21.703	—	4.225	—
	P 值	0.628	—	0.004 93**	—
T_2	*OPR*1i	9.23±1.546	23.574±5.791	—	—
	*OPR*1-OE	9.897±2.364	21.122±2.164	—	—
	组间均方	1.439	4.824	—	—
	组内均方	1.0266	1.993	—	—
	P 值	0.245	0.130	—	—
	*OPR*2i	8.578±3.045	22.432±1.578	17.839±	2.264±4.165
	*OPR*2-OE	9.44±1.231	21.467±0.146	15.291±	1.91±0.841
	组间均方	0.000 02	11.601	1.559	0.047
	组内均方	1.186	1.099	2.780	0.044
	P 值	0.996	0.002 85**	0.460	0.314
	*OPR*3i	8.259±1.254	—	17.029±0.934	2.244±0.771
	*OPR*3-OE	10.063±0.187	—	16.84±0.943	2.147±0.143
	组间均方	3.855	—	36.954	0.666
	组内均方	1.931	—	2.328	0.035
	P 值	0.166	—	0.000 338 451**	0.000 112**
	*OPR*4i	7.517±1.214	—	17.791±0.261	—
	*OPR*4-OE	11.382±1.134	—	16.674±1.057	—
	组间均方	3.968	—	1.769	—
	组内均方	1.654	—	8.573	—
	P 值	0.131	—	0.652	—

由表 4-23 脂肪酸含量相关性可知，各脂肪酸组分相互影响。其中，棕榈酸与亚油酸正相关（*OPR2-OE* 极显著，$r=0.971$），油酸与亚油酸负相关（*OPR*4i 极显著，$r=0.967$）油酸与与亚麻酸负相关（*OPR2-OE* 极显著，$r=-0.916$），该结果与 Zhao[84] 和阎星颖等[85]的结论一致；硬脂酸与亚油酸呈正相关，硬脂酸与油酸和亚麻酸呈负相关，与尚国霞等[88]的研究结果一致。

表 4-23　*BnaOPRs* 转基因拟南芥 T_1/T_2 代种子脂肪酸相关性分析

	品系	油酸/亚油酸 $C_{18:1}/C_{18:2}$	油酸/亚麻酸 $C_{18:1}/C_{18:3}$	亚油酸/亚麻酸 $C_{18:2}/C_{18:3}$	亚麻酸/花生烯酸 $C_{18:3}/C_{20:1}$	棕榈酸/硬脂酸 $C_{16:0}/C_{18:0}$	棕榈酸/油酸 $C_{16:0}/C_{18:1}$	棕榈酸/亚油酸 $C_{16:0}/C_{18:2}$	棕榈酸/亚麻酸 $C_{16:0}/C_{18:3}$	硬脂酸/油酸 $C_{18:0}/C_{18:1}$	硬脂酸/亚油酸 $C_{18:0}/C_{18:2}$	硬脂酸/亚麻酸 $C_{18:0}/C_{18:3}$
T_1	Contrast	-0.373**	-0.489**	-0.626**	0.088	0.963**	-0.754**	0.891**	-0.203*	-0.549**	0.980**	-0.460**
	OPR1i	-0.788**	-0.837**	0.719**	0.866**	0.225*	0.878**	-0.699**	-0.570**	-0.448**	0.676**	-0.704**
	OPR1-OE	-0.142	-0.331*	0.501**	0.110	0.390*	0.515**	0.728**	0.683**	0.303**	0.360**	-0.503**
	OPR2i	-0.371*	-0.802**	-0.081	0.819**	0.526**	-0.974**	0.502**	0.894**	0.829**	0.050	-0.521**
	OPR2-OE	-0.852**	-0.916**	0.856**	-0.219**	0.778**	-0.427**	0.593**	0.611**	0.047	0.189	-0.188
	OPR3i	-0.541**	-0.743**	0.561**	0.504**	0.248**	-0.649**	-0.081**	0.461**	-0.515**	-0.064	0.039
	OPR3-OE	-0.550**	-0.579**	0.431**	0.184**	0.866**	-0.437**	0.888**	0.218	0.592**	0.735**	-0.089
	OPR4i	-0.967**	-0.970**	0.884**	0.901**	0.746**	-0.613**	0.596**	0.624**	0.265*	0.670**	-0.257*
	OPR4-OE	-0.772**	-0.505**	0.600**	0.053**	0.208*	-0.092**	-0.330*	-0.488**	0.216*	-0.263*	-0.510**
T_2	OPR1i	-0.830**	-0.728**	-0.179*	0.234*	0.690**	-0.188	0.481**	-0.235*	-0.893**	0.328*	-0.642**
	OPR1-OE	-0.692**	-0.488**	-0.292*	0.120	0.811**	-0.669**	0.825**	-0.147	-0.810**	0.478**	-0.180
	OPR2i	-0.216	-0.681**	-0.556**	0.484**	0.938**	-0.322*	0.344*	-0.728**	-0.956**	0.260*	-0.838**
	OPR2-OE	-0.375*	-0.654**	-0.125	0.296*	0.143	-0.420**	0.971**	-0.270*	-0.328*	0.746**	-0.270*
	OPR3i	-0.416**	-0.271*	-0.405**	0.704**	0.885**	-0.053	0.726**	-0.722**	-0.938**	0.074	-0.859**
	OPR3-OE	-0.750**	-0.660**	-0.633**	0.149	0.350**	-0.744**	0.305*	-0.007	-0.202	0.283*	-0.341*
	OPR4i	-0.122	-0.689**	-0.197*	0.132	0.330	-0.713**	0.682**	-0.308**	-0.378**	0.166	-0.330*
	OPR4-OE	-0.785**	-0.611**	-0.551**	0.069	0.662**	-0.324**	0.790**	-0.180	-0.898**	0.771**	-0.180

四、讨论

（一）多拷贝现象

基因多拷贝现象在植物中普遍存在，在维持植物遗传稳定性方面发挥着重要作用，却阻碍了分子育种研究[89]。少数拷贝基因功能的丧失往往不会发生表型的改变，而多拷贝位点同时突变几率太低，难以使某一基因家族或多拷贝基因同时改变[90]。油菜为异源四倍体，含有较多的多拷贝基因，难以获得有表型的突变体[48]。目前研究表明，拟南芥和油菜同属十字花科，两者蛋白质编码区的主要 DNA 序列高度保守，且两个物种的基因功能存在高度的相似性[79]，以模式植物拟南芥为受体进行研究具有重要的理论和现实意义。基于此，本研究挖掘到甘蓝型油菜中的 *BnaATs* 基因 2 个拷贝和 *BnaOPRs* 基因 4 个拷贝，在拟南芥中对分别进行了转化，通常只针对某基因的单个拷贝进行研究，难以实现对基因功能的全面认识。本试验对各个拷贝都进行了相关研究，因而能明晰各拷贝的功能，对分子机理研究有深入了解。

（二）首次发现 *OPR* 基因影响亚油酸含量

OPR 基因为多功能基因，主要参与了植物的茉莉酸合成，除了与抗逆性相关以外[72]，与脂肪酸的 β 氧化、西林烯酸还原和十八烷酸的代谢等过程有关[86,87]，而 *OPR* 基因关于调控多种脂肪酸合成的报道较少。本研究首次证明，*BnaOPRs* 基因对亚油酸含量产生直接影响，*BnaOPRs* 基因过表达时增加亚油酸含量，沉默表达时降低亚油酸含量。该研究结果可为油菜亚油酸育种提供参考。

（三）*AT* 基因影响脂肪酸成分

AT 基因为乙酰转移酶基因，在调控植物开花和育性方面研究较多[45]，而脂肪酸代谢相关报道较少[47]。本研究发现过表达 *BnaAT1* 基因和 *BnaAT2* 基因均能够促进油酸向亚油酸转化，亚油酸含量提升 6.93%~15.53%，干扰 *BnaAT1* 和 *BnaAT2* 基因则抑制油酸向亚油酸转化，使亚油酸含量下降 2.34%~7.21%。*BnaAT* 基因的两个拷贝参与调控硬脂酸合成，并改变棕榈酸含量，*BnaAT* 两拷贝基因可能抑制棕榈酸向硬脂酸转化。该研究有助于油菜脂肪酸改良分子机理研究。

五、结论

BnaAT 和 *BnaOPR* 各拷贝过表达和沉默表达植株均能改变亚油酸含量。在 T_1 代中，各拷贝过表达植株均可提升亚油酸含量：AT_2-*OE*（15.53%）>*AT1*-*OE*（14.11%），*OPR3*-*OE*（14.50%）>*OPR1*-*OE*（14.17%）>*OPR4*-*OE*（11.56%）>*OPR2*-*OE*（10.02%）；沉默表达时亚油酸含量影响程度：AT_1i（-7.21%）>AT_2i（-5.67%）；*OPR1*i（-10.86%）>OPR4i（-6.26%）>*OPR2*i（-5.20%）>*OPR3*i（-1.58%）；T_2 代植株中，各拷贝过表达时亚油酸含量改变：AT_2-*OE*（9.763%）>AT_1-*OE*（6.93%），*OPR1*-*OE*（9.70%）>*OPR2*-*OE*（9.35%）>*OPR4*-*OE*（5.22%）>*OPR3*-*OE*（4.47%）；沉默表达时亚油酸含量影响程度：AT_2i（-2.55%）>AT_1i（-2.34%），*OPR3*i（-1.14%）>*OPR4*i（-1.01%）>*OPR2*i（-0.81%）>*OPR1*i（-0.44%）。可见，甘蓝型油菜 *BnaATs* 和 *BnaOPRs* 基因各拷贝均可影响亚油酸合成。结合 T_1 代与 T_2

代分析，*BnaAT*1 和 *BnaOPR*1 基因在沉默和过表达时对亚油酸含量的影响较稳定和显著，对亚油酸含量的调控作用较突出。此外，转基因株系中各脂肪酸相互影响：①*BnaATs* 中：棕榈酸与亚油酸为正相关（AT_2i，$r=0.902$），油酸与亚油酸显著负相关（AT_2i，$r=-0.916$），油酸与亚麻酸负相关（AT_1-OE，$r=-0.993$）；②*BnaOPRs* 中：棕榈酸与亚油酸正相关（*OPR*2-*OE*，$r=0.971$），油酸与亚油酸负相关（*OPR*4i，$r=0.967$），油酸与亚麻酸负相关（*OPR*2-*OE*，$r=-0.916$）。

第五节　转基因拟南芥组织特异性与非生物胁迫表达分析

非生物胁迫对植物基因功能及特定的生物学研究至关重要[91]。本研究拟通过分析 *BnaATs* 和 *BnaOPRs* 基因的表达模式以及对逆境胁迫的响应，明晰 *BnaATs* 和 *BnaOPRs* 基因在各组织中的表达情况，以及该基因对不同非生物胁迫的应激反应，从而获得相关基因的各方面功能。

一、试验材料

（一）植物材料

转基因拟南芥通过抗性平板筛选后种植于温室内，培养基质为蛭石：泥炭土：珍珠岩=1：1：1，温度 20~25℃的条件下培养。选取生长势趋于一致的植株，分别在其抽薹后的叶、花蕾、花、角果、根和茎进行取样和检测，以未转化拟南芥 Col-0 为对照材料，将所取样品装入 2.0 mL 离心管中，立即置于液氮中速冻，于-80℃超低温冰箱中保存备用。

选取生长势趋于一致的阳性植株用于胁迫处理，在其即将开花时，参照杨丽萍[92]和闫振[93]等非生物逆境胁迫处理办法，设置胁迫条件为：吲哚-3-乙酸（1H-Indole-3-acetic acid，IAA）1.0 μmol、NaCl（110.0 mmol）、赤霉素（Gibberellins，GA_3）1.0 μmol 和聚乙二醇（Polyethylene glycol，PEG 4000）10.0%，对 *BnaATs* 和 *BnaOPRs* 基因的阳性转化植株进行全株喷洒（对植物根部土壤及根上各部位喷洒润湿），每个处理设置三个生物学重复。喷洒后分别在 12 h、24 h、48 h 和 72 h 时采集拟南芥叶片，样品装入 2.0 mL 离心管中，于-80℃超低温冰箱中保存备用。

（二）试剂与仪器

试剂：潮霉素、卡纳霉素、DNA Marker 和荧光定量试剂盒等购自北京全式金生物科技有限公司；植物 RNA 提取试剂盒（TRNzol Universal 总 RNA 提取试剂 DP424）购自天根生化科技（北京）有限公司；RNA 反转录试剂盒购自北京全式金公司。

仪器：荧光定量 PCR 仪（CFX96，Bio-rad）。

二、试验方法

（一）转基因拟南芥总 RNA 提取及 cDNA 第一链的合成

按照试剂盒说明书提取 RNA，使用 ND2000 仪器检测 RNA 提取质量，选取提取质量较好的样品用于合成 cDNA 第一链。试验方法参照相关说明书进行。

（二）实时荧光定量 PCR 引物设计

根据荧光定量引物设计原则设计 *BnaATs* 两个拷贝的荧光定量引物，通过 NCBI 在线网站（https：//www. ncbi. nlm. nih. gov/tools/primer-blast/）检查所设引物的特异性。以拟南芥 *UBN*9 基因为内参基因[94]，荧光定量引物见表 4-24。

表 4-24　*BnaATs*、*BnaOPRs* 转基因拟南芥特异性表达引物

基因	引物名称	引物序列（5′→3′）
*BnaAT*1	*BnaAT*1-F1	CTTACCGTGAGCCTCTTGACAG
	*BnaAT*1-R1	AAGTGCCATCTCCCATTGCGTG
*BnaAT*2	*BnaAT*2-F1	ACAACCTCAATCTCATCGCTCC
	*BnaAT*2-R1	GTTCAAGGGGTAATCTTCGTGC
*BnaOPR*1	*BnaOPR*1-F1	CAAACCCACAAGCGTTAGCCCT
	*BnaOPR*1-R1	CCTCTTCCACTGCCTCATTCCC
*BnaOPR*2	*BnaOPR*2-F1	ATGTTGGTCGTGTTTCTAATCG
	*BnaOPR*2-R1	TGAGGCATCAATGGCTTGTCGG
*BnaOPR*3	*BnaOPR*3-F1	GCTCTCTCCCTTCGCAGACTACA
	*BnaOPR*3-R1	TAAAACCTCCAGCAGCAATAAAC
*BnaOPR*4	*BnaOPR*4-F1	GGAACGAGGCGGTTGATAAG
	*BnaOPR*4-R1	AGTGTAGCCCACGACAGGAT
内参基因	*UBQ*5-F1	CGTGGTGGTGCTAAGAAGAGG
	*UBQ*5-R1	GAAAGTCCCAGCTCCACAGGT

（三）实时荧光定量 PCR

参照 PerrfectStart Unio RT&qPCR Kit 说明书中推荐体系与条件，配制 10.0 μL 反应体系进行试验，每个样品重复检测 3 次，以未转化拟南芥为对照。最后，利用 EXCEL 2010 软件计算 $2^{-\Delta\Delta Cq}$值并作图。

三、结果分析

（一）转基因拟南芥的组织特异性表达分析

1. *BnaATs* 组织特异性表达分析

实时荧光定量检测 *BnaATs* 在各组织中的表达情况，结果如图 4-18 所示。其中，*BnaAT*1 和 *BnaAT*2 基因在叶、花蕾、花、角果、根和茎中均有分布，但在花蕾、角果和花中的表达量较高，叶和茎中表达量相对较低。

2. *BnaOPRs* 组织特异性表达分析

BnaOPRs 转基因拟南芥植株在叶、花蕾、花、角果、根和茎中的表达情况，结果

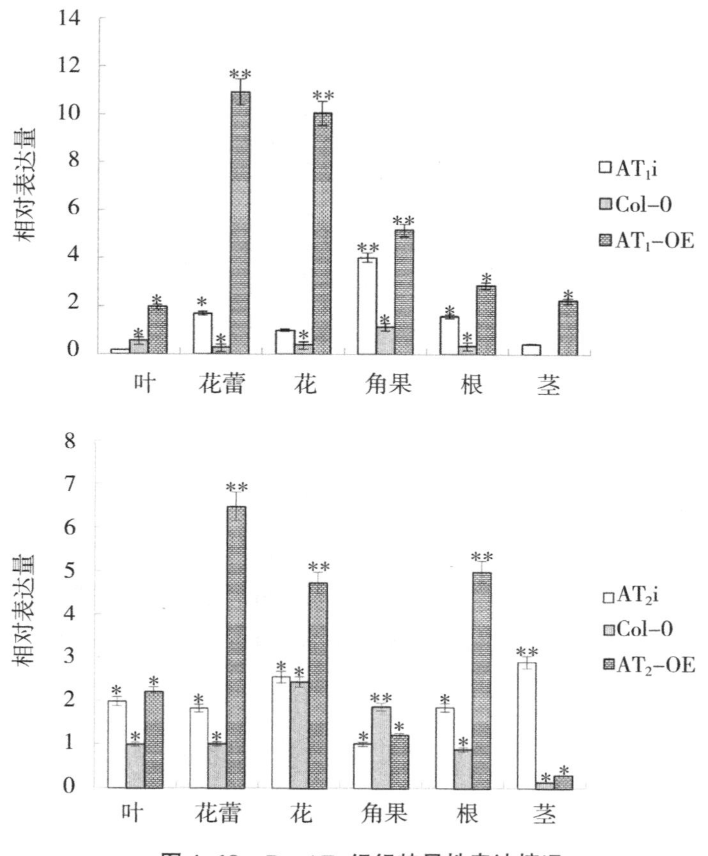

图 4-18　*BnaATs* 组织特异性表达情况

如图 4-19 所示。*BnaOPR*1、*BnaOPR*2、*BnaOPR*3 和 *BnaOPR*4 基因在叶、花蕾、花、角果、根和茎中均有表达，其中，多在花蕾、花及角果中表达量较高。

AT 和 *OPR* 基因广泛存在于真核生物体内，是调控植物代谢的重要基因[47,80]。据报道，脂肪酸合成过程通常发生在内质网、叶绿体和质体中，其中油酸和亚油酸的主要调控基因 *FADs* 多在植株的花和角果中表达量较高[95-96]。本试验发现 *BnaATs* 和 *BnaOPRs* 基因多在植株开花期高表达，该一结论和前人一致，可能与其行使的功能相关[96-97]。

（二）转基因拟南芥非生物逆境胁迫表达分析

1. *BnaAT*s 非生物逆境胁迫表达分析

探究 IAA（1.0 μmol）胁迫下 *BnaAT*s 表达情况，结果如图 4-20 所示。在 IAA 刺激下，相较于未转化的 Col-0 植株，处理后 12～72 h，过表达植株中 *BnaAT*1 和 *BnaAT*2 表达量显著上调，分别是未转化 Col-0 植株的 3.6 倍和 0.5 倍。

NaCl（110.0 mmol）胁迫下 *BnaAT*s 的表达情况如图 4-21 所示，过表达和沉默表达 *BnaAT*s 植株对盐胁迫都产生了应激反应。其中，处理后 12～72 h，过表达植株中 *BnaAT*1 和 *BnaAT*2 表达量显著上调，分别是未转化 Col-0 植株的 3.6 倍和 2.4 倍。

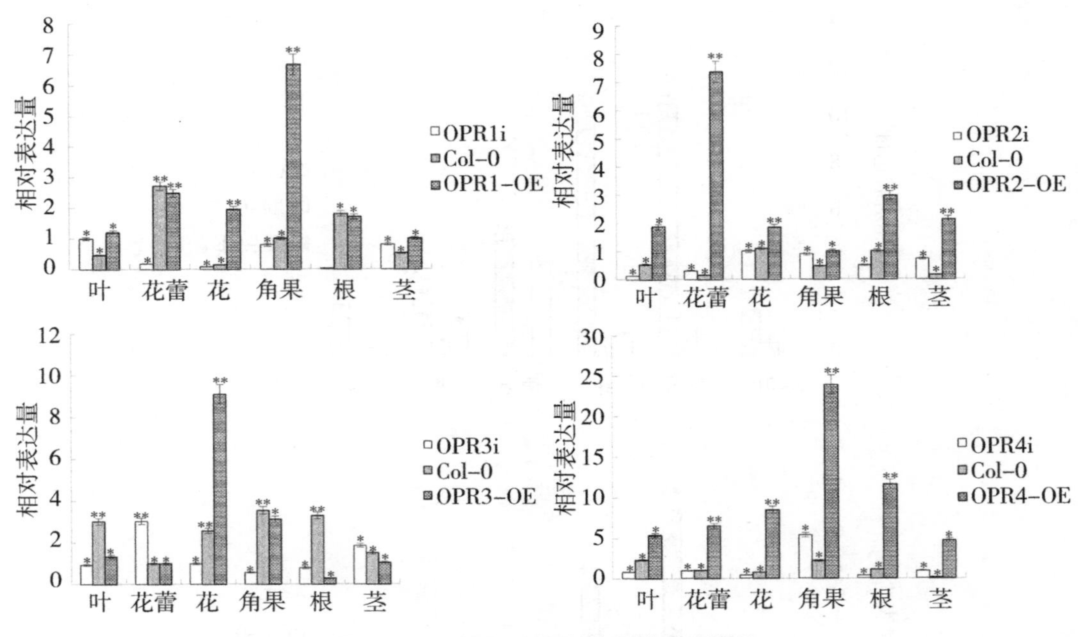

图 4-19 *BnaOPRs* 组织特异性表达情况

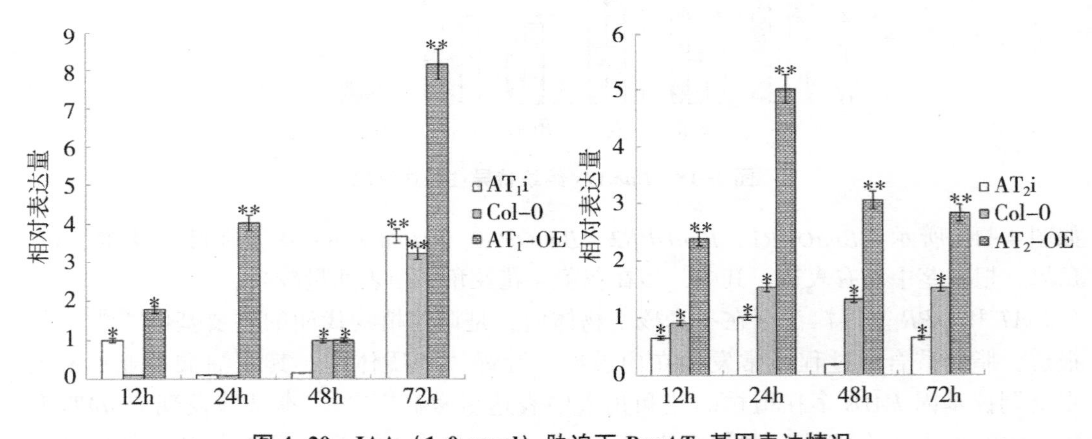

图 4-20 IAA（1.0 μmol）胁迫下 *BnaATs* 基因表达情况

设置 GA_3（1.0 μmol）胁迫条件，转基因阳性植株表达情况如图 4-22 所示。AT_1-OE 植株 *BnaAT*$_1$ 基因在 48 h 时表达量最高，AT_1i 植株 *BnaAT*$_1$ 基因在 72 h 时表达量出现峰值。相较于未转化的 Col-0 植株，处理后 12～72 h，过表达植株中 *BnaAT*$_1$ 和 *BnaAT*$_2$ 表达量显著上调，分别是未转化 Col-0 植株的 3.5 倍和 33.4 倍。

使用 PEG 4000 可以模拟自然的干旱作用[98]。试验结果如图 4-23 所示，过表达和沉默表达 *BnaAT*s 植株对干旱胁迫有不同程度的应激反应。其中，相较于未转化的 Col-0 植株，处理后 12～72 h，过表达植株中 *BnaAT*$_1$ 和 *BnaAT*$_2$ 基因的表达量显著上调，分别是未转化 Col-0 植株的 2.2 倍和 11.4 倍。

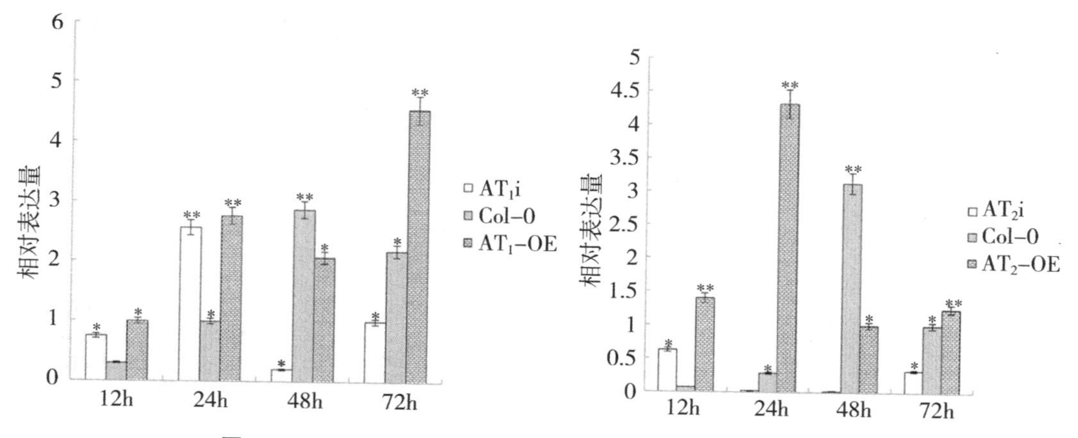

图 4-21　NaCl（110.0 mmol）胁迫下 *BnaATs* 基因表达情况

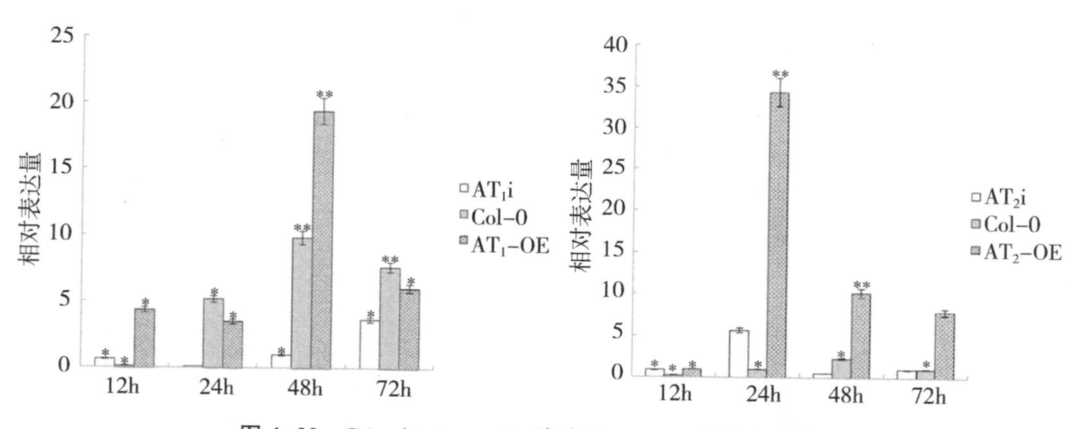

图 4-22　GA_3（1.0 μmol）胁迫下 *BnaATs* 基因表达情况

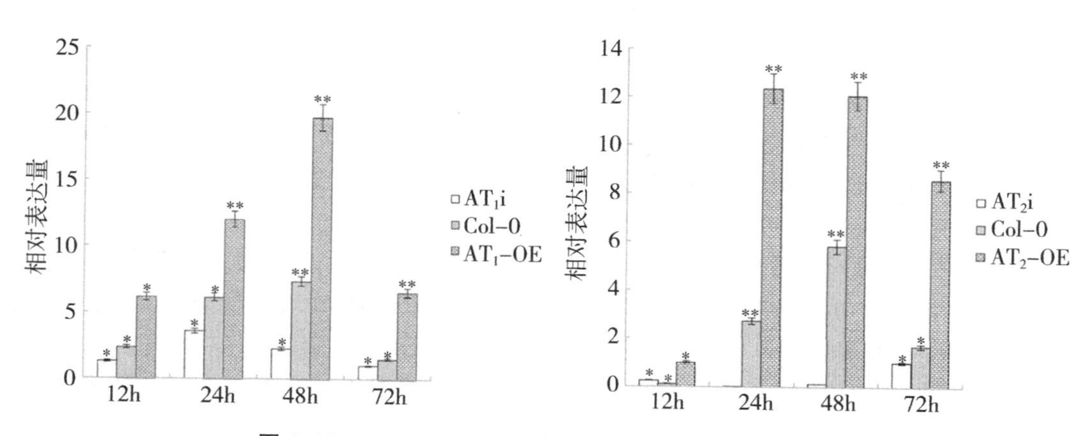

图 4-23　PEG（10.0%）胁迫下 *BnaATs* 基因表达情况

2. *BnaOPRs* 非生物逆境胁迫表达分析

分析 IAA（1.0 μmol）处理后的 *BnaOPRs* 基因表达情况，结果如图 4-24 所示。过

表达和沉默表达 *BnaOPRs* 植株对 IAA 产生了应激作用。相较于未转化 Col-0 植株，处理后 12~72 h，过表达植株中，*BnaOPR*1、*BnaOPR*2、*BnaOPR*3 和 *BnaOPR*4 表达量显著上调，分别是未转化 Col-0 植株的 1.46 倍、1.2 倍、0.3 倍和 0.9 倍。

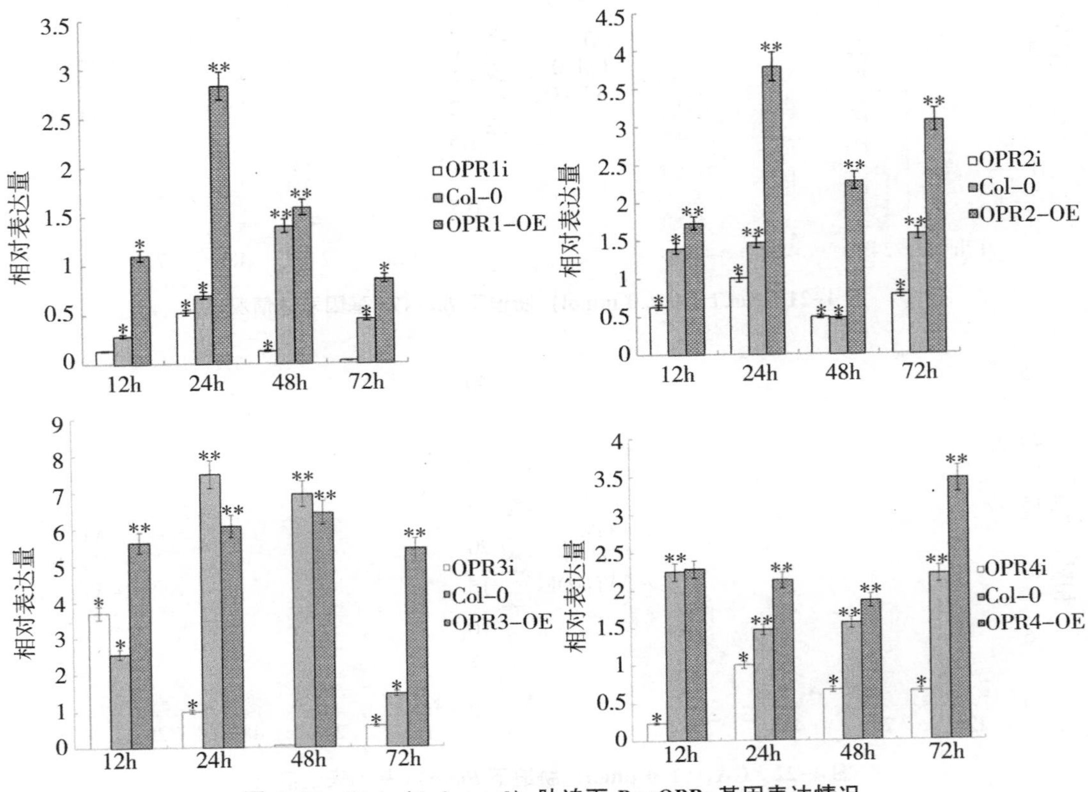

图 4-24　IAA（1.0 μmol）胁迫下 *BnaOPRs* 基因表达情况

对阳性植株喷施 NaCl（110.0 mmol）处理后，*BnaOPRs* 表达情况如图 4-25 所示。相较于未转化的 Col-0 植株，处理后 12~72 h，过表达植株中 *BnaOPR*1、*BnaOPR*2、*BnaOPR*3 和 *BnaOPR*4 表达量显著上调，分别是未转化 Col-0 植株的 0.7 倍、2.6 倍、0.2 倍和 1.0 倍。过表达和沉默表达 *BnaOPRs* 植株对盐胁迫产生了应激反应。

GA_3（1.0 μmol）胁迫后 *BnaOPRs* 基因的表达情况如图 4-26 所示。过表达和沉默表达 *BnaOPRs* 植株对赤霉素有应激作用。相较于未转化的 Col-0 植株，处理后 12~72 h 间，过表达植株中 *BnaOPR*1、*BnaOPR*2、*BnaOPR*3 和 *BnaOPR*4 表达量显著上调，分别是未转化 Col-0 植株的 0.9 倍、5.3 倍、0.5 倍和 1.4 倍。

PEG 4000（10.0%）模拟自然界干旱条件，该胁迫下 *BnaOPRs* 4 个时期的表达情况如图 4-27 所示。过表达和沉默表达 *BnaOPRs* 植株对干旱胁迫产生了有应激反应。相较于未转化的 Col-0 植株，处理后 12~72 h，过表达植株中 *BnaOPR*1、*BnaOPR*2、*BnaOPR*3 和 *BnaOPR*4 表达量显著上调，分别是未转化 Col-0 植株的 2.7 倍、6.2 倍、2.8 倍和 9.15 倍。

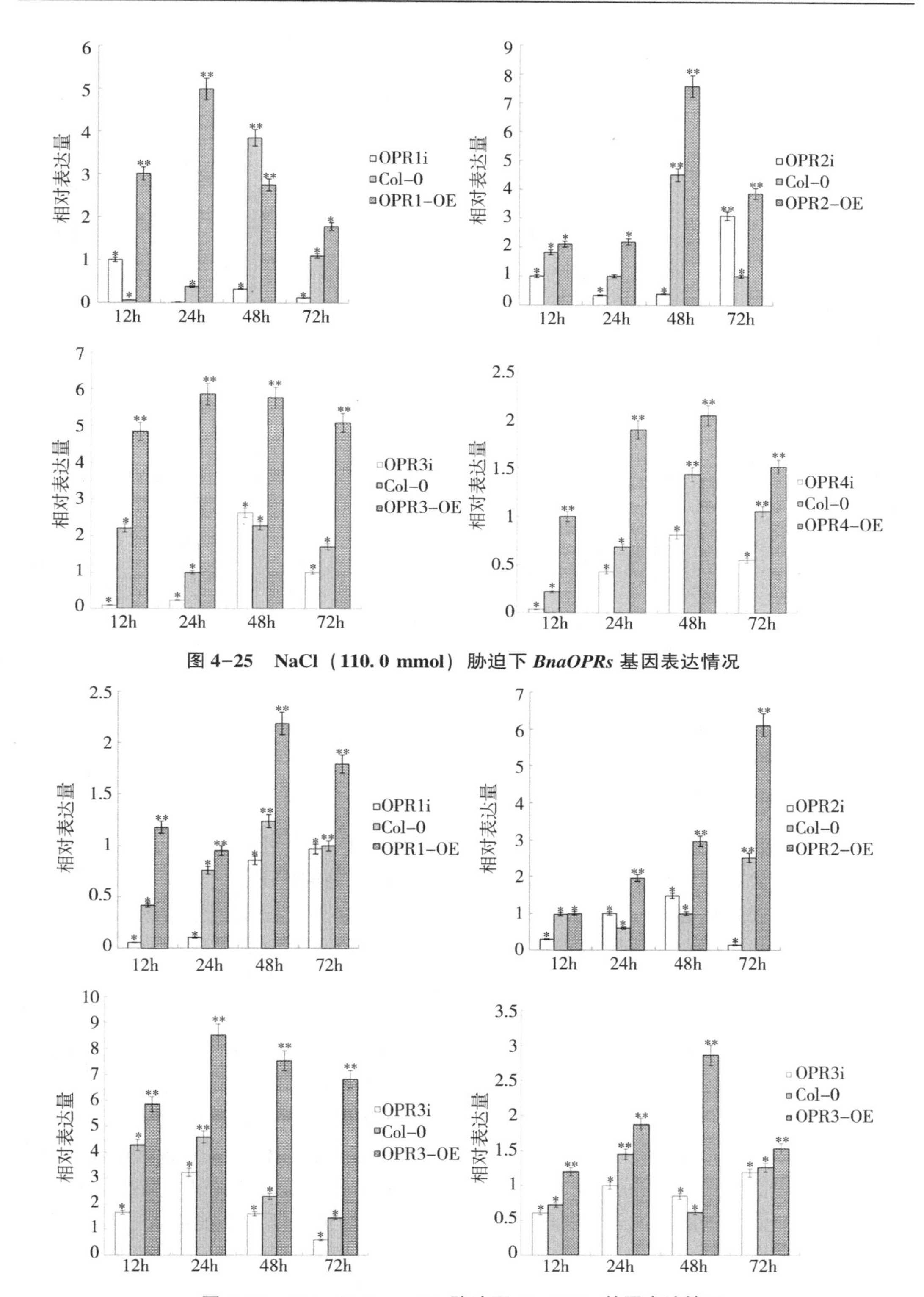

图 4-25　NaCl（110.0 mmol）胁迫下 *BnaOPRs* 基因表达情况

图 4-26　GA_3（1.0 μmol）胁迫下 *BnaOPRs* 基因表达情况

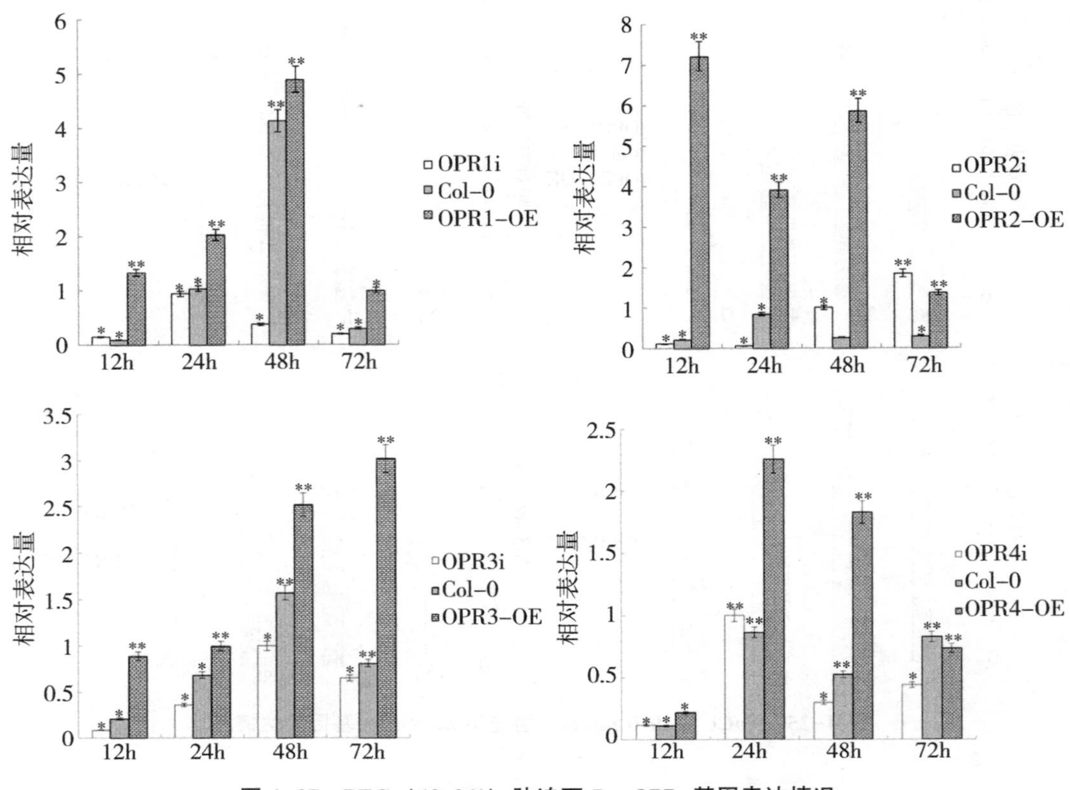

图 4-27 PEG（10.0%）胁迫下 *BnaOPRs* 基因表达情况

四、讨论

研究基因的组织特异性表达通常直接在未转化的植株中进行[38,58,81]，而本试验以转基因拟南芥为对象展开研究，分别在过表达和沉默表达的情况下，对基因相对表达量的比较，能够较全面地分析 *BnaATs* 和 *BnaOPRs* 基因在各组织中的表达情况，也进一步证实靶基因能够在拟南芥植株中正常表达。同时，以转基因拟南芥为对象[58,94]，探究 *BnaATs* 和 *BnaOPRs* 基因对胁迫的应激反应，深度挖掘该基因的功能。

BnaOPR 是一个多功能的基因家族（PF00724），存在多个家族成员，保守结构域为 Oxidored_FMN，在拟南芥、小麦、玉米和水稻等植物中均有报道[99,100]，而 *OPR* 成员在甘蓝型油菜中有关表达模式的报道较少[47,80]，尚无转基因层面对表达模式及非生物胁迫进行深入研究。而进一步挖掘 *BnaATs* 和 *BnaOPRs* 基因的表达模式，可以对它们的作用位点以及功能有更明确的推断。从组织特异性层面，分析了多个成员在 6 个不同组织中的表达情况，发现 *BnaATs* 和 *BnaOPRs* 基因成员多在植株的花和角果中出现高表达，该结论与前人一致[101]，推测两基因的表达模式与其发挥的功能有关。*BnaATs* 和 *BnaOPRs* 基因在花和角果中表达量较高，表明它们主要在种子的形成时期发挥作用，进一步证实该基因各成员可能参与了种子脂肪酸的合成过程。

植物在发育过程中会受到多种非生物胁迫，有的会对植物带来不可逆损害，如高盐、高肥、高温和干旱等，且各非生物胁迫往往交叉作用影响植株的正常发育[102]。植物对非生物胁迫有一个复杂的调控机制，在这个机制下，植物体的相关调控基因会迅速作出反应，以维持机体正常的生理活动[103-105]。随着分子生物学技术的飞速发展，人们发现许多植物通过表达一些特殊蛋白来抵抗非生物胁迫，这些蛋白质主要是由植物体内多种酶系合成和分泌出来的，如过氧化物歧化酶（POD）、谷胱甘肽硫转移酶（GST）、多酚氧化酶（PPO）、抗坏血酸还原酶（APX）等多种酶系[106,107]。它们参与了植物对外界环境条件的响应，调节细胞内活性氧代谢平衡，从而提高植物抵御逆境胁迫能力[108]，研究植物与逆境互作的调控机理具有重要意义[109]。甘蓝型油菜中 *BnaATs* 和 *BnaOPRs* 基因成员在关于非生物逆境胁迫方面的调控研究报道较少，对该基因成员的非生物胁迫研究很有必要。设置 4 种不同胁迫条件，发现它们发挥的生物学功能存在较大差异：①盐胁迫会引起植株营养和生殖生长的变化。据报道，植株抗盐能力受数量性状调控[110]。本研究发现，盐胁迫处理后 *BnaAT*1 和 *BnaOPR*2 表达量变化较大，分别提升了 3.6 倍和 2.6 倍。②PEG 为模拟土壤干旱的试剂[98]，主要通过渗透作用影响种子发芽势[111]。发现 *BnaOPR*4 表达量是未转化 Col-0 植株的 9.15 倍，可能响应了 PEG 应激反应，该结论与 Turner[86]、Zavala[112] 和 Kniskern 等[113] 一致。本试验进一步分析了 *BnaATs* 和 *BnaOPRs* 基因对植株逆境胁迫的响应，为探究基因的功能提供参考。

此外，*BnaOPR* 基因还影响植物抗病性和育性过程，如 Guang 等[63] 发现 *ClOPR*2 和 *ClOPR*4 基因参与西瓜中红光诱导的根结线虫病的防御过程；Liu 等[67] 敲除 *GhOPR*9 后棉花的抗病能力提升。Pak[109]、夏凡[114] 和 You 等[115] 发现水稻 *OSOPR* 基因的缺失将影响植株的结实和不育。

五、小结

本试验发现 *BnaATs* 和 *BnaOPRs* 基因多个成员在叶、花蕾、花、角果、根和茎 6 种组织中均有表达，但多在角果和花中表达量较高。非生物胁迫研究：①IAA 处理后 *BnaAT*1 和 *BnaOPR*1 表达量显著上调，分别提高 3.6 倍和 1.46 倍；②NaCl 处理后 *BnaAT*1 和 *BnaOPR*2 表达量显著上调，分别提高 3.6 倍和 2.6 倍；③GA_3 处理后，*BnaAT*2 和 *BnaOPR*2 表达量显著上调，分别提高 33.4 倍和 5.3 倍；④PEG 4000 处理后 *BnaAT*2 和 *BnaOPR*4 表达量显著上调，分别提高 11.4 倍和 9.15 倍。

参考文献

[1] 王昊一. 油菜种子脂肪酸消减基因的功能解析及含油量相关基因发掘 [D]. 杭州：浙江大学，2021：14-23.

[2] 赵金伟，周安国，王之盛. 共轭亚油酸的免疫应激调控作用 [J]. 饲料工业，2007，28（4）：51-52.

[3] 王佳友，何秀荣，王茵. 中国油脂油料进口替代关系的计量经济研究 [J]. 统计与信息论坛，2017，32（5）：69-75.

[4] Tvrzicka E，Kremmyda L，Stankova B，et al. Fatty acids as biocompounds：their role in human metabolism，health and disease-a review. Part 1：classification，

dietary sources and biological functions [J]. Biomed Pap Med Fac Univ Palacky Olomouc Czech Repub, 2011, 155 (2): 117-130.

[5] 常世豪. 新型甘蓝型油菜主要脂肪酸性状的筛选及其关联位点分析 [D]. 武汉: 华中农业大学, 2017: 24-28.

[6] 余艳锋, 付江凡, 刘士佩. 制约江西油菜产业发展的因素与对策分析 [J]. 作物研究, 2017, 31 (3): 317-320.

[7] 郑晓珂, 王绅, 张明辉, 等. GC-MS 结合保留指数分析桑白皮脂肪油成分 [J]. 中国新药杂志, 2015, 2 (1): 228-230.

[8] 杨小唤, 蔡卓亚, 蔡雄, 等. 锯叶棕果实提取物软胶囊质量标准研究 [J]. 中国新药杂志, 2015, 24 (3): 2854-2864.

[9] Gyeong A, Somi K. Ethyl linoleate inhibits α - MSH - induced melanogenesis through Akt/GSK3β/β-catenin signal pathway [J]. Korean Journal of Physiology & Pharmacology, 2018, 22 (1): 53-61.

[10] 傅寿仲. 油菜高亚油酸、低亚麻酸育种的进展 [J]. 世界农业, 1990, 12 (4): 21-23.

[11] 官春云. 油菜品质改良和分析方法 [M]. 长沙: 湖南科学技术出版社, 1985: 126-152.

[12] 李利霞, 陈碧云, 闫贵欣, 等. 中国油菜种质资源研究利用策略与进展 [J]. 植物遗传资源学报, 2020, 21 (1): 1-19.

[13] Ali N, Bakht J, Naveed K, et al. Heterosis studies for some fatty acids composition of Indian mustard (*Brassica Juncea* L.) [J]. J ANIM PLANT SCI, 2015, 25 (3): 587-592.

[14] Janetta N, Jan B, Kinga S, et al. New Interspecific *Brassica* Hybrids with High Levels of Heterosis for Fatty Acids Composition [J]. Agriculture, 2020, 10 (6): 221-226.

[15] 杨盛强. 甘蓝型油菜种子亚油酸含量和亚麻酸含量的 QTL 定位 [D]. 长沙: 湖南农业大学, 2010, 1-5.

[16] 龙卫华, 浦惠明, 高建芹, 等. 油菜高油酸种质的创建及高油酸性状遗传与生理特性的分析 [J]. 中国农业科学, 2021, 54 (2): 261-270.

[17] Habibur R, Stacy D, Randall J. Development of low-linolenic acid *Brassica oleracea* lines through seed mutagenesis and molecular characterizatio of mutants [J]. Theoretical and Applied Genetics, 2013, 126 (6): 1587-1598.

[18] 唐珊. 甘蓝型油菜油脂合成遗传机制解析和 EMS 突变体库构建 [D]. 武汉: 华中农业大学, 2020: 56-78.

[19] Ainash D, Dias D, Dmitriy V, et al. Doubled haploids of interspecific hybrids between *Brassica napus* and *Brassica rapa* for canola production with valuable breeding traits [J]. Palaeogeogr Palaeocl, 2020, 27 (2): 1-3.

[20] 崔婷婷. 利用基因组编辑技术创造油菜脂肪酸变异新资源 [D]. 武汉: 华

中农业大学，2017：26-52.

[21] Guan M，Huang X，Xiao Z，et al. Association mapping analysis of fatty acid content in different ecotypic rapeseed using mrMLM [J]. Front Plant Sci，2019，9（12）：1872-1878.

[22] Yang Q，Fan C，Guo Z，et al. Identification of *FAD2* and *FAD3* genes in *Brassica napus* genome and development of allele-specific markers for high oleic and low linolenic acid contents [J]. Theoretical and Applied Genetics，2012，125（4）：715-729.

[23] Qu C，Jia L，Fu F，et al. Genome-wide association mapping and Identification of candidate genes for fatty acid composition in *Brassica napus* L. using SNP markers [J]. BMC Genomics，2017，18（1）：145-149.

[24] Qing Z，Jian W，Cai G，et al. A novel quantitative trait locus on chromosome A9 controlling oleic acid content in *Brassica napus* [J]. Plant Biotechnology Journal，2019，17（12）：2313-2324.

[25] 叶桑，崔翠，郜欢欢，等．基于 SNP 遗传图谱对甘蓝型油菜部分脂肪酸组成性状的 QTL 定位 [J]. 中国农业科学，2019，52（21）：3733-3747.

[26] Javed N，Jianfeng G，Tahir M，et al. Identification of QTL influencing seed oil content，fatty acid profile and days to flowering in *Brassica napus* L. [J]. Euphytica，2016，207（1）：191-211.

[27] Niemann J，Bocianowski J，Wojciechowski A. Effects of genotype and environment on seed quality traits variability in interspecific cross - derived *Brassica* lines [J]. Euphytica，2018，214（1）：193-201.

[28] Ratajczak K，Sulewska H，Grayna S. New winter oilseed rape varieties - seed quality and morphological traits depending on sowing date and rate [J]. Plant Production Science，2017，20（3）：1-11.

[29] 郭图丽，谢涛，蒋金金，等．*BnTT2* 调控甘蓝型油菜种皮颜色及脂肪酸合成的功能研究 [C] //第十九届中国作物学会学术年会论文摘要集．武汉：中国学术期刊电子出版社，2020：130.

[30] 翟云孤．甘蓝型油菜 *BnaTT8* 基因突变体的创建及功能研究 [D]. 武汉：华中农业大学，2021：2-4.

[31] 刘浩，鲁清，李海芬，等．花生硬脂酰-ACP 酸脱饱和基因 *FAB2* 表达的分子机制 [J]. 作物学报，2019，45（11）：1638-1648.

[32] 姚琳，孙璇，咸拴狮，等．甘蓝型油菜籽粒油酸、亚油酸、亚麻酸和蛋白质含量变异及相关性分析 [J]. 中国粮油学报，2021，3（1）：1-6.

[33] 晏伟，余坤江，万薇，等．甘蓝型油菜种质群体十八碳脂肪酸含量变异及相关性分析 [J]. 种子，2020，39（7）：60-63，76.

[34] 原小燕，符明联，张云云，等．云南芥菜型油菜资源品质及苗期耐旱性评价 [J]. 中国油料作物学报，2020，42（4）：573-584.

[35] 程军勇，李良，周席华，等．油茶优树脂肪酸组成和相关性分析的研究 [J]．林业科技开发，2010，24（6）：41-43.

[36] 汪学德，崔英德，刘日斌，等．芝麻籽中脂肪酸组成测定及相关性分析 [J]．中国油脂，2016，41（1）：95-99.

[37] 赵卫国，王灏，穆建新，等．甘蓝型油菜 DH 群体主要品质性状相关性及主成分分析 [J]．中国农学通报，2019，35（14）：18-24.

[38] 田恩堂，李鲁峰，贾世燕，等．芥菜型油菜脂肪酸含量的变异、相关性分析及芥酸调控基因 *FAE*1 特异引物设计 [J]．广西植物，2016，36（12）：1445-1452.

[39] 葛宇，司雄元，胡福初，等．7 个油梨品种（系）果肉的脂肪酸含量及其相关性 [J]．贵州农业科学，2017，45（8）：104-108.

[40] 孟桂元，孙方，周静，等．亚麻种质脂肪酸成分差异及其相关性研究 [J]．分子植物育种，2016，14（9）：2502-2508.

[41] 何路军．N-乙酰基转移酶的研究进展 [J]．国外医学输血及血液学分册，2003，26（6）：529-531.

[42] Arnesen T. Towards a Functional Understanding of Protein N - Terminal AcetylATion [J]. PLOS Biology，2011，9（5）：15-23.

[43] Yang Q，Reinhard K，Schiltz E，et al. Characterization and heterologous expression of hydroxycinnamoyl/benzoyl-CoA：anthranilate N-hydroxycinnamoyl/benzoyl-transferase from elicited cell cultures of carnation [J]. Plant Molecular Biology，1997，35（6）：777-789.

[44] Benoit S，Lamme P，Alarco A，et al. The terminal O-acetyltransferase involved in vindoline biosynthesis defines a new class of proteins responsible for coenzyme A-dependent acyltransfer [J]. The Plant Journal，2010，14（6）：703-713.

[45] 吕斌娜，梁文星．蛋白质乙酰化修饰研究进展 [J]．生物技术通报，2015，31（4）：166-174.

[46] 夏德安，刘春娟，吕世博，等．植物组蛋白乙酰基转移酶的研究进展 [J]．生物技术通报，2015，31（7）：18-25.

[47] 张琳，谭晓风，胡姣，等．油茶乙酰 CoA 酰基转移酶基因 cDNA 克隆及序列特征分析 [J]．中南林业科技大学学报，2011，31（8）：108-112.

[48] 程潜，官梅，张振乾，等．甘蓝型油菜乙酰转移酶基因的克隆及功能验证 [J]．华北农学报，2021，36（1）：36-43.

[49] Chalhoub B，Denoeud F，Liu S，et al. Early allopolyploid evolution in the post-Neolithic *Brassica napus* oilseed genome [J]. Science，2014，345（6199）：950-953.

[50] Breithaupt C，Kurzbauer R，Lilie H，et al. Crystal structure of 12-oxophytodienoate reductase 3 from tomato：self-inhibition by dimerization [J]. Proc Natl Acad Sci USA，2006，103（39）：14337-14342.

[51] Matsui H, Nakamura G, Ishiga Y, et al. Structure and expression of 12-oxophytodienoate reductase (subgroup I) genes in pea, and characterization of the oxidoreductase activities of their recombinant products [J]. Molecular Genetics and Genomics, 2004, 271 (10): 1-10.

[52] Zhang J, Simmons C, Yalpani N, et al. Genomic analysis of the 12-oxo-phytodienoic acid reductase gene family of *Zea mays* [J]. Plant Molecular Biology, 2005, 59 (12): 323-343.

[53] Li W, Zhou F, Liu B, et al. Comparative characterization, expression pattern and function analysis of the 12-oxo-phytodienoic acid reductase gene family in rice [J]. Plant Cell Reports, 2011, 30 (13): 981-995.

[54] Mou Y, Liu Y, TianS, et al. Genome-Wide Identification and Characterization of the *OPR* Gene Family in Wheat (*Triticum aestivum* L.) [J]. International Journal of Molecular Sciences, 2019, 20 (4): 1914-1916.

[55] Biesgen C, Weiler E. Structure and regulation of *OPR*1 and *OPR*2, two closely related genes encoding 12-oxophytodienoic acid-10, 11-reductases from *Arabidopsis thaliana* [J]. Planta, 1999, 208 (1): 155-165.

[56] 王艳微，王敏，王江，等．大豆 *OPR* 基因家族全基因组鉴定与表达分析 [J]. 大豆科学，2022，41 (2)：129-139.

[57] Stintzi A, Browse J. The *Arabidopsis* male-sterile mutant, *OPR*3, lacks the 12-oxophytodienoic acid reductase required for jasmonate synthesis [J]. Proc NAT Acad Sci USA, 2000, 97 (5): 10625-10630.

[58] Yan Y, Christensen S, Isakeit T, et al. Disruption of *OPR*7 and *OPR*8 reveals the versatile functions of jasmonic acid in maize development and defense [J]. The Plant Cell, 2012, 24 (4): 1420-1436.

[59] 董蔚．十八碳烷酸合成途径基因的逆境胁迫应答研究 [D]. 济南：山东大学，2012：1-5.

[60] 李文燕．植物 *OPR* 基因家族系统发育分析及水稻 *OPR* 家族基因分子生物学功能研究 [D]. 广州：中山大学，2010：18-22.

[61] Strassner J, Schaller F, Frick U, et al. Characterization and cDNA-microarray expression analysis of 12-oxophytodienoate reductases reveals differential roles for octadecanoid biosynthesis in the local versus the systemic wound response [J]. Plant J, 2002, 32 (6): 585-601.

[62] Stintzi A, Weber H, Reymond P, et al. Plant defense in the absence of Jasmonic acid: the role of cyclopentenones [J]. Plant Biol, 2001, 98 (2): 12837-12842.

[63] He Y, Zhang H, Sun Z, et al. Jasmonic acid-mediated defense suppresses brassinosteroid-mediated susceptibility to Rice black streaked dwarf virus infection in rice [J]. New Phytologist, 2017, 214 (1): 388-392.

[64] Guang Y, Luo S, Ahammed G, et al. The *OPR* gene family in watermelon: Genome-wide identification and expression profiling under hormone treatments and root-knot nematode infection. Plant Biol (Stuttg) [J]. Plant Biology, 2021, 23 (3): 80-88.

[65] Mandaokar A, Thines B, Shin B, et al. Transcriptional regulators of stamen development in *Arabidopsis* identified by transcriptional profiling [J]. Plant J, 2006, 46 (1): 984-1008.

[66] 彭昌琴，陈兴银，杨鹏，等. 镉胁迫对尾穗苋种子萌发及幼苗生理特性的影响[J]. 种子，2018，37 (7): 52-57.

[67] Toyoda K, Kawanishi Y, Kawamoto Y, et al. Suppression of mRNAs for lipoxygenase (*LOX*), allene oxide synthase (*AOS*), allene oxide cyclase (*AOC*) and 12-oxo-phytodienoic acid reductase (*OPR*) in pea reduces sensitivity to the phytotoxin coronatine and disease development by Mycosphaerella pinodes [J]. Journal of general plant pathology, 2013, 79 (5): 321-334.

[68] Liu S, Sun R, Zhang X, et al. Genome-Wide Analysis of *OPR* Family Genes in *Cotton* Identified a Role for *GhOPR9* in Verticillium dahliae Resistance [J]. Genes, 2020, 11 (10): 1134-1139.

[69] 许奕，徐碧玉，宋顺，等. 香蕉茉莉酸合成关键酶基因 *MaOPR* 的克隆和表达分析 [J]. 园艺学报，2013，40 (2): 237-246.

[70] 孙婷婷，王文举，刘峰，等. 甘蔗茉莉酸合成关键酶基因 *ScOPR1* 的克隆、亚细胞定位及表达 [J]. 应用与环境生物学报，2018，24 (6): 1365-1374.

[71] 杨柳，李东欣，谭太龙. 不同油酸含量油菜脂肪酸含量分析 [J]. 作物研究，2018，32 (5): 390-394，402.

[72] Deng W, Liu C, Pei Y, et al. Involvement of the histone acetyltransferase AtHAC1 in the regulation of flowering time via repression of FLOWERING LOCUS C in Arabidopsis [J]. Plant Physiology, 2007, 143 (4): 1660-1668.

[73] Bertrand C, Bergounioux C, Domenichini S, et al. Arabidopsis histone acetyltransferase AtGCN5 regulates the floral meristem activity through the WUSCHEL/AGAMOUS pathway [J]. Journal Biological Chemistry, 2007, 278 (30): 28246-28251.

[74] 肖旭峰，张祎，杨寅桂. 菜心组蛋白乙酰转移酶基因 *BrcuHAC1* 克隆与表达分析 [J]. 核农学报，2017 (12): 41-49.

[75] 江南，谭晓风，张琳，等. 基于 RNA-Seq 的油茶种子 α-亚麻酸代谢途径及相关基因分析 [J]. 林业科学，2014，50 (8): 68-75.

[76] 祖军. 胁迫诱导棉花 microRNA 的差异表达分析 [D]. 泰安：山东农业大学，2011: 1-4.

[77] 杨丽萍，韩晗，石淼，等. 非生物胁迫处理后拟南芥过氧化氢含量变化的

分析［J］. 吉林师范大学学报（自然科学版），2022，43（1）：107-110.
［78］闫振，李进，阿丽努尔，等 . 外源钙对盐胁迫下单叶蔷薇种子萌发和幼苗生长的影响［J］. 草地学报，2022，16（1）：1-17.
［79］金玉环，刘芳，黄薇，等 . 短命植物新疆小拟南芥高盐胁迫处理下内参基因的筛选［J］. 玉林师范学院学报，2018，39（2）：2-9.
［80］Handa H. The complete nucleotide sequence and RNA editing content of the mitochondrial genome of rapeseed（*Brassica napus* L.）：comparative analysis of the mitochondrial genomes of rapeseed and *Arabidopsis thaliana*［J］. Nucleic Acids Res，2003，31（10）：5907-5916.
［81］王晓丹，肖钢，张振乾，等 . 高油酸油菜脂肪酸代谢相关微效基因筛选及验证［J］. 农业生物技术学报，2019，27（7）：1171-1178.
［82］洪波 . 甘蓝型油菜 *BnGPAT*9 基因功能的初步研究［D］. 长沙：湖南农业大学，2020：6-15.
［83］张振乾，肖钢，官春云 . 气相色谱内标法测定生物柴油产率［J］. 中国粮油学报，2009，24（5）：139-142.
［84］Waalen W，Qvergaard S，Assveen M，et al. Winter survival of winter rapeseed and winter turnip rapeseed in field trials，as explained by PPLS regression［J］. European Journal of Agronomy，2013，51（2）：81-90.
［85］Zhao J，Dimov Z，Becker H，et al. Mapping QTL controlling fatty acid composition in a doubled haploid rapeseed population segregating for oil content［J］. Molecular Breeding，2008，21（5）：115-125.
［86］阎星颖 . 甘蓝型油菜油脂 QTL 定位及油酸脱氢酶 *FAD*2 基因的克隆和分子进化［D］. 重庆：西南大学，2012：1-3.
［87］Turner J，Ellis C，Devoto A. The jasmonate signal pathway［J］. Plant Cell，2002，14（1）：53-64.
［88］Weber H，Vick B，Farmer E. Dinor-oxo-phytodi-enoic acid：A new hexadecanoid signal in the jasmonate family［J］. Proc Natl Acad Sci USA，1997，94（1）：10473-10478.
［89］尚国霞 . 甘蓝型油菜高油酸性状的遗传研究及近红外检测模型的建立［D］. 重庆：西南大学，2010：4-5.
［90］郜金荣 . 分子生物学［M］. 北京：化学工业出版社，2011：124-143.
［91］Wang L，Zheng J，Luo Y，et al. Construction of a genomewide RNAi mutant library in rice［J］. Plant Biotechnol Journal，2013，11（1）：997-1005.
［92］祖军 . 胁迫诱导棉花 microRNA 的差异表达分析［D］. 泰安：山东农业大学，2011：1-4.
［93］杨丽萍，韩晗，石森，等 . 非生物胁迫处理后拟南芥过氧化氢含量变化的分析［J］. 吉林师范大学学报（自然科学版），2022，43（1）：107-110.
［94］闫振，李进，阿丽努尔，等 . 外源钙对盐胁迫下单叶蔷薇种子萌发和幼苗

生长的影响［J］. 草地学报，2022，16（1）：1-17.

［95］ 金玉环，刘芳，黄薇，等. 短命植物新疆小拟南芥高盐胁迫处理下内参基因的筛选［J］. 玉林师范学院学报，2018，39（2）：2-9.

［96］ Lee J，Lee H，Kang S，et al. Fatty acid desaturases，polyunsaturated fatty acid regulation，and biotechnological advances［J］. Nutrients，2016，8（1）：23-29.

［97］ 王利民，符真珠，高杰，等. 植物不饱和脂肪酸的生物合成及调控［J］. 基因组学与应用生物学，2020，39（1）：254-258.

［98］ 马建，丁浦洋，王素容，等. 小麦穗发育相关基因的研究进展［J］. 四川农业大学学报，2022，40（1）：1-9.

［99］ 刘喜平，王淑静，张福强，等. *GmRACK*1 基因对大豆耐旱性调控作用研究［J］. 大豆科学，2021，40（5）：592-601.

［100］ 牟艺菲. 小麦 *OPR* 和 *LOX* 基因家族的鉴定及其抗逆功能分析［D］. 杨凌：西北农林科技大学，2019：5-9.

［101］ Li W，Liu B，Yu L，et al. Phylogenetic analysis，structural evolution and functional divergence of the 12-oxo-phytodienoate acid reductase gene family in plants［J］. BMC Evolutionary Biology，2009，5（10）：9-21.

［102］ 朱宗文，张爱冬，吴雪霞，等. 生物信息学鉴定分析茄子脂肪酸去饱和酶（*FAD*）基因家族［J］. 分子植物育种，2021，19（4）：1-15.

［103］ 祖小峰. 玉米促分裂原活化蛋白激酶 *ZmMAPK*4 的克隆及功能研究［D］. 郑州：河南农业大学，2013：2-6.

［104］ 梁娟红. 过表达油菜 BrMAPK4 拟南芥抗逆性研究［D］. 兰州：西北师范大学，2021：18-22.

［105］ 戚琳，宋修超，沈新，等. 3-吲哚乙酸对植物修复重金属污染土壤的增效作用［J］. 江苏农业科学，2022，50（4）：193-197.

［106］ 刘丽雪，吕庆雪，张彦威. 大豆 GmGBPl 在 GA3 调控开花过程中的功能分析［J］. 作物杂志，2014，30（4）：71-74.

［107］ 奉斌，代其林，王劲. 非生物胁迫下植物体内活性氧清除酶系统的研究进展［J］. 绵阳师范学院学报，2009，28（11）：50-53.

［108］ 邹盼红，邵征绩，向成丽，等. 非生物胁迫下柑橘生理生化与基因表达调控的研究进展［J］. 现代园艺，2020，43（17）：3-5.

［109］ 段俊枝，李莹，赵明忠，等. *NAC* 转录因子在植物抗非生物胁迫基因工程中的应用进展［J］. 作物杂志，2017，6（2）：14-22.

［110］ Pak H，Wang H，Kim Y，et al. Creation of male - sterile lines that can be restored to fertility by exogenous methyl jasmonate for the establishment of a two-line system for the hybrid production of rice（*Oryza sativa* L.）［J］. Plant Biotechnology Journal，2021，19（2）：365-374.

［111］ 王洋，张瑞，刘永昊，等. 水稻对盐胁迫的响应及耐盐机理研究进展［J］.

中国水稻科学，2022，12（12）：1-16.

［112］梁娟红．过表达油菜 *BrMAPK*4 拟南芥抗逆性研究［D］. 兰州：西北师范大学，2021：18-22.

［113］Zavala J，Baldwin I. Jasmonic acid signalling and herbivore resistance traits constrain regrowth after herbivore attack in *Nicotiana attenuata*［J］. Plant Cell & Environment，2006，29（9）：1751-1760.

［114］Kniskern J，Traw M，Bergelson J，et al. Salicylic acid and jasmonic acid signaling defense pathways reduce natural bacterial diversity on *Arabidopsis thaliana*［J］. Molecular Plant Microbe Interactions，2007，20（12）：1512-1522.

［115］夏凡，代婷婷，姚新转，等．水稻 *OPR* 基因的克隆及其在烟草中抗镉性分析［J］. 种子，2020，39（5）：53-58.

［116］You X，Zhu S，Zhang W，et al. *OsPEX*5 regulates rice spikelet development through modulating jasmonic acid biosynthesis［J］. New Phytologist，2019，224（2）：712-724.

第五章　油菜早熟耐寒研究

第一节　研究概况

油菜（*Brassica napus* L.）是世界第二大油料作物，也是我国第一大自产植物油源，占我国食用油消费总量 23.6%[1]，占全世界植物油 13%~16%[2]。据国家统计局公布数据，2022 年油料种植面积达 1 314 万 hm^2，其中油菜种植面积达 726.7 万 hm^2，油菜籽产量达达 720.4 万 t，菜籽油消费量达 848 万 t[3]，同年我国食用油自给率达 35.9%[4]。我国食用植物油自给率远低于国际安全线，因此我国菜籽的供给量在相当长一段时间将维持紧张局面，大力发展油菜产业对确保我国食用油安全具有十分重要的作用。

2022 年中央一号文件特别强调“大力实施油料产能提升工程”，“在长江流域开发冬闲田扩种油菜”，表明油料在我国农业生产中的重要地位。2023 年中央一号文件强调：深入推进油料产能提升工程。统筹油菜综合性扶持措施，推行稻油轮作，大力开发利用冬闲田种植油菜。分类型开展油菜高产竞赛，分区域总结推广可复制的高产典型。实施耕地轮作项目，对开发冬闲田扩种油菜实行补贴，推广稻油、稻稻油和旱地油菜等种植模式。

一、早熟油菜生产的重要性

（一）解决双季稻油菜前后作季节矛盾

传统的油菜种植劳动强度大，投入多，收益少，致使近年来油菜种植面积连年下降。虽然国家也采取了油菜种子补贴等促进油菜生产的措施，但生产形势并未发生根本性好转。主要原因是农村劳动力缺乏，以老弱居多；同时现有油菜品种熟期偏迟，前后季作物茬口矛盾较大，在劳力缺乏的情况下，常导致双季稻田形成冬闲田。因此，必须改变油菜种植方式，大力发展早熟油菜。

（二）油菜生产机械化需要

机播（或直播）油菜播后因气温相对较低，苗期长势远差于育苗移栽油菜；同时，机播（或直播）油菜不能进行中耕除草等田间管理，易形成草荒苗，严重影响油菜产量。早熟品种的冬前长势远强于迟熟品种，冬前仍能形成较好苗架，抑制杂草生长，获得较好产量，且与后季作物的季节矛盾也小。湖南现在的一般油菜品种成熟期在 5 月 10 日左右，如果采用过熟机收方式，前后季作物的茬口（特别是油菜—双季稻模式）矛盾过大[5]。早熟油菜在 4 月底 5 月初成熟，不存在该问题。

（三）抵御冰冻对油菜的影响

2008年，湖南省经历了一场几十年不遇的冰冻灾害，已抽薹的油菜品种，全部冻死，抗寒性差的品种，叶片全部冻坏，对产量造成很大影响[5]。早熟品种冬前长势强，生长发育快，年前常有部分植株出现早薹早花现象，因此，在生产上必须选育抗寒的品种。

二、早熟油菜发展现状

油菜是我国最主要的冬季油料作物，常年种植面积在 7.3×10^6 hm^2 左右，主要分布在长江流域、黄淮流域以及西北地区，产油量占国产食用植物油的55%[6-7]。我国食用植物油70%依靠进口，严重影响到油料供给安全[8-9]。长江流域和黄淮流域是我国的口粮主产区[10]，其中在江西、云南、广西、湖南、贵州等省区大部分适合种植油菜[11]，是中国油菜新兴产区[12]，湖南和江西种植面积最大[13]。国内科研单位和大学纷纷加强了早熟油菜新品种的选育，国家油菜区域试验也从2008年秋播开始在南方产区专门增设了早熟组试验，以便筛选鉴定出早熟高产新品种。

（一）早熟油菜新品种选育的研究

利用雄性不育杂种优势技术，培育了新型菜油两用早熟杂交品种‘杂199’‘杂730’和‘杂1613’[14]，该类品种具有强大的营养优势和产量优势；冬前长势强，冬前抽薹早，能够增加菜籽有效供给。湖南农业大学油料研究所培育的早熟‘湘油420’等已在湖南和江西等地大面积推广。江西省农业科学院选育了‘赣油105’，华中农业大学选育的‘阳光131’等新品种也深受市场欢迎。但总体来说，新品种仍难以满足市场需求。

（二）早熟油菜功能基因的研究进展

1. 早花基因的研究进展

开花是植物从营养生长进入生殖生长的重要阶段，早熟油菜的早花特性通常与早熟成正相关，花期性状是早熟品种选育的重要标志性状[15]。乔幸等[16]利用CRISPR/Cas9基因编辑技术对控制油菜开花的两个关键基因 *BnFRI* 和 *BnFLC* 进行编辑，农杆菌侵染甘蓝型油菜下胚轴获得具有明显早熟性状的油菜株系，发现该植株明显比正常株系提早抽薹和开花。罗玉秀等[17]克隆特早熟春性甘蓝型油菜A基因组上的 *sBnFLD* 基因，并对其进行表达研究，得出克隆出的 *sBnFLD* 基因为甘蓝型油菜的 *FLD* 同源基因，该基因在春性特早熟甘蓝型油菜开花调控中可能起着重要的调节作用。艾育芳等[18]对早熟油菜成花相关基因 *LFY* 的克隆与分析，分析发现它与其他已报道植物的 *LFY* 同源基因有很高的同源性。根据这种结构上的相似性，可以推测它们在功能上的相似性。

周晓晨[19]研究开花期具有差异的甘蓝型油菜，共定位5个与早熟相关性状有关的QTL。利用同源克隆的方法，克隆得到 *BnGI*，其结果表明：*BnGI* 基因在根、茎、顶端分生组织、叶、花等中均有表达。张生萍等[20]克隆特早熟春性甘蓝型油菜的 *FCA* 同源基因（*sBnFCA*）及其可变剪接体，并分析得到克隆的 *sBnFCA-5* 为甘蓝型油菜 *sBnFCA* 基因的一个新的可变剪接体，该基因在春性特早熟甘蓝型油菜开花调控中可能有着重要的调节作用。郑本川等[21]研究开花调控转录因子 *CONSTANS*（*CO*）同源基因在甘蓝型油菜中的表达特征。其结果表明 *CO* 同源基因在甘蓝型油菜成花过程中以及生育期的长短上发挥着一定的作用。

2. 终花基因的研究进展

油菜经过春化处理才能开花成熟，开花的早晚与早熟性密切相关[22]。Hou 等[23]研究克隆出调控油菜冬春分化的基因（*BnFLC. A10*），春化作用抑制该基因的表达。Chen 等[24]在油菜 NIL 中通过图位克隆得到控制开花时间的基因 *BnFLC. A2*，并解释在该基因的第一个内含子中插入 2. 833 kb 的片段会得一个新的等位基因 *BnFLC. a2*，*BnFLC. a2* 纯合能很大程度促进不同遗传背景下油菜早开花。李书宇等[22]在甘蓝型油菜中筛选到候选基因 *BnaC08G0146200ZS*，该基因与拟南芥 *VRN2* 为同源基因，参与春化作用与 *FLC* 的转录调控。关于油菜开花期的 QTL 定位研究表明，控制开花期的基因位点几乎涉及油菜的全部染色体[25]。

林香等[26]以早熟甘蓝型油菜品系为材料，构建六世代遗传群体（P_1，P_2，F_1，B_1，B_2 和 F_2），利用主基因+多基因混合遗传模型完成了花期性状的多世代联合分析。发现初花期受 2 对加性—显性—上位性主基因+加性—显性多基因控制，终花期受 1 对加性—显性主基因+加性—显性—上位性多基因控制。初花期存在超显性，终花期表现为部分显性，初花期与花期都存在明显效应间互作。终花期的遗传率范围在 51. 79% ~ 80. 34%。花期性状在 3 个分离世代（B_1，B_2，F_2）中遗传率较高[27]。

3. 薹期基因的研究进展

植物的抽薹期性状根据其性质的不同，分为两类。一类是质量性状，主要包括一年生抽薹和两年生抽薹，以甜菜抽薹时间为例[28]，受抽薹基因（*B*）控制，且编码 BTC1（Bolting time control 1）调控因子；另一类是数量性状，依抽薹时间的早晚，分为早抽薹和晚抽薹[29]。程斐等[30]在大白菜中研究发现抽薹是受核基因控制的数量性状遗传，早抽薹对晚抽薹为显性。王祺等[31]通过荧光定量表达分析发现，抽薹现蕾植株中 *SVP* 基因的相对表达量低于未抽薹植株，而未抽薹植株中 *SOC1*（Suppressor of overexpression of constans 1）基因的相对表达量低于抽薹现蕾植株，推测 *SVP* 和 *SOC1* 基因可能参与了甘蓝型冬油菜抽薹开花过程的调控。Hartmann 等[32]通过拟南芥早花突变体发现 *SVP* 基因对抽薹开花具有抑制作用。

Helal 等[33]通过全基因组关联分析挖掘出了甘蓝型油菜中促进开花时间、营养生长、生殖生长和抽薹到生殖生长之间的等位基因。王振恒等[34]通过 BGISEQ-500 测序平台进行高通量测序，筛选当归中抽薹与未抽薹之间的差异基因，其中 20 个差异基因与细胞生长有关，主要调控种皮、下胚轴和胚胎等的发育以及开花。Helal 等[33]研究甘蓝型油菜现蕾、抽薹以及抽薹和开花之间的间隔，基于 SNP 和单倍型的 GWAS 两种方法，共定位在 A03、A07、A08、A10、C06、C07 和 C08 等 7 条染色体上 10 个区域，*FT. A07. 1*、*FT. A08*、*FT. C06* 和 *FT. C07* 被鉴定为新的位点，最终确定了 14 个候选基因，这些基因有助于获得早熟品种。抽薹早晚能影响开花时间[27]，而早熟油菜的早花特性通常与早熟成正相关[22]，所以早薹基因也能影响油菜早熟[35]。

第二节　油菜早熟、耐寒生理特性研究

一、早熟油菜生理特性研究

本研究对不同早熟材料‘杂1613’‘G7’‘005’及中晚熟材料‘湘油15号’的生育特性、可溶性蛋白、可溶性糖及淀粉、内源激素、叶绿素及光合特性等方面进行了比较研究，以找出其中不同之处，为油菜早熟品种选育提供参考。

（一）材料与方法

1. 材料

供试油菜品种为甘蓝型品种‘杂1613’‘005’‘G7’（早熟材料），‘湘油15号’（中晚熟品种）由湖南农业大学国家油料作物改良中心提供。

2. 试验方法

试验于2010—2011年在湖南农业大学耘园基地进行，每小区10 m^2，设播期Ⅰ（2010年10月4日）和播期Ⅱ（2010年10月16日），田间管理及施肥参照油菜高产栽培方法。

3. 测定项目及方法

（1）生育期记载。出苗期、现蕾期、抽薹期、初花期、盛花期、终花期、成熟期、生育日数等参照文献[36]。

（2）可溶性蛋白含量的测定采用考马斯亮兰法G-250法[37]。

（3）可溶性糖含量的测定采用蒽酮法[38]。

（4）淀粉含量的测定采用蒽酮法[39]。

（5）内源激素的提取和萃取

参照王若仲等[40]的方法，2010年12月20日从播期Ⅱ的材料提取。用80%超纯水和20%乙腈配制ABA和GA_3的混合标准溶液，绘制标准曲线。将4℃保存的样品加1 mL含20%乙腈的超纯水，7 000*g*离心15 min，定容至5 mL棕色容量瓶。采用日本岛津LC-20AT系列高效液相色谱仪测定，ODS C_{18}色谱柱（柱温为25℃）和SPD-20A紫外检测器，检测波长为254nm，流动相为乙酸溶液（pH值3.0）：乙腈=7：3，流速0.6 mL/min。每次进样10 μL，根据保留时间定性、外标法定量分析。

（6）叶绿素含量测定。用*SPAD* 502叶绿素仪于2011年1月15日、3月8日和3月29日测定功能叶片中叶绿素含量。

（7）光合作用测定。用LI-6400光合仪于2010年12月1日和2011年1月7日、3月8日、3月29日上午9:00—11:00测定功能叶片净光合速率（net photosynthetic rate，Pn）、气孔导度（stomatal conductance，Gs）和胞间CO_2浓度（intercellular CO_2 concentration，Ci），取3次平均值。

（二）实验结果

1. 生育特性

按照1.3.1方法记录2个播期不同材料生育日程及生育期情况（表5-1，表5-2）。

由表5-1，表5-2可知，导致早熟材料生育期短的主要因素为苗期。同时，田间观察发现，成熟越早，植株越矮小；早熟材料的现蕾、初花、终花均比中熟品种早，故现蕾期、初花期、终花期的迟早可作为判断成熟期的参考。

表5-1 不同油菜材料生育日程

材料	播期	出苗	现蕾	抽薹	初花	盛花	终花	成熟
湘油15号	Ⅰ	10-10	01-23	01-30	03-09	03-20	04-11	05-09
	Ⅱ	10-21	02-01	02-09	03-13	03-26	04-12	05-07
杂1613	Ⅰ	10-04	11-10	12-05	12-14	02-02	03-03	03-29
	Ⅱ	10-21	12-17	12-26	02-08	03-13	03-31	04-28
005	Ⅰ	10-10	12-20	01-08	02-26	03-13	03-28	04-29
	Ⅱ	10-21	01-13	02-09	03-06	03-18	03-31	04-29
G7	Ⅰ	10-10	12-19	12-30	02-14	03-07	03-27	04-26
	Ⅱ	10-21	12-20	01-26	02-26	03-12	03-30	04-27

表5-2 不同油菜材料生育进程统计（d）

材料	播期	出苗	蕾薹期	花期	角果期	全生育期
湘油15号	Ⅰ	105	45	33	28	217
	Ⅱ	103	40	30	25	204
杂1613	Ⅰ	56	59	55	30	206
	Ⅱ	57	53	51	28	194
005	Ⅰ	71	68	30	32	207
	Ⅱ	84	52	25	29	195
G7	Ⅰ	70	57	41	30	204
	Ⅱ	60	68	32	28	193

2. 可溶性蛋白、可溶性糖及淀粉含量

（1）可溶性蛋白含量

测定2个播期下，不同材料在不同时期功能叶片中可溶性蛋白含量（表5-3）。由表5-3可知，各油菜品种可溶性蛋白含量随着生育进程的推进，均呈现先升后降的趋势。播期Ⅰ，12月4日‘湘油15号’和早熟材料‘005’‘G7’处于苗期，且‘005’和‘G7’可溶性蛋白含量高于‘湘油15号’；而1月12日和3月22日‘湘油15号’可溶性蛋白含量高于早熟材料，可能是由于生育期不同。播期Ⅱ，12月4日4个材料均处于苗期，‘湘油15号’可溶性蛋白含量高于早熟材料；12月22日‘湘油15号’和‘005’处于苗期，‘湘油15号’可溶性蛋白含量高于‘005’；1月12日‘湘油15

号’和‘005’处于苗期，‘湘油15号’可溶性蛋白含量低于‘005’；而3月22日‘湘油15号’可溶性蛋白含量高于早熟材料，可能是由于生育期不同。

表5-3　不同油菜品种各生育时期可溶性蛋白含量

(mg/g)

材料	播期	2010-12-04	2010-12-22	2011-01-12	2011-03-22
湘油15号	Ⅰ	11.94	18.27	26.30	24.03
	Ⅱ	15.65	17.70	20.15	18.41
杂1613	Ⅰ	13.82	18.09	22.76	15.55
	Ⅱ	14.94	17.89	25.88	18.27
005	Ⅰ	17.01	13.08	19.01	12.31
	Ⅱ	14.53	13.92	25.30	16.81
G7	Ⅰ	16.13	18.33	20.11	15.99
	Ⅱ	14.74	17.47	26.15	14.96

（2）可溶性糖含量研究

测定2播期早熟和中熟材料在不同时期功能叶片的可溶性糖含量，结果见表5-4。由表5-4可知，播期Ⅰ，4个材料均为1月12日可溶性糖含量最高，在12月22日和3月22日3个早熟材料可溶性糖含量都高于对照，而在1月12日都低于对照，说明早熟材料前期生长发育较快（12月22日已现蕾），而‘湘油15号’未现蕾，叶片同化的有机养料的少。播期Ⅱ，均为1月12日可溶性糖含量最高。12月22日测定时，早熟材料都比对照中熟品种‘湘油15号’低，可能是由于冻害所致。综合2个播期结果，随着生育进程的推进，各材料叶片中可溶性糖含量都呈现出苗期低，蕾薹期出现高峰，花期又降低的趋势，这与胡立勇等人研究结果一致[41]。

表5-4　不同油菜品种各生育时期可溶性糖含量

(mg/g)

材料	播期	2010-12-22	2011-01-12	2011-03-22
湘油15号	Ⅰ	9.82	33.53	7.92
	Ⅱ	15.09	18.74	10.73
杂1613	Ⅰ	12.18	25.05	11.99
	Ⅱ	10.20	31.17	12.39
005	Ⅰ	15.22	32.44	13.46
	Ⅱ	11.03	29.20	17.30
G7	Ⅰ	13.14	28.02	14.47
	Ⅱ	12.92	24.85	8.89

（3）淀粉含量变化

测定2个播期各个材料不同生育时期淀粉含量，如表5-5所示，各熟性材料叶片中淀粉含量与可溶性糖含量变化趋势一致，呈前低中高后低趋势，但不同播期变化情况不同。播期Ⅰ，12月22日‘湘油15号’淀粉含量高于早熟材料，可能是由于生育期不同，‘湘油15号’处于苗期，而早熟材料处于抽薹期；1月12日‘005’和‘G7’处于抽薹期，但淀粉含量表现不同；3月22日‘湘油15号’和‘G7’‘005’处于盛花期，‘湘油15号’淀粉含量高于‘G7’‘005’，‘杂1613’处于终花期，淀粉含量高于‘湘油15号’，可能是生育期不同。播期Ⅱ，12月22日‘湘油15号’和‘005’处于苗期，‘杂1613’和‘G7’处于抽薹期，早熟材料淀粉含量均高于‘湘油15号’；1月12日‘湘油15号’和‘005’处于苗期，‘G7’处于现蕾期，‘杂1613’处于抽薹期，‘湘油15号’淀粉含量高于3个早熟材料；而3月22日，‘杂1613’处于终花期，其他3个材料为盛花期，早熟材料淀粉含量高于‘湘油15号’。

表5-5　不同油菜品种各生育时期淀粉含量

单位：mg/g

材料	播期	2010-12-22	2011-01-12	2011-03-22
湘油15号	Ⅰ	11.75	11.19	8.01
	Ⅱ	7.06	11.21	4.65
杂1613	Ⅰ	8.81	9.67	8.29
	Ⅱ	7.59	9.85	6.03
005	Ⅰ	8.00	12.19	7.09
	Ⅱ	9.08	9.12	6.80
G7	Ⅰ	7.43	9.62	7.56
	Ⅱ	7.64	9.22	5.29

3. 内源激素ABA和GA_3含量

（1）标准曲线

对GA_3和ABA的标准样品和混合标准样品进行HPLC分析（表5-6），相关系数均在0.999 9以上，相对标准偏差为0.929%～1.123%，回收率为99.20%～99.43%，达到了分析方法的要求。

表5-6　GA_3和ABA测定的相关性、重复性和回收率

组分	保留时间（min）	线性相关系数	回归方程	添加量（μg）	测定值（μg）	回收率（%）	RSD（%）
GA_3	4.533	$R=0.999\ 95$	$y=2\ 725.605x+4\ 216.36$	14	13.920	99.43	1.123
ABA	9.884	$R=0.999\ 97$	$y=4\ 600\ 747x-147\ 656$	2	1.984	99.20	0.929

注：回收率和精密度的测定结果（$n=5$）。

（2）内源激素 ABA 和 GA_3 含量

测定播期Ⅱ不同材料 ABA 和 GA_3 含量（表 5-7）。由表 5-7 可知，3 个早熟材料 ABA 含量均比‘湘油 15 号’低，‘G7’和‘杂 1613’的 GA_3 含量比对照高，‘005’比对照略低。材料越早熟，功能叶片中的 GA_3 含量越高，ABA 的含量越低。

表 5-7　不同油菜品种叶片中 ABA、GA_3 含量

材料	ABA（μg/g）	GA_3（μg/g）
湘油 15 号	3. 616	1. 942
杂 1613	3. 054	2. 556
005	3. 324	1. 838
G7	0. 633	3. 989

4. 叶绿素含量

测定两个播期不同材料叶绿素含量，结果如表 5-8 所示。由表 5-8 可知，两个播期 1 月 15 日早熟材料的叶绿素含量均低于‘湘油 15 号’，各个材料叶绿素含量均随着生育期推进而增加。对于播期Ⅰ，3 月 8 日和 3 月 29 日‘杂 1613’功能叶片叶绿素含量高于‘湘油 15 号’，‘G7’和‘005’号低于‘湘油 15 号’；对于播期Ⅱ，3 月 8 日‘湘油 15 号’抽薹期，‘杂 1613’‘005’‘G7’初花期，只有‘杂 1613’功能叶片叶绿素含量高于‘湘油 15 号’，可能与品种特性有关；3 月 29 日各个材料均处于盛花期，早熟材料功能叶片叶绿素含量均高于‘湘油 15 号’。

表 5-8　不同油菜品种叶片叶绿素含量差异（SPAD 值）

材料	播期	2011-01-15	2011-03-08	2011-03-29
湘油 15 号	Ⅰ	43. 51	48. 86	46. 78
	Ⅱ	40. 58	46. 53	40. 92
杂 1613	Ⅰ	36. 8	51. 73	48. 57
	Ⅱ	36. 25	47. 56	45. 03
005	Ⅰ	40. 12	43. 47	42. 15
	Ⅱ	39. 21	43. 68	44. 87
G7	Ⅰ	36. 52	42. 36	45. 58
	Ⅱ	35. 74	44. 49	44. 12

5. 早熟油菜的光合特性

测定两播期不同材料在不同日期油菜品种的光合特性，结果见表 5-9。从表 5-9 可知，3 个早熟材料光合强度、气孔导度和胞间 CO_2 浓度的变化趋势和对照‘湘油 15 号’基本一致，且播期Ⅰ都小于或相近于对照；而播期Ⅱ呈现前期略小于对照，后期大于对照的趋势，与潘学枳[42]研究早熟棉与中熟棉的光合特性结论一致。

表 5-9　不同油菜品种叶片的净光合速率、气孔导度和胞间 CO_2 浓度

材料		湘油 15 号		杂 1613		005		G7	
播期		Ⅰ	Ⅱ	Ⅰ	Ⅱ	Ⅰ	Ⅱ	Ⅰ	Ⅱ
2010-12-1	净光合速率［μmol/（m^2·s）］	27.02ab	26.33a	25.65b	27.01a	26.38ab	25.77a	27.85a	27.04a
	气孔导度［mol/（m^2·s）］	0.584a	0.557a	0.463b	0.537a	0.530ab	0.570a	0.444b	0.491a
	胞间 CO_2 浓度（mol/L）	292.2a	290.9a	283.6a	285.9a	289.1a	294.3a	265.7b	22.54a
2011-01-07	净光合速率［μmol/（m^2·s）］	14.10a	16.65a	14.10a	14.90a	13.46a	14.09a	14.29a	14.65a
	气孔导度［mol/（m^2·s）］	0.138a	0.223a	0.184a	0.194a	0.160a	0.168a	0.151a	0.160a
	胞间 CO_2 浓度（mol/L）	217.0a	253.6a	257.7a	254.1a	250.8a	242.9a	228.0a	277.0a
2011-03-08	净光合速率［μmol/（m^2·s）］	23.64a	23.59a	23.34a	21.56ab	19.81b	18.27b	22.94ab	236.0a
	气孔导度［mol/（m^2·s）］	0.408a	0.690a	0.447a	0.569a	0.403a	0.452a	0.462a	0.414a
	胞间 CO_2 浓度（mol/L）	239.0a	280.8a	250.7a	279.2a	264.8a	283.5a	260.8a	254.6a
2011-03-29	净光合速率［μmol/（m^2·s）］	23.73a	23.58a	20.06b	22.98ab	19.35b	18.63ab	21.44ab	21.31b
	气孔导度［mol/（m^2·s）］	0.468a	0.534a	0.447a	0.500a	0.465a	0.360a	0.429a	0.459a
	胞间 CO_2 浓度（mol/L）	254.8b	255.6a	265.3ab	253.9a	271.7a	251.7a	255.3b	254.8a

注：表中字母代表 0.05 显著水平。

（三）结论

早熟材料较中熟品种苗期短、蕾薹期长、角果期长；且现蕾、初花、终花都早，因此可以终花期和初花期作为判断成熟期迟早的参考，与刘后利等[43]和白淑萍[44]的结论基本一致。

3 个早熟材料可溶性蛋白含量在现蕾期和抽薹期急剧增加，在终花期迅速降低，进入花期后，中熟品种功能叶可溶性蛋白含量明显高于早熟材料；各材料叶片中可溶性糖含量均呈现出苗期低，蕾薹期出现高峰，花期又降低的趋势。

早熟材料‘G7’‘杂 1613’叶片中 GA_3 含量相当于‘湘油 15 号’的 205.41%和 131.62%，而 ABA 含量分别比对照低 82.50%和 15.54%。与对照相比，材料越早熟，功能叶片中的 GA_3 含量越高，ABA 的含量越低。

‘杂 1613’‘G7’‘005’三个早熟材料光合强度、气孔导度和胞间 CO_2 浓度的变化趋势和对照‘湘油 15 号’基本一致，且 10 月 4 日播期都小于或相近于对照，而 10 月

16 日播期光合强度、气孔导度和胞间 CO_2 浓度呈现前期略小于对照，后期大于对照的趋势。

二、早熟油菜低温胁迫下生理特性研究

冻害特指植物在越冬期间温度降到 0℃以下时所产生的细胞受伤甚至死亡现象，严重时会对农作物的生长产生极为不利影响。导致冻害产生的两种常见途径为胞外结冰和细胞液的过冷却[45]。冬油菜生长期经历较长时期的低温环境，极易受到低温冻害影响。关于油菜冻害虽有不少相关研究[46-49]，但其冻害机理至今仍不清楚。目前小麦、玉米、大豆、水稻等作物中都有了利用抗寒剂来缓解低温对作物的影响。为此，本研究以甘蓝型油菜‘杂 1613’和‘湘油 15 号’为材料，喷施植物动力 2003（Plant Power 2003，PP2003），观察其在常温及低温下的不同，以为揭示冬油菜防冻机理提供参考。

（一）材料与方法

1. 试验材料

‘杂 1613’和‘湘油 15 号’来自湖南农业大学油料所，PP2003，深圳华嘉名工贸有限公司。

2. 试验设计

试验于 2011 年 1—5 月在湖南农业大学油料所进行，样品放置于人工气候箱内采用土培法培养，喷施清水作为 CK，喷施植物动力 2003 为处理，分别对‘杂 1613’和‘湘油 15 号’进行防冻效果研究。每个处理 5 株，各重复 3 次，植物动力 2003 的浓度为 1 g/L，总喷施量为 0.05 L。油菜播种后 7 d 开始喷施 PP2003，3 周后重复喷施，于 0℃下整株低温处理 5 d，分别在处理前，处理第 2 天、第 5 天和处理结束后恢复生长第 4 天，取倒数第三片伸展叶作为材料，进行相关测定。

3. 测定指标及方法

以不同时期叶片为材料，分别测定电导率[50]、超氧化物歧化酶（Superoxide dismutase，SOD）活性[51]、丙二醛测定（Malonic dialdehyde，MDA）[52]、可溶性蛋白含量[37]、可溶性糖含量[38]、游离脯氨酸含量[53]，叶绿素含量用叶绿素仪 SPAD-502 测定。每个处理均重复 3 次取平均值。

（二）试验结果

1. 喷施 PP2003 对油菜电导率的影响

测定‘杂 1613’和‘湘油 15 号’在不同时期 CK 和处理的电导率，结果如表 5-10 所示。

表 5-10　喷施 PP2003 后不同油菜品种的电导率变化情况

处理	低温处理前（%）	低温处理第 2 天（%）	低温处理第 5 天（%）	低温处理恢复后第 4 天（%）
杂 1613（CK）	20.5	41.5	48.2	72.1
杂 1613	22.0	32.7	36.7	46.8
湘油 15 号（CK）	22.5	43.7	57.0	74.1
湘油 15 号	20.1	33.4	42.3	55.3

由表 5-10 可知，喷施 PP2003 后，常温下不同材料叶片电导率差异不明显，低温胁迫第 2 天、第 5 天低温处理恢复后第 4 天，喷施抗寒剂 PP2003 的材料及 CK 电导率均增加，且差异增大，表明植物动力 2003 有较好的保护油菜叶片细胞膜结构的作用。

2. 喷施 PP2003 对油菜 SOD 活性影响

测定‘杂 1613’和‘湘油 15 号’在不同时期 CK 和处理的 SOD 活性，结果如表 5-11 所示。

表 5-11　喷施 PP2003 后不同油菜品种的 SOD 变化情况

处理	低温处理前（U/mg）	低温处理第 2 天（U/mg）	低温处理第 5 天（U/mg）	低温处理恢复后第 4 天（U/mg）
杂 1613（CK）	183	154	151	167
杂 1613	202	187	185	223
湘油 15 号（CK）	176	153	140	169
湘油 15 号	186	180	178	202

由表 5-11 可知，低温处理第 2 天、第 5 天 SOD 活性降低，但低温处理前、处理中及处理后 SOD 活性均比 CK 高，且差距逐渐增大。程世强等研究发现，低温胁迫使苦瓜幼苗叶片 SOD 活性增加[54]。在本研究中，低温处理 SOD 活性稍有降低，与前人研究有所不同。但喷施 PP2003 的材料与 CK 间差异逐步增大，表明 PP2003 有一定的抗寒作用，有助于减轻膜脂过氧化程度，保持油菜膜系统的稳定性[55]。

3. 喷施 PP2003 对油菜丙二醛含量的影响

低温环境胁迫下，细胞膜系统通透性增大，膜内可溶性物质、电解质大量向膜外渗透，破坏了细胞内外的离子平衡，从而使植物细胞受到伤害[56-57]。测定‘杂 1613’和‘湘油 15 号’在不同时期 CK 和处理的丙二醛含量，结果如表 5-12 所示。

表 5-12　喷施 PP2003 后不同油菜品种的 MDA 变化情况

处理	低温处理前（μmol/g）	低温处理第 2 天（μmol/g）	低温处理第 5 天（μmol/g）	低温处理恢复后第 4 天（μmol/g）
杂 1613（CK）	9.65	12.15	15.13	16.07
杂 1613	9.16	10.08	11.92	14.10
湘油 15 号（CK）	9.95	13.81	15.37	17.89
湘油 15 号	9.20	10.21	13.74	15.91

由表 5-12 可知，‘杂 1613’和‘湘油 15 号’喷施 PP2003 处理的丙二醛含量比对照低，且在低温胁迫处理后二者间差异增大，品种间差异不大。上述结果表明，利用抗寒剂 PP2003 对油菜进行处理，可抑制丙二醛类毒性物质破坏膜结构，对细胞膜起到保护作用，降低电导率。

4. 喷施 PP2003 对油菜可溶性蛋白质的影响

测定‘杂 1613’和‘湘油 15 号’在不同时期 CK 和处理的可溶性蛋白含量，结果如表 5-13 所示。

表 5-13 喷施 PP2003 后不同油菜品种的可溶性蛋白含量

处理	低温处理前（mg/g）	低温处理第 2 天（mg/g）	低温处理第 5 天（mg/g）	低温处理恢复后第 4 天（mg/g）
杂 1613（CK）	7.71	11.67	12.13	5.81
杂 1613	9.10	14.12	14.82	8.95
湘油 15 号（CK）	7.10	10.09	10.89	5.17
湘油 15 号	8.12	12.75	13.51	8.09

由表 5-13 可知，冷胁迫前处理与对照差异不明显，低温胁迫处理后，喷施 PP2003 处理的可溶性蛋白含量与对照相比显著增加，且随时间增加而增大，恢复生长 4 d 后，可溶性蛋白含量下降，但 PP2003 处理与对照间仍存在显著差异。可溶性蛋白质含量与抗寒锻炼的发展间有密切关系，低温处理的过程中，植物组织的可溶性蛋白质含量增加[58]。朱惠霞等研究白菜型油菜上叶片发现，越冬过程中可溶性蛋白含量不断增加[59]。本研究与此上述研究结论一致。

5. 喷施 PP2003 对油菜可溶性糖含量的影响

在遇到冷胁迫时，可溶性糖可以提高植株细胞的渗透浓度，增加细胞的保水能力降低冰点，起到抗寒作用[58]。测定‘杂 1613’和‘湘油 15 号’在不同时期 CK 和处理的可溶性糖含量，结果如表 5-14 所示。

表 5-14 喷施 PP2003 后不同油菜品种的可溶性糖含量

处理	低温处理前（mg/g）	低温处理第 2 天（mg/g）	低温处理第 5 天（mg/g）	低温处理恢复后第 4 天（mg/g）
杂 1613（CK）	2.86	4.85	7.20	3.65
杂 1613	3.21	6.87	10.69	4.89
湘油 15 号（CK）	2.20	3.56	6.37	2.67
湘油 15 号	2.45	4.19	7.85	3.79

由表 5-14 可知，随着冷胁迫处理时间增加可溶性糖含量增加，且两个材料 PP2003 处理与对照间差异增大，表明通过 PP2003 能够增加油菜叶片抗寒性，调节叶片持水能力，对油菜植株进行保护。李世成等[61]研究发现，甘蓝型油菜在越冬过程中，随着温度的降低，可溶性糖的积累大幅度上升。朱惠霞[59]在白菜型油菜上得到了同样的结论。本研究结果与前人结论一致。

6. 喷施 PP2003 对油菜脯氨酸含量的影响

测定‘杂 1613’和‘湘油 15 号’在不同时期 CK 和处理的脯氨酸含量，结果如表

5-15 所示。

表 5-15　喷施 PP2003 后不同油菜品种的脯氨酸含量

处理	低温处理前（mg/g）	低温处理第 2 天（mg/g）	低温处理第 5 天（mg/g）	低温处理恢复后第 4 天（mg/g）
杂 1613（CK）	1.32	1.91	2.62	1.71
杂 1613	1.43	2.35	3.37	2.65
湘油 15 号（CK）	0.8	1.43	2.41	1.51
湘油 15 号	1.37	2.15	3.18	2.45

由表 5-15 可知，冷胁迫之前对照与 PP2003 处理的油菜叶片脯氨酸含量差异不大，经过冷胁迫后，脯氨酸含量逐步升高，且对照和处理间差异增大，而品种间差异不大。遇到环境胁迫时会导致体内脯氨酸的大量积累，与糖结合保护植物体内细胞的冰冻损伤[62]，脯氨酸含量变化与植物的抗寒性存在相关性[63]，是一项显著的抗寒性指标，表明本实验中 PP2003 可提高油菜叶片抗寒性。

7. 喷施 PP2003 对油菜 SPAD 值的影响

测定‘杂 1613’和‘湘油 15 号’在不同时期 CK 和处理的 SPAD 值，结果如表 5-16 所示。

表 5-16　喷施 PP2003 后不同油菜品种的 SPAD 值

处理	低温处理前（mg/g）	低温处理第 2 天（mg/g）	低温处理第 5 天（mg/g）	低温处理恢复后第 4 天（mg/g）
杂 1613（CK）	28.9	26.3	21.5	27
杂 1613	32.3	27.1	22.8	31.2
湘油 15 号（CK）	28.1	23.7	18.5	30.3
湘油 15 号	32.9	26.8	23.3	33.7

由表 5-16 可知，在低温胁迫前，品种间 SPAD 值差异较小，而 PP2003 处理与对照间 SPAD 值差异明显；冷胁迫后，PP2003 处理与对照间的差异减小，且均比冷胁迫前 SPAD 值减小，随着冷胁迫时间的增加 SPAD 值减少；恢复生长后，各处理 SPAD 值均比冷胁迫前更高且处理与对照间差异更大。SPAD 值越高，代表叶片的光合速率越强，叶绿素含量也越高，由此可见在本试验中 PP2003 有助于油菜幼苗恢复正常生理代谢。

（三）相关因子分析

抗寒性是各个因子综合作用的结果，为了找出其中主要的影响因子。设 x（1）= 可溶性蛋白质、x（2）= SOD 活性、x（3）= 脯氨酸、x（4）= 丙二醛、x（5）= 电导率、x（6）= 可溶性糖、x（7）= SPAD 值。对以上 7 个指标进行因子分析，并对其中主要因子进行了分析，结果如表 5-17、表 5-18 所示。

表 5-17　规格化特征向量

因子	因子 1	因子 2	因子 3	因子 4	因子 5	因子 6	因子 7
x (1)	0.434 3	-0.231 6	0.641 4	0.582 2	0.065 7	-0.055 2	-0.004 8
x (2)	-0.378 0	0.384 0	-0.209 4	0.664 1	0.283 3	0.338 2	-0.173 7
x (3)	0.423 0	0.296 3	-0.173 8	0.110 7	-0.613 4	0.476 8	0.295 3
x (4)	0.109 8	0.607 0	-0.046 6	0.157 3	-0.153 7	-0.753 0	0.043 9
x (5)	0.155 9	0.580 5	0.484 2	-0.427 9	0.314 7	0.296 3	-0.185 1
x (6)	0.477 5	-0.002 4	-0.388 5	0.000 6	0.645 3	-0.013 6	0.452 2
x (7)	-0.474 6	0.074 9	0.356 2	-0.001 1	0.004 8	0.014 6	0.801 2

表 5-18　3 个主因子

序号	特征值	百分率	累计百分率
1	4.306 8	61.526 2	61.526 2
2	2.572 6	36.751 7	98.277 9
3	0.120 5	1.722 1	100.000 0

由表 5-18 可知，提取两个有效因子进行因子分析，其中第一因子指向 x（1）、x（3）、x（6）、x（7），代表油菜植株遇到冷胁迫时对逆境的适应性，油菜植株在遇到冷胁迫时通过积累可溶性蛋白、脯氨酸、可溶性糖这类渗透调节性物质有利于调节细胞水势，使细胞内冰点降低，防止细胞质渗漏，同时还保持较低的光合速率以适应逆境胁迫，这是植物动力 2003 提高油菜抗寒力的一条重要途径；第二因子基本指向 x（3）、x（4）、x（5），代表着油菜植株对逆境胁迫的反应灵敏度，在植物受冷胁迫初期，最先遭到破坏的就是细胞膜组织，而丙二醛是细胞膜破坏的间接后果，通过施加外源物质来提高油菜植株体内 SOD 的酶活性，降低了细胞膜中自由基的活性，抑制毒性物质破坏膜结构，对细胞膜起到保护作用，降低电导率是 PP2003 提高油菜抗寒性的另外一个重要途径。

（四）结论

对甘蓝型油菜‘杂 1613’和‘湘油 15 号’喷施植物动力 2003，观察其在常温及低温下的表现发现：喷施植物动力 2003 的油菜叶片在低温胁迫下电导率、丙二醛活性比对照低，且二者间差异比常温下大；SOD 活性、可溶性蛋白含量、可溶性糖含量及脯氨酸含量比对照高，且 SOD 活性、可溶性蛋白含量、可溶性糖含量、脯氨酸含量植物动力 2003 处理的与对照间差异均比常温下大，可溶性蛋白含量、SOD 活性，‘杂 1613’与‘湘油 15 号’间差异不大；SPAD 值比对照高，‘杂 1613’与‘湘油 15 号’间差异比常温下大。试验结果表明，植物动力 2003 可提高油菜叶片抗寒性。

三、早薹材料生理特性研究

本研究对早薹材料‘帆鸣油薹’、亲本‘WH23’及不同早熟材料可溶性蛋白、可溶性糖及过氧化物酶、过氧化氢酶等生理指标进行了研究，以找出其共同之处，为油菜早熟品种选育提供参考。

（一）材料与方法

1. 材料

‘帆鸣油薹’‘WH23’‘大地 95’‘湘穗 603’‘K173’‘KW’‘农大 1 号’

‘WY16’‘W23’‘K31’‘K111’‘WH10’‘HY10’‘BY3’（湖南农业大学，中国长沙）；‘沣油[112]’‘赣油[105]’‘20xy1329’（江西省农业科学院，中国南昌）；‘硒滋圆1号’‘硒滋圆2号’（中国农业科学院油料作物研究所，中国北京）；‘油苔929’（常德市农林科学研究院，中国常德）；‘华油杂652’‘狮山菜薹’‘狮山2017’‘狮山2019’（华中农业大学，中国武汉）。

2. 试验方法

试验于2022—2023年在湖南省长沙县青山铺镇进行，每小区10 m^2，田间管理及施肥参照油菜高产栽培方法。

3. 测定项目及方法

（1）可溶性蛋白含量的测定采用考马斯亮兰法G-250法[37]。

（2）可溶性糖含量的测定采用蒽酮法[38]。

（3）SOD、过氧化物酶（peroxidase，POD）、过氧化氢酶（catalase，CAT）活性的测定方法参照《植物生理学试验技术》[64]。

（二）试验结果

1. 早薹材料叶片生理指标差异分析

试验材料的叶片生理生化分析结果（表5-19）显示，早薹材料‘帆鸣油薹’维生素C含量较高，早熟材料‘WH23’可溶性糖含量较高。POD与呼吸作用、光合作用及生长素的氧化等都有关系。一般老化组织中活性较高，幼嫩组织中活性较弱。在同一时期中，‘帆鸣油薹’POD活性最弱。POD与SOD、CAT协同作用，清除体内过剩的自由基，从而提高植物的抗逆性。实验样本采集于冬季，‘帆鸣油薹’SOD、CAT活性都较高，说明能抗寒。MDA含量是植物细胞膜质过氧化程度的体现，MDA含量高，说明植物细胞膜质过氧化程度高，细胞膜受到的伤害严重。‘帆鸣油薹’较对照MDA含量低，其细胞膜受到的伤害少，外界极端环境对其影响小，更宜于种植。

表5-19 早薹材料叶片生理指标差异分析

样本	帆鸣油薹	WH23
可溶性糖（mg/g）	438.10±11.35b	443.62±13.04a
可溶性蛋白（mg/g）	36.16±10.45b	63.45±4.86a
维生素C（mg/100 g）	90.66±9.55a	25.64±6.85b
叶绿素（mg/g）	1.50±0.04b	1.66±0.03a
POD（μmol/g）	5.60±1.05b	7.96±1.68a
CAT（μmol/g）	171.55±21.07b	203.77±11.92a
SOD（μmol/g）	186.11±66.58b	319.77±149.05a
MDA（μmol/g）	1.43±0.51b	6.28±1.01a

2. 材料薹生理指标差异分析

试验材料的薹生理指标分析结果（表5-20）显示，早薹材料‘帆鸣油薹’可溶性糖含量、维生素C含量最高。‘帆鸣油薹’SOD和CAT活性都较高，说明较能抗寒。而MDA含量较低，抗性较强。综上所述，早薹材料‘帆鸣油薹’生理指标含量相对较高，说明其抗性较强，宜于种植。

表 5-20　不同材料薹生理指标差异分析

样本	帆鸣油薹	WH23
可溶性糖（mg/g）	521. 44±16. 36a	467. 71±22. 81b
可溶性蛋白（mg/g）	57. 27±10. 23b	85. 12±10. 23a
维生素 C（mg/100 g）	13. 55±3. 34a	10. 28±8. 22b
叶绿素（mg/g）	0. 66±0. 08b	0. 90±0. 05a
POD（μmol/g）	52. 53±28. 65b	124. 19±8. 10a
CAT（μmol/g）	53. 21±6. 27a	48. 03±5. 37b
SOD（μmol/g）	89. 65±53. 98a	35. 98±5. 85b
MDA（μmol/g）	6. 07±0. 21b	7. 16±0. 75a

3. 不同类型油菜生理指标

取不同类型早熟油菜 3~4 叶期、5~6 叶期，7~8 叶期、蕾薹期进行相关生理指标测定。发现在 3~4 叶期 CAT 含量中‘狮山 2019’最高，‘狮山菜薹’最低（图 5-1）；

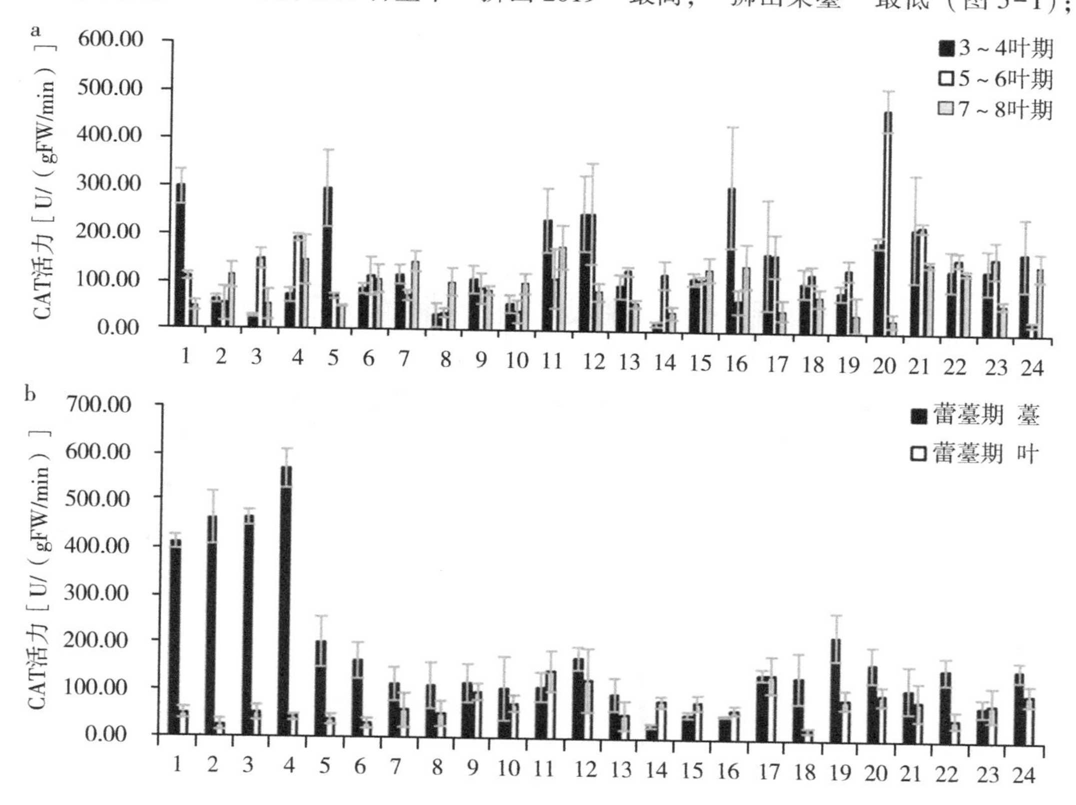

图 5-1　早熟（菜薹）油菜 CAT 含量

注：a：3~4 叶期、5~6 叶期，7~8 叶期 CAT 含量；b：蕾薹期薹和叶 CAT 含量。1~24 分别为‘华油杂 652’‘沣油 112’‘赣油 105’‘20xy1329’‘K173’‘KW’‘湘穗 603’‘WH23’‘大地 95’‘油薹 929’‘硒滋圆 1 号’‘硒滋圆 2 号’‘农大 1 号’‘狮山菜薹’‘狮山 2017’‘狮山 2019’‘WY16’‘W23’‘帆鸣油薹’‘K31’‘K111’‘WH10’‘HY10’‘BY3’，下同。

MDA 含量中‘华油杂 652’最高，‘W23’最低（图 5-2）；POD 含量中‘K31’最高，‘沣油 112’最低（图 5-3）；SOD 含量中‘赣油 105’最高，‘狮山菜薹’最低（图 5-4）；可溶性蛋白含量中‘油薹 929’最高，‘帆鸣油薹’最低（图 5-5）；可溶性糖含量‘中华油杂 652’最高，‘WH23’最低（图 5-6）；叶绿素含量中‘WH23’最高，‘帆鸣油薹’最低（图 5-7）。在 5~6 叶期 CAT 含量中‘K31’最高，‘BY3’最低；MDA 含量中‘狮山菜薹’最高，‘WH10’最低；POD 含量中‘K111’最高，‘KW’最低；SOD 含量中‘油薹 929’最高，‘狮山 2017’最低；可溶性蛋白含量中‘HY10’最高，‘KW’最低；可溶性糖含量中‘沣油 112’最高，‘帆鸣油薹’最低；叶绿素含量中‘狮山菜薹’最高，‘帆鸣油薹’最低。在 7~8 叶期 CAT 含量中‘硒滋圆 1 号’最高，‘K31’最低；MDA 含量中‘狮山 2017’最高，‘HY10’最低；POD 含量中‘狮山 2017’最高，‘赣油 105’最低；SOD 含量中‘湘穗 603’最高，‘狮山菜薹’最低；可溶性蛋白含量中‘湘穗 603’最高，‘WH23’最低；可溶性糖含量中‘大地 95’最高，‘沣油 112’最低；叶绿素含量中‘20xy1329’最高，‘狮山 2019’最低。

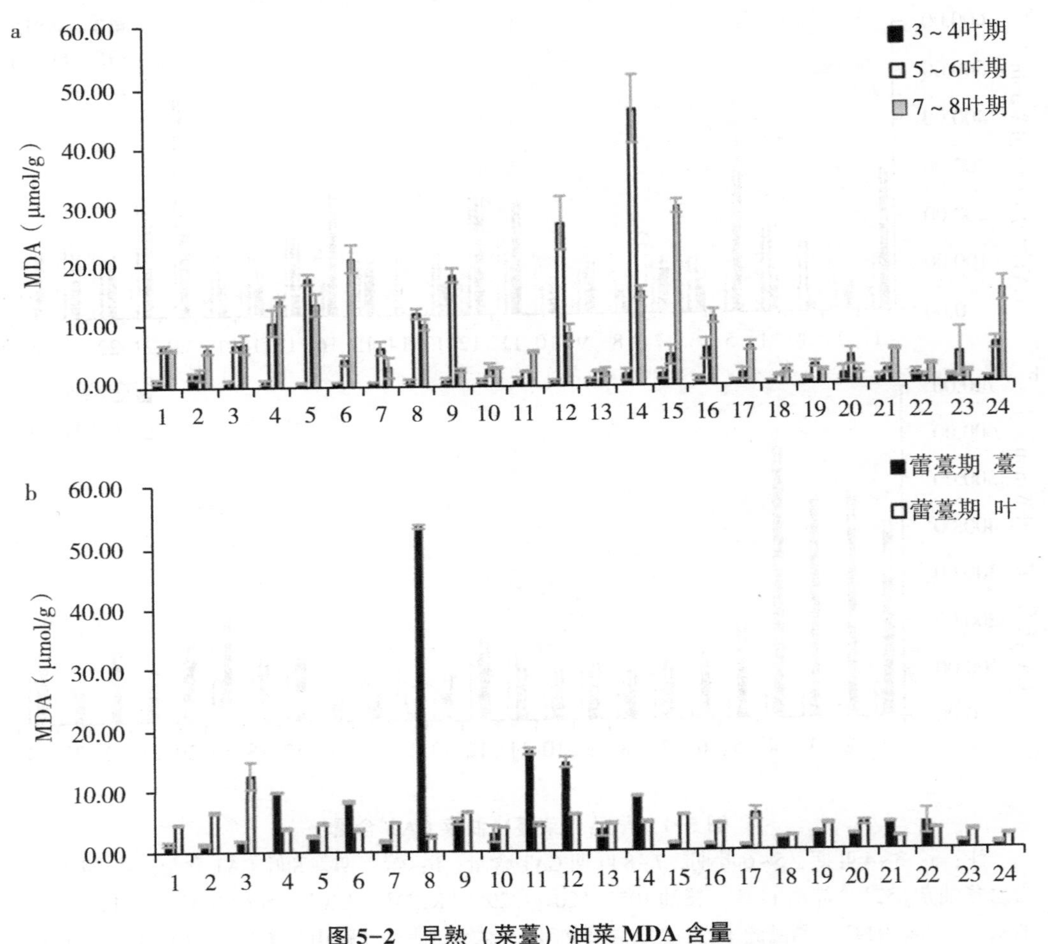

图 5-2　早熟（菜薹）油菜 MDA 含量

注：a：3~4 叶期、5~6 叶期，7~8 叶期 MDA 含量；b：蕾薹期薹和叶 MDA 含量。

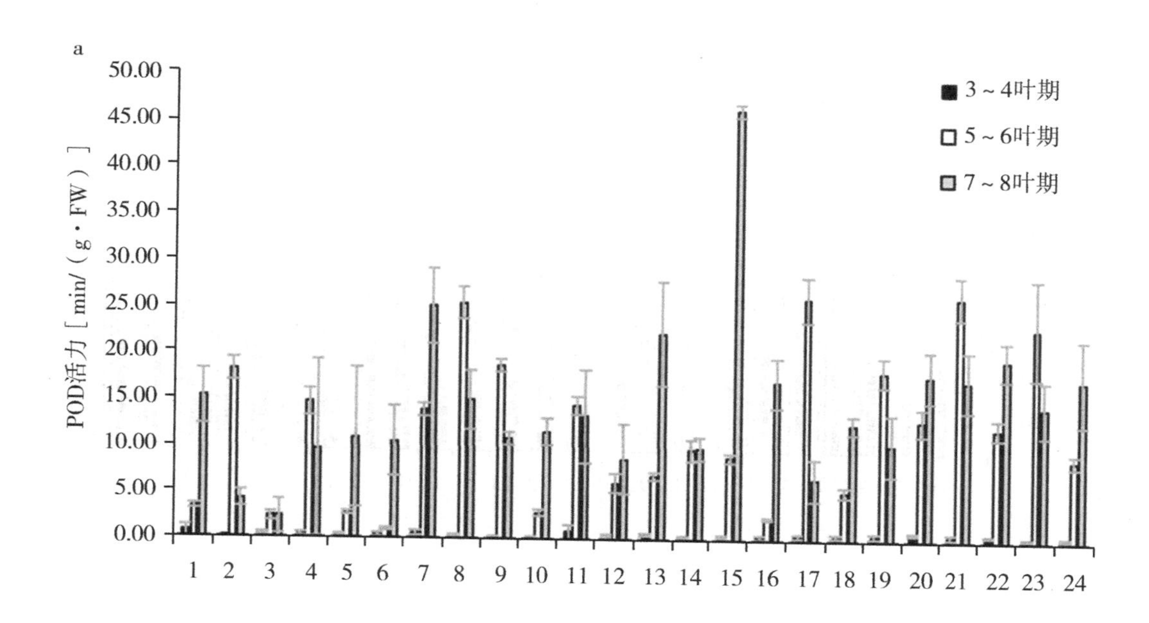

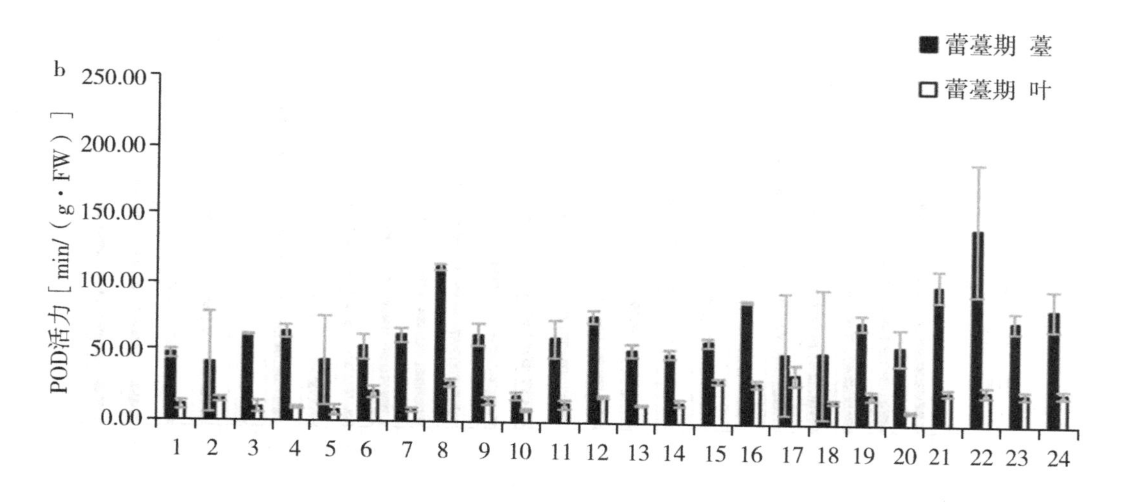

图 5-3　早熟（菜薹）油菜 POD 含量

注：a：3~4 叶期、5~6 叶期，7~8 叶期 POD 含量；b：蕾薹期薹和叶 POD 含量

在蕾薹期叶片中 CAT 含量中‘WY16’最高，‘沣油 112’最低；MDA 含量中‘赣油 105’最高，‘K111’最低；POD 含量中‘WY16’最高，‘K173’最低；SOD 含量中‘华油杂 652’最高，‘W23’最低；可溶性蛋白含量中‘W23’最高，‘K111’最低；可溶性糖含量中‘WY16’最高，‘狮山 2019’最低；叶绿素含量中‘油薹 929’最高，‘硒滋圆 1 号’最低。在蕾薹期薹中 CAT 含量中‘20xy1329’最高，‘狮山菜薹’最低；MDA 含量中‘WH23’最高，‘WY16’最低；POD 含量中‘WH23’最高，

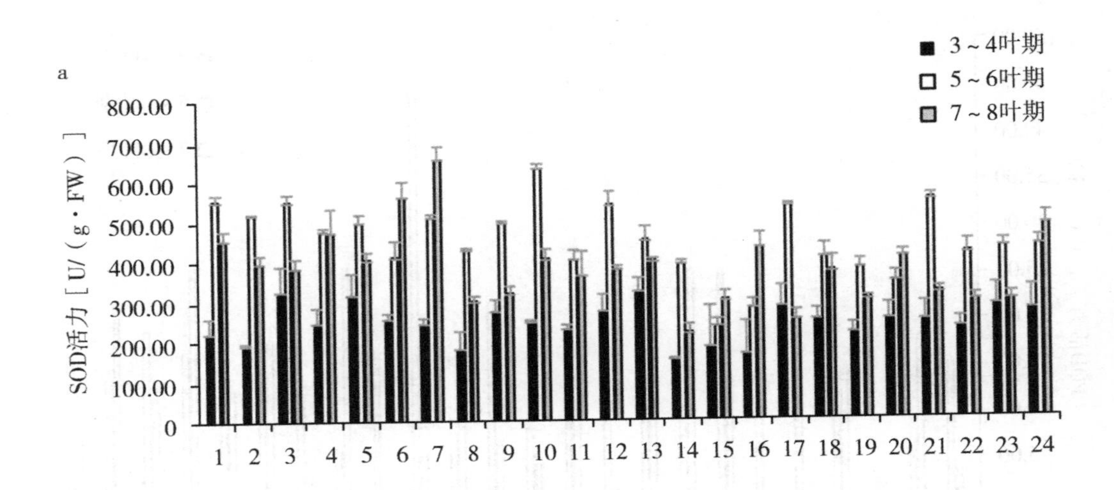

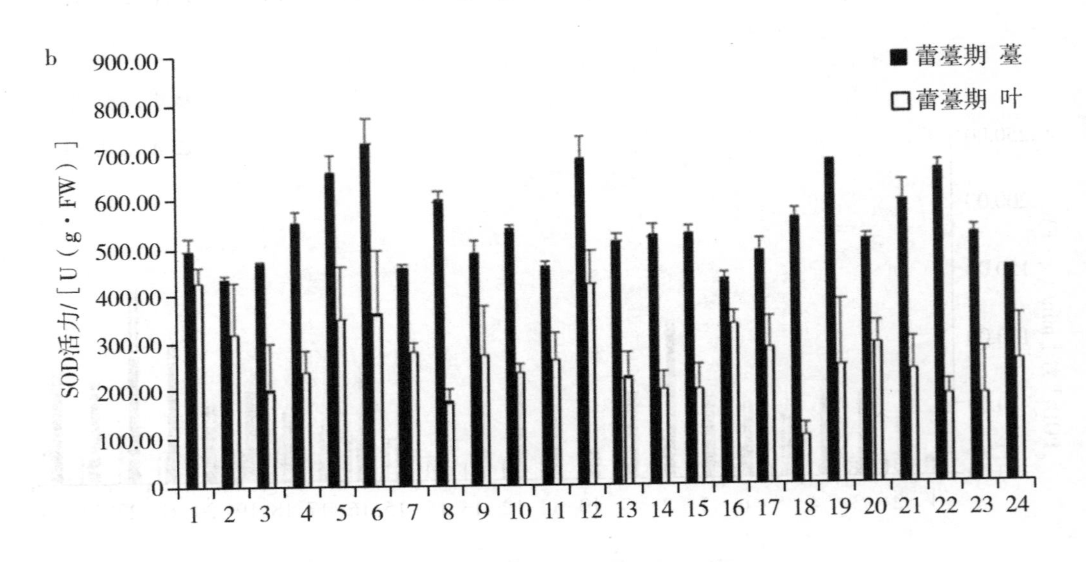

图 5-4　早熟（菜薹）油菜 SOD 含量

注：a：3~4 叶期，5~6 叶期，7~8 叶期 SOD 含量；b：蕾薹期薹和叶 SOD 含量

‘油薹 929’最低；SOD 含量中‘KW’最高，‘沣油 112’最低；可溶性蛋白含量中‘K31’最高，‘WH23’最低；可溶性糖含量中‘帆鸣油薹’最高，‘KW’最低；叶绿素含量中‘硒滋圆 2 号’最高，‘狮山 2019’最低。

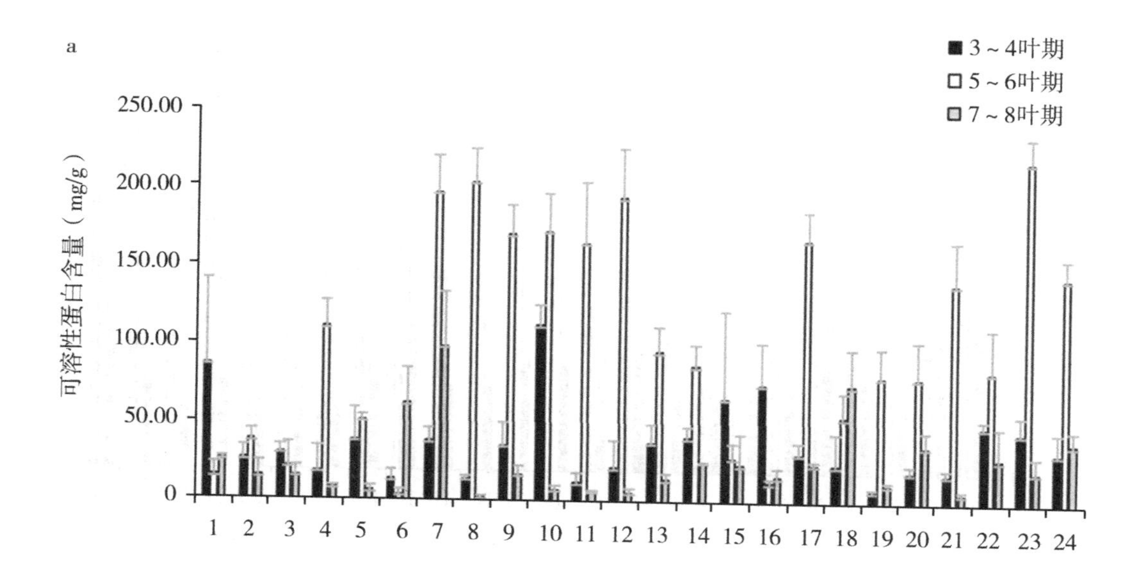

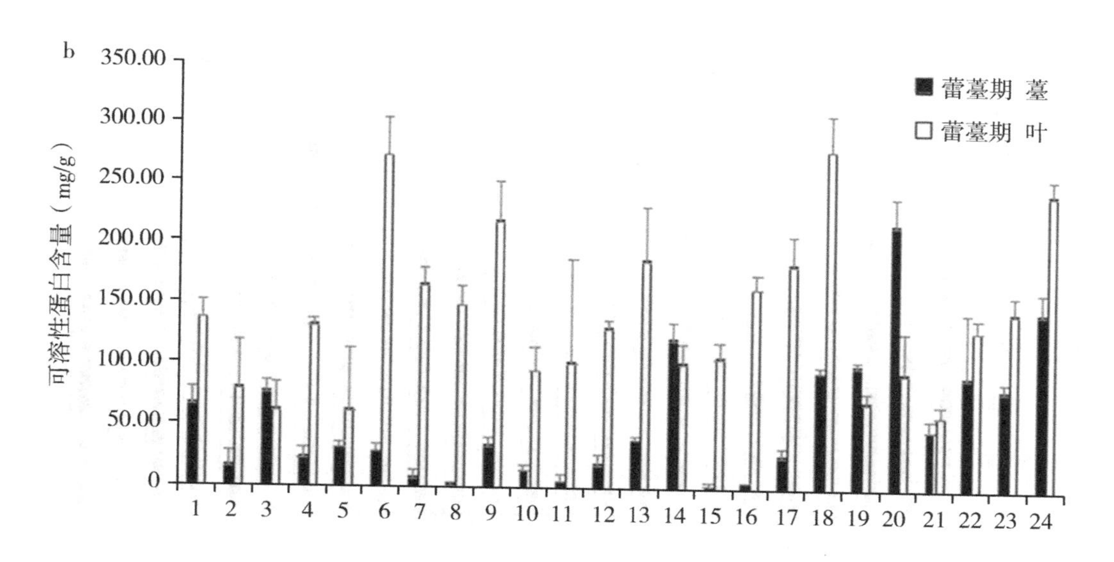

图 5-5 早熟（菜薹）油菜可溶性蛋白含量

注：a：3~4 叶期，5~6 叶期，7~8 叶期可溶性蛋白含量；b：蕾薹期薹和叶可溶性蛋白含量。

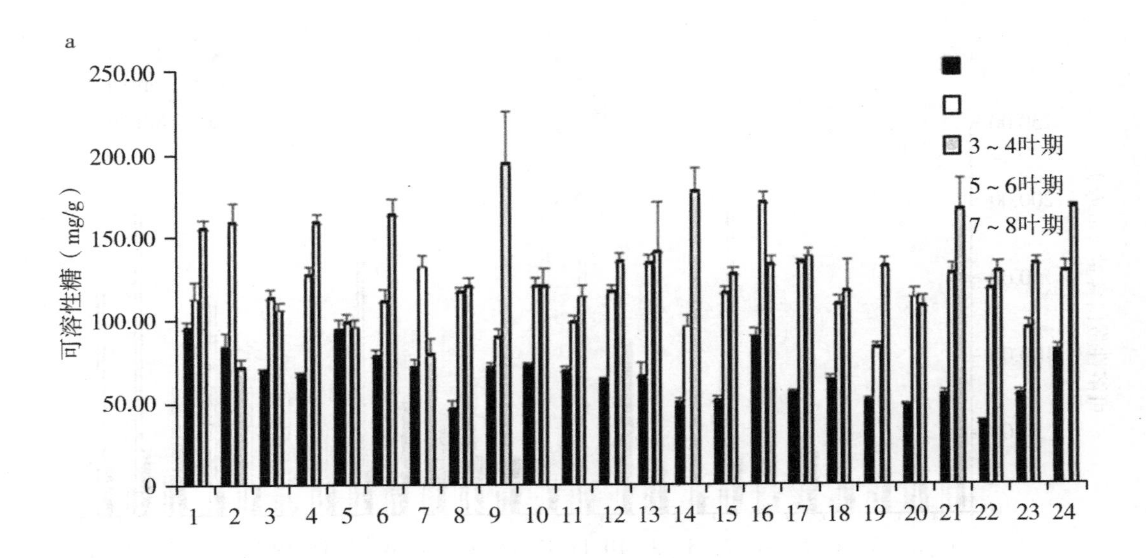

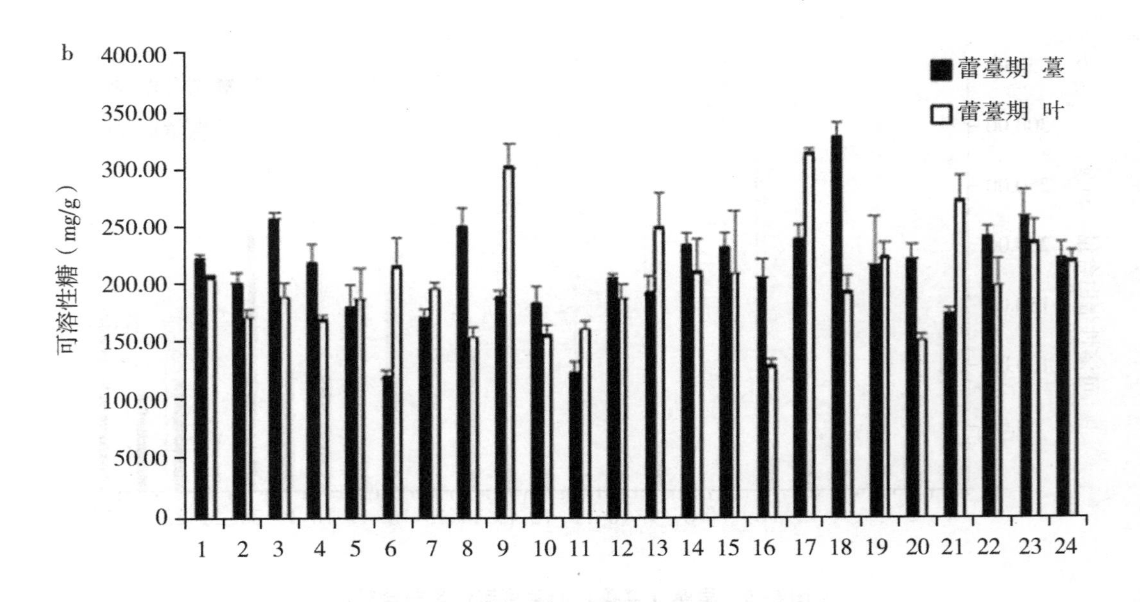

图 5-6　早熟（菜薹）油菜可溶性糖含量

注：a：3~4 叶期，5~6 叶期，7~8 叶期可溶性糖含量；b：蕾薹期薹和叶可溶性糖含量

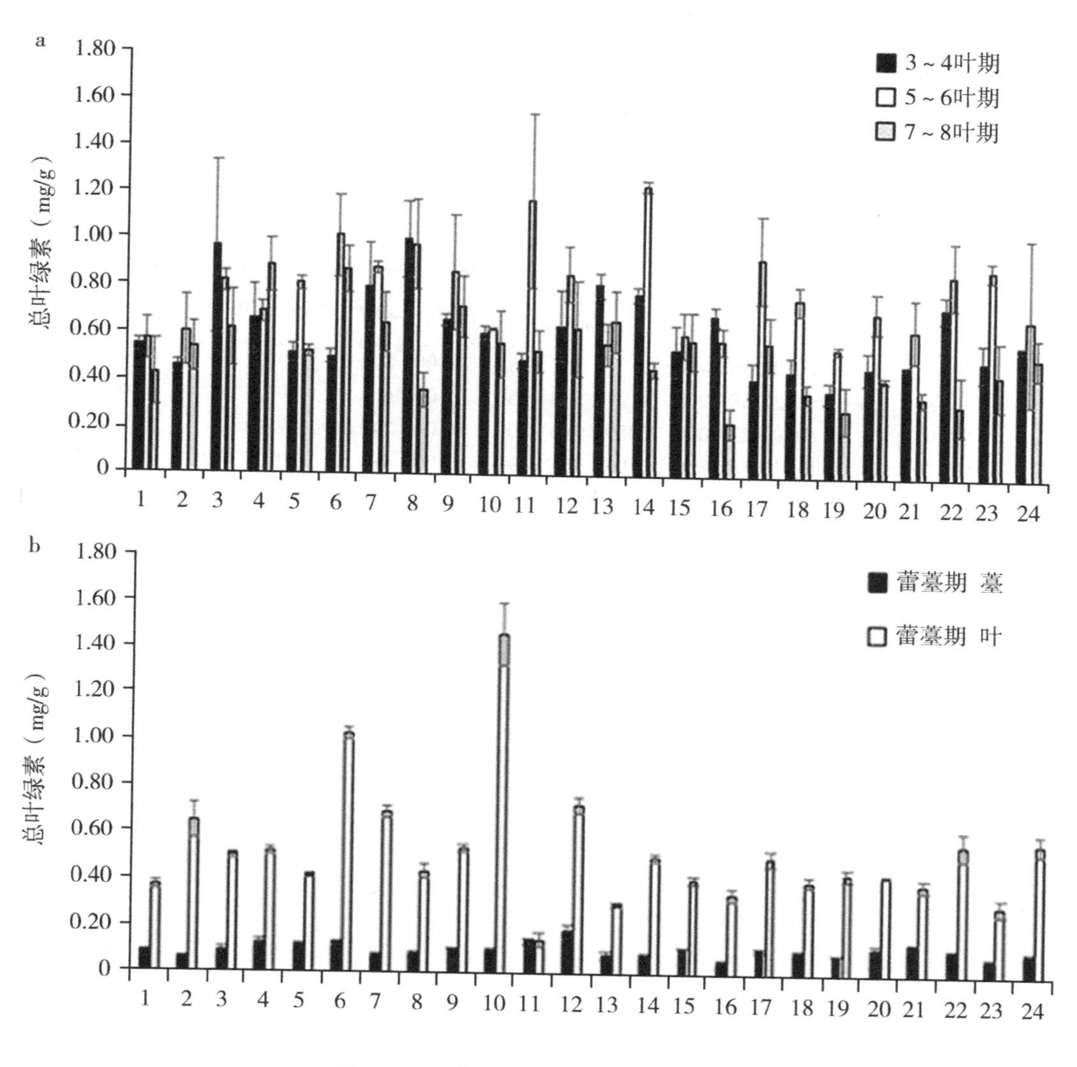

图 5-7　早熟（菜薹）油菜叶绿素含量

注：a：3~4 叶期，5~6 叶期，7~8 叶期总叶绿素含量；b：蕾薹期薹和叶总叶绿素含量。

第三节　油菜早熟分子生物学研究

一、早薹相关基因筛选及其表达规律研究

（一）转录组分析

1. 原始数据处理与质控

对每个样品的下机数据（Raw Data）进行统计（表 5-21），其中 CKQ20（%）占

比 97.54% 和 Q30（%）占比 93.54，YBQ20（%）占比 97.53% 和 Q30（%）占比 93.54%，说明测序结果真实可靠。采用 DESeq 对基因表达进行差异分析，筛选差异表达基因条件为：表达差异倍数 | log2FoldChange | >1，显著性 P-value<0.05。共有 3 192 个差异基因，其中上调基因 1 726 个，下调基因 1 466 个（数据取表 5-21 的平均数表述）。

表 5-21　样品下机数据统计

Sample	Raw_Read_Number	Raw_Bases	Raw_Q30_number	Raw_N_rate	Raw_Q20_rate	Raw_Q30_rate
CK1	42 555 916	6 383 387 400	5 971 582 018	0.005 82	97.55	93.54
CK2	44 817 266	6 722 589 900	6 297 539 256	0.006 6	97.58	93.67
CK3	39 951 560	5 992 734 000	5 598 936 970	0.006 747	97.48	93.42
YB1	42 103 878	6 315 581 700	5 934 963 989	0.006 488	97.73	93.97
YB2	47 040 144	7 056 021 600	6 602 901 062	0.006 775	97.54	93.57
YB3	47 518 510	7 127 776 500	6 634 031 120	0.006 7	97.31	93.07

2. 富集分析

KEGG 富集分析

KEGG 数据库富集结果如图 5-8 所示。

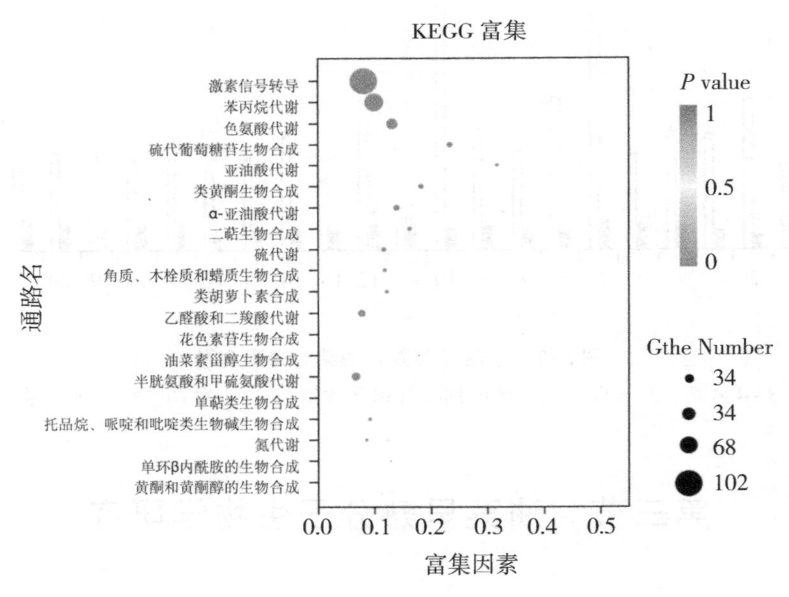

图 5-8　KEGG 富集图

3. 差异基因选择

根据差异基因显著富集到植物激素信号转导途径，许多跟植物开花和形态建成相关的 GO terms 也显著富集，包括花发育、花器官形态发育、花粉发育、细胞分化、细胞分裂等。在显著富集种筛选出相关基因，得到 36 个差异基因（表 5-22）。

表 5-22　差异基因

Gene ID	Gene symbol	Gene description	基因功能
BnaC03g70700D	LOC106418443	光系统 I 反应中心亚基 V，叶绿体	光合作用
BnaA09g26360D	LOC106362442	转录因子 TCP24（李欣）	分枝调控
BnaC04g47350D	LOC106391616	可能的 WRKY 转录因子 54	
BnaAnng00020D	LOC106431790	可能的 WRKY 转录因子 62	
BnaC04g01210D	LOC106415947	可能的 WRKY 转录因子 46	
BnaC06g40170D	LOC106430771	可能的 WRKY 转录因子 40	
BnaA03g19500D	LOC106437984	细胞分裂素脱氢酶 1-like	顶端优势
BnaA10g08770D	LOC106416276	IAA -氨基酸水解酶 ILR1 - like 6 下调	茎的伸长调控
BnaC01g38530D	LOC106375076	Nudix 水解酶 16，线粒体	
BnaA03g50060D	LOC106441042	可能为木葡聚糖内糖基转移酶/水解酶蛋白 18	
BnaA06g07800D	LOC106351244	Nudix 水解酶 12，线粒体	
BnaA09g45400D	LOC106434641	Nudix 水解酶 18，线粒体	
BnaC05g11920D	LOC106378169	赤霉素 3-β-双加氧酶 1 下调	影响赤霉素代谢
BnaC03g59610D	LOC106375947	赤霉素 2-β-双加氧酶 2	
BnaAnng38970D	LOC111202929	赤霉素调节蛋白 6-like	
BnaC03g19010D	LOC106404190	赤霉素 2-β-双加氧酶 3	
BnaC06g01800D	LOC106401328	赤霉素调控蛋白 9	
BnaA02g27460D	LOC106424429	Ocs 元素结合因子 1	影响种子成熟、萌发及花的发育
BnaA02g31000D	LOC106367764	碱性亮氨酸拉链 63-like 下调	
BnaC05g06030D	LOC106412233	转录因子 TGA2-like isoform X1	
BnaCnng48700D	LOC106450012	水杨酸结合蛋白 2 下调	水杨酸
BnaCnng32820D	LOC106391222	ABA 8'羟化酶 2 Up	脱落酸
BnaA09g05710D	LOC106366080	乙烯响应转录因子 ERF107	促进花分生组织的建立，调节花器官的发育
BnaA09g39670D	LOC106368507	转录因子 PIF6-like isoform X1	枝条分枝
BnaAnng13930D	LOC106423974	转录因子 bHLH140-like	
BnaA10g26420D	LOC106372645	Trihelix 转录因子 PTL-like	参与调节光应答基因的表达，而且参与植物形态建成和生长发育过程
BnaC07g10340D	LOC106394983	内源性 α-淀粉酶	影响麦芽糖生成
BnaA08g05660D	LOC106360628	β-淀粉酶 5	
BnaCnng46880D	LOC106431371	可能为蔗糖磷酸酶 3a	影响蔗糖代谢

（续表）

Gene ID	Gene symbol	Gene description	基因功能
BnaA09g30430D	LOC106429767	蔗糖转运蛋白 SUC2	
BnaA09g15290D	LOC106391407	半乳糖醇合成酶 2	影响半乳糖生成
BnaAnng09070D	LOC106421594	醛氧化酶 GLOX	
BnaAnng01700D	LOC106422717	可能为磷脂酰甘油	影响肌醇生成
BnaA03g47060D	LOC106360071	双向糖转运蛋白 SWEET14	糖转运蛋白 SWEETs 家族
BnaC07g33320D	LOC106449449	双向糖转运蛋白 SWEET17	
BnaC08g06850D	LOC106414209	糖转运蛋白 5	单糖转运蛋白
BnaC06g21620D	LOC106353515	吲哚族芥子油苷 O-甲基转移酶 5	
BnaC07g43540D	LOC106423404	假定谷胱甘肽过氧化物酶 7，叶绿体	过氧化物酶
BnaC03g20530D	LOC106392662	过氧化物酶 21	
BnaA04g06510D	LOC106420556	假定谷胱甘肽过氧化物酶 7，叶绿体	

4. 关键差异基因确定

在差异基因中筛选出基因功能注释与光合作用、生长相关的基因，再结合 NCBI 数据库对差异基因进行筛选，共得到 5 个关键差异基因（表 5-23）。

表 5-23　候选关键基因

基因 ID	基因符号	基因名称
BnaA10g08770D	LOC106416276	IAA-氨基酸水解酶 ILR1
BnaA02g27460D	LOC106424429	碱性亮氨酸拉链 43
BnaC03g20530D	LOC106392662	过氧化物酶 21
BnaC05g11920D	LOC106378169	赤霉素 3-β-双加氧酶 1
BnaCnng32820D	LOC106391222	脱落酸 8-羟化酶 2

5. 早熟油菜基因表达情况

利用定量 PCR 方法测定不同材料的基因表达量（图 5-9），发现在 3~4 叶期中，*BnaA02g27460D* 基因在‘20xy1329’‘K173’中表达量较高，分别为对照的 0.82 倍、0.93 倍；*BnaA10g08770D* 基因在‘20xy1329’‘湘穗 603’‘油薹 929’‘狮山 2017’‘BY3’中表达量较高，分别为对照的 1.65 倍、2.42 倍、2.13 倍、1.91 倍、2.18 倍；*BnaC03g20530D* 基因在‘华油杂 652’中表达量较高，为对照的 1.68 倍；*BnaC05g11920D* 基因在‘狮山菜薹’中表达量较高，为对照的 3.59 倍；*BnaCnng32820D* 基因在‘狮山菜薹’‘K31’‘WH10’中表达量较高，分别为对照的 1.56 倍、2.18 倍、1.55 倍。在 5~6 叶期，*BnaA02g27460D* 基因在‘KW’‘油薹 929’‘硒滋圆 2 号’‘狮山 2019’‘K111’中表达量较高，分别为对照的 2.03 倍、1.96 倍、2.05 倍、3.06 倍、1.81 倍；*BnaA10g08770D* 基因在 13 种材料中高表达，其中‘湘穗

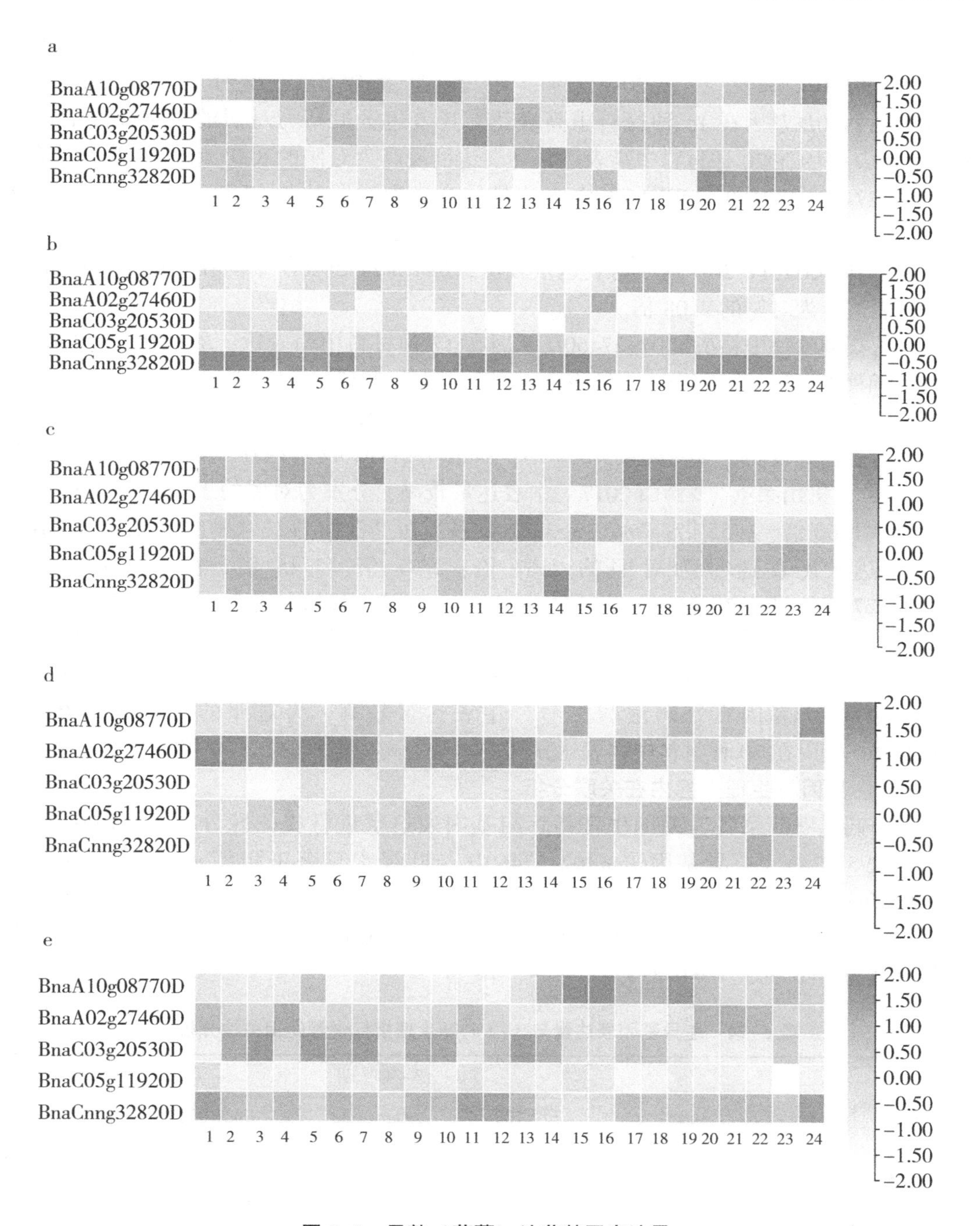

图 5-9　早熟（菜薹）油菜基因表达量

注：a：3~4 叶期，5~6 叶期，7~8 叶期 CAT 含量；b：蕾薹期薹和叶 CAT 含量。1~24 分别为‘华油杂 652’‘沣油 112’‘赣油 105’‘20xy1329’‘K173’‘KW’‘湘穗 603’‘WH23’‘大地 95’‘油薹 929’‘硒滋圆 1 号’‘硒滋圆 2 号’‘农大 1 号’‘狮山菜薹’‘狮山 2017’‘狮山 2019’‘WY16’‘W23’‘帆鸣油薹’‘K31’‘K111’‘WH10’‘HY10’‘BY3’，下同。

603’‘油薹 929’‘WY16’中表达量较高，分别为对照的 3.37 倍、2.73 倍、3.19 倍；*BnaC03g20530D* 基因在‘20xy1329’中表达量较高，为对照的 3.61 倍；*BnaC05g11920D* 基因在 15 种材料中高表达，其表达量最高为对照的 2.90 倍；*BnaCnng32820D* 基因在 20 种材料中高表达，其表达量最高为对照的 8.05 倍。在 7~8 叶期，*BnaA02g27460D* 基因在‘WY16’中表达量较高，为对照的 1.57 倍；*BnaA10g08770D* 基因均表达量较低；*BnaC03g20530D* 基因在‘农大 1 号’中表达量较高，为对照的 2.03 倍；*BnaC05g11920D* 基因均表达量较低；*BnaCnng32820D* 基因在狮山菜薹中高表达，其表达量为对照的 2.08 倍。

在蕾薹期叶片中，*BnaA02g27460D* 基因在 17 种材料中高表达；*BnaA10g08770D* 基因在‘湘穗 603’‘油薹 929’‘硒滋圆 1 号’‘狮山 2017’‘BY3’中表达量较高，分别为对照的 4.15 倍、2.15 倍、1.82 倍、2.17 倍、1.82 倍；*BnaC03g20530D* 基因在湘穗 603 中表达量较高，为对照的 1.38 倍；*BnaC05g11920D* 基因在‘KW’‘湘穗 603’‘大地 95’‘狮山菜薹’‘狮山 2017’中表达量较高，分别为对照的 1.56 倍、1.97 倍、1.79 倍、1.66 倍、1.55 倍；*BnaCnng32820D* 基因在‘沣油 112’‘狮山菜薹’‘WH10’中高表达，其表达量为对照的 2.67 倍、2.77 倍、3.45 倍。在蕾薹期薹中，*BnaA02g27460D* 基因在 16 种材料中高表达，其表达量最高为对照的 11.68 倍；*BnaA10g08770D* 基因在 12 种材料中高表达，其表达量最高为对照的 14.17 倍；*BnaC03g20530D* 基因在 15 种材料中高表达，其表达量最高为对照的 49.85 倍；*BnaC05g11920D* 基因在‘硒滋圆 1 号’中表达量较高，为对照的 1.63 倍；*BnaCnng32820D* 基因在 20 种材料中高表达，其表达量最高为对照的 22.77 倍。

（二）基因与生理指标内在关联分析

对不同早熟油菜各时期的生理指标与基因表达量进行相关性分析，发现在 3~4 叶期（表 5-24），差异基因 *BnaA02g27460D* 与叶绿素显著正相关，其相关系数 $r=0.261$。*BnaC05g11920D* 与 SOD 显著负相关，其相关系数 $r=-0.347$，与可溶性蛋白显著正相关，其相关系数 $r=0.382$。*BnaCnng32820D* 与 CAT、MDA 显著正相关，其相关系数分别为 $r=0.305$、$r=0.314$。

表 5-24　差异基因表达量与 3~4 叶期生理指标含量间相关性分析

指标	3~4 叶期				
	BnaA10g08770D	*BnaA02g27460D*	*BnaC03g20530D*	*BnaC05g11920D*	*BnaCnng32820D*
POD（μmol/g）	-0.154	-0.205	0.214	0.056	0.177
CAT（μmol/g）	-0.103	0.069	0.191	0.161	0.305**
SOD（μmol/g）	-0.073	-0.095	-0.089	-0.347**	-0.157
MDA（μmol/g）	-0.142	-0.161	-0.069	0.059	0.314**
可溶性糖（mg/g）	0.166	0.08	0.16	0.222	-0.127
可溶性蛋白（mg/g）	0.395	-0.104	-0.037	0.382**	0.073
叶绿素（mg/g）	0.141	0.261*	-0.167	0.077	0.035

注：* 在 0.05 水平（双尾），相关性显著。** 在 0.01 的水平上（双尾），相关性显著。下同。

在5~6叶期（表5-25），差异基因*BnaA10g08770D*与SOD、可溶性蛋白显著正相关，其相关系数分别为$r=0.282$、$r=0.464$。*BnaA02g27460D*与MDA、叶绿素显著正相关，其相关系数分别为$r=0.441$、$r=0.267$。*BnaC05g11920D*与SOD、可溶性蛋白显著正相关，其相关系数分别为$r=0.274$、$r=0.379$。*BnaCnng32820D*与POD显著负相关，其相关系数$r=-0.246$，与SOD显著正相关，其相关系数$r=0.349$。

表5-25　差异基因表达量与5~6叶期生理指标含量间相关性分析

指标	5~6叶期				
	BnaA10g *08770D*	*BnaA02g* *27460D*	*BnaC03g* *20530D*	*BnaC05g* *11920D*	*BnaCnng* *32820D*
POD（μmol/g）	0.179	-0.194	0.07	-0.159	-0.246*
CAT（μmol/g）	0.152	0.05	0.051	0.19	0.059
SOD（μmol/g）	0.282*	-0.076	0	0.274*	0.349**
MDA（μmol/g）	-0.047	0.441**	0.103	0.15	-0.001
可溶性糖（mg/g）	0.003	-0.014	0.072	-0.095	0.054
可溶性蛋白（mg/g）	0.464**	0.027	-0.09	0.379**	0.091
叶绿素（mg/g）	0.051	0.267*	-0.094	0.052	0.12

在7~8叶期（表5-26），差异基因*BnaA10g08770D*与POD、可溶性蛋白显著正相关，其相关系数分别为$r=0.373$、$r=0.261$，与叶绿素显著负相关，其相关系数$r=-0.259$。*BnaA02g27460D*与MDA显著正相关，其相关系数为$r=0.294$，与SOD显著负相关，其相关系数$r=-0.293$。*BnaC03g20530D*与POD、MDA显著正相关，其相关系数分别为$r=0.441$、$r=0.368$。*BnaC05g11920D*与POD显著正相关，其相关系数为$r=0.235$，与SOD、叶绿素显著负相关，其相关系数分别为$r=-0.246$、$r=-0.275$。*BnaCnng32820D*与叶绿素显著负相关，其相关系数$r=-0.324$，与MDA显著正相关，其相关系数$r=0.356$。

表5-26　差异基因表达量与7~8叶期生理指标含量间相关性分析

指标	7~8叶期				
	BnaA10g *08770D*	*BnaA02g* *27460D*	*BnaC03g* *20530D*	*BnaC05g* *11920D*	*BnaCnng* *32820D*
POD（μmol/g）	0.373**	0.122	0.441**	0.235*	0.156
CAT（μmol/g）	0.007	0.008	0.006	0.03	0.115
SOD（μmol/g）	-0.231	-0.293*	-0.152	-0.246*	-0.19
MDA（μmol/g）	0.178	0.294*	0.368**	0.02	0.356**
可溶性糖（mg/g）	-0.026	0.04	0.217	0.102	0.072
可溶性蛋白（mg/g）	0.261*	-0.201	-0.157	0.033	-0.156
叶绿素（mg/g）	-0.259*	-0.212	0.21	-0.275*	-0.324**

在蕾薹期叶片中（表 5-27），差异基因 *BnaA10g08770D* 与叶绿素显著正相关，其相关系数为 $r=0.306$。*BnaA02g27460D* 与 SOD、叶绿素显著正相关，其相关系数分别为 $r=0.274$、$r=0.676$。*BnaC03g20530D* 与可溶性糖显著负相关，其相关系数为 $r=-0.275$。*BnaCnng32820D* 与可溶性糖显著负相关，其相关系数为 $r=-0.356$。在蕾薹期薹中（表 12）差异基因 *BnaA10g08770D* 与 CAT、MDA 显著负相关，其相关系数分别为 $r=-0.39$、$r=-0.252$，与可溶性糖显著正相关，其相关系数 $r=0.506$。*BnaA02g27460D* 与 CAT、叶绿素显著正相关，其相关系数分别为 $r=0.255$、$r=0.348$，与可溶性糖显著负相关，其相关系数 $r=-0.298$。*BnaC03g20530D* 与 POD、可溶性糖、可溶性蛋白显著负相关，其相关系数分别为 $r=-0.31$、$r=-0.31$、$r=-0.345$。*BnaC05g11920D* 与 MDA、叶绿素显著正相关，其相关系数分别为 $r=0.404$，$r=0.46$，与可溶性糖、可溶性蛋白显著负相关，其相关系数分别为 $r=-0.401$、$r=-0.413$。*BnaCnng32820D* 与叶绿素显著正相关，其相关系数 $r=0.285$，与可溶性糖、可溶性蛋白显著负相关，其相关系数分别为 $r=-0.394$、$r=-0.267$。

表 5-27　差异基因表达量与蕾薹期生理指标含量间相关性分析

指标	蕾薹期叶					蕾薹期薹				
	BnaA10g08770D	*BnaA02g27460D*	*BnaC03g20530D*	*BnaC05g11920D*	*BnaCnng32820D*	*BnaA10g08770D*	*BnaA02g27460D*	*BnaC03g20530D*	*BnaC05g11920D*	*BnaCnng32820D*
POD [U/(g·min)]	-0.096	-0.186	-0.165	0.037	0.206	-0.045	-0.005	-0.31**	-0.121	-0.186
CAT [U/(g·FW/min)]	0.033	0.007	0.216	-0.16	-0.106	-0.39**	0.255*	-0.147	0.012	-0.082
SOD [U/(g·FW)]	-0.081	0.274*	0.071	-0.009	0.013	-0.08	0.069	-0.105	0.138	0.026
MDA (μmol/g)	-0.074	-0.003	-0.115	-0.153	-0.049	-0.252*	-0.017	-0.157	0.404**	-0.074
可溶性糖 (mg/g)	-0.218	-0.189	-0.275*	-0.047	-0.356**	0.506**	-0.298*	-0.31**	-0.401**	-0.394**
可溶性蛋白 (mg/g)	0.008	0.125	-0.03	0.046	-0.095	0.139	-0.007	-0.345**	-0.413**	-0.267*
叶绿素 (mg/g)	0.306**	0.676**	-0.03	0.124	0.015	-0.196	0.348**	-0.142	0.46**	0.285*

综合差异基因在不同油菜中的表达情况，*BnaA02g27460D*、*BnaA10g08770D*、*BnaC03g20530D*、*BnaC05g11920D*、*BnaCnng32820D* 基因在不同油菜类型中都有表达，而 *BnaA02g27460D*、*BnaA10g08770D* 基因表达情况较好、生理指标与基因的关联分析中与抗性相关指标 CAT 和 MDA 显著相关，分析 *BnaA02g27460D*、*BnaA10g08770D* 基因可能为影响油菜早熟的关键基因。

二、*Bccp*、*Fad6* 基因在早熟油菜中表达规律研究

Bccp 编码乙酰辅酶 A 羧化酶（Acetyl-CoA carboxylase，*ACCase*）的一个功能亚基，而 ACCase 是脂肪酸合成第一步反应的关键酶，是脂肪酸合成中非常重要的前体物质[65]，并在脂肪酸合成反馈调节中处于中心枢纽的位置，是其作用位点[66]；*fad6* 编码脂肪酸脱氢酶，是亚油酸合成的关键基因之一，亚油酸是人体必需氨基酸，适量的亚油酸具有营养保健作用[67]，但油菜中不饱和脂肪酸过量不利于油酸的积累，对油菜品质有一定影响[68]。对脂肪酸合成相关基因的研究有助于推动油菜品质改良，具有较高的经济价值与实用价值。

本试验通过对早熟油菜‘湘油 420’脂肪酸合成相关基因—*bccp*、*fad6* 在不同栽培条件、不同生育期的表达情况进行研究，从而找出不同肥密条件对其表达情况的影响，为油菜品质改良分子育种提供参考。

（一）材料与方法

1. 试验材料

试验选取早熟甘蓝型油菜‘湘油 420’（由湖南农业大学农学院提供），于 2016 年 10 月 15 日至 2017 年 4 月 20 日在湖南农业大学浏阳基地进行。在此期间取幼苗期、5～6 叶期和蕾薹期嫩叶各 5 片（1 片每株），盛花期取自交套袋植株的花 5 朵，授粉后 20～35 d 取自交套袋 5 个角果及角果皮。以上材料各自混合，保存于-80℃备用。

2. 试验处理

以 A1、A2、A3 分别表示氮肥梯度 90 kg/hm^2、180 kg/hm^2、270 kg/hm^2；B1、B2、B3 分别表示种植密度 2.3 万株/亩、3.3 万株/亩、4.3 万株/亩；C1、C2、C3 分别表示硼肥梯度 3.75 kg/hm^2、7.5 kg/hm^2、11.25 kg/hm^2，其中 A2B2C2 为对照，共 27 个小区，随机区组排列，三个重复，小区面积 10 m^2。所有小区施有效磷肥 90 kg/hm^2，有效钾肥 165 kg/hm^2 做基肥，一次施入。除试验处理外，其他农事操作均按当地管理措施操作。

3. 样品制备

（1）RNA 提取

按照 TransZol Up Plus RNA Kit（Trans Gene Biotech）试剂盒说明书提取总 RNA，琼脂糖凝胶电泳检测，微量紫外分光光度计（Nanodrop 2000，Thermo）检测 RNA 浓度与纯度，-80℃保存备用。

（2）定量 PCR

运用 premier 6.0 软件设计引物并用 oligo7.0 进行检测，引物由上海生工技术公司合成（表 5-28）。按照 *TransScript* All-in-One First-Strand cDNA Synthesis SuperMix for qPCR 试剂盒说明书进行反转录。用刑蔓等[69]所设 PCR 反应程序对引物进行检测，使用 CFX96TM Real-Time System（BIORAD，USA）采用两步法（按照试剂盒说明书）进行 qPCR 反应。内参基因选用 UBC9，基因表达情况采用比较周期阈值法进行评价[70]。数据分析采用 SPSS 软件，实验重复 3 次，取平均值。

表 5-28　定量 PCR 引物及内参基因序列

基因名称	基因 ID	序列（5′-3′）
*Bccp*2	AT1G52670	F：CGTCTCCTTTCCTTCCGAT R：AGCACCCACCGTTAGTCA
*Fad*6	LT220467	F：ATCACATAAGCCCAAGGATACCG R：TCGTCTTCATCAACCGCCAATT
*UBC*9	AT4G27960	F：TCCATCCGACAGCCCTTACTCT R：ACACTTTGGTCCTAAAAGCCACC

4. 统计分析

测得的数据用 SPSS20. 0 处理，Excel 2010 作图。

（二）结果与分析

1. 营养生长期基因表达差异

（1）幼苗期 *bccp*、*fad*6 表达差异

对幼苗期叶片中 *bccp*、*fad*6 基因的表达量进行分析（图 5-10）。*bccp* 在 A1B2C3、A1B3C3、A2B3B3 处理下表达量较高，分别是对照的 1. 65 倍、1. 52 倍、1. 50 倍；*bccp* 在 A3B1C2（0. 19 倍）、A3B2C1（0. 28 倍）、A1B2C3（0. 35 倍）处理下表达量远低于对照。*fad*6 则在 A2B1C3 处理下表达量最高，为对照的 1. 82 倍，其次是 A2B2C3，为对照的 1. 62 倍；而在 A3B3C1（0. 22 倍）、A3B3C2（0. 40 倍）与 A3B2C1（0. 45 倍）处理下远低于对照。幼苗期两基因整体表达量都不高，且在大多数处理下都低于对照。

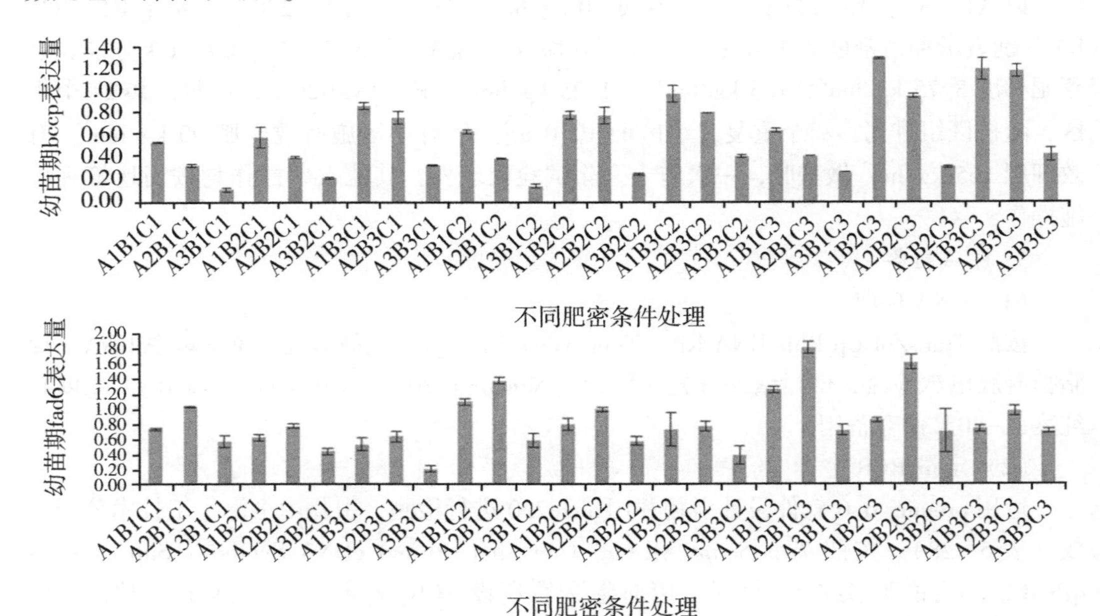

图 5-10　*bccp*、*fad*6 基因在幼苗期表达差异

（2）5~6 叶期基因表达差异

对 5 叶期叶片中 *bccp*、*fad*6 的表达量进行分析（图 5-11）。与对照相比，*bccp* 在 A1B3C3 有最大表达量，是对照的 2.37 倍，其次是 A2B3C3（2.19 倍）、A1B2C3（2.00 倍）、A1B3C2（1.65 倍）；反之，在 A3B1C1（0.41 倍）、A3B2C1（0.47 倍）、A3B1C2（0.53 倍）、A3B2C2（0.56 倍）处理下表达量远低于对照。*fad*6 则在 A2B1C3 处理下表达量最大，为对照的 1.66 倍，其次是 A2B2C3（1.58 倍）、A2B1C2（1.56 倍）；反之，在 A3B3C1 处理下表达量最低，为对照的 0.30 倍，其次为 A3B2C1（0.37 倍）、A1B3C1（0.37 倍）、A3B3C2（0.38 倍）、A3B2C2（0.40 倍）。同一植株不同部位的不同脂肪酸组分所占比例是不同的[71]，而本试验此时期在大部分处理条件下比之幼苗期均有增加，但增幅不大，可能与所用材料有关。

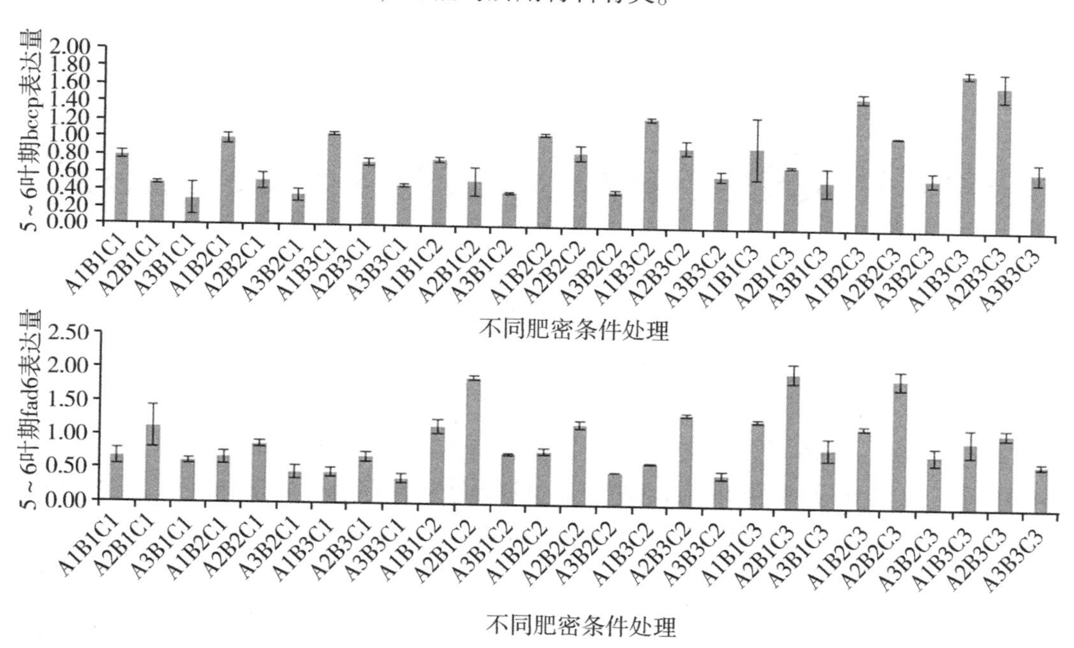

图 5-11　*bccp*、*fad*6 基因在 5~6 叶期表达差异

（3）蕾薹期基因表达差异

对蕾薹期叶片中 *bccp*、*fad*6 的表达量进行分析（图 5-12）。与对照相比，*bccp* 在 A1B2C3 处理下表达量最高（1.65 倍）。其次是 A1B3C3（1.52 倍）、A2B3C3（1.50 倍）；反之，在 A3B1C1（0.15 倍）、A3B1C2（0.19 倍）、A3B2C1（0.28 倍）、A3B1C3（0.35 倍）、A3B2C3（0.41 倍）、A3B3C1（0.43 倍）、A2B1C1（0.44 倍）处理下，均显著小于对照。*fad*6 在 A2B1C3（2.33 倍）处理下表达量最高，其次是 A2B2C3（1.93 倍）、A2B1C2（1.86 倍）；反之，在 A3B3C1（0.37 倍）、A3B2C1（0.38 倍）、A3B3C2（0.40 倍）处理下远低于对照。此时期 *Bccp* 除了上述几个处理下与对照有较大差异之外，在其他处理下差异并不明显，*fad*6 同之，且整体表达量与 5~6 叶期并无太大差异。

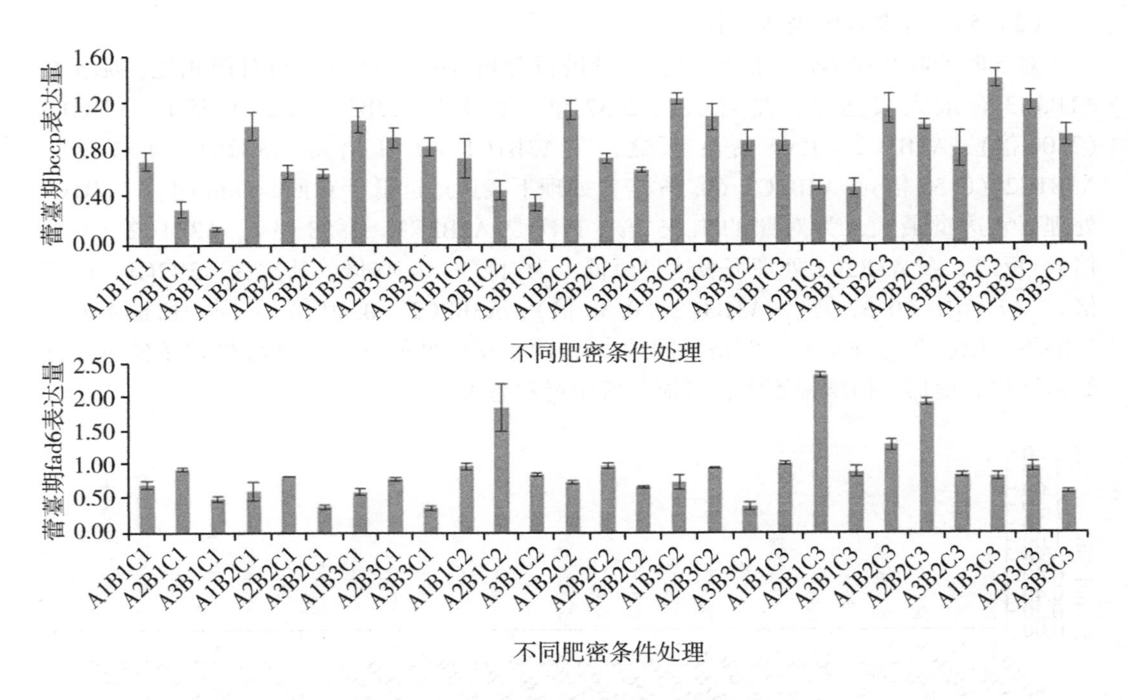

图 5-12　*bccp*、*fad6* 基因在蕾薹期表达差异

2. 生殖生长期 *bccp*、*fad6* 表达差异

（1）花期基因表达差异

对花中 *bccp*、*fad6* 的表达量进行分析（图 5-13）。与对照相比，*bccp* 在 A1B3C3（3.40 倍）处理下表达量最高，其次是 A1B2C3（3.28 倍）、A2B3C3（2.54 倍）、A1B1C3（2.45 倍）、A1B3C2（2.33 倍）、A2B2C3（2.22 倍）、A1B3C1（1.96 倍）；反之在 A3B1C1（0.39 倍）、A3B1C2（0.44 倍）处理下远低于对照。*fad6* 在 A2B1C3（1.81 倍）处理下表达量最高，其次是 A2B2C3（1.55 倍）、A2B1C2（1.53 倍）、A1B1C3（1.50 倍）；反之在 A3B3C1（0.43 倍）、A3B3C2（0.43 倍）处理下，表达量远低于对照。整体而言，*bccp*、*fad6* 在花期表达量较营养生长期高。

（2）种子中基因表达差异

对 20~35 d 种子中 *bccp*、*fad6* 的表达量进行分析（图 5-14）。与对照相比，*bccp* 在 A1B3C3（2.04 倍）处理下表达量最高，其次是 A1B2C3（2.01 倍）、A1B3C2（1.69 倍）、A2B3C3（1.65 倍）、A1B1C3（1.60 倍）；反之在 A3B1C1（0.31 倍）、A3B2C1（0.41 倍）、A3B1C2（0.42 倍）、A2B1C1（0.42 倍）处理下远低于对照。*fad6* 在 A2B1C3（1.64 倍）、A2B2C3（1.60 倍）、A2B1C2（1.55 倍）、A2B1C1（1.51 倍）、A1B1C3（1.51 倍）处理下表达量高于对照，其中在 A2B1C3 处理下表达量最高；反之，在 A3B3C1（0.45 倍）、A3B3C2（0.48 倍）、A3B2C1（0.49 倍）处理下显著低于对照。此时期 *bccp*、*fad6* 表达量均达到整个生育期的最高值，可能与角果期是脂肪酸积累的关键期有关[72]。

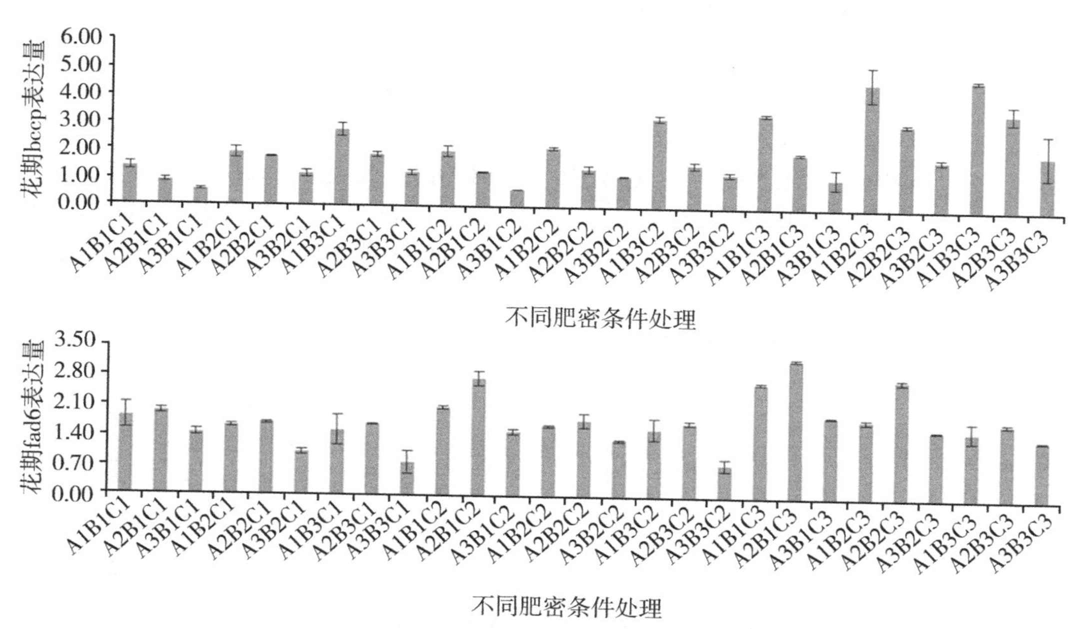

图 5-13 *bccp*、*fad6* 基因在花瓣中的表达差异

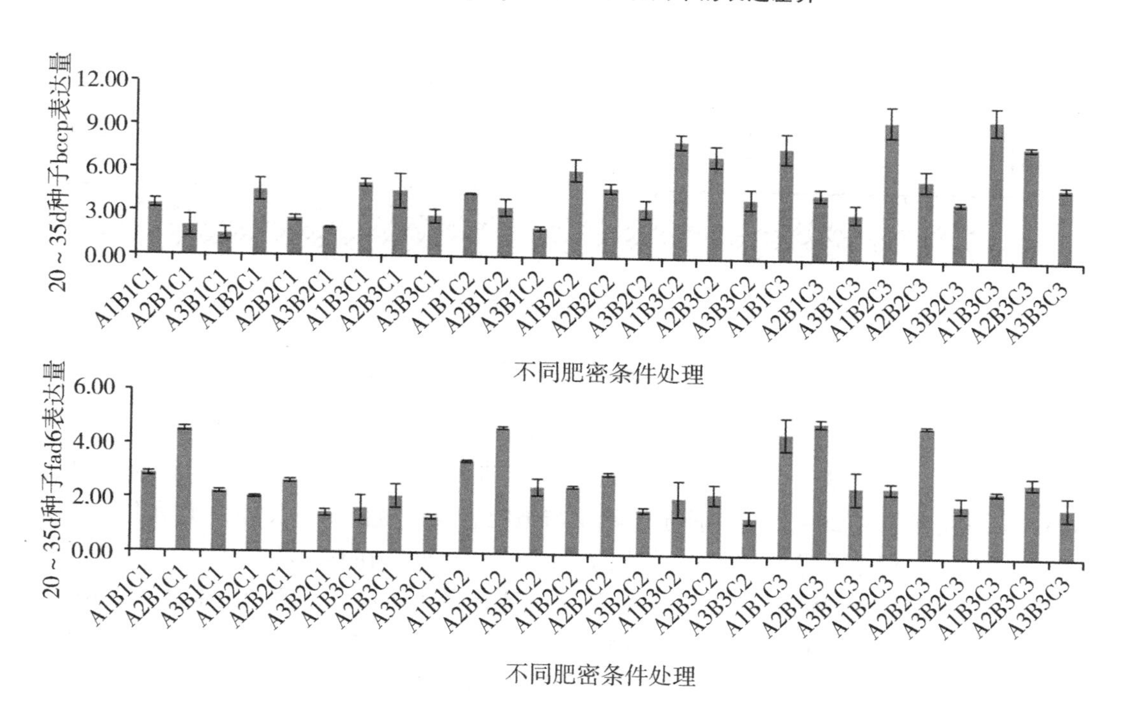

图 5-14 *bccp*、*fad6* 基因在授粉后 20～35 d 种子中的表达差异

（3）角果皮基因表达差异

对角果皮中 *bccp*、*fad6* 的表达量进行分析（图 5-15）。*bccp* 在 A1B3C3 处理下表达量最高，是对照的 2.52 倍，其次是 A2B3C3（2.26 倍）、A1B2C3（1.96 倍）、A2B2C3（1.92 倍）、A1B1C3（1.87 倍）、A1B3C2（1.79 倍）、A1B2C2（1.56 倍）；反之在 A3B2C2（0.26 倍）、A3B1C1（0.45 倍）、A3B3C2（0.45 倍）、A2B1C1（0.46 倍）处理下显著低于对照。*fad*6 在 A2B1C3（2.05 倍）处理下表达量最高，其次是 A2B2C3（1.72 倍）、A2B1C2（1.59 倍）、A2B1C1（1.51 倍）；反之在 A3B3C1（0.21 倍）、A3B3C2（0.33 倍）、A3B2C1（0.37 倍）、A3B1C1（0.42 倍）、A3B2C2（0.48 倍）处理下均远低于对照。此时角果皮中 *bccp*、*fad*6 表达量低于其在种子中的表达量，可能此时已到了角果皮中脂肪酸向种子中转移的后期，此时种子中脂肪酸含量远高于角果皮，从基因层面验证了陈婷[73]的研究。

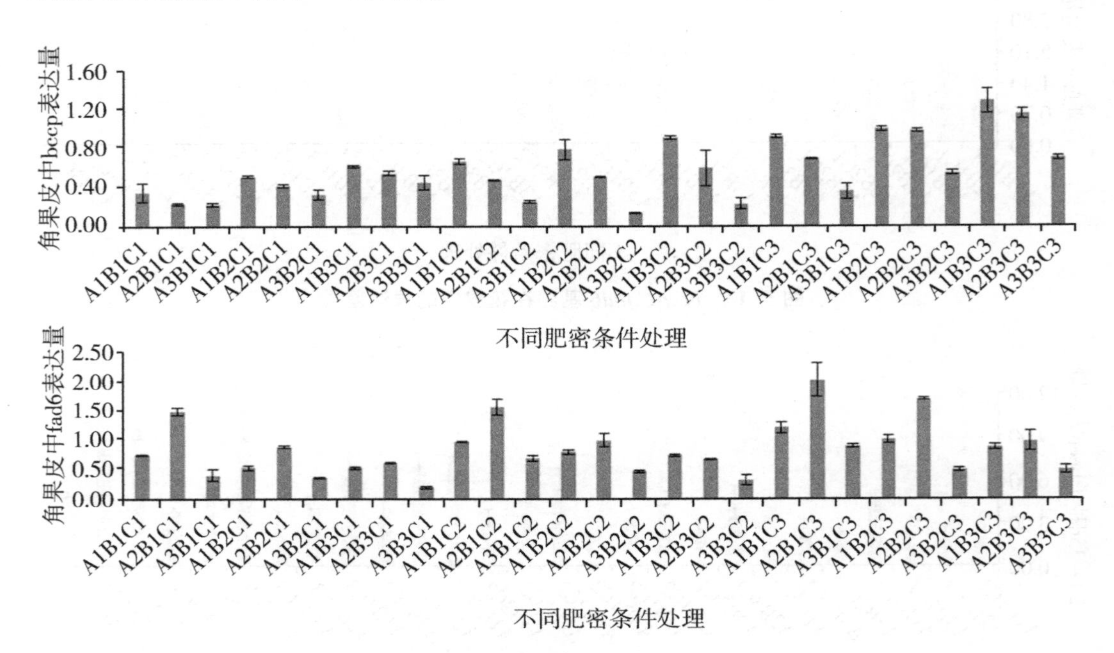

图 5-15　*bccp*、*fad*6 基因在角果皮中的表达差异

通过对不同肥密条件下，*bccp*、*fad*6 基因在甘蓝型油菜‘420’不同生育期表达情况的研究，发现在生殖生长期两基因的表达量（角果皮除外）均比营养生长期基因表达高，尤其是角果期 20~35 d 的种子，除了与施肥量及种植密度有关外，生殖生长期是油菜籽粒脂肪酸积累关键期才是更重要的原因[70]。此外，在整个生育期，*bccp* 基因表达量在 A1B2C3、A1B3C3 与 A2B3C3 处理下均显著高于对照，而在 A3B1C1、A3B1C2 处理下均低于对照。*fad*6 基因的表达量则在 A2B1C3 与 A2B2C3 的处理下均高于对照，在 A3B3C1 与 A3B3C2 处理下均显著低于对照。

（三）讨论

Bccp 控制合成包括油酸在内的各种脂肪酸的前体物，其大量表达有利于油酸积累，而 *fad*6 的过量表达会导致亚油酸的大量积累从而导致油酸含量下降。油酸含量不仅是衡量油料作物品质的重要指标，也有益人体健康[74-75]，故而降低 *fad*6 的表达，提升

bccp 的表达量是很有必要的。本研究发现在 A1B2C3、A1B3C3 与 A2B3C3 处理下 *bccp* 基因的表达量显著高于对照，*fad6* 表达量则低于对照，即在这三种肥密条件下既能促进 *bccp* 表达，又能适当抑制 *fad6* 的表达，是比较理想的肥密条件，可为通过栽培条件改良早熟油菜品质提供参考。

不同施肥量与种植密度对油菜品质的影响不同。李志玉等[76]对双低油菜新品种中油杂 8 号施用氮磷硼肥表明，氮肥会降低油分含量，而硼肥则可提高油酸、亚油酸含量；张辉等[77]通过不同施肥条件处理油菜，发现氮肥在一定施用范围内可增加油酸含量，硼肥则能显著增加油菜油酸、蛋白含量。吴永成[78]则证明增施氮肥会同时降低油菜油酸与亚油酸含量，种植密度对油菜品质无显著影响。本研究发现，氮肥用量越高，*bccp* 基因表达量越低，而 *fad6* 基因表达量则先升高后降低；密度增加，*bccp* 基因表达量提高，而 *fad6* 基因表达量降低；硼肥则促进这两个基因的表达。不同的研究结果不尽相同，可能与所用材料以及所用肥密配比不同，可做进一步验证。

第四节　早熟油菜新材料筛选及新品种选育

一、新品种选育

（一）‘帆鸣 3 号’

1. 选育过程

‘帆鸣 3 号’利用化学杀雄的方法配制而成。母本‘261’的选育始于 2011 年，对 10 个‘湘油 15 号’优良的自交系进行化学杀雄敏感性和产量试验，结果筛选出对化学杀雄较敏感同时产量高的自交系‘261’，刚现蕾时喷药二次，整个花期达到 98% 的不育效果。父本‘C112’的选育始于 2009 年，来源于‘湘油 15 号’与‘中双 11 号’的杂交后代，通过该组合后代的连续选择，在第 4 代，选出稳定的优系 C112。

‘帆鸣 3 号’的选育始于 2014 年，利用‘261’与 10 个自交系配制 10 个杂交组合，进行了 2 个点组合比较试验，2015 年春从这 10 个组合中筛选出新组合‘261×C112’，其表现综合性状好，比对照增产 5. 2%。

2. 品种特征特性

（1）杂交种亲本特征特性

母本‘261’特征特性：植株生长习性半直立，叶中等绿色，无裂片，叶翅 2~3 对，叶缘弱，最大叶长 33. 0 cm（中），叶宽 14. 2 cm（中），叶柄长度短，刺毛无，叶弯曲程度弱，开花期中，花粉量多，主茎蜡粉无或极少，植株花青苷显色弱，花瓣中等黄色，花瓣长度中，花瓣宽度中，花瓣相对位置侧叠，植株总长度 170. 1 cm（中），一次分枝部位 58. 2 cm，一次有效分枝 7. 5 个，单株果数 215 个，果身长度 7. 9 cm（中），果喙长度 1. 2 cm（中），角果姿态上举，籽粒黑褐色，千粒重 3. 98 g（中），全生育期 206 d 左右。

父本‘C112’特征特性：植株生长习性半直立，叶中等绿色，无裂片，叶翅 2~3

对，叶缘弱，最大叶长 33.0 cm（中），叶宽 12.5 cm（窄），叶柄长度中，刺毛无，叶弯曲程度弱，开花期中，花粉量多，主茎蜡粉无或极少，植株花青苷显色弱，花瓣中等黄色，花瓣长度中，花瓣宽度中，花瓣相对位置侧叠，植株总长度 167.4 cm（短），一次分枝部位 57 cm，一次有效分枝 7.8 个，单株果数 216 个，果身长度 8.3 cm（中），果喙长度 1.1 cm。

（2）‘帆鸣 3 号’植物学性状

植株生长习性半直立，叶中等绿色，无裂片，叶翅 2~3 对，叶缘弱，2 年测试平均，最大叶长 30.6 cm（中），最大叶宽 11.6 cm（窄），叶柄长度中，刺毛无，叶弯曲程度弱，开花期中，花粉量多，主茎蜡粉无或极少，植株花青苷显色弱，花瓣中等黄色，花瓣长度中，花瓣宽度中，花瓣相对位置侧叠，植株总长度 165 cm（短），一次分枝部位 61.4 cm，一次有效分枝 6.26 个，单株果数 174.2 个，果身长度 7.9 cm（中），果喙长度 1.2 cm（中），角果姿态上举，籽粒黑褐色，千粒重 4.04 g（中）。该组合在湖南 2 年多点试验结果表明，在湖南 9 月下旬播种，翌年 4 月下旬成熟，全生育期 205.6 d。

芥酸 0%，硫苷 21.50 μmol/g，含油量为 44.0%，油酸含量 80.63%，测试结果均符合国家标准；菜薹维生素 10.65 mg/100 g，维生素 C 70.10 mg/100 g，蛋白质 1.31 g/100 g，品质高于对照高于梅花红菜薹。菌核病平均发病株率为 5.8%，中抗菌核病；病毒病的平均发病株率为 4.0%，高抗病毒病。经转基因成分检测，不含任何转基因成分。

3. 两年多点试验表现

（1）产量表现

2016—2017 年度根据实测结果，各组合的产量详见表 5-29。方差分析结果表明，区组间有差异，但未达显著水平，说明区组间的田间肥力有一定差异；组合间的差异达极显著水平。各组合的平均单产水平在 151.90~166.42 kg/亩，组合之间的产量差异较大。本试验中，对照品种‘沣油 520’的平均单产为 157.64 kg/亩。比对照产量增产的有 3 个组合，产量最高的为‘帆鸣 3 号’，单产 166.42 kg/亩，比对照产量增产 5.57%，增产极显著；其次为‘春云油苔一号’，单产 164.58 kg/亩，比对照产量增 4.40%，增产极显著；再次为‘261×C901’，单产 162.00 kg/亩，比对照产量增产 2.77%，增产极显著；其余 2 个组合比对照减产。

本试验中，各组合的平均菜薹产量在 430.00~484.98 kg/亩，说明组合之间差异很大。其中产量最高为‘帆鸣 3 号’，其次‘春云油苔一号’为 453.06 kg/亩，再次‘261×C306’为 447.78 kg/亩，产量最低为‘261×C901’。

表 5-29　各试点参试组合的菜薹和菜籽产量与产值（kg/亩）

地区	指标	品名					
		春云油苔一号	261×C901	261×C241	261×C306	帆鸣 3 号	沣油 520（CK）
岳阳	菜籽	167.3	162.3	158.9	149.5	161.2	154.75
	菜薹	458.0	432.1	452.5	448.3	475.3	

（续表）

地区	指标	品名					
		春云油苔一号	261×C901	261×C241	261×C306	帆鸣 3 号	沣油 520（CK）
春云高科	菜籽	164.9	157.1	151.5	152.1	165.7	162.64
	菜薹	420.6	422.2	434.7	4 301	447.1	
慈利	菜籽	159.1	158.1	153.1	157.5	170.5	154.53
	菜薹	445.3	416.7	408.3	481.4	472.7	
湘西自治州	菜籽	164.2	165.2	159.8	147.2	165.5	160.85
	菜薹	476.3	427.6	436.1	427.8	533.6	
永州	菜籽	167.4	167.3	157.6	153.2	169.2	155.43
	菜薹	465.1	451.4	432.1	451.3	496.2	
菜籽	平均产量	164.58	162.00	156.18	151.90	166.42	157.64
	增减	4.4	2.77	-0.9	-3.64	5.57	
	显著水平	极显著	极显著	显著	极显著	极显著	—
	位次	2	3	5	6	1	4
菜薹	平均产量	453.06	430	432.74	447.78	484.98	
	位次	2	5	4	3	1	
产值	菜籽产值	987.48	972.00	937.08	911.40	998.52	945.84
	菜薹产值	1 359.18	1 290.00	1 298.22	1 343.34	1 454.94	
	总产值	2 346.66	2 262.00	2 235.30	2 254.74	2 453.46	945.84
	位次	2	3	5	4	1	6

注：1. 对照 1 为油菜早熟品种，因此未摘薹计算产量。对照 2 不产菜籽，因此未计算其菜籽产量；

2. 菜籽产值为 6.0 元/kg（300 元/亩成本），菜薹产值为 3 元/kg（500 元/亩成本）。

2017—2018 年度，根据实测结果，各组合的产量详见表 5-30。方差分析结果表明，区组间有差异，但未达显著水平，说明区组间的田间肥力有一定差异；组合间的差异达极显著水平。各组合的平均单产水平在 145.04～163.06 kg/亩，说明组合之间的产量差异很大。本试验中，对照品种的平均单产为 154.64 kg/亩。比对照增产的有 2 个组合，减产的有 2 个组合。产量最高的为‘帆鸣 3 号’，比对照增产 5.44%，增产极显著；其次为‘春云油苔一号’单产 157.30 kg/亩，比对照平均增产 1.72%，增产极显著；‘261×C901’比对照减产 2.44%；‘261×C241’比对照减产 3.76%；‘261×C306’比对照减产 6.21%，均达极显著水平。

本试验中，各组合的平均菜薹产量在 490.38～545.02 kg/亩，说明组合之间差异很大。其中产量最高的为‘春云油苔一号’，单产 545.02 kg/亩；其次为‘帆鸣 3 号’，单产 533.68 kg/亩；再次为‘261×C901’，单产 508.48 kg/亩；产量最低的为‘261×C306’，单产 490.38 kg/亩。

表 5-30　各试点参试组合的菜籽和菜薹产量与产值（kg/亩）

地区	指标	品名					
		春云油苔一号	261×C901	261×C241	261×C306	帆鸣 3 号	CK 沣油 520
岳阳	菜籽	156.4	153.3	148.6	139.6	159.2	156.5
	菜薹	568.3	542.3	532.5	518.7	525.5	
春云高科	菜籽	158.9	152.5	152.5	143.1	165.3	152.6
	菜薹	520.6	512.7	484.7	480.1	537.4	
慈利	菜籽	150.1	146.1	143.5	149.5	159.6	168.4
	菜薹	515.8	513.6	456.5	451.8	510.7	
湘西自治州	菜籽	162.5	148.8	149.8	146.8	163.5	150.1
	菜薹	545.3	477.4	526.4	517.8	538.6	
永州	菜籽	158.6	153.6	149.7	146.2	167.7	145.6
	菜薹	575.1	496.4	511.4	483.5	556.2	
菜籽	平均产量	157.30	150.86	148.82	145.04	163.06	154.64
	显著水平	极显著	极显著	极显著	极显著	极显著	—
	位次	2	4	5	6	1	3
菜薹	平均产量	545.02	508.48	502.30	490.38	533.68	
	位次	1	3	4	5	2	
产值	菜籽产值	943.80	905.16	892.92	870.24	978.36	927.84
	菜薹产值	1 635.06	1 525.44	1 506.90	1 471.14	1 601.04	
	总产值	2 578.86	2 430.60	2 399.82	2 341.38	2 579.40	
	位次	2	3	4	5	1	6

（2）主要经济性状

对 2016—2017 年度和 2017—2018 年度各参试组合的株高、分枝起点、有效分枝数、主花序长度、单株有效角果数、角粒数、千粒重和单株产量等主要经济性状进行考查，结果详见表 5-31、表 5-32。

各参试组合的株高在 157.00～167.20 cm，整体差异不大；各参试组合的分枝起点在 54～63 cm，CK‘沣油 520’最高，261×C241 最低；一次有效分枝数均有 6～7 个，单株有效角果数在 163～188 个，组合间的差异较大，以‘春云油苔一号’最多，其次为‘261×C901’每角粒数平均在 18.65～21.60 粒，组合之间的差异较大，‘春云油苔一号’最多，‘261×C241’最少。各参试组合的千粒重差异不大，在3.7~4.1 g。‘帆鸣3号’最重，‘261×C241’最轻，其他均在3.95 g左右。各参试组合的单株产量在11.5~14.2 g，以‘春云油苔一号’最高，‘沣油520’最低，从本年度试验各参试组合的单株产量情况来看，组合之间的差异与小区产量和单产水平的变化趋势大致相同，单株产量较真实地反映了各组合的产量潜力，说明本试验的取样和考种操作误差较小。

质量检测中心对‘帆鸣3号’品质性状进行检测，种子芥酸0%，硫苷21.0 μmol/g，含油为44.0%，油酸含量80.63%，测试结果均符合国家标准；菜薹维生素10.65 mg/100 g，维生素C 70.10 mg/100 g，蛋白质1.31 g/100 g，品质高于对照高于梅花红菜薹。经转基因成分检测，不含任何转基因成分。

表5-31　2016—2017年度各点参试组合的平均主要经济性状

项目	春云油苔一号	261×C901	261×C241	261×C306	帆鸣3号	CK 沣油520
株高（cm）	167.20	160.10	163.00	158.40	157.00	164.80
一次有效枝部位	58.30	55.40	54.60	61.80	58.10	60.70
第一次有效分枝数	6.80	6.30	6.01	7.10	6.24	6.51
全株有效角果数	187.20	185.50	179.50	165.00	172.10	163.20
每角果粒数（粒）	21.60	20.32	18.65	20.23	19.90	19.80
单株籽粒重（g）	13.70	13.10	12.54	12.40	11.82	11.76
千粒重（g）	3.99	3.94	3.83	3.95	4.01	3.94
成熟一致性	一致	中等	中等	一致	一致	一致
整齐度	齐	中等	齐	齐	齐	齐

表5-32　2017—2018年度各点参试组合的油菜平均主要经济性状

项目	春云油苔一号	261×C901	261×C241	261×C306	帆鸣3号	CK 沣油520
株高（cm）	160.70	162.40	157.60	161.40	165.00	164.60
一次有效枝部位	58.50	59.40	54.20	60.80	61.40	62.40
第一次有效分枝数	7.00	6.38	6.14	6.91	6.26	6.94
全株有效角果数	188.50	186.50	179.10	177.20	174.20	175.20
每角果粒数（粒）	21.04	20.48	18.38	21.06	19.60	19.80
单株籽粒重（g）	14.20	13.20	11.56	12.80	13.52	12.56
千粒重（g）	4.01	3.91	3.71	3.91	4.04	3.90
成熟一致性	一致	中等	中等	一致	中等	一致
整齐度	齐	中等	齐	齐	中等	齐

（3）苗期长势和生长一致性

2016—2017年度在苗期长势和生长一致性方面（表5-33），主茎总叶数的变幅15.4~18.6片，绿叶数的变幅15.4~18.4片，主茎总叶数和绿叶数以CK‘沣油520’多，为21.3片和18.6片，其次是‘261×C241’，主茎总叶数和绿叶数分别为18.4片和20.0片。最大叶长变幅为25.4~43.0 cm，最大叶宽变幅为9.9~15.4 cm。根茎粗变幅为16.6~20.1 cm。‘261×C901’的苗期一致性一般，其他组合苗期一致性好。‘春云油苔一号’及‘帆鸣3号’主茎叶短而小，适合作菜薹。

表5-33　2016—2017年度各组合冬前苗期情况（2017.1.14）

品名	主茎绿叶数	主茎总叶数	最大叶		根茎粗（mm）	苗期一致性
			长（cm）	宽（cm）		
春云油苔一号	16.7	20.1	25.4	9.9	17.2	一致
261×C901	16.0	17.9	40.5	12.6	19.2	中
261×C241	18.4	20.0	38.8	12.7	16.7	一致
261×C306	16.1	18.2	40.6	13.6	17.7	一致
帆鸣3号	15.4	19.6	29.4	12.9	16.6	一致
CK沣油520	18.6	21.3	43.0	15.4	20.1	一致

2017—2018年度（表5-34），主茎绿叶数在16.2~18.64片，主茎总叶数17.9~21.1片，主茎叶长27.4~40.5 cm，最大叶宽9.8~13.8 cm。根茎粗16.3~18.9 mm，除2个组合苗期长势和生长一致性一般外，其他的个组合和对照均苗期长势强，生长一致性好。‘春云油苔一号’的一个最大特点是叶片短而小，最适合作菜薹品种。

表5-34　各组合冬前苗期情况（2018.1.14）

品名	主茎绿叶数	主茎总叶数	最大叶		根茎粗（mm）	苗期一致性
			长（cm）	宽（cm）		
春云油苔一号	17.1	21.1	27.4	9.8	17.7	好
261×C901	16.6	17.9	40.5	12.6	18.2	好
261×C241	18.6	20.3	38.8	12.6	16.7	中等
261×C306	16.2	19.2	40.2	13.8	17.2	中等
帆鸣3号	17.4	19.6	30.6	12.9	16.3	好
CK沣油520	16.5	20.6	38.1	11.9	18.9	好

（4）生育期和抗性分析

①生育期。

各参试组合的全生育期平均在204.8~207.8 d（表5-35），组合之间差异不大，‘春云油苔一号’成熟最早，比对照早2.6 d，其次‘261C×241’比对照早1.6 d。

表 5-35　2016—2017 年度参试组合在各点的生育期表现（d）

品名	春云高科	岳阳市农科所	慈利旱科所	湘西自治州	永州所	平均	比对照
春云油苔一号	206	204	203	208	203	204.8	-2.6
261×C901	209	208	210	209	203	207.8	+0.4
261×C241	205	207	207	205	201	205.0	-1.6
261×C306	208	207	210	211	206	208.4	+1.0
帆鸣 3 号	204	204	208	211	201	207.4	0
CK 沣油 520	204	208	211	208	206	207.4	—

参试的 6 个组合全生育期的变化不大（表 5-36），‘帆鸣 3 号’最早，比对照早 2 d，‘261×C241’早 1.6 d，‘春云油苔一号’早 1.4 d，其他组合与对照相近，对照稍迟。

表 5-36　2017—2018 年度参试组合在各点的生育期表现（d）

品名	春云高科	岳阳市农科所	慈利旱科所	湘西自治州	永州所	平均	比对照
春云油苔一号	206	204	208	210	203	206.2	-1.4
261×C901	208	207	210	209	202	207.2	-0.2
261×C241	205	204	207	210	204	206.0	-1.6
261×C306	208	209	206	211	203	207.4	-0.2
帆鸣 3 号	205	207	206	208	202	205.6	-2.0
CK 沣油 520	206	208	211	209	204	207.6	—

②各组合的抗性表现。

各组合的抗倒性，除‘261×C901’为斜外，其他组合均表现正常，未出现倒伏（表 5-37）。各组合病毒病病株率变幅为 2.4%~8.4%，均发病轻。各组合菌核病病株率变幅为 11.6%~6.3%，‘261×C241’发病最重为 11.6%，‘春云油苔一号’最轻为 6.3%。

表 5-37　各参试组合抗性表现

	春云油苔一号	261×C901	261×C241	261×C306	帆鸣 3 号	CK 沣油 520
抗倒性（正常/斜/倒伏）	正常	斜	正常	正常	正常	正常
病毒病病株率（%）	2.4	3.8	8.4	3.5	4	4.4
病毒病病情指数	1.68	1.02	3.99	0.6	2.96	1.58
菌核病病株率（%）	6.3	7.9	11.6	7.7	6.9	7.8
菌核病病情指数	5.47	6.07	9.64	6.46	5.69	6.21

4. 结论

‘帆鸣3号’产量164.74 kg/亩，比平均产量增产5.51%，差异极显著，居参试组合第一位。平均株高161 cm，一次有效分枝数6.25个，单株有效角果数173.15个，每角粒数19.75粒，千粒重4.03 g，单株产量12.67 g。全生育期206 d。菌核病和病毒病均较轻。该组合发育早，2017年1月与2018年1月分别摘薹484.9 kg和533.68 kg后，菜籽产量仍比对照油菜品种分别增产5.57%和5.44%，而且该组合主茎叶特别小，经品质测定维生素C，维生素和蛋白质含量比红菜薹高，适合作菜薹，菜籽加菜薹产值约2 500元/亩，除去施肥和摘薹500元费用，比对照油菜品种增收约1 050元/亩，经济效益显著。菌核病和病毒病均较轻，全生育期206 d，适合在湖南省大面积秋播种植。

二、新材料筛选

（一）早熟高产新材料——帆鸣油薹

1. 选育过程

选育始于2009年，2013年自‘湘油15号’中筛选得到稳定株系，利用钴60辐射诱变，得到新的诱变材料后，2014年开始繁种，稳定性状，繁育3年后，于2019年得到纯合材料。

2. 特征特性

植株生长习性半直立，叶中等绿色，无裂片，叶翅2~3对，叶缘弱，最大叶长45.66 cm（长），叶宽16.12 cm（中），叶柄长度中，刺毛无，叶弯曲程度弱，开花期中，花粉量多，主茎蜡粉无或极少，植株花青苷显色弱，花瓣中等黄色，花瓣长度中，花瓣宽度中，花瓣相对位置侧叠，植株总长度171.2 cm（中），一次分枝部位68.10 cm，一次有效分枝9.80个，50 d左右可抽薹，单株果数474.60个，果身长度7.56 cm（中），果喙长度1.24 cm（中），角果姿态上举，籽粒黑褐色，千粒重4.62 g（中），全生育期179 d左右。芥酸0%，硫苷17.12 μmol/g，含油量为48.1%，测试结果均符合国家标准。菌核病平均发病株率为5.6%，中抗菌核病；病毒病的平均发病株率为4.65%，高抗病毒病。

（二）基于离子束诱变筛选新材料

利用抗倒早熟油菜zzq002（湖南农业大学农学院提供），2023年9月委托郑州大学河南省离子束生物工程重点实验室采用离子束分析仪器ZHTC201501（核工业西南物理研究院，中核同创（成都）科技有限公司）辐照，试验方法如下：注入离子初始能量30KeV/u，离子源为N^+，真空环境5×10^{-2}Pa，流强2±0.1 mA；将种子均匀平铺在靶盘上，待注入仓真空度达到期望值，启动辐照，靶盘处于运动状态以防止种子因热峰效应过热。$6\times10^{16}N^+/cm^2$、$8\times10^{16}N^+/cm^2$、$1\times10^{17}N^+/cm^2$、$3\times10^{17}N^+/cm^2$，预试验发现$6\times10^{16}N^+/cm^2$和$3\times10^{17}N^+/cm^2$发芽率在60%左右，剂量比较合适。对上述不同处理下材料，在湖南农业大学农学院进行了发芽试验，结果见表5-38。

表 5-38　室内发芽试验结果

不同剂量（N^+/cm^2）	3 d		7 d		鲜重（g）	干重（g）	含水量（%）
	发芽粒数	发芽势（%）	发芽粒数	发芽率（%）			
6×10^{16}	25	50	25	50	0.970	0.068	93
8×10^{16}	33	66	33	66	1.333	0.088	93
1×10^{17}	26	52	31	62	1.009	0.055	95
3×10^{17}	31	62	31	62	1.188	0.085	93
对照	41	82	47	94	1.862	0.116	94

2023 年 9 月 30 日播种，管理同其他材料。$3\times10^{17}N^+/cm^2$ 处理变异丰富，主要变化集中在大幅降低第一有效分枝高度，亲本为 25～30 cm，变异材料基本从第一子叶节开始产生第一有效分枝。主要分为如下三类。

（1）矮秆新材料

与对照相比高度显著降低（2024 年 2 月 21 日测量亲本 90～100 cm，突变材料 70 cm 左右），第一子叶节开始有一次分枝，亲本第一有效分枝高度 25 cm，分枝数等性状与对照基本一致，命名为 xnaz-01。

（2）多分枝新材料

基部与顶部同步现蕾，分枝显著增多，高达 12 个左右（亲本 7～8 个），第一子叶节开始有一次分枝，亲本第一有效分枝高度 25～30 cm，命名为 xnfz-01。

（3）第一有效分枝高度降低

分枝数、生育期和高度与亲本接近，第一子叶节开始有一次分枝，亲本第一有效分枝高度 25 cm，命名为 xnfz-02（图 5-16）。

图 5-16　突变材料

左为第一有效分枝减少，株高降低；中间为亲本；右为分枝显著增多

（三）早熟宜机收材料

利用系谱法筛选到两个早熟宜机收材料，该材料开花较早，2023 年田间发现开花较早，2024 年在长期低温情况下，2 月 21 日调查发现该材料为盛花期（大部分为蕾薹期），分枝 8 个左右，1.0 m 左右，分枝与主茎夹角较小（图 5-17），无冻害现象，依据其蛋白质含量和含油量分别命名为 xnzm-1（含油量 49.5%，蛋白质含量 18%）和 xnzm-2（含油量 47.0%，蛋白质含量 16.9%）。

图 5-17　分枝与主茎夹角小、早熟油菜

参考文献

[1]　2020 年我国植物油行业主要经济指标及行业发展分析—摘编自工业和信息化部消费品工业司组织编写的《食品工业发展报告》（2020 年度）[Z]. 中国油脂，2022，47（11）：157-161.

[2]　Wang W，Mauleon R，Hu Z，et al. Genomic variation in 3 010 diverse accessions of Asian cultivated rice [J]. Nature，2018，557：43-49.

[3]　洪岩，黄思思. 做强油菜产业：端稳端牢中国人的“油瓶子”[J]. 中国粮食经济，2023（7）：41-43.

[4]　王瑞元. 2022 年我国粮油产销和进出口情况 [J]. 中国油脂，2023，48（6）：1-7.

[5]　林忠秀，张振乾，邹如戈，等. 早熟油菜 [M]. 长沙：湖南科技出版社，2018：2-3.

[6]　刘成，冯中朝，肖唐华，等. 我国油菜产业发展现状，潜力及对策 [J]. 中国油料作物学报，2019，41（4）：485-489.

[7]　殷艳，尹亮，张学昆，等. 我国油菜产业高质量发展现状和对策 [J]. 中国

农业科技导报，2021，23（8）：1-7.
[8] 李银水，余常兵，戴志刚，等．稻秆还田方式对油菜产量及养分效率的影响［J］．华北农学报，2021，36（1）：177-186.
[9] 代文东，张超，黄泽素，等．早熟杂交油菜黔油早2号夏播化学杀雄制种技术［J］．种子，2020，39（1）：144-146.
[10] 陆光远，陈晓婷，余珠，等．南方早熟油菜新品种丰产稳产性分析及其光合特性［J］．华北农学报，2022，37（4）：113-121.
[11] 王积军，熊延坤，周广生．南方冬闲田发展油菜生产的建议［J］．中国农技推广，2014，30（5）：6-8.
[12] 张尧锋，余华胜，曾孝元，等．早熟甘蓝型油菜研究进展及其应用［J］．植物遗传资源学报，2019，20（2）：258-266.
[13] 胡宇倩，张振华，熊廷浩，等．南方三熟区早熟油菜品种养分需求特性［J］．植物营养与肥料学报，2020，26（7）：1339-1348.
[14] 王刚，文淑中，范超阳，等．早熟油菜杂1613薹用效应研究［J］．中国农业信息，2017（2）：68-70.
[15] Raman R，Diffey S，Carling J，et al. Quantitative genetic analysis of grain yield in an Australian *Brassica napus* doubled-haploid population［J］．Crop and Pasture Science，2016，67（4）：298-307.
[16] 乔幸，安然，陈娜娜，等．利用CRISPR/Cas9技术创制早熟甘蓝型油菜材料［J］．四川农业大学学报，2021，39（6）：729-733，765.
[17] 罗玉秀，张生萍，许唱唱，等．特早熟春性甘蓝型油菜*sBnFLD*基因的克隆及表达［J］．西北农林科技大学学报（自然科学版），2016，44（11）：90-96.
[18] 艾育芳，陈观水，周以飞，等．早熟油菜成花相关基因*LFY*的克隆与分析［J］．西北植物学报，2012，32（10）：1965-1970.
[19] 周晓晨．甘蓝型油菜早熟相关性状QTL定位及开花基因*BnGI*的克隆［D］．上海：上海交通大学，2014.
[20] 张生萍，罗玉秀，杜德志，等．春性甘蓝型油菜FCA同源基因可变剪接体的克隆及表达研究［J］．西北农林科技大学学报（自然科学版），2016，44（4）：64-72，80.
[21] 郑本川，张锦芳，李浩杰，等．甘蓝型油菜开花控转录因子CONSTANS的表达分析［J］．中国农业科学，2013，46（12）：2592-2598.
[22] 李书宇，黄杨，熊洁，等．甘蓝型油菜早熟性状QTL定位及候选基因筛选［J］．作物学报，2021，47（4）：626-637.
[23] Hou J N，Long Y，Harsh R，et al. A Tourist-like MITE insertion in the upstream region of the *BnFLC. A10* gene is associated with vernalization n requirement in rapeseed（*Brassica napus* L.）［J］．BMC Plant Biol.，2012，12：238.
[24] Chen L，Dong F M，Cai J. et al. A 2.833 kb insertion in *BnFLC. A2* and its ho-

meologous exchange with *BnFLC. C2* during breeding selection generated early-flowering rapeseed [J]. Mol. Plant, 2018, 11 (8): 222-225.

[25] 李新，肖麓，杜德志. 油菜开花期的遗传调控及 QTL 研究进展 [J]. 中国油料作物学报，2019，41 (2)：283-291.

[26] 林香，秦信蓉，宋敏，等. 早熟甘蓝型油菜开花期的遗传分离分析 [J]. 分子植物育种，2021，19 (10)：3392-3399.

[27] Shen Y S, Xiang Y, Xu E S, et al. Major co-localized QTL for plant height, branch initiation height, stem diameter, and flowering time in an alien introgression derived *Brassica napus* DH population [J]. Front. Plant Sci., 2018, 9: 390.

[28] Boudry P, Wieber R, Saumitou - Laprade P, et al. Identification of RFLP markers closely linked to the bolting gene B and their significance for the study of the annual habit in beets (*Beta vulgaris* L.) [J]. Theoretical and Applied Genetics, 1994, 88 (6-7): 852-858.

[29] Fu W, Huang S, Gao Y, et al. Role of BrSDG8 on bolting in Chinese cabbage (*Brassica rapa*) [J]. Theoretical and Applied Genetics, 2020, 133 (10): 2937-2948.

[30] 程斐，李式军，奥岩松，等. 大白菜抽薹性状的遗传规律研究 [J]. 南京农业大学学报，1999 (1)：29-31.

[31] 王祺，蒲媛媛，赵玉红，等. 强冬性甘蓝型冬油菜抽薹相关基因 SVP 和 SOC1 的克隆与表达分析 [J]. 江苏农业学报，2020，36 (5)：1088-1097.

[32] Hartmann U, Hhmann S, Nettesheim K, et al. Molecular cloning of SVP: a negative regulator of the floral transition in Arabidopsis [J]. The Plant Journal, 2000, 21 (4): 351-360.

[33] Helal M, Gill, R A, et al. SNP-and Haplotype-Based GWAS of Flowering-Related Traits in *Brassica napus* [J]. Plants, 2021, 10 (11): 2475.

[34] 王振恒，王引权，雒军，等. 基于高通量测序的当归抽薹相关基因分析 [J]. 中国现代中药，2022，24 (2)：243-248.

[35] Heuer S. The Maize MADS Box Gene *ZmMADS*3 Affects Node Number and Spikelet Development and Is Co-Expressed with *ZmMADS*1 during Flower Development, in Egg Cells, and Early Embryogenesis [J]. Plant Physiology, 2001, 127 (1): 33-45.

[36] 刘后利. 油菜遗传育种学 [M]. 北京：中国农业大学出版社，2000：130-198.

[37] 张志安. 植物生理学实验技术 [M]. 长春：吉林大学出版社，2008：100-103.

[38] 邹琦. 植物生理学实验指导 [M]. 北京：中国农业出版社，2000：131-135.

[39] 夏广清，何启伟，王翠花，等．不同生态型大白菜抽薹时内源激素含量比较［J］．中国蔬菜，2005（2）：21-22.
[40] 王若仲，萧浪涛，蔺万煌，等．亚种间杂交稻内源激素的高效液相色谱测定法［J］．色谱，2002，20（2）：148-150.
[41] 胡立勇，傅廷栋，吴江生，等．油菜生长发育期间内源激素含量的变化（英文）［J］．植物生理与分子生物学学报，2003，29（3）：239-244.
[42] 潘学枳．陆地棉中熟棉和短季棉品种的光合生产力与群体结构特性分析［C］//中国棉花学会．中国棉花学会中青年棉花科技工作者学术研讨会论文集．武汉，1989.
[43] 刘后利．油菜的遗传和育种［M］．上海：上海科学技术出版社，1985：338-339.
[44] 白淑萍．甘蓝型油菜早熟性状试管选择初探［J］．甘肃农业大学学报，1994，29（2）：193-194.
[45] 江勇，贾士荣，费云标．抗冻蛋白及其在植物抗冻生理中的作用［J］．植物学报，1999，41（7）：677-685.
[46] 史鹏辉，孙万仓，赵彩霞．低温下抗氧化酶活性与冬油菜根细胞结冰关系的初步研究［J］．西北植物学报，2013，33（2）：329-335.
[47] 王春利，杨建利．低温胁迫下喷施 $CaCl_2$ 对油菜抗寒性的影响［J］．湖北农业科学，2001（5）：29-31.
[48] 盖玥，牛俊义，孙万仓，等．降温处理对白菜型油菜品种抗寒生理指标的影响［J］．甘肃农业大学学报，2005（2）：182-185.
[49] 雷元宽，李庆刚，张美玲，等．角果期冻害对油菜产量的影响［J］．现代农业科技，2013（4）：21-22.
[50] 张以顺，黄霞，陈云凤．植物生理学实验教程［M］．北京：高等教育出版社，2009：128-129.
[51] 刘萍，李明军．植物生理学实验技术［M］．北京：科学出版社，2008.
[52] 赵世杰，刘华山，董新纯．植物生理学实验指导［M］．北京：中国农业科技出版社，1998：120-164.
[53] 张殿忠，王沛洪，赵会贤．测定小麦叶片游离脯氨酸含量的方法［J］．植物生理学通讯，1990（4）：62-65.
[54] 程世强，吴智明，曾晶，等．低温胁迫对苦瓜成苗及幼苗生理生化特性的影响［J］．热带作物学报，2011，32（11）：2099-2103.
[55] Arron G P. Superoxide dismutase in mictochondrin from Hdianthus tuberosus and Neurospora crassa［J］. Biochem Soc Trans，1976（4）：618-620.
[56] Warren G J，Thorlhy G J，Knight M R. The molecular biological approach to understanding freezing tolerance in the model plant，*Arabidopsis thaliana*［J］. Env Stressors and Gene Re，2000（1）：245-258.
[57] 陈银萍，王晓梅，杨宗娟，等．NO 对低温胁迫下玉米种子萌发及幼苗生理

特性的影响 [J]. 农业环境科学学报, 2012, 31 (2): 270-277.
[58] 王毅, 杨宏福, 李树德. 园艺植物冷害和抗冷性的研究 [J]. 园艺学报, 1994, 21 (3): 178-184.
[59] 朱惠霞, 孙万仓. 白菜型冬油菜的抗寒性极其生理生化特性 [J]. 西北农业学报, 2007, 16 (4): 34-38.
[60] 王书杰, 王家民, 李亚东. 可溶性蛋白含量与葡萄抗寒性关系的研究 [J]. 北方园艺, 1996 (2): 13-14.
[61] 李世成, 牛俊义. 零上低温处理对不同甘蓝型油菜品种抗寒性的影响 [J]. 干旱地区农业研究, 2007, 25 (6): 40-43.
[62] 王建华, 刘鸿先, 徐同. 超氧物歧化酶 (SOD) 在植物逆境和衰老中的作用 [J]. 植物生理学通讯, 1989 (1): 1-7.
[63] 王芳. 三种不同抗寒类型植物体内脯氨酸含量的年季变化 [J]. 中国科技信息, 2006 (5): 115.
[64] 萧浪涛. 植物生理学实验技术 [M]. 北京: 中国农业出版社, 2008: 110-113.
[65] 戴晓峰. 油菜脂肪酸合成关键基因的克隆与脂肪酸积累模式研究 [D]. 北京: 中国农业科学院, 2006.
[66] 赵虎基, 王国英. 植物乙酰辅酶 A 羧化酶的分子生物学与基因工程 [J]. 中国生物工程杂志, 2003 (2): 12-16.
[67] 戴晓峰, 肖玲, 武玉花, 等. 植物脂肪酸去饱和酶及其编码基因研究进展 [J]. 植物学通报, 2007 (1): 105-113.
[68] 刘后利. 油菜遗传育种学 [M]. 北京: 中国农业大学出版社, 2000: 135-171.
[69] 邢蔓, 刘少锋, 邬贤梦, 等. 甘蓝型油菜 *GPAT*9 基因克隆与生物信息学分析 [J]. 分子植物育种, 2016, 14 (12): 3282-3288.
[70] W M P. A new mathematical model for relative quantification in real-time RT-PCR [J]. Nucleic acids research, 2001, 29 (9): e45.
[71] 曾宇, 雷雅丽, 李京, 等. 氮、磷、钾用量与种植密度对油菜产量和品质的影响 [J]. 植物营养与肥料学报, 2012, 18 (1): 146-153.
[72] 高建芹, 浦惠明, 戚存扣, 等. 高含油量油菜种子和果皮油分积累及主要脂肪酸的动态变化 [J]. 中国油料作物学报, 2009, 31 (2): 173-179.
[73] 陈婷. 油菜叶片和角果光合对其籽粒产量及品质的影响 [D]. 杨凌: 西北农林科技大学, 2016.
[74] Nicolosi R J, Woolfrey B, Wilson T A, et al. Decreased aortic early atherosclerosis and associated risk factors in hypercholesterolemic hamsters fed a high-or mid-oleic acid oil compared to a high-linoleic acid oil [J]. The Journal of Nutritional Biochemistry, 2004, 15 (9): 540-547.
[75] Rudkowska I, Roynette C E, Nakhasi D K, et al. Phytosterols mixed with medi-

um-chain triglycerides and high-oleic canola oil decrease plasma lipids in overweight men [J]. Metabolism Clinical & Experimental, 2006, 55 (3): 391-395.
[76] 李志玉，胡琼，廖星，等．优质油菜中油杂 8 号施用氮磷硼肥的产量和品质效应 [J]. 中国油料作物学报，2005 (4)：59-63.
[77] 张辉，朱德进，黄卉，等．不同施肥处理对油菜产量及品质的影响 [J]. 土壤，2012，44 (6)：966-971.
[78] 吴永成，徐亚丽，彭海浪，等．播期及种植密度对直播油菜农艺性状和产量品质的影响 [J]. 西南农业学报，2015，28 (2)：534-538.

第六章　油菜抗除草剂育种

第一节　抗除草剂转基因油菜研究进展

杂草严重影响苗期生长，进而对后期的产量和品质均会造成严重影响。长江下游地区冬油菜田草害面积达种植面积的46.9%，一般年份会造成油菜减产10%~20%，草害严重时甚至减产50%以上[1]。杂草会将油菜的肥、水、阳光分走，还有利于病虫害的传播[2]。目前，大田轮作、人工除草、化学除草和生物防治等方式是田间杂草防治的主要措施。大田轮作和生物防治操作难度大，而人工除草成本太高，化学除草简单快捷，成本低廉，是当前农民比较欢迎的除草方式。

除草剂在除草的同时，对油菜等作物也会产生影响，甚至杀死幼苗，因而筛选和创制抗除草剂油菜是有效防除油菜田杂草的一项有效途径[3]。抗除草剂油菜的育种方法有两种类型：一种是利用传统的非转基因育种，通过对理化诱变技术的使用，筛选出抗除草剂的突变体油菜，该方法耗时较长，田间工作量大，成本高；另一种是用转基因技术，利用基因工程技术可快速将天然抗性菌株中的抗除草剂基因转化到油菜中培育出能够稳定遗传的具有除草剂抗性的新材料，随着转基因技术的不断成熟完善，转基因抗除草剂油菜也成为当前抗除草剂油菜研究的主要趋势。目前市面上多为转基因抗除草剂油菜品种。

一、油菜相关除草剂

使用除草剂去控制和去除杂草是一种高效、快速、节约劳动力和经济效益的方法[4]。种植抗除草剂油菜可以在油菜的各个时期都可以除草，在种植前的耕地要求降低，大大减少田间工作量，降低油菜生产成本，大幅提高我国油菜的国际竞争力。

中国除草剂的类型有限，油菜除草剂可以选择的不多[5]。选择性除草剂和灭生性除草剂又称广谱性除草剂，是现在的主要两种类型。选择性的除草剂是在合适的用量、环境下，对一类或一种杂草进行防除。但是杂草和作物的性状相似，就会被保留。而灭生性除草剂会杀死全部的植物，没有选择性。常见的灭生性除草剂主要包括草丁膦、草甘膦、百草枯等，常见的选择性除草剂有ALS抑制剂类。百草枯水剂于2016年7月1日停止在中国的销售和使用，所以草丁膦、草甘膦的除草剂在市场上的份额加大。草甘膦的作用机制是阻止植物一些氨基酸的合成，来使植株死亡。草丁膦的作用是破坏植物中一些酶的活性，导致植物氨的含量提高、氨基酸的合成等，让植物死亡。这2种除草剂都具有农药残留少，对动物的毒害性低的优点，是当前市面上大面积推广的除草剂。

二、抗除草剂油菜新品种选育情况

因农业机械化的飞速发展与领先，在北美等国家早在1970年就已经开始进行抗除草剂油菜的研究及培育[6]。而培育抗除草剂转基因的基础便是抗除草剂基因的筛选。1984年出现第一个抗除草剂油菜，是Beversdorf[7]用野生油菜Bird育成的品种OAC triton。此后，以Bird和OAC triton为抗源的油菜品种，如OAC triumph（1987年）、Stallion（1989年）、OAC springfield（1992年）等陆续出现。Bird油菜基因只在澳大利亚有少量的种植，抗性品种的产量相对较低，主要是因为该基因对光合作用产生某些影响[8-9]。我国批准进口的抗除草剂品种有包括Ms1Rf1、MON88302、Oxy-235、Ms8Rf3、Topas19/2等[10]。在当前的生产与研究上，应用较多的主要是抗草丁膦除草剂、抗草甘膦除草剂，其他包括抗磺酰脲、抗溴苯腈以及抗咪唑啉酮等[11]。

三、抗除草剂油菜生产情况

在国外，转基因油菜品种有30多种，北美、欧洲等发达国家早在20世纪70年代就开展了抗除草剂油菜的选育研究工作[12]。在1985年，Horsch[13]首次获取了世界第一例转基因甘蓝型油菜，由此在抗病虫害和抗除草剂等各领域都快速发展起来。

抗除草剂油菜1996年在加拿大正式商业化种植，到如今已有47种甘蓝型转基因油菜品种可以商业化生产，其中有24个抗草丁膦的转基因油菜[14]。但许多的抗除草剂转基因油菜的专利都在国外公司的手里。国内还没有允许抗除草剂转基因油菜的商业种植，如果进行商业化应用需要交纳高昂的专利费，这将大幅度提高油菜生产成本，从而违背了种植转基因作物的初衷[15,16]。加拿大的抗农达品种占油菜总面积的47%，是油菜出口第一大国[17]。2016年，转基因作物的47%为单一抗除草剂转基因作物[18]。ISAAA研究结果表明，2018年转基因油菜的实际种植面积有1亿hm^2[10]。当前，国际上抗除草剂转基因油菜大多是拜耳、杜邦、孟山都和Nuseed Pty td这四家公司的。

在国内，目前并没有实现转基因油菜的商业化种植，油菜转化技术大致有花粉介导法、间接转化法、显微注射法、基因枪DNA导入法、真空渗入遗传转化法、激光微束穿刺法等[19]。我国批准进口的抗除草剂品种有包括Ms1Rf1、MON88302、Oxy-235、Ms8Rf3、Topas19/2等[10]。中国的各项技术与国外有一定的差距，还需要加大研发力度。

四、分子育种研究

为了提高除草剂的安全性与信任度，实现油菜的产量与品质的改良，可以将除草剂抗性引入农作物。例如将抗溴苯腈转基因植株就是将抗除草剂溴苯腈基因*bxn*转入油菜植株中得到的[20]。湖南农业大学鲁军熊[21]等人把*bar*基因导入‘湘油15号’和‘742R’油菜之中，已经育成抗草铵膦的‘15A’和‘742R’油菜。在雄性不育系获得后，雄性不育恢复系由Mariani等[22]用TA29与*barnase*基因构建表达盒转化油菜产生[23]。

Bar 基因一开始是从潮湿链霉菌中分离出来的，其作用机制是在于其编码表达的产物PAT蛋白，能使草丁膦的自由氨基乙酰化，从而使草丁膦对植物无毒性作用[16]。*Bar* 基因可以作为遗传转化的筛选标记基因，转 *bar* 基因的作物会获得优秀的抗除草剂的能力，而且 *bar* 基因高效，快速的优点。转 *bar* 基因油菜会有抗草丁膦的能力，这是当前国内外应用最多的一种抗除草剂油菜类型。

五、存在的问题及隐患

抗除草剂转基因油可以减少除草剂对环境的污染，避免农药对生态环境的破坏[24]，给人们带来了巨大的社会和经济效益，但也存在着一定风险：转基因植物及其产品是否危害人类健康和影响生态环境[25]。对环境的影响有两个方面，一是抗性油菜自身的“杂草化”以及转基因抗除草剂油菜抗性基因“漂移”到十字花科杂草上，产生抗药性杂草[26]；二是基因流散到其他物种上或转基因抗除草剂油菜影响其他物种的生存甚至影响物种多样性，可能会造成食用安全和环境安全隐患[27]。

第二节 BR处理对甘蓝型油菜抗除草剂能力的影响

油菜苗期的生长发育和后期产量品质密切相关，生理生化活动是植物最基本的活动，通过测定油菜苗期的生理生化指标可以更好地了解其营养生长期的生命活动规律，认识各种代谢机理[28]，从而分析比较材料间的差异[29]。本研究利用BR处理后产生除草剂抗性的油菜为样本，进行农艺性状和生理生化指标分析，以期为BR调控油菜对除草剂耐受机制研究提供参考。

一、材料与方法

（一）植物材料

甘蓝型油菜品种‘帆鸣1号’，由湖南农业大学农学院提供。

（二）试验方法

1. 田间布局与处理

帆鸣1号在湖南农业大学耘园试验基地（湖南省长沙市）的试验田中栽培，种植密度为30 cm×30 cm。试验按油菜区域试验的方案实施，3次重复。小区面积10 m^2，开沟条播。

苗期以清水浸泡对照，喷施88.8%草甘膦铵盐（稀释倍数400×）和200 g/L草铵膦（稀释倍数400×）。在处理后的第7天、第10天和第13天收集倒数第3片幼叶样本，每个处理收集5个样本，立即冻存于-80℃，用于分析理化性状，样品第一次采样时间为2021年11月3日，最后一次采样时间为2022年4月27日。于2022年5月3日收获成熟甘蓝型油菜植株，测定农艺性状。

2. 指标测定

生理生化指标测定：测定可溶性糖含量（蒽酮法）、可溶性蛋白含量（考马斯亮蓝染色法）、叶绿素含量（95%乙醇浸提法）。测定SOD（氮蓝四唑法）、POD（愈创木酚法）、CAT（过氧化氢法）活性和MDA含量（硫代巴比妥酸法）。具体方法参照萧浪涛等[30]。

为明确‘帆鸣1号’的农艺性状，于2022年1月调查田间长势。于2022年5月调查成熟期油菜的农艺性状、产量和品质。所有实验均有五个生物学重复。

（三）试验仪器

U8000紫外分光光度计（元析，上海），恒温水浴锅（AmerSham，美国），冷冻离心机（元析，上海）。

（四）数据处理

采用SPSS22.0对测得的数据进行单因素方差分析。不同的字母表示同一组内显著不同的均值（$P<0.05$，Duncañs多重范围检验），用Microsoft Excel 2010作图。

二、结果与分析

（一）BR处理的最适条件

‘帆鸣1号’的种子用BR溶液或清水浸泡（温度25℃）。浸种时间对发芽率的影响见表6-1，0.015% BR溶液浸泡6 h效果优于其他处理。

表6-1　油菜素内酯浸泡时间对发芽率的影响

单位：%

项目		0 h	2 h	4 h	6 h	8 h	10 h
发芽率	清水	100	100	100	94	88	82
	0.15%BR	100	100	96	92	86	78
	0.015%BR	100	100	100	100	90	86

（二）不同处理的‘帆鸣1号’对除草剂的不同表现

在‘帆鸣1号’4~5叶期（11月上旬）进行除草剂喷施。如图6-1所示，在不同处理下，即A（空白对照）和B处理（BR处理），植株表现出相似的生长；C处理（BR处理和除草剂草铵膦处理）的油菜生长受到强烈影响，叶片变黄，13 d后继续生长；D处理（BR和除草剂草甘膦处理）在第13天枯萎并死亡；E处理（除草剂草铵膦处理）在草铵膦处理后，第7天整株变黄死亡。这些结果表明，‘帆鸣1号’种子用BR浸种提高了幼苗对草铵膦的抗性。

（三）不同处理对‘帆鸣1号’的影响

1. ‘帆鸣1号’生理生化指标分析

测定了CK1（空白对照）、CK2（BR处理）和A2（BR处理后再进行草铵膦处理）在不同生育期叶片的生理生化指标。

结果表明，在苗期，A2处理的CAT活性、SOD活性、可溶性糖含量和MDA含量（图6-2）均显著高于对照，其中可溶性糖含量、CAT和SOD活性均显著高于其他处

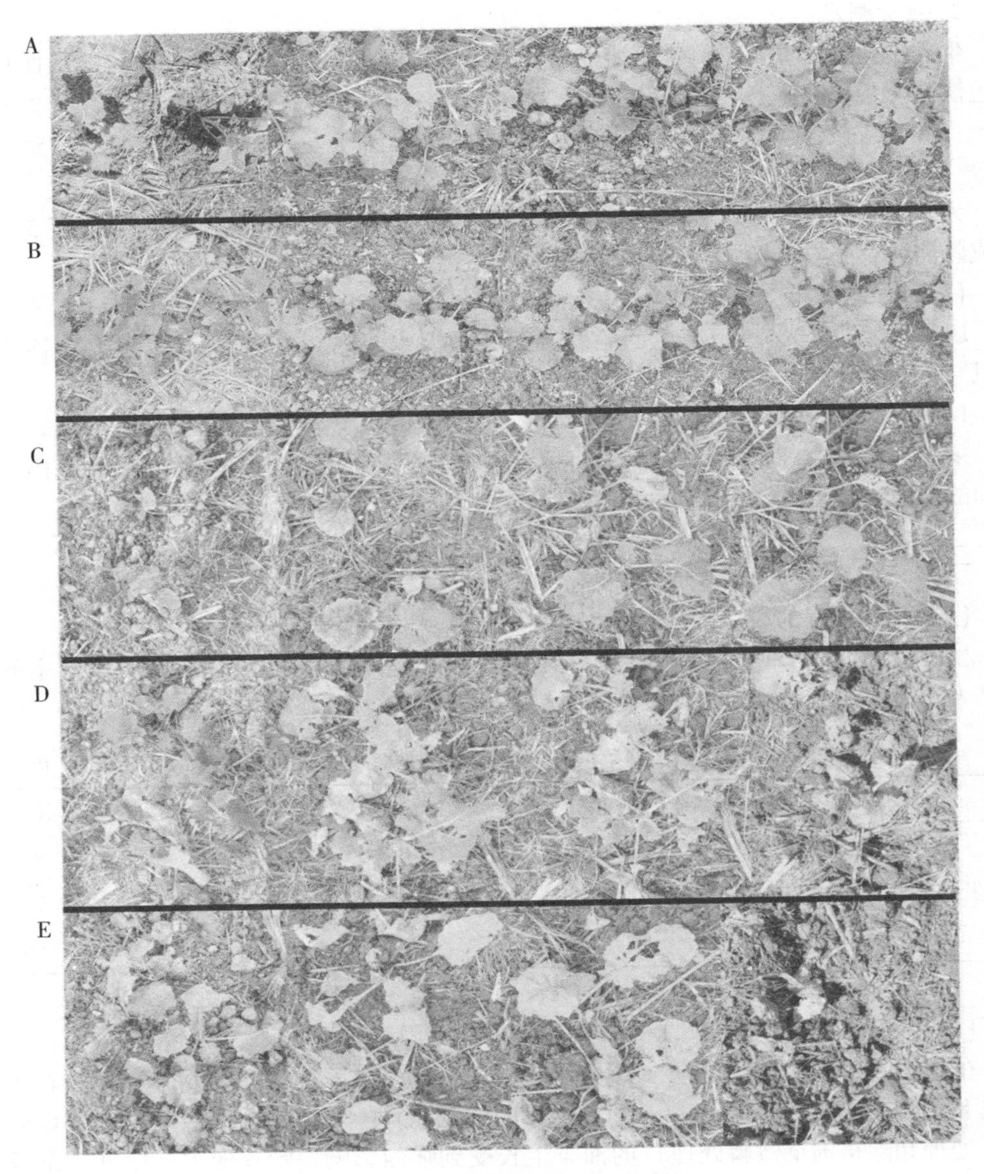

图 6-1　不同处理下的甘蓝型油菜

注：A：清水处理，B：0.015 %BR 处理；C：0.015 %BR 处理+草铵膦稀释倍数 400 倍处理；D：0.015 %BR 处理+草甘膦稀释倍数 400 倍处理；E：清水处理+草铵膦稀释倍数 400 倍处理。(1-4) 在除草剂处理后第 0 天、第 7 天、第 10 天和第 13 天不同处理下'帆鸣 1 号'的表现。

理；POD 活性、可溶性蛋白含量和叶绿素含量均显著高于 CK1，但低于 CK2 处理（图 6-2）。由上述结果分析，在苗期，A2 处理组受除草剂胁迫下，抗氧化酶活性增加，这可能是油菜产生除草剂抗性的原因，可溶性物质和叶绿素含量在 BR 的影响下增加，但除草剂对其具有不良影响。

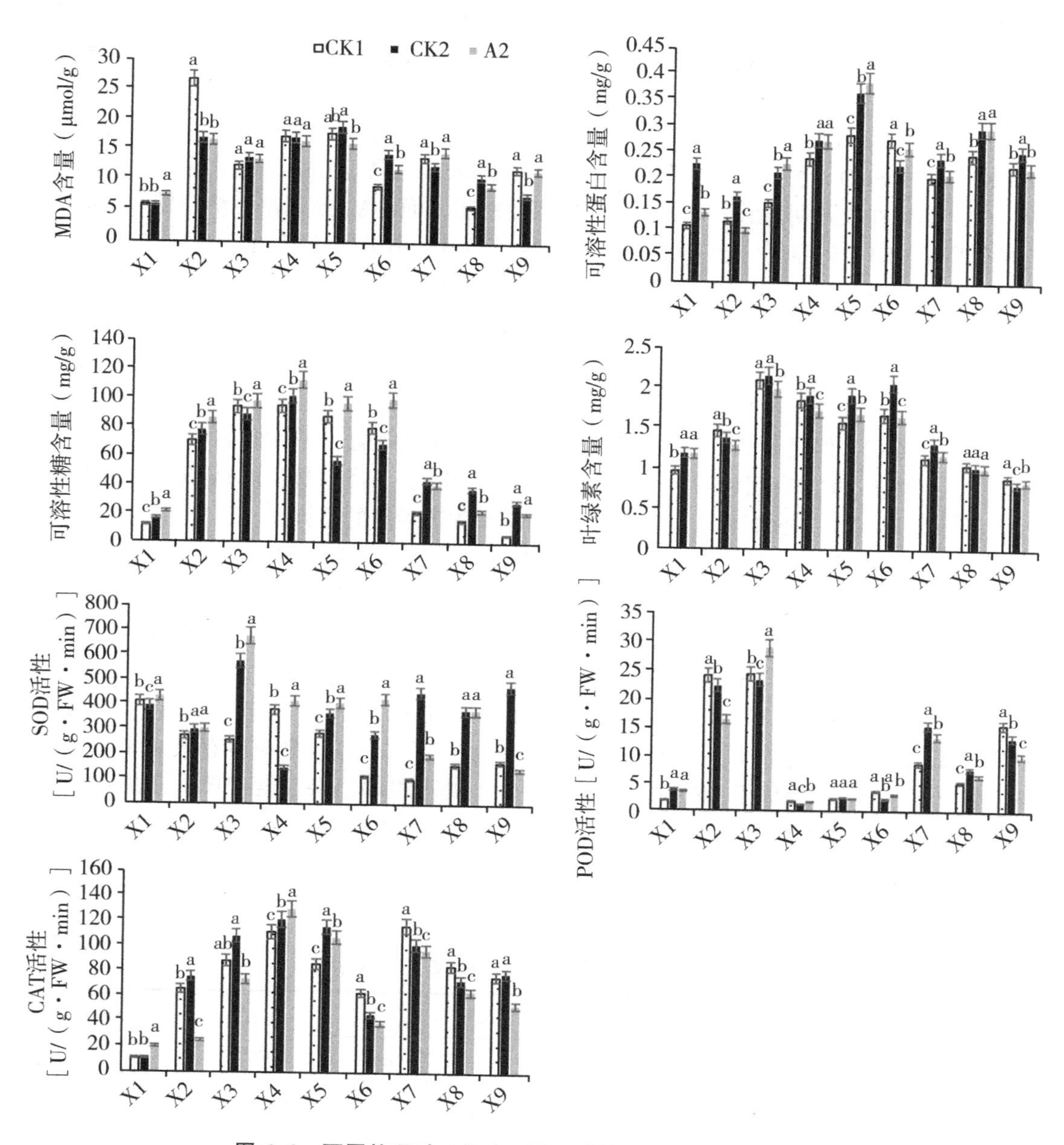

图 6-2　不同处理对‘帆鸣 1 号’叶片生理生化指标的影响

注：X1 ~ X9 分别代表苗期、5~6 叶期、蕾期、初花期、盛花期、末花期、角果生长第 21 天、角果生长第 26 天、角果生长第 31 天。

进入 5~6 叶期后，A2 处理组可溶性物质含量增加，且显著高于对照组。叶绿素、可溶性糖和可溶性蛋白含量（图 6-2）总体呈先上升后下降的趋势，叶绿素含量于蕾薹期达到最高点；可溶性糖含量于初花期达到最高且显著高于对照组；可溶性蛋白含量于盛花期达到最高并显著高于对照。A2 处理组 POD 活性和 SOD 活性在蕾薹期最高，显著高于对照组。A2 处理的 MDA 含量在 5~6 叶期至末花期均较低。CK2 处理组的叶绿素含量除在 5~6 叶期和角果生长第 26、第 31 天外，均高于其他处理组。上述结果表明，BR 处理对油菜生长具有良好影响，BR 处理能够增加油菜可溶性物质和叶绿素含量，促进营养物质积累。

成熟期，A2 处理组 SOD 活性在角果生长第 21 天和第 31 天显著高于 CK1，但显著低于 CK2 处理；SOD 活性在角果生长第 21 天和第 26 天显著高于 CK1，但显著低于 CK2 处理；CAT 活性在成熟期均低于对照组。在可溶性物质方面，A2 处理组可溶性糖在成熟期均显著高于 CK1，但显著低于 CK2 处理；可溶性蛋白在角果生长第 21 天显著高于 CK1，在角果生长第 26 天高于对照组，但在角果生长第 31 天低于对照组。A2 处理的 MDA 含量在角果生长第 21 天高于对照组；在角果生长第 26 天显著高于 CK1，但显著低于 CK2；角果生长第 31 天高于 CK2 处理。A2 处理叶绿素含量在角果生长第 21 天显著高于 CK1，但显著低于 CK2；在角果生长第 26 天，A2 处理组与对照组无显著差异；在角果生长第 31 天显著高于 CK2，但显著低于 CK1。上述结果表明，在成熟期，不同处理的各项指标间各有差异，总体上，CAT 活性、可溶性糖和叶绿素含量呈下降趋势；MDA 含量、SOD 和 POD 活性呈升—降—升的趋势，可溶性蛋白含量呈先升后降的趋势。

2. ‘帆鸣 1 号’不同处理冬前性状与收获期农艺性状指标分析

冬前调查的结果见表 6-2。除最大叶长外，‘帆鸣 1 号’在 A2 处理下长势较差，其次是 CK2 和 CK1 处理。这些结果表明 BR 处理缓解了草铵膦的作用；BR 处理可以促进油菜营养生长，有利于积累营养物质，为后期生殖生长和产量形成奠定营养基础。

表 6-3 为不同处理成熟期‘帆鸣 1 号’的生长状况，CK2 在株高（cm）、一次有效分枝部位（cm）、一次有效分枝数、主花序有效长度（cm）、主花序有效角果数、单株产量（g）等方面均优于 CK1 和 A2 处理。CK1 处理组的角果长度和单株角果粒数大于 CK2 和 A2。A2 处理组的全株有效角果数高于 CK1 和 CK2 处理，这可能是因为在 A2 邻近区域，草甘膦处理组死亡，改善了通风与光照，符合田间边际效应[31]。上述结果表明，BR 预处理油菜能够提高油菜抗逆性，增加油菜产量。

表 6-2 冬前不同处理下油菜幼苗的生长情况

材料	主茎绿叶数	总叶数	最大叶		根颈粗（cm）	株高（cm）
			叶长（cm）	叶宽（cm）		
CK1	10.8±1.92[a]	12.8±1.30[a]	27.8±2.51[a]	19.5±2.72[a]	1.994±0.40[a]	22.2±2.17[a]
CK2	9.6±1.52[a]	11.4±1.52[ab]	26.5±3.34[a]	19.1±2.58[a]	1.74±0.39[ab]	19.6±3.13[b]
A2	9.4±1.14[a]	10.8±1.10[b]	28.62±1.08[a]	19.06±0.86[a]	1.38±0.08[b]	17.72±3.20[b]

注：CK1，空白对照，CK2 仅 BR 处理；A2，BR 处理后草铵膦处理。

表 6-3 不同处理下帆鸣 1 号农艺性状分析

材料	CK1	CK2	A2
株高（cm）	177.4±6.80[b]	184.0±3.32[a]	172.0±3.08[b]
有效分枝高度（cm）	86.4±2.07[c]	122.2±5.50[a]	105.4±2.41[b]

（续表）

材料	CK1	CK2	A2
主花序有效长度（cm）	36.0±2.54[c]	60.0±2.83[a]	46.8±2.17[b]
一次有效分枝数	9.8±1.79[c]	12.4±1.52[a]	11.8±0.84[b]
主花序有效角果数	48.0±6.04[b]	71.6±8.44[a]	48.0±2.55[b]
全株有效角果数	328.4±8.53[c]	434.0±29.89[a]	500.0±17.14[b]
角果长（cm）	6.22±0.36[a]	5.88±0.44[a]	5.89±0.36[a]
每角果粒数	23.88±1.53[a]	21.6±4.93[a]	22.8±3.15[a]
单株产量（g）	29.3±0.66[c]	31.3±1.09[a]	31.0±1.54[b]

注：CK1，空白对照，CK2 仅 BR 处理；A2，BR 处理后草铵膦处理。

三、讨论

在逆境胁迫下外源应用 BR 被认为是实现农业增产和环境友好型的重要措施[32]。BR 在减轻和消除除草剂药害上发挥了重要作用[33]。BR 能改善光合电子转移和光系统Ⅰ（PS Ⅰ）和Ⅱ的整体活性[34]。本研究表明 BR 能提高甘蓝型油菜叶绿素含量，增加 SOD 与 CAT 抗氧化酶活性，缓解了草铵膦对油菜的胁迫。BR 作为植物外源激素，因其价格便宜、农业生产上应用普遍，具有很高的应用价值[35]。现在 BR 处理植物后对除草剂的抗性研究正在进行中，我们应该首先关注在不久的将来在田间生产中利用 BR 增强农作物除草剂的抗性。

MDA 是众所周知的脂质过氧化和细胞不稳定的标志物，MDA 含量上升代表着除草剂使植物细胞受到损伤，植物细胞中抗氧化系统受到破坏[28]。外源施用 2,4-表油菜素内酯通过增加参与抗氧化防御系统的 CAT 和 SOD 的活性来降低非生物胁迫的影响[36-39]。Planas-Riverola 等[40]研究发现丝裂原活化蛋白激酶通过激活细胞核内反式调节元件的功能结合顺式调节元件，进而提高 SOD 和过氧化氢酶的转录水平来缓解植物逆境胁迫，这与我们的结果一致。本研究中，除草剂提高了甘蓝型油菜幼苗中 MDA 的水平。BR 介导的 SOD、CAT 活性增加，被用来降低除草剂胁迫的影响，保证甘蓝型油菜幼苗维持正常生命水平。

BR 预处理可以减轻农药对植物光合系统的损害[41]。本研究中浸泡过 BR 处理的油菜叶绿素、可溶性糖和可溶性蛋白质含量比对照高，表明了油菜素内酯能促进油菜光合效率。作为植物重要的渗透调节物质，可溶性糖具有维持细胞内环境稳定和保持代谢平衡的功能，可降低细胞受害程度。在除草剂胁迫下，甘蓝型油菜叶绿素含量较低，但可溶性糖含量高于仅做了 BR 预处理的油菜，说明除草剂对叶绿素的合成有一定影响，在施用 BR 之后可以抵御这种影响并在提高油菜的抗逆性、改善油菜籽品质等方面具有重要作用。

四、小结

本试验发现甘蓝型油菜‘帆鸣 1 号’种子在 0.015%BR 溶液中浸泡 6 h 最佳。BR

处理的种子在田间种植，5~6 叶期施用草铵膦，第 7 天开始转绿并继续生长。与空白对照相比，幼苗期（除草剂处理后第 13 天）BR 预处理下受草铵膦胁迫的植株 CAT 和 SOD 活性分别增加 9.6 U/（g·FW/min）和 19.0 U/（g·FW/min），可溶性糖含量增加 9.4 mg/g，被用来降低除草剂胁迫的影响，保证甘蓝型油菜幼苗的正常生长；幼苗期，BR 预处理下受草铵膦胁迫的油菜与仅进行 BR 处理油菜相比，可溶性糖含量增加 4.8 mg/g，CAT 和 SOD 活性分别增加 9.3 U/（g·FW/min）和 38.0 U/（g·FW/min）。BR 处理有利于冬前营养物质的积累，为后期生殖生长期奠定基础；BR 处理促进了油菜生长，改善了油菜农艺性状，仅 BR 处理与空白对照相比，有效分枝高度上升 41.4%，株高增加 3.7%，一次有效分枝数增加 26.5%，主花序有效长度提高 66.7%，主花序有效角果数增长 49.2%，全株有效角果数增加 32.2%，单株产量增加 6.9%。

第三节　转录组学分析及抗除草剂关键基因的筛选

转录组测序，可以从 RNA 水平上研究差异表达的基因，揭示某个生物学过程发生的分子调控机理[42]。本研究利用 BR 处理后产生除草剂抗性的甘蓝型油菜为样本，进行转录组测序，结合其生物信息学分析筛选出与油菜抗除草剂密切相关的基因。进一步鉴定出甘蓝型油菜抗除草剂相关的重要候选基因，作为下一步的研究对象。

一、材料与方法

（一）植物材料

甘蓝型油菜‘帆鸣 1 号’，由湖南农业大学农学院提供。

（二）处理方法

转录组测序样本为空白对照与 0.015% BR 预处理油菜喷施草铵膦后第 7 天材料；荧光定量 PCR 分析（RT-qPCR）选用清水浸泡处理的种子与 0.015% BR 浸泡后喷施 88.8%草甘膦铵盐（稀释倍数 400 倍）和喷施 200 g/L 草铵膦（稀释倍数 400 倍）的样品为验证材料。在处理后的第 7、第 10 和第 13 天收集倒数第 3 片幼叶组织样本，每个处理收集 5 个样本。样品分为两部分：一部分立即冻存于-80℃，另一部分用于提取 RNA。对于使用 RT-qPCR 进行评估的样本，首次采样时间为 2021 年 10 月 28 日，最后一次采样时间为 2021 年 11 月 3 日。

（三）从植物样品中提取 RNA

于油菜 5~6 叶期采集处理组和对照组的倒数第 3 片叶。其中一份样品在液氮中冷冻（-80℃）。使用 Trans Zol Up Plus RNA Kit 试剂盒（北京全式金生物公司，中国）提取 RNA。使用 Nanodrop2000（Thermo Fisher Scientific，美国）和 2100 生物分析器（Agilent Technologies，Santa Clara，CA，美国）评估 RNA 质量。

（四）转录组测序

转录组测序分析由南京派森诺基因技术有限公司完成。

（五）测序结果分析

我们重点关注与除草剂抗性相关的代谢途径，如光合作用[43]、丙酮酸代谢[44]、芳香族氨基酸合成[45]等，并结合 NCBI 提供的功能注释筛选关键差异基因。

（六）荧光定量 PCR 分析

每个处理选取 3 株，取倒数第三片伸展叶。一份样本于-80℃液氮中冻存，使用 Trans Zol Up Plus RNA Kit（北京转基因生物科技有限公司）提取 RNA。使用 Nanodrop 2000（Thermo Fisher Scientific 公司）和 Agilent-2100 生物分析器（Agilent Technologies）检测 RNA 质量。使用大约 0.5 μg RNA 和 PrimeScript RT Master Mix（艾科瑞生物科技有限公司，中国）合成 cDNA。使用 Bio-Rad CFX96 Touch Detection System（Hercules，美国）和 SYBR Green PCR Master Mix（艾科瑞生物科技有限公司）对每个样品进行 RT-qPCR。利用 NCBI 设计 RT-qPCR 实验的引物（表 6-4），对 8 个草铵膦抗性相关基因进行分析。我们使用了 SYBR Green PCR Master Mix Kit（艾科瑞生物科技有限公司）的 RT-qPCR 系统和程序。PCR 扩增后，使用 delta Ct 方法[46]进行基因的相对表达量变化分析。

表 6-4　引物序列

基因名	引物名	序列（5′-3′）
BnActin	BnActin-F	CGTTGGTGGAGTTGCACTTG
	BnActin-R	AGCACGTTACGGGATTGGTT
psbW	psbW-F	CTGGTCTTTCTCTCTGAACAT
	psbW-R	AACAACAAGAAACCAGAAGATCA
petF	petF-F	CCTTCCAAAAGCCACTGCCC
	petF-R	AGAGACTCGCACTGTAGCCA
LHCB1	LHCB1-F	CTCCATGTTTGGATTCTTTGTA
	LHCB1-R	ACATCACATTCAAGATTTAACAA
fabF	fabF-F	ATCTCTACCGCTTGTGCTACTT
	fabF-R	TGTGACAATGCCCTACAAGC
ACSL	ACSL-F	AATGGATAGTTGCTGGGATG
	ACSL-R	GAGAGAGTTTCCCAGCTTTA
ALDH3F1	ALDH3F1-F	TCTTGTCAGAAACATCGTCAG
	ALDH3F1-R	GAGGGTATCGAGCTTCCAGAT
ACOX1	ACOX1-F	CCTTTTATCTCGTCGTCTCC
	ACOX1-R	CGATCTCTAGATGACAGCAC
CYP90A1	CYP90A1-F	CTCATGCTTGATATTGACCG
	CYP90A1-R	AGAAGAGAGGGAGAGGTATTG

二、结果分析

（一）测序质量统计

采集处理后第 7 天草铵膦处理的‘帆鸣 1 号’和对照植株倒数第 3 片叶片，提取 RNA 并进行 RNA 质量鉴定。各处理后样品相关性较高（图 6-3）提取的 RNA 完整性数值较高，OD260/280 和 OD260/230>2。对样本进行测序，并进一步过滤测序数据。Q20、Q30、clean reads 和 clean data 的含量均>90%（表 6-5），结果表明测序结果可靠。使用 HISAT2（http：//ccb. jhu. edu/software/hisat2/index. shtml）软件将过滤后的 reads 与参考基因组进行比对；Total mapped 在 90%以上（表 6-5），表明参考基因组被适当选择且没有污染。

	CK1	CK2	CK3	A1	A2	A3
CK1	1	0. 99	0. 99	0. 46	0. 27	0. 11
CK2	0. 99	1	1	0. 51	0. 3	0. 13
CK3	0. 99	1	1	0. 51	0. 3	0. 13
A1	0. 46	0. 51	0. 51	1	0. 87	0. 63
A2	0. 27	0. 3	0. 3	0. 87	1	0. 91
A3	0. 11	0. 13	0. 13	0. 63	0. 91	1

图 6-3　样品相关性检验

表 6-5　文库质量评估及比对结果分析

项目	C1	C2	C3	CK1	CK2	CK3
Reads No.	49 408 952	46 986 734	47 377 334	45 548 330	48 413 974	46 391 096
Q20（%）	97. 46	97. 96	98	97. 46	97. 49	97. 5
Q30（%）	92. 72	94. 23	94. 25	93. 14	93. 18	93. 25
Clean reads No.	45 079 408	43 036 380	43 534 556	41 737 090	44 289 076	42 261 758
Clean data（%）	91. 23	91. 59	91. 88	91. 63	91. 47	91. 09
Total mapped（%）	41 583 542（92. 25%）	3 9781 094（92. 44%）	40 298 130（92. 57%）	38 667 067（92. 64%）	41 008 648（92. 59%）	39 125 218（92. 58%）
Uniquely mapped（%）	39 534 424（95. 07%）	37 880 284（95. 22%）	38 594 626（95. 77%）	36 646 044（94. 77%）	38 809 486（94. 64%）	37 065 052（94. 73%）
Mapped to gene（%）	36 651 293（92. 71%）	35 044 120（92. 51%）	35 802 265（92. 76%）	34 708 273（94. 71%）	36 749 688（94. 69%）	35 109 083（94. 72%）
Mapped to exon（%）	36 135 281（98. 59%）	34 513 797（98. 49%）	35 272 204（98. 52%）	34 316 012（98. 87%）	36 342 188（98. 89%）	34 722 181（98. 90%）

注：CK1-CK3 为空白对照，C1-C3 为 BR 处理后草铵膦处理。

（二）表达差异分析

通过对样本两两比较，将 $\log^2$ | foldchange | >1，*P-value*<0.05 作为判断差异表达基因的标准，共鉴定得到 24 053 个差异基因，其中 12 112 个差异基因上调表达，有 11 941 个差异基因下调。使用 R 语言 Pheatmap 软件包对每个组中具有差异表达基因（DEGs）的聚类和样本进行双向聚类分析，评估基因的表达存在差异，如图 6-4 所示。

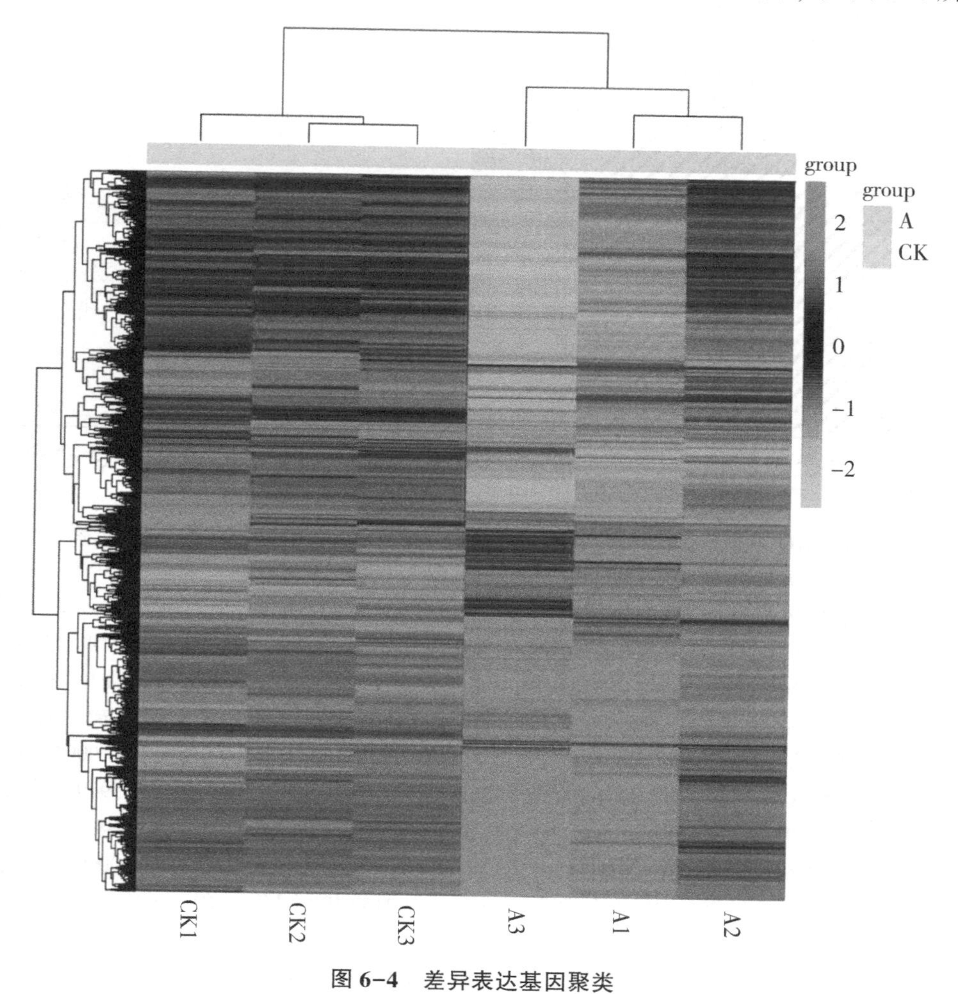

图 6-4　差异表达基因聚类

注：横向表示基因，每一列为一个样本，红色表示高表达基因，绿色表示低表达基因

（三）DEGs 的功能富集分析

1. GO 富集分析

GO 富集分析表明，差异表达基因主要富集在光合膜（135 个）、光系统（122 个）、类囊体（137 个）、类囊体部分（137 个）、光合作用（146 个）和细胞生物合成过程（1 692 个）等代谢途径（图 6-5）。草铵膦主要影响油菜的光合作用和细胞生长。

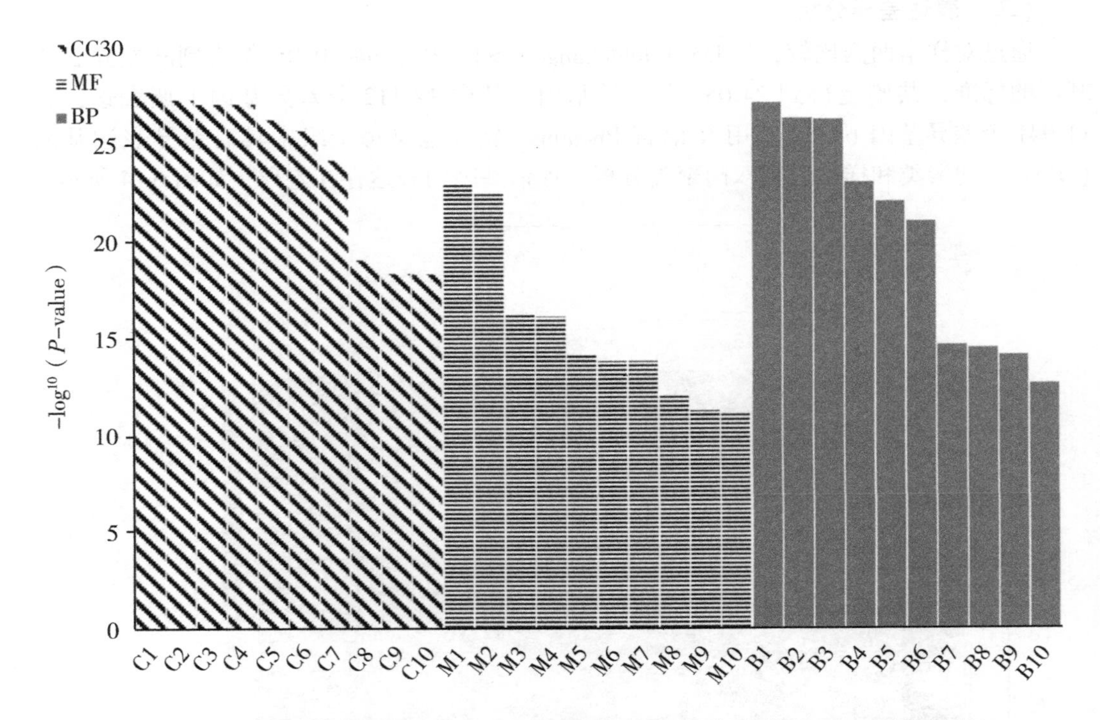

图 6-5　GO 富集分析柱状图（CC，细胞成分；MF，分子功能；BP，生物过程）

注：C1-C10 分别代表 GO：0034357 光合膜、GO：0009521 光系统、GO：0009579 类囊体、GO：0044436 类囊体部分、GO：0009523 光系统Ⅱ、GO：0042651 类囊体膜、GO：0009654 光系统Ⅱ进化氧复合体、GO：0005840 核糖体、GO：1990204 氧化还原酶复合体和 GO：0030529 胞内核糖核蛋白复合体；M1-M10 分别具有 GO：0005198 结构分子活性、GO：0003735 核糖体结构组成、GO：0003824 催化活性、GO：0036094 小分子结合、GO：0004713 蛋白酪氨酸激酶活性、GO：0000166 核苷酸结合、GO：1901265 核苷磷酸结合、GO：0043168 阴离子结合、GO：0004674 蛋白质丝氨酸/苏氨酸激酶活性和 GO：0016740 转移酶活性；B1-B10 分别代表 GO：0015979 光合作用、GO：0044249 细胞生物合成过程、GO：1901576 有机物生物合成过程、GO：0009058 生物合成过程、GO：0044237 细胞代谢过程、GO：1901566 有机氮化合物生物合成过程、GO：0009987 细胞过程、GO：0044271 细胞氮化合物生物合成过程、GO：0008152 代谢过程、GO：0043043 多肽生物合成过程。

2. 京都基因与基因组百科全书富集分析

根据 KEGG 对 DEGs 的富集分析，有 121 个代谢途径显示出差异，其中 40 个代谢途径的 p 值低于特定阈值，错误发现率<0.3。这些通路主要分为脂质代谢（9）、氨基酸代谢（8）、碳水化合物代谢（5）、辅因子和维生素代谢（4）、其他次级代谢产物合成（2）、信号传导（2）、核苷酸代谢（2）、折叠（2）、能量代谢（1）、转运和分解代谢（2）、萜类和聚酮类代谢（1）、其他氨基酸代谢（1）、聚糖生物合成和代谢（1）（表 6-6）。氨基酸代谢、其他氨基酸代谢、次生代谢物合成、能量代谢、脂类代谢、碳水化合物代谢以及萜类和聚酮类化合物的代谢与生长发育密切相关，表明 BR 浸泡对高油酸油菜‘帆鸣 1 号’幼苗的影响主要集中在生长发育方面。

表 6-6　代谢通路差异

路径 ID	路径	上调数量	下调数量	分类
*bna*00500	淀粉与蔗糖的代谢	59	111	
*bna*00010	糖酵解/糖异生途径	45	113	
*bna*00053	抗坏血酸和醛酸代谢	15	46	碳水化合物代谢
*bna*00620	丙酮酸代谢障碍	32	85	
*bna*00520	氨基糖和核苷酸糖代谢	58	109	
*bna*00910	氮代谢	24	36	能量代谢
*bna*00260	甘氨酸、丝氨酸和苏氨酸代谢	36	87	
*bna*00350	酪氨酸代谢	28	29	
*bna*00220	精氨酸生物合成	19	40	
*bna*00360	苯丙氨酸代谢	42	26	
*bna*00250	丙氨酸、天冬氨酸和谷氨酸代谢	25	57	氨基酸代谢
*bna*00270	半胱氨酸与蛋氨酸代谢	62	98	
*bna*00340	组氨酸代谢	8	30	
*bna*00330	精氨酸和脯氨酸的代谢	49	33	
*bna*00073	角质、亚角质和蜡的生物合成	4	46	
*bna*00591	亚油酸代谢	9	9	
*bna*00564	脂代谢	61	60	
*bna*00062	脂肪酸延伸	9	39	
*bna*00592	Alpha-亚麻酸代谢	41	18	脂类代谢
*bna*00561	甘油脂类新陈代谢	44	59	
*bna*00565	醚脂类代谢	21	16	
*bna*00071	脂肪酸降解	36	28	
*bna*00600	鞘脂类代谢	24	12	
*bna*00960	托烷、哌啶和吡啶生物碱生物合成	23	32	
*bna*00945	二苯乙烯、姜酚和二芳基庚烷的生物合成	18	2	其他次生代谢产物的生物合成
*bna*00906	类胡萝卜素生物合成	22	34	聚酮类化合物和萜类化合物的代谢

（四）草铵膦相关代谢通路分析

通过 GO 和 KEGG 富集分析，我们重点关注除草剂相关通路中的 DEGs，包括光合作用[44]、丙酮酸代谢[45]和氨基酸代谢[46]。

1. 光合作用

喷施草铵膦后，光系统 Ⅰ 中鉴定出 9 个 DEGs，所有这些 DEGs 都被下调。在光系统 Ⅱ 中鉴定了 9 个 DEGs，其中两个基因上调。光系统 Ⅱ 中有 7 个基因下调。细胞色素 b6/f 复合物中的一个 DEG 被下调。参与光合电子传递的 DEGs 有 4 个，其中 1 个节点基因上调，3 个基因下调。三个 F 型 *ATP* 酶下调（图 6-6）。

2. 丙酮酸代谢

EPSP 合成酶参与合成芳香族氨基酸，通过催化莽草酸-3-磷酸和磷酸烯醇式丙酮酸反应，合成 5-烯醇式丙酮酸莽草酸-3-磷酸。喷洒农药后，114 个基因在丙酮酸代谢

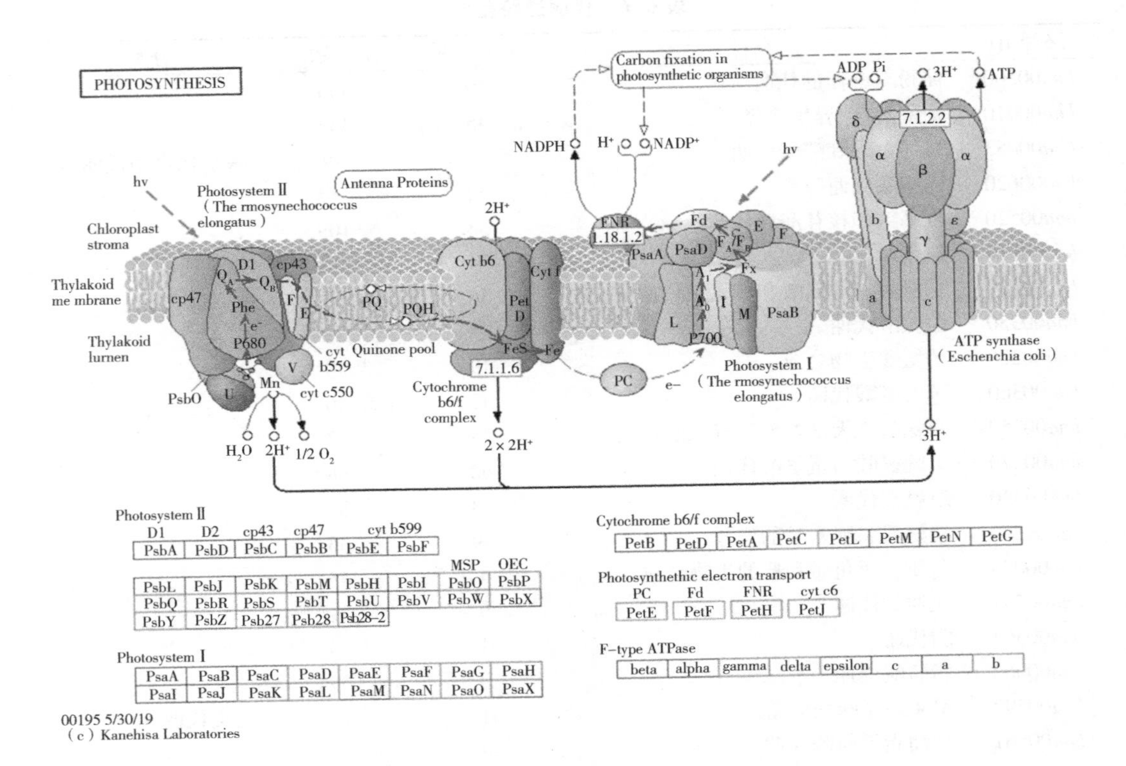

Photosystem Ⅱ							
D1	D2	cp43	cp47	cyt b599			
PsbA	PsbD	PsbC	PsbB	PsbE	PsbF		
						MSP	OEC
PsbL	PsbJ	PsbK	PsbM	PsbH	PsbI	PsbO	PsbP
PsbQ	PsbR	PsbS	PsbT	PsbU	PsbV	PsbW	PsbX
PsbY	PsbZ	Psb27	Psb28	Psb28-2			

Photosystem Ⅰ							
PsaA	PsaB	PsaC	PsaD	PsaE	PsaF	PsaG	PsaH
PsaI	PsaJ	PsaK	PsaL	PsaM	PsaN	PsaO	PsaX

Cytochrome b6/f complex							
PetB	PetD	PetA	PetC	PetL	PetM	PetN	PetG

Photosynthethic electron transport			
PC	Fd	FNR	cyt c6
PetE	PetF	PetH	PetJ

F-type ATPase							
beta	alpha	gamma	delta	epsilon	c	a	b

图 6-6　涉及差异表达基因的光合作用代谢途径

途径中具有表达水平的差异。其中 3 个基因节点上调，5 个基因节点下调，10 个基因节点同时上调和下调。这些基因大多与 *EPSP* 合成酶相关，说明草铵膦影响丙酮酸的生物合成，导致 *EPSP* 合成酶发生变化。

3. 氨基酸代谢

喷施草铵膦后，669 个基因在氨基酸代谢途径中差异表达，包括精氨酸生物合成途径；酪氨酸代谢；丝氨酸、甘氨酸和苏氨酸代谢，其中 269 个基因下调，400 个基因上调。

（五）草铵膦抗性相关基因的 RT-qPCR 分析

根据测序结果，‘帆鸣 1 号’中影响草铵膦抗性的基因较多，包括 *LHCB1*（*BnaA05g09410D*，图 6-7A）、*fabF*（*BnaA06g36060D*，图 6-7B）、*psbW*（*BnaA04g17660D*，图 6-7C）、*CYP90A1*（*BnaA10g24860D*，图 6-7D）、*ALDH3F1*（*BnaA03g59170D*，图 6-7E）、*ACOX1*（*BnaC08g23150D*，图 6-7F）、*petF*（*BnaA03g22350D*，图 6-7G）和 *ACSL*（*BnaC01g15670D*，图 6-7H）。我们收集了 CK1（图 6-1A）和 CK2（图 6-1B）、草铵膦单独处理（第 7 天死亡，图 6-1E）、A1（草甘磷处理，第 15 天死亡，图 6-1D）、A2（存活，图 6-1C）、草铵膦处理后第 7 天和 10 天以及草铵膦处理后第 13 天的样品，以确定各基因在不同时期的表达水平。

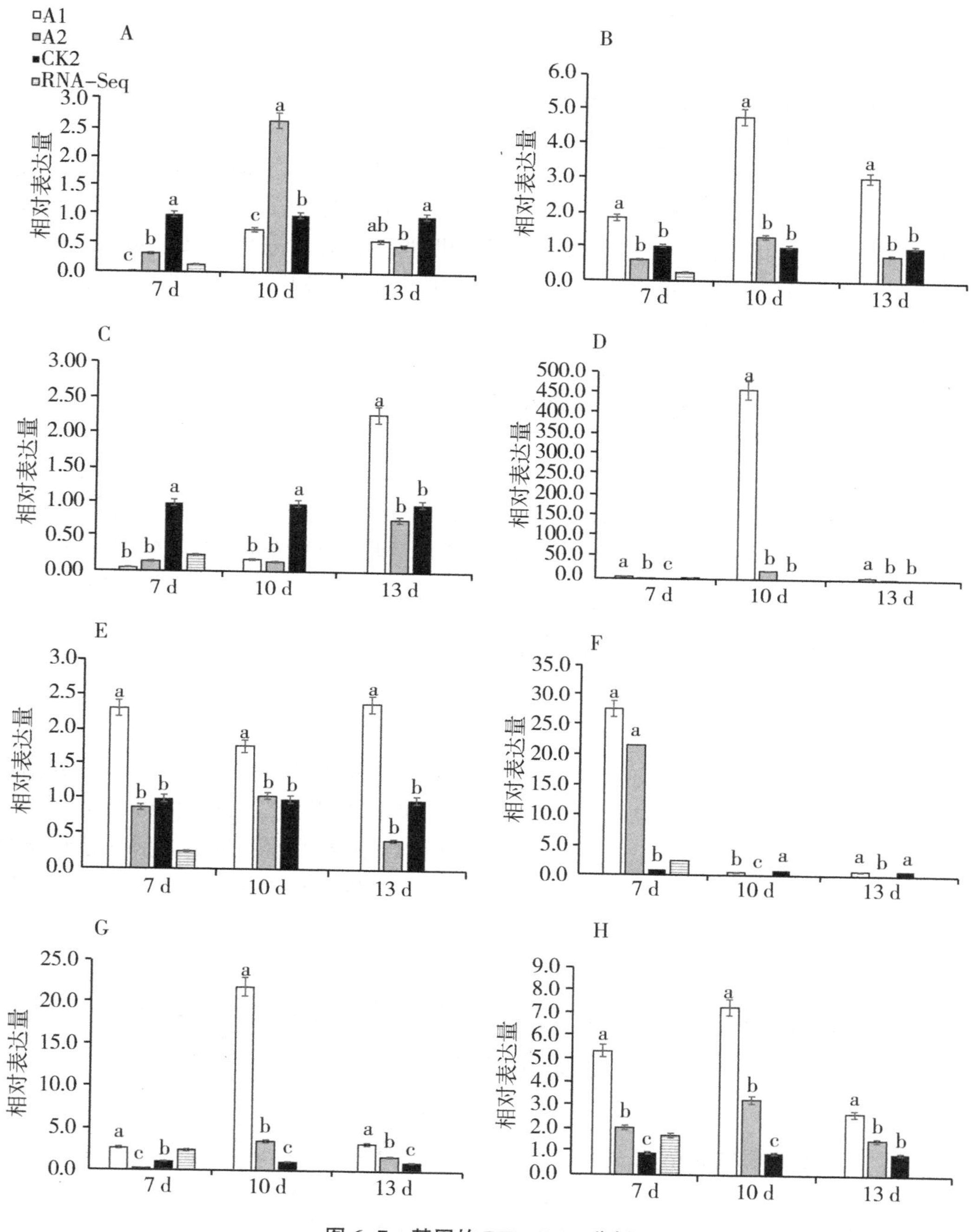

图 6-7　基因的 RT-qPCR 分析

利用 RT-qPCR 对这 8 个草铵膦抗性关键基因进行了评估。图 6-7 显示了这些基因在草铵膦处理后 7 d 的表达水平。每个图的第一个时期根据 RT-qPCR（A2）和转录组测序揭示了每个基因的表达水平的变化。图 6-7 显示，在 RT-qPCR 和转录组测序中确定的表达水平的趋、势高度相似，表明使用转录组测序获得的表达数据是可靠的。

三、讨论

本研究主要利用转录组测序分析的方法，筛选到 8 个除草剂抗性相关的差异基因。

（一）BR 处理下响应草铵膦胁迫主要代谢途径

当植物受到外界刺激时，相关代谢路径的基因表达被改变。本研究利用转录组测序技术，从 RNA 水平上研究差异表达的基因，通过其进行聚类、注释和富集等生物学信息分析，揭示某个生物学过程发生的分子调控机理[47]。对其进行转录组测序分析后，发现 GO 富集结果主要集中在光合膜、光系统和光合作用。KEGG 富集结果也集中在碳水化合物代谢、能量代谢和氨基酸代谢，表明 BR 预处理影响了植株生长发育，缓解了'帆鸣 1 号'草铵膦造成的影响。

（二）BR 处理下响应草铵膦胁迫的重要基因

光合作用[44]、丙酮酸代谢[45]、氨基酸合成[46]代谢途径与除草剂抗性相关，筛选出 8 个关键草铵膦抗性基因：*LHCB*1（*BnaA05g09410D*）、*fabF*（*BnaA06g36060D*）、*psbW*（*BnaA04g17660D*）、*CYP90A1*（*BnaA10g24860D*）、*ALDH3F*1（*BnaA03g59170D*）、*ACOX*1（*BnaC08g23150D*）、*petF*（*BnaA03g22350*）和 *ACSL*（*BnaC01g15670D*）的表达情况。候选基因表达量如图 6-4 所示，在候选基因不同时期表达量分析中，*fabF*、*CYP90A1* 和 *ALDH3F*1 的表达量与对照相比差异显著，随着植株的恢复，表达量逐渐降低，依据 NCBI 数据库结果与前人研究，筛选出关键候选基因 *CYP90A1* 和 *ALDH3F*1。

四、小结

在本研究中，共鉴定到 8 个与甘蓝型油菜抗除草剂有关的差异基因，*LHCB*1、*fabF*、*psbW*、*CYP90A1*、*ALDH3F*1、*ACOX*1、*petF* 和 *ACSL* 基因。通过对 BR 预处理后的甘蓝型油菜，喷施除草剂后第 7 天、第 10 天和第 13 天的关键候选基因的表达情况分析，筛选出 2 个关键的基因 *CYP90A1*（*BnaA10g24860D*）和 *ALDH3F*1（*BnaA03g59170D*）。

第四节　过表达 *ALDH3F*1 和 *CYP90A*1 载体构建及功能分析

基于甘蓝型油菜抗除草剂表型分析和转录水平的分析，明确了 2 个关键候选基因 *ALDH3F*1 和 *CYP90A*1。选择品质优、推广面积大，且已完成基因组测序的高产甘蓝型油菜品种'中双 11'为样本[48]，对关键基因进行克隆与扩增。通过构建过表达载体转入'中双 11'来验证该基因的功能，为油菜分子抗除草剂研究提供参考。

一、材料

（一）试验材料

甘蓝型常规油菜品种'中双 11'，由中国农业科学院油料作物研究所提供，

*pBI*121-*GFP* 植物表达载体由本实验室提供。

（二）试剂与仪器

试剂：菌落 PCR 检测试剂盒、引物合成与测序、农杆菌 LBA4404 菌株等均购自北京擎科生物公司；卡那霉素、利福平和 In-Fusion™ HD Cloning kit 购自美国 Clontech Bio 公司；QuickCut™ XbaI 和 QuickCut™ BamHI 购自 TaKaRa Bio 公司；琼脂糖选购于美国 Life Technologies Corporation；TAE 电泳缓冲液自配；6×Loading buffer 和 1 000×AidRed 核酸染料购自擎科生物科技有限公司；Omega D2500-01 胶回收试剂盒购自美国 Omega 生物公司；SteadyPure 植物 RNA 提取试剂盒购自艾科瑞生物科技有限公司；PCR 试剂使用 TOYOBO KOD FX DNA Polymerase（TOYOBO Bio 公司，中国）；反转录试剂盒 Thermo Scientific RevertAid First Strand cDNA Synthesis Kit 购自赛默飞生物科技有限公司；于全式金生物科技有限公司采购大肠杆菌 DH5a 感受态细胞。

仪器：NanoDrop 1000 分光光度计（Thermo Scientific，USA），Sigma 3K15 高速冷冻离心机（Sigma Laborzentrifugen，Germany）。

二、试验方法

（一）基因克隆

参考植物总 RNA 提取试剂盒的说明提取 RNA。根据制造商的说明，使用 Maxima H Minus First-Strand cDNA Synthesis Mix Kit（Thermo Fisher Scientific 公司）从 1 μg RNA 合成第一链 cDNA。用合成的 cDNA 以表 6-7 所列引物扩增 *ALDH3F*1 和 *CYP*90*A*1 基因的编码序列。PCR 扩增产物用 1%琼脂糖和 0.1% GelRed 核酸凝胶染色进行电泳检测，在凝胶成像系统中观察是否为单一明亮的目的条带，然后使用胶回收试剂盒（Omega D2500-01，Omega，USA）对其进行回收纯化，并使用 NanoDrop ND-1000 超微量分光光度计（Thermo Scientific，USA）对胶回收产物进行浓度测定。插入 PEASY 载体（全式金公司）后进行大肠杆菌转化（转化方法参考说明书），涂板过夜培养后挑取单菌落培养，将 PCR 验证后，结果为阳性的菌液测序验证。使用 DNAMAN 进行测序结果比对，将比对正确的阳性单菌落扩大培养后，使用 Omega Plasmid Mini Kit I 质粒提取试剂盒提取质粒。

表 6-7　引物序列

引物名	序列（5′-3′）	引物用途
K-ALDH3F1-F	CTTCTGAACAGAGTCGAGGG	克隆引物
K-ALDH3F1-R	TGTGTGTGTTTCTCTTATCGCT	克隆引物
A-XbaI-F	gagaacacgggggactctagaATGGAAGC-CATGAAGGAGACTG	构建表达载体
A-BamHI-R	gcccttgctcaccatggatccCTTTTA-AGACCGAGCATTAAGAGG	构建表达载体
K-CYP90A1-F	CCACTCTCCCCCTCTCCATT	克隆引物
K-CYP90A1-R	CAAGTAGCGGATAAGCCACCA	克隆引物

（续表）

引物名	序列（5′-3′）	引物用途
C-XbaI-F	gagaacacgggggactctagaATG-GCTTTCTCCTTCTCCTCCA	构建表达载体
C-BamHI-R	gcccttgctcaccatggatccGTAGCGGA-TAAGCCACCATCA	构建表达载体
35S	GTGATATCTCCACTGACGTAAG	表达载体上游引物

（二）构建过表达载体

采用植物双元表达载体 PBI121-*GFP* 构建含有目的基因 ORF 序列的表达载体。选取 QuickCut™XbaI 和 QuickCut™BamHI 为限制性酶切位点，根据 PBI121-*GFP* 序列为载体序列和目的基因测序序列，设计带酶切位点的引物（表 6-7）。以含目的基因序列的克隆质粒为模板使用 PCR 扩增，对 PCR 产物进行琼脂糖凝胶电泳检测，对正确条带进行胶回收，利用 Nanodrop ND-1000 分光光度计测定浓度；将 PBI121-*GFP* 空载质粒转化 DH5a 扩繁培养后提取质粒，利用限制性内切酶 QuickCut™BamHI 和 QuickCut™XbaI 对 PBI121-*GFP* 质粒 DNA 进行酶切，方法见说明书。使用一步克隆法（ClonExpress™ Ⅱ One Step Cloning Kit）将目的基因质粒 DNA 与酶切产物进行连接。涂板过夜培养后挑取单菌落培养，利用 PCR 验证并将正确的菌液测序验证，以 PBI121-*GFP* 载体上游 35S 引物和目的基因菌液 PCR 下游引物为检测引物（表 6-7）。将测序正确的菌液培养后提取 *ALDH3F*1-PBI121 和 *CYP90A*1-PBI121 重组质粒，导入 LBA4404 农杆菌菌株。

（三）油菜遗传转化

油菜下胚轴材料准备及转化参照廖志强等试验方法进行[49]，并做了部分修改。其中，培养基成分按照表 6-8 进行配制[50-51]。

表 6-8　油菜下胚轴转化培养的各培养基组分

培养基	M_0	DM	M_1	M_2	M_3	M_4
Basic Medium	1/2MS	MS	MS	MS	MS	MS
Sucrose（g/L）蔗糖	—	30.0	30.0	30.0	—	10.0
Glucose（g/L）葡萄糖	—	—	—	—	10.0	—
Manitol（g/L）甘露糖	—	—	18.0	18.0	—	—
Xylose（g/L）木糖	—	—	—	—	0.25	—
MES（g/L）	—	—	—	—	0.6	—
2,4-D（mg/L）	—	—	1.0	1.0	—	—
Kinetin（mg/L）激动素	—	—	0.3	0.3	—	—
反式-Zeatin（mg/L）	—	—	—	—	2.0	—
IAA（mg/L）	—	—	—	—	0.1	0.1
AS（μm）乙酰丁香酮	—	100.0	100.0	30STS	—	—
Timentin（mg/L）	—	—	—	300.0	300.0	—
Kanamycin（mg/L）	—	—	—	25.0	25.0	—

（续表）

培养基	M_0	DM	M_1	M_2	M_3	M_4
Agarose（g/L）	—	—	6.0	6.0	6.0	—
Basic Agar（g/L）	12（2.5）	—	—	—	—	—
pH 值	5.8~6.0	5.8	5.8	5.8	5.8	5.8

（四）转基因油菜幼苗的鉴定与相对表达量分析

在含有抗性的固体培养基上生长健壮幼苗生根后，取其单株幼苗的幼嫩叶片组织提取 DNA。为验证目标基因是否成功转入甘蓝型油菜中，使用 2×T5 Direct PCR Kit 植物试剂盒（擎科生物科技有限公司，北京）对样品进行目的基因的 PCR 验证。

选取培养基中的抗性幼苗，移栽至装有园土的盆中。取转化的油菜叶片进行荧光定量检测，选择生长势一致的未转化植株为对照，采样后速冻于液氮中，并于-80℃超低温冰箱中保存。

利用植物总 RNA 提取试剂盒提取 RNA（方法参照说明书），按 cDNA 合成第一链的试剂盒进行试验，反转录后的样品存置于-20℃短暂保存。参照 RT-qPCR 试验试剂盒说明，分别对反转录 cDNA 第一链进行实时荧光定量检测，以 *BnaActin*（表 6-4）基因为内参基因。

（五）基因功能验证

用草铵膦（2 000 倍液）涂抹每个转基因油菜幼苗的展开叶中，方法参考 Cui 等人[52]，并做优化。第 7 天观察叶片表现，之后采集叶片提取 RNA 后进行 RT-qPCR 分析（目的基因 RT-qPCR 引物见表 6-4）。

三、结果分析

（一）基因克隆

按照本节方法，对 *ALDH3F*1 和 *CYP*90*A*1 基因进行 PCR 扩增，连接带酶切位点的 PCR 引物，结果如图 6-8 所示，连接后，*ALDH3F*1 和 *CYP*90*A*1 基因大小分别为 1 497 bp 和 1 485 bp。

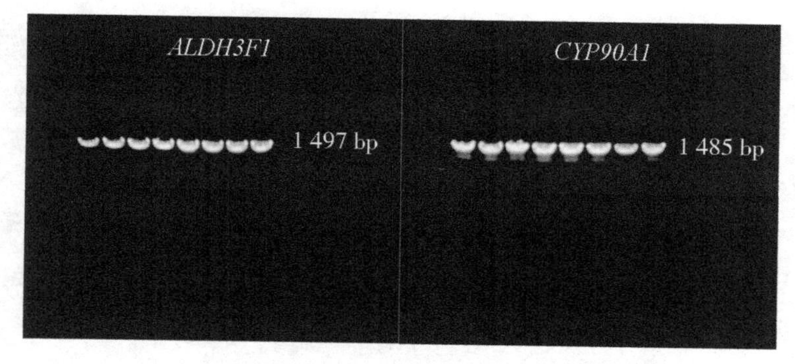

图 6-8 *ALDH3F*1 和 *CYP*90*A*1 基因 PCR 电泳结果

（二）过表达载体构建

参照本节的方法连接载体与目的片段，转化 DH5α 后涂板培养，挑单克隆测序正确后，转化农杆菌并鉴定，结果如图 6-9 所示，送测序后，利用测序结果正确的单菌落扩繁侵染油菜下胚轴。

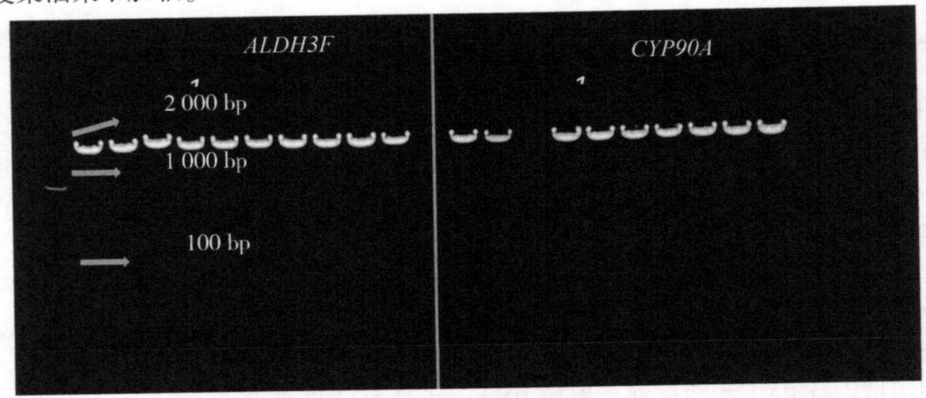

图 6-9　农杆菌单菌落检测

（三）转基因油菜阳性株鉴定

提取植株幼嫩叶片 DNA，进行 PCR 验证，验证结果如图 6-10 所示，表明已获得转 *ALDH3F*1 和 *CYP90A*1 基因的阳性植株。

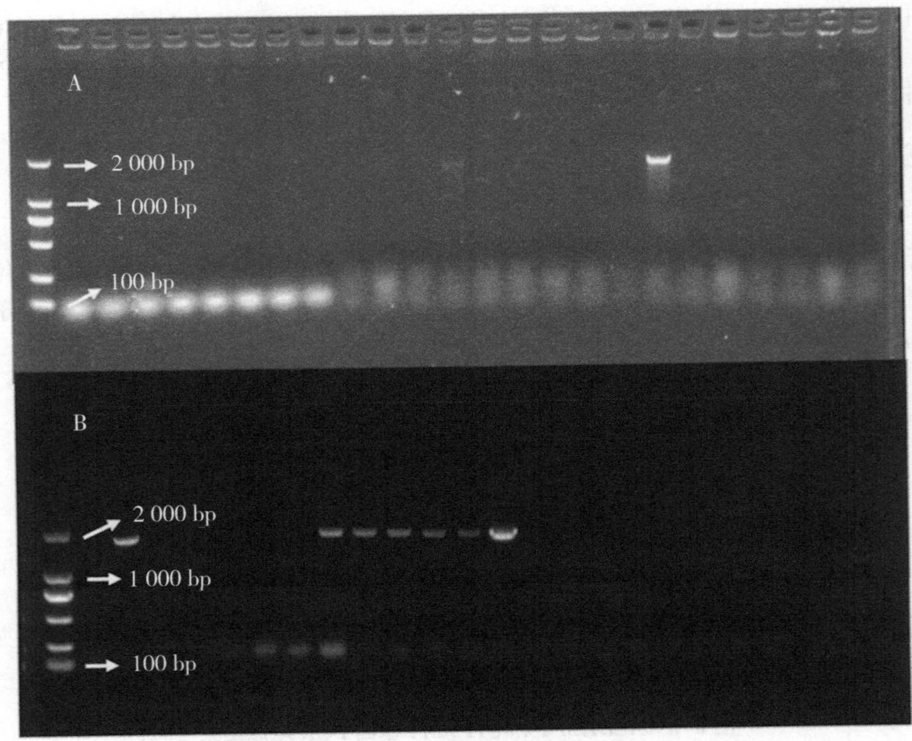

图 6-10　转基因植物中 *ALDH3F*1 和 *CYP90A*1 基因的 DNA 检测

（四）转基因油菜苗获得

对根系生长良好的转基因幼苗进行炼苗，提取其幼苗叶片 DNA 进行 PCR 鉴定，分别得到 *ALDH3F1* 和 *CYP90A1* 基因阳性苗。经过炼苗后，*ALDH3F1* 基因有 2 株转基因苗存活，*CYP90A1* 转基因苗存活 3 株（图 6-11），存活的阳性转基因苗转移到一个较大的盆中继续生长。

图 6-11　*ALDH3F1* 和 *CYP90A1* 基因转基因油菜的获得

（五）转基因油菜基因表达情况

利用 RT-qPCR 检测 *CYP90A1* 和 *ALDH3F1* 基因在 PCR 检测为阳性植株中的表达水平。在强启动子的作用下，阳性植株 ZC1、ZC2 和 ZC3 的 *CYP90A1* 基因相对表达量分别提高了 1. 43 倍、1. 27 倍和 1. 19 倍（图 6-12B）。相比对照，阳性植株 ZA1 和 ZA2 的 *ALDH3F1* 基因相对表达量分别是对照的 1. 40 倍和 2. 06 倍（图 6-12A）。

（六）转基因油菜在草铵膦处理后基因表达情况

用草铵膦处理对照和转基因油菜幼苗 7 d 后，空白对照组植株叶片出现黄化皱缩。*ALDH3F1* 转基因油菜幼苗叶片明显皱缩，有轻微黄化现象（图 6-13B）。*CYP90A1* 转基因油菜幼苗表现出轻微的黄化，没有皱缩（图 6-13C）。草铵膦处理 7 d 后，收集样品进行 qRT-PCR。在过表达株系 ZA1-1 和 ZA2-1 中，*ALDH3F1* 基因的相对表达量分别是对照的 1. 04 倍和 1. 63 倍（图 6-12A）。在过表达株系 ZC1-1、ZC2-1 和 ZC3-1 中，*CYP90A1* 基因的表达量分别是对照的 2. 37 倍、2. 09 倍和 1. 03 倍（图 6-12B）。过表达株系中 *ALDH3F1* 和 *CYP90A1* 基因的表达量均高于对照植株。

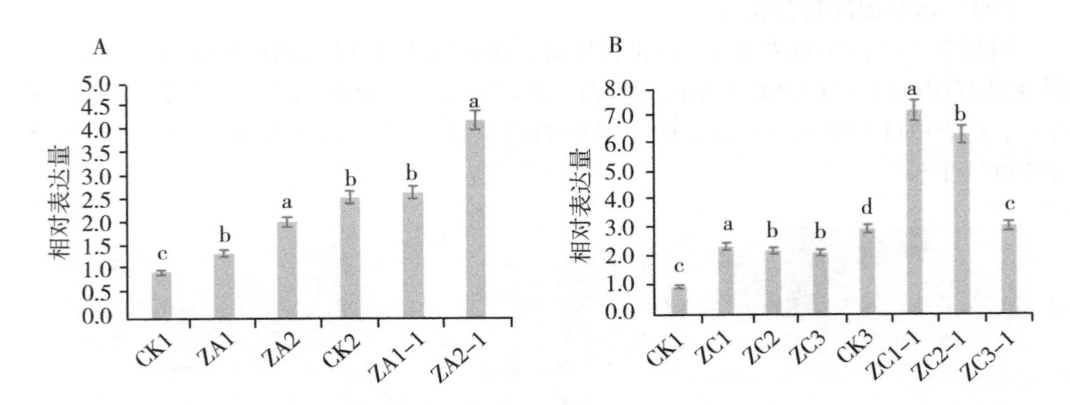

图 6-12　转基因油菜 *CYP90A1* 和 *ALDH3F1* 基因表达情况

注：CK1 为空白对照；CK2 和 CK3 分别为非转基因甘蓝型油菜幼苗经草铵膦处理 7 d 后 *ALDH3F1* 和 *CYP90A1* 的表达水平；ZA1 和 ZA2 为转基因 *ALDH3F1* 植株中 *ALDH3F1* 的表达量；ZC1-ZC3 表示 *CYP90A1* 转基因植株中 *CYP90A1* 的表达水平；和 ZA1-1、ZA2-1 和 ZC1-1-ZC3-1 表示草铵膦处理的转基因植株中相应基因的表达量。

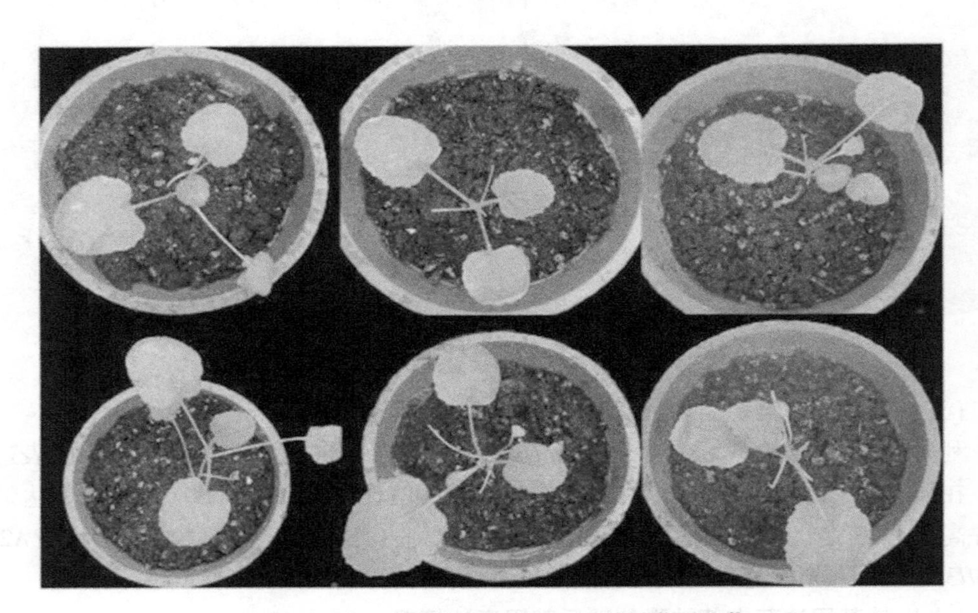

图 6-13　2 000×草铵膦溶液处理下的甘蓝型油菜

注：A 为对照、B 为 *ALDH3F1* 转基因油菜，C 为 *CYP90A1* 转基因油菜；用草铵膦 2 000 倍液涂抹叶片后的第 7 天。

（七）T2 代抗除草剂情况

2023 年 10 月 18 日播种，11 月 21 日喷草铵膦，按照除草剂常规浓度，28 日观察发现不少苗死了。2024 年 1 月 10 日喷第二次草铵膦，1 周后观察发现有药害现象，无苗死掉。2024 年 2 月 14 日喷第三次草铵膦（10 倍），大部分受害，每个材料均有几株苗未受影响。

四、讨论

醛类化合物是几种基本代谢途径的中间体。乙醛脱氢酶（*ALDH*）属于 NAD（P）+依赖性酶家族，具有底物特异性，催化多种醛类氧化成相应的羧酸，从而降低脂质过氧化[53]。植物家族 2 乙醛脱氢酶（*ALDHs*）被认为可以氧化乙醇发酵产生的乙醛，通过乙酰辅酶 A 合成酶产生乙酸供乙酰辅酶 A 生物合成，类似于酵母途径“丙酮酸脱氢酶旁路”[54]。过表达 *ALDH3F*1 基因的转基因拟南芥植株对盐（NaCl 和/或 KCl）、脱水和氧化胁迫[55]的耐受性更强。*NADPH* 氧化酶的激活导致更高水平的 H_2O_2，从而触发相关的传感器，以刺激有丝分裂原活化蛋白激酶级联在植物镉胁迫。我们发现 *ALDH3F*1 基因在草铵膦胁迫影响下高表达；随着时间的推移，植株逐渐恢复，*ALDH3F*1 基因表达量下降。这些结果表明 *ALDH3F*1 基因高表达增强了‘中双 11’植株对草铵膦的耐受性。

细胞色素 P450 单加氧酶 *CYP90A1/CPD*（在拟南芥中鉴定的突变体）的功能包括组成型光形态建成和矮化型（cpd；*CYP90A1* 基因缺失）。*CYP90A1/CPD* 的表达水平与 *CYP90A1* 底物 6-脱氧睾酮的空间分布相关，表明 *CYP90A1* 基因有助于调控油菜素内酯生物合成[56]。Danièle 等[57]研究发现大多数除草剂如氟磺隆、禾草灵和绿麦隆都可以被 P450 转化为几种代谢产物。P450 主要催化包括除草剂在内的亲脂性外源物的单加氧化，并在大多数类除草剂[58]的氧化中起主要作用。我们发现 *CYP90A1* 基因在草铵膦胁迫期间高表达。随着时间的推移，植株逐渐恢复，*CYP90A1* 基因表达量下降。这些结果表明 *CYP90A1* 基因高表达增强了‘中双 11’对草铵膦的耐受性。

五、小结

成功获得油菜过表达 *CYP90A1* 与 *ALDH3F*1 基因植株，其中 *CYP90A1* 基因相对表达量分别较对照提高了 1.43 倍、1.27 倍和 1.19 倍。相比对照，阳性植株 *ALDH3F*1 基因相对表达量分别是对照的 1.40 倍和 2.06 倍。利用草铵膦稀释液（2 000 倍）涂抹油菜叶片，过表达 *ALDH3F*1 基因的转基因植株皱缩，轻微黄化，*ALDH3F*1 基因的相对表达量分别是对照的 1.04 倍和 1.63 倍；过表达 *CYP90A1* 基因的植株仅有轻微黄化，*CYP90A1* 基因的表达量分别是对照的 2.37 倍、2.09 倍和 1.03 倍。田间试验表明转基因材料对草铵膦具有较强抗性。

第五节　转基因抗除草剂材料田间性状

试验于 2019 年 9 月在松雅湖油菜实验基地进行，采取随机区组设计，重复 3 次，小区面积 3.5 m×6 m。试验采用条播，直播后定苗，拔去多余单株，每行留 10 株，密度为 25 cm×30 cm。除草剂以商品推荐浓度为依据设置。9 月底播种，12 月进行冬前调查，次年 5 月收获测产。测定生理生化指标时，每个品系选择中等长势 5~6 株进行测量。

一、测定项目与方法

1. SOD 活性测定

采用氮蓝四唑（NBT）光化还原法[30]。

2. POD 活性测定

采用愈创木酚法[30]。

3. 可溶性糖含量测定

采用蒽酮比色法测定[59]。

4. 可溶性蛋白测定

采用考马斯亮蓝法 G-250 法[60]。

5. 收获期农艺性状调查

收获期每个品种在每个小区中随机取 5 株，测定株高、有效分枝高度、主花序有效角果数、角果长度、单株产量、总角果数等性状指标。

6. 收获期产量测定

收获期采用近红外光谱法，测定油籽的含油量和油酸含量。

7. 荧光定量 PCR 验证相关差异蛋白对应基因

将材料取样并提取 RNA 及合成 cDNA，通过 Premier 5.0 设计基因检测引物（F：5′ - ACTATCCGCTGTGGGTTGTTG - 3′；R：GCTACCGATTCCCTGTCCTTG），以油菜 *BnaActin* 基因（FJ529167.1）为内参基因（F：5′-GGTTGGGATGGACCAGAAGG-3′；R：5′-TCAGGAGCAATACGGAGC-3′），进行荧光定量分析。

二、数据分析

试验结果采用 Excel（2016）和 SPSS（25.0）进行数据整理统计分析，多重比较采用邓肯法，Excel（2016）作图。

三、试验结果

（一）转育材料研究

3 个不育系和 3 个恢复系转基因抗除草剂油菜（‘T207’‘T210’‘T211’‘T213’‘T216’‘T223’），由湖南农业大学农学院提供。

1. 不同生育期油菜生理生化指标分析

（1）油菜 SOD 变化分析

对不同材料不同生育期 SOD 活性进行分析（图 6-14），‘T211’‘T216’‘T223’在三个生育期体内 SOD 含量起伏不大，一直维持着较高 SOD 活性水平。其中‘T210’苗期和 5~6 叶期体内 SOD 水平低，SOD 的活性高低决定植物的抗逆性强弱，代表抗逆性降到极低水准，而蕾薹期 SOD 含量升高，抗逆性达到高水平。‘T213’蕾薹期体内 SOD 水平为最高，其抗逆性为最高。分析不同材料同一生育期 SOD 含量变化发现，幼苗期除‘T210 以外其他品种体内 SOD 活性相同。5~6 叶期‘T213’‘T223’的 SOD 活性最高，‘T211’‘T207’‘T216’其次，‘T210’体内 SOD 活性最低。蕾薹期体内

SOD 活性‘T213’活性最高，‘T210’‘T207’‘T223’其次，‘T216’体内 SOD 活性最低。

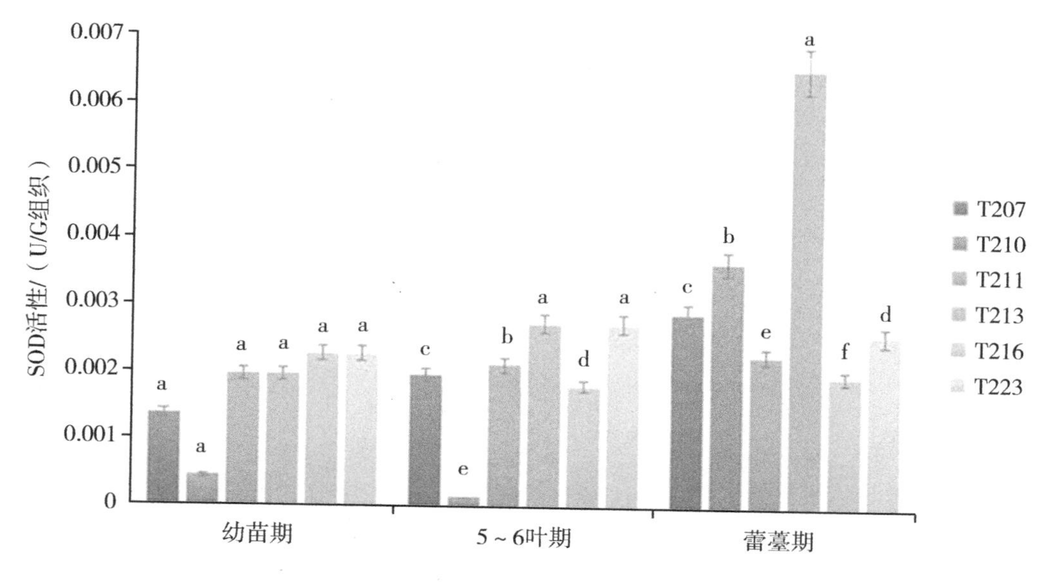

图 6-14　抗除草剂油菜品种不同生长期 SOD 含量

（2）油菜 POD 变化分析

对不同材料 POD 活性进行分析（图 6-15），‘T216’体内 POD 活性一直保持高水平，一般而言，POD 活性越高，植物体内代谢越旺盛。‘T207’‘T210’‘T213’均为 5~6 叶期体内 POD 活性为三个生育期中最高，而‘T211’‘T216’‘T223’为幼苗期 POD 活性最高，并随着生育期逐渐降低，其中‘T223’‘T213’体内 POD 活性极低。分析不同材料同一生育期 POD 活性变化发现幼苗期‘T216’体内 POD 活性最高，‘T213’活性最低。5～6 叶期‘T216’体内 POD 活性最高，‘T223’活性最低。蕾薹期‘T216’体内 POD 活性最高，‘T213’活性最低。

（3）油菜可溶性糖变化分析

对不同材料不同生育期可溶性糖含量进行分析（图 6-16），‘T207’‘T211’‘T223’体内可溶性糖含量在 5~6 叶期最高，幼苗期最低。‘T213’‘T216’体内可溶性糖含量随着生育期增加。‘T210’的 5~6 叶期体内可溶性糖含量低，苗期最高。分析不同材料同一生育期可溶性糖含量变化发现，幼苗期体内可溶性蛋白含量‘T210’含量最高，‘T223’含量最低。5～6 叶期体内可溶性糖‘T207’最高，‘T223’其次，‘T213’含量最低。蕾薹期体内可溶性蛋白含量‘T213’含量最高，‘T216’含量最低。

（4）油菜可溶性蛋白变化分析

对不同材料不同生育期可溶性蛋白含量进行分析（图 6-17），‘T207’‘T210’‘T213’在苗期、5～6 叶期、蕾薹期体内可溶性蛋白含量差异不大，‘T211’体内可溶性蛋白含量随着生育期逐渐增加，‘T216’‘T223’在 5～6 叶期体内可溶性蛋白含量最

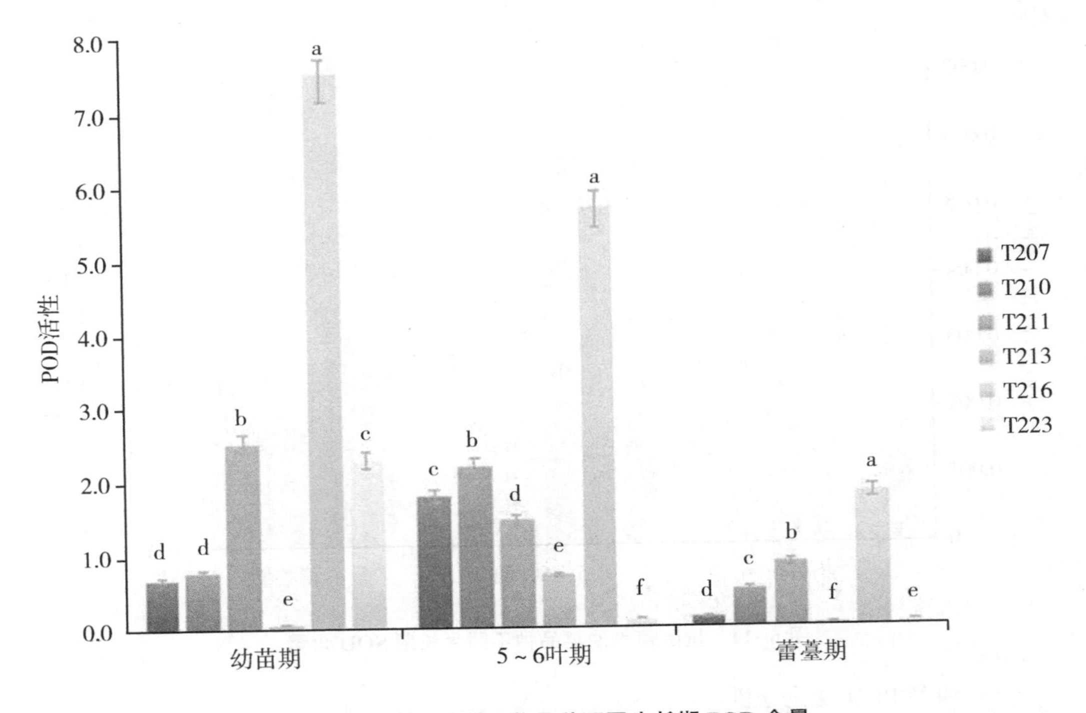

图 6-15　抗除草剂油菜品种不同生长期 POD 含量

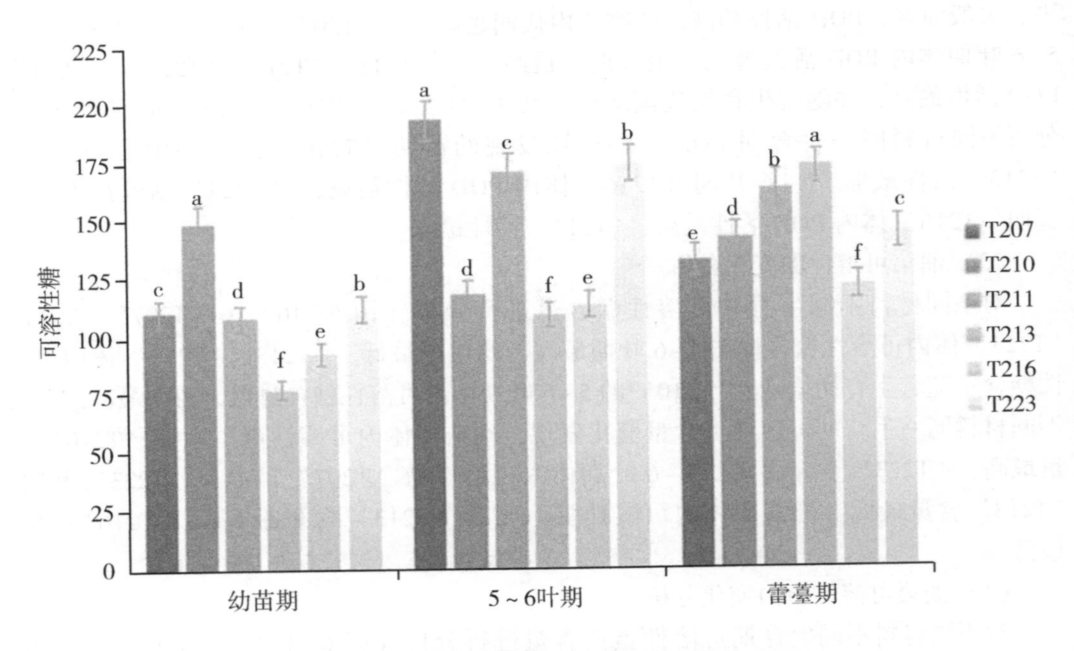

图 6-16　抗除草剂油菜品种不同生长期可溶性糖含量

高。分析不同材料同一生育期可溶性蛋白含量变化发现，幼苗期‘T216’体内可溶性蛋白含量最高，其他材料相同，5~6叶期‘T216’体内可溶性蛋白含量最高，‘T211’‘T223’其次。蕾薹期体内可溶性蛋白含量‘T211’最高，其他材料差异不大。

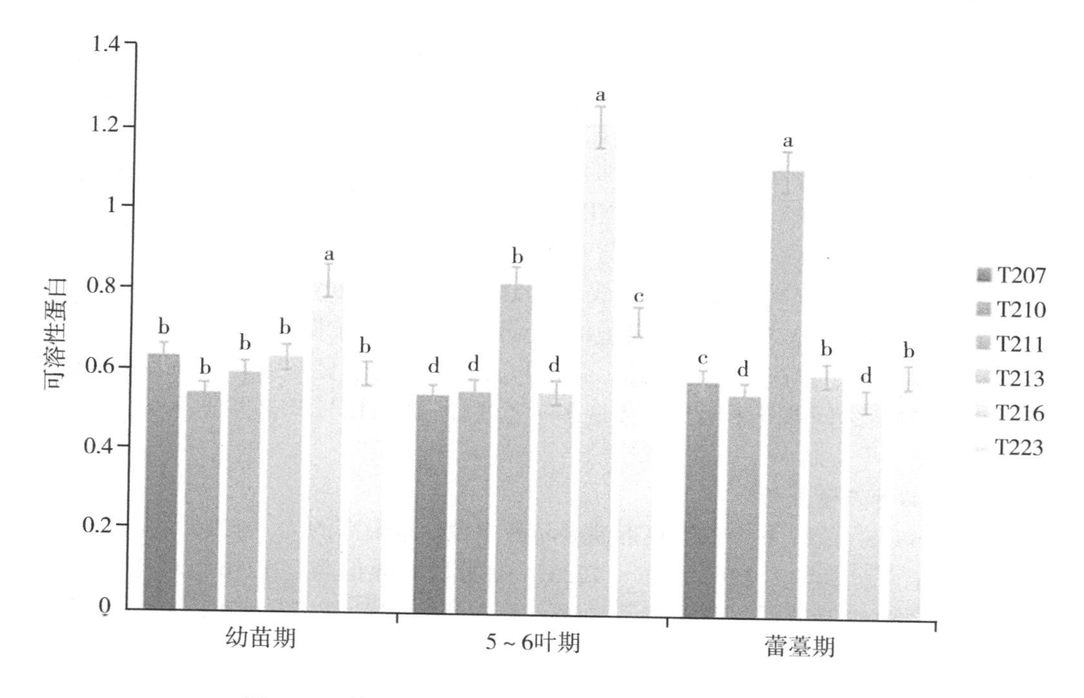

图 6-17　抗除草剂油菜品种不同生长期可溶性蛋白含量

2. 不同品种品质性状分析（表 6-9）

表 6-9　抗除草剂油菜品系品质性状调查结果比较

项目	T207	T210	T211	T213	T216	T223
株高（cm）	172. 6±9. 79ab	167. 4±6. 77ab	171. 0±6. 63ab	165. 0±4. 47b	175. 4±5. 55a	167. 8±7. 01ab
一次有效枝部位（cm）	73. 4±4. 93a	74. 6±10. 11a	78. 2±10. 73a	75. 0±11. 25a	83. 2±11. 99a	74. 2±8. 01a
主花序有效长（cm）	59. 6±5. 03a	53. 0±4. 58a	56. 0±5. 43a	56. 4±3. 97a	57. 4±4. 51a	59. 2±4. 38a
一次有效分枝数	9. 4±2. 88a	7. 2±2. 59a	7. 8±3. 03a	9. 6±2. 51a	10. 0±2. 35a	7. 6±3. 21a
主花序有效角果数	55. 4±4. 77a	59. 8±12. 83a	60. 2±12. 24a	57. 0±9. 51a	61. 8±11. 01a	64. 0±13. 82a
角果长（cm）	4. 74±0. 50a	5. 18±0. 58a	4. 98±0. 43a	5. 18±0. 64a	4. 70±0. 23a	5. 18±0. 47a
每角果粒数	23. 6±3. 71a	22. 2±2. 77a	21. 2±2. 39a	22. 2±2. 95a	22. 6±3. 65a	25. 4±2. 07a

（续表）

项目	T207	T210	T211	T213	T216	T223
单株产量（g）	10.6±2.19a	12.2±3.11a	9.2±2.28a	10.2±1.48a	9.8±2.68a	12.0±3.87a
全株有效角果数（个）	222.6±9.63a	198.4±12.22b	214.2±17.01ab	222.2±14.74a	213.6±20.46ab	231.2±13.90a

由表 6-9 依次分析 6 个抗除草剂油菜品种的品质性状可知，‘T216’的株高最高，‘T207’‘T210’‘T211’‘T223’与‘T213’差异显著，‘T213’差异极其显著，株高为最低。有效分枝高度‘T216’最高与其他品种无明显差异。主花序有效长度‘T207’最长与其他品种无明显差异。一次有效分枝数‘T216’最长与其他品种无明显差异。主花序有效角果数‘T223’最多与其他品种无明显差异。角果长度‘T223’最长与其他品种无明显差异。单株产量‘T223’最高与其他品种无明显差异。总角果数‘T207’‘T213’‘T223’之间差异不明显，数量多，‘T211’‘T216’与其差异显著，‘T210’差异极其显著。

3. 不同品种产量分析

分析图 6-18 可知，6 个抗除草剂油菜品种中含油量最高的为‘T216’，‘T213’与其对比差异显著，其中‘T207’和‘T223’无明显差异但与‘T216’对比差异较显著，‘T211’含油量最低，差异极其显著。油酸比较中‘T207’体内油酸含量最高，‘T211’‘T213’‘T216’‘T223’与其比较差异显著，‘T210’与其比较差异极其显著。

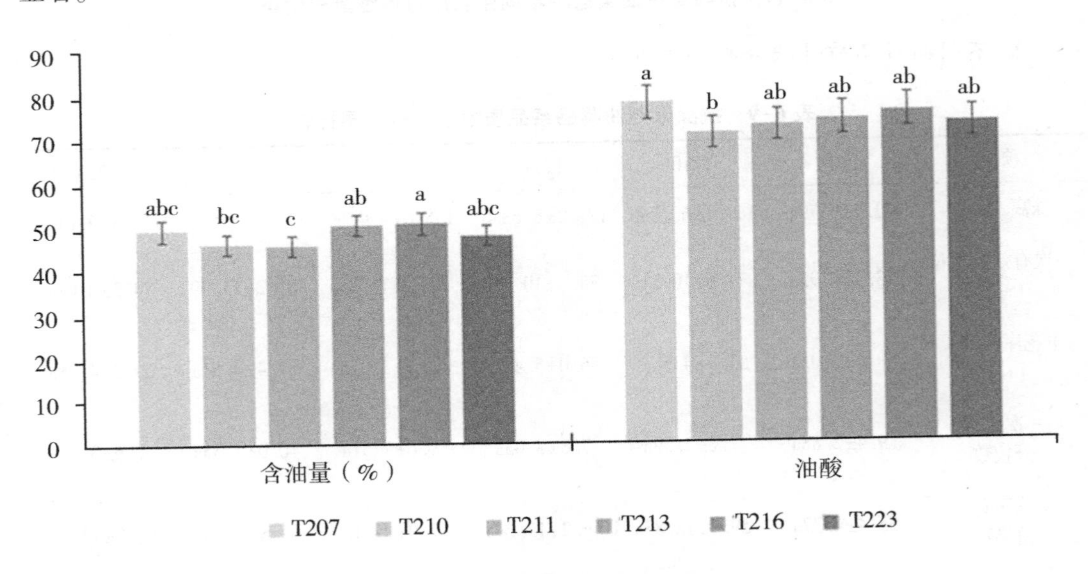

图 6-18 抗除草剂油菜品种产量比较

4. 结果

由上述试验得到如下结果：在 6 个抗除草剂油菜品种的营养生长期中，SOD 活性与非生物胁迫抗性有关，SOD 活性在三个生长期中变化不大，‘T210’苗期和 5~6 叶期抗逆性低，蕾薹期恢复与其他品种相同水平。综合分析‘T213’在 3 个生长期，SOD 活性都很高，代表其抗逆性优秀。

‘T213’‘T223’生育期代谢很低，抗逆性不强，‘T211’‘T216’为幼苗期 POD 活性最高，并随着生育期逐渐降低。其中‘T216’的 3 个生育期 POD 活性都非常高，代谢最旺盛，远超其他品种。

可溶性糖含量‘T207’‘T211’‘T223’体内可溶性糖含量在 5~6 叶期最高，幼苗期最低。‘T213’‘T216’体内可溶性糖含量随着生育期增加。‘T210’的 5~6 叶期体内可溶性糖含量低，苗期最高。幼苗期体内可溶性蛋白含量‘T210’含量最高，其他材料差异不大。蕾薹期体内可溶性蛋白含量‘T213’含量最高，‘T216’含量最低。

可溶性蛋白含量‘T207’‘T210’‘T213’在苗期、5~6 叶期、蕾薹期体内可溶性蛋白含量差异不大，‘T211’体内可溶性蛋白含量随着生育期逐渐增加，‘T216’‘T223’在 5~6 叶期体内可溶性蛋白含量最高。幼苗期和 5~6 叶期体内可溶性蛋白含量不同材料差异不大，‘T216’体内可溶性蛋白含量最高。蕾薹期体内可溶性蛋白含量‘T211’最高，其他材料差异不大。

6 个抗除草剂油菜品系品质性状调查结果比较中，主花序有效长度、有效分枝高度、一次有效分枝数、主花序有效角果数、角果长度、角果粒数、单株产量无明显差异，而株高‘T216’株高最高且与其他品种差异明显，总角果数‘T207’‘T213’‘T223’之间差异不明显且都为性状优秀。

6 个抗除草剂油菜品种中含油量最高的为‘T216’，且与其他品种差异明显。油酸含量最高的为‘T207’，且与其他品种差异明显。

（二）转 *Bar* 基因杂交种

6 个转基因油菜新材料（‘730’‘731’‘732’‘733’‘735’‘706’），‘湘杂油 518’为对照，材料由湖南农业大学农学院提供。

1. 生理指标研究

（1）过氧化物酶活性

根据图 6-19 可知，在苗期 6 个转基因油菜品系间，‘733’POD 活性最高，‘706’POD 活性最低，且各油菜品系 POD 含量均高于‘湘杂油 518’；在 5~6 叶期，‘731’POD 活性最高，‘730’POD 活性最低；在蕾薹期，‘735’POD 活性最高，‘730’POD 活性最低且低于‘湘杂油 518’。随着转基因油菜生育进程的推进，‘730’‘732’‘733’‘735’POD 活性均呈现先降低后上升趋势。此外，苗期‘湘杂油 518’与各品系差异极其显著；5~6 叶期，‘731’与‘湘杂油 518’差异不明显，与其余品系差异极其明显；蕾薹期，各品系与对照‘湘杂油 518’差异均极其显著。

（2）超氧化物歧化酶活性

根据图 6-20 可知，在苗期 6 个转基因油菜品系间，‘730’‘732’‘706’SOD 活性相同，相对较高，但仍低于‘湘杂油 518’‘731’SOD 活性最低；在 5~6 叶期，‘732’SOD 活性最高，‘733’SOD 活性最低，但各油菜品系 SOD 含量均高于‘湘杂油 518’；在蕾薹期，‘730’‘731’SOD 活性相同，‘706’SOD 活性最低，但此时各油菜品系

SOD 含量均仍低于‘湘杂油 518’。随着转基因油菜的生长，6 个转基因油菜品系 SOD 均出现先上升后下降的趋势，其中 732 波动最明显，但‘湘杂油 518’表现为先下降后上升。在各个生育期，‘湘杂油 518’与各品系间差异均极其显著。

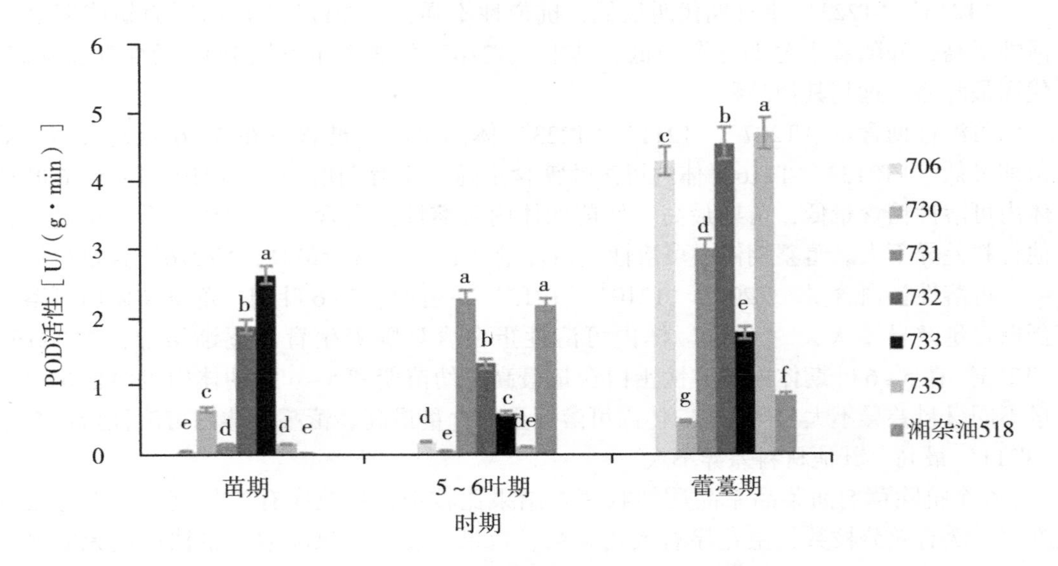

图 6-19　6 个转基因油菜品系各时期 POD 活性比较

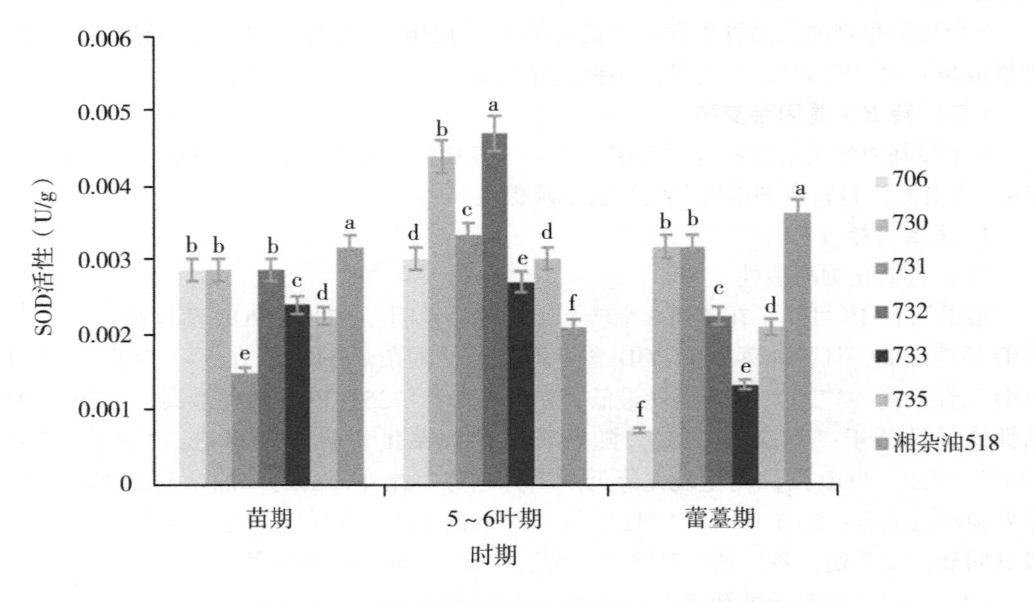

图 6-20　6 个转基因油菜品系各时期 SOD 活性比较

（3）可溶性蛋白含量

根据图 6-21 可知，在苗期转基因油菜品系间，‘731’可溶性蛋白含量最高，此时各品系可溶性蛋白含量均高于‘湘杂油 518’；在 5~6 叶期，732 可溶性蛋白含量最高，

‘730’可溶性蛋白含量次之；在蕾薹期，‘730’的可溶性蛋白含量较各品系高，‘706’可溶性蛋白含量为最低值，此时各品系可溶性蛋白含量与‘湘杂油518’无明显差异。随着转基因油菜生育进程的推进，‘730’‘732’可溶性蛋白含量均呈现先明显上升随后下降趋势，且732波动更大，其余‘731’‘733’‘735’‘706’可溶性蛋白含量起伏不大，与‘湘杂油518’表现一致。

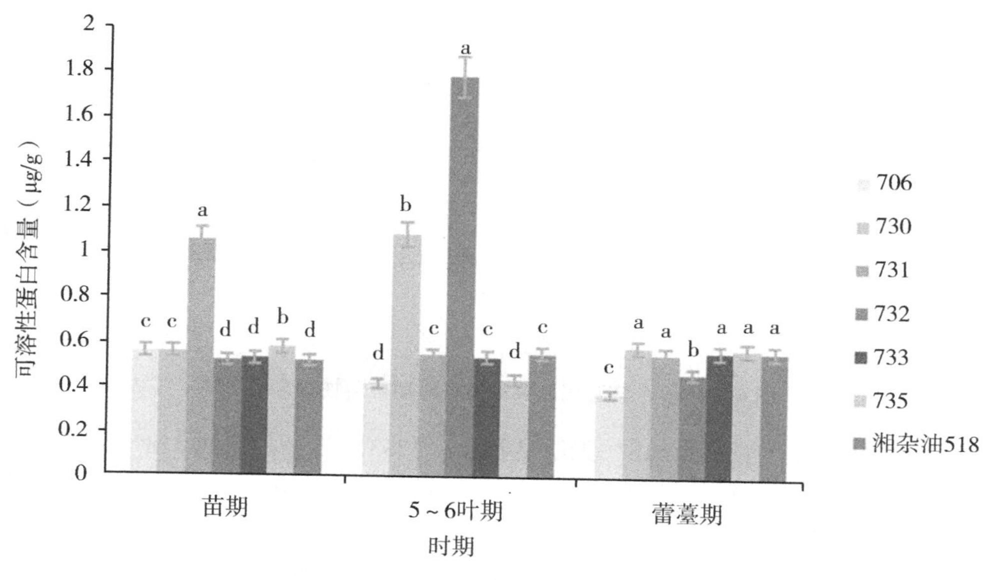

图6-21　6个转基因油菜品系各时期可溶性蛋白含量比较

另外，在苗期，‘湘杂油518’与‘732’‘733’差异不显著，与其余各品系差异极其显著；5~6叶期，‘湘杂油518’与‘732’‘733’差异不显著，与其余各品系差异极其显著；在蕾薹期，除‘706’‘732’与‘湘杂油518’差异极其显著外，与其余各品系无明显差异。

（4）可溶性糖含量

根据图6-22可知，在苗期转基因油菜品系间，‘706’可溶性糖含量最高，‘732’可溶性糖含量最低；在5~6叶期，‘732’可溶性糖含量为各品系最大值，‘730’可溶性蛋白含量为最小值，但此时均高于对照品种‘湘杂油518’；在蕾薹期，‘730’可溶性糖含量最高且明显高于其他品系，为319.57 μg/g，‘732’可溶性糖含量最低且低于‘湘杂油518’。随着转基因油菜的生长，‘732’‘733’‘735’‘706’可溶性糖含量均呈现先明显上升随后下降趋势，且‘732’波动更大，变化与‘湘杂油518’变化保持一致。其余‘730’‘731’可溶性糖含量一直呈现上升趋势。另外，各品系在各生育期均与‘湘杂油518’有显著差异。

2. 冬前调查结果

由表6-10可知，除‘706’‘735’主茎绿叶数与‘湘杂油518’差异显著之外，其余各品系与其差异均不显著；对于主茎总叶数来说，‘735’与‘湘杂油518’差异极其显著，‘730’与对照无明显差异，其余各品系与对照有明显差异；‘731’‘732’

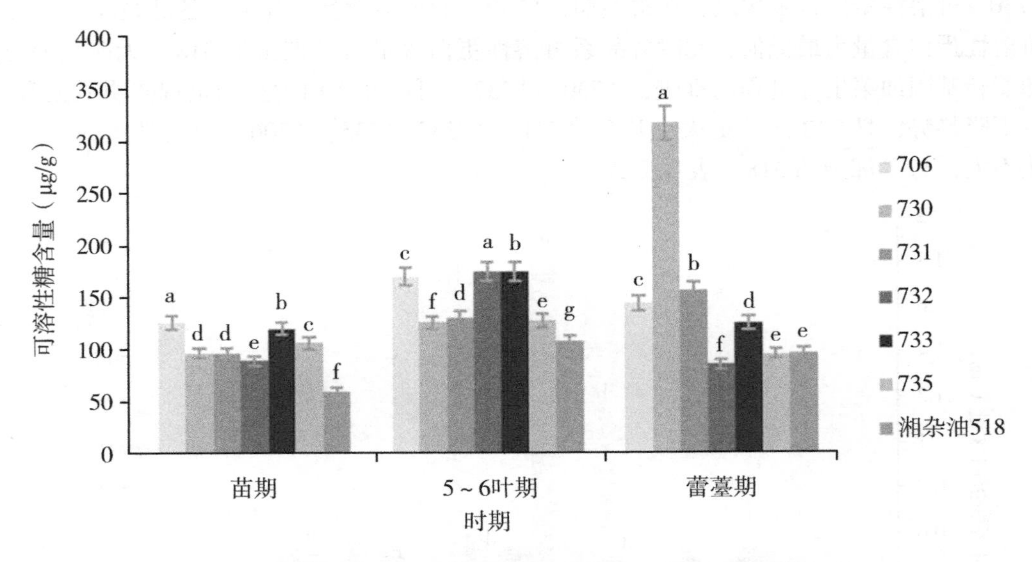

图 6-22 6 个转基因油菜品系各时期可溶性糖含量比较

'735' 最大叶长与 '湘杂油 518' 无明显差异，'733' 与 '湘杂油 518' 差异极显著；'湘杂油 518' 最大叶宽与 '731' '733' 差异显著，与 '706' '730' '732' '735' 差异极其显著；'733' 根茎粗与 '湘杂油 518' 差异极其显著，其余品系无明显差异；'732' 株高高度与 '湘杂油 518' 的株高差异表现极其显著。

表 6-10 6 个转基因油菜品系冬前调查结果

品系	主茎绿叶数	主茎总叶数	最大叶长（cm）	最大叶宽（cm）	根茎粗（cm）	株高（cm）
CK	10.6±2.25ab	12.4±1.85b	27.68±3.93ab	18.1±2.25a	1.70.79±0.79b	11.42.12±2.12b
706	10.2±1.47b	13.6±1.62ab	25.66±4.45b	13.62±1.14c	1.56±0.34b	16.18±11.52b
730	11.8±0.75ab	11.6±1.2b	23.72±4.55b	13.54±2.71c	1.64±0.46b	5.2±2.04b
731	12.2±1.17ab	13.6±1.62ab	27.46±4.05ab	17.1±0.97ab	1.9±0.37b	9±1.52b
732	12±1.67ab	13.8±1.33ab	29.08±7.92ab	13.26±2.54c	1.94±0.56ab	43.4±14.90a
733	12±1.41ab	13.8±1.17ab	34.18±3.94a	17.4±1.59ab	2.72±0.63a	9.9±1.85b
735	12.8±1.33a	15.4±1.2a	28±2.97ab	15.02±1.01bc	2.28±0.32ab	16.38±3.61b

3. 农艺性状调查

由表 6-11 可知，'湘杂油 518' 与各品系株高无明显差异；'706' '731' '732' 有效分枝高度与 '湘杂油 518' 无明显差异，'730' '733' '735' 与其差异显著；'湘杂油 518' 与各品系主花序有效长度无明显差异；'706' '735' 与 '湘杂油 518' 一次有效分枝数差异极其显著，其余品系与其差异显著；对于主花序有效角果数，'731' '735' 与 '湘杂油 518' 有显著差异，与其余各品系差异显著；除 '735' 角果长度与

‘湘杂油 518’差异显著外，其余各品系与‘湘杂油 518’差异极其显著；‘湘杂油 518’的角果粒数与各品系差异均极其显著；对于单株产量来说，各品系与‘湘杂油 518’差异不明显；‘706’‘731’‘735’总角果数与‘湘杂油 518’差异极其显著，与其余各品系差异显著。

表 6-11　6 个转基因油菜品系农艺性状调查结果比较

品系	株高（cm）	有效分枝高度（cm）	主花序有效长度（cm）	一次有效分枝数	主花序有效角果数	角果长度（cm）	角果粒数	单株产量（g）	总角果数
CK	175.2±7.52a	92±7.24ab	54.8±4.96a	4.6±1.02c	74±10.86a	5.82±0.49a	17.8±1.47b	11.4±1.50a	184.6±9.99a
706	175.4±4.96a	83.2±10.72ab	57.4±4.03a	10±2.10a	61.8±9.85ab	4.7±0.21b	22.6±3.26a	9.8±2.40a	156.2±19.99b
730	167.8±6.27a	74.2±7.17b	59.2±3.92a	7.6±2.87abc	64±12.36ab	5.18±0.42b	25.4±1.85a	12±3.46a	172±11.06ab
731	175.2±10.81a	80.8±6.68ab	60.2±2.04a	7.4±1.36abc	56.4±8.50b	5.2±0.33b	21.8±1.94a	11.2±2.23a	156.4±10.25b
732	177.6±2.42a	82.8±7.41ab	60.2±2.79a	7±2.76abc	66.2±9.64ab	4.82±0.45b	23.2±2.4a	12.2±3.43a	177±9.44ab
733	174.8±6.43a	72.8±6.43b	56.8±4.35a	6.2±2.4bc	69±10.35ab	5.28±0.37b	23±1.79a	10.2±3.06a	167.2±17.50ab
735	172.6±8.75a	73.4±4.41b	59.6±4.50a	9.4±2.58ab	55.4±4.27b	4.74±0.45ab	23.6±3.32a	10.6±1.96a	163±9.10b

4. 讨论

通过测定生理生化指标，可以了解植物生长的某些规律，并且研究各种与其相关的代谢机理。可溶性糖可作为作物的氮代谢强度的参考指标，可溶性蛋白含量可作为作物碳代谢强度的参考。要想清楚植物体内的代谢变化，可以测定过氧化物酶的活性，其可以体现植物的呼吸作用强弱[61]；超氧化物歧化酶是一种抗氧化酶，对于植物体某些部位的损伤，通过过氧化物酶与超氧化物歧化酶等酶一起作用便可进行一定防御[62]。针对以上这些指标的测定，让生命体的认知与探索更加清晰深刻。

试验组自 5~6 叶期到蕾薹期，过氧化物酶活性一直呈上升趋势，说明各品系的抗病性逐渐增强。苗期到 5~6 叶期‘730’‘732’‘733’‘735’过氧化物酶活性均呈现下降趋势，以上各品系与‘湘杂油 518’表现一致。在过氧化氢酶活性下降时，会使某些有毒物质影响油菜的正常发育，严重甚至会引起植物死亡[63]。

超氧化物歧化酶可以预防植物体的衰老，其原理是其可以防止活性氧或其他过氧物自由基对细胞质膜的伤害。在延缓超氧化物歧化酶的活性降低速度后，就可以使叶片衰老速度变慢[64]。6 个转基因油菜品系超氧化物歧化酶活性均呈现 5~6 叶期出现高峰，蕾薹期又降低的趋势，此变化与对照‘湘杂油 518’相反。

可溶性糖深刻影响着植物碳代谢，是植物中的能源物质[65]。可溶性糖参与了植物的生长发育和渗透调节环节，发挥了不可忽视的作用。本研究蕾薹期‘730’可溶性糖含量明显高于其他品系，苗期、5~6 叶期含量均高于‘湘杂油 518’，与常涛等[66]研究结果一致。

在油菜的生长过程中，其可溶性蛋白含量会呈现先上升后下降的趋势。可溶性蛋白的含量的变化与油菜品种的抗性有很大的相关性，可溶性蛋白含量的增加有利于抗旱性与抗寒性的提高。各品系可溶性蛋白含量与‘湘杂油 518’在各生育期差异明显，各品系抗寒性均较‘湘杂油518’强。

对于冬前与农艺性状调查研究，供试品系冬前性状与‘湘杂油518’无明显差异，株高、主花序有效长度、单株产量各品系与‘湘杂油518’均无明显差异，因此转基因材料性状稳定，产量较高，可开展后续的环境释放试验。

5. 结论

‘706’在苗期的可溶性含糖量最高，此时各品系可溶性含糖量均高于‘湘杂油518’；‘730’除过氧化物酶活性之外的其他生理生化指标在蕾薹期达到最高值，但此时超氧化物歧化酶活性仍低于‘湘杂油518’；‘731’在苗期的可溶性蛋白含量，5~6叶期的过氧化物酶活性以及蕾薹期的超氧化物歧化酶活性在此6个转基因材料中为最高，但蕾薹期超氧化物歧化酶活性仍低于‘湘杂油518’；‘732’在苗期的超氧化物歧化酶活性最高，但此时超氧化物歧化酶活性仍低于‘湘杂油518’，在5~6叶期除过氧化物酶之外其他指标均达到最高，且此时各品系超氧化物歧化酶活性、可溶性糖含量均高于‘湘杂油518’；‘733’在苗期的过氧化物酶活性最高，此时各品系过氧化物酶含量均高于‘湘杂油518’；‘735’在蕾薹期的过氧化物酶活性最大。‘湘杂油518’在苗期、蕾薹期超氧化物歧化酶值最大，此时‘湘杂油518’较各品系抗逆性强。

供试品系冬前性状与‘湘杂油518’无明显差异，针对各品系的产量对比，单株产量各品系与‘湘杂油518’无明显差异，主花序有效长度与对照‘湘杂油518’也无明显差异。

（三）部分转基因苗抗性失活原因分析

1. 苗期转 *bar* 油菜死亡比例

在5个小区的比例如表6-12所示。经计算5%的油菜死亡。

表6-12　转 *bar* 基因油菜苗期生长调查

项目	小区				
	1	2	3	4	5
死亡油菜数（株）	11	7	5	6	7
存活油菜数（株）	134	101	116	120	155
死亡率（%）	8	6	4	4	4

2. RNA的质量检测

在间苗期，提取油菜的RNA，图6-23为1.5%琼脂糖凝胶电泳结果显示，都有3条带。说明RNA的质量完整，可以进行后续实验。

3. 转 *bar* 基因油菜的 *bar* 基因相对表达量情况

图6-24显示了间期材料中 *bar* 基因表达水平。其中存活的转 *bar* 基因油菜1~3号的基因表达比未存活4~9号油菜的显著高。存活油菜1号、2号、3号的相对表达量在0.04以上，但相对表达量之间的差距不小。死亡油菜4~9号的相对表达量在0.02以下，存活油菜比死亡油菜的 *bar* 基因表达量显著高。说明 *bar* 基因对除草剂有耐性。表明油菜打除草剂死亡可能与 *bar* 基因表达量低相关。

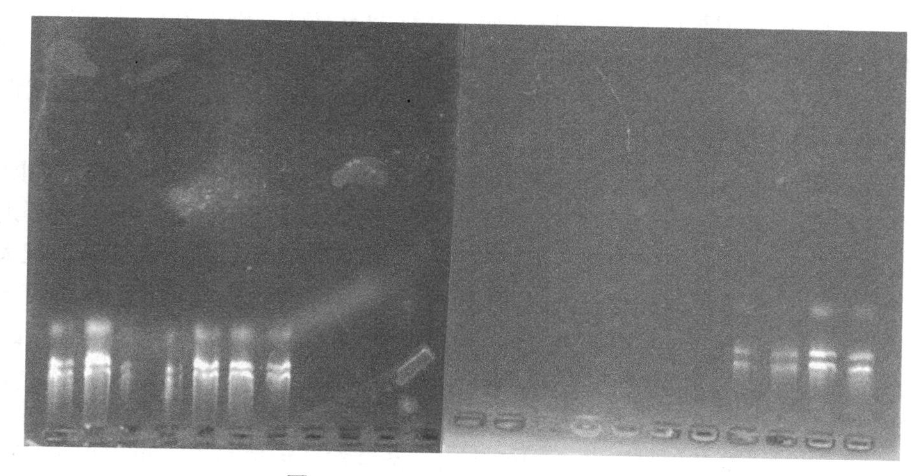

图 6-23　RNA 琼脂糖凝胶电泳图

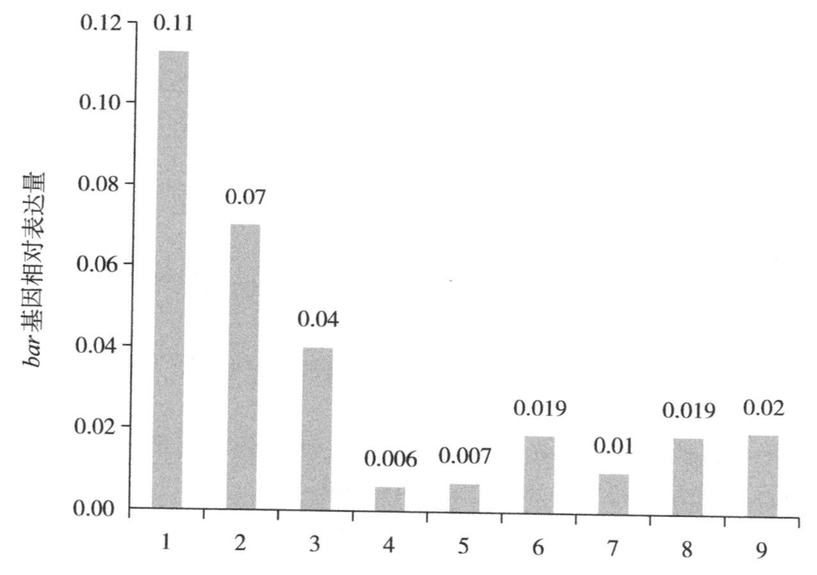

图 6-24　转 *bar* 基因油菜相对表达量（1~3 号是存活油菜，4~9 号是死亡油菜）

4. 结论与讨论

（1）结论

在间苗时期，使用除草剂，转 *bar* 基因油菜的死亡率是 5%，进行基因表达分析，*bar* 基因相对表达量高的存活，反之则没有存活。分析可得，转 *bar* 基因油菜的抗除草剂能力和 *bar* 基因的相对表达量密切相关。转 *bar* 基因油菜对除草剂有耐性，绝大部分都可以获得抗除草剂的能力，少部分因为 *bar* 基因的相对表达量的不足，没有抗除草剂的能力。*bar* 基因的表达量要在一定量上才能表现出抗除草剂的作用。

（2）讨论

这次实验中部分转 *bar* 基因油菜失活，转 *bar* 基因油菜存活的 3 株，其 *bar* 基因的相对表达量不稳定，可能是其 *bar* 基因的插入导致的多效性，因为外源基因的整合是随机的，有不确定性，可能使 *bar* 基因在苗期的表达下降，或者导致基因沉默等。当 *bar* 基因的相对表达量低时，pat 蛋白不能完全消除草丁膦的作用，是导致油菜的死亡的原因，但 *bar* 基因的表达低的原因需要进一步的研究。

种植抗除草剂油菜可以在油菜的各个时期都可以除草，在种植前的耕地要求降低，大大减少工作量，有良好的应用前景。并且抗除草剂油菜对机械化生产有很大帮助，有利于我国油菜产业发展。国外的转基因作物中抗除草剂作物是其中一大部分，很大程度上提高了产量、减少了劳动成本。如果我国的转基因油菜可以商业种植，抗除草剂转基因油菜将成为重点，但如今许多抗除草剂转基因油菜都是拜耳、杜邦、孟山都和 Nuseed Pty td 这四家公司的，我国需要拥有自己转基因油菜品牌。本研究可以转基因抗除草剂油菜的产业化提供理论依据，为开展转基因油菜环境安全评价提供了材料。

由于抗除草剂油菜的发展，除草剂的使用，杂草在这种选择下，也出现了抗除草剂的能力[67]。转基因油菜的极大的经济和社会效益，但还有一定的风险，有可能让其的外源基因转到十字花科杂草上，使其具有抗除草剂性[68-69]。会使许多除草剂失效，有可能需要人工除草，消耗大量劳动力。要加强抗除草剂作物的能力。比如将抗除草剂和抗虫害整合到一起，可以更好去处理草害和虫害，或者把几种抗除草剂基因合到一起使油菜具有多种抗性[70]。在未来，由于除草剂和杂草的相互进化下，研究新型除草剂或多种抗性结合的油菜将成为趋势。

参考文献

[1] 薛汉军，常建军，贾战通，等. 油菜的草害及防治措施 [J]. 陕西农业科学，2017，63（1）：58-60.

[2] 鲁军雄. 转 *bar* 基因油菜对草胺膦抗性的评价与应用 [D]. 长沙：湖南农业大学，2013.

[3] 章平泉，杜秀敏，徐光忠，等. 连续流动法测定烟草中氨含量的改进方法 [J]. 中国烟草科学，2014，35（4）：99-102.

[4] Fromm M E，Taylor L P，Walbot V. Stable transformation of maize after gene transfer by electroporation [J]. Nature，1986，319：791-793.

[5] Sun Y Y，Qu G P，Huang Q X，et al. SNP markers for acetolactate synthase genes from tribenuron-methyl resistant mutants in *Brassica napus* L [J]. Chinese Journal Oil Crop Science，2015，37：589-595.

[6] 浦惠明. 转基因抗除草剂油菜及其生态安全性 [J]. 中国油料作物学报，2003（2）：90-94.

[7] Beversdorf W D，Hume D J. OAC triton spring rape seed [J]. Can J Plant Sci，1984，64（4）：1007-1009.

[8] 浦惠明，戚存扣，傅寿仲. 油菜 Ctr 细胞质的研究与遗传改良设想 [C] // 中国作物学会油料作物专业委员会. 中国油料作物科学技术新进展. 北京：中国农业科技出版社，1996：330-334.

[9] 浦惠明，戚存扣，傅寿仲．抗除草剂油菜光合生理特性的研究［J］．江苏农业学报，1997，13（2）：76-80.

[10] 佚名．2018 年全球生物技术/转基因作物商业化发展态势［J］．中国生物工程杂志，2019，39（8）：1-6.

[11] 曹坳程，郭美霞，蒋红云，等．抗除草剂作物对未来化学农药发展的影响［J］．生物技术通报，1998（4）：25-26.

[12] 浦惠明，戚存扣，傅寿仲．油菜抗除草剂品种的选育［J］．江苏农业科学，1994（5）：24-25，12.

[13] Horsch R B，Fry J E，Hoffman N，et al. A simple and general method for transferring genes into plants［J］. Science，1985，227：1229-1231.

[14] 闫彤．抗草胺膦转基因油菜的抗性评价［D］．武汉：华中农业大学，2020.

[15] 浦惠明，戚存扣，张洁夫，等．转基因抗除草剂油菜对近缘作物的基因漂移［J］．生态学报，2005（3）：581-588.

[16] 浦惠明，戚存扣，张洁夫，等．转基因抗除草剂油菜对十字花科杂草的基因漂移［J］．生态学报，2005（4）：910-916.

[17] 张云珍．加拿大转基因油菜商业化进展及现状分析［J］．世界农业，2011（10）：74-76.

[18] James C. Global status of Commercialized biotech/GM crops：2004—2016［R］. ISAAA in Brief ISAAA. org，2014—2016.

[19] 咸拴狮，罗晓丽，王剑．油菜转基因研究进展［J］．山西农业科学，2006（3）：85-88.

[20] 钟蓉，朱峰，刘玉乐，等．油菜的遗传转化及抗溴苯腈转基因油菜的获得［J］．植物学报，1997，39（1）：26-27.

[21] 鲁军雄，陈社员，官春云，等．转 *bar* 基因抗草铵膦油菜草铵膦抗性的评价［J］．作物研究，2013，27（1）：33-39.

[22] Mariani C，Beuckeleer M D，Truettner J，et al. Induction of male sterility in plants by a chimaeric ribonuclease gene［J］. Nature，1990，347：384-387.

[23] Mariani C，Gossele V，Beuckeleer M D，et al. A chimaeric ribonuclease inhibitor gene restores fertility to male sterile plants［J］. Nature，1992，357：384-387.

[24] 马娜，路伦，李志清．食用安全评价在转基因植物的运用［J］．中国食品工业，2021（Z1）：125-126.

[25] Philip J Dale. Public reactions and scientific responses to transgenic crops［J］. Current Opinion in Biotechnology，1999，10（2）：203-208.

[26] 俞琦英，周伟军．油菜田的杂草发生特点及其防治研究概况［J］．浙江农业科学，2010（1）：123-127.

[27] 卢长明，肖玲，武玉花．中国转基因油菜的环境安全性分析［J］．农业生物技术学报，2005（3）：267-275.

[28] Carvalho S J P D, Nicolai M, Ferreira R R, et al. Herbicide selectivity by differential metabolism: considerations for reducing crop damages [J]. Scientia Agrícola, 2009, 66 (1): 136-142.

[29] 臧丽丽，许玲，王铭，等. 草除灵对甘蓝型油菜苗期生理生化及超微结构的影响 [J]. 核农学报，2017，31 (3)：597-606.

[30] 萧浪涛，王三根. 植物生理学试验技术 [M]. 北京：中国农业出版社，2005：211-215.

[31] 张富厚，郑跃进，申林江. 大豆品种田间边际效应初探 [J]. 河南农业科学，2001 (4)：14-16.

[32] Shahana T, Anusha R, Seeta R. Sujatha Mitigation of drought stress by 2,4-epibarassinolide and 28-homobrassinolide in pigeon pea seedlings. International Journal of Multidisciplinary and Current Research [J]. 2015 (3): 904-911.

[33] 杨艳君，赵红梅，王慧阳，等. 外源油菜素内酯对谷子2,4-D胁迫的缓解效应 [J]. 山西农业科学，2015，43 (9)：1165-1168.

[34] Xia X, Huang Y, Wang L, et al. Pesticides - induced depression of photosynthesis was alleviated by 24 - epibrassinolide pretreatment in Cucumis sativus L [J]. Pestic Biochem Physiol, 2006, 86 (1): 42-48.

[35] 权梦萍，徐佳慧，尹佳茗，等. 油菜素内酯调控植物响应非生物逆境胁迫的生理机制 [J]. 植物保护学报，2023，50 (1)：26-31.

[36] Kapoor D, Rattan, A, Gautam V, et al. 2,4-epibrassinolide mediated photosynthetic pigments and antioxidative defense systems of radish seedling under cadmium and mercury stress [J]. J. Stress Physiol Biochem, 2014, 10: 110-121.

[37] Anuradha S, and Rao S. The effect of brassinosteroids on radish (*Raphanus sativus* L.) seedlings growing under cadmium stress [J]. Plant Soil Environ, 2007, 53: 465-472.

[38] Rady M, Osman A. Response of growth and antioxidativve system of heavy metal contaminated tomato plants 2,4-epibrassinolide [J]. African Journal of Agricultural Research, 2012 (7): 3249-3254.

[39] Kumar M, Sirhindi G, Bhardwaj R, et al. Effect of exogenous H_2O_2 on antioxidant enzymes of *Brassica juncea* L. seedlings in relation to 2,4-epibrassinolide under chilling stress [J]. Indian J. Biochem. Biophys, 2010 (47): 378-382.

[40] Planas-Riverola A, Gupta A, Betegón-Putze I, et al. Brassinosteroid signaling in plant development and adaptation to stress [J]. Development, 2019, 146 (5): dev151894.

[41] Tola A J, Jaballi A, Germain H, et al. Recent Development on Plant Aldehyde Dehydrogenase Enzymes and Their Functions in Plant Development and Stress Signaling [J]. Genes, 2020, 12 (1): 51.

[42] Liang Q, Dharmat R, Owen L, et al. Single-nuclei RNA-seq on human retinal

tissue provides improved transcriptome profiling [J]. Nat Commun, 2019, 10: 5743.

[43] Song T, Chu M, Zhang J, et al. Transcriptome analysis identified the mechanism of synergy between sethoxydim herbicide and a mycoherbicide on green foxtail [J]. Scientific reports, 2020, 10 (1): 21690.

[44] Leslie T, Baucom R S. De novo assembly and annotation of the transcriptome of the agricultural weed *Ipomoea purpurea* uncovers gene expression changes associated with herbicide resistance [J]. G3 (Bethesda), 2014, 4 (10): 2035-2047.

[45] Zhao N, Li W, Bai S, Guo W, et al. Transcriptome Profiling to Identify Genes Involved in Mesosulfuron-Methyl Resistance in *Alopecurus aequalis* [J]. Fronters in Plant Science, 2017, 8: 1309.

[46] Livak K J, Schmittgen T D. Analysis of relative gene expression data using real-time quantitative PCR and the 2 [- Delta Delta C (T)] Method [J]. Methods, 2001, 25 (4): 406-8.

[47] Owens Nick DL, De Domenico E, Gilchrist MJ. An RNA-Seq Protocol for Differential Expression Analysis [J]. Cold Spring Harbor protocols, 2019 (6): 1101.

[48] 何凌霞. 基于NGS测序的油菜中双11号物理图构建 [D]. 武汉: 华中农业大学, 2016.

[49] 廖志强, 邬贤梦, 孙娟, 等. 甘蓝型油菜下胚轴一步不定芽再生培养及遗传转化应用 [J]. 分子植物育种, 2015, 13 (4): 793-799.

[50] 巩振辉, 申书兴. 植物组织培养 [M]. 北京: 化学工业出版社, 2013: 31-45.

[51] Baskar V, Gangadhar B, Park S, et al. A simple and efficient *Agrobacterium tumefaciens*-mediated plant transformation of *Brassica rapa* ssp. *pekinensis* [J]. 3 Biotech, 2016, 6 (1): 88.

[52] Cui Y, Huang S, Liu Z, et al. Development of Novel Glyphosate-Tolerant Japonica Rice Lines: A Step Toward Commercial Release [J]. Frontersin Plant Science, 2016, 7: 1218.

[53] Kirch H, Bartels D, Wei Y, et al. The ALDH gene superfamily of *Arabidopsis* [J]. Trends in Plant Science, 2004, 9: 371-377.

[54] Wei Y, Lin M, Oliver D, et al. The roles of aldehyde dehydrogenases (ALDHs) in the PDH bypass of Arabidopsis [J]. BMC Biochem, 2009, 10: 7.

[55] Stiti N, Missihoun T, Kotchoni S, et al. Bartels Dorothea. Aldehyde Dehydrogenases in *Arabidopsis thaliana*: Biochemical Requirements, Metabolic Pathways, and Functional Analysis [J]. Fronters in Plant Science, 2011,

2：65.

[56] Bancoş S，Nomura T，Sato T，et al. Regulation of transcript levels of the Arabidopsis cytochrome p450 genes involved in brassinosteroid biosynthesis [J]. Plant physiol，2002，130（1）：504-513.

[57] Danièle W，Alain H，Luc D. Cytochromes P450 for engineering herbicide tolerance [J]. Trends in Plant Science，2000，5（3）：116-123.

[58] Frear DS. Wheat microsomal cytochrome P450 monooxygenases：characterization and importance in the metabolic detoxification and selectivity of wheat herbicides [J]. Drug Metabol Drug Interact，1995，12（3-4）：329-357.

[59] 张志安．植物生理学实验技术 [M]. 长春：吉林大学出版社，2008：100-103.

[60] 邹琦．植物生理学实验指导 [M]. 北京：中国农业出版社，2000：131-135.

[61] 顾雯雯，胡亚婷，韩英，等．植物过氧化物酶同工酶的研究进展 [J]. 安徽农业科学，2014，42（34）：12011-12013.

[62] 董亮，何永志，王远亮，等．超氧化物歧化酶（SOD）的应用研究进 [J]. 中国农业科技导报，2013，15（5）：53-58.

[63] 何子平，皮美美，刘武定．硼钾营养相互配合对油菜叶片 CAT 和 POD 活性及根膜透性的影响 [J]. 华中农业大学学报，1993，12（5）：468-471.

[64] 田廷亮，蔡梓林，季明芳．油菜超氧物歧化酶活性及其同工酶的研究 [J]. 中国油料，1988（1）：33-37.

[65] 张琛．可溶性糖参与高表达 C4 型 PEPC 基因水稻的耐寒性的调节 [D]. 南京：南京农业大学，2016.

[66] 常涛，张振乾，陈浩，等．不同含油量甘蓝型油菜生理生化指标和种皮结构分析 [J]. 分子植物育种，2019，12：1-8.

[67] Pfaffl M W. A new mathematical model for relative quantification in real-time RT-PCR [J]. Nucleic Acids Research，2001，29（9）：45.

[68] Green J M. Review of glyphosate and ALS-inhibiting her-bicide crop resistance and resistant weed management [J]. Weed Technol.，2007，21（2）：547-558.

[69] 浦惠明．转基因抗除草剂油菜及其生态安全性 [J]. 中国油料作物学报，2003（2）：90-94.

[70] 江建霞，张俊英，李延莉，等．中国抗除草剂油菜育种利用研究进展 [J]. 分子植物育种，2020，1：1-11.

第七章　油菜抗重金属育种研究

第一节　油菜抗重金属研究进展

当前随着农业生产过程中农药、化肥大量施用，土壤污染加剧[1,2]，尤其是重金属污染[37]对油菜生长及产量均带来较大不利影响，为确保我国食用油安全，中央1号文件已连续多年把大力发展油菜生产作为重点工作内容[4,5]。油菜产业已作为湖南省农业培育的十个千亿重点产业之一[6]，对我国油菜产业发展乃至食用油安全都具有十分重要的影响。但湖南省部分土壤Cd污染十分严重，Cd易在植物体内富集[7,8]，干扰重要酶功能[9]，严重影响植物生长。Pb危害大、毒害作用强、稳定高、不易降解，会降低作物生产力[10]。As能抑制植物种子萌发以及根和芽的生长，降低植物的基础代谢。

我国土壤重金属含量超标的大田农作物种植面积约48万hm^2以上[11]，可能导致人类健康风险[12]。《中华人民共和国土壤污染防治法》明确指出，土壤修复活动应当优先采取不影响农业生产、不降低土壤生产功能的生物修复措施。

植物修复是生物修复的一种，具有应用性较好、清除重金属污染物较彻底、成本低廉、操作简单、安全清洁、环境友好等优点[13]，是近年来研究的热点。如何找到适宜的修复植物是植物修复的关键所在，油菜是中国第一大自产油料作物，作为中国南方地区大面积种植的冬季作物，具有不与粮争地、种植技术简单等优点，因而在植物修复中应用较多。为促进植物修复重金属污染土壤的进展及油菜在修复中的应用，本节综述了油菜作为修复植物在重金属污染土壤修复中的应用进展。

一、油菜修复土壤重金属的优势

植物修复存在着一些如修复速度慢[14]、大多数修复的植物没有经济价值[15]等局限性。十字花科植物具有生长快、生物量高、对重金属有较强的耐性及吸收积累能力等特点[16]，油菜用于植物修复有着独特的优点。

（一）菜油符合相关标准

油菜中重金属主要积蓄于粕饼中，毛油中重金属含量极低[17]，Cd浓度低于0.1 mg/kg=EC（卫生限量标准）[18]，Cd高暴露量仅占JECFA推荐的暂定每月耐受摄入量（PTMI）的1%，不存在消费风险，可放心食用[19]。

（二）可增强我国食用油安全

菜油是中国第一大自产油料作物，我国是世界上最大的油菜进口国，至2017年已占世界油菜总进口总量的40%左右[20]，单纯依赖进口，难以满足我国不断增加的食用油需求[21]，利用油菜进行重金属污染土壤修复，可增加菜油供应，提高食用油安全。

（三）种植面积大，简单易行

油菜主产区在长江中下游地区，是当地第二大作物，不与水稻争地，种植技术成熟，用于植物修复重金属污染土壤，生产技术简单易行，可实现大面积推广。

二、油菜修复重金属污染土壤的研究现状

（一）不同基因型油菜对重金属的响应

1. 不同类型

杨洋等[22]在湖南郴州某尾矿区受重金属复合污染的农田，种植芥菜型油菜（BJ）、甘蓝型油菜（BL）、加拿大甘蓝型油菜（CBL）和本地油菜（LR），发现重金属在不同类型油菜间的吸收积累及转运情况差异显著，芥菜型油菜适合 Cu、Pb 污染的土壤，甘蓝型油菜对 Zn、Cd 的吸收积累效果最好，适合用来修复重金属复合污染的土壤。单一 Cd 胁迫盆栽试验中芥菜型油菜绿生 1 号综合表现优于两个甘蓝型油菜品种[23]。

2. 不同品种

Zhang 等[24]在 0 和 30 mg/L Cd 胁迫下研究耐 Cd 基因型‘H18’和敏感基因型‘P9’油菜的表现，发现 Cd 胁迫下‘P9’子叶和下胚轴的 Cd 含量显著高于‘H18’。在 0 和 30 mg/L Cd 胁迫下，*BnaHMA4c* 在‘P9’中的表达水平均极显著高于‘H18’，*BnaHMA4c* 在 Cd 的根冠转移中起着关键作用；Cd 胁迫 48 h 后，SOD、CAT 和 POD 活性增强，‘H18’的 SOD 和 CAT 活性均高于‘P9’。Cd 胁迫初期，‘H18’和‘P9’的主要解毒机制分别是高 Cd 转移系数（BnaHMA4c 的高表达水平驱动）和高活性的酶抗氧剂。

3. 不同时期和部位

Theodore 等[25]研究了 Cd 和 Cu 在甘蓝型油菜品种（‘浙大 622’和‘ZS758’）中的亚细胞分布和化学形态，发现 Cd 主要积累在可溶性组分中，在细胞壁上较少，Cu 在细胞壁和液泡中大量分布，Cu 优先在叶绿体中积累，而 Cd 则均匀分布在叶绿体和线粒体中，Cd 和 Cu 在细胞核中积累较少；在耐性品种 ZS758 中，Cd、Cu 与不同细胞配体相互作用程度较高，Cu 被磷酸盐显著地螯合，其次是肽配体，Cd 则相反；草酸对 Cu 有聚集作用，Cd 几乎不聚集。

油菜对 Zn 的富集能力最强，其次是 Cd，对 Cr 富集能力最弱；油菜对 Zn、Cd 和 Cu 的富集能力均呈先减弱后增强再减弱的趋势，花期富集能力最强；Pb 在苗期和抽薹期主要富集在油菜根系，花期和收获期被转运至花和籽粒；叶对重金属的积累浓度表现为：Zn>Cu>Pb>Cd，根对重金属的吸收积累量的顺序为：Pb>Zn>Cu>Cd；Zn 和 Cd 主要富集在叶、根和茎，Cu 主要富集在根、叶和籽粒中，Pb 主要积累在油菜的根部，在茎和果实中的重金属含量很低[22-28]。

在水培实验条件下，油菜富集 Cd 的比例分配趋势表现为细胞液>细胞器>细胞壁，随着 Cd 胁迫浓度的增大，油菜各个亚细胞组分 Cd 含量增加，油菜根部和叶部细胞壁和细胞器 Cd 所占比例增加，说明吸附 Cd 比例较高[29]。

（二）耐重金属机制

甘蓝型油菜对 Cd 有很高的耐受性，可用于 Cd 污染农田的植物修复[30]，其肽和磷配体络合 Cd 和细胞壁固定 Cd 的能力较强，是甘蓝型油菜的重要解毒途径[31]。

Mwamba 等[32]对 Cd 耐受反应不同的油菜进行代谢组学分析。发现 CB671（耐 Cd 积累）对 Cd 胁迫的反应是通过重新排列碳通量来产生相容的溶质、糖储存形式、抗坏血酸、茉莉酸盐、乙烯和维生素 B6；在 ZD622（敏感基因型）中，Cd 引起碳水化合物和维生素的急剧消耗与轻微的激素变化；CB671 中不饱和脂肪酸和氧化脂质的显著积累，与甘油磷脂的积累和肌醇衍生信号代谢物的诱导（5.41 倍）平行，因此能迅速触发解毒机制，植物甾体类、单萜类和类胡萝卜素被诱导，揭示细胞膜维持的微调机制，ZD622 对此表现不明显；ZD622 从黄酮类化合物的上游亚类中显著积累酚类物质，在 CB671 中木质素的激活引起细胞壁启动。

（三）关键基因研究

在甘蓝型油菜中，一些基因如 *BnPDFL*（植物防御素样蛋白）、*BnRH*24（RNA 螺旋酶基因）、*BnPCS*（植物螯合素）和 *microRNAs*（*miR*395、*miR*158）被报道用于 Cd 的解毒[33-36]。

Chen 等[37]对 419 个甘蓝型油菜种质和近交系进行全基因组关联研究，鉴定出 32 个与 Cd 积累性状相关的候选基因，均被鉴定为拟南芥的直系同源基因 *NRAMP*6（d 然抗性相关巨噬细胞蛋白 6），*IRT*1（铁调节转运蛋白 1），*CAD*1（对镉敏感的 1）和 *PCS*2（植物螯合素合酶 2）。其中，通过 qRT-PCR 验证了 4 个候选基因，暴露于 Cd 后其表达水平显著高于对照组。

Zhang 等[38]通过全基因组关联研究，获得了 7 个对 Cd 耐受的候选基因，包括 *HIPP*27，*EXPB*4，*EMB*1793 和 *CDSP*32 直向同源物。这些基因的表达由耐 Cd 基因型的 Cd 胁迫诱导，而在 qRT-PCR 分析中，受 Cd 敏感基因型的 Cd 胁迫降低或不受其影响。

王书凤[39]对 Cd 高累积基因型 P78 和 Cd 低累积基因型 P72 进行基因组重测序筛选得到关键功能基因 *BnNramp*，发现 *BnNramp*2;1 和 *BnNramp*4;2 是造成 P78 和 P72 间镉由根部向地上部运输差异的主要功能基因。

曲存民等[40]研究发现 *PHT*3;3、*PHT*1;9、*GST*、*OTC*5、*NRAMP*1 和 *ZIP*12 等与重金属吸收和转运相关，*PHT*3;3 和 *PHT*1;9 是甘蓝型油菜砷离子吸收转运相关的重要候选基因。

魏丽娟等[41]对不同遗传来源的 140 份甘蓝型油菜在锌胁迫下（30 mg/L），发芽期的相对下胚轴长（RHL）表现的差异，进行全基因组关联分析，共鉴定到 19 个与锌胁迫相关的候选基因，包括编码锌指蛋白家族成员（*B-box* 型和 *ZFP*1）、谷胱甘肽转移酶 *GSTU*21、过氧化物酶家族蛋白、*ABC*（ATP-binding cassette）和 *MFS*（Major facilitator superfamily）转运蛋白及细胞壁相关激酶蛋白和一些重要的转录因子（*BnaA*07*g*27330*D*、*BnaA*02*g*30270*D*、*BnaA*07*g*27840*D*、*BnaA*07*g*31860*D* 和 *BnaA*07*g*28000）。

（四）生理生化特性研究

超氧化物歧化酶（SOD），过氧化氢酶（CAT）、过氧化物酶（POD）、抗坏血酸过氧化物酶（APX）、谷胱甘肽还原酶（GR）和脱氢抗坏血酸还原酶（DHAR）在甘蓝型油菜耐 Cd 性中起重要作用[42-44]。

Wu 等[45]研究发现，品种‘L351’的总 Cd 积累量高于品种‘L338’，随着 Cd 浓度的增加，其差距更明显；‘L338’对 Cd 的敏感性、抗氧化酶（CAT、APX、GR、DHAR）活性和 GSH 含量均高于‘L351’，且在高浓度 Cd 处理下更明显；*BnFe-SOD*、*BnCAT*、*BnAPX*、*BcGR* 和 *BoDHAR* 基因在 Cd 胁迫下在‘L351’根系中的表达水平均高于‘L338’，*BnCAT* 和 *BcGR* 在叶片中的表达水平也高于‘L338’。

原海燕等[46]研究发现 1.2 mmol/L Pb 处理不影响油菜发芽率，但幼苗生长被显著抑制，油菜鲜质量较对照（Pb0）下降了 38.9%。同时，Pb 胁迫下，油菜地上部和根系膜脂过氧化产物丙二醛（MDA）含量分别为对照的 3.7 倍和 2.5 倍，且地上部和根系 SOD、POD、CAT 等抗氧化酶活性上升；Pb 胁迫下添加 300 mg/L 纳米硫（SNPs）与单一 Pb 胁迫相比，地上部和根系 Pb 含量仅为单一处理的 5.7%和 29.5%，干质量分别较单一处理增加 70.7%和 26.1%，同时 MDA 含量和抗氧化酶活性均低于 Pb 单一胁迫下水平。

在水培条件下，‘秦油 1 号’（QY-1）和‘三月黄’（SYH）的生长均未受到明显的抑制，随着 Pb 胁迫的增加，油菜吸收的 Pb 积累在根部。将 Cd 和 Pb 区隔在生物解毒组分（金属富集颗粒组分和热稳定蛋白组分）中是油菜富集 Cd 和 Pb 的重要耐性机制，同时，Cd 在细胞碎屑组分中的分布是导致两种油菜 Cd 富集能力差异的重要机制。抗氧化系统是这 2 种油菜应对 Pb 胁迫的重要解毒机制，抗氧化酶系统可能是 QY-1 应对高浓度 Cd 胁迫的重要解毒机制，而 SYH 则更多地通过将 Cd 区隔在金属低活性的亚细胞组分来减轻其毒性。大田试验表明，田间条件下 2 种油菜吸收的 Cd 和 Pb 更倾向于转运到地上[47-48]。

芥菜型油菜‘晋油 12 号’在 Cd 胁迫下，叶绿素含量随 Cd^{2+} 浓度的增加不断下降；MDA 含量呈先降后升的趋势，5 mg/L 和 10 mg/L 处理时 MDA 含量较对照低，在 25 mg/L 及以上浓度处理时 MDA 含量开始升高并高于对照；CAT 活性先下降后上升，在 25 mg/L 处理下活性达到最高，50 mg/L 时活性呈下降趋势[49]。

三、增强修复效果的措施

（一）稻油轮作

Huang 等[50]在油菜—水稻轮作后的 2016—2018 年期间，使用熟石灰［$Ca(OH)_2$>95%］和海泡石（SiO_2>50%，MgO>20%），进行大田试验。发现休耕并进行海泡石处理使糙米 Cd 含量降低 47.44%~49.03%，稻—油轮作后进行海泡石处理使土壤 Cd 含量降低 9.54%~42.66%。

（二）钝化剂处理

海泡石与其他材料混合处理的钝化效果总体优于单一材料，海泡石+鸡粪处理组油菜种子中 Pb 的含量最低，为空白组的 13.26%，Cd 的含量仅为对照组的 44.02%，其次是海泡石+腐殖质处理组[51]。同时，在重金属污染土壤中施用含有腐殖质物质的堆肥产物，土壤中 Cu、Pb 和 Cd 的钝化率分别达到 94.98%、65.55%和 68.78%，促进油菜的生长，并减少了油菜中重金属的积累[52]。

生物炭与植物联合修复技术能提高植物修复效果，降低土壤中 Cd 的生物可利用性，减少对植物的生长抑制和食用健康风险[53]。不同比例生物炭和腐殖酸的复配可显著降低油菜中 Cd 的累积量，降低地上部分和地下部分 Cd 的含量幅度分别为 30.76%～90.79%和 29.88%～92.46%；进一步研究表明，钝化处理的盆栽土壤有效态 Cd 含量均显著降低，降幅可达 22.06%～47.90%[54]。

（三）植物-微生物联合修复

根际微生物群落不仅能通过改变根部矿质元素的形态和有效性，降低重金属对植物的生物毒性，还能增强植物对重金属的吸收和累积[55]。接种促进植物生长的细菌，能通过控制激素和营养平衡，产生生长因子并触发植物病原性抗性来促进植物生长[56]。耐 Pb 菌株 GZ01 能分泌促生物质，促进宿主植物生长，降低重金属 Pb^{2+} 对植物的毒害作用[57]。

（四）外源物质的使用

1. 营养元素

外源硒的应用可增加 Cd 络合物的不易移动比例，通过减少 Cd 在根中的吸收，从而减少 Cd 在植物体内的运输[58]。外源钼通过参与油菜生理过程有效抑制油菜对 Cd 的吸收富集，且显著提高油菜对镉的耐性，有效地降低 Cd 胁迫对油菜的毒害[59]。施用氮肥能促进油菜生长，提高生物量，促进油菜对镉的吸收、积累及向地上部的转运[60]。$(NH_4)_2SO_4$ 和 NH_4Cl 能显著降低土壤的 pH 值，使土壤中有效态 Cd 含量增加，增加油菜的富集系数和转运系数，提高油菜各部位的 Cd 含量；油菜用于修复 Cd 时，$(NH_4)_2SO_4$ 表现效果较好[61]。

2. 有机酸

施加 1 mmol/kg 乙酸可以显著提高油菜地上部和根系吸 Cd 量，增加苹果酸施用量可提高根系 Cd 累积量，且 1 mmol/kg 乙酸、柠檬酸、酒石酸处理均能增加油菜根和地上部对 Cd 的富集系数[62]。

3. 激素

张盛楠等[63]研究通过叶面喷施比较不同外源物质茉莉酸（JA）、褪黑素（MT）、亚精胺（SPD）和2,4-表油菜素内酯（EBL）对 Cd、As 胁迫下油菜生理指标及吸收积累 Cd、As 的影响。发现喷施 200 μmol/L MT 导致油菜地上部 Cd 含量比 CK 处理显著降低 27.8%，而喷施 200 μmol/L 的 JA 和 20 μmol/L 的 EBL 却分别提高油菜地上部 As 含量 159.8%和 136.8%；JA、MT、SPD 和 EBL 都能缓解 Cd、As 复合污染对油菜的胁迫。

4. 金属元素

Han 等[64]研究发现，添加 Cu 可减少根部 Cd 流入和 Cd 向上运输，显著增加水稻生物量和籽粒产量，降低根，茎和叶中 Cd 的浓度。但过量的 Cu 在铁（Fe）缺乏时会促进 Cd 在籽粒中的转运，原因可能是 Cu 显著增加了叶片中可利用的 Cd 的比例。Fe 不能减轻 Cd 对水稻的毒性作用，但会显著降低 Cd 向谷物的转移，这可能是叶片中可利用的 Cd 比例急剧下降所致。适当减少生长介质中的 Cu，增加 Fe 可以降低 Cd 在水稻籽粒中的积累，该结果可为重金属在油菜体内的运输与分配研究提供参考。

四、结论

利用油菜在重金属污染的农田土壤中进行修复利用，能够降低土壤中的重金属浓度，减少其他农产品在土壤中的重金属吸收量，提高食品安全性。油菜不同生育时期和部位对重金属富集能力不同。肽和磷配体络合 Cd 和细胞壁固定 Cd 是油菜对重金属 Cd 的主要耐受机制；同时，基因 *BnPDFL*、*ZIP* 和 *NRAMP* 等基因与耐重金属胁迫相关；抗氧化酶系统和 MDA 是油菜受重金属胁迫时的重要反应机制。油菜作为修复植物时，可以结合轮作下钝化剂处理、微生物修复和施入外源物质等措施，提高修复效率。

第二节　耐重金属油菜育种材料筛选

以前研究多关注油菜营养生长期地上部镉含量和镉吸收量[65-66]，但在不同器官中重金属累积的规律并不一致[67-70]。因此在本研究中，以甘蓝型油菜为材料，分析不同镉含量对其农艺性状、不同部位镉积累情况，探究油菜作为修复植物的可行性。

一、不同镉含量对甘蓝型油菜影响

（一）试验材料

1. 供试土壤

中节能大地（杭州）环境修复有限公司试验基地。

2. 植物材料

甘蓝型油菜‘沣油 737’（杂交品种），‘H1’‘H2’‘H3’（育种亲本，常规材料）由湖南农业大学农学院提供。

（二）试验方法

1. 油菜的种植与取样

试验于 2019 年在中节能大地（杭州）环境修复有限公司试验基地进行。选用上直径 25 cm、高 28 cm 的白瓷盆，每盆装土 4 kg。把相应量的 $CdCl_2$ 配成溶液，分别与过 2 mm 筛后的供试土壤反复混合均匀，然后在温室中稳定 1 周，使土壤每千克含镉量形成下列 4 个水平：CK（0 mg/kg）、A（5 mg/kg）、B（15 mg/kg）、C（25 mg/kg）。每个处理设 3 次重复。

2. 菜籽油的萃取

取 10 g 粉碎后的种子，置于 20 mL 玻璃试管中，加入 15 mL 石油醚，盖上试管塞，于 50℃反应 48 h。反应完成后，取上清液置于 50 mL 离心管中，5 000 r/min 离心 10 min，取上清液，置于三角烧瓶内。60℃反应 6 h，待石油醚完全蒸发后得到菜籽油。

3. 样品的前处理和镉含量测定

称取 0.33 g 粉碎好的茎秆和种子，以及 0.43 g 菜籽油，样品按照 GB 5009.15—2014《食品安全国家标准食品中镉的测定》介绍的方法进行的消解。茎、叶和菜籽油用电感耦合等离子体质谱法（ICP－MS）测定镉含量[71]，以国家镉分析标准物质

（GBW0H10）为参比进行分析质量控制。

（三）结果与分析

1. 不同镉含量对甘蓝型油菜农艺性状的影响

（1）不同镉含量对甘蓝型油菜株高的影响

如图 7-1 所示，4 个品种的株高均呈先升后降的趋势，H2 株高受影响较大；在 5 mg/kg 时达到最大值，显著高于 15 mg/kg 和 25 mg/kg 的处理，这个趋势表明在较低镉含量时，对油菜生长有一定的促进作用，与费维新等[72]的研究一致，而镉含量过高，会破坏其的生理功能，导致生长受阻[73]。

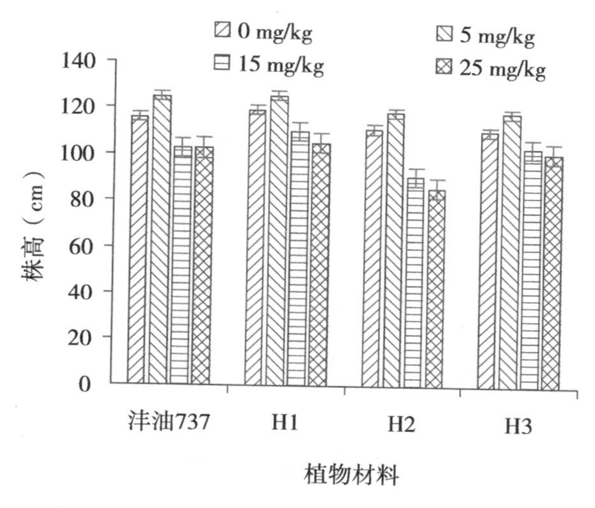

图 7-1　不同镉含量对甘蓝型油菜株高的影响

（2）不同镉含量对甘蓝型油菜一次分枝数的影响

由图 7-2 可知，镉对不同油菜一次分枝数均有较大影响，尤其是‘H1’‘H3’‘沣油 737’影响较小，表明杂交材料耐性强。一次分枝数是油菜重要的产量性状指标，本

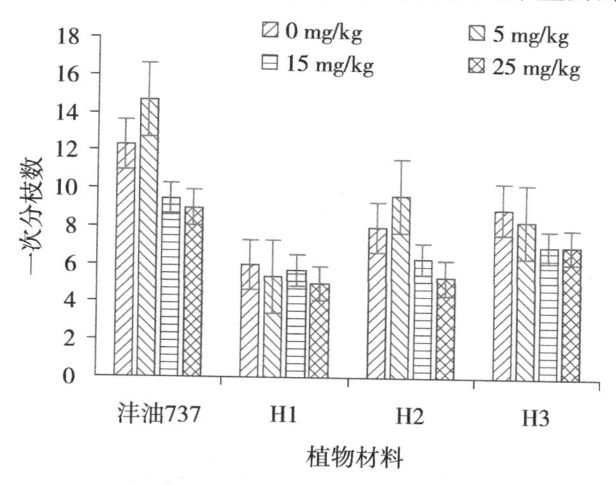

图 7-2　不同镉含量对甘蓝型油菜一次分枝数的影响

研究结果可看出，镉对油菜籽产量会有较大影响。

（3）不同镉含量对甘蓝型油菜二次分枝数的影响

从图 7-3 可以看出，‘沣油 737’二次分枝数不同镉浓度下没有显著性差异，常规材料高浓度镉处理下，二次分枝数均较对照显著下降，常规材料二次分枝数整体高于杂交材料‘沣油 737’，油菜一次分枝对产量的影响较二次分枝大，本结果表明镉对常规油菜产量的影响较大。

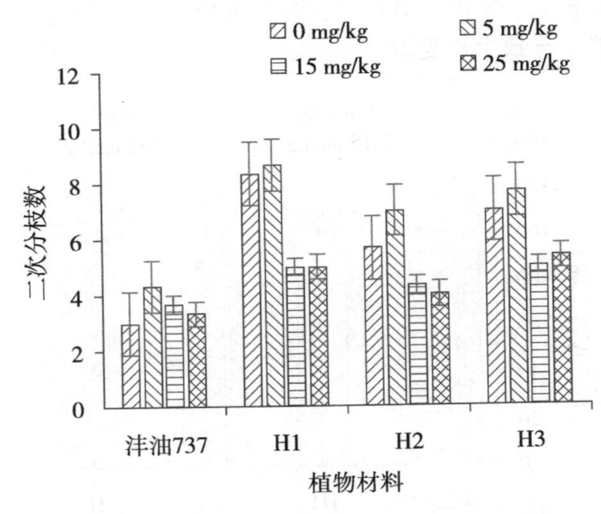

图 7-3　不同镉含量对甘蓝型油菜第二次分枝数的影响

（4）不同镉含量对甘蓝型油菜分枝起点高度的影响

由图 7-4 可知，不同镉浓度处理下 4 个甘蓝型油菜品种分枝起点高度有显著差异，‘沣油 737’最高，‘H2’最短，表明杂交油菜较常规油菜对镉的耐性更强。

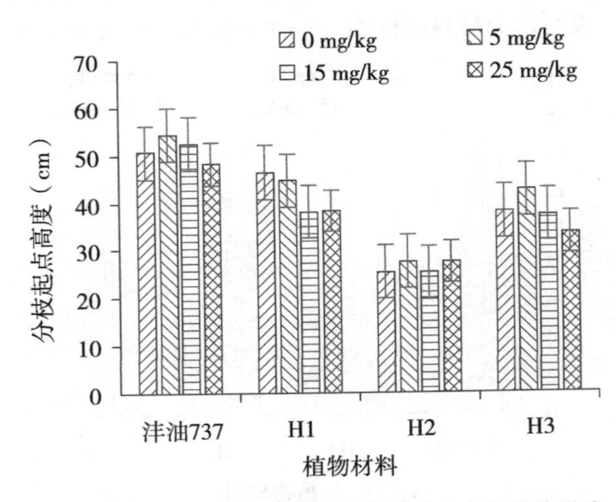

图 7-4　不同镉含量对甘蓝型油菜分枝起点高度的影响

（5）不同镉含量对甘蓝型油菜主花序长度的影响

如图 7-5 所示，‘沣油 737’的主花序长度随镉浓度的上升而逐渐缩短，并无显著差异，而常规材料‘H1’‘H2’‘H3’的主花序长度在 5 mg/kg 时达到最大值，15 mg/kg 和 25 mg/kg 处理小幅下降，主花序长度是油菜重要的产量性状，本研究表明镉超标会对油菜籽产量造成不利影响，常规材料较杂交油菜耐受稳定性好。

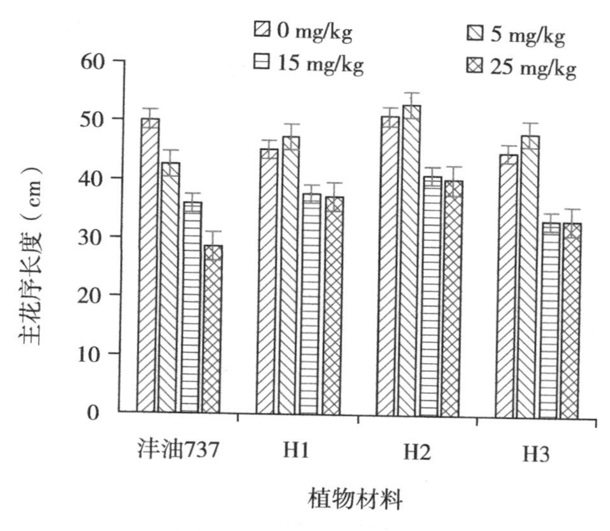

图 7-5　不同镉含量对甘蓝型油菜主花序长度的影响

2. 不同镉含量对甘蓝型油菜角果相关性状的影响

（1）不同镉含量对甘蓝型油菜有效角果数的影响

由图 7-6 可知，‘沣油 737’‘H1’的有效角果数在镉浓度为 5 mg/kg 处理下最高，且 4 个品种有效角果数在 5 mg/kg 处理下均显著高于 15 mg/kg 和 25 mg/kg 处理，空白对照与 15 mg/kg 和 25 mg/kg 处理的油菜的角果数呈显著性差异。不同处理下，杂交油

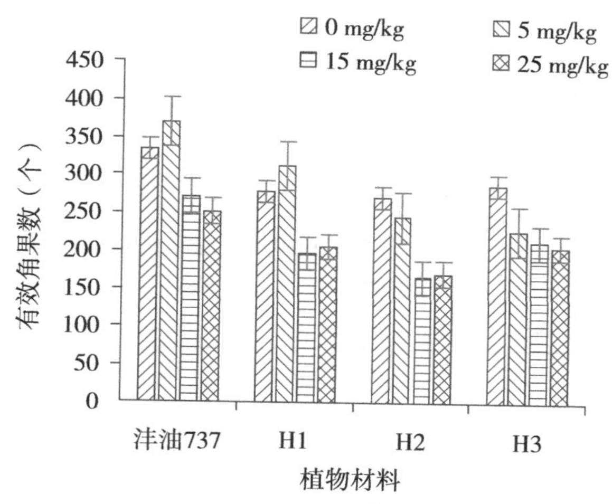

图 7-6　不同镉含量对甘蓝型油菜有效角果数的影响

菜‘沣油737’的有效角果数均高于常规材料，表明其对镉的耐受能力强；高浓度镉会对产量造成不利影响。

（2）不同镉含量对甘蓝型油菜角果粒数的影响

由图7-7可知，除常规材料‘H2’在5 mg/kg处理下，其角果粒数高于其他处理外，其余品种空白对照的角果粒数基本高于其他处理，各材料间差异不大。

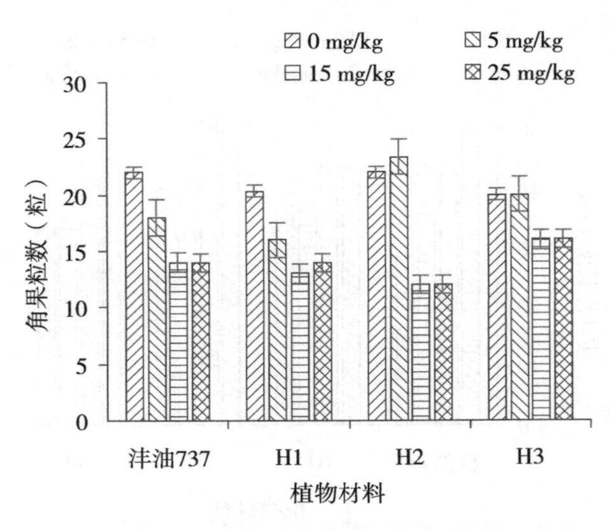

图7-7 不同镉含量对甘蓝型油菜角果粒数的影响

3. 甘蓝型油菜不同部位镉含量分析

由表7-1可知，随着土壤中加入镉的浓度的增加，在茎秆、籽粒和菜籽油中的镉含量也在增加。当镉施入量达到5 mg/kg时，茎秆和种子中的镉含量已远高于的国际标准（0.2 mg/kg）。但在菜籽油中，即使土壤镉施入量达到25 mg/kg，菜油中镉含量也远低于国际标准，不影响菜油食用。本研究表明镉镉超标地区种植油菜不影响菜油品质，油菜是一种理想的镉污染土壤修复植物。

表7-1 不同部位的镉含量分析

镉浓度（mg/kg）	沣油737			H1			H2			H3		
	茎秆	种子	油	茎秆	种子	油	茎秆	种子	油	茎秆	种子	油
0	0.223	0.200	0.016	0.120	0.196	0.015	0.281	0.184	0.023	0.159	0.133	0.011
5	1.126	0.929	0.035	1.062	0.771	0.037	1.125	0.844	0.045	0.694	0.650	0.038
15	3.449	2.828	0.055	3.251	3.975	0.051	3.398	2.575	0.061	2.129	2.046	0.050
25	5.436	5.013	0.062	4.890	5.860	0.053	4.802	4.965	0.064	4.684	4.402	0.056

（四）结论与讨论

1. 结论

不同浓度镉对甘蓝型油菜的株高、一次分枝、二次分枝、角果数和角果粒数具有显著影响，会对油菜产量造成不利影响；高浓度镉土壤种植油菜，菜籽油中镉含量较对照提高了3.9倍，但仍在国际标准范围内，不影响食用油安全。油菜是一种理想的修复植物，可用于镉污染农田修复。

2. 讨论

重金属污染对我国粮食安全生产带来较大影响，习近平同志多次强调“强化土壤污染管控和修复，有效防范风险，让老百姓吃得放心、住得安心”。2014年中央一号文件提出启动重金属污染耕地修复试点，之后历年的中央一号文件均对该问题予以重点关注内容，《土壤污染防治行动计划》《农用地土壤环境管理办法》等一系列政策相继出台，“十三五”期间中央累计安排281.24亿元土壤污染防治专项资金，重金属污染土壤治理工作成为当前研究的热点。

但当前的治理方法仍以物理、化学修复为主，这些方法投资较大、效益低且未能从根本上解决问题；植物修复虽受各级政府的高度关注，但仍未能实现规模化应用，其中一个关键问题就是缺乏适宜的修复植物。本研究发现甘蓝型油菜在高浓度镉存在的土壤中仍能生长、结实，且菜油中重金属含量极低，不影响其食用价值，将油菜作为修复植物将改变中国现有修复技术经济效益差，农民参与积极性低，修复效果不理想的现状，实现重金属污染土壤修复、农业生产两不误，提高修复过程中农业生产经济效益，增强农民参与积极性，确保土壤修复成效和技术推广度，促进中国“三农”问题的解决和可持续发展。

二、不同杂交类型油菜

当前的研究多为不同基因型，如甘蓝型油菜[48]、白菜型油菜[74]和芥菜型油菜[49,75]之间的差异和不同类型甘蓝型油菜不同品种[27,76-77]的修复效果研究及同一材料不同生育期及部位间重金属累积情况[78]，其中甘蓝型油菜栽培面积较大[79]，因而相关研究较多，但不同甘蓝型油菜杂交类型油菜对修复作用影响相关的研究较少。

为明晰不同杂交类型油菜在修复重金属污染土壤中的差异，本研究以自交系‘159-6’、单交油菜‘沣油520’和三交油菜‘159-6×沣油520’为材料，通过盆栽试验比较在不同材料在不同重金属污染土配比环境下的苗期长势、生理特性差异以及光合作用相关基因（*Bna*0280620[80]、*Bna*049040[81]和*BnaC08g46180D*[39]）和抗金属性相关基因（*BnaA08g04000D*[39]、*BnaA09g24330D*[82]、*BnNRAMP*[83]和*BnPri-miR167a*[83]）的表达量差异，以期找出适宜的重金属污染土壤油菜类型，为后续的修复研究及新品种选育提供参考。

（一）材料和方法

1. 试验材料

‘沣油520’（‘20A×C3R’，国审油2009009）、自交系‘159-6’和三交油菜‘159-6×沣油520’均由湖南农业大学农学院提供。

2. 试验设计

设计盆栽试验，用营养土和污染土混合，以Ⅰ（100%营养土）生长环境为对照组Ⅰ（CK），设置不同污染土配比的Ⅱ（25%污染土，75%营养土）、Ⅲ（50%污染土，50%营养土）、Ⅳ（75%污染土，25%营养土）3个污染土环境，肥水、光照等其余条件均保持一致。每个生长环境下，每个材料种4盆，每盆留苗10株。

营养土：由基质土、优质锯末，进口椰糠、蛭石、珍珠岩混合发酵而成，含氮15%，含磷15%，含钾15%。

重金属污染土：由中节能大地环保公司提供，采集自温州填埋场。主要成分：干物质78.4%，pH值=7.67，有机质133 g/kg，水溶性总盐量3.63 g/kg，镉含量为1.5 mg/kg，铬含量为913 mg/kg、镍含量为165 mg/kg、铅含量449 mg/kg、砷和汞含量分别12.6 mg/kg和0.443 mg/kg，以农用地土壤污染国家控制标准（GB 15618—2008）为依据，镉超标150.0%，铬超标265.2%，铅超标164.1%。

3. 试验方法

（1）样品制备

油菜生长14 d后取新鲜叶片，于-80℃冰箱保存，用于测定生理生化指标；取新鲜叶片提取RNA，反转成cDNA于-80℃冰箱保存备用。

（2）干质量测定

将油菜植株测鲜质量后置于烘箱，105℃杀青30 min，80℃烘48 h至恒质量，并称重。

（3）生理生化指标测定

分别采用蒽酮法测定可溶性糖含量，考马斯亮蓝G-250染色法测定可溶性蛋白含量，95%乙醇浸提法测定叶绿素含量，氮蓝四唑法测定SOD活性，愈创木酚法测定POD活性、过氧化氢法测定CAT和MDA含量[84]。

（4）RNA提取和反转录

用TransZol Up Plus RNA Kit试剂盒提取RNA（北京全式金生物技术，北京），用2100生物分析仪检测RNA质量（Agilent，USA）。用Hieff® Ⅲ 1st Strand cDNA Synthesis SuperMix for qPCR（gDNA digester Plus）试剂盒（翌圣生物，上海）反转合成cDNA。

（5）基因表达情况分析

用NCBI设计引物，由湖南擎科生物技术有限公司合成（表7-2），利用全式金荧光定量试剂盒（全式金生物，北京）进行定量PCR扩增反应。利用Hieff® qPCR SYBR® Green Maste Mix（High Rox Plus）试剂盒（翌圣生物，上海）进行荧光定量PCR，具体操作参照说明书。

表7-2　RT-qPCR基因引物序列

基因名称	引物序列
BnActin	F：GGTTGGGATGGACCAGAAGG R：TCAGGAGCAATACGGAGC
*Bna*0280620	F：CAGCCGATTATGTTAGACCC R：GTCTCCAGCCTCCACATCGT
*Bna*0449040	F：TGGCTATGTTAGGCTCTTT R：AGCAGCACCAACTATGAGA

（续表）

基因名称	引物序列
BnaC08g46180D	F：GGGGACCAAGTAAATACCA R：AGCAGGAACCCAAACTACC
BnaA08g04000D	F：TTGAGTCTTCGGTCGCACTT R：TGCCGCTAACAAACCAATTCC
BnaA09g24330D	F：AGCGACCCAAGGATTCCAAA R：AGTTTGCATGTTACATCACCGT
*BnPri-miR*167*a*	F：GGTGAAGTGAACGGTGTA R：GTGAAATTTGAGATGGGA
*BnNRAMP*1	F：TTTGCTATGGGTTGTTGC R：CTTCTCCTGGGTCTGGTT

4. 试验仪器

U8000 紫外分光光度计（元析，上海），冷冻离心机（元析，上海），2100 生物分析仪（Agilent，USA），GelDoc2000 凝胶成像仪（Bio-Rad，USA），CFX96 荧光定量 PCR 仪（Bio-Rad，USA），PTC200 PCR 仪（Bio-Rad，USA）。

5. 数据处理

RT-qPCR 采用 $2^{-\Delta\Delta ct}$ 方法计算基因相对表达量，用 SPSS 22.0 处理数据，Excel 2019 作图。

（二）结果与分析

1. 不同油菜干鲜质量的差异分析

不同污染土配比对油菜干鲜质量的影响如图 7-8 所示，不同污染土配比下，‘159-6×沣油 520’和‘159-6’鲜质量均高于对照组Ⅰ，且随着污染土比例的增加，先升高

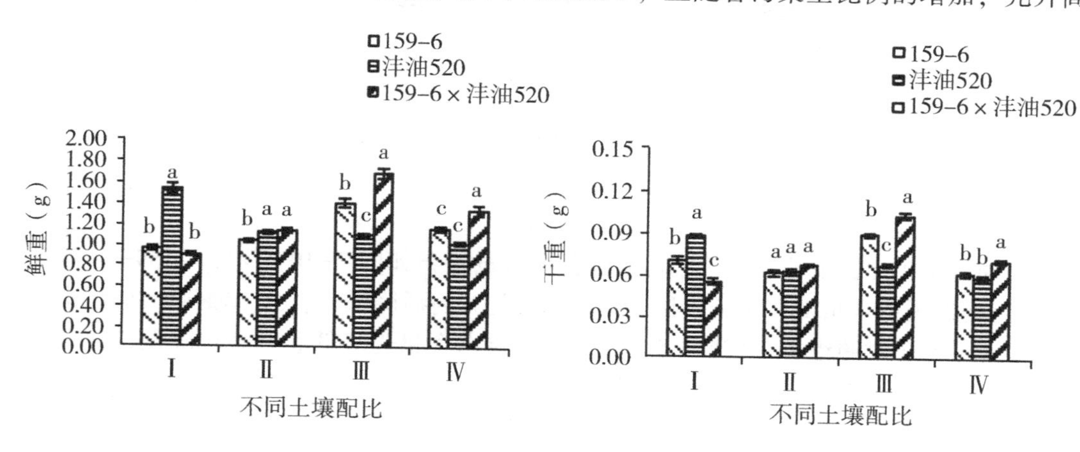

图 7-8 不同污染土配比处理对油菜干、鲜质量的影响

注：Ⅰ（CK，100%营养土），Ⅱ（25%污染土，75%营养土），Ⅲ（50%污染土，50%营养土），Ⅳ（75%污染土，25%营养土）。不同小写字母表示同一处理下不同材料间差异显著（$P<0.05$）。下同。

后降低；‘沣油 520’鲜质量均低于对照组Ⅰ，呈持续下降的趋势；‘159-6×沣油 520’干质量均高于对照组Ⅰ，呈先升高后下降的趋势；‘沣油 520’干质量均低于对照组Ⅰ，趋势为先下降后升高再下降；‘159-6’干质量先下降后升高再下降，在 50%污染土配比下高于对照组Ⅰ。在含 25%污染土配比环境中，‘159-6×沣油 520’的鲜质量显著高于 159-6。在 50%和 75%污染土配比环境中‘159-6×沣油 520’的干质量和鲜质量均显著高于‘沣油 520’和‘159-6’。

2. 生理指标分析

（1）不同油菜可溶性糖含量的差异分析

不同污染土配比对油菜可溶性糖含量的影响如图 7-9 所示，发现不同污染土配比下，油菜可溶性糖含量变化均较小，3 个材料可溶性糖含量均无显著差异，说明这 3 个材料的可溶性糖含量受到重金属污染土环境影响较小。

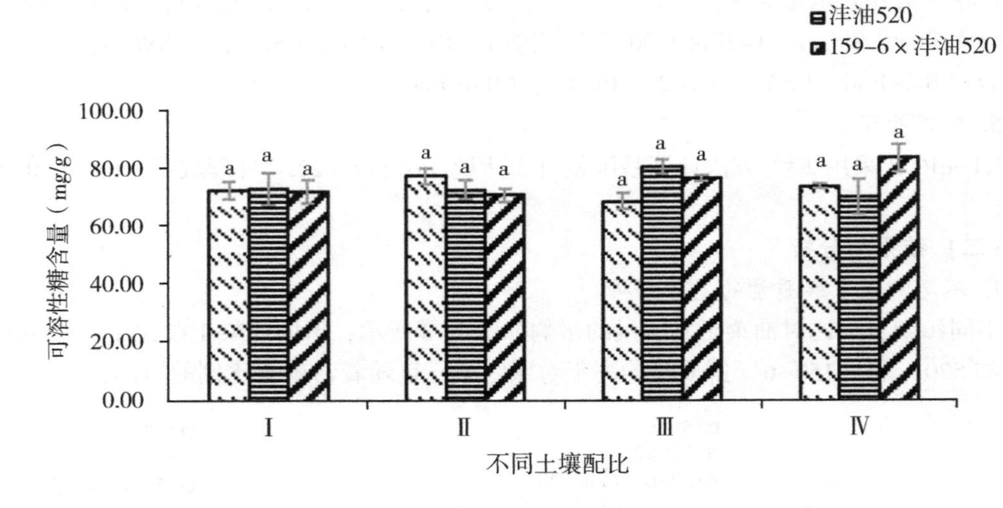

图 7-9　不同污染土配比处理对油菜可溶性糖含量的影响

（2）不同油菜可溶性蛋白含量的差异分析

不同污染土配比下油菜叶片中可溶性蛋白含量差异如图 7-10 所示，‘159-6×沣油 520’可溶性蛋白含量随着污染土比例的增加，先升高后降低，在含 50%和 75%污染土配比环境下低于对照组Ⅰ；‘沣油 520’可溶性蛋白含量先降低和升高再降低，在含有 25%和 75%污染土配比环境下低于对照组Ⅰ，‘159-6’可溶性蛋白含量变化趋势和‘沣油 520’一致，在 25%污染土配比环境下低于对照组Ⅰ。在含 25%和 75%污染土配比环境中，‘159-6×沣油 520’和‘沣油 520’可溶性蛋白含量均显著高于‘159-6’。除在 50%污染土配比环境下，‘沣油 520’可溶性蛋白含量最高，与‘159-6×沣油 520’和‘159-6’有显著性差异。

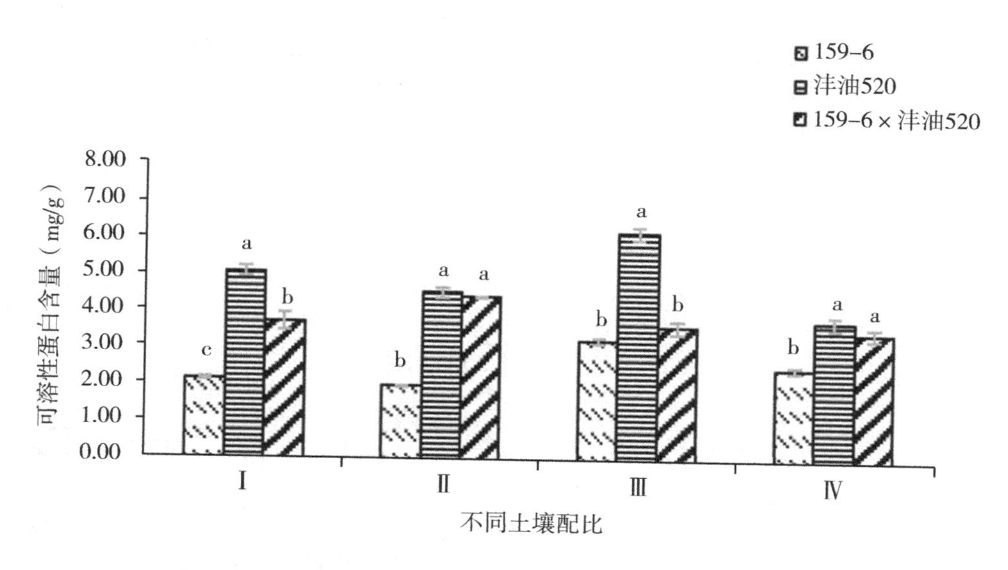

图 7-10　不同污染土配比处理对油菜可溶性蛋白含量的影响

（3）不同油菜叶绿素含量的差异分析

不同污染土配比对油菜叶绿素含量的影响如图 7-11 所示，随着污染土比例的增加，油菜叶绿素含量呈先升高后降低的趋势。100%营养土环境中，‘159-6×沣油 520’叶绿素含量最高，显著高于‘159-6’。在 25%污染土环境下，‘159-6’叶绿素含量显著高于‘159-6×沣油 520’和‘沣油 520’；在 50%和 75%污染土配比环境中，‘159-6×沣油 520’叶绿素含量均显著高于‘沣油 520’和‘159-6’。

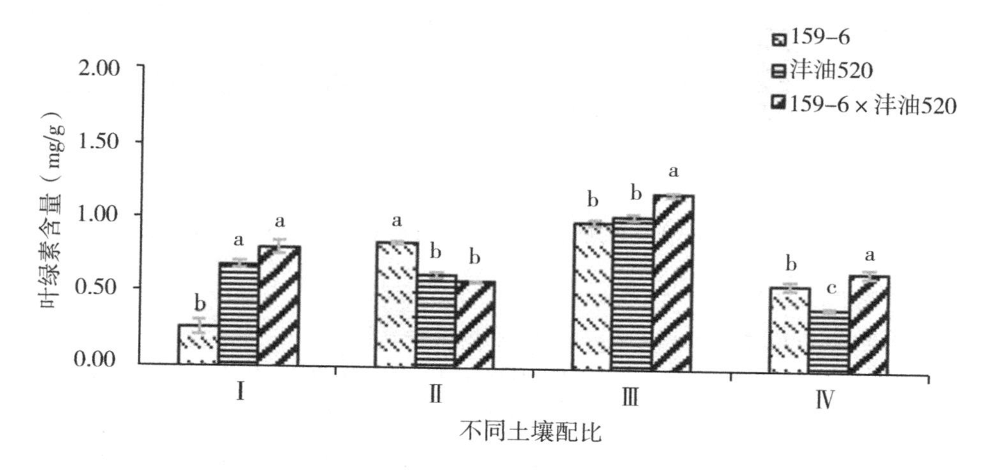

图 7-11　不同污染土配比处理对油菜叶绿素含量的影响

（4）不同油菜抗氧化酶活性和 MDA 含量的差异分析

不同污染土配比下油菜叶片中 SOD、POD、CAT 活性和 MDA 含量差异如图 7-12

所示，SOD 和 CAT 活性均随着污染土比例增加先升高后降低，且在含 75%污染土配比环境下均显著低于对照组Ⅰ；POD 活性和 MDA 含量随着污染土比例增加而逐渐升高。在含 50%和 75%污染土配比环境下，‘159-6×沣油 520’的 SOD 活性均最高；除 75%污染土配比环境下，‘159-6×沣油 520’的 POD 活性均最高，其余污染土环境下‘沣油 520’的 POD 活性最高；不同污染土配比环境下，‘159-6×沣油 520’的 MDA 含量均最低。

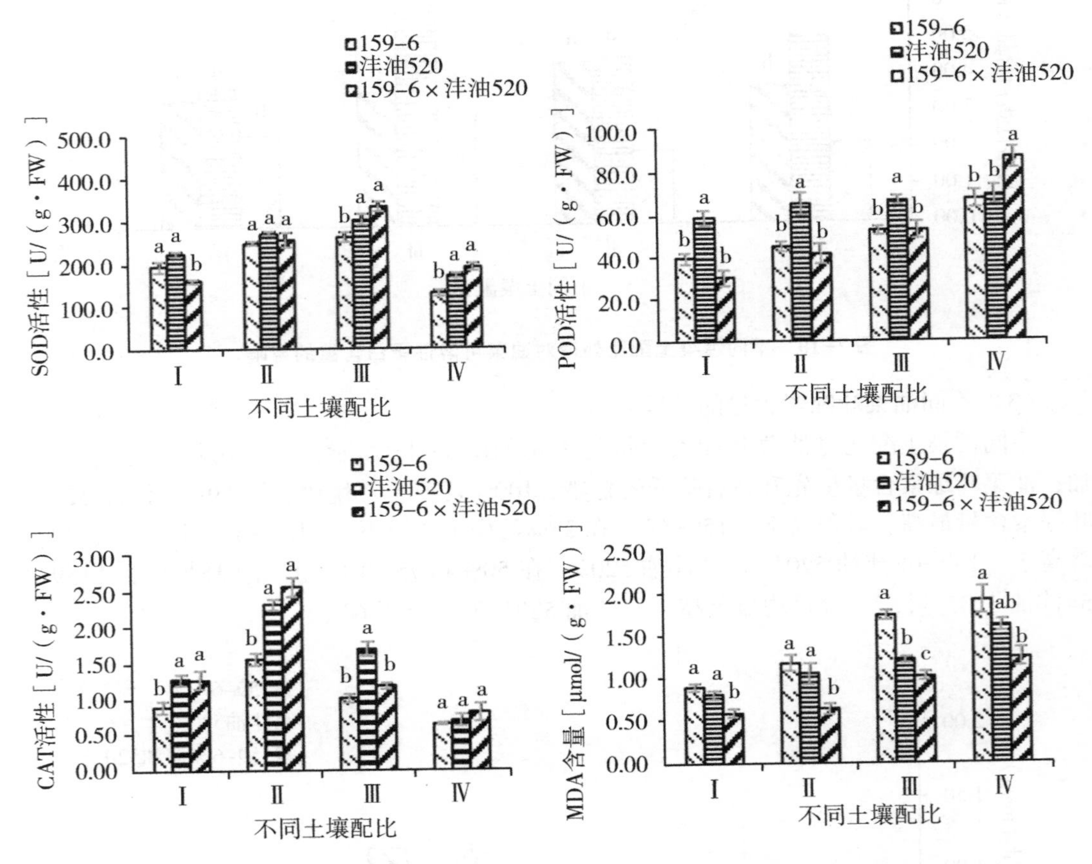

图 7-12　不同污染土配比处理对油菜 SOD、POD、CAT 活性和 MDA 含量的影响

3. 相关基因表达情况分析

（1）不同油菜光合作用相关基因表达量的差异分析

不同污染土配比下的油菜叶片中 *Bna*0280620、*Bna*049040 和 *BnaC*08*g*46180*D*3 个光合作用基因表达情况如图 7-13 所示，*Bna*0280620 和 *Bna*049040 基因在不同污染土配比环境下的油菜叶片中均下调表达。在 25%污染土环境下，*BnaC*08*g*46180*D* 基因仅在‘沣油 520’叶片中上调表达；*Bna*0280620 基因在‘159-6’叶片中的表达量最高，在‘159-6×沣油 520’叶片中的表达量最低；*Bna*049040 基因在‘159-6’叶片中的表达量最高，在‘沣油 520’叶片中的表达量最低。在含 50%污染土环境下，*BnaC*08*g*46180*D* 基因仅在‘159-6×沣油 520’叶片中上调表达；*Bna*0280620 基因在

‘159-6’叶片中的表达量最高，在‘159-6×沣油520’叶片中的表达量最低；*Bna*049040基因在‘沣油520’叶片中的表达量最高，在‘159-6’叶片中的表达量最低。在含75%污染土环境下，*BnaC08g46180D*基因在三个材料中均上调表达，其中在‘沣油520’叶片中的表达量最高，在‘159-6’叶片中的表达量最低，*Bna*0280620和*Bna*049040基因在‘159-6×沣油520’叶片中的表达量最高。

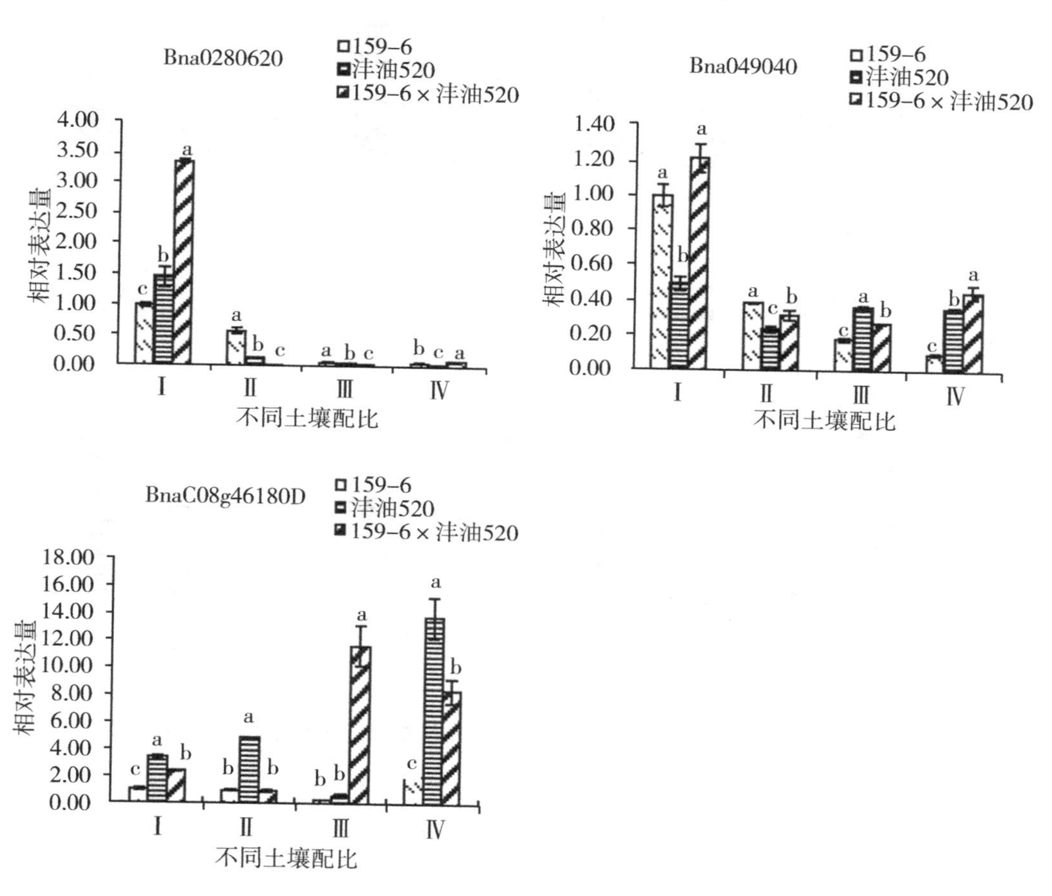

图7-13　不同污染土配比处理下光合作用相关基因在不同类型油菜叶片中表达情况

（2）不同油菜抗重金属相关基因表达量的差异分析

不同污染土配比下的油菜叶片中4个抗重金属相关基因*BnaA08g04000D*、*BnaA09g24330D*、*BnNRAMP*1和*BnPri-miR*167*a*的表达情况如图7-14所示，*BnaA08g04000D*、*BnaA09g24330D*基因表达量随着污染土比例升高在3个材料叶片中先降低后升高；*BnNRAMP*1和*BnPri-miR*167*a*基因表达量均在75%污染土配比下的‘159-6×沣油520’叶片中达最高值。在含25%污染土环境下，*BnNRAMP*1和*BnPri-miR*167*a*基因在‘159-6×沣油520’和‘159-6’叶片中表达量均显著高于‘沣油520’。在含50%和75%污染土配比环境中，4个基因在‘159-6×沣油520’叶片中的表达量均最高，在‘159-6’叶片中的表达量最低。

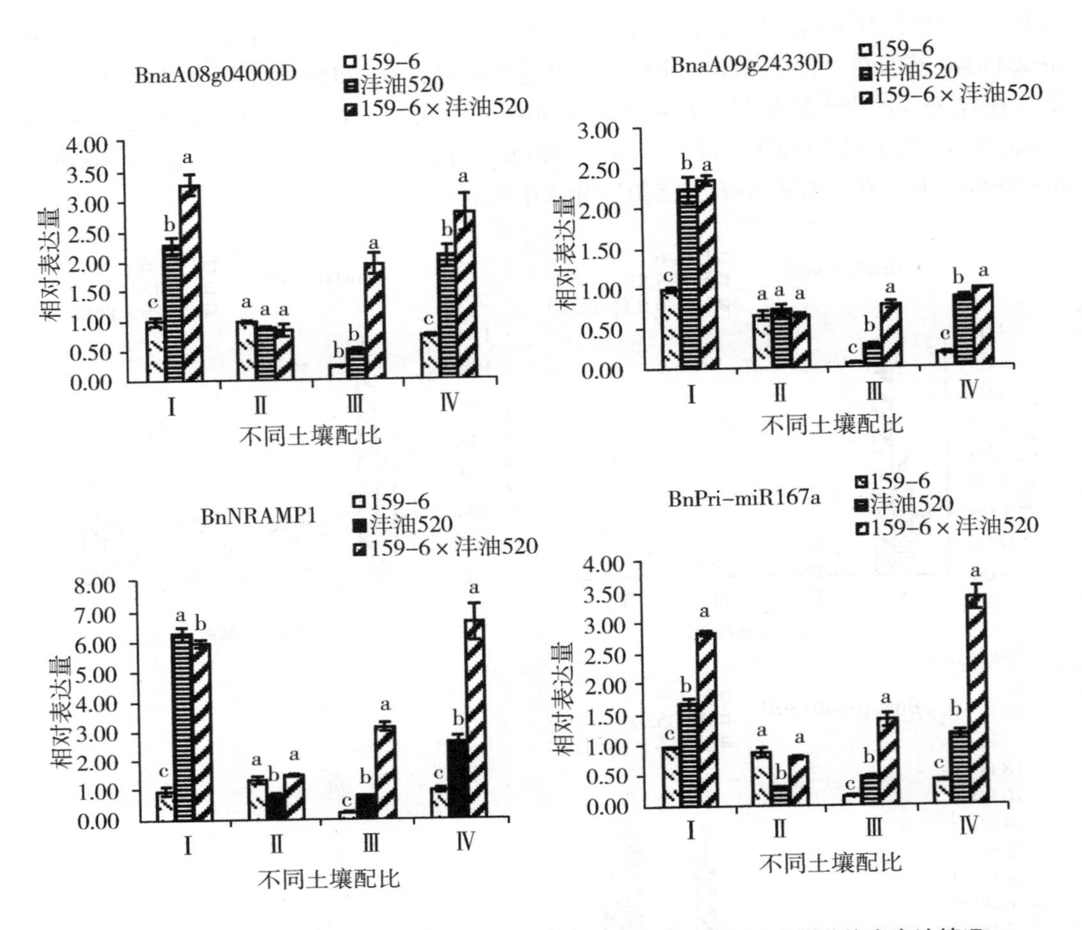

图 7-14 不同污染土配比处理下抗重金属相关基因在不同类型油菜叶片中表达情况

4. 基因表达与生理指标的相关性分析

(1) 污染土环境下油菜光合相关基因表达量与生理指标的相关性分析

对污染土环境下不同油菜叶片的基因表达量与生理指标进行相关性分析，结果如表7-3 所示，基因表达量与可溶性蛋白和叶绿素的关系更密切。*Bna*0280620 基因在‘159-6’中的表达量与鲜质量、可溶性蛋白呈显著负相关，其中与可溶性蛋白的相关性最大；在‘159-6×沣油 520’中的表达量与可溶性蛋白呈显著正相关。*Bna*049040 基因在‘159-6×沣油 520’中的表达量与可溶性糖呈显著正相关。*BnaC08g46180D* 基因表达量与生理指标的关系较 *Bna*0280620 和 *Bna*049040 基因更密切，且在‘159-6’中的相关性普遍低于‘沣油 520’和‘159-6×沣油 520’。*BnaC08g46180D* 基因在‘159-6×沣油 520’中的表达量与鲜质量呈显著正相关、与干质量、叶绿素呈显著正相关，与可溶性蛋白呈显著负相关，其中与可溶性蛋白的相关性最大；在‘沣油 520’中的表达量与各个生理指标均呈负相关关系，其中与叶绿素的相关性最大；在‘159-6’中的表达量与干质量呈显著负相关，与叶绿素呈显著负相关，其中与叶绿素的相关性最大。

表 7-3　光合作用相关基因表达量与生理指标之间的相关性分析

基因	不同类型油菜	鲜质量	干质量	叶绿素含量	可溶性糖含量	可溶性蛋白含量
*Bna*0280620	沣油 520	0.603	-0.061	-0.023	-0.032	-0.147
	159-6	-0.736*	-0.462	0.147	0.528	-0.789*
	159-6×沣油 520	-0.091	-0.292	-0.289	-0.333	0.812**
*Bna*049040	沣油 520	-0.587	0.165	0.212	0.199	0.280
	159-6	-0.542	-0.224	0.418	0.435	-0.607
	159-6×沣油 520	-0.389	-0.481	-0.496	0.716*	-0.094
BnaC08g46180D	沣油 520	-0.738*	-0.486	-0.891**	-0.759*	-0.834**
	159-6	-0.492	-0.706*	-0.974**	0.364	-0.469
	159-6×沣油 520	0.846**	0.753*	0.788*	0.491	-0.990**

注：* $P<0.05$，** $P<0.01$。下同。

（2）污染土环境下油菜重金属胁迫相关基因表达量与酶活性的相关性分析

对污染土环境下不同油菜叶片的基因表达量与酶活性进行相关性分析，结果如表 7-4 所示。基因表达量与 CAT 和 MDA 的关系最密切，*BnPri-miR167a* 基因在 3 个油菜中的表达量均与 CAT 和 MDA 有较高的相关性，其余基因在‘159-6×沣油 520’和‘159-6’中的表达量也与 CAT 和 MDA 有较高的相关性。另外，各个基因的表达量与‘沣油 520’中的 SOD 关系最密切，其中 *BnNRAMP1* 基因的相关性最大；与‘159-6×沣油 520’中的 POD 关系最密切，其中 *BnPri-miR167a* 基因的相关性最高。

表 7-4　重金属胁迫相关基因表达量与酶活性之间的相关性分析

基因	不同材料	SOD 活性	POD 活性	CAT 活性	MDA 含量
BnaA08g04000D	沣油 520	-0.944**	0.100	-0.773*	-0.747*
	159-6	-0.289	-0.132	0.415	-0.502
	159-6×沣油 520	-0.333	0.745*	-0.861**	0.746*
BnNRAMP1	沣油 520	-0.951**	0.207	-0.860**	0.886**
	159-6	-0.258	-0.203	0.392	-0.482
	159-6×沣油 520	-0.609	0.891**	-0.827**	0.805**
BnPri-miR167a	沣油 520	-0.903**	0.197	-0.931**	0.909**
	159-6	0.077	-0.464	0.715*	-0.779*
	159-6×沣油 520	-0.643	0.912**	-0.777*	0.783*

（续表）

基因	不同材料	SOD 活性	POD 活性	CAT 活性	MDA 含量
	沣油 520	−0.800**	−0.083	−0.356	0.370
BnaA09g24330D	159-6	0.236	−0.587	0.779*	−0.818**
	159-6×沣油 520	−0.589	0.905**	−0.844*	0.800**

（三）结论与讨论

土壤中重金属元素在进入植物体后，极易在体内富集，会影响植物的各项生理指标，延缓植物生长，甚至会使植物死亡[85]。甘蓝型油菜较其余植物相比具有更高的生物量，更能耐受土壤中的重金属胁迫[86]，但不同类型的油菜对重金属胁迫的适应能力不同[87-88]。本研究发现，3 种甘蓝型油菜在不同配比重金属污染土环境下均能正常生长发育，表明油菜对重金属具有较强的耐性；其中，三交油菜‘159-6×沣油 520’的干鲜质量最高，且均显著高于对照组Ⅰ，说明其生长力更强，对重金属具有更高的耐性，适合种植在重金属污染的土壤中。

叶绿素含量的高低可反映出光合能照力的强弱，叶绿素含量的增加，可以明显提高植物的光合能力[89]。而过量的重金属离子会影响叶绿素的合成和光合相关基因的表达水平，抑制植物的光合作用，破坏生理过程，阻碍植物的生长和发育[90-92]。本研究发现 *Bna*0280620 和 *Bna*049040 基因在不同污染土配比环境下的油菜叶片中的表达量均受到抑制，而在高浓度的重金属污染土环境下，诱导了 *BnaC08g46180D* 基因的表达。此外。通过相关分析发现光合相关基因表达量与可溶性蛋白和叶绿素有较高相关性，在含 50%和 75%污染土环境下，‘159-6×沣油 520’的叶绿素含量最高，在含 50%污染土环境下，*BnaC08g46180D* 基因在‘159-6×沣油 520’叶片中的表达量最高，在含 75%污染土环境下，*Bna*0280620 和 *Bna*049040 基因在‘159-6×沣油 520’叶片中的表达量最高。结果表明，在含 50%和 75%污染土环境下，‘159-6×沣油 520’的光合能力更强，有助于积累更多的干物质，从而提高对重金属的耐受性。

植物在重金属胁迫下会产生大量的 ROS，为了免受 ROS 的侵害，油菜会采取防御机制，产生大量的 SOD、POD 和 CAT，来帮助清除活性氧物质，减少重金属对机体的损伤，提高对重金属的适应能力[93]。张敏等[94]发现，在 Cd 胁迫下 CAT 和 SOD 活性均随胁迫浓度增加呈先增后降趋势，本研究结果与其一致，且在 50%和 75%污染土配比环境下，‘159-6×沣油 520’的 SOD 活性最高。MDA 含量是评估抗氧化剂对重金属胁迫的破坏程度的重要指标，重金属胁迫下，当油菜膜脂过氧化产生的 MDA 含量逐渐增多，说明膜脂过氧化作用逐渐增强，膜受害程度逐渐加重，给油菜组织细胞带来极大的损伤[95]。本研究中 MDA 含量随着重金属污染土比例的增加而升高，说明重金属使油菜机体受到了损伤，但是‘159-6×沣油 520’的 MDA 含量最低，说明受到的损伤更小。此外，通过相关性分析发现。抗重金属相关基因表达量与抗氧化酶活性和 MDA 具有较高的相关性，且在 50%和 75%污染土配比环境下，4 个抗重金属基因在‘159-6×沣油 520’叶片中的表达量最高，说明‘159-6×沣油 520’对重金属的适应能力更强。

以上结果表明，3 种不同杂交类型的油菜在重金属污染土环境下均能正常生长，且具有一定的适应能力，其中，‘159-6×沣油 520’在重金属土壤中的抗逆能力最强，可能更适合作为土壤修复植物。

在不同污染土配比环境下，‘159-6×沣油 520’鲜质量和干质量均高于对照组Ⅰ，‘159-6’鲜质量均高于对照组Ⅰ，‘沣油 520’鲜质量和干质量均低于对照组Ⅰ；且‘159-6×沣油 520’鲜质量和干质量均显著高于‘159-6’和‘沣油 520’。除含 25%污染土环境下‘159-6’叶绿素含量最高外，其余‘159-6×沣油 520’的叶绿素含量均最高。除含 50%污染土环境下‘沣油 520’可溶性蛋白含量最高外，其余‘159-6×沣油 520’的可溶性蛋白含量均最高。在 50%和 75%污染土环境下，‘159-6×沣油 520’的 SOD 活性均最高，MDA 含量均低于‘159-6’和‘沣油 520’；4 个抗重金属相关基因（*BnaA08g04000D*、*BnaA09g24330D*、*BnNRAMP*1 和 *BnPri-miR*167*a*）在‘159-6×沣油 520’叶片中的表达量均高于‘159-6’和‘沣油 520’；在 75%污染土环境下 *Bna*0280620 和 *Bna*049040 基因在‘159-6×沣油 520’叶片中的表达量也高于‘159-6’和‘沣油 520’。

第三节　油菜耐重金属生理机制研究

本试验对 127 份甘蓝型油菜品种/育种材料进行重金属处理，通过对比其种子的发芽势、发芽率以及抗氧化酶活性，筛选出抗性优良的育种材料，为新品种选育提供参考。

一、材料与方法

（一）供试材料

油菜品种及育种材料 127 个材料（表 7-5），由湖南农业大学农学院提供。

表 7-5　不同材料的品质

材料	含油量（%）	硫苷（μmol/g）	芥酸（%）	油酸（%）	分类	来源
M1	40. 44	47. 22	0. 00	69. 95	常规种	湖南
M2	41. 36	29. 52	0. 00	66. 42	常规种	湖南
M3	32. 17	45. 58	0. 00	60. 67	常规种	湖南
M4	41. 43	34. 78	0. 00	65. 33	常规种	湖南
M5	40. 32	32. 53	0. 00	69. 13	常规种	湖南
M6	40. 70	54. 39	0. 00	69. 43	常规种	湖南
M7	40. 37	40. 81	0. 00	69. 67	常规种	湖南
M8	41. 70	33. 59	0. 00	70. 29	常规种	湖南
M9	34. 79	38. 13	0. 00	63. 02	常规种	湖南
M10	39. 64	36. 67	0. 03	62. 74	常规种	湖南

（续表）

材料	含油量（%）	硫苷（μmol/g）	芥酸（%）	油酸（%）	分类	来源
WB1	40.03	50.82	0.00	65.66	常规种	湖南
WB2	44.04	35.61	0.00	71.43	常规种	湖南
WB3	41.99	29.70	0.00	76.23	常规种	湖南
WB4	39.61	71.02	0.00	54.41	常规种	湖南
WB5	44.54	44.78	0.00	65.80	常规种	湖南
WB6	43.59	36.64	0.00	72.35	常规种	湖南
WB7	39.73	40.90	0.00	74.15	常规种	湖南
WH1	40.98	33.26	0.00	63.56	常规种	湖南
WH2	43.80	51.02	0.00	73.17	常规种	湖南
WH3	43.45	31.40	0.00	70.13	常规种	湖南
WH4	44.84	40.18	0.00	65.17	常规种	湖南
WH7	50.18	26.70	0.00	75.16	常规种	湖南
WH8	42.83	51.84	0.00	71.32	常规种	湖南
WH9	44.08	44.83	0.00	64.62	常规种	湖南
WH12	37.10	71.31	0.00	68.90	常规种	湖南
WH13	46.54	45.48	0.00	68.50	常规种	湖南
WH14	46.12	33.96	0.00	74.45	常规种	湖南
WH16	47.50	32.73	0.00	68.53	常规种	湖南
WH17	43.40	47.74	0.00	68.88	常规种	湖南
WH20	48.57	43.35	0.00	72.43	常规种	湖南
WH22	45.89	26.09	0.00	70.72	常规种	湖南
WH23	47.34	33.48	0.00	72.08	常规种	湖南
WH25	49.04	36.19	0.00	72.95	常规种	湖南
WH26	43.65	44.64	0.00	65.11	常规种	湖南
WH28	45.77	57.40	0.00	71.07	常规种	湖南
WH29	45.75	62.73	0.00	71.34	常规种	湖南
WX1	38.58	71.62	0.00	67.39	常规种	湖南
WX2	41.75	46.72	0.00	71.25	常规种	湖南
WX3	47.73	45.74	0.00	74.11	常规种	湖南
WX4	47.77	48.96	0.00	71.06	常规种	湖南
WX6	43.29	54.96	0.00	64.59	常规种	湖南
WX10	45.60	54.88	0.00	67.58	常规种	湖南
WX12	45.29	40.09	0.00	71.62	常规种	湖南
WX13	45.84	36.83	0.00	71.30	常规种	湖南
WX16	38.83	45.18	0.00	64.36	常规种	湖南
WX18	43.43	38.26	0.00	70.00	常规种	湖南
WX21	47.27	34.23	0.00	70.66	常规种	湖南

（续表）

材料	含油量（%）	硫苷（μmol/g）	芥酸（%）	油酸（%）	分类	来源
WX23	40. 29	44. 45	0. 00	67. 09	常规种	湖南
WX24	42. 04	36. 55	0. 00	67. 14	常规种	湖南
WX25	44. 32	38. 23	0. 00	66. 46	常规种	湖南
WX26	39. 81	42. 57	0. 00	66. 13	常规种	湖南
WX27	40. 37	46. 18	0. 00	63. 45	常规种	湖南
WX28	41. 50	53. 23	0. 00	66. 02	常规种	湖南
WX29	41. 37	37. 81	0. 00	68. 01	常规种	湖南
F301	36. 91	48. 68	0. 00	64. 00	常规种	湖南
F302	41. 63	58. 07	0. 00	69. 70	常规种	湖南
F304	44. 40	31. 89	0. 00	61. 85	常规种	湖南
F305	45. 51	31. 71	0. 00	72. 41	常规种	湖南
F306	44. 04	48. 19	0. 00	58. 65	常规种	湖南
F307	39. 34	45. 31	0. 00	62. 95	常规种	湖南
F308	47. 74	30. 64	0. 00	54. 92	常规种	湖南
F309	43. 71	36. 72	0. 00	74. 90	常规种	湖南
F310	45. 49	38. 47	0. 00	86. 67	常规种	湖南
F311	48. 98	48. 12	0. 00	85. 59	常规种	湖南
F312	43. 91	35. 52	0. 00	82. 19	常规种	湖南
F313	42. 45	51. 86	0. 00	79. 28	常规种	湖南
F314	46. 01	41. 58	0. 00	86. 23	常规种	湖南
F315	48. 03	34. 76	0. 00	89. 92	常规种	湖南
F317	48. 70	54. 59	0. 00	81. 41	常规种	湖南
F318	52. 54	34. 63	0. 00	96. 54	常规种	湖南
F319	41. 42	36. 14	0. 00	83. 01	常规种	湖南
F320	41. 66	47. 72	0. 00	76. 72	常规种	湖南
F321	42. 94	57. 99	0. 00	67. 19	常规种	湖南
F322	49. 41	31. 20	0. 00	76. 59	常规种	湖南
F323	42. 17	52. 54	0. 00	72. 18	常规种	湖南
F324	44. 31	69. 59	0. 00	82. 11	常规种	湖南
F325	46. 47	41. 88	0. 00	86. 10	常规种	湖南
F326	41. 72	44. 04	0. 00	73. 26	常规种	湖南
F327	44. 13	52. 17	0. 00	75. 80	常规种	湖南
F329	42. 53	34. 12	0. 00	75. 88	常规种	湖南
F330	43. 45	49. 91	0. 00	82. 03	常规种	湖南
F331	43. 41	68. 27	0. 00	72. 15	常规种	湖南
F332	40. 91	60. 69	0. 00	70. 51	常规种	湖南
F333	40. 10	40. 75	0. 00	67. 44	常规种	湖南

（续表）

材料	含油量（%）	硫苷（μmol/g）	芥酸（%）	油酸（%）	分类	来源
F334	45.70	31.83	0.00	53.33	常规种	湖南
F335	46.68	42.44	0.00	75.41	常规种	湖南
F336	34.12	55.67	0.00	47.01	常规种	湖南
F337	43.40	42.64	0.00	49.39	常规种	湖南
F338	40.62	33.29	0.00	68.11	常规种	湖南
F339	37.77	87.41	0.00	66.22	常规种	湖南
F340	44.45	35.34	0.00	75.54	常规种	湖南
F341	42.45	36.34	0.00	74.53	常规种	湖南
F342	36.68	45.39	0.00	62.74	常规种	湖南
F344	42.43	32.55	0.00	78.23	常规种	湖南
F345	41.89	58.17	0.00	67.71	常规种	湖南
F346	41.05	61.03	0.00	68.58	常规种	湖南
F347	48.58	31.35	0.00	74.47	常规种	湖南
F348	45.61	46.94	0.00	77.00	常规种	湖南
F349	40.17	45.90	0.00	72.42	常规种	湖南
华齐油 16	43.08	21.95	0.10	NA	杂交种	安徽
徽豪油 12	45.22	25.46	0.10	NA	杂交种	安徽
溪口花籽	NA	NA	NA	NA	杂交种	
德齐油 4 号	40.77	77.43	1.03	68.84	杂交种	安徽
中核杂 488	43.47	20.87	0.20	NA	杂交种	安徽
盛油 664	39.24	80.05	11.24	NA	杂交种	贵州
中核杂 418	47.03	24.65	0.50	NA	杂交种	安徽
沣油 789	46.90	26.10	0.00	NA	杂交种	湖南
沣油 306	43.98	29.71	0.00	NA	杂交种	湖南
沣油 868	45.60	23.20	0.00	NA	杂交种	湖南
沣油 730	49.62	4.46	0.00	93.80	杂交种	湖南
沣油 520	41.91	24.63	0.15	NA	杂交种	湖南
沣油 792	41.48	33.09	0.10	NA	杂交种	湖南
沣油 737	42.29	29.01	0.00	78.84	杂交种	湖南
沣油 823	42.01	40.00	0.10	NA	杂交种	湖南
沣油 958	41.22	27.63	0.00	NA	杂交种	湖南
湘杂油 631	45.26	82.76	0.16	NA	杂交种	湖南
湘杂油 787	47.64	20.19	0.00	NA	杂交种	湖南
湘杂油 518	47.93	30.07	0.00	84.62	杂交种	湖南
宁油 26	42.29	25.72	0.00	NA	杂交种	江苏
宁杂 1838	44.28	24.13	0.60	NA	杂交种	江苏
宁杂 559	45.56	23.34	0.00	NA	杂交种	江苏

（续表）

材料	含油量（%）	硫苷（μmol/g）	芥酸（%）	油酸（%）	分类	来源
华杂油 9 号	41.09	23.05	0.47	NA	杂交种	湖北
大地 199	48.67	21.80	0.00	NA	杂交种	湖北
华杂油 62	36.85	18.09	0.00	78.56	杂交种	湖北
中双 5 号	40.00	21.23	0.36	NA	常规种	湖北
中双 11 号	49.04	18.84	0.00	NA	常规种	湖北
中油杂 17	34.41	88.54	0.00	51.12	杂交种	湖北

表 7-6　重金属混合溶液浓度

重金属	安全标准	10 倍	50 倍	100 倍
Cd	5	50	250	500
Pb	20	200	1 000	2 000
As	10	100	500	1 000

注：表中安全标准为水中重金属浓度的标准值[96]。

（二）试验用试剂与仪器

试剂：Cd、Pb 和 As 单质，购自北京有色金属研究总院，利用盐酸与硝酸溶解重金属单质，加入水配制成重金属混合溶液，NaOH 调节混合溶液 pH 值（5±0.5）。

二水磷酸二氢钠（Sodium dihydrogenphosphate dihydrate）、十二水磷酸氢二钠（Disodium phosphate dodecahydrate）、甲硫氨酸（DL-Methionine，Met）、氯化硝基四氮唑蓝（Nitrotetrazolium Blue chloride，NBT）、EDTA 二钠（Ethylenediaminetetraacetic acid disodium salt）、核黄素（Riboflavin，MFD）和愈创木酚（Guaiacol）、双氧水（Hydrogen peroxide）、硫代巴比妥酸（thiobarbituric acid，TBA）、氢氧化钠（Sodium hydroxide）、三氯乙酸（Trichloroacetic acid，TCA）等试剂均为分析纯，购自博仪生物科技有限公司。

仪器：Nano Drop 2000 分光光度计（Thermo 公司），恒温水浴锅（AmerSham 公司），RTOP-430D 光照培养箱（浙江托普云农），电感耦合等离子体器（ICP-MS）。

（三）试验方法

1. 重金属胁迫对不同材料的影响（表 7-7）

表 7-7　不同重金属处理下的油菜种子发芽

材料	重金属浓度											
	10×				50×				100×			
	发芽势（%）	发芽率（%）	出苗率（%）	生物量（g）	发芽势（%）	发芽率（%）	出苗率（%）	生物量（g）	发芽势（%）	发芽率（%）	出苗率（%）	生物量（g）
M1	0.00	0.00	0.00	0.36	NA	NA	NA	NA	NA	NA	NA	NA
M2	0.00	0.00	0.00	0.31	NA	NA	NA	NA	NA	NA	NA	NA

（续表）

材料	重金属浓度											
	10×				50×				100×			
	发芽势（%）	发芽率（%）	出苗率（%）	生物量（g）	发芽势（%）	发芽率（%）	出苗率（%）	生物量（g）	发芽势（%）	发芽率（%）	出苗率（%）	生物量（g）
M3	0.14	0.69	0.24	1.81	NA	NA	NA	NA	NA	NA	NA	NA
M4	0.06	0.50	0.06	0.87	NA	NA	NA	NA	NA	NA	NA	NA
M5	0.02	0.20	0.02	0.66	NA	NA	NA	NA	NA	NA	NA	NA
M6	0.08	0.52	0.14	1.39	NA	NA	NA	NA	NA	NA	NA	NA
M7	0.00	0.00	0.00	0.34	NA	NA	NA	NA	NA	NA	NA	NA
M8	0.00	0.62	0.14	1.39	NA	NA	NA	NA	NA	NA	NA	NA
M9	0.00	0.08	0.00	0.47	NA	NA	NA	NA	NA	NA	NA	NA
M10	0.00	0.36	0.06	1.30	NA	NA	NA	NA	NA	NA	NA	NA
WB1	0.66	0.92	0.24	2.60	0.46	0.68	0.14	1.53	NA	NA	NA	NA
WB2	0.96	1.00	0.76	2.03	0.94	1.00	0.66	1.95	0.86	0.96	0.10	1.54
WB3	0.40	0.96	0.28	2.18	0.46	0.70	0.12	1.88	NA	NA	NA	NA
WB4	0.86	1.00	0.58	2.58	0.86	0.88	0.56	3.02	0.58	0.90	0.14	2.30
WB5	0.42	0.78	0.16	2.14	NA	NA	NA	NA	NA	NA	NA	NA
WB6	0.48	0.96	0.28	1.79	0.74	0.84	0.50	1.91	0.56	0.84	0.10	1.78
WB7	0.98	1.00	0.12	2.24	1.00	1.00	0.28	2.28	0.68	0.92	0.02	1.60
WH1	0.58	0.94	0.26	2.04	0.72	0.98	0.02	2.46	0.34	0.56	0.00	0.18
WH2	0.46	0.92	0.24	1.77	0.62	0.82	0.06	1.36	0.37	0.27	0.00	0.24
WH3	0.54	1.00	0.22	1.94	0.42	0.82	0.26	1.43	0.18	0.40	0.00	0.73
WH4	0.54	0.88	0.08	1.78	0.30	0.70	0.00	1.33	NA	NA	NA	NA
WH7	0.24	0.90	0.00	2.13	0.28	0.68	0.04	1.75	NA	NA	NA	NA
WH8	0.34	0.66	0.22	1.47	NA	NA	NA	NA	NA	NA	NA	NA
WH9	0.32	0.94	0.00	1.78	0.34	0.62	0.02	1.40	NA	NA	NA	NA
WH12	0.42	0.88	0.36	2.42	0.24	0.58	0.00	1.39	NA	NA	NA	NA
WH13	0.84	1.00	0.52	2.45	0.83	0.96	0.04	1.93	0.32	0.86	0.00	1.78
WH14	0.96	1.00	0.38	1.96	0.78	1.00	0.00	2.02	0.82	0.98	0.00	1.53
WH16	0.32	0.38	0.10	1.07	NA	NA	NA	NA	NA	NA	NA	NA
WH17	0.08	0.26	0.06	1.19	NA	NA	NA	NA	NA	NA	NA	NA
WH20	0.58	0.96	0.36	2.32	0.58	0.62	0.24	1.92	NA	NA	NA	NA
WH22	0.78	0.94	0.20	2.04	0.76	0.90	0.02	1.95	0.60	0.62	0.00	1.29
WH23	0.86	0.98	0.62	1.70	0.90	1.00	0.14	1.91	0.70	0.60	0.02	1.02
WH25	0.34	0.86	0.16	1.30	0.44	0.82	0.26	1.83	0.00	0.10	0.00	0.21
WH26	0.12	0.86	0.06	1.37	0.18	0.58	0.02	0.60	NA	NA	NA	NA
WH28	0.76	0.98	0.08	2.18	0.54	0.84	0.02	2.20	0.16	0.48	0.00	0.88
WH29	0.68	0.86	0.16	2.02	0.42	0.60	0.08	1.74	NA	NA	NA	NA
WX1	0.04	0.52	0.04	0.99	NA	NA	NA	NA	NA	NA	NA	NA
WX2	0.12	0.50	0.00	1.08	NA	NA	NA	NA	NA	NA	NA	NA
WX3	0.20	0.53	0.12	1.65	NA	NA	NA	NA	NA	NA	NA	NA
WX4	0.16	0.34	0.00	1.01	NA	NA	NA	NA	NA	NA	NA	NA
WX6	0.76	0.94	0.44	1.55	0.64	0.92	0.40	1.41	0.08	0.24	0.00	0.12

（续表）

材料	重金属浓度											
	10×				50×				100×			
	发芽势（%）	发芽率（%）	出苗率（%）	生物量（g）	发芽势（%）	发芽率（%）	出苗率（%）	生物量（g）	发芽势（%）	发芽率（%）	出苗率（%）	生物量（g）
WX10	0.68	0.76	0.20	1.02	NA	NA	NA	NA	NA	NA	NA	NA
WX12	0.54	0.94	0.02	1.96	0.42	0.90	0.10	1.46	0.06	0.24	0.00	0.28
WX13	0.72	0.96	0.12	2.00	0.90	0.98	0.22	2.36	0.30	0.70	0.16	1.10
WX16	0.94	0.98	0.04	2.18	0.98	0.98	0.00	2.64	0.68	0.88	0.00	1.62
WX18	0.33	0.98	0.08	1.84	0.42	0.92	0.14	2.69	0.38	0.30	0.00	0.62
WX21	0.96	1.00	0.28	2.33	1.00	1.00	0.64	2.43	0.82	0.94	0.02	2.69
WX23	0.62	1.00	0.20	1.66	0.29	0.10	0.06	0.82	NA	NA	NA	NA
WX24	0.34	0.74	0.20	1.57	NA	NA	NA	NA	NA	NA	NA	NA
WX25	0.60	0.98	0.10	2.00	0.82	0.88	0.20	1.83	0.43	0.76	0.00	1.39
WX26	0.62	0.92	0.00	2.61	0.68	0.54	0.20	2.14	NA	NA	NA	NA
WX27	0.80	0.86	0.40	1.46	0.84	0.90	0.16	2.18	0.46	0.62	0.04	1.18
WX28	0.30	0.64	0.22	0.83	NA	NA	NA	NA	NA	NA	NA	NA
WX29	0.42	0.92	0.22	1.52	0.36	0.66	0.08	1.57	NA	NA	NA	NA
F301	0.92	1.00	0.88	1.44	0.98	0.98	0.30	2.06	0.48	0.76	0.04	0.79
F302	0.88	1.00	0.42	1.69	0.90	0.96	0.22	1.48	0.82	0.86	0.04	1.52
F304	1.00	1.00	0.32	1.84	0.98	1.00	0.42	1.93	0.88	0.94	0.00	1.64
F305	0.94	1.00	0.46	2.47	0.98	0.98	0.04	2.28	0.50	0.44	0.00	0.88
F306	1.00	1.00	0.12	2.86	1.00	1.00	0.02	3.63	0.90	0.94	0.02	1.25
F307	0.80	1.00	0.38	1.73	0.88	0.94	0.02	1.94	0.56	0.58	0.00	1.16
F308	0.88	0.96	0.24	2.02	0.96	0.96	0.18	2.65	0.82	0.94	0.04	1.87
F309	0.98	1.00	0.26	1.76	0.94	0.96	0.14	2.06	1.00	1.00	0.04	1.76
F310	0.98	0.98	0.36	1.56	0.98	0.98	0.12	1.76	0.84	0.90	0.08	1.25
F311	0.94	0.98	0.18	1.58	0.94	0.96	0.10	1.77	0.80	0.84	0.02	0.88
F312	0.74	0.90	0.52	1.78	0.86	0.98	0.08	1.86	0.54	0.88	0.14	1.31
F313	0.94	1.00	0.34	2.30	0.90	1.00	0.02	2.35	0.86	0.94	0.00	1.90
F314	0.86	0.98	0.28	1.48	0.94	0.98	0.02	2.43	0.60	0.82	0.06	0.84
F315	0.98	1.00	0.54	1.50	1.00	1.00	0.10	2.06	0.66	0.82	0.04	0.77
F317	0.98	1.00	0.44	1.23	0.98	1.00	0.20	1.49	0.30	0.64	0.00	0.92
F318	0.36	0.78	0.30	3.03	NA	NA	NA	NA	NA	NA	NA	NA
F319	0.98	0.98	0.22	1.98	0.96	0.98	0.10	1.71	0.92	0.82	0.06	1.29
F320	0.98	1.00	0.56	2.05	1.00	1.00	0.10	2.12	0.86	0.96	0.02	1.19
F321	0.84	0.98	0.42	1.59	0.90	0.92	0.06	1.74	0.74	0.72	0.00	1.12
F322	0.98	1.00	0.48	1.73	0.98	0.98	0.22	2.29	0.88	0.94	0.00	1.71
F323	0.70	0.94	0.64	1.86	0.96	0.98	0.10	2.66	0.64	0.76	0.02	1.47
F324	0.98	1.00	0.32	1.75	0.98	0.98	0.06	2.15	0.96	0.96	0.04	1.63
F325	0.30	0.88	0.08	0.90	0.40	0.48	0.06	0.77	NA	NA	NA	NA
F326	0.84	0.94	0.22	1.49	0.70	0.86	0.12	1.41	0.62	0.46	0.00	0.97
F327	0.94	0.98	0.44	1.15	1.00	1.00	0.20	1.23	0.60	0.80	0.00	0.94
F329	1.00	1.00	0.20	1.99	0.98	0.98	0.20	2.63	0.74	0.84	0.00	1.48

（续表）

材料	重金属浓度											
	10×				50×				100×			
	发芽势（%）	发芽率（%）	出苗率（%）	生物量（g）	发芽势（%）	发芽率（%）	出苗率（%）	生物量（g）	发芽势（%）	发芽率（%）	出苗率（%）	生物量（g）
F330	0.98	1.00	0.30	1.82	1.00	1.00	0.04	2.09	0.68	0.74	0.00	0.81
F331	0.98	1.00	0.22	2.18	1.00	1.00	0.06	2.53	0.84	0.74	0.02	1.39
F332	1.00	1.00	0.08	2.31	1.00	1.00	0.12	3.27	0.56	0.80	0.06	1.37
F333	0.98	1.00	0.42	1.94	0.98	1.00	0.02	2.30	0.86	0.80	0.00	1.34
F334	0.94	0.98	0.58	2.59	0.98	1.00	0.04	2.38	0.94	1.00	0.04	1.89
F335	0.92	1.00	0.22	1.76	0.98	1.00	0.10	2.00	0.52	0.52	0.00	0.59
F336	0.84	1.00	0.22	2.80	0.92	0.96	0.08	3.20	0.78	0.96	0.08	2.41
F337	0.78	1.00	0.26	1.27	0.82	1.00	0.34	1.67	0.74	0.88	0.02	1.21
F338	0.90	1.00	0.20	2.38	0.96	0.98	0.00	2.43	0.92	0.88	0.00	1.97
F339	0.98	0.98	0.42	2.17	0.98	0.98	0.02	2.21	0.82	0.72	0.06	1.19
F340	0.92	0.94	0.50	2.12	0.90	0.94	0.18	1.97	0.32	0.44	0.00	0.73
F341	0.78	0.98	0.80	2.04	0.88	0.94	0.12	2.05	0.82	0.90	0.04	1.58
F342	1.00	1.00	0.16	1.70	0.98	0.98	0.08	2.15	0.74	0.90	0.00	1.13
F344	1.00	1.00	0.34	2.08	0.98	0.96	0.30	2.08	0.82	0.90	0.02	1.59
F345	0.92	0.98	0.24	1.75	0.98	0.98	0.06	1.68	0.88	0.86	0.06	1.13
F346	0.98	1.00	0.52	2.13	1.00	0.98	0.02	2.32	0.88	0.90	0.02	1.43
F347	1.00	1.00	0.18	2.44	1.00	1.00	0.04	2.65	1.00	1.00	0.00	2.46
F348	0.98	0.98	0.28	1.72	1.00	1.00	0.09	1.93	0.70	0.76	0.04	0.80
F349	1.00	1.00	0.40	1.78	0.96	0.94	0.40	1.89	0.58	0.84	0.02	1.12
华齐油 16	0.70	0.82	0.50	1.16	0.60	0.79	0.31	2.19	NA	NA	NA	NA
徽豪油 12	0.98	1.00	0.86	1.84	0.90	0.98	0.33	2.26	0.40	0.52	0.02	0.60
溪口花籽	0.87	1.00	0.81	1.63	0.90	0.94	0.57	1.89	0.66	0.74	0.08	0.77
德齐油 4 号	0.52	0.92	0.60	1.98	0.50	0.80	0.26	1.83	0.30	0.40	0.06	1.06
中核杂 488	0.66	0.96	0.74	2.10	0.84	0.96	0.20	2.33	0.42	0.72	0.10	0.83
盛油 664	0.58	0.82	0.64	1.85	0.80	0.84	0.48	2.45	0.70	0.72	0.10	0.91
中核杂 418	0.52	0.94	0.24	1.27	0.54	0.72	0.12	1.33	NA	NA	NA	NA
沣油 789	0.92	0.96	0.58	1.87	0.88	0.94	0.16	1.79	0.82	0.72	0.04	1.75
沣油 306	0.98	0.98	0.72	1.64	1.00	1.00	0.16	2.10	0.90	0.92	0.18	1.45
沣油 868	0.90	0.90	0.52	1.60	0.98	0.98	0.08	1.80	0.92	0.90	0.04	1.10
沣油 730	0.98	1.00	0.34	1.90	0.98	1.00	0.23	2.12	0.86	0.90	0.00	1.54
沣油 520	0.96	1.00	0.18	1.97	0.98	1.00	0.02	1.98	0.89	0.93	0.00	1.11
沣油 792	0.96	1.00	0.26	1.59	0.96	1.00	0.00	2.27	0.70	0.90	0.00	1.16
沣油 737	0.98	1.00	0.72	2.01	1.00	1.00	0.12	2.10	1.00	1.00	0.00	1.85
沣油 823	0.98	0.98	0.30	2.04	0.96	1.00	0.12	2.64	0.80	0.90	0.04	1.37
沣油 958	0.98	0.98	0.59	2.53	0.94	1.00	0.10	2.42	0.90	1.00	0.02	1.73
湘杂油 631	0.96	0.94	0.14	2.41	0.90	0.90	0.06	2.48	0.78	0.82	0.00	2.00
湘杂油 787	0.98	1.00	0.02	2.25	1.00	1.00	0.00	2.51	0.96	0.94	0.04	1.34
湘杂油 518	0.96	0.98	0.00	1.76	0.94	0.94	0.02	2.06	0.98	1.00	0.02	2.00
宁油 26	0.82	0.96	0.20	3.19	0.88	0.90	0.18	2.81	0.70	0.96	0.02	1.78

（续表）

材料	重金属浓度											
	10×				50×				100×			
	发芽势（%）	发芽率（%）	出苗率（%）	生物量（g）	发芽势（%）	发芽率（%）	出苗率（%）	生物量（g）	发芽势（%）	发芽率（%）	出苗率（%）	生物量（g）
宁杂 1838	0. 32	0. 78	0. 00	1. 60	NA	NA	NA	NA	NA	NA	NA	NA
宁杂 559	0. 14	0. 68	0. 02	1. 03	NA	NA	NA	NA	NA	NA	NA	NA
华杂油 9 号	0. 98	0. 98	0. 04	1. 78	0. 82	0. 96	0. 12	2. 43	0. 72	0. 86	0. 00	2. 07
大地 199	0. 44	0. 94	0. 02	1. 88	0. 54	0. 88	0. 04	2. 15	0. 10	0. 64	0. 00	0. 68
华杂油 62	0. 98	1. 00	0. 08	2. 65	1. 00	1. 00	0. 04	3. 49	0. 92	0. 86	0. 00	2. 80
中双 5 号	0. 86	0. 94	0. 08	2. 14	0. 88	0. 96	0. 00	2. 40	0. 68	0. 72	0. 00	1. 19
中双 11 号	0. 82	0. 96	0. 02	1. 82	0. 90	1. 00	0. 00	2. 56	0. 78	0. 90	0. 00	1. 47
中油杂 17	0. 92	1. 00	0. 48	2. 53	1. 00	1. 00	0. 30	2. 36	0. 94	0. 96	0. 56	1. 59

每个材料选择 50 粒饱满无病害种子，使用 75%酒精浸泡 30 s 进行消毒并用无菌去离子水清洗后，浸泡在重金属（As、Cd 和 Pb）混合溶液中 12 h 后放置于发芽盒，每天都用相同浓度的重金属溶液补充水分。实验的光照时间为每日 16 h，黑暗 8 h，温度为 25℃，光照强度为 2 455lux。

依据发芽率判定材料的耐性等级，≥80%的材料带入下一个浓度梯度的实验。在 100 倍的浓度下，按发芽率（≥90%、90%>发芽率≥80%、80%>发芽率）将实验材料分为 A（优）、B（中）和 C（差）三类[97]。

发芽势的计算公式为：发芽势（%）= 第 3 天种子萌发数/种子总数×100%

发芽率的计算公式为：发芽率（%）= 第 7 天种子萌发数/种子总数×100%出苗率的计算公式为：出苗率（%）= 第 7 天种子出苗数/种子总数×100%

2. 重金属胁迫材料的生理生化指标测定

100×试验中的材料按发芽率分成三类，以生物量不同进行分类，并测定其在 0 倍、10 倍、50 倍和 100 倍胁迫下的 SOD、POD、CAT、MDA 等生理生化指标[98]。

3. 重金属胁迫材料的重金属含量测定

本研究采用湿法消化方法来测定植物材料中的重金属含量[99]。

二、结果与分析

（一）不同油菜材料在重金属胁迫下的发芽特性

1. 不同油菜材料在重金属胁迫下的种子萌发

对不同油菜材料进行不同浓度重金属胁迫种子萌发实验（图 7-15）。由图 7-15 可知，不同重金属胁迫下种子萌发具有显著差异，重金属胁迫对胚根和胚轴的发育具有重要影响[100]。随着重金属浓度增加，油菜的根系逐渐缩短且根毛显著减少。在 100×重金属胁迫下，油菜幼苗的根系普遍受到损伤。在试验中，我们发现一组近等基因系材料（F335 和 F338）在 100×处理下表型具有显著差异，作为后续试验分析材料。

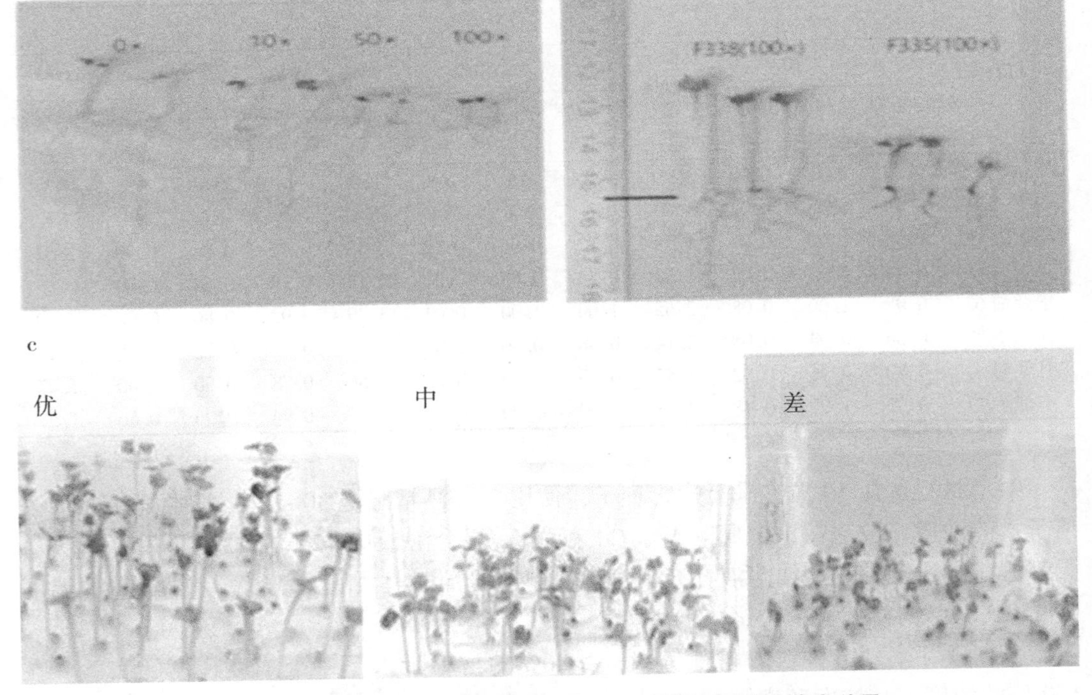

图 7-15　重金属胁迫下的种子萌发 a：不同浓度下种子萌发差异；
b：近等基因系材料在 100×浓度中长势情况；c：三类材料的长势特征

注：图中发芽盒高度为 5. 5 cm。

2. 不同油菜材料在重金属胁迫下的发芽特性

不同油菜材料在重金属胁迫下的发芽情况如表 7-6 所示。在 100×试验中，对 88 个试验材料按其发芽率分为三类（表 7-8），每类选择 7 个代表性材料进行后续分析。由表 2-2 可知，重金属胁迫会显著降低植物的生物量，在 100×重金属胁迫下，A 组的生物量均在 1. 5 g 以上，C 组均低于 1. 2 g。结果表明，低浓度的重金属能促进种子萌发，但随着浓度的增加对种子萌发和根系生长产生严重的毒害作用，阻止其成苗，甚至致其死亡[101-105]。

表 7-8　不同浓度重金属胁迫下幼苗生物量

材料		生物量（g）		
		10×	50×	100×
优	F309	1. 76	2. 06	1. 76
	F322	1. 73	2. 29	1. 71
	F334	2. 59	2. 38	1. 89
	F336	2. 80	3. 20	2. 41
	F347	2. 44	2. 65	2. 46
	沣油 958	2. 53	2. 42	1. 73
	中油杂 17	2. 53	2. 36	1. 59

（续表）

材料		生物量（g）		
		10×	50×	100×
中	WH13	2.45	1.93	1.78
	WX16	2.18	2.64	1.62
	F312	1.78	1.86	1.31
	F337	1.27	1.67	1.21
	F349	1.78	1.89	1.20
	沣油 730	1.90	2.12	1.54
	华杂油 62	2.65	3.49	2.80
差	WH22	2.04	1.95	1.20
	WH23	1.70	1.91	1.02
	F305	2.47	2.28	0.88
	F307	1.73	1.94	1.16
	F317	1.23	1.49	0.92
	德齐油 4 号	1.98	1.83	1.06
	盛油 664	1.85	2.45	0.91

（二）不同油菜材料在重金属胁迫下的抗氧化特性变化

对不同组油菜进行生理指标测定，结果如图 7-16 所示。由图 7-16 可知，在正常条件下，CAT 和 POD 酶活性低，主要由 SOD 酶来维持植株的正常生理活性，当油菜受到低浓度重金属胁迫时，CAT 酶活性增强，随重金属浓度升高，POD 酶活性也随着增强，在 A 组材料中最为显著。当重金属浓度达到 100×时，POD、SOD 和 CAT 的酶活较 50×的降低，MDA 含量也随之降低，表明在一定重金属浓度胁迫下，植株可以通过提高 SOD、POD 和 CAT 酶的活性来降低由重金属引起的过氧化毒害作用[170]。

（三）不同油菜在重金属胁迫下的重金属含量

对室内筛选的三类材料进行了重金属含量的检测（图 7-17）。随着重金属浓度提高，三类油菜材料对 As 和 Pb 的富集随浓度升高而升高，分别为 41.68 mg/kg、75.77 mg/kg、118.00 mg/kg 和 3.53 mg/kg、58.51 mg/kg、103.21 mg/kg，但对 Cd 的富集不随浓度升高而升高，在 50×和 100×浓度下，Cd 的平均浓度为 28.83 mg/kg 和 27.98 mg/kg，差异较小，表明油菜对 Cd 的富集可能存在临界值。比较不同浓度重金属胁迫下，油菜对 Cd、As 和 Pb 的富集浓度，结果表明，随着重金属浓度升高，As 和 Pb 的富集浓度随之升高，Cd 在 50×后增长缓慢或降低，As 和 Pb 与 Cd 可能存在拮抗关系。将植株重金属含量与生理酶活性进行关联分析发现（图 7-18），SOD 酶活性与 As、Cd、Pb 的含量之间存在正相关显著关联，表明 SOD 酶可能为植株抵御重金属胁迫的关键酶。

材料‘F322’对 Cd 的富集，在 50×和 100×条件下浓度为 31.66 mg/kg 和 33.86 mg/kg，同时在高浓度条件下对 As 和 Pb 的富集达 119.41 mg/kg 和 111.09 mg/kg，均显著高于平均值（图 7-18）；且 F332 长势优异，生物量达 1.71 g，仅较 10×下降 0.02 g（表 7-8），含油量达 49.41%（表 7-5）。

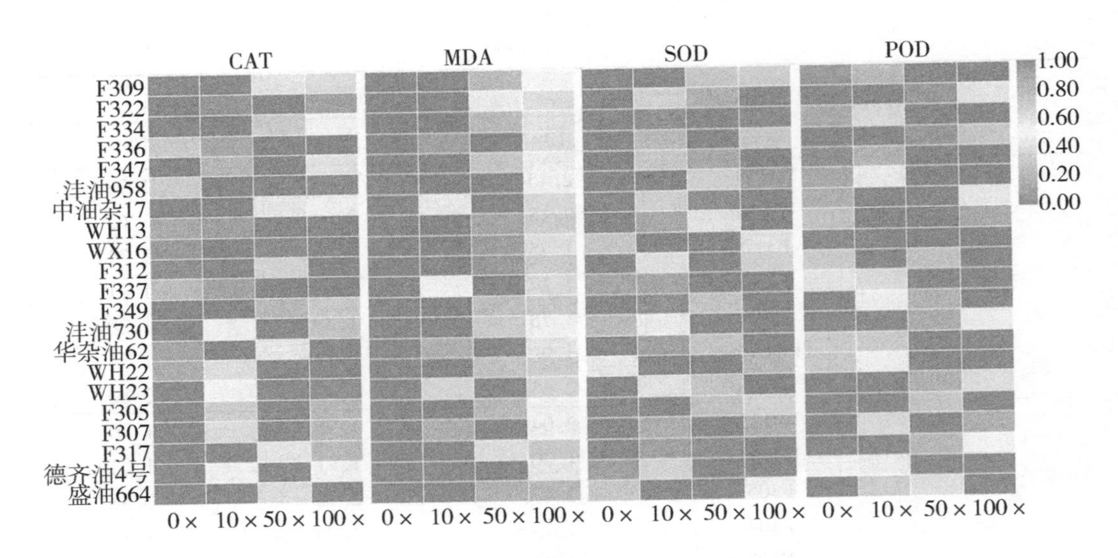

图 7-16　筛选材料在不同浓度下的生理酶活性

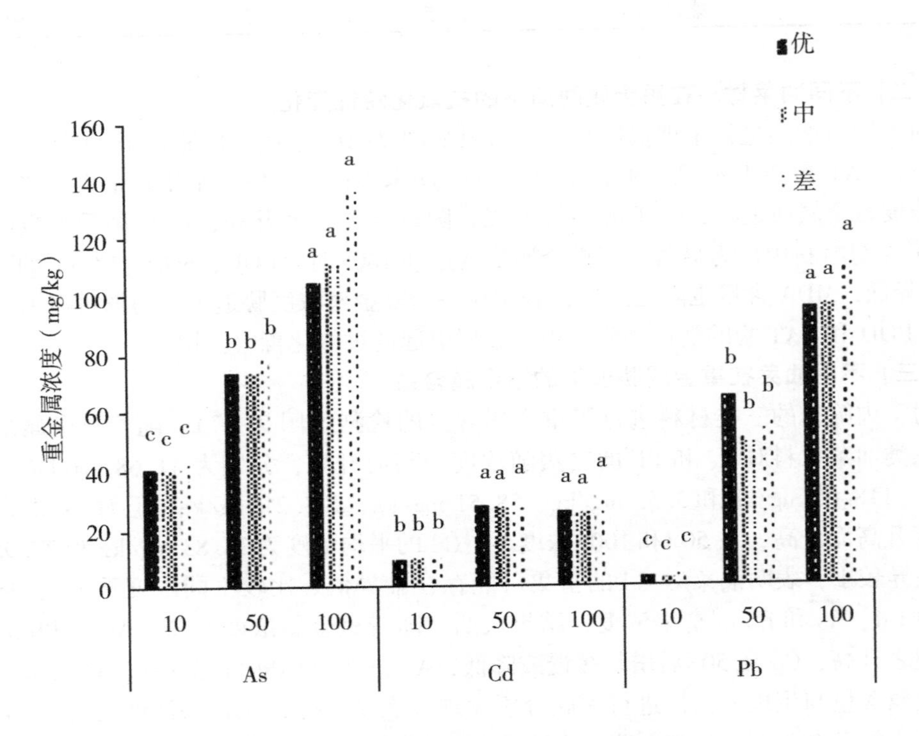

图 7-17　发芽试验筛选材料的重金属含量

注：字母表示方差分析结果差异显著。

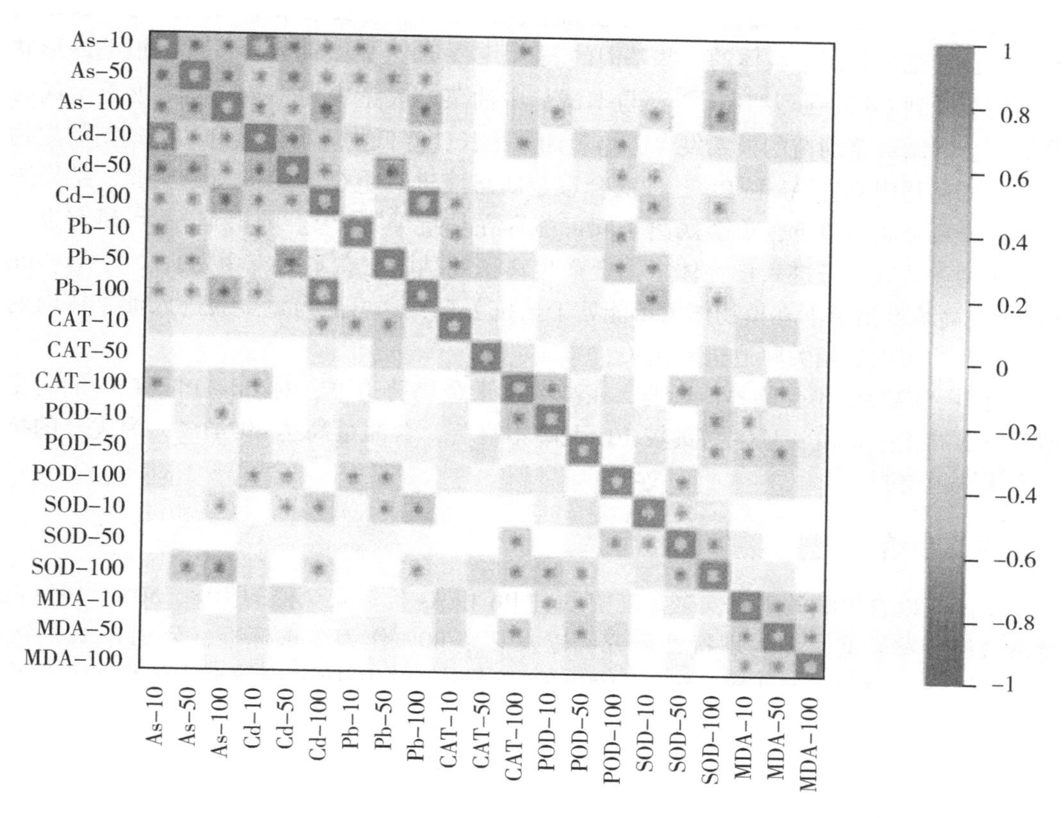

图 7-18　发芽试验筛选材料的重金属含量与生理酶活性的关联分析

注：* 表示相关性分析呈显著关联。

三、讨论

重金属进入植物后，会促进 ROS 的产生，ROS 的含量会增加，导致脂过氧化和细胞内大量 O^{2-} 的积累，从而破坏细胞的氧化还原稳态[106-107]，以及植物的代谢和生理反应[99,101]。SOD 在胁迫下对植物的生长发育起着重要的作用[108-112]，可能参与激活 CAT 和 POD 的活性，本研究中油菜受到重金属胁迫时，SOD、CAT、POD 的活性提高，在低浓度重金属胁迫中，POD 和 CAT 是为主要的解毒酶[113]。为了减少过量 ROS 对细胞的伤害，油菜通过激活抗氧化系统中的 SOD、CAT、POD 等重要酶，抑制 OH^- 自由基的形成，参与 O^{2-} 和 H_2O_2 的解毒，从而消除过量 ROS[114]，降低毒害作用，维持植物的正常生理活动[115-116]。本研究中还发现，SOD 酶活性与 As、Cd、Pb 的含量之间存在正相关性，表明 SOD 酶可能为植株抵御重金属胁迫的关键酶。本研究还发现，在植物抵抗重金属胁迫的过程中，CAT 和 POD 不仅参与了 ROS 的清除，还参与了植物细胞的稳态，表明抗氧化酶在植物抵抗重金属胁迫的过程中可能具有多种途径和功能，其抵抗重金属胁迫的完整机制有待进一步研究。

重金属会影响植物的生理生化状态[117-118]，对其造成毒害作用。已有研究发现，Cd

会影响侧根和不定根尖的静止中心特性和生长素定位、生长素水平以及参与生长素代谢、生长素流出和流入载体的一些基因的表达[119]。通过显微镜分析发现，根毛的形状和结构会受到Cd的强烈抑制[120]，与本试验中油菜的表型表现一致，高浓度重金属胁迫下，会抑制油菜幼苗的根系发育，缩短油菜根长，降低物质的运输和油菜幼苗的生物量。本研究利用Cd、As和Pb三种混合重金属溶液进行重金属胁迫发芽实验，结果表明在混合重金属胁迫下，重金属离子间可能存在拮抗关系[121]。帅祖苹等[122]研究也发现，多种重金属离子进入植物体中，会产生离子间拮抗。在本研究中发现，当As、Pb和Cd在高浓度情况下在植物体内可能处于拮抗关系，这可能与重金属进入油菜体内的路径以及油菜抵御相关胁迫机制相关。

材料‘F322’不受临界值影响，在高浓度重金属胁迫下，对Cd、Pb和As的耐受值均显著高于平均值，且生物量较10×下降不显著，含油量高达49.41%，为优异的抗重金属胁迫材料。

四、小结

本研究以农田灌溉水质安全标准中Cd、Pb和As含量安全值的10×、50×、100×混合溶液进行发芽试验和生理特性研究。以发芽率80%作为筛选标准，分别有127个，103个和88个材料参与10×、50×、100×发芽试验。以100×试验结果为依据，筛选出A、B和C3组，每组选择7个代表性材料，A组的材料生物量1.5 g以上，C组的材料生物量均低于1.2g。C组的SOD酶活性为A组和B组材料的2.17倍和1.46倍，SOD酶活性与As、Cd、Pb的含量之间存在正相关显著关联；POD酶活性最高，为34.50~167.00 μmol/g；CAT酶活性无显著差异。材料‘F322’在50×和100×条件下Cd的浓度分别为31.66 mg/kg和33.86 mg/kg，同时在100×条件下，As和Pb浓度达119.41 mg/kg和111.09 mg/kg，生物量达1.71 g，含油量达49.41%，是优异的抗重金属胁迫高含油材料。

第四节 油菜响应重金属胁迫关键基因筛选及功能研究

本节研究基于在重金属胁迫发芽试验中，发现的一组近等基因系材料F335和F338进行研究。这组近等基因系材料在100×试验中，发芽率分别为52.00%和88.00%，生物量分别为0.59 g和1.79 g，呈极显著差异，分别进行了转录组和蛋白组分析，结合基因表达规律，探寻油菜抵御重金属胁迫的关键基因。

一、材料与方法

（一）供试材料

100×处理下的近等基因系材料（F335和F338），该组基因系材料由同一父母本繁育而来，含油量存在差异（F335为46.68%；F338为40.62%），其他性状一致。

（二）试验用仪器

实时荧光定量 PCR 仪（StepOne Plus，Thermo Fisher Scientific）。

（三）100×重金属胁迫下油菜幼苗组学分析

1. iTRAQ 联合二维液相色谱—串联质谱（2D LC-MS/MS）分析差异表达蛋白

取 100×处理下的近等基因系材料萌发 7 d 后幼苗，洗干净晾干后保存于超低温冰箱（-80℃）中，采用 TCA/丙酮法提取蛋白后，测定蛋白质浓度（Bradford 定量法），并进行电泳检测（12%的 SDS 聚丙烯酰胺凝胶）。37℃取等量蛋白加入胰蛋白酶酶解。再等量混合用 iTRAQ 试剂标记的酶解肽段，用强阳离子交换色谱（Strong cation exchange choematography，SCX）进行预分离。然后进行液相串联质谱（Liquid chromatography coupled with tandemmass spectrometry，LC-MS/MS）分析。该试验由杭州景杰生物科技有限公司完成。

2. 转录组测序分析差异表达基因

用 TRNzol 法提取 100×处理下的近等基因系材料萌发 7 d 后幼苗的 RNA，检测合格后，将该样品送往杭州景杰生物科技有限公司完成测序。

（四）差异基因的表达量测定

使用 TransZol Up Plus RNA 试剂盒和一步 gDNA 去除法（TRANS）从 RNA-Seq 的 RNA 中合成 cDNA。RT-qPCR 反应在 StepOne Plus 上进行，使用 Hief qPCR SYBR Green Master Mix（High Rox Plus）进行三次重复。RT-qPCR 设定参数为：1 个循环，95℃ 2 min；40 个循环 95℃ 10 s，60℃ 20 s，72℃ 30 s；熔解曲线反应为（65±0.1）℃/s 到（95±0.1）℃/s[123]。*BnActin* 基因作为内部参考，差异基因的 RT-qPCR 实验引物如表 7-9 所示，用幂函数计算相关基因表达[124]。

表 7-9 差异基因的引物序列

基因	序列（5′-3′）	
	F	R
BnActin	GGTTGGGATGGACCAGAAGG	TCAGGAGCAATACGGAGC
BnaA07g32130D	TGCGAGAGGTCTAGTGGGAC	AACACACAAGCACCACATAGTT
BnaC06g37490D	GGTGAGTCGAGAACCACTGA	CGTGACAACTGACAAGCCGT
BnaC02g22250D	TGGAGTTGTGTCGGAATGGG	AAGTTGCCATCATCCTTGGC
BnaC01g03240D	GGGAAATGCTGGTGTTGGGA	TGCGGTGAGCATTGAGATTTG
BnaA02g29830D	GCATACCGTGACCAGAAAAGATG	AAAGAGGTCTTAAGGTAGACTGGA
BnaC04g00740D	CATAGCGGTCGTGAGCTGTA	TAGGCCAGTTTTGGCTCCTC
BnaC08g30850D	AGCGTTTAGACGACAGCCAC	CGGTCTTCTGATCTTGATCCCTC
BnaC04g00160D	CTCCTAATTTTCCTTTCAAGCTCT	ACAGATACCTTTAGCCATCTCGA
BnaCnng67880D	ACCCAAGTGGTTACCGATTCC	ACGGAATCCCCATTCTCCATT
BnaCnng19060D	ACTCGAGAGAAAATAAGTGGCTG	TTTGATTCAACAAAGATCTCTCAGG
BnaCnng70090D	GAGAATCTTCTGCTTCCTCCTCGT	TCCCGAAGTAATTCGACGGAAC
BnaC03g30870D	TAAGTTAGCCAAGGTCCTAGACG	AGCTGGCCTCTTGGTGATCT

(五) 数据分析与软件

油菜基因组数据库（http：//www. genoscope. cns. fr/brassicanapus/），芸薹属数据库（http：//brassicadb. org · brad/），修饰位点基序分析软件 Motif-x，Gene Ontology（GO）基因功能注释分析（http：//geneontology. org.），Kyoto Encyclopedia of Genes and Genomes（KEGG）代谢通路注释（https：//www. kegg. jp/），InterPro 结构域数据库（http：//www. ebi. ac. uk/interpro/）。

二、结果与分析

(一) 近等基因系材料的转录组分析结果

1. 测序质量统计

采集 100×处理下的近等基因系材料萌发 7 d 后的幼苗，进行测序（表 7-10），Q20、Q30 均>90%，表明测序结果可靠。

表 7-10　重金属胁迫下组学差异分析

材料	ReadSum	BaseSum	GC（%）	Q20（%）	Q30（%）
F335-1	19 620 193	5 886 057 900	44. 65	97. 30	92. 47
F335-2	18 465 279	5 539 583 700	44. 76	97. 42	92. 72
F335-3	18 033 855	5 410 156 500	44. 62	97. 38	92. 61
F338-1	21 329 743	6 398 922 900	46. 68	97. 16	92. 21
F338-2	21 032 078	6 309 623 400	46. 31	97. 29	92. 54
F338-3	22 843 890	6 853 167 000	46. 62	97. 28	92. 48

注：ReadSum：clean Data 中 pair-end Reads 总数；BaseSum：Clean Data 总碱基数；GC：Clean DataGC 含量，即 Clean Data 中 G 和 C 两种碱基占总碱基的百分比；≥Q30%：Clean Data 质量值大于或等于 30 的碱基所占的百分比。

2. 表达差异分析

将差异倍数（Fold Change）≥2 且错误发现率（False Discovery Rate，FDR）<0. 01 作为差异基因筛选标准[180]，FDR 通过对差异显著性 *P* 值（*P*-value）校正得到，共观察到 9 665 个 DEGs，其中 4 820 个为下调基因，4 845 个为上调基因。

3. 差异基因的功能富集分析

GO 和 COG 分析表明，在 Cd、Pb 和 As 三种重金属混合胁迫中，植物受到 Cd 的毒害最大，重金属离子间可能存在拮抗效应[121]。在 MF 和 CC 分析中，蛋白质结合、锌离子结合和铁离子结合表明重金属离子进入油菜体内的路径可能为植物吸收无机盐的通道。重金属离子进入植物体内后，油菜会通过将其转移并固定到液泡和细胞质中，来降低重金属对植物的毒害[125]。在此过程中，相关抗性蛋白也被激活，参与这一途径，固定金属离子，降低毒性（图 7-19）。

共有 322 条 KEGG 通路显著富集（图 7-21，图 7-22），其中 10 条差异最大的

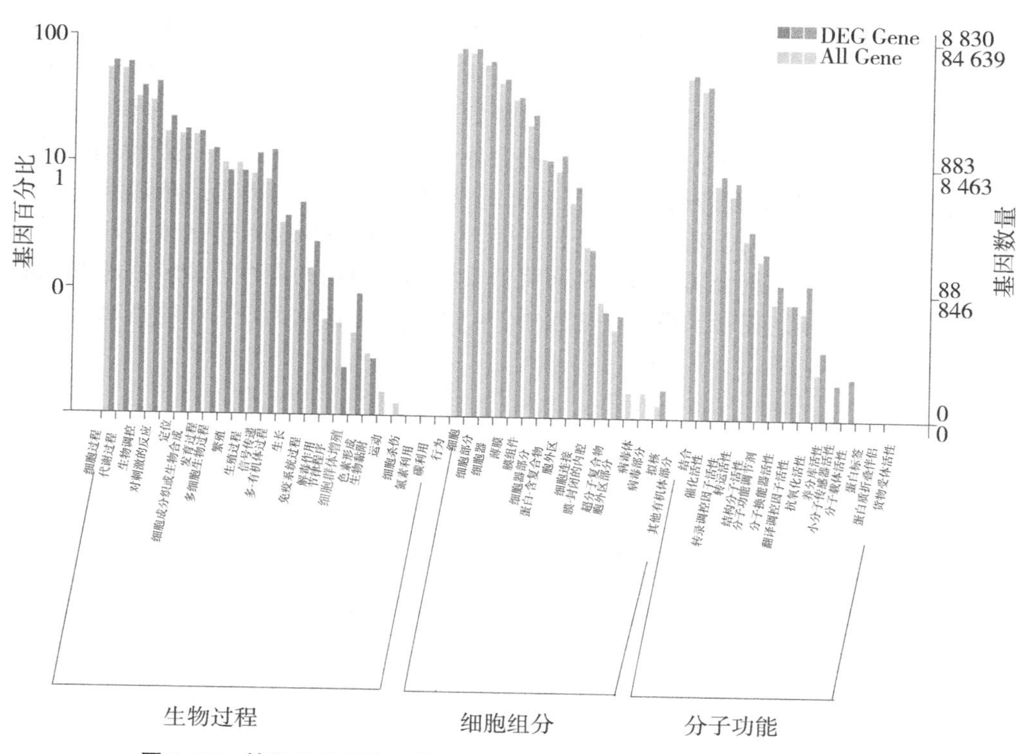

图 7-19　转录组结果中近等基因系材料对重金属响应的 GO 富集分析

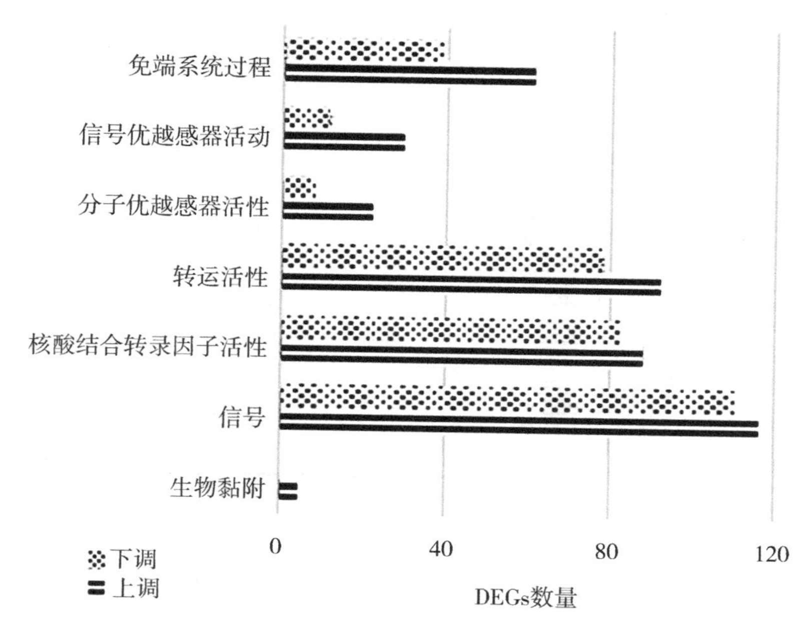

图 7-20　转录组结果中近等基因系材料对重金属响应的 GO 分析的 DEGs

KEGG 通路分别为植物激素信号转导、核糖体、淀粉和蔗糖代谢、内质网蛋白质加工、苯丙素生物合成、氨基糖和核苷酸糖代谢、氧化磷酸化、植物与病原菌相互作用、光合作用和糖酵解/糖异生。与 F335 相比，F338 中基因上调最多的前 10 条途径是内质网蛋白质加工、植物与病原菌相互作用、植物激素信号转导、RNA 转运、淀粉和蔗糖代谢、剪接体、氨基酸代谢、真核生物核糖体生物合成、ABC 转运蛋白和半乳糖代谢（图 7-23），表明重金属胁迫能够抑植物的物质合成，破坏细胞的免疫调节，降解蛋白质水解活性，进而影响植物代谢、光合和养分合成[102-105,126]。植物通过对转运相关基因和抗病相关基因的应答来抵抗重金属胁迫，从而降低重金属对植物的毒性，使植物能够在重金属污染的环境中生长。在转录组水平比较中，43 个 DEGs 被认为是与植物抵御重金属胁迫相关的候选基因。

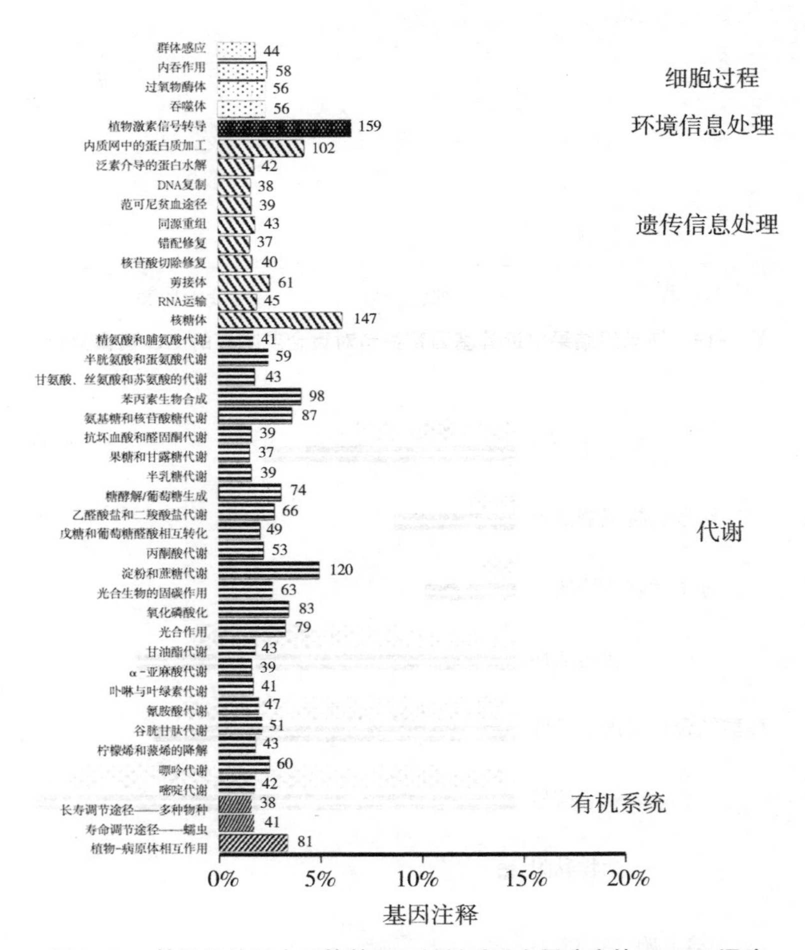

图 7-21　转录组结果中近等基因系材料对重金属响应的 KEGG 通路

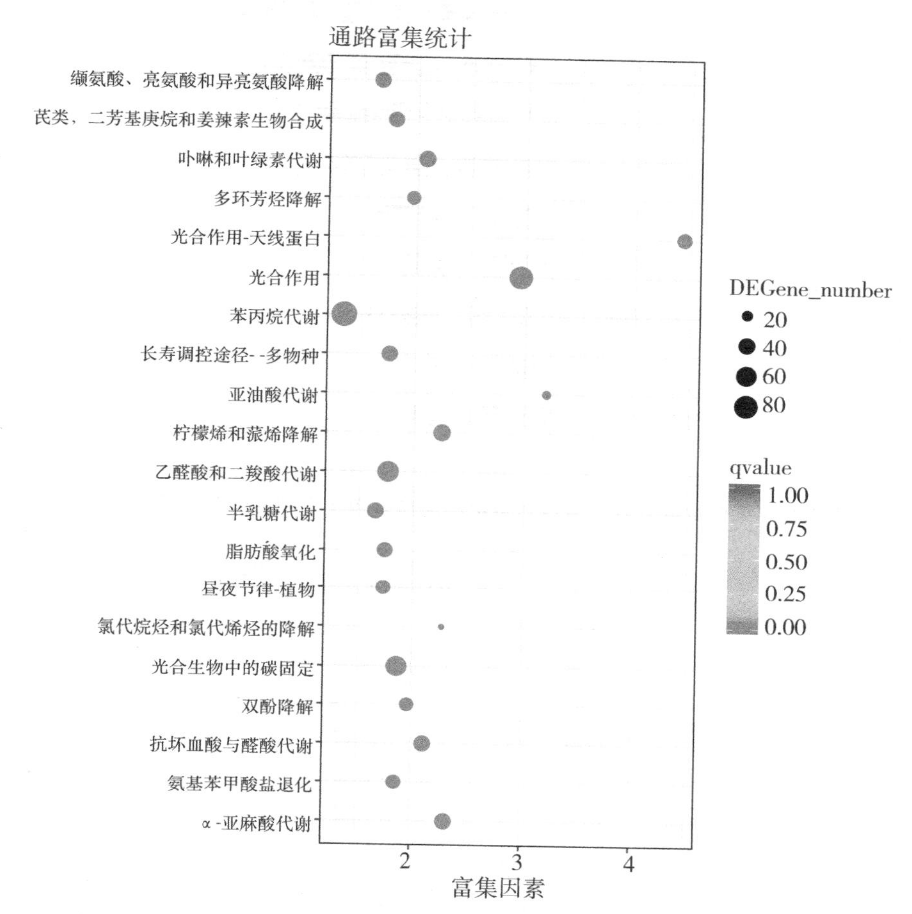

图 7-22 转录组结果中近等基因系材料对重金属胁迫响应差异显著的 KEGG 通路基因富集

我们对 6 个差异显著的 DEG（*CYP81D11*、*accC*、*CYP81F*、*Chitinase*、*SOD*、*UGD3*）进行了 RT-qPCR 分析（图 7-24），表达情况与转录组学结果一致，证明转录组测序结果可靠。

（二）近等基因系材料的蛋白组分析结果

1. iTRAQ 定量蛋白质组

采集 100×处理下的近等基因系材料萌发 7 d 后的幼苗进行蛋白组分析。通过质谱分析从蛋白组中获得了总共 276 873 个色谱图，通过 Maxquant（v1. 6. 15. 0）进行检索，匹配了 71 762 个有效色谱图，为了得到高质量的分析结果，进行搜库分析过滤数据。在谱图、肽段、蛋白三个层面鉴定的准确性 FDR 设定为 1%；鉴定蛋白至少需要包含一个特异性（unique）肽段（表 7-11）。

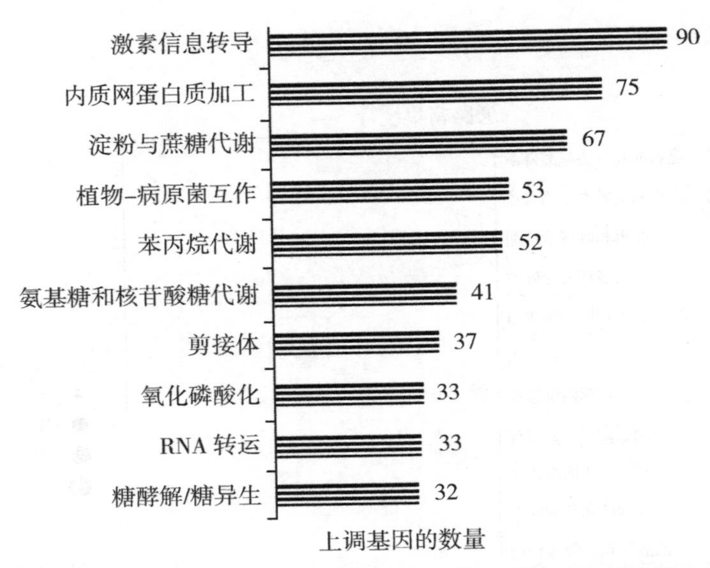

图 7-23　转录组结果中近等基因系材料对重金属胁迫响应上调基因最多的前 10 个 KEGG 通路

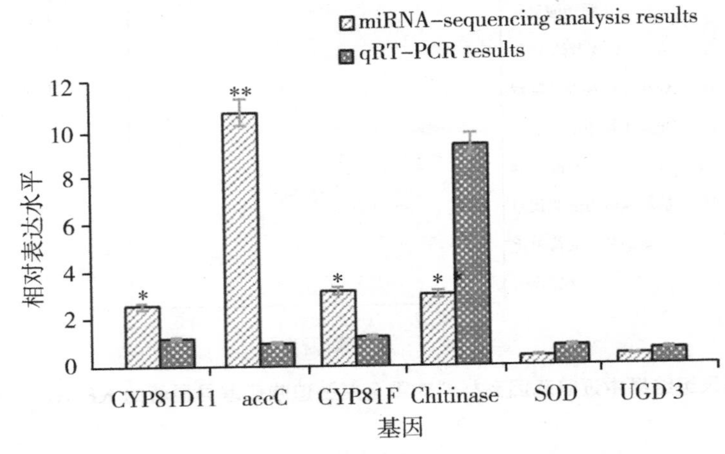

图 7-24　转录组 DEGs 的 RT-qPCR 验证结果

表 7-11　鉴定的肽段和蛋白数总体情况

项目	数量
总谱图数	276 873
有效谱图数	71 762
鉴定肽段数	39 951
鉴定 unique 肽段数	23 547
鉴定蛋白数	8 925
定量蛋白数	6 836

注：总谱图数，质谱检测产生的二级谱图数；有效谱图数，与理论二级谱图匹配的谱图数；鉴定肽段数，匹配结果解析出的肽段序列数；鉴定 unique 肽段数，匹配结果解析出的 unique 肽段序列数；鉴定蛋白数，通过特异性肽段解析出的蛋白数；定量蛋白数，通过特异性肽段定量到的蛋白数。

通过对肽段长度分布、母离子质量容差分布、肽段数分布、蛋白覆盖度分布和蛋白分子量分布进行质控，保证结果质量符合标准。大部分肽段分布在 7~20 个氨基酸，符合基于酶解和 HCD 碎裂方式的一般规律。其中小于 7 个氨基酸的肽段由于产生的碎片离子过少，不能产生有效的序列鉴定。大于 20 个氨基酸的肽段由于质量和电荷数较高，不适合 HCD 的碎裂方式。质谱鉴定到的肽段长度的分布符合质控要求（图 7-25）。绝大多数谱图的一级质量误差在 10ppm 以内，符合高精度质谱的特性（图 7-26）。大部分蛋白对应两个以上肽段，增加定量结果的精确性和可信性（图 7-27）。大部分蛋白的覆盖度在 30%以下，蛋白的覆盖率和在样品中的丰度成正相关关系（图 7-28）且鉴定蛋白的分子量在不同阶段均有分布均匀（图 7-29）。本实验的蛋白质样品符合测序要求的。

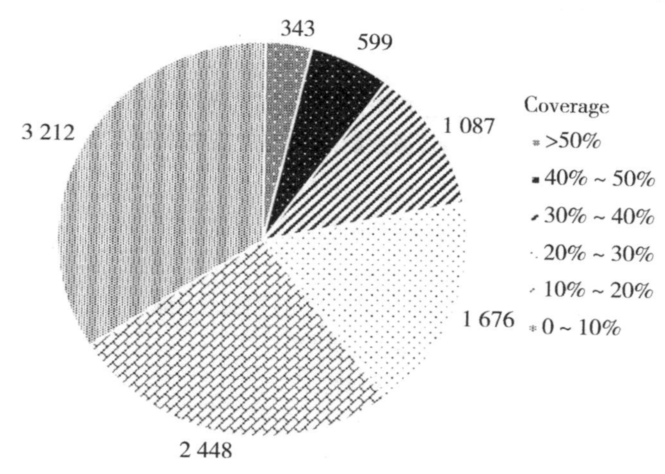

图 7-25　重金属胁迫下两个近等基因系材料的蛋白覆盖度分布

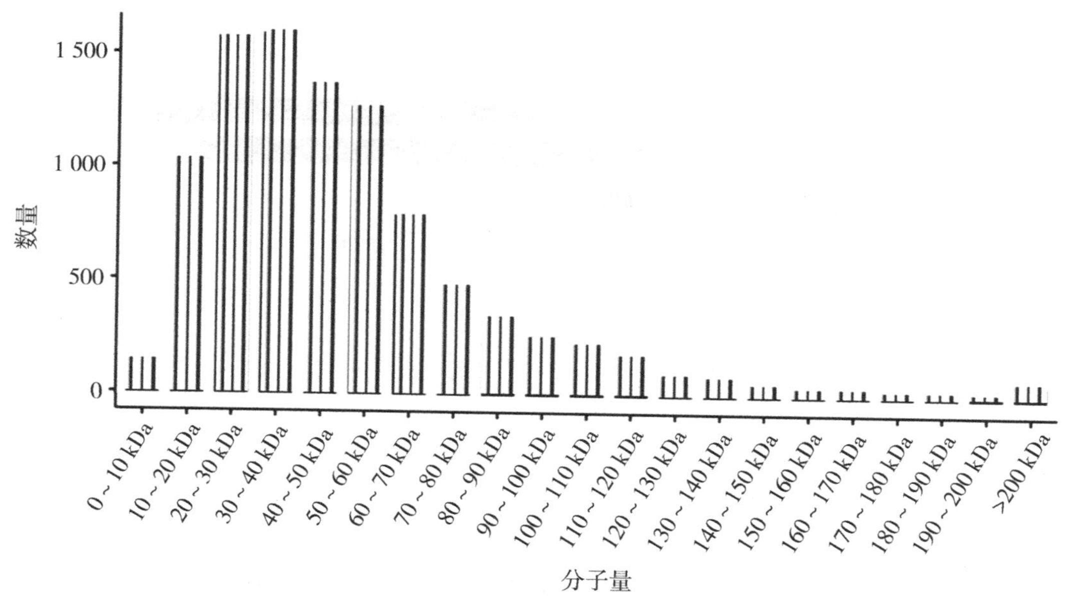

图 7-26　重金属胁迫下两个近等基因系材料的蛋白分子量分布

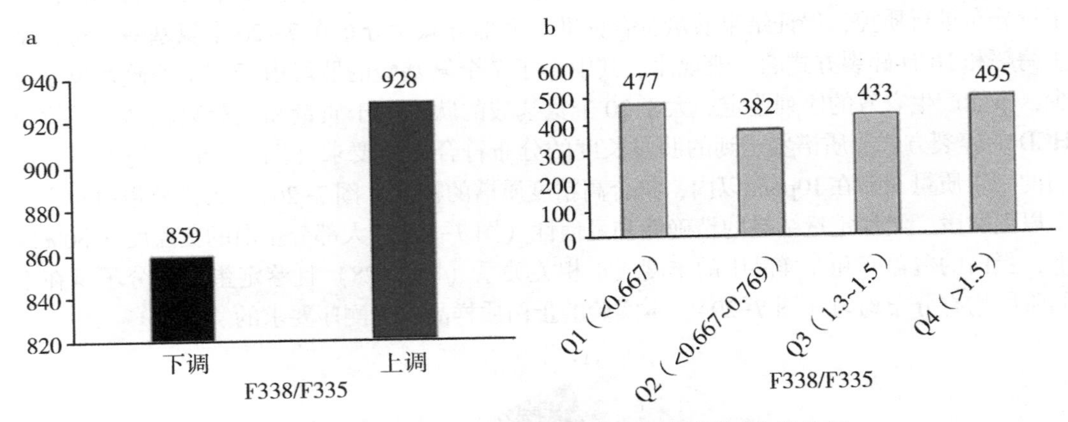

图 7-27 重金属胁迫下两个近等基因系材料的蛋白组分析

a：差异蛋白质数量；b：差异蛋白分类

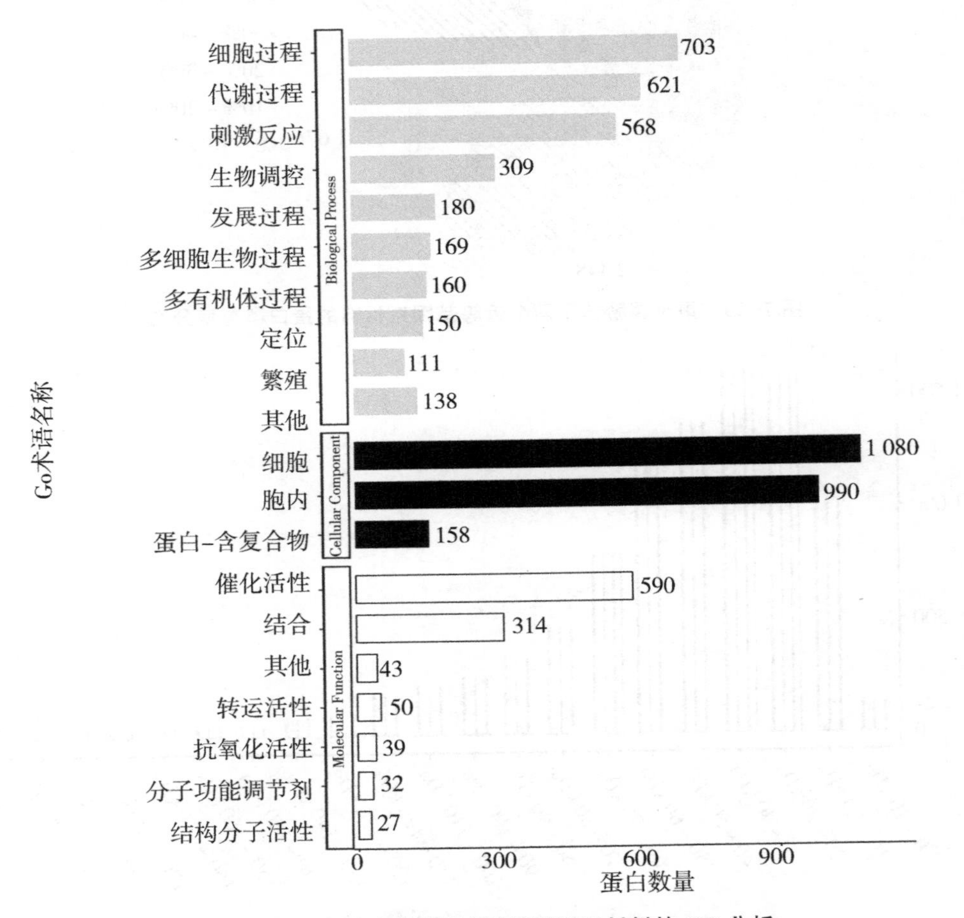

图 7-28 重金属胁迫下两个近等基因系材料的 GO 分析

2. 表达差异分析

蛋白差异通过比较差异倍数（Fold Change，FC），进行差异蛋白筛选。为了判断差异的显著性，将每个蛋白在两个比较对样品中的相对定量值进行了 T-test 检验，并计算相应的 P，以此作为显著性指标，默认 $P \leq 0.05$[127]。当 $P \leq 0.05$ 时，以差异表达量超过 1.3 为显著上调，小于 1.3 为显著下调，共鉴定出 8 925 个蛋白质和 1 787 个差异蛋白质，其中 928 个为上调蛋白，495 个上调蛋白超过 1.5 倍差异；859 个下调蛋白，477 个下调蛋白低于 0.67 倍差异（图 7-27a 和 7-27b）。

3. 差异蛋白的功能富集分析

差异表达蛋白进行 GO（Gene Ontology）和 COG（Clusters of Orthologous Groups of proteins）功能分类（图 7-28，图 7-29），GO 分析发现，细胞组分（Cellular Component）中差异蛋白显著富集，上调表达主要在类囊体、叶绿体类囊体和质体类囊体，下调表达主要在脂滴、糊粉粒和乙醛酸循环体。COG 分析中，细胞过程和信号传导（Cellular Processes and Signaling）中差异蛋白显著富集。BP 和 MF 类中的大多数 DAPs 都与激素和应激、肽酶和抗氧化活性相关。

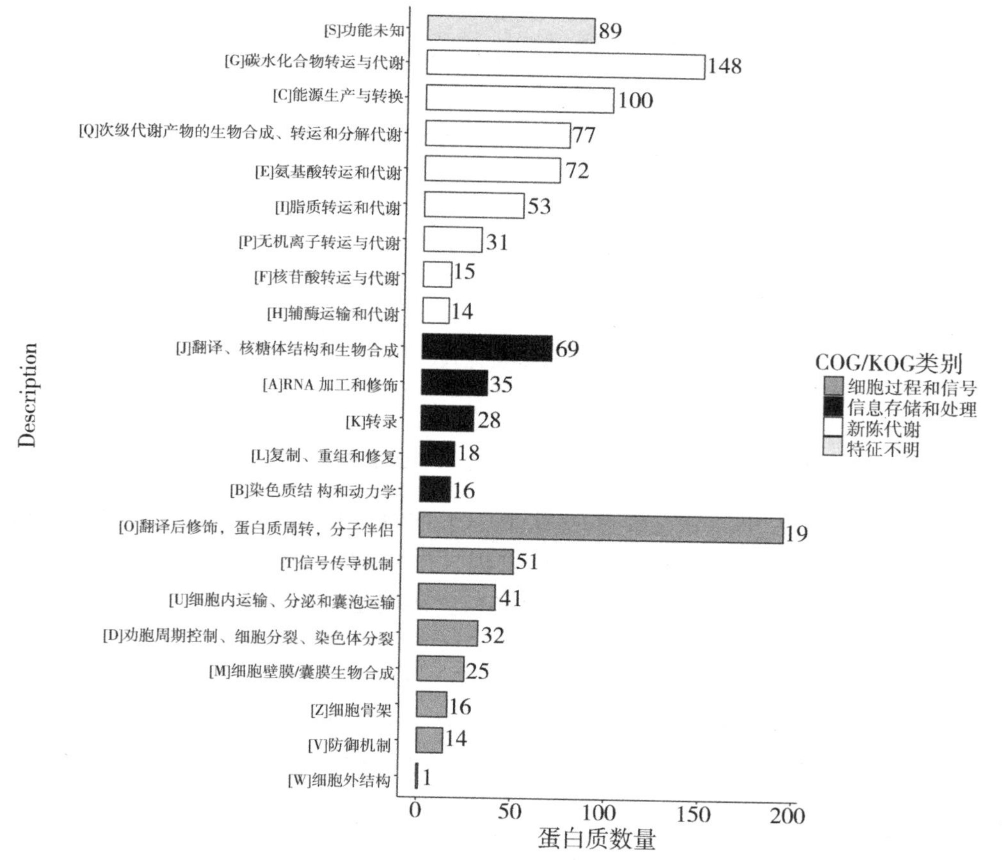

图 7-29　重金属胁迫下两个近等基因系材料的 COG/KOG 功能分类

在 KEGG 分类中，共富集了 26 条差异显著通路，其中上调表达主要为光合作用，光合作用—触角蛋白，硫辛酸代谢等通路，下调表达主要为脂肪酸降解，不饱和脂肪酸的生物合成等通路（图 7-30）。与 F335 比较发现，F338 的下调 DAPs 主要在油脂的降解和合成上表达，说明重金属胁迫会影响油菜籽的物质合成，降低油菜籽品质，已有研究表明，低含油量的材料对重金属胁迫有较强的抗性。KEGG 分类分析进一步发现，重金属离子进入油菜种子会影响其油脂合成途径和品质。上调 DAPs 表达主要集中在光合作用和植物激素相关途径，表明植物在受到重金属胁迫时，可以通过激活光合作用相关基因和植物激素相关表达来增强植物代谢，从而抵抗重金属胁迫。

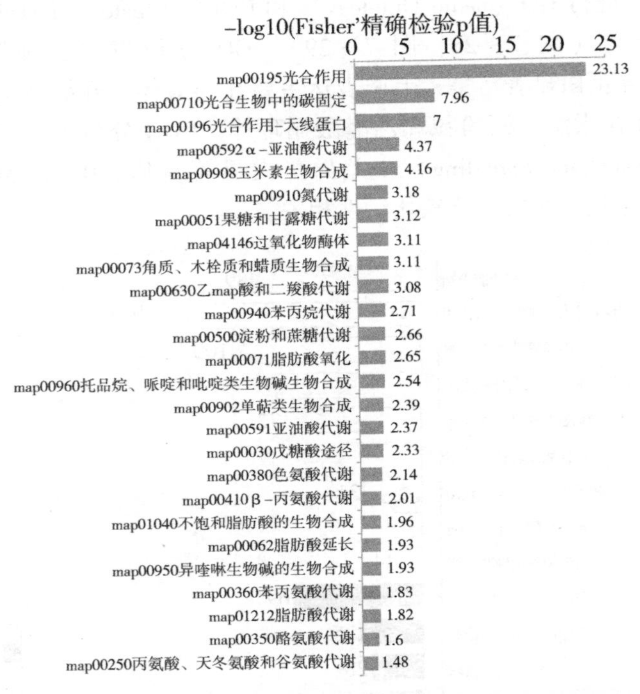

图 7-30　重金属胁迫下近等基因系材料的 KEGG 通路富集

本研究共筛选出 6 个差异极显著的 DAPs（*GSTF*3、*ACO*1、*APX*1、*ATPC*1、*ISPH*、*psbP*），并在蛋白质组学数据中找到相应的基因，进行 RT-qPCR 验证，发现其基因表达结果与相应的蛋白质组学数据一致（图 7-31），表明蛋白组检测数据结果可靠。

（三）转录组和蛋白组关联分析

1. *表达差异分析*

在转录组和蛋白质水平上定量了 3 776 个基因（图 7-32）。

对 49 162 个转录本和 8 925 个蛋白质进行差异分析，当 Log2 FC>1 且校验后的 $P<0.01$ 时，为显著差异表达上调转录本，Log2 FC<-1 且校验后的 $P<0.01$ 时，为显著差异表达下调转录本；当 ratio>1. 3 且 $P<0.05$ 时，为显著差异表达上调蛋白；ratio<1/1. 3 且 $P<0.05$ 时，为显著差异表达下调蛋白（图 7-33a）。

转录组和蛋白质组相关分析显示，118 个基因呈相同趋势，其中 57 个基因上调，

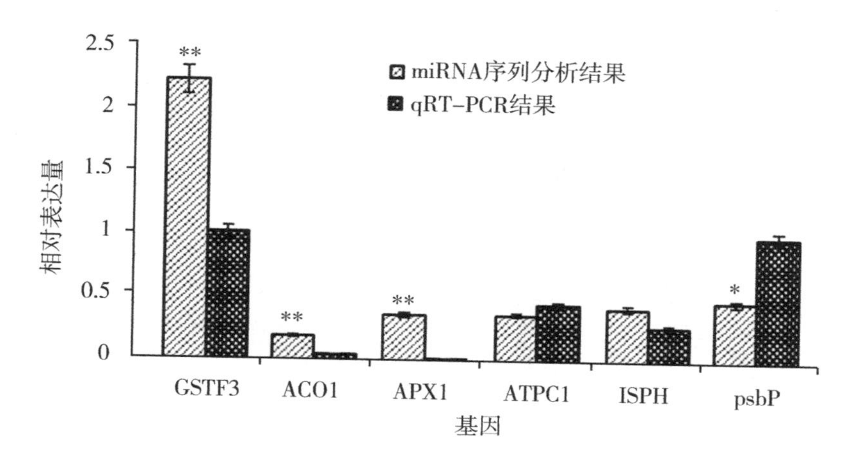

图 7-31　蛋白质组 DAPs 的 RT-qPCR 验证结果

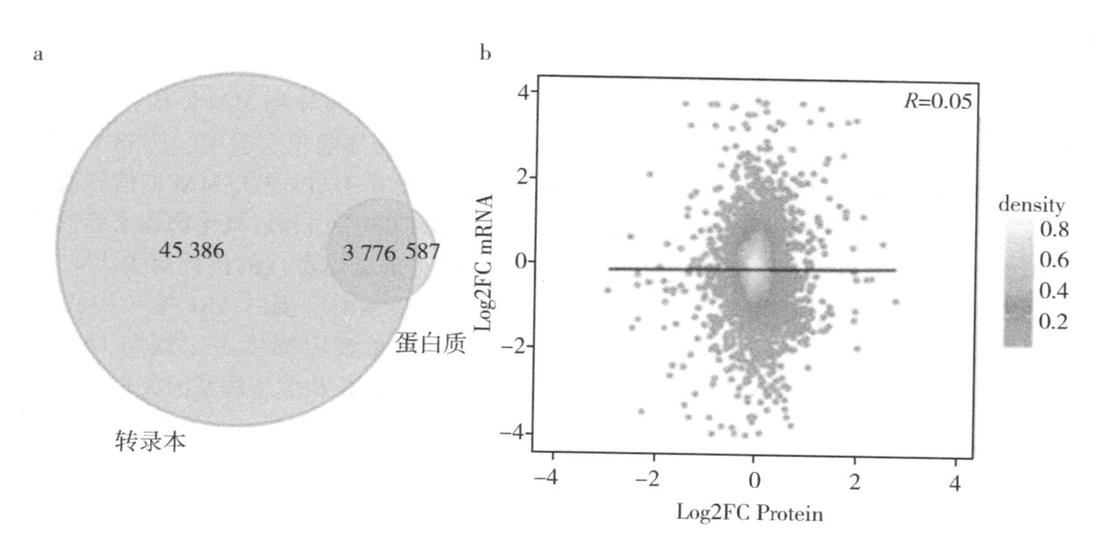

图 7-32　转录组与蛋白组的比较

a：转录组与蛋白组定量比较；b：转录本与其对应蛋白表达量散点图

61 个基因下调；134 个基因的表达趋势相反，其中 102 个基因在转录组中上调，在蛋白质组中下调。这 32 个基因在转录组中下调，在蛋白质组中上调（图 7-33b）。

2. 转录组和蛋白组关联基因的富集分析

GO 分析显示，71 个基因表达趋势一致，87 个基因表达趋势相反。KEGG 分析中，33 个基因的表达趋势一致，31 个基因的表达趋势相反。综合分析表明，转录组和蛋白质组中具有一致表达趋势的基因主要参与过氧化物酶体、酶活性、氨基糖和糖代谢、启动和糖代谢等途径的代谢。植物生长过程中的重金属胁迫会影响生物合成、物质代谢和信号转导等相关途径（表 7-12），其中，23 个 DEG 和 27 个 DAP 参与苯丙醇生物合成，16 个 DEG 和 22 个 DAP 参与淀粉和蔗糖代谢。信号转导是植物应对各种刺激的重要途

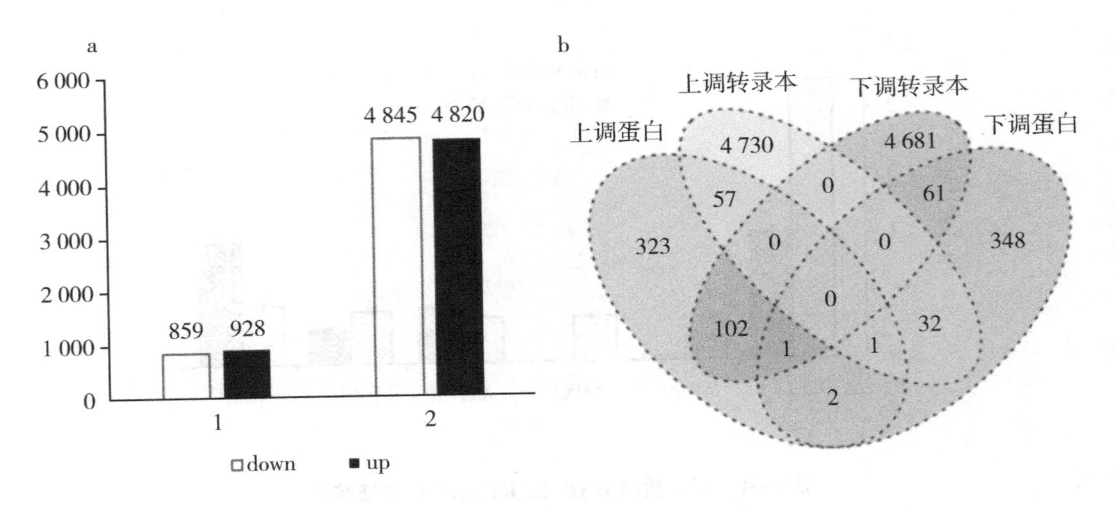

图 7-33　转录组与蛋白组的差异比较

a：差异表达转录本与蛋白质分布；b：差异表达蛋白与转录本比较分析

径，植物对不同刺激有不同的信号转导特征。植物激素信号转导和 MAPK 信号通路是植物容易响应重金属胁迫的信号通路[128-130]。在高浓度重金属胁迫实验中，F338、F335 中有 56 个 DEGs 参与植物激素信号传导，5 个 DEGs 和 10 个 DAPs 参与 MAPK 信号通路（表 7-12）。相关通路中的 DEGs 和 DAPs 主要是生长素应答蛋白和过氧化物酶家族的成员。研究表明，生长素响应蛋白和过氧化物酶与植物对重金属毒性的抗性有关[131-132]。在转录组分析中，过氧化物酶家族中的 45 个基因和生长素响应蛋白 ARF 家族中的 24 个基因存在差异表达。与 F335 的比较表明，大部分生长素应答蛋白家族与 IAA 和 SAUR 的表达相关，12 个 IAA 相关基因大部分下调，而 SAUR 相关下调基因无表达或低表达。

表 7-12　重金属胁迫下组学差异分析

类型	ID	通路	注释
DEG	*BnaA04g01170D*	激素信号转导	生长素响应蛋白 SAUR36
DEG	*BnaA06g27950D*	激素信号转导	生长素响应蛋白 IAA28
DEG	*BnaA10g02490D*	激素信号转导	生长素响应蛋白 IAA3
DEG	*BnaA10g02500D*	激素信号转导	生长素响应蛋白 IAA17
DEG	*BnaA10g16800D*	激素信号转导	生长素响应蛋白 SAUR21
DEG	*BnaC01g00010D*	激素信号转导	生长素响应蛋白 SAUR50
DEG	*BnaC01g39910D*	激素信号转导	生长素响应蛋白 IAA16
DEG	*BnaC03g08740D*	激素信号转导	生长素响应蛋白 SAUR21
DEG	*BnaC03g43120D*	激素信号转导	生长素响应蛋白 IAA2
DEG	*BnaC04g00740D*	激素信号转导	生长素响应蛋白 SAUR32

（续表）

类型	ID	通路	注释
DEG	*BnaC05g02370D*	激素信号转导	生长素响应蛋白 IAA17
DEG	*BnaC05g11370D*	激素信号转导	生长素响应蛋白 IAA34
DEG	*BnaC06g05090D*	激素信号转导	生长素响应蛋白 IAA18
DEG	*BnaC07g28990D*	激素信号转导	生长素响应蛋白 IAA28
DEG	*BnaC08g09640D*	激素信号转导	生长素响应蛋白 IAA1
DEG	*BnaC08g30850D*	激素信号转导	生长素响应蛋白 SAUR36
DEG	*BnaC09g08150D*	激素信号转导	生长素响应蛋白 SAUR50
DEG	*BnaCnng23650D*	激素信号转导	生长素响应蛋白 SAUR72
DEG	*BnaCnng57860D*	激素信号转导	生长素响应蛋白 IAA9
DEG	*BnaC09g39840D*	激素信号转导	生长素响应蛋白 SAUR21
DEG	*BnaC09g39850D*	激素信号转导	生长素响应蛋白 SAUR21
DEG	*BnaA02g10190D*	激素信号转导	生长素响应蛋白 SAUR32-like
DEG	*BnaA03g06850D*	激素信号转导	生长素响应蛋白 SAUR21
DEG	*BnaA03g36950D*	激素信号转导	生长素响应蛋白 IAA7
DEG	*BnaA06g14040D*	激素信号转导	生长素响应因子 5
DEG	*BnaC04g07210D*	激素信号转导	生长素转运蛋白 1
DEG	*BnaA06g24140D*	激素信号转导	转录因子 TGA1
DEG	*BnaA09g48940D*	激素信号转导	转录因子 TGA9
DEG	*BnaC03g23970D*	激素信号转导	转录因子 PIF4
DEG	*BnaCnng22950D*	激素信号转导	转录因子 TGA6
DEG	*BnaC06g24560D*	激素信号转导	蛋白 TIFY7
DEG	*BnaC06g33640D*	激素信号转导	蛋白 TIFY11B
DEG	*BnaC03g71460D*	激素信号转导	蛋白 TIFY9
DEG	*BnaC02g45660D*	激素信号转导	蛋白 TIFY11B
DEG	*BnaA07g23750D*	激素信号转导	蛋白 TIFY7
DEG	*BnaA05g22360D*	激素信号转导	蛋白 TIFY 6B-like
DEG	*BnaA09g49440D*	激素信号转导	蛋白磷酸酶 2C 3
DEG	*BnaC01g18020D*	激素信号转导	蛋白磷酸酶 2C 56-like
DEG	*BnaA01g15250D*	激素信号转导	蛋白磷酸酶 2C 56
DEG	*BnaA03g38630D*	激素信号转导	病程相关蛋白 1
DEG	*BnaC03g45470D*	激素信号转导	病程相关蛋白 1
DEG	*BnaA09g36380D*	激素信号转导	双组份反应调节子 ARR9
DEG	*BnaA09g48160D*	激素信号转导	双组份反应调节子 ARR4
DEG	*BnaA03g42350D*	激素信号转导	双组份反应调节子 ARR2
DEG	*BnaC01g42890D*	激素信号转导	双组份反应调节子 ARR5

（续表）

类型	ID	通路	注释
DEG	*BnaC08g18570D*	激素信号转导	双组份反应调节子 ARR7
DEG	*BnaC09g15640D*	激素信号转导	4-取代苯甲酸-谷氨酸连接酶 GH3. 12
DEG	*BnaA02g01560D*	激素信号转导	4-取代苯甲酸-谷氨酸连接酶 GH3. 12
DEG	*BnaA06g06400D*	激素信号转导	4-取代苯甲酸-谷氨酸连接酶 GH3. 12
DEG	*BnaC09g40420D*	激素信号转导	DELLA 蛋白 RGL3
DEG	*BnaA04g29300D*	激素信号转导	脱落酸受体 PYL6
DEG	*BnaA07g39030D*	激素信号转导	乙烯不敏感 3-like 3 蛋白
DEG	*BnaA01g15310D*	激素信号转导	调控蛋白 NPR2
DEG	*BnaC04g05430D*	激素信号转导	冠状病毒不敏感蛋白 1
DEG	*BnaC09g00690D*	激素信号转导	吲哚-3-乙酸-酰胺合成酶 GH3. 10
DEG	*BnaC09g20090D*	激素信号转导	乙烯响应转录因子 2
DEG	*BnaA02g02520D*	苯丙烷代谢	过氧化物酶 56-like
DEG	*BnaA02g04550D*	苯丙烷代谢	过氧化物酶 58
DEG	*BnaA10g24240D*	苯丙烷代谢	过氧化物酶 A2
DEG	*BnaA04g29190D*	苯丙烷代谢	过氧化物酶 21
DEG	*BnaA06g16150D*	苯丙烷代谢	过氧化物酶 34
DEG	*BnaA07g23450D*	苯丙烷代谢	过氧化物酶 12
DEG	*BnaA09g53760D*	苯丙烷代谢	过氧化物酶 C2
DEG	*BnaC01g04790D*	苯丙烷代谢	过氧化物酶 47
DEG	*BnaC03g33490D*	苯丙烷代谢	过氧化物酶 28
DEG	*BnaC04g34810D*	苯丙烷代谢	过氧化物酶 17
DEG	*BnaC06g01060D*	苯丙烷代谢	过氧化物酶 9
DEG	*BnaC06g12560D*	苯丙烷代谢	过氧化物酶 62
DEG	*BnaC07g40010D*	苯丙烷代谢	过氧化物酶 44
DEG	*BnaC07g42360D*	苯丙烷代谢	过氧化物酶 45
DEG	*BnaC07g44240D*	苯丙烷代谢	过氧化物酶 47
DEG	*BnaC09g01650D*	苯丙烷代谢	过氧化物酶 31
DEG	*BnaC09g25420D*	苯丙烷代谢	过氧化物酶 C2
DEG	*BnaA03g11990D*	苯丙烷代谢	黄酮 3′-O-甲基转移酶 1
DEG	*BnaC03g14720D*	苯丙烷代谢	黄酮 3′-O-甲基转移酶 1
DEG	*BnaA09g55490D*	苯丙烷代谢	β-葡萄糖苷酶 27

（续表）

类型	ID	通路	注释
DEG	*BnaC02g17730D*	苯丙烷代谢	推测的咖啡酰辅酶 A O-甲基转移酶 At1g67980
DEG	*BnaC05g30990D*	苯丙烷代谢	4-香豆酸-Co A 连接酶 4
DEG	*BnaC05g33370D*	苯丙烷代谢	肉桂醇脱氢酶 4
DAP	*GSBRNA2T00031824001*	苯丙烷代谢	过氧化物酶
DAP	*GSBRNA2T00118907001*	苯丙烷代谢	过氧化物酶
DAP	*GSBRNA2T00119768001*	苯丙烷代谢	过氧化物酶
DAP	*GSBRNA2T00047517001*	苯丙烷代谢	过氧化物酶
DAP	*GSBRNA2T00047520001*	苯丙烷代谢	过氧化物酶
DAP	*GSBRNA2T00063199001*	苯丙烷代谢	过氧化物酶
DAP	*GSBRNA2T00068647001*	苯丙烷代谢	过氧化物酶
DAP	*GSBRNA2T00077296001*	苯丙烷代谢	过氧化物酶
DAP	*GSBRNA2T00086080001*	苯丙烷代谢	过氧化物酶
DAP	*GSBRNA2T00121586001*	苯丙烷代谢	过氧化物酶
DAP	*GSBRNA2T00125390001*	苯丙烷代谢	过氧化物酶
DAP	*GSBRNA2T00127459001*	苯丙烷代谢	过氧化物酶
DAP	*GSBRNA2T00134983001*	苯丙烷代谢	过氧化物酶
DAP	*GSBRNA2T00136178001*	苯丙烷代谢	过氧化物酶
DAP	*GSBRNA2T00136179001*	苯丙烷代谢	过氧化物酶
DAP	*GSBRNA2T00138557001*	苯丙烷代谢	过氧化物酶
DAP	*GSBRNA2T00145531001*	苯丙烷代谢	过氧化物酶
DAP	*GSBRNA2T00151767001*	苯丙烷代谢	过氧化物酶
DAP	*GSBRNA2T00154563001*	苯丙烷代谢	过氧化物酶
DAP	*GSBRNA2T00035943001*	苯丙烷代谢	β-葡萄糖苷酶 23
DAP	*GSBRNA2T00045179001*	苯丙烷代谢	β-葡萄糖苷酶 32
DAP	*GSBRNA2T00121286001*	苯丙烷代谢	糖基转移酶
DAP	*GSBRNA2T00126619001*	苯丙烷代谢	糖基转移酶
DAP	*GSBRNA2T00130783001*	苯丙烷代谢	糖基转移酶
DAP	*GSBRNA2T00138097001*	苯丙烷代谢	FAD 结合的 PCMH 型结构域蛋白
DAP	*GSBRNA2T00107427001*	苯丙烷代谢	含 PKS_ER 结构域蛋白
DAP	*GSBRNA2T00111698001*	苯丙烷代谢	Mrna，克隆号：Rtfl01-29-D21
DEG	*BnaC06g36540D*	MAPK 信号通路	Rac 样 GTP 结合蛋白 ARAC5
DEG	*BnaCnng26840D*	MAPK 信号通路	Rac 样 GTP 结合蛋白 ARAC4
DEG	*BnaA07g21560D*	MAPK 信号通路	Rac 样 GTP 结合蛋白 ARAC5

（续表）

类型	ID	通路	注释
DEG	*BnaA02g24990D*	MAPK 信号通路	钙调神经磷酸酶 B 样蛋白 9
DEG	*BnaC01g38510D*	MAPK 信号通路	热休克 70 kDa 蛋白 4
DAP	*GSBRNA2T00070915001*	MAPK 信号通路	核苷二磷酸激酶
DAP	*GSBRNA2T00073128001*	MAPK 信号通路	核苷二磷酸激酶
DAP	*GSBRNA2T00141567001*	MAPK 信号通路	核苷二磷酸激酶
DAP	*GSBRNA2T00120292001*	MAPK 信号通路	营养贮藏蛋白 2（片段）
DAP	*GSBRNA2T00120366001*	MAPK 信号通路	营养贮藏蛋白 2（片段）
DAP	*GSBRNA2T00110662001*	MAPK 信号通路	几丁质结合 1 型结构域蛋白
DAP	*GSBRNA2T00111519001*	MAPK 信号通路	Glyco_hydro_19_cat 结构域蛋白
DAP	*GSBRNA2T00150001001*	MAPK 信号通路	含 SCP 结构域蛋白
DAP	*GSBRNA2T00146665001*	MAPK 信号通路	防卫素
DAP	*GSBRNA2T00102833001*	MAPK 信号通路	过氧化氢酶 2
DEG	*BnaA01g31480D*	淀粉和蔗糖代谢	可能的果胶酯酶/果胶酯酶抑制剂 25
DEG	*BnaC04g51190D*	淀粉和蔗糖代谢	可能的果胶酯酶/果胶酯酶抑制剂 20
DEG	*BnaC04g42400D*	淀粉和蔗糖代谢	可能的果糖激酶-1
DEG	*BnaCnng30740D*	淀粉和蔗糖代谢	可能的果糖激酶-1
DEG	*BnaC03g43570D*	淀粉和蔗糖代谢	β-淀粉酶 1，叶绿体
DEG	*BnaC09g21440D*	淀粉和蔗糖代谢	β-淀粉酶 1，叶绿体
DEG	*BnaC01g15870D*	淀粉和蔗糖代谢	海藻糖酶
DEG	*BnaA09g12880D*	淀粉和蔗糖代谢	酸性 β-呋喃果糖苷酶 3，液泡
DEG	*BnaA09g49760D*	淀粉和蔗糖代谢	可能的半乳糖醛酸转移酶 6
DEG	*BnaA09g55490D*	淀粉和蔗糖代谢	β-葡萄糖苷酶 27
DEG	*BnaC05g13110D*	淀粉和蔗糖代谢	可能的 alpha，alpha-海藻糖合成酶［UDP-forming］3
DEG	*BnaC05g18490D*	淀粉和蔗糖代谢	可能的磷酸葡萄糖变位酶，细胞质 1 alpha，alpha-海藻糖合成酶［UDP-forming］1
DEG	*BnaC06g39000D*	淀粉和蔗糖代谢	alpha，alpha-trehalose-phosphate synthase［UDP-forming］1
DEG	*BnaA02g29830D*	淀粉和蔗糖代谢	α-葡聚糖磷酸化酶 1
DEG	*BnaC09g37040D*	淀粉和蔗糖代谢	蔗糖合成酶 1-like
DEG	*BnaA09g10080D*	淀粉和蔗糖代谢	已糖激酶-1
DAP	*GSBRNA2T00013250001*	淀粉和蔗糖代谢	磷酸转移酶
DAP	*GSBRNA2T00091626001*	淀粉和蔗糖代谢	磷酸转移酶
DAP	*GSBRNA2T00035943001*	淀粉和蔗糖代谢	β-葡萄糖苷酶 23

（续表）

类型	ID	通路	注释
DAP	*GSBRNA2T*00045179001	淀粉和蔗糖代谢	β-葡萄糖苷酶 23
DAP	*GSBRNA2T*00154330001	淀粉和蔗糖代谢	葡萄糖-1-磷酸腺苷酰〔基〕转移酶
DAP	*GSBRNA2T*00110776001	淀粉和蔗糖代谢	葡萄糖-1-磷酸腺苷酰〔基〕转移酶
DAP	*GSBRNA2T*00148916001	淀粉和蔗糖代谢	蔗糖合成酶
DAP	*GSBRNA2T*00154198001	淀粉和蔗糖代谢	蔗糖合成酶
DAP	*GSBRNA2T*00018414001	淀粉和蔗糖代谢	蔗糖合成酶
DAP	*GSBRNA2T*00099636001	淀粉和蔗糖代谢	内切葡聚糖酶
DAP	*GSBRNA2T*00152141001	淀粉和蔗糖代谢	内切葡聚糖酶
DAP	*GSBRNA2T*00017186001	淀粉和蔗糖代谢	可能为果糖激酶-6，叶绿体
DAP	*GSBRNA2T*00086377001	淀粉和蔗糖代谢	酸性 β-呋喃果糖苷酶 3，液泡
DAP	*GSBRNA2T*00021040001	淀粉和蔗糖代谢	β-淀粉酶
DAP	*GSBRNA2T*00102680001	淀粉和蔗糖代谢	含核糖体 17ae 结构域的蛋白质
DAP	*GSBRNA2T*00111698001	淀粉和蔗糖代谢	Mrna，克隆号：Rtfl01-29-D21
DAP	*GSBRNA2T*00117685001	淀粉和蔗糖代谢	α-1,4 葡聚糖磷酸化酶
DAP	*GSBRNA2T*00119392001	淀粉和蔗糖代谢	胞质 PGM3
DAP	*GSBRNA2T*00121843001	淀粉和蔗糖代谢	Pfk B 结构域蛋白
DAP	*GSBRNA2T*00130169001	淀粉和蔗糖代谢	UTP-葡萄糖-1-磷酸核苷酸基转移酶
DAP	*GSBRNA2T*00134760001	淀粉和蔗糖代谢	4-α-葡聚糖转移酶
DAP	*GSBRNA2T*00144498001	淀粉和蔗糖代谢	α-1,4 葡聚糖磷酸化酶

3. 关键差异基因筛选

结合转录组和蛋白组结果分析，在植物激素信号转导、类苯丙酸生物合成、植物-病原体相互作用、淀粉和蔗糖代谢和 MAPK 信号通路等 KEGG 通路共筛选到 12 个差异基因/蛋白（表 7-13），其中转录组筛选出 5 个基因，蛋白组筛选出 7 个差异蛋白。

表 7-13　油菜抵御重金属胁迫相关差异基因

基因名称	基因注释	来源	上下调
BnaA07g32130D	防御素样蛋白 4	转录组学	下调
BnaC06g37490D	钙结合蛋白 CML38	转录组学	下调
BnaC02g22250D	Nudix 水解酶 21，叶绿体	转录组学	下调
BnaC01g03240D	钙依赖蛋白激酶 5	转录组学	下调
BnaA02g29830D	α-葡聚糖磷酸化酶 1	转录组学	下调
BnaC04g00740D	生长素响应蛋白 *SAUR*32	转录组学	上调

（续表）

基因名称	基因注释	来源	上下调
BnaC08g30850D	生长素响应蛋白 *SAUR*36	转录组学	上调
BnaC04g00160D	通用应激蛋白家族	蛋白质学	下调
BnaCnng67880D	2OG-Fe（Ⅱ）加氧酶超家族	蛋白质学	上调
BnaCnng19060D	谷胱甘肽 S-转移酶，N 端结构域；谷胱甘肽 S-转移酶，C 末端结构域	蛋白质学	上调
BnaCnng70090D	NA	蛋白质学	上调
BnaC03g30870D	谷胱甘肽 S-转移酶，N 端结构域；谷胱甘肽 S-转移酶，C 末端结构域	蛋白质学	下调

转录组的 7 个基因（*BnaA07g32130D*、*BnaC06g37490D*、*BnaC02g22250D*、*BnaC01g03240D*、*BnaC04g00740D*、*BnaC08g30850D* 和 *BnaA02g29830D*）在室内筛选的 21 个材料上进行定量验证，蛋白组的 5 个基因（*BnaC04g00160D*、*BnaCnng67880D*、*BnaCnng19060D*、*BnaCnng70090D* 和 *BnaC03g30870D*）在近等基因系材料上进行定量验证。通过 RT-qPCR 分析发现，*BnaA07g32130D* 在高浓度重金属胁迫中显著下调，最大差异倍数达极显著；*BnaCnng67880D*、*BnaCnng19060D* 和 *BnaCnng70090D* 在高浓度重金属胁迫中显著上调，差异倍数分别为 6.41，2.40 和 7.88，*BnaC03g30870D* 和 *BnaC04g00160D* 显著下调，差异倍数分别为 0.40 和 0.50，这 6 个基因可能为油菜响应重金属胁迫的关键基因，在后续田间实验中进行相应表达量验证。

三、讨论

在本研究中，通过转录组和蛋白质组鉴定分别鉴定出 9 665 个 DEGs 和 1 787 个 DAPs，其中有 183 个 DEGs 和 11 个 DAPs 参与植物激素信号转导和 MAPK 信号通路，且相关差异基因多为生长素应答蛋白和过氧化物酶家族成员。已有研究发现，植物激素信号转导、MAPK 信号等 KEGG 通路与植物对重金属的抗性高度相关[133-136]，*IAA* 可以通过减少重金属的吸收，增强植物的抗氧化能力来降低重金属的毒性[132,137-139]，*SAUR* 过表达能调节细胞壁酸化，诱导植物生长[140-141]，还可增强植物细胞与金属结合[142]，因而被认为能增强植物的环境适应性[143]。通过比较 KEGG 通路差异基因，淀粉和蔗糖代谢途径中差异基因表达更多，说明重金属胁迫可以抑制作物物质合成，破坏细胞浸润调节，降解蛋白质水解活性，最终抑制种子萌发和幼苗发育[102,104-105,144]。在本研究中，高浓度重金属胁迫下，种子萌发受到抑制且萌发后进入苗期的时间延长，甚至直接死亡，导致生物量下降，与 Seneviratne 等人的研究结果相一致[101]。在种子萌发早期，重金属抑制了碳水化合物的水解和水解糖的转移，导致幼苗生长缓慢[101]。

本试验通过对蛋白组和转录组进行关联分析，验证筛选油菜抵御重金属胁迫的潜在关键基因，发现与酶功能相关的基因主要表现为上调，这进一步表明，酶在油菜抵御重金属胁迫过程中，发挥重要作用。研究人员发现，2OG-Fe（II）加氧酶［2OG-Fe（II）oxygenase］参与植物生物量和产量的积累与植物的生长发育[145]，同时还被发现在参与植物抗病，通过增强自身表达从而激活植物防御反应[146]，这与本试验研究结果一致。油菜在抵御重金属胁迫过程中，*BnaCnng67880D* 可通过增强表达从而抵御重金属毒害。谷胱甘肽S-转移酶（GST）在植物面对多种应激条件下具有高诱导能力，尤其在植物应对微生物感染时，能通过特异性上调来增强植物抵抗力[147]。*BnaCnng19060D* 在实验中显著上调，表明了 GST 在植物抵御重金属胁迫过程中，也发挥了重要作用[148]。

四、小结

以近等基因系材料 100×处理下幼苗为材料进行组学分析，转录组分析共鉴定到 9 665 个 DEGs，其中 4 820 个为下调基因，4 845 个为上调基因。对相关 KEGG 通路上的 DEGs 分析发现，DEGs 主要为信号传导，免疫调节，物质合成和抗病相关基因；在蛋白组分析中，共鉴定出 1 787 个 DAPs，其中 928 个上调蛋白，859 个下调的蛋白，对相关 KEGG 通路上的 DEGs 分析发现，DAPs 主要为光合作用，植物激素，脂肪酸降解和合成，抗氧化活性相关蛋白。在转录组和蛋白组的关联分析中，鉴定到 118 个基因呈相同趋势，其中 57 个基因上调，61 个基因下调；134 个基因的表达趋势相反，其中 102 个基因在转录组中上调，在蛋白质组中下调。通过对重金属胁迫相关通路的差异基因进行比较筛选共鉴定出 12 个差异基因（*BnaA07g32130D*、*BnaC06g37490D*、*BnaC02g22250D*、*BnaC01g03240D*、*BnaA02g29830D*、*BnaC04g00740D*、*BnaC08g30850D*、*BnaC04g00160D*、*BnaCnng67880D*、*BnaCnng19060D*、*BnaCnng70090D* 和 *BnaC03g30870D*），采用定量 PCR 方法分析 21 个代表性材料中表达量，结合干鲜重、生理指标含量等筛选出 *BnaA07g32130D*、*BnaCnng67880D*、*BnaCnng19060D*、*BnaC03g30870D*、*BnaC04g00160D* 和 *BnaCnng70090D* 等 6 个候选功能基因。

第五节　重金属胁迫对油菜田间长势、生理特性及关键基因表达的影响

在前期研究中，我们通过 RT-qPCR 分析，发现 *BnaA07g32130D*、*BnaCnng67880D*、*BnaCnng19060D*、*BnaCnng70090D*、*BnaC03g30870D* 和 *BnaC04g00160D* 这 6 个基因可能为关键差异基因，在 6 个长江中下游地区主栽油菜品种上进行在田间重金属超标田和未超标田进行分析，为油菜抗重金属胁迫分子机制研究提供参考。

一、材料与方法

（一）供试材料

本研究供试材料为‘沣油 737’‘沣油 823’和‘沣油 958’，由湖南省作物研究所提供；‘中油杂 17’由中国农科院油料作物研究所提供；‘盛油 664’由贵州省油菜研究所提供；‘湘杂油 787’由湖南农业大学农学院提供。

（二）试验试剂与仪器

植物总 RNA 提取试剂盒（TransZol Up Plus RNA Kit）和反转录试剂盒［One-Step

gDNA Removal（TRANS）］由北京全式金生物技术有限公司，荧光定量 PCR 试剂盒［Hieff® qPCR SYBR Green Master Mix（High Rox Plus）］由圣生物科技（上海）股份有限公司提供。此外，所有使用的引物均由北京擎科新业生物技术有限公司（长沙）合成。所使用的实验仪器与第四节 1.2 描述的一致。

（三）试验方法

试验材料在同一地块内播种，5~6 叶期时分别移植到试验组农田 H（重金属超标田）和对照组农田 CK（重金属未超标田）。在不同的生长阶段，包括苗期、蕾薹期、花期和角果期，对叶片进行取样分析。这两块田地的田间重金属含量有所不同（详见表 7-14），采用尿素、KCl 和磷酸二氢钾将养分补足，确保两个地方的养分和田间管理方式一致。

表 7-14　不同重金属含量农田土壤数据

农田	指标				
	全氮（g/kg）	全钾（g/kg）	全磷（mg/kg）	镉（mg/kg）	锰（mg/kg）
H	0.92	12.42	411.43	0.40	445.55
CK	1.38	23.04	762.32	0.10	491.71

1. 取样时间及部位

苗期：取样时间（5~6 叶期，7~8 叶期，9~10 叶期）；取样部位（油菜叶片）。

花期：取样时间（2022.2.28，2022.3.12，2022.3.24）；取样部位（未开的花，盛开的花，即将凋谢的花）。

角果期：取样时间（油菜授粉后 20 d、25 d、30 d、35 d、40 d）；取样部位（油菜角果）。

2. 农艺性状调查

调查时间：2022 年 1 月 9 日调查油菜越冬期性状；2022 年 5 月 4 日调查油菜收获期性状[149]。

越冬期：株高，植株总绿叶数，植株总叶数，最大叶宽，最大叶长，根茎粗。

收获期：株高，主花序有效长度，主花序有效长度，一次有效分枝数，主花序有效角果数，总角果数，角果长度，角果粒数。

3. 生理指标测定

对苗期、蕾薹期、花期和角果期的叶片，花期未开的花、盛开的花和即将凋谢的花以及角果期授粉后 20 d、25 d、30 d、35 d 和 40 d 的角果进行取样并检测其生理生化指标，主要针对抗氧化酶活指标进行检测：SOD、POD、CAT 和 MDA，试验方案参考萧浪涛等[84]。

4. 重金属含量测定

测定油菜角果收获后的根、茎和角果（角果皮、籽粒）中的重金属含量。

5. 关键基因的表达量规律

对苗期（5~6 叶期、7~8 叶期和 9~10 叶期）叶片取样测定 *BnaA07g32130D*、*Bn-*

aCnng67880D、*BnaCnng19060D*、*BnaC03g30870D*、*BnaC04g00160D* 和 *BnaCnng70090D* 的表达量，通过对苗期 6 个基因表达量的规律比较，筛选出 2 个基因 *BnaA07g32130D* 和 *BnaCnng19060D* 进行全生育期（苗期、蕾薹期、花期和角果期的叶片，花期未开的花、盛开的花和即将凋谢的花以及角果期授粉后 20 d、25 d、30 d、35 d 和 40 d 的角果进行取样）表达量测定，试验方案同第四节一、(四)。

二、结果分析

（一）农艺性状研究

由表 7-15 可知，重金属在油菜越冬前对其叶片生长和株高影响显著，其中株高的差异最显著。在 CK 组中生长的油菜株高为 17.00~74.34 cm，但 H 组农田中生长的油菜株高为 4.80~7.66 cm，最大差异达 12.6 倍。比较 2022 年 5 月 4 日收获期测定的农艺性状，株高、有效分枝高度和主花序有效长度差异显著，CK 组中生长的油菜株高显著高于 H 组，但有效分枝高度和主花序有效长度则是 H 组中高于 CK 组，表明重金属胁迫会影响其茎的发育。油菜通过根系吸附重金属离子，以茎转运重金属离子来降低重金属的毒害作用。H 组和 CK 组的株高、有效分枝高度和主花序有效长度差异表明，在油菜生长过程中，重金属在油菜苗期的影响显著，降低油菜早期的物质积累，进而延长油菜进入蕾薹期的时间，延长油菜生育期。

（二）生理特性研究

测定 H 组和 CK 组油菜全生育期不同器官抗氧化酶活性和含量结果（表 7-16）表明，MDA 在苗期叶片中含量最多，其中最多为 4.70 μmol/g，随着油菜生长，逐渐降低，与农艺性状调查结果一致，重金属胁迫对油菜苗期影响最显著。在角果期，角果皮中 MDA 含量显著高于籽粒中，且逐渐增大，在授粉后 35 d 和 40 d 中，籽粒中 MDA 含量均未超过 1.00 μmol/g，为可能与油菜籽粒的油脂形成有关，重金属离子不易溶于油脂，被富集在角果皮中，造成植物毒害。研究表明，植物受到氧化胁迫时，SOD 被称为第一道防线，将 O^{2-} 分解为 H_2O_2，再由 CAT 和 POD 负责将 H_2O_2 分解为 H_2O 和 O_2，从而阻止 ROS 的形成[150]。在苗期叶片中，SOD 和 POD 活性差异最显著，其中在 CK 组生长的油菜 SOD 活性较 H 组低，差异倍数最大达 2.27~1.11 倍，表明油菜在早期生长受到重金属胁迫时，主要通过激活 SOD 和 POD 活性来降低重金属毒害造成的 ROS 积累，这与我们室内实验研究结果一致。CAT 在花期叶片中差异最显著，在 H 组中生长的油菜叶片 CAT 酶最高达 54.93 μmol/g，较同一材料 CK 组中 16.00 μmol/g，差异倍数达 3.43 倍，推测 CAT 酶可能是油菜从营养生长转为生殖生长过程中，抵御重金属胁迫的关键酶。

（三）不同器官重金属含量

比较 H 组和 CK 组油菜不同器官富集的 Cd、As 和 Pb 的浓度（图 7-34）发现，As 主要富集在油菜根系中，Pb 主要富集在油菜根系和茎秆中，Cd 则主要富集在角果皮中，3 个重金属在籽粒中富集的差异较小，且籽粒中富集的重金属浓度低，最高仅为 Pb1.52 mg/kg。比较不同器官富集的重金属含量，根系富集的 Cd、As 和 Pb 含量最多，其中 Pb 最多，As 次之，Cd 最少，与室内实验研究结果一致。

表 7-15　重金属胁迫下油菜苗期农艺性状

生育期	指标	CK						H					
		沣油737	沣油823	沣油958	中油杂17	盛油664	湘杂油787	沣油737	沣油823	沣油D958	中油杂17	盛油664	湘杂油787
越冬期	绿叶数（片）	13. 20a	13. 60a	15. 40a	11. 40a	13. 00a	8. 00b	11. 20a	11. 20a	13. 20a	12. 00a	11. 20a	8. 80a
	总叶数（片）	16. 60a	15. 80a	18. 00a	13. 60b	15. 60a	9. 33c	12. 20a	12. 20a	14. 00a	12. 80a	12. 40a	9. 20b
	最大叶长（cm）	23. 20a	27. 22a	25. 38a	23. 24a	26. 90a	23. 66a	14. 70a	17. 70a	17. 42a	15. 90a	16. 30a	19. 74a
	最大叶宽（cm）	16. 74a	19. 80a	18. 22a	19. 02a	20. 22a	16. 33a	10. 88b	13. 90a	13. 66a	14. 40a	13. 90a	16. 46a
	根茎粗（cm）	1. 74a	2. 18a	2. 04a	1. 66a	2. 16a	1. 53a	1. 32a	1. 74a	1. 20a	1. 24a	1. 36a	1. 24a
	株高（cm）	25. 80c	42. 30b	74. 34a	37. 56b	38. 20b	17. 00d	4. 80b	4. 80b	5. 90a	6. 20a	5. 40a	7. 66a
收获期	株高（cm）	186. 00c	200. 20b	205. 60a	179. 60c	178. 20c	172. 40c	133. 40c	139. 80b	165. 40a	156. 00a	150. 00a	153. 00a
	有效分枝高度（cm）	45. 80b	88. 00a	75. 00a	69. 80a	66. 00a	81. 00a	26. 40a	16. 00a	25. 20a	8. 40a	40. 20a	21. 40a
	主花序有效长度（cm）	65. 40b	57. 70a	68. 40a	64. 80a	63. 00a	44. 40a	50. 80c	63. 80a	78. 40a	70. 60a	66. 40a	58. 00b
	一次有效分枝数（个）	10. 60a	8. 80a	9. 60a	8. 40a	8. 60a	9. 60a	7. 40a	9. 20a	9. 60a	11. 20a	10. 00a	10. 60a
	主花序有效角果数（个）	87. 60b	87. 20b	101. 00a	80. 60b	71. 20b	43. 80c	70. 60a	78. 80a	90. 00a	92. 40a	78. 60a	56. 40b
	总角果数（个）	488. 00a	482. 00a	453. 40a	303. 40a	337. 00a	205. 00a	209. 20c	268. 40b	343. 80b	437. 20a	273. 80b	320. 80b
	角果长度（cm）	7. 02a	6. 26a	6. 08a	6. 96a	6. 53a	6. 40a	7. 50a	6. 74a	9. 06a	8. 02a	7. 28a	6. 95a
	角果粒数（个）	17. 40a	16. 84a	16. 52a	18. 20a	20. 12a	18. 24a	20. 84a	16. 73b	21. 20a	23. 92a	22. 64a	24. 48a

注：字母表示方差分析结果差异显著。

表 7-16　重金属胁迫下不同器官生理生化指标

指标		品种	叶片				花			角果皮					籽粒				
			苗期	蕾薹期	花期	角果期	初花	盛花	终花	20 d	25 d	30 d	35 d	40 d	20 d	25 d	30 d	35 d	40 d
CAT (μmol/g)	CK	洋油 737	11. 40b	11. 43a	16. 00e	8. 50c	7. 27b	6. 47c	23. 07b	3. 63c	8. 27a	8. 60c	4. 47c	3. 90d	19. 43a	12. 80b	23. 57a	18. 50b	20. 03c
		洋油 730	12. 27b	10. 00a	12. 57f	15. 70a	5. 27c	14. 17a	21. 17c	8. 47a	4. 03c	5. 70d	11. 40a	6. 50c	18. 87a	19. 20a	11. 87c	25. 37c	14. 03d
		洋油 958	5. 07d	7. 93b	20. 93c	15. 63a	8. 93b	7. 30c	26. 87a	3. 00c	3. 90c	40. 87a	4. 50c	7. 60c	9. 17c	12. 93b	7. 60d	23. 57a	23. 77b
		中油杂 17	8. 53c	6. 23c	26. 63a	15. 57a	6. 83b	11. 90b	21. 53b	3. 93c	2. 60d	34. 80b	3. 40c	12. 27b	17. 53a	9. 07c	24. 23a	14. 43c	23. 10b
		盛油 664	21. 00a	5. 53c	18. 40d	15. 70a	7. 90b	10. 70b	17. 47d	7. 90a	6. 10b	6. 67d	3. 17c	14. 83a	11. 53b	13. 87b	22. 57a	12. 50d	22. 07b
		湘杂油 787	8. 07c	5. 50c	22. 87b	13. 47b	16. 60a	10. 77b	18. 47d	5. 20b	3. 13d	3. 17e	6. 60b	7. 20c	13. 07b	12. 40b	18. 33b	17. 27b	49. 27a
	H	洋油 737	5. 03e	9. 47a	54. 93a	14. 77b	9. 37c	12. 07c	23. 10a	6. 27a	3. 80b	4. 90b	6. 37a	6. 43c	11. 07d	11. 40a	13. 37c	9. 37e	21. 63c
		洋油 730	6. 03e	6. 73c	18. 87e	9. 80d	14. 13a	15. 60b	16. 17c	3. 30c	2. 37c	5. 63b	3. 83b	5. 00c	14. 33c	7. 33c	12. 93c	23. 17b	26. 37b
		洋油 958	12. 77b	5. 20d	53. 27a	21. 73a	11. 40b	11. 40c	20. 87b	5. 90a	5. 60b	5. 07b	6. 80a	6. 70c	10. 73d	6. 20c	15. 80b	18. 53c	18. 97c
		中油杂 17	11. 23c	4. 03e	38. 13b	12. 00c	13. 23a	16. 87a	23. 63a	7. 40a	5. 60b	10. 53a	5. 40a	19. 40b	16. 17b	12. 17a	14. 10c	15. 50d	13. 80d
		盛油 664	8. 17d	7. 93b	26. 27d	12. 80c	10. 67b	10. 70d	16. 03c	4. 40b	8. 57a	6. 30b	6. 43a	5. 67c	15. 87b	10. 53b	26. 77a	34. 07a	21. 87c
		湘杂油 787	18. 37a	4. 17e	31. 60c	8. 93d	13. 90a	9. 10e	9. 17d	5. 70a	4. 17b	2. 43c	5. 23a	34. 13a	22. 10a	12. 57a	17. 87b	14. 13d	29. 77a

（续表）

指标		品种	叶片				花			角果皮					籽粒				
			苗期	蕾薹期	花期	角果期	初花	盛花	终花	20 d	25 d	30 d	35 d	40 d	20 d	25 d	30 d	35 d	40 d
MDA（μmol/g）	CK	沣油 737	4.05a	1.71a	1.89c	0.39c	1.22c	1.63a	1.51a	0.62a	0.39a	0.43b	1.01a	1.25b	0.26b	0.20b	0.48a	0.50a	0.86a
		沣油 730	1.88c	1.75a	2.45b	0.51c	1.16c	1.36a	1.54a	0.77a	0.54a	0.57a	1.07a	1.13b	0.28b	0.20b	0.57a	0.19a	0.85a
		沣油 958	2.30b	1.71a	2.71b	0.80c	2.79a	1.79a	1.45a	0.24c	0.84a	0.83a	0.52a	0.97c	0.82a	0.26b	0.45a	0.83a	0.72a
		中油杂 17	2.85b	1.72a	3.22a	2.93b	1.35c	1.44a	1.27a	0.53b	0.33a	0.74a	1.14a	1.71a	0.64a	0.59a	0.62a	0.69a	0.86a
		盛油 664	2.70b	1.95a	2.53b	4.34a	1.39c	1.38a	1.42a	0.79a	0.44a	0.82a	1.13a	1.90a	0.50a	0.27b	0.88a	0.36a	0.63a
		湘杂油 787	2.32b	1.82a	1.98c	0.37c	2.07b	1.77a	1.79a	0.29c	0.72a	0.66a	0.59a	1.64a	0.65a	0.46a	0.55a	0.46a	0.71a
	H	沣油 737	4.46a	3.09a	2.09c	0.94c	1.60a	3.21a	2.10b	0.82a	0.57a	1.77a	2.78a	2.19a	0.77a	0.65a	0.84a	0.53a	0.55a
		沣油 730	4.70a	2.63a	2.15c	1.30c	1.26a	2.18b	1.86b	0.42b	0.39b	1.97a	2.53a	2.42a	0.78a	0.55a	0.85a	0.56a	0.85a
		沣油 958	3.25b	2.87a	3.18a	5.55a	1.73a	1.99b	3.11a	0.48b	0.70a	1.23c	1.35c	0.98b	0.64a	0.51a	0.76a	0.37a	0.80a
		中油杂 17	3.55b	2.37a	3.45a	1.61c	1.32a	1.87b	1.86b	0.39b	0.87a	1.48b	1.82b	0.57b	0.48a	0.57a	1.08a	0.59a	0.35a
		盛油 664	3.47b	2.78a	2.52b	0.53d	1.28a	1.28b	1.90b	0.43b	0.79a	1.86a	2.68a	0.70b	0.43a	0.57a	1.04a	0.67a	0.60a
		湘杂油 787	3.07b	2.84a	2.59b	4.23b	1.77a	1.85b	1.35c	0.26c	1.15a	1.29c	1.84b	0.47b	0.64a	0.94a	0.80a	0.81a	0.52a

（续表）

指标		品种	叶片				花			角果皮					籽粒				
			苗期	蕾薹期	花期	角果期	初花	盛花	终花	20 d	25 d	30 d	35 d	40 d	20 d	25 d	30 d	35 d	40 d
POD (μmol/g)	CK	沣油 737	170. 40b	22. 15b	8. 83d	13. 07d	74. 47a	11. 12a	21. 42a	2. 10c	5. 65a	4. 78b	3. 75d	9. 97b	1. 32b	1. 18c	3. 10b	1. 78a	1. 02c
		沣油 730	94. 43e	9. 02d	8. 68d	17. 38c	48. 00b	8. 77c	22. 60a	5. 33b	3. 98b	3. 57b	3. 67d	12. 97a	2. 73a	1. 72b	2. 23b	0. 72b	1. 53b
		沣油 958	70. 92f	7. 42d	14. 00c	13. 88d	52. 30b	10. 13b	22. 75a	1. 43c	3. 47b	4. 60b	4. 53c	7. 85c	1. 48b	0. 97c	2. 23b	1. 57a	2. 57a
		中油杂 17	141. 75c	21. 85b	16. 22b	19. 55b	80. 63a	11. 57a	15. 10b	7. 13a	4. 23b	6. 38a	5. 15b	5. 82d	0. 77c	1. 18c	1. 08c	1. 23a	0. 98c
		盛油 664	192. 37a	16. 25c	8. 50d	24. 85a	43. 12c	4. 92d	16. 88b	5. 57b	6. 12a	6. 05a	3. 20d	12. 75a	1. 92a	1. 08c	1. 53c	1. 83a	1. 68b
		湘杂油 787	133. 23d	42. 47a	56. 72a	6. 57e	39. 90c	12. 02a	21. 02a	5. 37b	4. 37b	7. 32a	6. 87a	4. 43e	2. 78a	3. 40a	10. 10a	2. 45a	1. 93b
	H	沣油 737	124. 22b	60. 67b	13. 92c	12. 83b	14. 87a	28. 25c	30. 25b	3. 08c	7. 38b	5. 78a	2. 33c	8. 30b	2. 92b	1. 62d	3. 18a	2. 28b	1. 30c
		沣油 730	88. 33c	41. 35e	17. 92a	5. 73c	16. 33a	35. 08a	32. 43b	1. 40d	2. 58d	4. 25b	1. 97c	8. 17b	2. 17b	2. 58c	4. 37a	1. 60b	1. 62c
		沣油 958	53. 05d	51. 07c	16. 88b	13. 17b	8. 55d	19. 28d	28. 58c	3. 35c	2. 62d	2. 93d	5. 97a	5. 38d	2. 23b	2. 25c	2. 17b	1. 30b	3. 10b
		中油杂 17	85. 07c	70. 12a	19. 15a	7. 33c	8. 53d	30. 45b	36. 87a	19. 15a	5. 17c	5. 53a	3. 50b	9. 85a	1. 30c	4. 48b	1. 65b	0. 75c	1. 52c
		盛油 664	138. 55a	46. 75d	13. 92c	6. 58c	12. 73b	26. 32c	27. 30c	2. 95c	9. 00a	5. 10a	3. 67b	5. 68d	2. 27b	1. 55d	1. 05b	3. 90a	0. 63d
		湘杂油 787	37. 87e	69. 45a	17. 30a	14. 87a	10. 58c	27. 62c	23. 32d	4. 37b	1. 70d	3. 80c	6. 22a	7. 32c	3. 80a	6. 45a	3. 90a	4. 37a	4. 90a

（续表）

指标		品种	叶片				花			角果皮					籽粒				
			苗期	蕾薹期	花期	角果期	初花	盛花	终花	20 d	25 d	30 d	35 d	40 d	20 d	25 d	30 d	35 d	40 d
SOD (μmol/g)	CK	沣油 737	21.48b	26.93a	25.75b	32.32c	19.59b	15.84b	20.33a	18.83b	17.31a	13.50c	10.53a	22.10a	32.96a	32.89a	30.35b	23.17c	35.82a
		沣油 730	15.77d	26.77a	24.38c	42.41a	19.32b	14.89c	21.65a	17.93c	15.33a	18.03a	8.85a	22.25a	29.54b	30.24b	32.96a	32.63a	34.97a
		沣油 958	18.12c	24.48b	28.10a	37.48b	22.61a	14.29c	22.01a	21.51b	18.06a	21.15a	11.96a	16.04b	21.54c	32.64b	31.45b	24.95c	34.17a
		中油杂 17	11.77e	20.85c	22.10d	34.32b	22.14a	16.87b	18.31b	22.08b	12.80b	15.81b	12.14a	20.09a	33.42a	23.89c	26.39c	36.42a	33.06a
		盛油 664	24.03a	24.11b	17.85e	35.51b	17.23c	12.20d	17.74b	21.17b	15.77a	16.78b	15.41a	20.57a	23.44c	31.74b	20.37d	29.23b	33.46a
		湘杂油 787	17.10c	20.98c	30.49a	29.39d	14.24d	18.36a	22.01a	26.35a	12.90b	20.45a	12.53a	19.76a	27.53b	40.36a	36.69a	35.85a	30.40a
	H	沣油 737	30.70a	27.60b	35.46a	42.08a	21.97a	7.56b	14.20b	19.27c	18.39a	26.06a	24.96a	25.15a	41.25a	30.53b	38.78a	36.46a	32.30a
		沣油 730	20.26d	29.28a	22.69b	44.03a	19.97a	7.93b	22.76a	21.16b	17.79a	21.34b	19.38b	22.61b	33.64c	33.99a	34.02b	34.74b	33.84a
		沣油 958	28.94b	25.54c	25.25b	42.35a	23.08a	11.55a	22.07a	25.06a	17.50a	21.41b	16.37b	24.41a	39.11a	30.38b	28.87c	39.43a	34.96a
		中油杂 17	26.73c	23.84d	21.22c	31.68b	19.90a	9.28b	14.21b	18.32c	13.42b	18.39b	16.39b	20.81c	29.40d	19.39d	28.05c	20.75d	27.72b
		盛油 664	26.65c	28.40b	20.16c	29.87b	17.37b	7.96b	11.88c	17.63c	10.83b	14.48d	11.30c	19.30d	15.56e	31.56b	23.09d	23.52c	30.06a
		湘杂油 787	32.39a	22.97e	25.30b	42.49a	21.71a	9.56b	14.22b	17.12c	13.10b	16.91c	5.97d	27.23a	37.55b	27.48c	27.33c	37.94a	32.53a

注：字母表示方差分析结果差异显著。

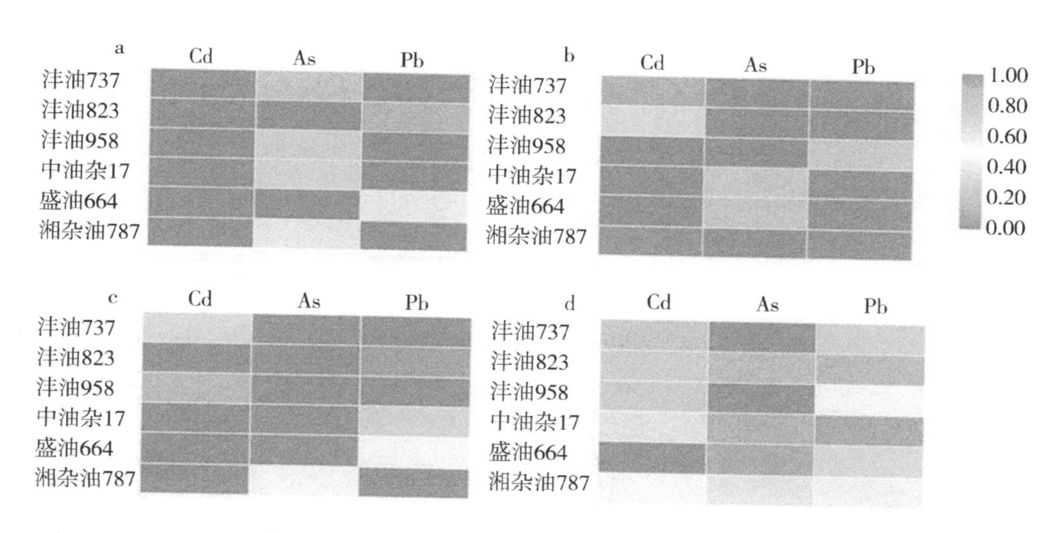

图 7-34　重金属胁迫下不同器官重金属含量差异比较

a：根的不同重金属含量差异比较；b：茎的不同重金属含量差异比较；c：角果皮的不同重金属含量差异比较；d：籽粒的不同重金属含量差异比较

（四）差异基因的表达情况

1. 差异基因在油菜苗期的表达

在油菜苗期（5~6 叶期、7~8 叶期和 9~10 叶期）取样，对关联分析筛选出的 6 个潜在油菜抵御重金属胁迫关键基因 *BnaA07g32130D*、*BnaCnng67880D*、*BnaCnng19060D*、*BnaC03g30870D*、*BnaC04g00160D* 和 *BnaCnng70090D* 进行油菜苗期表达量测定。结果表明（图 7-35），*BnaA07g32130D* 油菜苗期生长中，随生育期延长而显著下降（图 7-36）。与 CK 组中的材料比较，差异最大达 0.08 倍。*BnaCnng19060D* 在油菜苗期生长中，5~6 叶期表达最显著，最大差异为 28.84 倍，最小差异也达显著，为 2.34 倍。*BnaA07g32130D* 和 *BnaCnng19060D* 可能为油菜抵御重金属胁迫的关键基因。为探究 *BnaA07g32130D* 和 *BnaCnng19060D* 的功能及油菜对重金属胁迫的敏感期，对 *BnaA07g32130D* 和 *BnaCnng19060D* 进行油菜全生育期表达量测定。

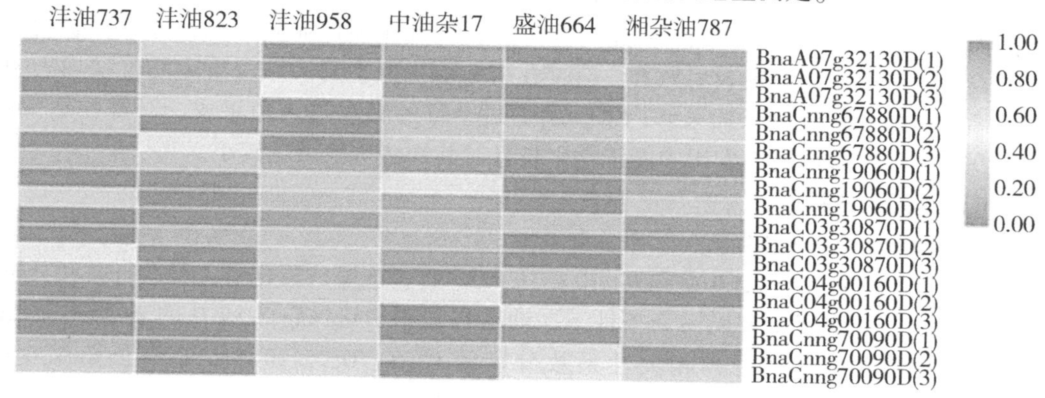

图 7-35　差异基因在油菜苗期的表达

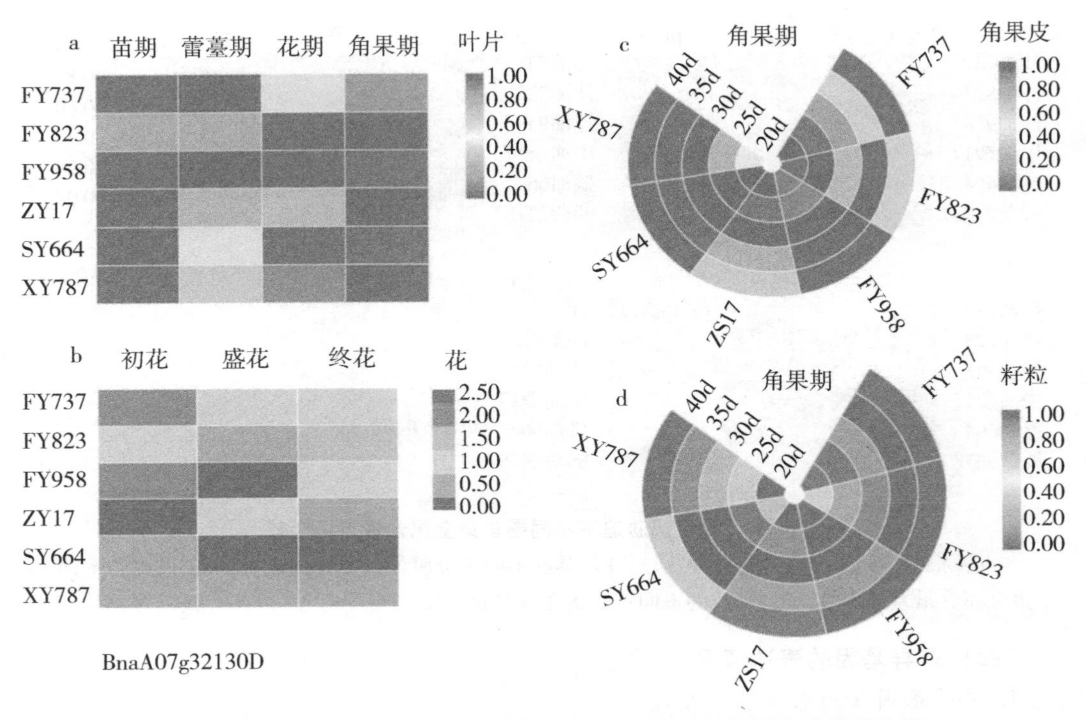

图 7-36 *BnaA07g32130D* 基因在油菜不同生育期和不同器官的基因表达

a：*BnaA07g32130D* 基因在全生育期的基因表达；b：*BnaA07g32130D* 基因在花中的基因表达；c：*BnaA07g32130D* 基因在角果皮中的基因表达；d：*BnaA07g32130D* 基因在籽粒中的基因表达

2. 差异基因在油菜全生育期的表达

对油菜全生育期不同组合进行基因 *BnaA07g32130D* 和 *BnaCnng19060D* 的 RT-qPCR 实验。RT-qPCR 分析显示，*BnaA07g32130D* 在蕾薹期和角果期叶片、盛花期花和角果期授粉后 20 d 和 25 d 角果皮中表达差异显著一致，H 组中显著低于 CK 组，最大差异为 0.02 倍。*BnaCnng19060D* 在苗期叶片和角果期授粉后 20 d 角果皮中表达差异显著一致（图 7-37）。结合生理酶活性分析表明，油菜受到重金属胁迫时，不同生育期的主要功能机制可能不同。苗期受到重金属胁迫时，生理酶活性显著增强；进入蕾薹期后，相关差异基因的表达量则表现显著。基因表达结果与生理酶活性及重金属含量均表明，金属离子从根系富集进入油菜体内后，会通过茎秆的转运进入角果皮，对籽粒影响较小，在低浓度重金属污染农田中能正常生长且对其经济价值影响较小。

（五）关联分析

1. 基因表达量与重金属含量的关联分析

将收获期 *BnaA07g32130D* 和 *BnaCnng19060D* 的表达量与重金属含量进行关联分析，结果表明，在低浓度重金属污染条件下，油菜籽粒中 *BnaCnng19060D* 的表达量与 Cd、As 和 Pb 均呈正相关关系，相关性系数分别为 0.21、0.22 和 0.23。油菜角果皮中 *BnaA07g32130D* 的表达量与 Cd、As 和 Pb 均呈正相关关系，相关性系数分别为 0.24、0.57 和 0.28，其中与 As 含量呈显著正相关（图 7-38）。*BnaA07g32130D* 在不同浓度重

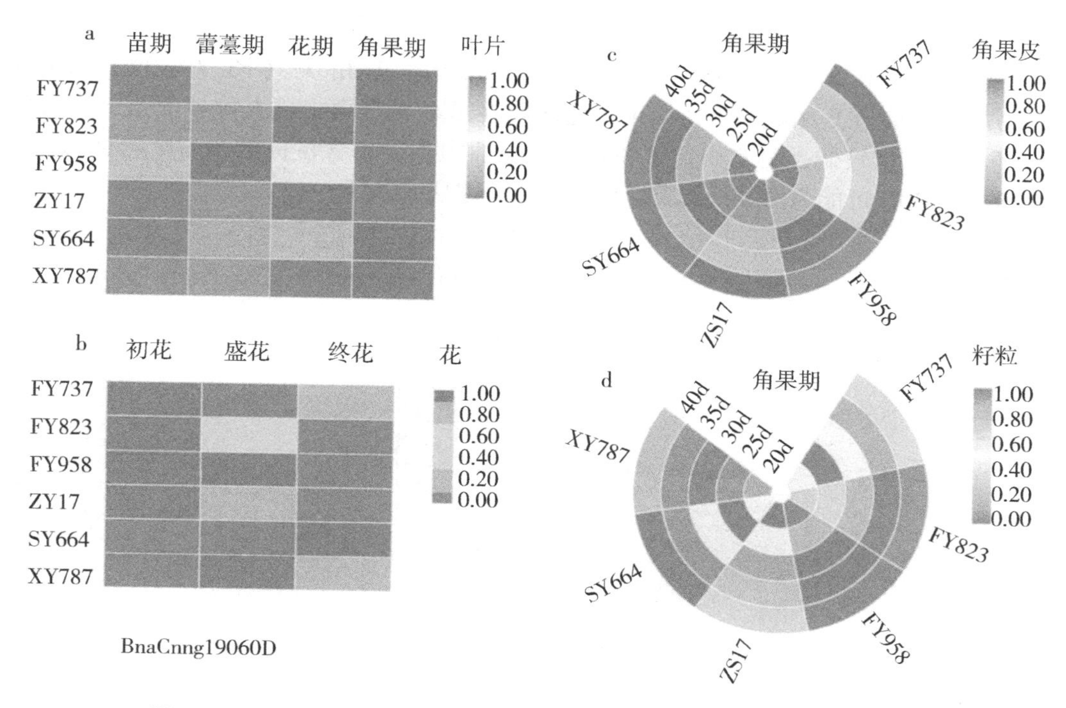

图 7-37　*BnaCnng*19060*D* 基因在油菜不同生育期和不同器官的基因表达

a：*BnaCnng*19060*D* 基因在全生育期的基因表达；b：*BnaCnng*19060*D* 基因在花中的基因表达；c：*BnaCnng*19060*D* 基因在角果皮中的基因表达；d：*BnaCnng*19060*D* 基因在籽粒中的基因表达

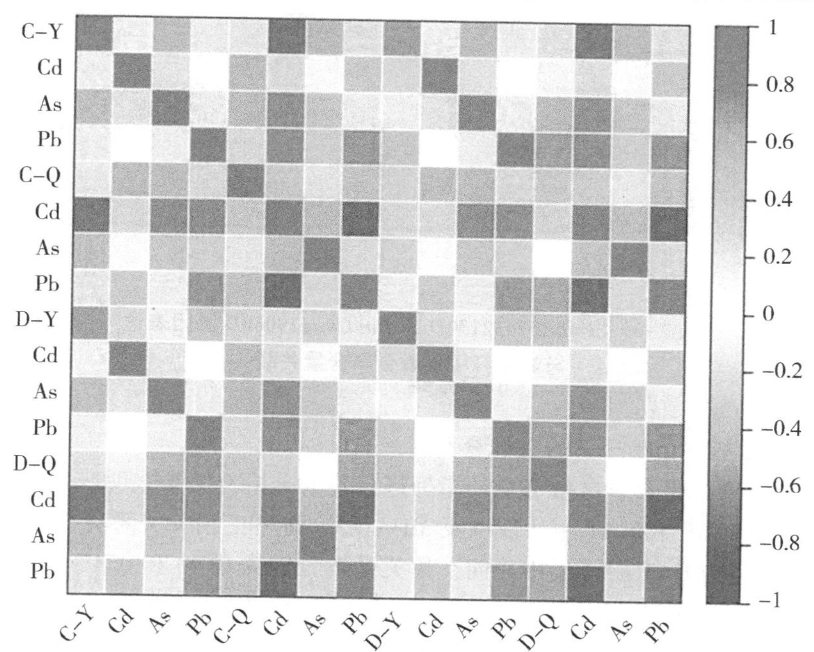

图 7-38　*BnaA07g32130D* 和 *BnaCnng19060D* 基因表达与油菜角果皮中重金属含量关联

金属污染条件下，籽粒中的表达量均与 *Cd*、*As* 和 *Pb* 含量呈正相关关系，相关性系数分别为 0.51、0.20 和 0.35，与 Cd 含量呈显著正相关（图 7－39）。结合 *BnaA07g32130D* 在角果期的表达结果，这表明在重金属污染土壤上种植油菜，油菜籽中的重金属含量较低，主要积蓄于粕饼中，毛油中重金属含量极低，不影响食用[17]。*BnaA07g32130D* 可能为油菜抵御重金属胁迫的关键功能基因。

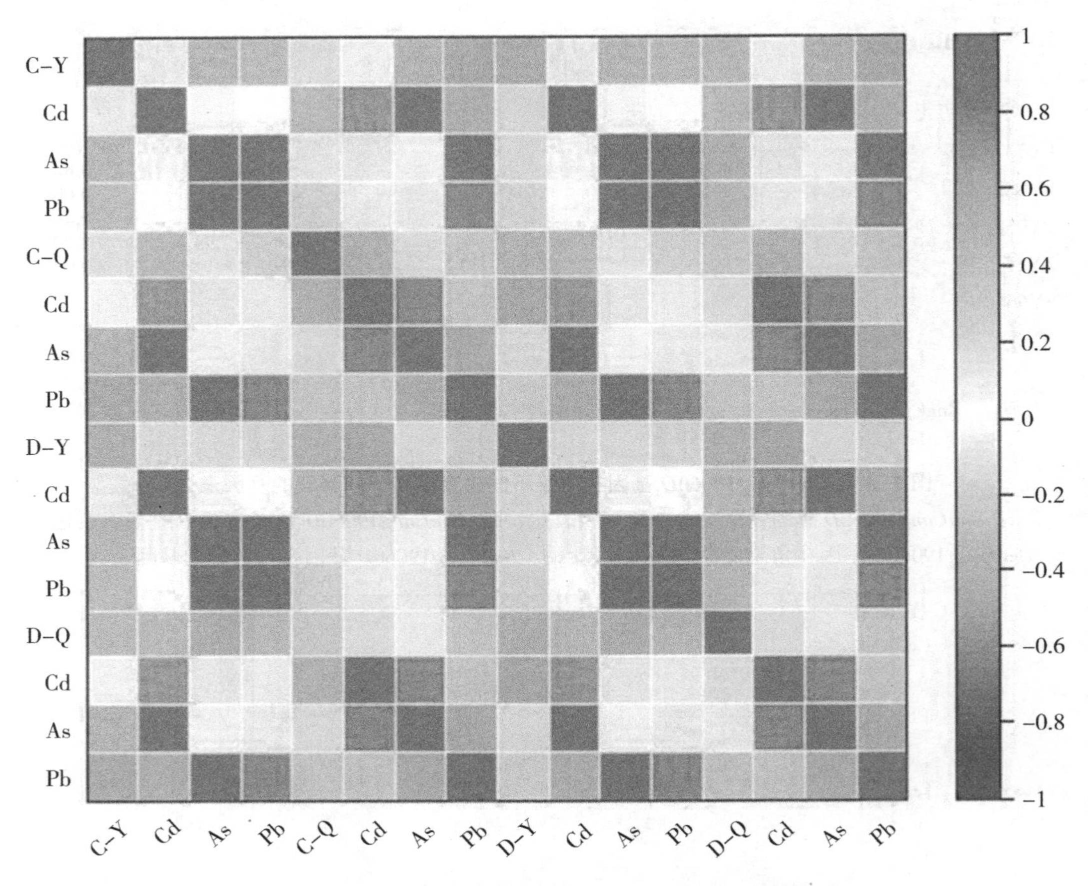

图 7-39　*BnaA07g32130D* 和 *BnaCnng19060D* 基因表达与油菜籽粒中重金属含量关联

2. 生理指标与重金属含量的关联分析

将收获期油菜的重金属含量与生理指标进行关联分析，结果表明，油菜角果皮中的 Cd 含量与 SOD、POD 和 CAT 酶活性以及 MDA 含量均呈正相关关系（图 7-40），油菜籽粒中的 Cd 含量与 CAT 酶呈正相关性，相关系数分别为 0.40 和 0.47（图 7-41）。与室内实验结果相比较，发现在油菜生长前期受到重金属胁迫，SOD 酶作为主要的功能酶，随着重金属毒害加剧和油菜生长，POD 酶和 CAT 酶逐渐成为主要解毒酶[10]。

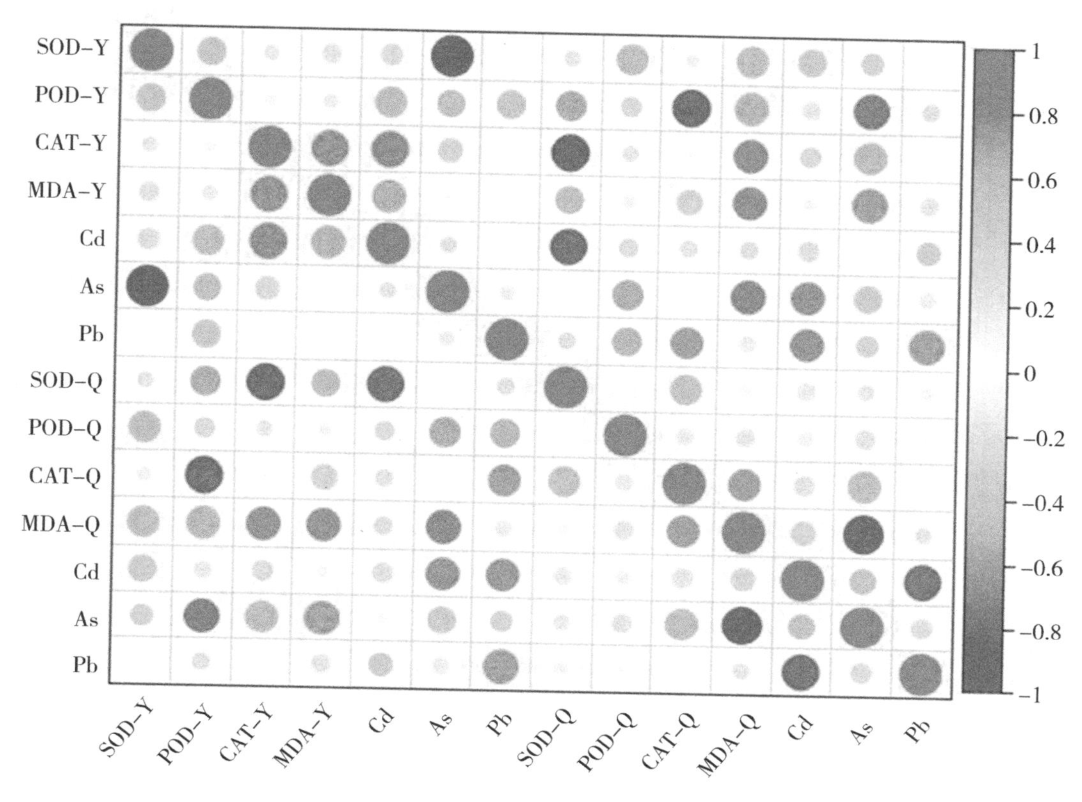

图 7-40　生理指标与油菜角果皮中重金属含量关联

三、讨论

MDA 含量常被研究人员用于表达植物受非生物胁迫程度高低[151]，本研究中发现，MDA 在苗期叶片中含量最多，随着油菜生长，逐渐降低，表明油菜生长过程中，苗期受到重金属胁迫毒害最显著。SOD 和 POD 活性在叶片苗期差异最显著，在油菜生长初期，SOD 是油菜生长初期主要的重金属胁迫抗性酶[152]，它主要与 POD 合作消除重金属胁迫引起的过量 ROS，随着油菜生长至后期进入生殖生长，CAT 酶逐渐成为主要解毒酶。已有研究人员发现，CAT 不仅参与植物抗氧化过程，还参与了植物的生育繁殖过程[153]。与本研究通过对不同时期重金属胁迫下油菜体内抗氧化酶活性进行测定发现，在油菜生长初期可通过测定幼苗 SOD 酶活性来筛选耐重金属胁迫的材料，而在油菜收获期可通过测定籽粒中 CAT 酶活性来进行材料筛选。

大多数植物防御素（Plant Defensin）是植物先天免疫系统的组成部分[154]，但其他植物防御素已经衍生出其他功能，通过与核酸的相互作用抑制蛋白质合成[155]、增强重金属耐受性[156]和促进植物生长发育[157-158]。Luo 等[34]通过体外 Cd 结合测明 *BnPDFL* 具有 Cd 螯合活性，异源过表达能增强对 Cd 耐受性。甘蓝型油菜中也鉴定出与水稻防御素样蛋白 *CAL*1 相似的蛋白质[159]。谷胱甘肽 S-转移酶（*GST*）能保护细胞免受氧化损伤，助于植物对重金属毒害的解毒[148,160]。在本研究中，通过对组学分析筛选出的

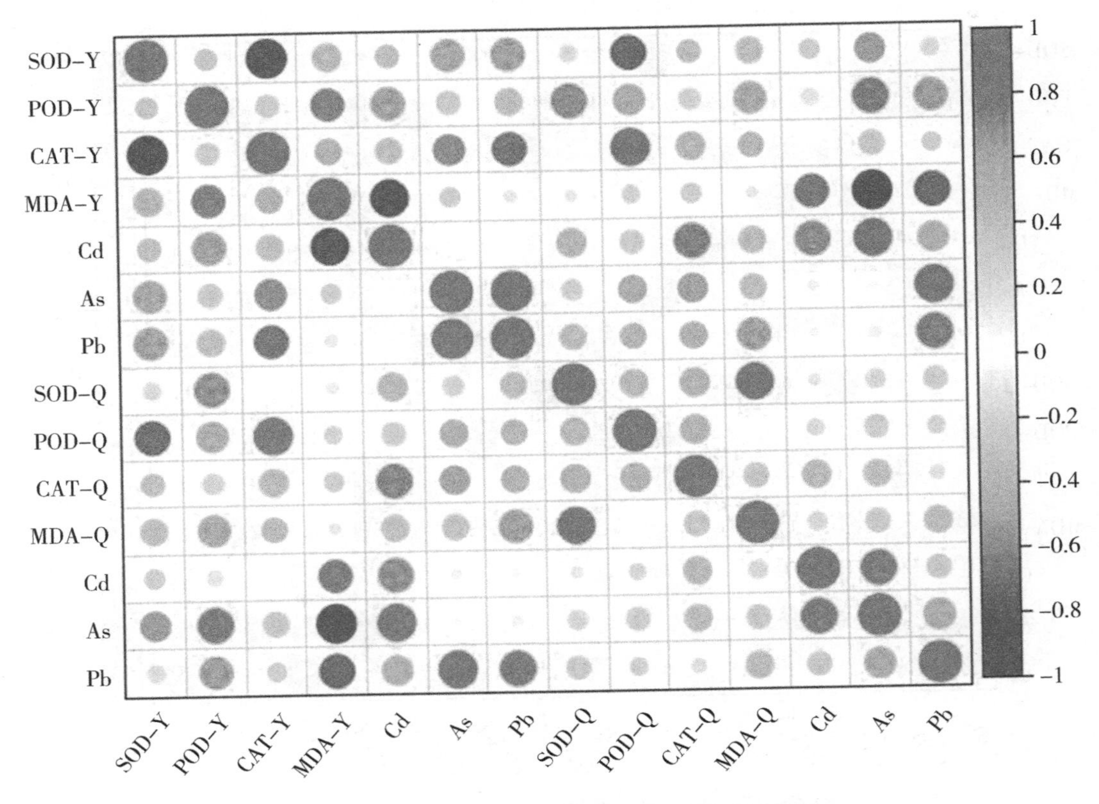

图 7-41 生理指标与油菜籽粒中重金属含量关联

DEGs 进行验证，发现 *BnaA07g32130D* 和 *BnaCnng19060D* 可能为潜在油菜抵御重金属胁迫关键基因。*BnaA07g32130D* 为植物防御素家族的成员，植物防御素可通过巯基与重金属离子螯合，促进细胞外的金属离子分泌，降低植物细胞内重金属含量[161-162]，特别是对 Cd 的解毒[163]。*BnaCnng19060D* 为 *GST* 家族成员，可以对不同的重金属做出反应，并随着植物中重金属的暴露而增加[160]。在 *BnaA07g32130D* 和 *BnaCnng19060D* 的全生育期定量中发现，*BnaA07g32130D* 在蕾薹期表达差异最显著，证明植物处于不同生育期时响应重金属胁迫的机制不同[26,164]。研究发现，重金属离子进入植物体后，可与功能性侧链基团形成金属—蛋白质复合物，干扰植物的细胞活力和生理活性[29,116]。本试验通过对不同重金属农田种植油菜的农艺性状、抗氧化酶活性和关键基因表达结合分析，发现在角果期，重金属离子通过茎的转运后主要富集在角果皮中，且随着角果逐渐发育，角果皮中富集的重金属含量逐渐升高，但籽粒中变化差异不显著，证明重金属离子不易与油菜籽粒结合[17]。通过将 *BnaA07g32130D* 和 *BnaCnng19060D* 的表达量与重金属含量进行关联分析发现，*BnaA07g32130D* 籽粒中的表达量与 Cd、As 和 Pb 含量均呈正相关关系，其中与 Cd 的相关系数为 0.51，存在显著的正相关关系，表明通过测定油菜籽粒中 *BnaA07g32130D* 的表达量，可筛选出对 Cd 具有耐受性的材料。

四、小结

本研究发现重金属胁迫会影响油菜根茎的发育，越冬期 CK 组中生长的油菜株高为

17.00~74.34 cm，H 组中株高最高仅为 7.66 cm，品种间差异最大可达 12.6 倍。在苗期叶片中，SOD 和 POD 活性差异最显著，其中 SOD 活性差异倍数为 1.11~2.27 倍；在油菜收获期籽粒中，CAT 活性与 Cd 含量呈正相关性，相关系数分别为 0.40 和 0.47。油菜早期受到重金属胁迫下，SOD 为主要功能酶，CAT 在油菜抵御 Cd 胁迫中发挥重要作用。重金属胁迫下，根部富集重金属含量较多，不同金属富集程度不同，As 主要富集在油菜根系中，Pb 主要富集在油菜根系和茎秆中，Cd 则主要富集在角果皮中。以定量 PCR 方法分析 *BnaA07g32130D* 等 6 个基因在油菜苗期的表达情况，结果显示 *BnaA07g32130D* 基因和 *BnaCnng19060D* 基因表达量在重金属超标土壤油菜叶片中表达量分别为正常土壤中 0.08 倍和 28.84 倍。*BnaA07g32130D* 在 6 个材料的重金属超标田蕾薹期叶片中，基因表达一致下调且均低于未超标田的 0.6 倍，*BnaA07g32130D* 的表达量与重金属含量进行关联分析，低浓度重金属胁迫下，*BnaA07g32130D* 籽粒中的表达量与 Cd、As 和 Pb 含量均呈正相关关系，其中与 Cd 的相关系数为 0.51，存在显著的正相关关系。低浓度重金属胁迫下 BnaA07g32130D 在角果皮中表达量与 Cd、As 和 Pb 含量均呈正相关关系，与 As 含量呈显著正相关，相关系数为 0.57。*BnaA07g32130D* 可能为油菜抵御重金属胁迫的关键功能基因。

参考文献

[1] 王瑞元.2022 年我国粮油产销和进出口情况［J］. 中国油脂，2023，48（6）：1-7.

[2] 范连益，惠荣奎，邓力超，等．湖南油菜产业发展的现状、问题与对策［J］. 湖南农业科学，2020（4）：80-83，87.

[3] 熊明彪，饶逸驰，王乾鑫，等．镉胁迫下蜀葵喷施赤霉素与油菜间作对油菜重金属积累的影响［J］. 北方园艺，2022，512（17）：17-25.

[4] 环境保护部，国土资源部．全国土壤污染状况调查公报［J］. 中国环保产业，2014（5）：10-11.

[5] 中共中央．国务院关于做好二〇二三年全面推进乡村振兴重点工作的意见［Z］. 中华人民共和国国务院公报，2023（6）：4-10.

[6] 李莓．湖南油菜产业现状与发展前景［J］. 湖南农业，2022（10）：9-10.

[7] Gill S S，Tuteja N. Reactive oxygen species and antioxidant machinery in abiotic stress tolerance in crop plants［J］. Plant Physiol Biochem，2010，48（12）：909-30.

[8] Srivastava S，Tripathi R D，Dwivedi U N. Synthesis of phytochelatins and modulation of antioxidants in response to cadmium stress in Cuscuta reflexa--an angiospermic parasite［J］. J Plant Physiol，2004，161（6）：665-674.

[9] Dong J，Wu F，Zhang G. Influence of cadmium on antioxidant capacity and four microelement concentrations in tomato seedlings（*Lycopersicon esculentum*）［J］. Chemosphere，2006，64（10）：1659-66.

[10] 孟晓飞，郭俊娴，杨俊兴，等．两种油菜不同铅富集能力差异机理［J］. 中

国环境科学，2020，40（10）：4479-4487.

[11] 朱玉斌．土壤重金属污染现状及修复技术比较［J］．中国资源综合利用，2017，35（5）：56-58.

[12] Xiang Mingtao，Li Yan，Yang Jiayu，et al. Heavy metal contamination risk assessment and correlation analysis of heavy metal contents in soil and crops［J］. Environmental Pollution，2021，278.

[13] 陆志家，耿秀华．土壤重金属污染修复技术及应用分析［J］．中国资源综合利用，2018，36（11）：110-112.

[14] Steve P McGrath，Fang-Jie Zhao. Phytoextraction of metals and metalloids from contaminated soils［J］. Current Opinion in Biotechnology，2003，14（3）：277-282.

[15] P Linger，J Müssig，H Fischer，et al. Industrial hemp（*Cannabis sativa* L.）growing on heavy metal contaminated soil：fibre quality and phytoremediation potential［J］. Industrial Crops & Products，2002，16（1）.

[16] A. J. M. Baker，R. D. Reeves，A. S. M. Hajar. Heavy Metal Accumulation and Tolerance in British Populations of the Metallophyte *Thlaspi caerulescens* J. and C. Presl（Brassicaceae）［J］. New Phytologist，1994，127（1）.

[17] 黎红亮，杨洋，陈志鹏，等．花生和油菜对重金属的积累及其成品油的安全性［J］．环境工程学报，2015，9（5）：2488-2494.

[18] Yang Yang，Hongliang Li，Liang Peng，et al. Assessment of Pb and Cd in seed oils and meals and methodology of their extraction［J］. Food Chemistry，2016，197.

[19] 武琳霞，丁小霞，李培武，等．我国油菜镉污染及菜籽油质量安全性评估［J］．农产品质量与安全，2016（1）：41-46.

[20] 张雯丽，许国栋．2017年油料和食用植物油市场形势分析及2018年展望［J］．农业展望，2018，14（2）：8-12，25.

[21] 范成明，田建华，胡赞民，等．油菜育种行业创新动态与发展趋势［J］．植物遗传资源学报，2018，19（3）：447-454.

[22] 杨洋，黎红亮，陈志鹏，等．郴州尾矿区不同油菜品种对重金属吸收积累特性的比较［J］．农业资源与环境学报，2015，32（4）：370-376.

[23] 刘翊涵，肖智华，邹冬生，等．不同油菜类型对土壤重金属镉污染的响应［J］．江苏农业科学，2018，46（23）：362-365.

[24] Zhang Fugui，Xiao Xin，Wu Xiaoming. Physiological and molecular mechanism of cadmium（Cd）tolerance at initial growth stage in rapeseed（*Brassica napus* L.）［J］. Ecotoxicology and Environmental Safety，2020：197.

[25] Mwamba Theodore M，Li Lan，Gill Rafaqat A，et al. Differential subcellular distribution and chemical forms of cadmium and copper in *Brassica napus*［J］. Ecotoxicology and environmental safety，2016：134.

[26] 方慧，柳小兰，颜秋晓，等．贵州油菜各器官在不同生育时期对土壤重金属的富集［J］．北方园艺，2018（5）：111-117.

[27] 费维新，荣松柏，初明光，等．甘蓝型油菜品种对农田土壤重金属镉与铜的富集差异研究［J］．安徽农业科学，2019，47（10）：74-78.

[28] Cao Xuerui, Wang Xiaozi, Tong Wenbin, et al. Distribution, availability and translocation of heavy metals in soil-oilseed rape（Brassica napus L.）system related to soil properties.［J］. Environmental pollution（Barking, Essex：1987）, 2019, 252（Pt A）.

[29] 朱秀红，韩晓雪，温道远，等．镉胁迫对油菜亚细胞镉分布和镉化学形态的影响［J］．北方园艺，2020（10）：1-9.

[30] Paula Cojocaru, Zygmunt Mariusz Gusiatin, Igor Cretescu. Phytoextraction of Cd and Zn as single or mixed pollutants from soil by rape（*Brassica napus*）［J］. Environmental Science and Pollution Research, 2016, 23（11）.

[31] Yu Yan, Zhou Xiangyu, Zhu Zonghe, et al. Sodium Hydrosulfide Mitigates Cadmium Toxicity by Promoting Cadmium Retention and Inhibiting its Translocation from Roots to Shoots in *Brassica napus*［J］. Journal of agricultural and food chemistry, 2018.

[32] Mwamba T M, Islam F, Ali B, et al. Comparative metabolomic responses of low-and high-cadmium accumulating genotypes reveal the cadmium adaptive mechanism in *Brassica napus*［J］. Chemosphere, 2020, 250.

[33] Bai Jiuyuan, Wang Xin, Wang Rui, et al. Overexpression of Three Duplicated BnPCS Genes Enhanced Cd Accumulation and Translocation in *Arabidopsis thaliana* Mutant cad1-3［J］. Bulletin of environmental contamination and toxicology, 2019, 102（1）:

[34] Luo Jin-Song, Zhang Zhenhua. Proteomic changes in the xylem sap of Brassica napus under cadmium stress and functional validation［J］. BMC plant biology, 2019, 19（1）.

[35] Liu Wei Zhang, Jian Bo Song, Xia Xia Shu, et al. miR395 is involved in detoxification of cadmium in *Brassica napus*［J］. Journal of Hazardous Materials, 2013, 250-251.

[36] Zhang Xian Duo, Sun Jia Yun, You Yuan Yuan, et al. Identification of Cd-responsive RNA helicase genes and expression of a putative BnRH 24 mediated by miR158 in canola（*Brassica napus*）［J］. Ecotoxicology and environmental safety, 2018, 157.

[37] Chen Lunlin, Wan Heping, Qian Jiali, et al. Genome-Wide Association Study of Cadmium Accumulation at the Seedling Stage in Rapeseed（*Brassica napus* L.）［J］. Frontiers in plant science, 2018, 9.

[38] Zhang Fugui, Xiao Xin, Yan Guixin, et al. Association mapping of cadmium-

tolerant QTLs in *Brassica napus* L. and insight into their contributions to phytoremediation [J]. Environmental and Experimental Botany, 2018, 155.

[39] 王书凤. 高低镉积累油菜品种响应镉胁迫的分子机制研究 [D]. 重庆: 西南大学, 2019.

[40] 曲存民, 马国强, 朱美晨, 等. 砷胁迫下甘蓝型油菜苗期根、下胚轴和鲜重的全基因组关联分析 [J]. 作物学报, 2019, 45 (2): 175-187.

[41] 魏丽娟, 申树林, 黄小虎, 等. 锌胁迫下甘蓝型油菜发芽期下胚轴长的全基因组关联分析 [J]. 作物学报, 2021, 47 (2): 262-274.

[42] Ali Basharat, Gill Rafaqat A, Yang Su, et al. Hydrogen sulfide alleviates cadmium-induced morpho-physiological and ultrastructural changes in *Brassica napus* [J]. Ecotoxicology and environmental safety, 2014, 110.

[43] Elham Asadi karam, Viviana Maresca, Sergio Sorbo, et al. Effects of triacontanol on ascorbate-glutathione cycle in *Brassica napus* L. exposed to cadmium-induced oxidative stress [J]. Ecotoxicology and Environmental Safety, 2017: 144.

[44] Hasanuzzaman Mirza, Nahar Kamrun, Gill Sarvajeet S, et al. Hydrogen Peroxide Pretreatment Mitigates Cadmium-Induced Oxidative Stress in *Brassica napus* L.: An Intrinsic Study on Antioxidant Defense and Glyoxalase Systems [J]. Frontiers in plant science, 2017: 8.

[45] Wu Zhichao, Zhao Xiaohu, Sun Xuecheng, et al. Antioxidant enzyme systems and the ascorbate - glutathione cycle as contributing factors to cadmium accumulation and tolerance in two oilseed rape cultivars (*Brassica napus* L.) under moderate cadmium stress. [J]. Chemosphere, 2015: 138.

[46] 原海燕, 刘清泉, 张永侠, 等. 纳米硫对铅胁迫下油菜幼苗生长和铅积累的影响 [J]. 农业环境科学学报, 2021, 40 (3): 517-524.

[47] 孟晓飞, 郭俊娒, 杨俊兴, 等. 两种油菜不同铅富集能力差异机理 [J]. 中国环境科学, 2020, 40 (10): 4479-4487.

[48] 卞建林, 郭俊娒, 王学东, 等. 两种不同镉富集能力油菜品种耐性机制 [J]. 环境科学, 2020, 41 (2): 970-978.

[49] 湛润生, 王莉, 岳新丽, 等. 镉胁迫对芥菜型油菜幼苗生理特性的影响 [J]. 种子, 2020, 39 (10): 109-112.

[50] Suihua Huang, Gangshun Rao, Umair Ashraf, et al. Application of inorganic passivators reduced Cd contents in brown rice in oilseed rape-rice rotation under Cd contaminated soil [J]. Chemosphere, 2020: 259.

[51] 沈章军, 侯万青, 徐德聪, 等. 不同钝化剂对重金属在土壤-油菜中迁移的影响 [J]. 农业环境科学学报, 2020, 39 (12): 2779-2788.

[52] Zhou Haibin, Meng Haibo, Zhao Lixin, et al. Effect of biochar and humic acid on the copper, lead, and cadmium passivation during composting [J]. Biore-

source technology, 2018, 258.
[53] 侯艳伟，池海峰，毕丽君．生物炭施用对矿区污染农田土壤上油菜生长和重金属富集的影响［J］．生态环境学报，2014，23（6）：1057-1063.
[54] 郭军康，任倩，赵瑾，等．生物炭与腐殖酸复配对油菜（*Brassica campestris* L.）生长与镉累积的影响［J］．生态环境学报，2019，28（12）：2425-2432.
[55] M Petriccione, D Patre, P Ferrante, et al. Effects of Pseudomonas fluorescens Seed Bioinoculation on Heavy Metal Accumulation for Mirabilis jalapa Phytoextraction in Smelter-Contaminated Soil [J]. Water, Air, & Soil Pollution, 2013, 224 (8).
[56] Spence Carla, Bais Harsh. Role of plant growth regulators as chemical signals in plant-microbe interactions: a double edged sword [J]. Current opinion in plant biology, 2015: 27.
[57] 王红珠，吴华芬，吕高卿，等．耐铅植物内生菌的筛选及其促生机制研究［J］．浙江农业科学，2021，62（4）：823-827.
[58] Zhao Yuanyuan, Hu Chengxiao, Wu Zhichao, et al. Selenium reduces cadmium accumulation in seed by increasing cadmium retention in root of oilseed rape (*Brassica napus* L.) [J]. Environmental and Experimental Botany, 2018.
[59] 韩张雄，和文祥，王曦婕，等．钼作用下油菜对镉胁迫的生理生化响应及其对镉吸收的特征［J］．环境科学学报，2020，40（9）：3463-3472.
[60] 王辉，许超，罗尊长，等．氮肥用量对油菜吸收积累镉的影响［J］．水土保持学报，2017，31（6）：302-305.
[61] 张琦，杨洋，涂鹏飞，等．氮肥对油菜在不同土壤中吸收积累 Cd 的影响［J］．农业资源与环境学报，2019，36（1）：43-52.
[62] 陆红飞，乔冬梅，齐学斌，等．外源有机酸对土壤 pH 值、酶活性和 Cd 迁移转化的影响［J］．农业环境科学学报，2020，39（3）：542-553.
[63] 张盛楠，黄亦玟，陈世宝，等．不同外源物质对镉砷复合污染胁迫下油菜生理指标和镉砷积累的影响［J/OL］．生态学杂志，2020，7：1-14.
[64] Han Ying, Ling Qin, Dong Faqin, et al. Iron and copper micronutrients influences cadmium accumulation in rice grains by altering its transport and allocation [J]. Science of the Total Environment, 2021: 777.
[65] 苏德纯，黄焕忠．油菜作为超累积植物修复镉污染土壤的潜力［J］．中国环境科学，2002，01：49-52.
[66] Su D C, Wong J W C. Selection of Mustard Oilseed Rape (*Brassica juncea* L.) for Phytoremediation of Cadmium Contaminated Soil [J]. Environmental contamination and toxicology, 2004, 72: 991-998.
[67] Wang K R, Gong H Q. Compared study on the cadmium absorption and distribution of two genotypes rice [J]. Agroenvironmental Protect, 1996, 15:

145-149.

[68] Li Y M, Chaney R L, Schneiter A A, et a1. Screening for low grain cadmium phentoypes in sunflower, durum wheat and flax [J]. Euphytica, 1997, 94: 23-30.

[69] Dunbar K R, Mclaughlin M J. The uptake and partitioning of cadmium in two cultivars of potato (*Solarium tuberosum*) [J]. Journal of Experimental Botany, 2003, 54: 349-354.

[70] Bu J G, Zhu Q S, Zhang Z J, et al. Variations in cadmium accumulation among rice cultivars and types and the selection of cultivars for reducing cadmium in the diet [J]. Journal of Food Science, 2005, 85: 147-153.

[71] 庞艳华，肖珊珊，孙兴权，等．应用ICP-MS和GFAAS测定藻类食品中铅、镉的方法研究及比较 [J]. 光谱实验室，2011，28 (1)：230-234.

[72] 费维新，荣松柏，初明光，等．油菜种植修复重金属镉等污染土壤研究进展 [J]. 安徽农业学，2018，46 (35)：19-22，93.

[73] 苑丽霞，孙毅，杨艳君．镉胁迫对油菜生长发育中生理生化特性的影响 [J]. 安徽农业科学，2014，42 (9)：2544-2547，2558.

[74] 孟晓飞，郑国砥，陈同斌，等．两种油菜配施水溶性壳聚糖修复典型铅污染农田土壤 [J]. 环境科学，2022，43 (5)：2741-2750.

[75] 弭宝彬，刘碧琼，戴雄泽，等．不同基因型芥菜对5种重金属累积差异性研究 [J]. 中国农学通报，2021，37 (26)：40-49.

[76] 王聪，王筱雯，王文琦．不同甘蓝型油菜对镉污染菜地的修复效果评价及影响因素 [J]. 科学技术与工程，2020，20 (13)：5416-5421.

[77] 张守文，呼世斌，肖璇，等．油菜对Cd污染土壤的植物修复 [J]. 西北农业学报，2009，18 (4)：197-201.

[78] 熊明彪，王博，杨绍平，等 铅镉胁迫下蜀葵与油菜混作对油菜重金属积累的影响 [J]. 四川农业科技，2022 (10)：24-28.

[79] 杨文钰，屠乃美．作物栽培学各论：南方本 [M]. 北京：中国农业出版社，2003.

[80] 胡庆一，肖刚，张振乾，等.9个光合作用相关基因在高油酸油菜近等基因系不同生育期中的表达研究 [J]. 作物杂志，2015 (4)：11-15.

[81] 王晓丹，钢，张振乾，等．光合作用合成相关差异蛋白对应基因在高油酸油菜近等基因系中表达规律研究 [J]. 西南农业学报，2017，30 (7) 1483-1487.

[82] 梁桂红，华营鹏，周婷，等．甘蓝型油菜NRT1.5和NRT1.8家族基因的生物信息学分析及其对氮-镉胁迫的响应 [J]. 作物学报，2019，45 (3)：365-380.

[83] 谭尚坤．油菜miRNA167调控BnNRAMP1响应镉胁迫的功能研究 [D]. 南京：南京农业大学，2016.

［84］　萧浪涛，王三根．植物生理学实验技术［M］．北京：中国农业出版社，2005.
［85］　刘翊涵，肖智华，邹冬生，等．不同油菜类型对土壤重金属镉污染的响应［J］．江苏农业科学，2018，46（23）：362-365.
［86］　梁效贵，黄国勤．利用油菜修复农田镉污染土壤的研究进展［J］．生态科学，2021，40（4）237-248.
［87］　王立凯，朱震昊，温馨，等．重金属铜胁迫对油菜幼苗生长和铜累积的影响［J］．湖北工程学院学报，2021，41（6）：31-36.
［88］　孙杰，王一峰，田凤鸣，等．重金属 Pb^{2+} 胁迫对油菜种子萌发及幼苗生长的影响［J］．陇东学院学报，2019，30（2）67-70.
［89］　吴统贵，李艳红，吴明，等．芦苇光合生理特性动态变化及其影响因子分析［J］．西北植物学报，2009，29（4）：789-794.
［90］　黄鑫浩．苦楝光合作用对 Zn 胁迫的响应和适应机制研究［D］．长沙：中南林业科技大学，2021.
［91］　杨颖丽，徐玉玲，李嘉敏，等．锌铁单独或复合处理下小麦幼苗光合特性的比较［J］．兰州大学学报（自然科学版），2021，57（3）：344-352.
［92］　古诗婷，刘梦霜，杨铁凤，等．重金属胁迫对桉树（*Eucalyptus*）叶绿体基因表达的影响［J］．分子植物育种，2020，18（11）：3549-3554.
［93］　张大为，杜云燕，吴金锋，等．镉胁迫对甘蓝型油菜幼苗生长及基因表达的影响［J］．中国油料作物学报，2020，42（4）：613-622.
［94］　张敏．Cu、Cd 胁迫对油菜生长的影响及其生物有效性［D］．呼和浩特：内蒙古大学，2014.
［95］　Yan H，Filardo F，Hu X T，et al. Cadmium stress alters the redox reaction and hormone balance in oilseed rape（*Brassica napus* L.）leaves［J］. *Environ Sci Pollut Res Int*，2016，23（4）：3758-3769.
［96］　师荣光，周启星，刘凤枝，等．城市再生水农田灌溉水质标准及灌溉规范研究［J］．农业环境科学学报，2008，157（3）：839-843.
［97］　农作物种子质量标准（2008）［S］．农家参谋（种业大观），2011，325（2）：16-17.
［98］　常涛，张振乾，陈浩，等．不同含油量甘蓝型油菜生理生化指标和种皮结构分析［J］．分子植物育种，2019，17（23）：7871-7878.
［99］　Gu T Y，Qi Z A，Chen S Y，et al. Dual-function *DEFENSIN* 8 mediates phloem cadmium unloading and accumulation in rice grains［J］. Plant Physiol，2023，191（1）：515-527.
［100］　姚婧，陈雪梅，王友保．Pb 污染土壤对高羊茅种子萌发及幼苗生长的影响［J］．上海交通大学学报（农业科学版），2008（1）：61-65.
［101］　Seneviratne M，Rajakaruna N，Rizwan M，et al. Heavy metal-induced oxidative stress on seed germination and seedling development：a critical review

[J]. Environ Geochem Health, 2017, 41 (4): 1813-1831.

[102] Adrees M, Ali S, Rizwan M, et al. The effect of excess copper on growth and physiology of important food crops: a review [J]. Environ Sci Pollut Res Int, 2015, 22 (11): 8148-8162.

[103] Perfus-Barbeoch L, Leonhardt N, Vavasseur A. Cyrille Forestier Heavy metal toxicity cadmium permeates through calcium channels and disturbs the plant water status [J]. The Plant Journal, 2002, 32: 539-548.

[104] Karmous I, Bellani L M, Chaoui A, et al. Effects of copper on reserve mobilization in embryo of Phaseolus vulgaris L [J]. Environ Sci Pollut Res Int, 2015, 22 (13): 10159-1065.

[105] Baszyński T. Interference of Cd^{2+} in functioning of the photosynthetic apparatus of higher plants [J]. Acta Societatis Botanicorum Poloniae, 2014, 55: 291-304.

[106] Verma S, Verma P K, Chakrabarty D. Arsenic Bio-volatilization by Engineered Yeast Promotes Rice Growth and Reduces Arsenic Accumulation in Grains [J]. International Journal of Environmental Research, 2019, 13 (3): 475-485.

[107] Rui H, Chen C, Zhang X, et al. Cd-induced oxidative stress and lignification in the roots of two *Vicia sativa* L. varieties with different Cd tolerances [J]. J Hazard Mater, 2016, 301: 304-313.

[108] Rizhsky L, Liang H, Mittler R. The water - water cycle is essential for chloroplast protection in the absence of stress [J]. J Biol Chem, 2003, 278 (40): 38921-38925.

[109] Myouga F, Hosoda C, Umezawa T, et al. A heterocomplex of iron superoxide dismutases defends chloroplast nucleoids against oxidative stress and is essential for chloroplast development in Arabidopsis [J]. Plant Cell, 2008, 20 (11): 3148-3162.

[110] Basu U, Good A G, Taylor G J. Transgenic *Brassica napus* plants overexpressing aluminium-induced mitochondrial manganese superoxide dismutase cDNA are resistant to aluminium [J]. Plant, Cell and Environment, 2001, 24: 1269-1278.

[111] Imtiaz M, Tu S, Xie Z, et al. Growth, V uptake, and antioxidant enzymes responses of chickpea (*Cicer arietinum* L.) genotypes under vanadium stress [J]. Plant and Soil, 2015, 390 (1-2): 17-27.

[112] Nawaz M A, Jiao Y, Chen C, et al. Melatonin pretreatment improves vanadium stress tolerance of watermelon seedlings by reducing vanadium concentration in the leaves and regulating melatonin biosynthesis and antioxidant-related gene expression [J]. J Plant Physiol, 2018, 220: 115-127.

[113] Soares T, Dias D, Oliveira AMS, et al. Exogenous brassinosteroids increase

lead stress tolerance in seed germination and seedling growth of *Brassica juncea* L [J]. Ecotoxicol Environ Saf, 2020, 193: 110296.

[114] Huang H, Rizwan M, Li M, et al. Comparative efficacy of organic and inorganic silicon fertilizers on antioxidant response, Cd/Pb accumulation and health risk assessment in wheat (*Triticum aestivum* L.) [J]. Environ Pollut, 2019, 255 (1): 113146.

[115] Sharma S K, Goloubinoff P, Christen P. Heavy metal ions are potent inhibitors of protein folding [J]. Biochem Biophys Res Commun, 2008, 372 (2): 341-350.

[116] Tamas M J, Sharma S K, Ibstedt S, et al. Heavy metals and metalloids as a cause for protein misfolding and aggregation [J]. Biomolecules, 2014, 4 (1): 252-267.

[117] Goolsby E W, Mason C M. Toward a more physiologically and evolutionarily relevant definition of metal hyperaccumulation in plants [J]. Front Plant Sci, 2015, 6: 33.

[118] Xiao Y, Wu X, Liu D, et al. Cell Wall Polysaccharide-Mediated Cadmium Tolerance Between Two Arabidopsis thaliana Ecotypes [J]. Frontiers in Plant Science, 2020, 11.

[119] Piacentini D, Corpas F J, D'angeli S, et al. Cadmium and arsenic-induced-stress differentially modulates Arabidopsis root architecture, peroxisome distribution, enzymatic activities and their nitric oxide content [J]. Plant Physiol Biochem, 2020, 148: 312-323.

[120] Sofo A, Khan N A, Dippolito I, et al. Subtoxic levels of some heavy metals cause differential root-shoot structure, morphology and auxins levels in Arabidopsis thaliana [J]. Plant Physiol Biochem, 2022, 173: 68-75.

[121] Zhang J, Ding T T, Dong X Q, et al. Time-dependent and Pb-dependent antagonism and synergism towards Vibrio qinghaiensissp-Q67 within heavy metal mixtures [J]. RSC Advances, 2018, 8 (46): 26089-26098.

[122] 帅祖苹，刘汉燚，崔浩，等．磷、锌和镉交互作用对小白菜生长和锌镉累积的影响［J］．环境科学，2022，43（11）：5234-5243.

[123] Pan Y, Zhu M, Wang S, et al. Genome-Wide Characterization and Analysis of Metallothionein Family Genes That Function in Metal Stress Tolerance in *Brassica napus* L [J]. Int J Mol Sci, 2018, 19 (8).

[124] Ye S, Yan L, Ma X, et al. Combined BSA-Seq Based Mapping and RNA-Seq Profiling Reveal Candidate Genes Associated with Plant Architecture in *Brassica napus* [J]. Int J Mol Sci, 2022, 23 (5).

[125] Zhu Z, Tian H, Tang X, et al. NPs-Ca promotes Cd accumulation and enhances Cd tolerance of rapeseed shoots by affecting Cd transfer and Cd fixation

in pectin [J]. Chemosphere, 2023, 341: 140001.

[126] Barceló J, Poschenrieder C. Plant water relations as affected by heavy metal stress: A review [J]. Journal of Plant Nutrition, 1990, 13 (1): 1-37.

[127] 王晓丹，肖钢，常涛，等. 高油酸油菜脂肪酸代谢的蛋白质组学与转录组学关联分析 [J]. 华北农学报，2017，32（6）：31-36.

[128] Kudla J, Batistic O, Hashimoto K. Calcium signals: the lead currency of plant information processing [J]. Plant Cell, 2010, 22 (3): 541-563.

[129] Thao N P, Khan M I, Thu N B, et al. Role of Ethylene and Its Cross Talk with Other Signaling Molecules in Plant Responses to Heavy Metal Stress [J]. Plant Physiol, 2015, 169 (1): 73-84.

[130] Chen K, Li G J, Bressan R A, et al. Abscisic acid dynamics, signaling, and functions in plants [J]. J Integr Plant Biol, 2020, 62 (1): 25-54.

[131] Kim Y H, Lee H S, Kwak S S. Differential responses of sweetpotato peroxidases to heavy metals [J]. Chemosphere, 2010, 81 (1): 79-85.

[132] Nazli F, Wang X, Ahmad M, et al. Efficacy of Indole Acetic Acid and Exopolysaccharides-Producing Bacillus safensis Strain *FN13* for Inducing Cd-Stress Tolerance and Plant Growth Promotion in *Brassica juncea* (L.) [J]. Applied Sciences, 2021, 11 (9).

[133] Luo Z B, He J, Polle A, et al. Heavy metal accumulation and signal transduction in herbaceous and woody plants: Paving the way for enhancing phytoremediation efficiency [J]. Biotechnol Adv, 2016, 34 (6): 1131-1148.

[134] Rahman S U, Li Y L, Hussain S, et al. Role of phytohormones in heavy metal tolerance in plants: A review [J]. Ecological Indicators, 2023, 146: 109844.

[135] Jalmi S K, Bhagat P K, Verma D, et al. Traversing the Links between Heavy Metal Stress and Plant Signaling [J]. Front Plant Sci, 2018, 9: 12.

[136] Li S, Han X, Lu Z, et al. MAPK Cascades and Transcriptional Factors: Regulation of Heavy Metal Tolerance in Plants [J]. Int J Mol Sci, 2022, 23 (8).

[137] Khare S, Singh N B, Niharika, et al. Phytochemicals mitigation of *Brassica napus* by IAA grown under Cd and Pb toxicity and its impact on growth responses of Anagallis arvensis [J]. Journal of Biotechnology, 2022, 343: 83-95.

[138] Ran J, Zheng W, Wang H, et al. Indole-3-acetic acid promotes cadmium (Cd) accumulation in a Cd hyperaccumulator and a non-hyperaccumulator by different physiological responses [J]. Ecotoxicol Environ Saf, 2020, 191: 110213.

[139] Khan M Y, Prakash V, Yadav V, et al. Regulation of cadmium toxicity in roots of tomato by indole acetic acid with special emphasis on reactive oxygen species production and their scavenging [J]. Plant Physiol Biochem, 2019, 142:

193-201.

[140] Fendrych M, Leung J, Friml J. *TIR1/AFB-Aux/IAA* auxin perception mediates rapid cell wall acidification and growth of Arabidopsis hypocotyls [J]. Elife, 2016, 5.

[141] Spartz A K, Lor V S, Ren H, et al. Constitutive Expression of Arabidopsis SMALL AUXIN UP RNA19 (*SAUR*19) in Tomato Confers Auxin-Independent Hypocotyl Elongation [J]. Plant Physiol, 2017, 173 (2): 1453-1462.

[142] Wu J, Liu S, He Y, et al. Genome-wide analysis of *SAUR* gene family in Solanaceae species [J]. Gene, 2012, 509 (1): 38-50.

[143] Stortenbeker N, Bemer M. The *SAUR* gene family: the plant's toolbox for adaptation of growth and development [J]. J Exp Bot, 2019, 70 (1): 17-27.

[144] 贺晓岚，王建伟，王根平，等．甘蓝型油菜重金属 ATP 酶基因 *Bn-HMA*3 的克隆与生物信息学分析 [J]. 分子植物育种，2022：1-12.

[145] Fang L, Zhao F, Cong Y, et al. Rolling-leaf 14 is a 2OG-Fe (II) oxygenase family protein that modulates rice leaf rolling by affecting secondary cell wall formation in leaves [J]. Plant Biotechnology Journal, 2012, 10 (5): 524-532.

[146] Van Damme M, Huibers R P, Elberse J, et al. Arabidopsis DMR6 encodes a putative 2OG-Fe (II) oxygenase that is defense-associated but required for susceptibility to downy mildew [J]. The Plant Journal, 2008, 54 (5): 785-793.

[147] Gullner G, Komives T, Király L, et al. Glutathione S-Transferase Enzymes in Plant-Pathogen Interactions [J]. Frontiers in Plant Science, 2018, 9: 21.

[148] Liu R, Wen S S, Sun T T, et al. *PagWOX*11/12*a* positively regulates the *PagSAUR*36 gene that enhances adventitious root development in poplar [J]. J Exp Bot, 2022, 73 (22): 7298-7311.

[149] 李纲，戴悦，唐倩，等．甘蓝型双低油菜育种材料农艺性状调查及其关联性分析 [J]. 分子植物育种，2023：1-15.

[150] Madhan M, Mahesh K, Rao S S R. Effect of 24-epibrassinolide on aluminium-stress induced inhibition of seed germination and seedling growth of *Cajanus cajan* (L.) Millsp [J]. International Journal of Multidisciplinary and Current Research, 2014, 2 (2321-3124): 286-290.

[151] 翟丹丹，闫苗苗，姜宁，等．不同镉耐受性香菇子实体对镉胁迫的生理响应 [J]. 农业环境科学学报，2023：1-13.

[152] Gokul A, Cyster L F, Keyster M. Efficient superoxide scavenging and metal immobilization in roots determines the level of tolerance to Vanadium stress in two contrasting *Brassica napus* genotypes [J]. South African Journal of Botany, 2018, 119: 17-27.

[153] Zhao Q, Zhou L, Liu J, et al. Involvement of CAT in the detoxification of HT-

induced ROS burst in rice anther and its relation to pollen fertility [J]. Plant Cell Reports, 2018, 37 (5): 741-757.

[154] Parisi K, Shafee T M A, Quimbar P, et al. The evolution, function and mechanisms of action for plant defensins [J]. Semin Cell Dev Biol, 2019, 88: 107-118.

[155] Colilla F J, Rocher A, Mendez E. Y-Purothionins amino acid sequence of two polypeptides of a new family of thionins from wheat endosperm [J]. FEBS Letters, 1990, 270 (1): 191-194.

[156] Mirouze M, Sels J, Richard O, et al. A putative novel role for plant defensins: a defensin from the zinc hyper-accumulating plant, Arabidopsis halleri, confers zinc tolerance [J]. Plant J, 2006, 47 (3): 329-342.

[157] Zhang Y, Lewis K. Fabatins new antimicrobial plant peptides [J]. FEMS Microbiology Letters, 1997, 149: 59-64.

[158] Bircheneder S, Dresselhaus T. Why cellular communication during plant reproduction is particularly mediated by CRP signalling [J]. J Exp Bot, 2016, 67 (16): 4849-4861.

[159] Luo J S, Huang J, Zeng D L, et al. A defensin-like protein drives cadmium efflux and allocation in rice [J]. Nat Commun, 2018, 9 (1): 645.

[160] Gao J, Chen B, Lin H, et al. Identification and characterization of the glutathione S-Transferase (*GST*) family in radish reveals a likely role in anthocyanin biosynthesis and heavy metal stress tolerance [J]. Gene, 2020, 743: 144484.

[161] Luo J S, Yang Y, Gu T, et al. The Arabidopsis defensin gene *AtPDF*2. 5 mediates cadmium tolerance and accumulation [J]. Plant Cell Environ, 2019, 42 (9): 2681-2695.

[162] Ben G A, Charles G, Hourmant A, et al. Physiological behaviour of four rapeseed cultivar (*Brassica napus* L.) submitted to metal stress [J]. Comptes Rendus Biologies, 2009, 332 (4): 363-370.

[163] Luo J S, Xiao Y, Yao J, et al. Overexpression of a Defensin-Like Gene *CAL2* Enhances Cadmium Accumulation in Plants [J]. Front Plant Sci, 2020, 11: 217.

[164] 叶长城，陈喆，彭鸥，等. 不同生育期 Cd 胁迫对水稻生长及镉累积的影响 [J]. 环境科学学报，2017，37 (8)：3201-3206.

第八章　油菜其他抗性育种研究

第一节　油菜抗病育种研究

据统计，全世界目前已知的油菜病害有 100 多种，我国已发现 30 多种，包括真菌、病毒、细菌病害等[1]。其中菌核病菌［*Sclerotinia sclerotiorum*（Lib.）de Bary］、病毒病（Turnip mosaic virus）及霜霉病菌［*Peronospora parasitica*（Pers.）Fr.］是我国油菜（*Brassica napus* L.）三大主要病害，严重为害油菜产量[2-4]。病害严重时可导致油菜减产 30%~80%[5]。研究表明高油酸油菜品种具有油酸含量高、营养成分丰富等优点，有很好的营养保健功能，高油酸油菜已成为当前油菜育种领域的热点，受到了国内外研究者的高度重视[6-7]。但与常规油菜相比，高油酸油菜抗病性较差[8]，且前人关于高油酸油菜研究多集中于分子机理研究及新品种选育等方面[9-11]，对其抗病相关研究并不常见。

一、基于 miRNA 测序分析抗菌核病相关基因

实时荧光定量 PCR（real-time quantitative PCR，RT-qPCR）具可靠性强、灵敏度高等，广泛应用于不同作物的抗性基因表达与抗性相关性研究[12-14]。在油菜中，已有利用 RT-qPCR 技术在耐旱、脂肪酸合成等相关基因的表达及其与对应的耐旱生理指标、脂肪酸合成的相关性分析等[15-16]的报道，但关于抗病基因与抗病性关系的研究以及在高油酸油菜材料中的相关研究尚鲜见报道。

本研究以高油酸油菜近等基因系材料授粉后 20~35 d 种子为材料，进行 miRNA 测序，得到与抗病相关差异 miRNA 的靶基因，即热激蛋白 90（heat shock proteins 90，*HSP*90）与自噬相关基因 3（autophagy-related gene，*ATG*3）。*HSP*90 在分子进化上高度保守[17]，广泛介导胁迫信号的传递、参与蛋白和转录因子的折叠、蛋白复合体装配，拆卸、激活底物等，在植物抗逆性中起着重要作用[18-19]。*ATG*3 广泛参与动植物各种生物及非生物胁迫等[20-22]。本研究对 *HSP*90 与 *ATG*3 基因在甘蓝型高油酸油菜中表达规律及相关材料病害调查进行研究，旨在找出其内在关联，以期为高油酸油菜抗病材料筛选提供一定的理论参考。

（一）材料与方法

1. 试验材料

本研究以 20 个（编号 1~20）甘蓝型高油酸油菜品系为试验材料由湖南农业大学

农学院提供，采用 7890B 型气相色谱（Agilent，USA）测定各品系脂肪酸成分（表 8-1）。

试验于 2017 年 10 月至 2018 年 5 月在湖南农业大学耘园基地进行。每个小区面积 10 m^2，密度 12 万株/hm^2，各设 3 次生物学重复。

表 8-1　20 个油菜品系脂肪酸成分组成（%）

品系	棕榈酸	硬脂酸	油酸	亚油酸	亚麻酸	花生烯酸
1	3.122	2.485	84.041	3.826	5.001	1.155
2	3.084	2.530	85.163	3.116	4.404	0.979
3	3.273	2.672	83.232	3.538	4.437	2.232
4	3.113	2.649	85.215	3.134	4.727	0.998
5	2.964	2.589	85.620	2.923	4.624	0.998
6	3.054	2.823	86.683	2.877	3.727	0.688
7	3.458	2.587	78.785	7.572	6.135	1.034
8	3.043	2.296	85.505	3.069	4.772	1.014
9	3.426	2.360	81.265	5.721	5.784	1.007
10	3.112	2.355	85.460	3.120	5.841	0
11	3.494	1.620	80.883	9.648	7.741	0
12	3.577	1.822	84.759	3.768	5.774	0
13	3.341	2.014	85.688	3.739	5.088	0
14	3.379	1.972	85.291	4.242	4.940	0
15	3.352	2.330	85.724	3.410	5.074	0
16	3.341	1.952	86.537	3.418	4.661	0
17	3.090	1.146	88.210	3.628	4.628	0
18	3.584	1.474	86.421	3.290	5.112	0
19	3.053	1.528	86.969	3.413	4.814	0
20	3.679	1.251	85.367	4.515	5.742	0

2. 试验方法

（1）病害调查

在高油酸油菜授粉后 35 d 对各个品系所有植株进行病害调查（菌核病和病毒病），分别统计发病株数量，并进行病情分级。其中 0 级：整株无症状；1 级：33.33%以下植株有病斑，受害角果低于 25%；2 级：整株 33.33%～66.67%发病，受害角果数达 25%～50%；3 级：全株 66.67%以上发病，受害角果数达 50%～75%；4 级：全株发病，绝收或极少角果。发病率和病情指数计算参考刘胜毅[23]方法进行。

（2）RNA 提取

分别取幼苗期、5～6 叶期、蕾苔期和盛花期倒数第三片伸展叶，盛花期花蕾、盛开的花和即将凋谢的花混合，以及角果期自交授粉后 15d、25d 和 35d 的自交种子。每次取 5 株样品，混合提取 RNA，分别用琼脂糖凝胶电泳和 Nanodrop 2000 微量紫外分光光度计（Thermo）检测其质量和浓度，于-80℃保存备用。

（3）RT-qPCR 分析

*HSP*90 和 *ATG*3 引物通过 Premier 6.0 设计（表 8-2），oligo7.0 检测，由擎科生物技术有限公司（长沙）合成。用上述检测合格的 RNA 按照 *TransScript* One-Step gDNA Removal and cDNA Synthesis SuperMix（北京全式金生物技术有限公司，北京）试剂盒说明书进行反转录。以刘芳等[24]所设计的 PCR 反应程序对引物进行检测，按照 *TransScript* Tip Green qPCR SuperMix 试剂盒说明书，使用 CFX96TM Real-Time System（BIORAD，USA），进行 RT-qPCR 反应（两步法）。UBC9 为内参基因[25]，采用 Pfaff[26]的方法进行基因表达情况评价。设 3 次生物学重复。

表 8-2 RT-qPCR 引物及内参基因序列

基因名称	基因 ID	序列（5′-3′）
*HSP*90	AT5G56030	F：GGCTTTGTCAAGGGTATT R：ACTTCTTCACCAGGTTCTT
*ATG*3	AT5G61500	F：TCGGCGTTCAAGGAGAAG R：TGCCAGGGTCACCAGATT
UBC9	AT4G27960	F：TCCATCCGACAGCCCTTACTCT R：ACACTTTGGTCCTAAAAGCCACC

3. 数据统计与分析

采用 Excel 2010 统计数据，并用 SPSS20.0 进行数据分析。

（二）结果与分析

1. 病害调查结果

对 20 个高油酸油菜品系的病害调查结果及病情指数和发病率进行了分析，由表 8-3 可知，20 个供试品系发病率在 0.21~0.88，病情指数在 0.12~0.57。品系 1~10 的病情指数（<0.3）及发病率（<0.35）均较低，表明其抗性较强。对 20 个品系发病率与病情指数相关性分析表明，二者呈极显著正相关性（$P<0.01$），相关系数 $R^2=0.9720$（图 8-1）。

表 8-3 病害调查结果

品系	0 级	1 级	2 级	3 级	4 级	总数	病情指数	发病率
1	93	5	5	15	2	120	0.14	0.23
2	92	8	4	8	8	120	0.15	0.23
3	86	1	3	14	16	120	0.24	0.28
4	90	11	12	5	2	120	0.12	0.25
5	97	8	5	10	3	123	0.12	0.21
6	79	3	5	12	21	120	0.28	0.34
7	86	8	13	9	4	120	0.16	0.28
8	93	4	6	16	1	120	0.14	0.23

（续表）

品系	0级	1级	2级	3级	4级	总数	病情指数	发病率
9	95	4	7	11	3	120	0. 13	0. 21
10	83	3	3	7	24	120	0. 26	0. 31
11	60	11	31	18	13	133	0. 34	0. 55
12	60	11	12	21	16	120	0. 34	0. 50
13	25	11	58	11	15	120	0. 46	0. 79
14	41	1	39	13	26	120	0. 46	0. 66
15	30	6	56	8	20	120	0. 46	0. 75
16	14	6	67	7	26	120	0. 55	0. 88
17	26	7	34	12	41	120	0. 57	0. 78
18	31	5	7	52	25	120	0. 57	0. 74
19	35	4	44	6	31	120	0. 49	0. 71
20	41	11	18	32	18	120	0. 45	0. 66

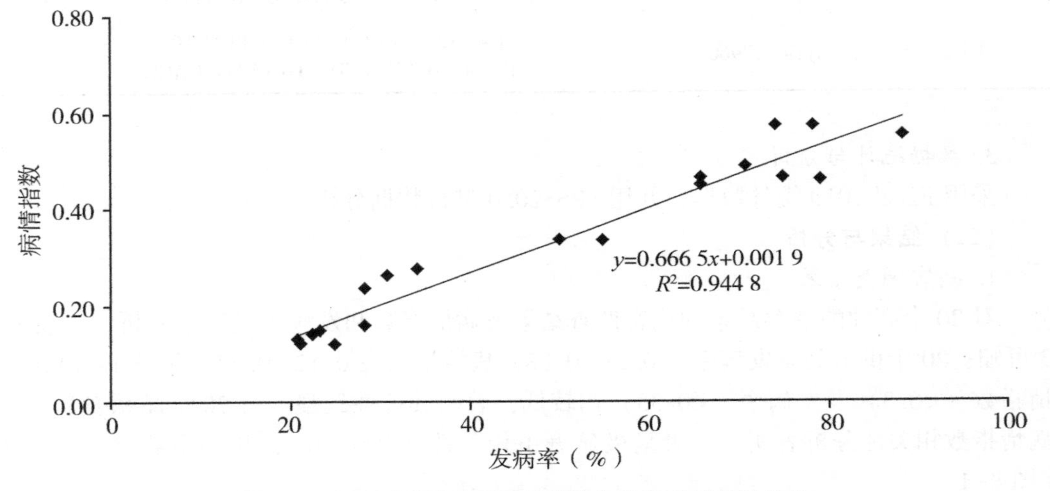

图 8-1　高油酸油菜品系病情指数与发病率相关性分析

2. *HSP*90 基因表达分析及其与抗病指数间的关系

（1）*HSP*90 基因表达分析

对 20 个高油酸油菜品系的 *HSP*90 基因在整个生育期中不同材料的表达量进行分析，由图 8-2 可知，除品系 4、15、16 外，其余品系在幼苗期—叶、5~6 叶期—叶、蕾薹期—叶以及花期—叶 *HSP*90 基因的表达量呈逐渐降低的趋势。花期—花与花期—叶表达量整体无显著差异。品系 4、5、9、1、8、2、7、3、10、6、20 在角果期-15d 种子中 *HSP*90 基因的表达量较低，在角果期-25d 种子中表达量升高后，在角果期-35d 种子中表达量又降低，但仍高于角果期-15d 种子中的表达量；其余品系 *HSP*90 基因表达量则在整个角果期呈逐渐增加的趋势。由于角果期降水量增加，植株密度较大，会加剧各种病害发生，尤其是菌核病[27]，*HSP*90 基因作为抗胁迫相关基因，可能参与抵御菌核病侵袭的胁迫反应。

综上，蕾薹期—叶中品系 4、5、9、1、8、7 的 *HSP*90 基因表达量是内参基因的 1. 50~3. 05 倍，但这 6 个品系病情指数均小于 0. 16；而品系 12、15、19、17 的 *HSP*90 基因表达量仅为内参基因的 0. 26~0. 52 倍，而病情指数介于 0. 45~0. 57；花期—叶中 4、1、8、7 品系基因表达量是内参基因的 1. 50~2. 42 倍，但病情指数均小于 0. 16；而品系 12、14、15、19、17 基因表达量只有内参基因的 0. 19~0. 42 倍，但病情指数介于 0. 45~0. 57。表明，*HSP*90 基因表达量≥1. 5 倍内参时，材料抗病性较强。

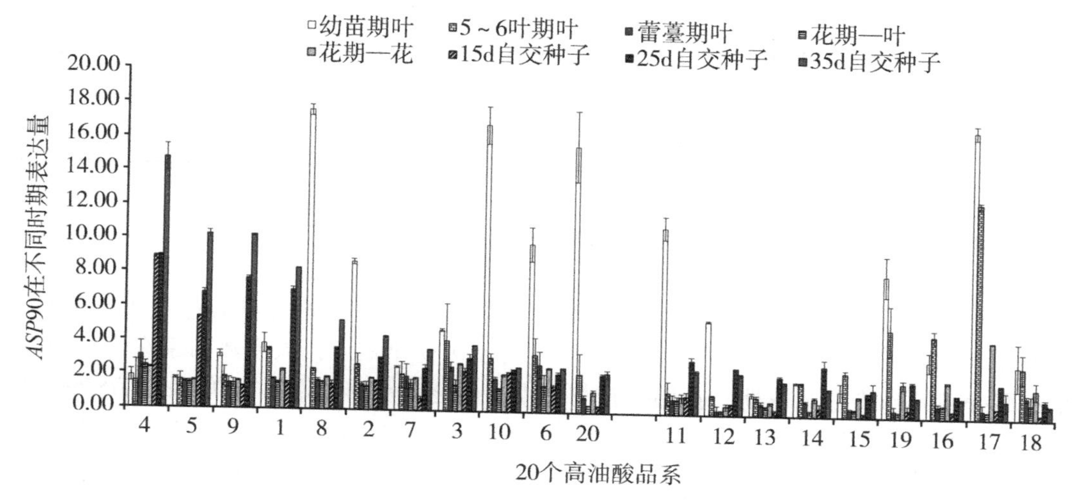

图 8-2 20 个高油酸油菜品系中 *HSP*90 基因在整个生育期的表达量

（2）*HSP*90 基因表达量与抗病指数间的关系

对 *HSP*90 基因表达规律与抗病指数间的关系进行研究，由表 8-4 可知，在线性分析与非线性分析[28]中，蕾薹期—叶、花期—叶以及角果期-15d、角果期-25d、角果期-35d 种子中均呈极显著负相关，且除花期—叶，非线性相关性较线性相关性更高。

对 *HSP*90 基因表达规律和抗病指数间有显著差异的材料进行相关性拟合模型分析发现，总体上非线性函数 R^2 较大，尤其是对数函数，与表 8-4 结果一致，表明数据可靠[29]（表 8-5）。

表 8-4 *HSP*90 基因表达规律与抗病指数相关性

材料	幼苗期—叶	5~6 叶期—叶	蕾薹期—叶	花期—叶	花期—花	15d 自交种子	25d 自交种子	35d 自交种子
线性分析	0. 061	0. 43	-0. 710**	-0. 836**	0. 393	-0. 583**	-0. 729**	-0. 773**
非线性分析	0. 066	0. 352	-0. 720**	-0. 759**	0. 343	-0. 813**	-0. 887**	-0. 995**

注：* 与 ** 分别表示在 0. 05 和 0. 01 水平上差异显著。下同。

表 8-5　*HSP*90 基因表达规律与抗病指数间显著差异材料相关性拟合模型

材料	线性函数	指数函数	对数函数	幂函数
蕾薹期—叶	$y=-3.4403x+2.4741$	$y=2.9644e^{-3.011x}$	$y=-0.945\ln(x)+0.1528$	$y=0.3841x^{-0.837}$
	$R^2=0.5039$	$R^2=0.5466$	$R^2=0.4688$	$R^2=0.5197$
花期—叶	$y=-3.0682x+2.0031$	$y=2.5303e^{-3.547x}$	$y=-0.896\ln(x)-0.1349$	$y=0.2157x^{-1.028}$
	$R^2=0.6984$	$R^2=0.6169$	$R^2=0.7335$	$R^2=0.6391$
15d 自交种子	$y=-7.2041x+3.8831$	$y=4.2561e^{-4.801x}$	$y=-2.217\ln(x)-1.2825$	$y=0.154x^{-1.381}$
	$R^2=0.3356$	$R^2=0.6226$	$R^2=0.3914$	$R^2=0.6350$
25d 自交种子	$y=-9.7958x+6.5343$	$y=6.9726e^{-2.794x}$	$y=-3.028\ln(x-0.5082$	$y=0.9813x^{-0.827}$
	$R^2=0.5200$	$R^2=0.6339$	$R^2=0.6124$	$R^2=0.6834$
35d 自交种子	$y=-17.633x+9.7431$	$y=12.8300e^{-4.66x}$	$y=-5.447\ln(x)-2.9289$	$y=0.5041x^{-1.352}$
	$R^2=0.5953$	$R^2=0.8583$	$R^2=0.7000$	$R^2=0.8909$

3. *ATG*3 基因表达量与抗病指数间的关系

（1）*ATG*3 基因表达分析

对 20 个高油酸油菜品系的 *ATG*3 基因在整个生育期中不同材料表达量进行分析，由图 8-3 可知，与 *HSP*90 基因在整个苗期叶的表达规律相反，大多数品系在生长前期呈逐渐升高的趋势直至花期。花期—花与花期—叶之间无相关性。在角果期 *HSP*90 基因的表达规律呈 2 种趋势，品系 4、11、20、13、14、15、19、16、17、18 在角果期-15 d 种子中表达量较低，在角果期-25 d 种子中表达量升高，然后在角果期-35d 种子中表达量又降低；品系 5、9、1、8、2、7、3、10、6、12 的 *TG*3 基因则在整个角果期表现出逐渐升高的趋势，表明可能与油菜品系不同有关。

结合图 8-1 与图 8-3，对 *ATG*3 基因在生长早期表达情况与病情指数有显著差异的材料进行研究发现，5~6 叶期—叶中，品系 1、2、4、7、8 基因表达量是内参基因的 1.85~4.45 倍，但其病情指数均小于 0.16，反之品系 12、11、19、18 基因表达量仅内参基因的 1.11~1.28 倍，而病情指数介于 0.34~0.57；花期—叶中品系 4、5、9、1、8、2、7 病情指数介于 0.12~0.16，但基因表达量为内参基因的 2.26~9.14 倍；而品系 13、14、19、17 病情指数在 0.46~0.57，其基因表达量只有内参基因的 1.19~1.79 倍。表明，*ATG*3 基因表达量≥1.8 倍内参基因时，材料抗病性较好。

（2）*ATG*3 基因表达量与抗病指数间的相关性

对 *ATG*3 基因表达规律与抗病指数间的关系进行研究，由表 8-6 可知，与 *HSP*90 基因类似，在线性分析与非线性分析条件下，在 5~6 叶期—叶、花期—花、角果期-15d、角果期-25d、角果期-35d 种子中均达极显著负相关，且非线性相关性更高（除 5~6 叶期）。对有显著差异的材料进一步分析，由表 8-7 可知，5~6 叶期—叶、花期—花的 4 种拟合函数 R^2 均较小，与表 8-6 结果一致，表明本试验数据可靠[24]。

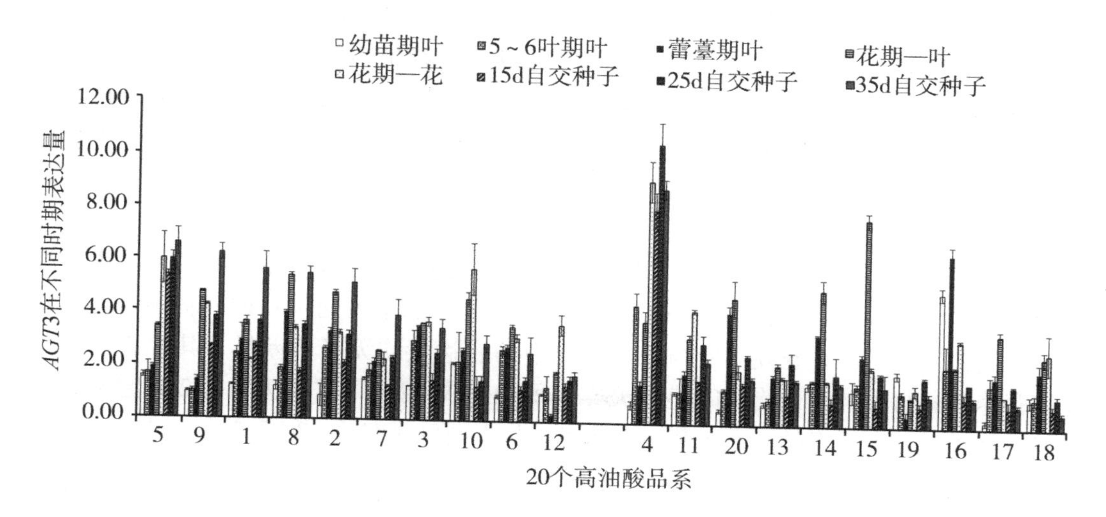

图 8-3　20 个高油酸油菜品系中 *AGT3* 基因在整个生育期的表达量

表 8-6　*ATG3* 基因表达规律与抗病指数相关性

材料	幼苗期—叶	5~6 叶期—叶	蕾薹期—叶	花期—叶	花期—花	15d 自交种子	25d 自交种子	35d 自交种子
线性分析	0. 205	−0. 476*	0. 117	−0. 199	−0. 572**	−0. 612**	−0. 597**	−0. 903**
非线性分析	0. 023	−0. 445*	0. 014	−0. 341	−0. 676**	−0. 917**	−0. 760**	−0. 997**

表 8-7　*HSP90* 基因表达规律与抗病指数间显著差异材料相关性拟合模型

材料	线性函数	指数函数	对数函数	幂函数
5~6 叶期叶	$y=-2.4166x+2.6809$ $R^2=0.2264$	$y=2.5311e^{-1.138x}$ $R^2=0.2223$	$y=-0.6940\ln(x)+1.0114$ $R^2=0.2303$	$y=1.1622x^{-0.321}$ $R^2=0.2176$
花期—花	$y=-6.4757x+5.4536$ $R^2=0.3277$	$y=5.5026e^{-1.923x}$ $R^2=0.3920$	$y=-1.885\ln(x)+0.9479$ $R^2=0.3423$	$y=1.4843x^{-0.538}$ $R^2=0.3782$
15d 自交种子	$y=-6.5564x+4.0459$ $R^2=0.3750$	$y=3.9937e^{-2.996x}$ $R^2=0.6165$	$y=-2.0750\ln(x)-0.7291$ $R^2=0.4627$	$y=0.4784x^{-0.901}$ $R^2=0.6874$
25d 自交种子	$y=-7.5773x+5.3486$ $R^2=0.3561$	$y=5.1359e^{-2.258x}$ $R^2=0.5089$	$y=-2.406\ln(x)-0.1805$ $R^2=0.4424$	$y=1.0182x^{-0.694}$ $R^2=0.5921$
35d 自交种子	$y=-12.6000x+7.3038$ $R^2=0.8154$	$y=10.4970e^{-4.454x}$ $R^2=0.9426$	$y=-3.772\ln(x)-1.5963$ $R^2=0.9005$	$y=0.494x^{-1.264}$ $R^2=0.9348$

4. *HSP*90 与 *ATG*3 基因表达量与病害间的关系

选择与 HSP90 和 *ATG*3 基因与抗病指数有显著或极显著相关性的早期生育期，即 HSP90 选择蕾薹期—叶和花期—叶；ATG3 选择 5~6 叶期—叶和花期—花进行综合分析表明，蕾薹期—叶中，有 15 个品系（除品系 3、4、6、12、18）HSP90 表达量与病情指数变规律相符，占总品系数的 75%；花期—叶中有 19 个（除品系 4）相符，占总品系数的 95%，即用 HSP90 基因在花期—叶中表达量≥1. 5 倍内参时进行抗病品系筛选，有95%的准确性；5~6叶期—叶与花期—花中，均有16个品系（前者除品系3、4、9、16，后者除品系1、4、7、10）的*ATG*3基因表达量与病情指数变规律相符，占总品系数的80%，即用ATG3基因在5~6叶期叶或花期—叶中表达量≥1.8倍内参时进行抗病材料筛选，均有80%的准确性，因油菜花较难提取RNA，同时5~6叶期在油菜生长发育前期，因而可选择该时期材料进行筛选。

（三）讨论

大量的研究表明，*HSP*90和*ATG*3基因在植物抗逆性中起着重要作用[17-22]。本研究对*HSP*90和*ATG*3基因在20个不同甘蓝型高油酸油菜品系不同生育期材料中表达规律进行研究，发现二者在花期—叶与花期—花中的表达量均无显著差异，其原因可能与花期营养生长与生殖生长均较旺盛相关[30]。而在角果期，二者表达均呈2种趋势，即逐渐升高或先升高后降低，表明基因表达可能与不同材料有关，但仍需进一步验证。此外，角果期是病害高发期[27]，本研究发现整个角果期*HSP*90和*ATG*3表达规律与抗病指数均呈极显著负相关性，验证了其抗病功能，与前人研究一致。

研究表明利用抗病基因筛选抗病材料或进行病害防治能大大缩短时间并降低成本[31-32]。如Niu等[12]通过RT-qPCR验证了9个抗病相关基因与小麦白粉病抗性相关，切其中8个基因与小麦白粉病抗性呈正相关；黄启秀等[13]以7种海岛棉为试验材料，发现其枯萎病抗性与类黄酮代谢途径基因*CHI*和*DFR*表达量呈显著负相关性；谷晓娜等[14]以转基因大豆N29-705-15和JL30-187为试验材料，利用RT-qPCR技术检测了$hrpZ_{psta}$基因在转基因大豆不同组织中的表达量，结果表明$hrpZ_{psta}$基因在大豆植株中的表达量与受体植株对疫霉根腐病和灰斑病抗性存在一定的相关性。Barkley等[33]利用RT-qPCR方法，对高油酸花生及其野生型种子和叶片中的差异*ahFAD2B*基因进行检测，快速区分了野生型和突变型，并进一步确定了*ahFAD2A*的不同突变类型[34]；杜建中等[35]研究*RDVMP*基因在转基因抗矮花叶病玉米的遗传、表达及抗病性，结果表明*RDVMP*基因的表达量与转化株系的抗病性显著相关。本研究通过荧光定量PCR，发现高油酸油菜抗病基因*HSP*90与*ATG*3分别在蕾薹期—叶、花期—叶与5~6叶期叶、花期—花中的表达量与抗病指数呈极显著正相关，且两两间符合度均较高（60%~80%）。尤其是*HSP*90在花期—叶中表达量与*ATG*3在5~6叶期—叶表达量，符合度最高，可用于高油酸油菜抗病材料的早期筛选。

（四）结论

本研究结果表明*HSP*90基因在整个苗期表达量逐渐降低，*ATG*3基因则在苗期表达量逐渐升高，而角果期二者表达均呈2种趋势，即逐渐升高或先升高后降低，且分别在花期—花与花期—叶无显著相关性表明基因表达可能与不同材料有关；发病率与病情指数相关性分析表明，油菜角果期*HSP*90和*ATG*3基因的表达规律与抗病指数之间呈显著或极显著负相关性。通过综合2基因表达情况结合病情指数分析可知，*HSP*90在花期—叶（95%）中表达情况与*ATG*3在5~6叶期叶（80%）、花期—花（80%）中表达情况可用于高油酸油菜育种材料抗病性预测。本研究结果为高油酸油菜抗病材料的早期筛选和促进高油酸油菜育种研究奠定了一定的理论基础。

二、抗根肿病育种研究

根肿菌属原生动物界（Protozoa）根肿菌纲（Plasmodiophoromycetes）根肿菌目（Plasmodiophorales）根肿菌属（*Plasmodiophora*），对油菜、甘蓝等多种十字花科作物危害严重，调查表明，田间受根肿病危害的油菜发病较轻减产30%左右，严重田块可造成油菜绝收[118]。根肿菌休眠孢子的抗逆性强，可在土壤中存活数十年之久，主要危害十字花科植物根部，其根表皮薄壁细胞受到根肿菌刺激后大量分裂和膨大，呈大小不一形状不规则的肿瘤[119]；从微观层面上讲，寄主植物的一些正常生理代谢受到影响[120]，诱导植物产生吲哚乙酸（Indole-3-acetic acid）、细胞分裂素（Cytokinin）、糖类（Carbohydrate）以及蛋白质（Protein），随即产生肿根。研究学者们对芜菁、甘蓝、萝卜等资源进行筛选鉴定后获得部分抗病信息：芜菁（*Brassica rapa*，AA，$2n=20$）根肿病抗性是由单显性基因控制的数量性状遗传[121]，具有小种特异性。甘蓝（*Brassica oleracea*，CC，$2n=18$）根肿病抗性是由多基因控制的数量遗传性状，且多为隐性遗传，抗感范围广、遗传规律较为复杂，由于不同定位研究使用不同的根肿病抗性源及不同的芸薹根肿菌分离株，导致定位起来比较困难。萝卜（*Raphanus sativus*）根肿病抗性普遍较强，大部分萝卜品种对根肿病抗病性可能是由单个显性位点控制，受显性主效基因控制，同时还可能存在其他微效抗性基因[122]。胡靖锋通过抗根肿病萝卜胞质不育系和甘蓝自交系杂交，获得抗根肿病 AACC 型染色体甘蓝型油菜材料 ZZCZ13000[123]。部分抗病基因已在育种中广泛应用：华中农大选育出首批具有应用价值的抗根肿病甘蓝型油菜（*Brassica napus* L. AACC，$2n=38$）杂交新品种华油杂 62R（含抗 4 号生理小种抗病位点 *CRb*）和常规新品种华双 5R（含抗 4 号生理小种抗病位点 *PbBa*8. 1），对根种病 4 号生理小种具有免疫抗性，为我国育种家提供了新材料。

随着后基因组时代的到来，第三代分子标记 SNP 应运而生。由 LGC 公司开发的竞争性等位基因特异性 PCR（Kompetitive Allele Specific PCR）基因分型技术，可以对 SNP 和特定位点上的 InDel 进行精准的双等位基因判断，基于自己独特的 ARMS PCR 原理实现 SNP 分型，SNP 在基因组中具有分布密度高、突变率低、二态性高、稳定性好、易于进行高通量自动化分析等特点[124]，在水稻、小麦等作物性状基因的精细定位、分子辅助育种、种质资源鉴定等方面发挥重要作用。Han 利用雄性不育突变体位点 Ms-cd1 开发的 KASP 标记，成为甘蓝 Ms-cd1 开发的首批 KASP 标记[125]。张强利用 KASP 标记鉴定辣椒细胞质类型，为辣椒三系杂交育种的应用奠定了研究基础[126]。Yang 基于 KASP 标记技术将种质群体划分为籼型和粳型两个亚群体，有效地维护和利用水稻遗传资源[127]。Fang 利用六倍体小麦抗叶锈病基因 Lr34 第 11 外显子和第 22 外显子等位变异 SNP 位点开发的 KASP 标记，能加速小麦 Lr34 的筛选[128]。Zübeyir Devran 针对抗番茄斑萎病原菌 Sw-5 基因座开发了 KASP 标记，并在多个具有不同遗传背景的番茄基因型中进行验证，能成功筛选番茄斑萎病纯合子抗性植株、杂合子抗性植株和感病品种植株[129]。

*Crr*1 基因来源于欧洲饲料萝卜 Siloga，目前已经从 Siloga 中鉴定出 *Crr*1、*Crr*2 和 *Crr*4 3 个抗病基因，分别位于 A08、A01 和 A06 染色体上，对根肿病 4 号生理小种具

有抗性。对 *Crr*1 基因精细定位发现：*Crr*1 可能包含两个基因位点，一个主要的根肿病抗性基因位点 *Crr*1*a* 和另一个作用较小的次要基因位点 *Crr*1*b*[130]，其中 *Crr*1*a* 编码 TIR-NB-LRR 抗病蛋白。Hatakeyama[131-132]研究发现 *Crr*2 基因是 *Crr*1 和 *Crr*4 基因表达的增强剂，也就是说，只有与 *Crr*2 基因相互作用时，*Crr*1 和 *Crr*4 才能对 4 号生理小种产生抗性。我国对根肿病的研究起步较晚，基于根肿病基因的 KASP 标记研究还不多，本实验中抗性亲本华双 5R 含有从芜菁转育来的抗病位点 *PbBa*8. 1，该位点包含一个抗病基因 *Crr*1[133]。甘蓝型油菜（*Brassica napus* L. AACC，$2n=38$）基因组中 *LOC*103834349 基因与芜菁 *Crr*1 基因有较高的同源性，本研究对抗病亲本华双 5R 的 *Crr*1 基因与感病亲本 *LOC*103834349 基因进行克隆测序，发现多个 SNP 位点，针对第 1 486~1 487 上的非同义突变位点，开发了一套精准检测自交后代抗根肿病基因型的 KASP 分子标记，能够快速精准检测抗感甘蓝型油菜的基因型，大幅提高了甘蓝型油菜根肿病抗性育种效率。

（一）材料与方法

1. 试验材料

抗性亲本材料甘蓝型油菜华双 5R（含根肿病 4 号生理小种抗病位点 *PbBa*8. 1，来自华中农业大学作物遗传育种研究所油菜研究室）为供体亲本。25 个农艺性状好，含油量在 48%~54%，油酸含量在 70%~78%的甘蓝型油菜自交系（来自水稻油菜抗病育种湖南省重点实验室）为受体亲本进行杂交获得 F_1，F_1 后代经过自交获得 F_2 群体。2020 年 10 月 13 日将 42 个 F_2 群体播种在上一年根肿病发病严重的田块中。

2. 方法

（1）田间表型鉴定

材料种植地上一年根肿病发病严重，发病率 95%左右。播种前利用根肿菌 18S rRNA 特异引物对田间土壤病菌孢子含量进行荧光定量 PCR 测定，孢子数为 $5.1\times(10^3\sim10^4)$ 个孢子/g 土壤（结果未发表）。田间鉴定在 2020 年 12 月 12 日进行，将每个单株小心从土壤中拔出，仔细检查根部发病情况，根据发病与否进行登记挂牌。挑选经过田间抗病鉴定的 42 个 F_2 群体的 771 个单株进行 KASP 分型检测。

（2）DNA 的提取

取 1. 5~2. 5 cm 大小的叶片放入 96 孔板，置于冻干机中抽真空 16 h 后于研磨仪中研碎。在 96 孔板中每孔加入 500 μL DNA 提取液，振荡混匀后于 75℃烘箱中温浴 30 min。温浴结束后，4 000 r/min 离心 10 min，取 96 孔板中 190 μL 上清液至新的 96 孔板，并在新的 96 孔板中每孔加入 190 μL 异丙醇。将 96 孔板于-20℃冰箱中放置 1 h，然后 4 000 r/min 离心 10 min，弃上清液，置于 50℃烘箱中烘干，加入 500 μL 超纯水溶解 DNA，4℃保存用于后续的 KASP 检测。

（3）KASP 分子标记设计

在数据库中查找 *Crr*1 和 *LOC*103834349 序列间的 SNP 位点（http：//www. ncbi. nlm. nih. gov/），选择位于编码区内第 1 486~ 1 487 上非同义突变位点，应用引物设计软件 Batch Primer3 设计 KASP 标记引物，包括 3 条引物：K07-X、K07-Y 是 2 条等位基因特异性正向引物，5′端分别加上荧光序列标签 VIC 和 FAM（下划线部分为荧光序列标签)，3′末端碱基为 SNP 位点变异碱基，2 条特异性引物末端碱基分别包括 SNP 位点的等位变异；K07-C 为共同的反向引物（图 8-4，表 8-8）。KASP-PCR 反应 LGC SNP line 基因分型平台上进行，反应总体系为 0.8 μL，100 μmol Primer 由浓度为 100 μmol/L 的 K07-X、K07-Y、K07-C 与超纯水按 12：12：30：46 的体积比混合得到。PCR 反应混合物（0.8 μL）包含：100 μmol Primer 0.005 9 μL、2 × KASP Master Mix 0.394 5 μL、超纯水 0.399 5 μL、DNA（干燥）20～50 ng。PCR 程序为：94℃预变性 15 min；95℃变性 20 s，65～56℃退火延伸 60 s，每循环退火延伸温度降低 0.8℃，共计 10 个循环；94℃变性 20 s，57℃退火延伸 60 s，共 30 个循环。

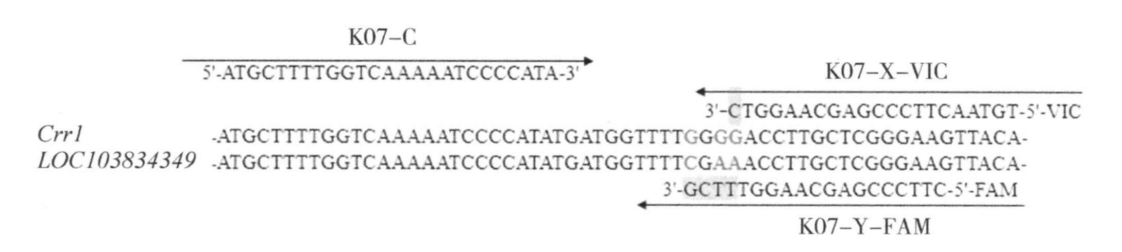

图 8-4　用于开发标记的 SNP 位点及其引物设计

表 8-8　KASP 标记引物及测序引物

SNP	引物名称	引物序列（5′-3′）
T/C	K07-X	GAAGGTGACCAAGTTCATGCTTGTAACTTCCCGAGCAAGGTC
	K07-Y	GAAGGTCGGAGTCAACGGATTCTTCCCGAGCAAGGTTTCG
	K07-C	ATGCTTTTGGTCAAAAATCCCCATA
	LOC-1F	GGATTATCGTCACGACGCAAG
	LOC-1R	GCCTTGTAACTTCCCGAGCA

KASP-PCR 扩增产物反应完成后利用扫描仪 Pherastar 对 KASP 反应产物进行荧光数据读取，荧光扫描的结果自动转化成图形。

（4）测序验证

根据 *LOC*103834349 和 *Crr*1 基因序列设计引物 LOC-1（表 8-9），该引物对可以扩增 KASP 标记 SNP 位点上下游 281bp 的基因序列。取田间鉴定抗病和感病的油菜各 6 株，提取 DNA 后用上面引物进行 PCR 扩增。PCR 反应体系 25 μL，包括 1.1×T3 PCR Mix 22 μL（北京擎科生物科技有限公司）、10 μmol 上下游引物各 1 μL、478 ng/μL 基因组 DNA 1 μL。扩增程序为 98℃预变性 2 min；98℃变性 10 s，退火温度 60℃退火 10 s，72℃延伸 10 s，34 个循环；最后 72℃延伸 2 min，于 4℃保存。PCR 产物由北京擎科生物科技有限公司进行测序，测序结果使用软件 DNAMAN 进行序列比对。

表 8-9　编号 2033F_2 群体 KASP 分型与田间鉴定结果

编号	KASP分型	抗性	编号	KASP分型	抗性	编号	KASP分型	抗性	编号	KASP分型	抗性	编号	KASP分型	抗性
1	GA	抗病	26	GG	感病	51	AA	抗病	76	GA	抗病	101	GA	抗病
2	GA	抗病	27	GA	抗病	52	GA	抗病	77	GA	抗病	102	GA	抗病
3	AA	抗病	28	GG	感病	53	AA	抗病	78	GA	抗病	103	GA	抗病
4	GA	抗病	29	GG	感病	54	GA	抗病	79	GA	抗病	104	GA	抗病
5	GA	抗病	30	GA	抗病	55	GA	抗病	80	AA	抗病	105	GA	抗病
6	AA	抗病	31	GA	抗病	56	AA	抗病	81	AA	抗病	106	AA	抗病
7	GA	抗病	32	AA	抗病	57	GA	抗病	82	AA	抗病	107	GA	抗病
8	GA	抗病	33	AA	抗病	58	AA	抗病	83	GG	感病	108	GA	抗病
9	GA	抗病	34	GA	抗病	59	GA	抗病	84	AA	抗病	109	GG	感病
10	GA	抗病	35	GA	抗病	60	GA	抗病	85	AA	抗病	110	GG	感病
11	GA	抗病	36	GG	感病	61	GA	抗病	86	AA	抗病	111	GG	感病
12	GA	抗病	37	GA	抗病	62	GA	抗病	87	AA	抗病	112	GG	感病
13	GG	感病	38	AA	抗病	63	GA	抗病	88	GA	抗病	113	GG	感病
14	GG	感病	39	GA	抗病	64	AA	抗病	89	GA	抗病	114	GG	感病
15	GA	抗病	40	GG	感病	65	GA	抗病	90	GA	抗病	115	GG	感病
16	AA	抗病	41	GA	抗病	66	AA	抗病	91	GG	感病	116	GG	感病
17	GA	抗病	42	GA	抗病	67	GA	抗病	92	GA	抗病	117	GG	感病
18	AA	抗病	43	GA	抗病	68	GA	抗病	93	AA	抗病	118	GG	感病
19	GA	抗病	44	AA	抗病	69	GA	抗病	94	AA	抗病	119	GG	感病
20	AA	抗病	45	GG	感病	70	GA	抗病	95	GA	抗病	120	GG	感病
21	GA	抗病	46	GA	抗病	71	AA	抗病	96	GA	抗病	121	GG	感病
22	AA	抗病	47	GG	感病	72	GG	感病	97	GA	抗病	122	GG	感病
23	AA	抗病	48	GA	抗病	73	GG	感病	98	GA	抗病	123	GG	感病
24	GA	抗病	49	GA	抗病	74	GG	感病	99	AA	抗病	124	GG	感病
25	GG	感病	50	GG	感病	75	AA	抗病	100	GA	抗病	125	GG	感病

（二）结果与分析

1. 田间鉴定

对种植于大田的 F_2 植株逐一拔出用目测法检查根系生长情况，确定其抗感表型。从 42 个 F_2 群体中共鉴定了 771 个单株，其中有 456 株根系正常，没有染病。有 315 株根部有肿块，为染病植株（图 8-5）。

图 8-5　田间抗感材料对照

注：左侧为抗性材料，右侧为感病材料

2. KASP 标记开发与验证

利用该等位变异 SNP 位点设计的 KASP 标记对经过田间鉴定的 771 个单株进行分型检测。检测结果显示待检测材料清楚地分为两类（图 8-6）：聚合在接近 X 轴的显示蓝色的样本的基因型为连接 VIC 荧光标签序列的纯合抗病 AA 基因型，聚合在接近 Y 轴上的显示红色的样本的基因型为连接 FAM 荧光标签序列的纯合感病 GG 基因型，位于坐

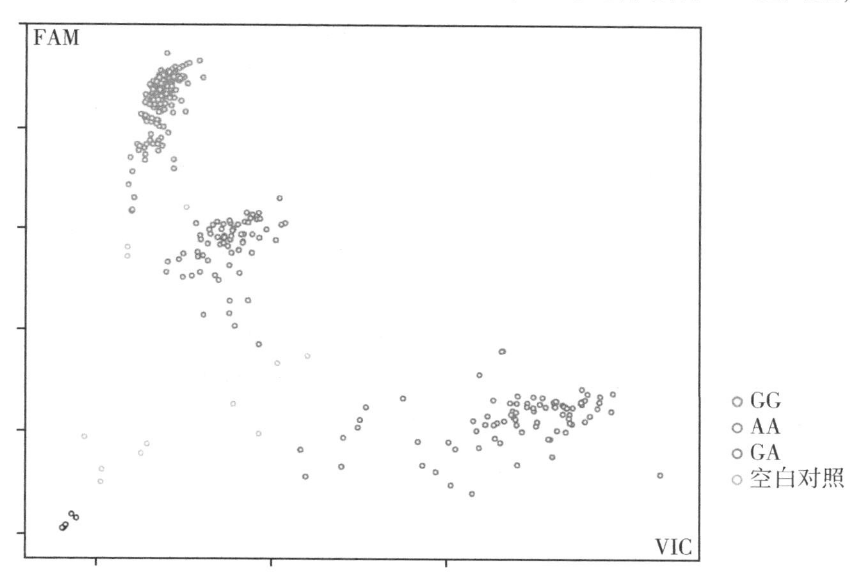

图 8-6　KASP 标记对 771 份油菜单株分型

标轴接近45°轴心显示紫色的样本基因型表示含有A和G的杂合基因型，左下角显示黑色的样本为空白对照。其中315个单株含有纯合感病基因型GG，322个单株含有纯合抗病基因型AA，134个单株含有基因型GA。对编号为2033的F_2群体中125株材料的KASP分型情况进行χ^2检测，其中纯合抗病基因型AA 30株，纯合感病基因型GG 33株，杂合基因型GA 62株，经χ^2检测，抗病材料与感病材料符合3∶1理论值，抗病纯合基因型、抗病杂合基因型与感病纯合基因型的比值符合1∶2∶1理论值，说该抗病位点为显性单基因抗病位点。

AA分型和杂合的GA分型单株田间检测均为抗病表型，GG分型均为感病表型，KASP分型结果与田间鉴定结果一致。比对结果说明该KASP标记对根肿病抗、感植株进行正确分型，可作为新型分子标记应用于根肿病的分子标记辅助选择。

3. 测序验证

取抗、感亲本材料各6株，提取DNA后扩增KASP标记位点上下游281 bp碱基序列。PCR产物进行测序验证，结果显示抗病亲本在KASP引物设计位点为AA碱基，感病亲本则为GG碱基（图8-7），测序结果证明了KASP分型结果准确性。

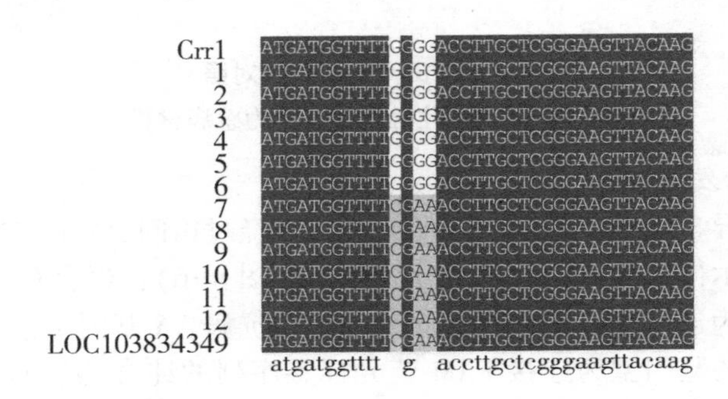

图8-7 抗、感亲本KASP标记位点DNA序列测序结果

注：1，2，3，4，5，6：感病亲本；7，8，9，10，11，12：抗病亲本

（三）讨论

分子标记可以避免环境条件对杂种优势类群分类的影响，对于一些系谱不清或者混合的材料可以有根据性的划分为不同类群。针对杂种优势类群，人们开发了许多标记系统，如RAPD、AFLP、SSR和SNP，以及一些经济有效的基因分型平台来检测SNP位点，如Golden Gate[134]和Infinium[135]平台，TaqMan和KASP平台[136]。KASP分析在用于基因分型的SNP数量方面提供了灵活性，该方法准确度高，成本低，这一特征使KASP标记比其他SNP基因分型分析更具优势。本研究针对与根肿病抗性显著关联的SNP位点开发了KASP标记，能有效将杂交后代的基因型分类，在检测的771个样本中，315个单株为纯合感病基因型GG，322个单株为纯合抗病基因型AA，134个单株为杂合抗病基因型GA，与田间检测结果一致。其中编号2033的F_2群体125株材料中纯合抗性基因型AA 30株，纯合感病基因型GG 33株，杂合基因型GA 62株。经χ^2检测，抗病材料与感病材料符合3∶1比例，抗病纯合基因型、抗病杂合基因型与感病纯合基因型的比值符合1∶2∶1理论值，说该抗病位点为显性单基因抗病位点，与我们

预期相符。

前人以白菜（*Brassica rapa*，AA，2*n*=20）为抗源，定位了10个CR基因[137-148]，*Crr*1、*Crr*2、*Crr*3、*Crr*4、*CRa*、*CRb*、*CRc*、*CRd*、*CRk*、*CRs*，以及5个抗病位点，*PbBa*1.1、*PbBa*3.1、*PbBa*3.2、*PbBa*3.3、*PbBa*8.1。其中*CRa*是首个被人工克隆的根肿病基因[149]；在萝卜（*Raphanus sativus*）根肿病抗性相关的QTL定位检测中，检测出*RsCr*1、*RsCr*2、*RsCr*3、*RsCr*4和*RsCr*5 5个抗性基因[150]。华双5R对根肿病抗性的产生是由于从芜菁ECD04中导入了含有*PbBa*8.1抗性位点的芜菁基因组片段，该片段含有根肿病抗性基因*Crr*1。根肿病抗性由两种途径控制，一种是在抗性中起共同调控作用的途径，另一种是起增强抗性的额外途径。这两种途径揭示了关于根肿病抗性进化的假说，一种是根肿病抗性最初是由单一的主效基因控制，在芸薹属植物基因组的进化过程中，主效基因分化为两个功能不同的重复基因；另一种是抗性基因最初聚集在某一原始基因组区域，由于外界环境等其他因素的影响导致染色体重新排列后分布在不同的基因组区域，在拟南芥（*Arabidopsis thaliana*）的某些基因组区域已经观察到抗病基因的聚类。其中，*Crr*1和*Crr*2两个主要QTL区域在拟南芥第4号染色体的一个小区域内存在重叠，该区域属于拟南芥基因组抗病基因簇MRCs之一。这些结果表明，根肿病抗性基因起源于一个共同祖先基因组MRC，随后在进化过程中分布到不同区域。本研究通过对抗性亲本的*Crr*1基因和感病亲本的*LOC*103834349基因序列进行了比对，发现抗性亲本基因组中*Crr*1基因CDS序列长3 675bp，而感病亲本基因组中*LOC*103834349基因CDS序列长2 286bp，同源部分碱基序列相似性为99.12%。*Crr*1基因蛋白氨基酸序列长度1 224 aa，*LOC*103834349基因蛋白氨基酸序列长761 aa，同源部分氨基酸序列相似性为98.94%。甘蓝型油菜（*Brassica napus* L. AACC，2*n*=38）是由白菜（*Brassica rapa*，AA，2*n*=20）与甘蓝（*Brassica oleracea*，CC，2*n*=18）通过自然杂交和染色体组自然加倍后形成，在进化的过程中，芜菁ECD04保留了根肿病抗性，而甘蓝型油菜散失了根肿病抗性，我们推测可能原因之一是在漫长的进化过程中甘蓝型油菜基因组中*LOC*103834349基因丢失了部分序列，从而使其根肿病抗性散失了。

（四）结论

本研究针对甘蓝型油菜*LOC*103834349基因和根肿病抗病亲本*Crr*1基因开发了一个高通量、低成本的根肿病KASP分子标记。田间表型验证表明该标记准确可靠，可以在短时间内对大量材料进行快速可靠的分析鉴定，提高油菜根肿病抗性育种效率，该标记可作为一个新的高通量、高选择效率的分子标记，能快速准确筛选抗根肿病材料。

三、抗病品种及材料

（一）抗根肿病品种‘湘作油207’选育

1. 亲本组合

甘蓝型杂交油菜新组合‘湘作油207’（‘Z15X×H207’），由湖南省作物研究所选育而成。

2. 特征特性

甘蓝型杂交种，冬性，生育期217 d。苗期生长习性半直立，叶片中等绿色，叶片长度中，叶片宽度中；有裂片，裂片数量 5. 60；叶柄长度中；主茎蜡粉少，主茎花青苷显色无；开花期中，果身长度长，角果姿态上举；籽粒黑褐色；株高 168. 70 cm，分枝部位高度 57. 30 cm，有效分枝数 4. 90 个，单株有效角果数 210 个，每角粒数 22. 30 粒，千粒重 4. 16 g。芥酸含量 0%，硫苷含量 14. 29 μmol/g，含油量 49. 77%。低抗菌核病，低抗病毒病，抗根肿病 4 号生理小种；抗倒性强，抗冻性强。第一生长周期亩产 194. 70 kg，比对照华油杂 12 增产 4. 56%；第二生长周期亩产 191. 90 kg，比对照华油杂 12 增产 7. 69%。

3. 栽培技术要点

适期播种：移栽栽培播种期 9 月中旬至 10 月上旬，移栽期 10 月中旬至 11 月上旬；直播栽培播种期 9 月下旬至 10 月中旬。合理密植：冬油菜产区移栽密度旱地 0. 6 万~0. 7 万株/亩、稻田 0. 8 万~1. 0 万株/亩、毯状苗育苗移栽 1. 2 万穴/亩左右。直播栽培方式种植密度 2. 0 万~3. 5 万株/亩，早播略稀，迟播宜密。直播栽培方式以播种量调控密度，9 月下旬至 10 月上旬播种，亩用种量 200~250 g；10 月中旬播种，亩用种量 250~300 g。田间管理：及时防治病虫草害；加强肥水管理，配施硼肥，防治渍害，尤其是稻田油菜更需加强田间防渍工作。适时收获：分段收获方式下，全田 75%角果黄熟时割晒，经 5~7d 后熟与干燥后人工脱粒或机械捡拾脱粒；全田角果基本变黄，主枝下部角果枯黄时，采用机械联合收获。

适宜种植区域及季节：适宜在湖南、湖北、江西冬油菜种植区秋播种植。

注意事项：①本品种对硼元素敏感，应避免因土壤缺硼造成减产，可在基肥中配施硼砂 1 kg/亩；②长江中游冬油菜产区稻田油菜渍害较重，且春季雨水较多，渍涝易影响品种产量优势的发挥，需加强田间水分管理。

（二）抗病育种材料创制

1. 湘油 18

湘油 18，常规种，2022—2023 年度参加湖南省作物学会组织的区试，结果如下：平均亩产 176. 23 kg，居试验第四位，8 个试验点中 6 个增产，2 个减产，比对照增产 2. 40%，达极显著水平。生育期平均 206. 3 d，比对照晚熟 3. 1 d。株高 182. 0 cm，单株有效角果 188. 3 个，每角果粒数 20. 8 个，千粒重 4. 46 g，苗期生长势强，抗倒性中。菌核病田间发病率 8. 1%，病情指数 6. 5。

主要优缺点：该材料株高较高，苗期生长势强，抗倒性强，抗菌核病好，丰产性很好，籽粒品质达到双低标准。

2. 育种材料

利用华中农业大学华双 5R（含根肿病 4 号生理小种抗病位点 *PbBa*8. 1，来自华中农业大学作物遗传育种研究所油菜研究室）抗病材料为父本，本实验室 10 个高含油/高油酸育种材料为母本进行杂交，苗期取叶片，委托华智生物技术有限公司依据抗根肿病基因型的 KASP 分子标记进行检测，筛选得到含纯合抗病 TTCG：TTCG 基因型的单株；若未得到纯和材料，则以含抗病 C：TTCG 基因型材料为母本，高含油/高油酸材料为父本继续进行杂交，经 3 年试验，结合苗期、收获期性状及抗性、产量等指标，于 2024 年 1 月筛选得到 3 个抗根肿病材料，分别命名为 XNKGZ-F435（含油 47. 3%，油酸 75.5%)、XNKGZ－M17（油酸 77.5%）和 XNKGZ－WH7（含油 46.3%，油酸 73.5%），其中 XNKGZ-F435 和 XNKGZ-WH7 抗冻性好，长势较 XNKGZ-M17 好。

第二节　油菜耐渍育种研究

油菜是世界上第二大油料作物，也是我国第一大油料作物[54]。长江流域作为我国油菜的主产区，近年来频繁性出现季节秋旱和春季阴雨连绵的问题，对油菜的生产有很大的影响[55-56]，秋旱可使我国长江流域油菜总产量降低25%～32%，而春季则常出现淹水现象，威胁我国20%种植面积的油菜[57]，是当前影响油菜产业发展的关键制约因素之一，国家“十四五”重点研发计划中被列为关键研究内容之一。

油菜对水分胁迫是比较敏感的，不仅对种子萌发有限制，对一些生理生化活动也会产生不利影响[57-59]。朱小慧等[60]发现抗旱性强的油菜材料在萌发期能够表现出较好的萌发特性、保水能力、渗透调节能力以及活性氧代谢调节能力。洪双等[61]发现旱害指数、地上部鲜重胁迫指数、植株总鲜重胁迫指数之间的相关性较高，适合作为油菜苗期耐旱性鉴定与评价的指标。庞喜红等[62]认为发芽指数、总长、总鲜重等 3 个指标可以作为鉴定油菜萌发期抗旱性的指标。随着渍水时间延长，对油菜造成的伤害超过了油菜自身的抵御能力，并且 SOD、CAT 等活性显著降低，由于渍水胁迫造成的活性氧不能够及时被清除，细胞膜脂过氧化加[63]。渍水对苗期生长的不利影响不仅在于渍水期间，还在于渍水后生长恢复所需的时间[64]。经过缺氧处理，不耐湿的油菜材料的 MDA 含量比耐湿性强的材料提高显著。说明耐湿性油菜材料的膜脂化程度比不耐湿材料低。SOD、CAT 和 POD 酶活性在受到缺氧胁迫后，甘蓝型油菜耐湿基因型活性氧清除系统较强，在缺氧胁迫下，能更好减少膜脂化程度，降低细胞伤害[65]。

三交油菜有较好的产量优势，但其生长特性和抗逆等方面研究较少，尤其是水分胁迫方面的研究。本研究针对当前影响油菜生产的水分胁迫及三交种的利用等影响油菜生产的关键问题，研究不同处理下苗期长势及生理特性影响，以期为三交油菜规模化应用及油菜抗逆生长提供参考。

一、材料和方法

（一）试验材料

‘沣油 520’（‘20A×C3R’，国审油 2009009），甘蓝型细胞质雄性不育三系杂交种，甘蓝型油菜自交系材料‘159-6’和三交种‘159-6’×‘沣油 520’，均由湖南农业大学农学院提供。

（二）试验设计

设计盆栽试验（花盆大小长宽高为 7 cm×5 cm×8 cm），在湖南农业大学生命科学楼进行。以正常水分条件（土壤相对含水量为 70%～80%）为对照（CK），设置中度干旱（土壤相对含水量为 40%～50%）、重度干旱（土壤相对含水量为 20%～30%）2 个干旱环境；设置轻度渍水（托盘中加水淹至距离花盆底部 3 cm 处，使土壤一直保持湿润状态量），中度渍水（托盘中加水淹至距离花盆底部 5 cm 处，使土壤表面有一层 1~2 mm 水膜）2 个渍水环境。每个环境条件下、每个材料种 3 盆，每盆留苗 15 株。盆栽土壤为通用营养土，消毒后使用。

（三）试验方法

1. 样品制备

油菜生长 2 周后取叶片测定生理指标，-80℃保存；取整株油菜 5 株测定鲜重和干重。以上均三次重复。

2. 干重测定

将油菜植株于烘箱，105℃杀青 30 min，80℃烘 48 h 至恒重，并称重。

3. 生理生化指标测定

生理生化指标测定：测定可溶性糖含量（蒽酮法）、可溶性蛋白含量（考马斯亮蓝 G-250 染色法）、叶绿素含量（95%乙醇浸提法）。测定超氧化物歧化酶（SOD，氮蓝四唑法）、过氧化物酶（POD，愈创木酚法）、过氧化氢酶（CAT，过氧化氢法）活性和丙二醛（MDA）含量，具体方法参照萧浪涛等[66]。

（四）试验仪器

U8000 紫外分光光度计（元析，上海），恒温水浴锅（AmerSham，美国），冷冻离心机（元析，上海）等。

（五）数据处理

测得的数据采用 SPSS22.0 处理，用 Excel 2019 作图。

二、结果分析

（一）不同水分胁迫对不同类型油菜干重和鲜重的影响

不同水分胁迫下三交油菜与亲本鲜重和干重差异如图 8-8 所示。与正常水分条件相比，在不同程度水分胁迫下，三交油菜鲜重均低于对照，干重均高于对照，变化趋势为先升高后降低。轻度渍水胁迫下，三交油菜鲜重和干重与双亲均有极显著差异（$P<0.001$）；中度渍水胁迫下，三交油菜鲜重极显著高于杂种亲本（$P<0.001$），双亲之间也有显著差异（$P=0.038$）。

中度干旱胁迫下，三交油菜鲜重低于双亲，干重介于双亲之间，均达极显著水平（$P<0.001$）。重度干旱胁迫下，三交油菜鲜重介于双亲之间，三交油菜干重分别比杂种亲本和自交系亲本高，均达极显著水平（$P<0.001$）。上述结果表明三交油菜对水分胁迫的适应性强于双亲。

（二）水分胁迫对不同类型油菜生理特性的影响研究

1. 对可溶性糖含量的影响

不同水分胁迫下三交油菜与亲本叶片中可溶性糖含量差异如图 8-9 所示，渍水胁迫和干旱胁迫环境下，三个材料的可溶性糖含量均比正常水分条件下高，变化趋势一致。中度渍水胁迫下，三交油菜可溶性糖含量显著低于双亲（$P=0.025$）。重度干旱胁迫下三交油菜可溶性糖含量比杂种亲本高 46.9%，达显著水平（$P=0.035$）。

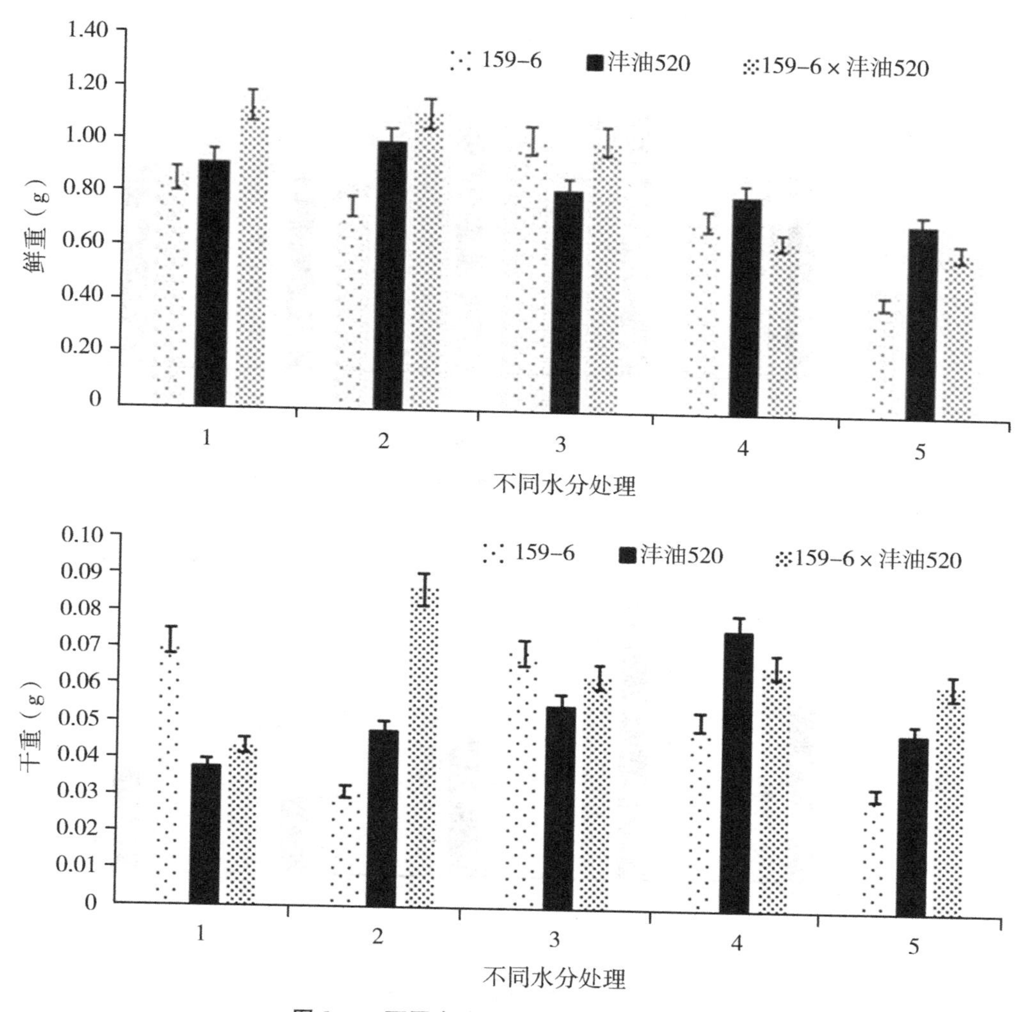

图 8-8　不同水分胁迫下油菜鲜重和干重

注：Ⅰ 正常水分（CK）；Ⅱ 轻度渍水；Ⅲ 中度渍水；Ⅳ 中度干旱；Ⅴ 重度干旱，下同。

2. 对可溶性蛋白含量的影响

不同水分胁迫环境下三交油菜与亲本叶片中可溶性蛋白含量差异如图 8-10 所示。在不同程度水胁迫下，三交油菜和自交系亲本可溶性蛋白含量均高于对照，且呈先升高后下降趋势；三个材料的可溶性蛋白含量在水分胁迫下无显著差异。

3. 不同水分胁迫对叶绿素含量的影响

不同水分胁迫下三交油菜与亲本叶片中叶绿素含量的差异如图 8-11 所示。在不同程度水胁迫下，三交油菜叶绿素含量均高于对照，呈先升高后降低再升高的变化趋势。在不同程度的水分胁迫下，三交油菜的叶绿素含量均高于杂种亲本和自交系亲本；在轻度渍水胁迫和重度干旱胁迫下，均达极显著水平（$P<0.001$）；在中度渍水胁迫下，达显著水平（$P=0.014$）。研究结果显示，在不同水分胁迫下，三交油菜叶绿素含量均强于双亲。

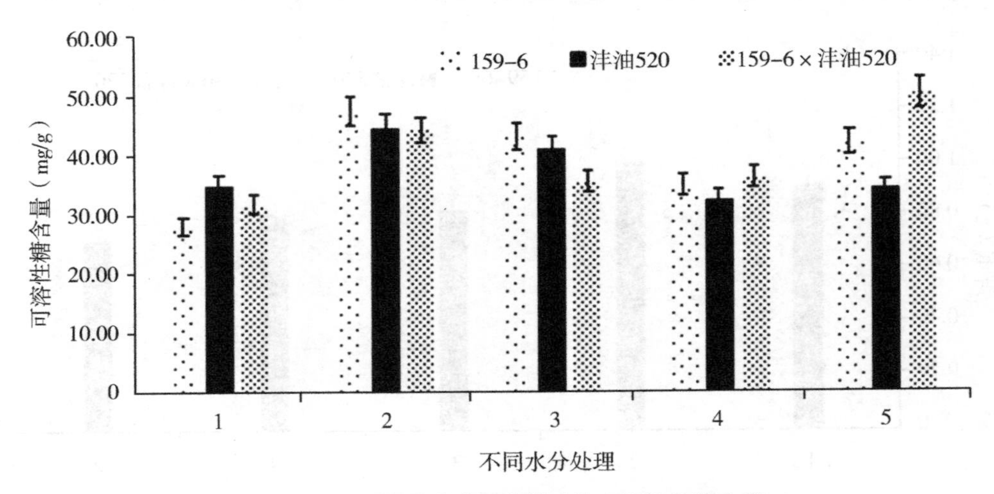

图 8-9　不同水分胁迫下油菜叶片中可溶性糖含量

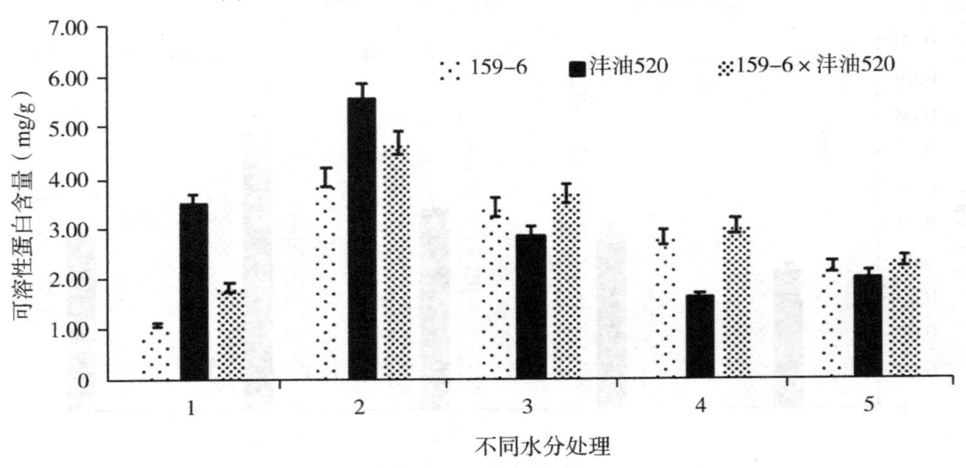

图 8-10　不同水分胁迫下油菜叶片中可溶性蛋白含量

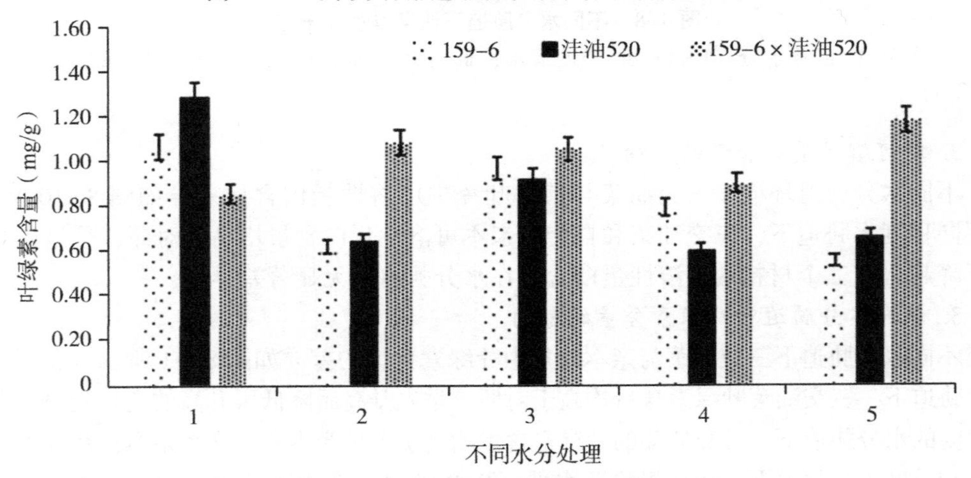

图 8-11　不同水分胁迫下油菜叶片中叶绿素含量

4. 不同水分胁迫对抗氧化酶活性和 MDA 含量的影响

不同水分胁迫下三交油菜与亲本 SOD、POD、CAT 活性和 MDA 含量差异如图 8-12 所示。在不同程度渍水胁迫下，三交油菜和杂种亲本 SOD、POD 活性均高于对照，均呈先升高后降低的趋势；三交油菜和杂种亲本 CAT 活性均低于对照。三个材料 MDA 含量均高于对照，呈持续上升趋势。轻度渍水胁迫下，三交油菜 SOD 活性和 MDA 含量均要高于杂种亲本和自交系亲本；POD 活性比自交系亲本高；均达极显著水平（$P<0.001$）。中度渍水胁迫下，三交油菜 SOD 活性比杂种亲本高；POD 活性比自交系亲本高；MDA 含量介于双亲之间，比自交系亲本低 103.1%，比杂种亲本高 30.4%，均达极显著水平（$P<0.001$）。

在不同程度干旱胁迫下，三个材料 SOD、POD 活性和 MDA 含量均高于对照；三交油菜 CAT 活性均低于对照。中度干旱胁迫下，三交油菜 SOD、POD 活性和 MDA 含量均要高于杂种亲本和自交系亲本，均达极显著水平（$P<0.001$），CAT 活性极显著低于双亲（$P=0.005$）。重度干旱胁迫下，三交油菜 SOD 活性低于双亲；POD 活性均要高于杂种亲本和自交系亲本；MDA 含量比自交系亲本低，均达极显著水平（$P<0.001$）。

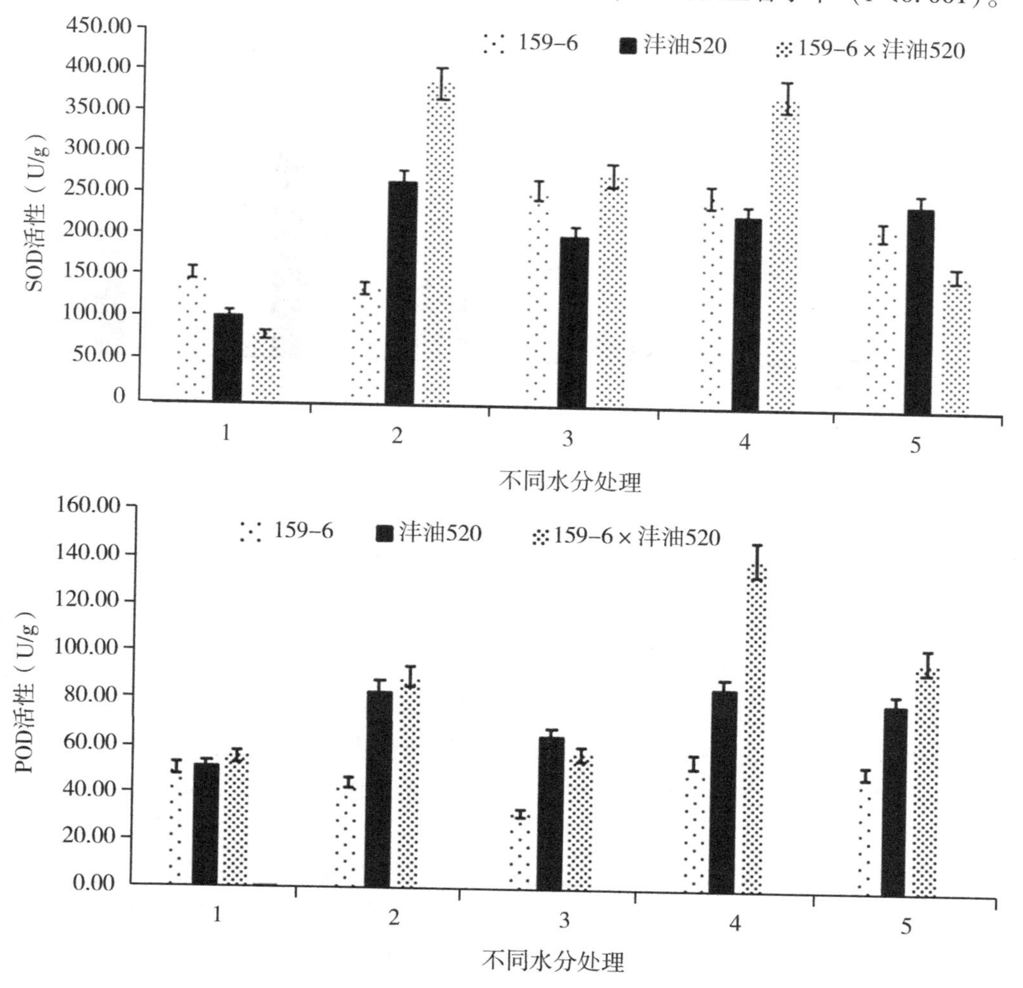

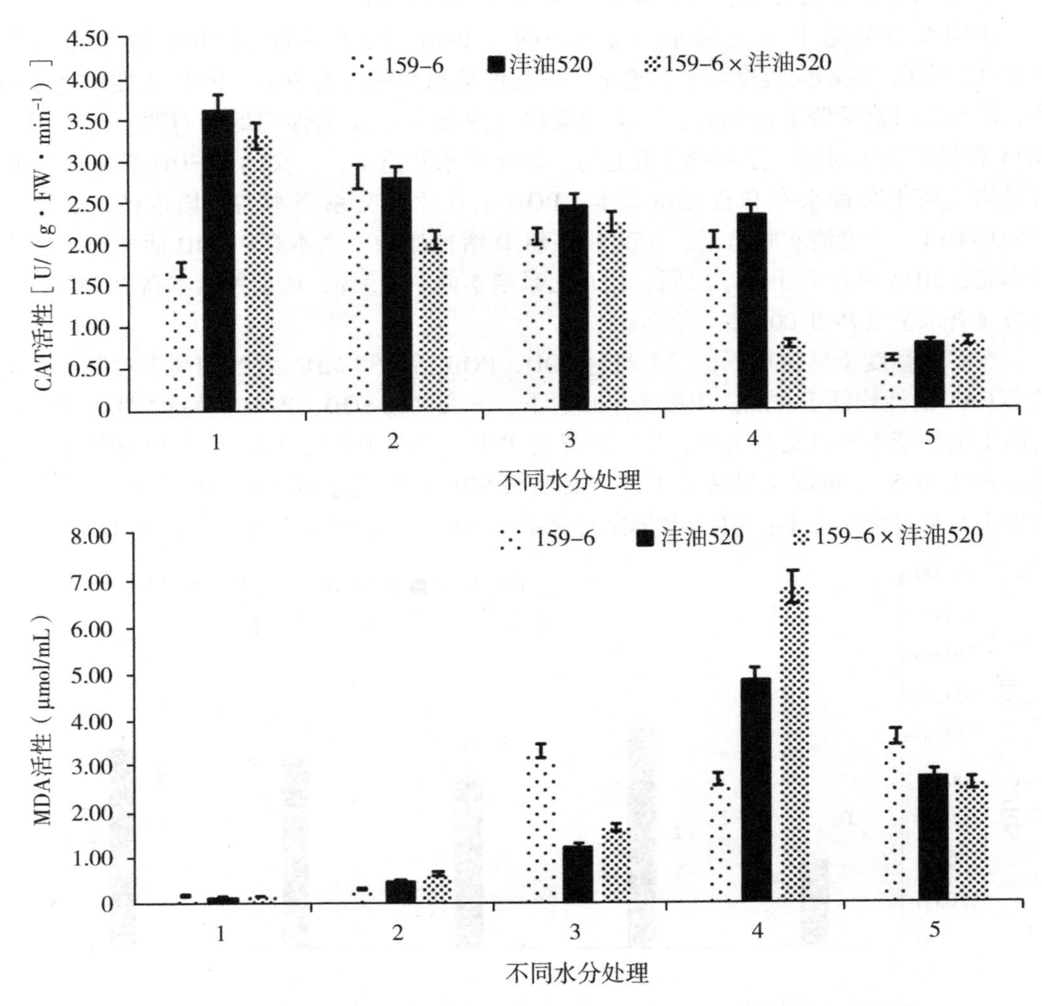

图 8-12　不同水分胁迫下油菜叶片中 SOD、POD、CAT 活性和 MDA 含量

三、讨论

本研究发现，轻度渍水和重度干旱胁迫下，三交油菜鲜重和干物质高于亲本，生长状况更好，说明三交油菜对轻度渍水和重度干旱胁迫的适应能力可能强于亲本。渍水和干旱胁迫均会使叶绿体和光合色素含量减少，从而影响光合作用[58,67]。张树杰和李素等人[68-69]研究结果显示，油菜叶绿素含量在渍水和干旱胁迫下均降低。本研究中，三交油菜叶绿素含量均显著高于双亲，说明三交油菜光合作用更强，有高产潜力，这与其收获期产量表现一致。

在轻度渍水和中度渍水胁迫下，三交油菜 SOD 活性、POD 活性均极显著高于双亲。MDA 是质膜受攻击的产物，能够反映细胞膜受损伤程度[70]。SOD 作为抵抗氧化的第一道防线，能够清除植物体内自由基，可与 CAT、POD 酶协同作用，维持自由基含量处于动态平衡，从而抑制膜脂过氧化，且抗性越强的品种清除能力强于抗性弱的品种[71-72]。SOD在保护细胞减轻氧化损伤，清除活性氧中间产物，起着很重要的作用，并且在提高植物抗旱性方面的功效已得到证实[73]。在中度渍水和重度干旱胁迫下，三交油菜MDA含量均极显著低于自交系亲本，说明三交油菜细胞膜受损程度较亲本小，抗逆能力强于亲本。在轻度渍水，中度干旱和重度干旱胁迫下，三交油菜干物质积累较亲本多；不同水分处理下，三交油菜叶绿素含量均极显著高于亲本，表现出较亲本更强的光合作用；SOD活性和POD活性也表现出强于亲本的优势，说明三交油菜具有比亲本更强的耐渍性和抗旱性。

四、结论

本研究发现，正常水分条件下，三交油菜鲜重分别比杂种亲本和自交系亲本高，CAT活性比自交系亲本高，干重、叶绿素含量、SOD和POD活性低于双亲；均达极显著水平（$P<0.01$）。在不同程度渍水和干旱胁迫的处理下三交油菜的叶绿素含量均高于对照，且均显著高于双亲，达显著水平（$P<0.05$）。三交油菜在轻度渍水和重度干旱胁迫下的干重分别比杂种亲本高80%和20%，比自交系亲本高200%和100%，达极显著水平（$P<0.001$）。在轻度渍水和中度干旱胁迫下的SOD活性分别比杂种亲本高44.8%和62.1%，比自交系亲本高179.9%和48.7%，达极显著水平（$P<0.001$）。在中度干旱和重度干旱胁迫下的POD活性分别比杂种亲本高64.1%和22.6%，比自交系亲本高154.2%和91.1%，达极显著水平（$P<0.001$）；重度干旱胁迫下，可溶性糖含量比杂种亲本高46.9%，达显著水平（$P=0.035$）。三交油菜与亲本相比有更好的耐渍性和抗旱能力。

第三节　油菜耐盐育种研究

土壤盐渍化是指土壤底层或地下水的盐分随毛管水上升到地表，水分蒸发后，使盐分积累在表层土壤中的过程，对作物产量和区域农业生产也有很大的影响，甚至会导致生态环境恶化[74]。我国现有盐碱土地面积高达$9.9\times10^6 hm^2$，中国盐碱地分布在西北、东北、华北及滨海地区等共计23个省区，其中具有农业发展潜力的占中国耕地总面积10%以上[75]。土壤的盐碱化对作物的生产能力有很大的影响，由于盐害可导致油菜的产量降低最高可达60%[76]。盐害对世界各国油菜的生产均造成了不同程度的影响，各国都进行大量的试验对改良盐害进行研究[77-82]。

“开展盐碱地综合利用对保障国家粮食安全、端牢中国饭碗具有重要战略意义”[83]。习近平总书记在2021年和2023年分别考察了黄河三角洲和河北沧州、内蒙古巴彦淖尔的盐碱地[84]，习近平总书记考察黄河三角洲时明确指出“要转变育种观念，由治理盐碱地适应作物向选育耐盐碱植物适应盐碱地转变”[85]。修复盐渍化土壤，培育出耐盐渍的作物是至关重要的，通过这些措施不仅可以改善土壤条件，对提高粮油的供应也是很关键的[86-87]。

丁娟等[88]研究发现，在中盐或高盐处理下，油菜叶片中的可溶性糖含量和甜菜碱的含量呈现上升的表现，可溶性糖和甜菜碱的含量越高说明渗透能力越强，抗逆能力越强。

李班等[89]的研究结果表明，在盐碱胁迫下，显著提高了甘蓝型油菜中脯氨酸和可溶性糖含量，在高盐碱的胁迫下，油菜会自身会合成并积累更多的甜菜碱来降低自身所受到的伤害。活性氧的清除，在受到非生物胁迫的时候，植物会释放出大量的活性氧类物质，这些活性氧会破坏植物的正常代谢；植物为了应对这种伤害，会在体内产生合成抗氧化酶来作为活性氧清除剂[90]。

杨洋等[91]研究发现，在苗前后期随着复合盐碱程度的增大，油菜幼苗的 SOD、POD 和 CAT 的变化不一致；在中度和重度盐碱胁迫下，油菜幼苗的主要抗氧化酶是不同的；在中度盐碱胁迫下，CAT 是作为主要的抗氧化酶；在重度盐碱胁迫下，SOD 和 POD 是主要的抗氧化酶，CAT 活性被抑制。李班等[89]研究发现，在盐碱胁迫下，油菜体内的丙二醛的大量积累会对油菜造成影响，与此同时油菜中的 SOD、CAT、POD 作为酶类保护体系开始增加，作为活性氧清除剂进行保护，其中 POD 发挥作用最大。

一、耐盐油菜的筛选研究进展

（一）耐盐油菜材料的筛选

胡凤仪等[92]研究了 479 份芥菜型油菜在萌发期生长的耐盐性，发现 200 mmol/L NaCl 是适宜的耐盐性鉴定胁迫浓度，并且筛选出了表现为高耐盐的 12 份耐盐材料。薛天源等[93]在水培条件下对 286 份甘蓝型油菜种质苗期进行了耐盐碱性综合评价，筛选出 4 份耐碱盐的甘蓝型油菜种质（‘03I32B’‘纬隆 88’‘SWU111’‘SWU84’）和 4 份盐碱敏感种质。龙华卫等[94]为探索盐胁迫对油菜发芽的影响，通过对 15 个不同遗传背景的甘蓝型油菜自交系进行盐胁迫处理，并对它们的一些生理指标进行测定，筛选出了耐盐的油菜品系（‘WH126’和‘WH129’为最耐盐品系）；对测定的生理指标进行比较分析，发现根长和茎长是可以作为油菜耐盐性的早期评价指标。

李萍等[95]通过盐浓度梯度试验，筛选出适宜的盐处理浓度，并且对 146 份甘蓝型油菜进行了筛选，最终选出了 6 份强耐盐材料（‘928’‘1164’‘1624’‘1462’‘1030’和‘1028’），为后续耐盐性育种材料的筛选提供了依据。虎满林等[96]通过对 15 份春油菜种质资源进行耐盐性的筛选，为萌发期耐盐材料提供了一些可以用来作为筛选依据的指标，如相对发芽率、相对子叶鲜重、相对茎长、相对根鲜重、相对侧根数目等‘宁交 5 号’抗（耐）盐性最强。龙华卫等[97]通过对油菜三个栽培种的 203 份种质资源进行了盐胁迫处理，最终筛选出了 14 份优质的种质资源；其中白菜型油菜‘Br2’、甘蓝型油菜‘Bn1’和‘Bn3’为最耐盐种质；并对一些相关指标的测定，发现白菜型油菜的耐盐性要强于甘蓝型和芥菜型。

（二）耐盐油菜品种的筛选

朱孔志等[98]通过在沿海滩涂盐碱地上栽培不同的油菜品种，筛选出了适宜在当地盐碱地栽培种植的油菜品种（‘苏油 6 号’‘浙油 51’‘沪油 39’），并提供了相应的配套高产栽培技术。万林生等[99]利用实验室水培的方法，测定在 NaCl 处理下油菜芽期和苗期相关的农艺性状指标，并结合多元统计分析计算公式，对不同的油菜品种进行了耐盐性的测定，最终得到在高盐萌发条件下表现均要高于其他品种的‘盐油杂3号’和‘秦优10号’。李春龙等[100]发现不同的油菜品种在不同浓度NaCl胁迫下，发芽率及其幼苗的根长和苗长均受到了不同程度的抑制，并且不同品种均表现出了相同的现象‘神油3号’和‘神油5号’的耐盐性最强。

二、油菜耐盐机理研究进展

（一）抗氧化酶调节

申玉香等[101]通过分析盐分浓度与生理指标的相关性发现，丙二醛含量、SOD活性与盐分浓度间的相关性较大，而对于不同的油菜品种盐浓度和POD活性、蛋白质含量和叶绿素含量之间的相关性是存在差异的。利用外源血红素可以有效提高在盐处理下SOD、POD和APX等抗氧化酶的活性，减少膜氧化造成的损伤；同时施用外源血红素增减了叶片光合作用，延缓了叶片衰老，有效改善了盐胁迫下油菜干物质积累和分配[102]。皮明雪[103]利用E3泛素连接酶试验表明，*BnTR1*基因可能通过抗氧化酶系统清除ROS，并与其互作蛋白共同作用增强甘蓝型油菜的耐盐性。鲁克嵩等[104]研究发现，适量的外源脯氨酸不仅可以提高耐盐性，同时也能增加生物量的积累。而施用适量外源脯氨酸能够激发抗氧化系统，有效缓解盐胁迫对油菜生长的抑制，提高油菜的耐盐性。

（二）离子渗透调节

耐盐性较强的油菜品种是有较强的“阻钠保钾”能力。龙卫华等[105]通过水培试验，发现在只有在一定强度的盐胁迫下离子含量比值与盐胁迫相关，可能这种比值仅适用于某些品系，不能作为一个普适机制，K^+/Na^+和Ca^{2+}/Na^+比率可以作为许多作物较可靠的作物耐盐指标。盐胁迫会影响植株的干物质积累并导致根冠比下降，同时在盐胁迫下K^+/Na^+含量明显下降，并且对地上部分和地下部分Ca^{2+}/Na^+的影响是不同的，随着盐浓度的增加地上部分受到的影响比较显著，而地下部分则不是很明显[106]。外源EBL（油菜素内酯）对幼苗的光合作用和渗透调节具有改善作用，同时EBL降低了Na^+和Cl^-从根部向地上部分运输，提高耐盐性[107]。

在油菜生长发育的不同阶段对盐胁迫的平衡机制可能是存在差异的。孙鲁鹏等[108]研究发现，在苗前期Na^+在茎叶中的含量高于根中的含量，是为了保证根系能够优先生长发育，同时为了缓解盐碱胁迫，根系部会向茎叶选择性运输更多的Ca^{2+}；在苗后期根中Na^+含量与苗前期正好相反，为了提高耐盐性，根部对K^+、Ca^{2+}吸收有所增加，并且仍然会持续向茎叶选择性运输K^+、Mg^{2+}。

（三）盐胁迫相关基因调节

植物进化了各种耐盐机制，MAPK级联途径就是其中一种，张文宣等[109]利用CRISPR/Cas9技术研究发现，油菜在缺失*Bna MPK6*基因后，植物体内的氧化损伤以及保护性物质都有所增加，对植物的生长发育产生了不利影响；*Bna MPK6*基因在油菜中可能对耐盐机制正向调控。

通过农杆菌介导法，将*OsLTP*转入甘蓝型油菜中，发现转基因植株的生物量、叶绿素积累量、PSⅡ活性和叶片抗氧化酶活性均要优于非转基因植株，导入OsLTP的提转基因甘蓝型油菜的耐盐水平有所提高[110]。韩德俊等[111]建立农杆菌介导的甜菜碱醛脱氢酶基因高效转化体系，将 *BADH* 基因导入油菜并获得转化体，并通过对同样处理下鲜重增加量的比较，表明转化体的抗盐能力是有提高。

侯林涛等[112]通过对已构建的高密度 SNP 遗传连锁图谱进行 QTL 定位，筛选出了 8 个候选基因，发现在盐胁迫处理后的 48 h 和 72 h，*BnaA02g14680D* 与 *BnaA02g14490D* 基因表达量均高于对照，为耐盐基因功能的挖掘奠定基础。植物抗盐主要涉及 SOS 蛋白家族、HKT 蛋白家族、NHX 蛋白家族及其他一些单独作用的转运蛋白。植物通过转运蛋白对多种离子的浓度进行调节，Na^+/K^+同向转运蛋白（HTK 基因家族）具有调节植物体内 Na^+、K^+平衡的作用，增加 K^+在植物体中的含量，从而增强抗盐性[113]。胡茂龙等[114]利用电子克隆技术功克隆了甘蓝型油菜 Na^+/H^+逆向转运蛋白基因 *BnNHX2*，发现耐盐植物的耐盐性强于不耐盐的原因是因为控制基因表达的启动子受到盐诱导的程度不相同，猜测 *BnNHX2* 可能是油菜抵御盐胁迫的关键基因。

培育耐盐油菜，不仅可以使盐渍化土壤得到利用，而且还可以扩大种植油菜的种植面积，提高产量。大力发展油料作物，收集、筛选、并通过现代育种技术获得耐盐性较高的材料和品种，是具有重要意义的。近年来，已经有很多筛选及培育出来的耐盐油菜品种。适宜在江苏沿海滩涂大面积推广种植的双低油菜宁杂 15 号[115]。傅廷栋院士团队选育的‘华油杂 7 号’，不仅高产、优质、抗（耐）病，且比其他品种耐盐碱，亩产油菜籽超过 130 kg[116]。由华中农业大学培育出的‘华油杂 62’‘饲油 2 号’等耐盐碱油菜已经在多地进行了示范推广[117]。

三、耐盐油菜育种材料

在 1.5%NaCl 胁迫浓度下对 1 625 份材料进行了抗性材料的筛选，将清洗干净的发芽盒用 75%的酒精进行消毒 3~5 min，等待发芽盒晾干后备用。在规格 12 cm×12 cm×5.5 cm（长、宽、高）带盖的发芽盒里放置一张滤纸，在每个发芽盒放 50 粒成熟、饱满且大小一致的种子整齐排列并加入 4 mL 1.5%NaCl 的溶液。在第 3 天统计发芽势并再次加入 1 mL 的 1.5%NaCl 溶液，并在第 7 天统计发芽率以及记录鲜重。筛选出 20 份发芽率在 80%以上且根部状态生长正常的耐盐材料（表 8-10）。

表 8-10 室内筛选耐盐效果较好的材料

编号 1	发芽势（%）	发芽率（%）	鲜重（g）	编号 2	发芽势（%）	发芽率（%）	鲜重（g）
XNy-1	94	98	1.752	XNY-1	70	100	1.511
XNy-2	72	100	1.646	XNY-2	90	100	1.14
XNy-3	96	100	1.630	XNY-3	60	86	1.167
XNy-4	70	100	1.625	XNY-4	34	86	1.08
XNy-5	10	98	1.625	XNY-5	22	100	1.29
XNy-6	90	100	1.560	XNY-6	10	86	0.97

（续表）

编号1	发芽势（%）	发芽率（%）	鲜重（g）	编号2	发芽势（%）	发芽率（%）	鲜重（g）
XNy-7	48	98	1.560	XNY-7	34	80	1.13
XNy-8	86	94	1.539	XNY-8	60	94	1.22
XNy-9	92	100	1.536	XNY-9	47	95	1.316
XNy-10	22	98	1.524	XNY-10	50	90	1.31
XNy-11	58	100	1.521	XNY-11	50	90	1.31
XNy-12	76	98	1.513	XNY-12	32	94	1.357
XNy-13	70	100	1.511	XNY-13	56	96	1.19
XNy-14	46	98	1.508	XNY-14	74	96	1.14
XNy-15	96	100	1.499	XNY-15	12	86	1.08
XNy-16	36	94	1.497	XNY-16	74	98	1.476
XNy-17	52	96	1.495	XNY-17	78	84	1.414
XNy-18	44	94	1.49	XNY-18	49	97	1.311
XNy-19	40	94	1.483	XNY-19	24	98	1.34
XNy-20	94	100	1.478	XNY-20	20	96	1.23
XNy-21	74	98	1.476	XNY-21	20	94	1.37
XNy-22	40	97	1.457	XNY-22	84	84	1.37
XNy-23	62	88	1.456	XNY-23	54	100	1.27
XNy-24	78	96	1.45	XNY-24	50	92	0.99
XNy-25	94	98	1.447	XNY-25	46	98	1.09
XNy-26	96	100	1.438	XNY-26	62	88	1.456
XNy-27	70	94	1.43	XNY-27	20	98	1.11
XNy-28	66	100	1.417	XNY-28	6	90	0.9
XNy-29	78	84	1.414	XNY-29	32	88	1.006
XNy-30	34	98	1.411	XNY-30	16	90	0.78
XNy-31	26	100	1.407	XNY-31	44	100	1.18
XNy-32	90	100	1.407	XNY-32	44	100	1.09
XNy-33	44	96	1.407	XNY-33	44	96	1.407
XNy-34	92	100	1.404	XNY-34	16	86	1.13
XNy-35	72	98	1.404	XNY-35	28	100	1.14
XNy-36	36	100	1.4	XNY-36	12	98	0.95
XNy-37	50	94	1.4	XNY-37	52	80	0.99

（续表）

编号 1	发芽势（%）	发芽率（%）	鲜重（g）	编号 2	发芽势（%）	发芽率（%）	鲜重（g）
XNy-38	60	92	1.4	XNY-38	85	97	1.359
XNy-39	80	92	1.395	XNY-39	54	92	1.02
XNy-40	71	91	1.391	XNY-40	62	96	1.15
XNy-41	88	100	1.389	XNY-41	72	92	1.1
XNy-42	48	90	1.388				
XNy-43	100	100	1.378				
XNy-44	46	82	1.375				
XNy-45	20	94	1.37				
XNy-46	84	84	1.37				
XNy-47	58	80	1.37				
XNy-48	68	100	1.364				
XNy-49	96	94	1.363				
XNy-50	52	84	1.363				

注：编号 1 为高耐盐材料；编号 2 耐盐性高且根部生长正常的材料。

①‘湘农盐油 1 号’（申请保护权）。选育始于 2019 年，亲本为‘湘油 15 号’，通过连续多代自交筛选得到。室内筛选出油菜萌发期耐盐性鉴定的适宜浓度为 1.5%，以该浓度对 2 000 份甘蓝型油菜材料进行萌发期耐盐性鉴定。以盐浓度为 1.5%进行室内的发芽试验，对它们的发芽势、发芽率进行统计，筛选出耐盐性比较强的材料。将耐盐性强的材料种植在盐浓度为 0.2%的盐土中，统计发芽势、发芽率、根长、干重，鲜重。结合发芽试验和盆栽试验筛选出耐盐性强的材料‘湘农盐油 1 号’。将‘湘农盐油 1 号’分别播种在普通土和盐碱地中，对不同时期进行农艺性状的考察和记录，对收获的种子进行产量的计算和含油量的测定。在株高、主花序有效长度、一次有效分支这些农艺性状上普通土中的数据就要高于盐碱土中的数据。而在主花序角果数、总角果数、角果长度、最大叶长宽、根茎粗这些农艺性状上盐碱土中的数据要高于普通土中的数据。普通土中的最大叶长叶宽均比盐碱土的高，但是主茎总叶数盐碱土的表现比普通土中的高。对照材料在盐碱环境下不能生长

植株生长习性半直立，叶中等绿色，无裂片，叶翅 2~3 对，叶缘弱，叶柄长度中，刺毛无，叶弯曲程度弱，开花期中，花粉量多，主茎蜡粉无或极少，植株花青苷显色弱，花瓣中等黄色，花瓣长度中，花瓣宽度中，花：花瓣相对位置侧叠，植株总长度 189 cm（中），一次分枝部位 63.1 cm，一次有效分枝 6.8 个，单株果数 221.6 个，果身长度 8.33 cm（中），角果姿态上举，籽粒黄色，千粒重 4.60 g（中）。硫苷 31.79 μmol/g，芥酸 0%，含油量为 49.33%，测试结果均符合国家标准。在田间盐浓度为 0.2%的盐胁迫条件下相对于其他材料发芽率高，有较强的抗逆性。

②田间鉴定耐盐材料。2023 年 12 月 25 日，湖南省作物学会组织相关专家现场考察了湖南农业大学创制的耐盐油菜种质资源在商丘市孙福集乡崔楼村盐碱地的田间表现（图 8-13），结合室内试验报告，形成如下意见：创制的 NY02、NY16、NY36、NY75、NY178、NY223、NY225、NY308、NY345 和 NY444 等 10 份油菜资源，在 300 mmol NaCl 溶液中发芽率高，在 0.6%的盐碱地表现良好，耐盐性突出，其他综合性状优良。

图 8-13　不同材料在盐碱地表现

参考文献

[1]　李丽丽．世界油菜病害研究概述［J］．中国油料作物学报，1994（1）：79-81.

[2]　Uloth M B，Clode P L，You M P，et al. Attack modes and defence reactions in pathosystems involving *Sclerotinia sclerotiorum*，*Brassica carinata*，*B. juncea* and *B. napus*［J］. Annals of Botany，2016，117（1）：79-95.

[3]　Lydiate D J，Pilcher R L，Higgins E E，et al. Genetic control of immunity to Turnip mosaic virus（TuMV）pathotype 1 in *Brassica rapa*（Chinese cabbage）［J］. Genome，2014，57（8）：419.

[4]　Carlsson M，Von B R，Merker A. Screening and evaluation of resistance to downy mildew（*Peronospora parasitica*）and clubroot（*Plasmodiophora brassicae*）in genetic resources of *Brassica oleracea*［J］. Hereditas，2010，141（3）：293-300.

[5]　官春云．优质油菜生理生态和现代栽培技术［M］．北京：中国农业出版社，2013.

[6]　Guan C Y，Liu C L，Chen S Y，et al. High oleic acid content materials of rapeseed（*Brassica napus*）produced by radiation breeding［J］. Acta Agronomica Sinica，2006，32（11）：1625-1629.

[7]　张振乾，官春云．高油酸油菜研究现状［C］．中国作物学会油料作物专业委员会第七次会员代表大会暨学术年会，2013.

[8] 官梅，李栒．高油酸油菜品系农艺性状研究［J］．中国油料作物学报，2008，30（1）：25-28.

[9] Jin H J，Kim H，Go Y S，et al. Identification of functional BrFAD2-1，gene encoding microsomaldelta-12 fatty acid desaturase from *Brassica rapa*，and development of *Brassica napus*，containing high oleic acid contents［J］．Plant Cell Reports，2011，30（10）：1881-1892.

[10] 郎春秀，王伏林，吴学龙，等．油菜种子低亚油酸和亚麻酸含量异交稳定技术的建立［J］．核农学报，2016，30（9）：1716-1721.

[11] Wells R，Trick M，Soumpourou E，et al. The control of seed oil polyunsaturate content in the polyploid crop species *Brassica napus*［J］．Molecular Breeding，2014，33（2）：349-362.

[12] Niu J S，Liu J，Ma W B，et al. The relationship of methyl jasmonate enhanced powdery mildew resistance in wheat and the expressions of 9 disease resistance related genes［J］．Agricultural Science & Technology，2011，12（4）：504-508.

[13] 黄启秀，曲延英，姚正培，等．海岛棉枯萎病抗性与类黄酮代谢途径基因表达量的相关性［J］．作物学报，2017，43（12）：1791-1801.

[14] 谷晓娜，刘振库，王丕武，等．$hrpZ_{Psta}$转基因大豆中定量表达与疫霉根腐病和灰斑病抗性相关研究［J］．中国油料作物学报，2015，37（1）：35-40.

[15] 徐明月，肖庆生，张学昆，等．油菜干旱相关基因的表达及其与耐旱生理指标的相关性［J］．中国油料作物学报，2013，35（5）：557.

[16] 邓婧．甘蓝型油菜*fad2*基因差异表达与脂肪酸合成的相关性分析［D］．长沙：湖南农业大学，2008.

[17] 裴丽丽，徐兆师，尹丽娟，等．植物热激蛋白90的分子作用机理及其利用研究进展［J］．植物遗传资源学报，2013，14（1）：109-114.

[18] Dong X，Yi H，Lee J，et al. Global Gene-Expression Analysis to Identify Differentially Expressed Genes Critical for the Heat Stress Response in *Brassica rapa*［J］．PLoS One，2015，10（6）：e0130451.

[19] Prodromou C. Mechanisms of Hsp90 regulation［J］．Biochemical Journal，2016，473（16）：2439-2452.

[20] Wang P，Sun X，Jia X，et al. Apple autophagy-related protein MdATG3s afford tolerance to multiple abiotic stresses［J］．Plant Science，2017，256：53-64.

[21] 刘洋，张静，王秋玲，等．植物细胞自噬研究进展［J］．植物学报，2018，53（1）：5-16.

[22] Rose T L，Bonneau L，Der C，et al. Starvation-induced expression of autophagy-related genes in Arabidopsis［J］．Biology of the Cell，2012，98（1）：53-67.

[23] 刘胜毅．油菜抗菌核病草酸鉴定方法［J］．中国油料，1994（增刊）：

75-76.

[24]　刘芳，刘睿洋，彭烨，等．甘蓝型油菜 *BnFAD2-C1* 基因全长序列的克隆、表达及转录调控元件分析［J］．作物学报，2015，41（11）：1663-1670.

[25]　王晓丹，胡庆一，张振乾，等．不同肥密条件对甘蓝型油菜叶绿素含量及脂肪酸合成相关基因表达量影响的研究［J］．华北农学报，2018，33（1）：127-134.

[26]　Pfaffl M W. A new mathematical model for relative quantification in real-time RT-PCR［J］. Nucleic Acids Research，2001，29（9）：45.

[27]　秦虎强，高小宁，韩青梅，等．油菜菌核病发生流行与菌源量、气候因子关系分析及病情预测模型的建立［J］．植物保护学报，2018，45（3）：496-502.

[28]　de Winter J C，Gosling S D，Potter J. Comparing the Pearson and Spearman correlation coefficients across distributions and sample sizes：A tutorial using simulations and empirical data［J］. Psychol Methods，2016，21（3）：273-290.

[29]　王亚军．相关系数与决定系数辨析［C］//贵阳：长江流域暨西北地区 2008 年期刊学术年会．2008：74-77.

[30]　种康，谭克辉，白书农．高等植物开花调控的分子基础［M］．北京：科学出版社，1999：563-578.

[31]　马田田．甘蓝型油菜抗菌核病 QTL 定位及相关基因表达分析［D］．南京：南京农业大学，2012.

[32]　李冬艳．番茄抗多种病害及耐贮种质资源的筛选［D］．哈尔滨：东北农业大学，2016.

[33]　Barkley N A，Chamberlin K D C，Wang M L，et al. Development of a real-time PCR genotyping assay to identify high oleic acid peanuts（*Arachis hypogaea* L.）［J］. Molecular Breeding，2010，25（3）：541-548.

[34]　Barkley N A，Wang M L，Pittman R N. A real-time PCR genotyping assay to detect FAD2A SNPs in peanuts（*Arachis hypogaea* L.）［J］. Electronic Journal of Biotechnology，2011，14（1）：9-10.

[35]　杜建中，孙毅，王景雪，等．转基因抗矮花叶病玉米的遗传、表达及抗病性研究［J］．生物技术通讯，2008，19（1）：43-46.

[36]　Livak K J，Schmittgen T D. Analysis of relative gene expression data using real-time quantitative PCR and the 2［- Delta Delta C（T）］Method［J］. Methods，2001，25（4）：402-408 doi：10.1006/meth.2001.1262 PMID：11846609.

[37]　S Bauer，AK Schott，V Illarionova，A Bacher. Biosynthesis of Tetrahydrofolate in Plants：Crystal Structure of 7，8-Dihydroneopterin Aldolase from *Arabidopsis thaliana* Reveals a Novel Adolase Class［J］. Journal of Molecular Biology，2004，339（4）：967-979.

[38] P Lopez and S A Lacks. A bifunctional protein in the folate biosynthetic pathway of Streptococcus pneumoniae with dihydroneopterin aldolase and hydroxymethyldihydropterin pyrophosphokinase activities [J]. J. Bacteriol, 1993, 175 (8): 2214-2220.

[39] G De Lorenzo, S Ferrari. Polygalacturonase-inhibiting proteins in defense against phytopathogenic fungi [J]. Current Opinion in Plant Biology, 2002, 5 (4): 295-299.

[40] A Deo, NV Shastri. Purification and characterization of polygalacturonase-inhibitory proteins from *Psidium guajava* Linn. (guava) fruit [J]. Plant Science, 2003, 164 (2): 147-156.

[41] C Azevedo, S Betsuyaku, J Peart, et al. Role of SGT1 in resistance protein accumulation in plant immunity [J]. The EMBO Journal, 2006, 25: 2007-2016.

[42] M Tör, P Gordon, A Cuzick, et al. Arabidopsis SGT1b is required for defense signaling conferred by several downy mildew resistance genes [J]. American Society of Plant Biologists, 2002, 14 (5): 993-1003.

[43] Gómez-Gómez L, Boller T. FLS2: an LRR receptor-like kinase involved in the perception of the bacterial elicitor flagellin in Arabidopsis [J]. Mol Cell, 2000, 5 (6): 1003-1011.

[44] Jiuyou Tang, Xudong, Yiqin Wang, et al. Semi-dominant mutations in the CC-NB - LRR - type R gene, NLS1, lead to constitutive activation of defense responses in rice [J]. The Plant Journal, 2011, 66 (6): 996-1007.

[45] Nancy R. Forsthoefel, Thuy P. Dao, Daniel M. Vernon. PIR*L*1 and *PIRL9*, encoding members of a novel plant-specific family of leucine-rich repeat proteins, are essential for differentiation of microspores into pollen [J]. Planta, 2010, 232 (5): 1101-1114.

[46] Chico J M, Raices M, Tellez-Inon M T, et al. A calcium-dependent protein kinase is systemically induced upon wounding in tomato plants [J]. Plant Mol Biol, 2002, 49: 533-544.

[47] 付力文．水稻钙依赖性蛋白激酶 oscpk10 和 oscpk20 在植物抗病防卫反应中的功能研究 [D]. 北京：北京大学，2013.

[48] 赵永山．胼胝质对胞间连丝的修饰在大豆抗病毒侵染过程中的作用 [D]. 保定：河北农业大学，2010.

[49] 姚贵滨．大豆抵抗 SMV 长距离运输机制的研究 [D]. 保定：河北农业大学，2011.

[50] 吴思思，李文龙，肖东强，等．大豆不同花叶病毒抗性品种胼胝质荧光标记初探 [J]. 植物遗传资源学报，2013，14 (1)：132-140.

[51] Pontier D, Godiard L, Marco Y, et al. hsr203J, a tobacco gene whose activation is rapid, highly localized and specific for incompatible plant/pathogen

interactions [J]. Plant Journal, 1994, 5 (4): 507-521.

[52] Lassaad Belbahri, Christian Boucher, Thierry Candresse, et al. A local accumulation of the Ralstonia solanacearum PopA protein in transgenic tobacco renders a compatible plant - pathogen interaction incompatible [J]. The Plant Journal, 2001, 28 (4): 419-430.

[53] 周鑫. 番茄叶霉菌基因 CfHNNI1 诱导植物非寄主抗病性的功能分析 [D]. 杭州: 浙江大学, 2006.

[54] 李震, 吴北京, 陆光远, 等. 不同基因型油菜对苗期水分胁迫的生理响应 [J]. 中国油料作物学报, 2012, 34 (1): 33-39.

[55] 邢君, 费俊杰, 杨建群, 等. 安徽省油菜主要气象灾害与防御技术对策 [J]. 安徽农学通报, 2004 (4): 28-46.

[56] 陈娟妮, 梁颖. 长江流域主要甘蓝型油菜品种苗期耐湿性鉴定 [J]. 中国生态农业学报, 2011, 19 (3): 626-630.

[57] 杨海云, 艾雪莹, Batool Maria, 等. 油菜响应水分胁迫的生理机制及栽培调控措施研究进展 [J]. 华中农业大学学报, 2021, 40 (2): 6-16.

[58] 李玲, 张春雷, 张树杰, 等. 渍水对冬油菜苗期生长及生理的影响 [J]. 中国油料作物学报, 2011, 33 (3): 247-252.

[59] 白鹏, 冉春艳, 谢小玉. 干旱胁迫对油菜蕾薹期生理特性及农艺性状的影响 [J]. 中国农业科学, 2014, 47 (18): 3566-3576.

[60] 朱小慧, 马君红, 刘锋博, 等. 干旱胁迫下甘蓝型油菜幼苗萌发特性及生理指标分析 [J]. 西北农业学报, 2021, 30 (9): 1331-1337.

[61] 洪双, 李浩, 许鲲, 等. 甘蓝型油菜微核心种质耐旱鉴定与评价指标筛选 [J]. 中国油料作物学报, 2018, 40 (2): 209-217.

[62] 庞红喜, 赵兰芝. 干旱胁迫下不同油菜新品种萌发期耐旱性的比较 [J]. 安徽农业科学, 2016, 44 (19): 38-41.

[63] 王琼, 张春雷, 李光明, 等. 渍水胁迫对油菜根系形态与生理活性的影响 [J]. 中国油料作物学报, 2012, 34 (2): 157-162.

[64] 张树杰, 廖星, 胡小加, 等. 渍水对油菜苗期生长及养分吸收的影响 [J]. 中国油料作物学报, 2013, 35 (6): 650-657.

[65] 张学昆, 范其新, 陈洁, 等. 不同耐湿基因型甘蓝型油菜苗期对缺氧胁迫的生理差异响应 [J]. 中国农业科学, 2007 (3): 485-491.

[66] 萧浪涛, 王三根. 植物生理学试验技术 [M]. 北京: 中国农业出版社, 2005, 211-215.

[67] Zhang S J, Li L, Zhang C L, et al. Influences of cadmium on the growth and micro - elements contents of oilseed rape seedlings [J]. Journal of Agro - Environment Science, 2011, 30 (5): 836-842.

[68] 张树杰, 廖星, 胡小加, 等. 渍水对油菜苗期生长及生理特性的影响 [J]. 生态学报, 2013, 33 (23): 7382-7389.

[69] 李素．三种类型油菜典型品种对干旱胁迫的生理响应［D］．北京：中国农业科学院，2020.
[70] 时振振，李胜，马绍英，等．不同品种小麦抗氧化系统对水分胁迫的响应［J］．草业学报，2015，24（7）：68-78.
[71] 马海清，刘清云，高立兵，等．油菜初花期淹水胁迫对产量及构成因子的影响［J］．中国农业文摘-农业工程，2020，32（6）：77-80.
[72] Zhang S J，Hu F，Li H X，et al. Influence of earthworm mucus and amino acids on tomato seedling growth and cadmium accumulation［J］．Environmental Pollution，2009，157：2737-2742.
[73] 赵咏梅．植物 SOD 在抵抗干旱胁迫中的作用［J］．生物学教学，2011，36（3）：4-5.
[74] Li Jianguo，Pu Lijie，Han Mingfang，et al. Soil salinization research in China：Advances and prospects［J］．Journal of Geographical Sciences，2014，24（5）：943-960.
[75] 高倩，卢楠．盐碱地综合治理开发研究现状及展望［J］．南方农机，2021，52（16）：153-155.
[76] 龙卫华．油菜发芽期耐盐评价、筛选与盐胁迫下根转录组分析［D］．北京：中国农业科学院，2015.
[77] Canola inoculation with Pseudomonas baetica R27N3 under salt stress condition improved antioxidant defense and increased expression of salt resistance elements［J］．Industrial Crops & Products，2023，206.
[78] Foliar Application of Ascorbic Acid and Tocopherol in Conferring Salt Tolerance in Rapeseed by Enhancing K^+/Na^+ Homeostasis，Osmoregulation，Antioxidant Defense，and Glyoxalase System［J］．Agronomy，2023，13（2）：361-361.
[79] Moderate nitrogen application improved salt tolerance by enhancing photosynthesis，antioxidants，and osmotic adjustment in rapeseed（*Brassica napus* L.）．［J］．Frontiers in plant science，2023，14：1196319-1196319.
[80] Photosynthesis and Salt Exclusion Are Key Physiological Processes Contributing to Salt Tolerance of Canola（*Brassica napus* L.）：Evidence from Physiology and Transcriptome Analysis［J］．Genes，2022，14（1）：3-3.
[81] Qasim M. Physiological and biochemical studies in a potential oilseed crop canola（*Brassica napus* L.）undersalinity（NaCl）stress［D］．Faisalabad，Pakistan：University of Agriculture，2000.
[82] Nayidu，Naghabushana K，Venkatesh Bollina and Sateesh Kagale. Oilseed Crop Productivity Under Salt Stress. Ecophysiology and Responses of Plants under Salt Stress［M］．2013：249-265.
[83] 王敏．昔日荒碱滩　今朝米粮仓［N］．东营日报，2023-05-09（001）.
[84] 郑栅洁．扎实推进盐碱地综合利用 做好盐碱地特色农业大文章［N］．人

民日报，2023-10-13（011）.
［85］ 徐锦庚，李蕊．把盐碱地变成丰产田［N］. 人民日报，2022-04-08（013）.
［86］ 赵作章，陈劲松，彭尔瑞，等．土壤盐渍化及治理研究进展［J］. 中国农村水利水电，2023（6）：202-208.
［87］ 杨劲松，姚荣江，王相平，等．防止土壤盐渍化，提高土壤生产力［J］. 科学，2021，73（6）：30-34，2，4.
［88］ 丁娟，黄镇，张学贤，等．甘蓝型油菜苗期生长阶段对 NaCl 胁迫的生理响应［J］. 西北植物学报，2014，34（11）：2270-2276.
［89］ 李班，吕莹，杨明煊，等．盐碱胁迫对甘蓝型油菜生理及分子机制的影响［J］. 华北农学报，2022，37（3）：86-93.
［90］ WAADT R，SELLER C，HSU P，et al. Plant hormone regulation of abiotic stress responses［J］. Nat. Rev. Mol. Cell Biol.，2022，23（10）：680-694.
［91］ 杨洋，王亚娟，阴法庭，等．盐碱胁迫对油菜苗期生理及光合特性的影响［J］. 北方园艺，2020（15）：1-8.
［92］ 胡凤仪，侯献飞，于月华，等 . 479 份芥菜型油菜种质资源萌发期耐盐性综合评价［J］. 中国油料作物学报，2023：1-11.
［93］ 薛天源，鲁金春子，何思晓，等 . 286 份甘蓝型油菜种质苗期耐盐碱性综合评价［J］. 植物遗传资源学报，2023：1-17.
［94］ 龙卫华，浦惠明，张洁夫，等．甘蓝型油菜发芽期的耐盐性筛选［J］. 中国油料作物学报，2013，35（3）：271-275.
［95］ 李萍，燕佳琦，张鹤，等 . 146 份甘蓝型油菜种质芽期耐盐性筛选及评价［J］. 西北农业学报，2021，30（6）：848-859.
［96］ 虎满林，余青兰，徐亮，等．萌发期抗（耐）盐春油菜种质资源筛选与评价［J］. 青海大学学报，2016，34（5）：1-8.
［97］ 龙卫华，浦惠明，陈松，等．油菜 3 个栽培种发芽期耐盐性评价［J］. 植物遗传资源学报，2014，15（1）：32-37，47.
［98］ 朱孔志，吴明昊，申玉香，等．不同油菜品种在盐碱地的耐盐性鉴定及筛选［J］. 浙江农业科学，2018，59（8）：1354-1356，1364.
［99］ 万林生，倪正斌，孙红芹．通过实验室水培方法对油菜种子耐盐性快速筛选的研究［J］. 金陵科技学院学报，2019，35（4）：81-84.
［100］ 李春龙，贺阳冬，刘德万．盐胁迫对 4 个“神油系列”油菜品种种子萌发及幼苗生长的影响［J］. 安徽农业科学，2009，37（30）：14643-14644.
［101］ 申玉香，李洪山，封功能，等．油菜苗期耐盐性差异与耐盐指标选择［J］. 江苏农业科学，2018，46（24）：85-87.
［102］ Zhao Hui Min，Zheng Dian Feng，Feng Nai Jie，et al. Regulatory effects of Hemin on prevention and rescue of salt stress in rapeseed（Brassica napus L.）seedlings［J］. BMC Plant Biology，2023，23（1）：558-558.
［103］ 皮明雪 . BnTR1 在甘蓝型油菜抗旱和耐盐中的功能鉴定［D］. 扬州：扬州

大学，2018.
［104］ 鲁克嵩，闫磊，侯佳玉，等．盐胁迫下外源脯氨酸对油菜 Na^{+}/K^{+}平衡、生长及抗氧化系统的影响［J］．华中农业大学学报，2023，5：141-148.
［105］ 龙卫华，高建芹，胡茂龙，等．盐胁迫下不同耐盐性油菜阳离子积累特征［J］．中国油料作物学报，2016，38（5）：592-597.
［106］ 郑青松，刘海燕，隆小华，等．盐胁迫对油菜幼苗离子吸收和分配的影响［J］．中国油料作物学报，2010，32（1）：65-70.
［107］ 马梅．盐胁迫下油菜素内酯对油菜幼苗离子稳态的调控［D］．南京：南京农业大学，2016.
［108］ 孙鲁鹏，杨洋，王卫超，等．油菜苗期对盐碱胁迫的离子响应机制［J］．中国农业科技导报，2023，25（5）：46-54.
［109］ 张文宣，梁晓梅，戴成，等．利用 CRISPR/Cas9 技术突变 BnaMPK6 基因降低甘蓝型油菜的耐盐性［J］．作物学报，2023，49（2）：321-331.
［110］ 杜坤，高亚楠，孔月琴，等．转入 OsLTP 对甘蓝型油菜耐盐水平的影响［J］．中国农业科学，2013，46（13）：2625-2632.
［111］ 韩德俊，陈耀锋，李春莲，等．转甜菜碱醛脱氢酶基因油菜的获得及其耐盐性研究［J］．干旱地区农业研究，2007（4）：6-11.
［112］ 侯林涛，王腾岳，荐红举，等．甘蓝型油菜盐胁迫下幼苗鲜重和干重 QTL 定位及候选基因分析［J］．作物学报，2017，43（2）：179-189.
［113］ 李敏，张健，李玉娟，等．植物耐盐生理及耐盐基因的研究进展［J］．江苏农业科学，2012，40（10）：45-48.
［114］ 胡茂龙，陈新军，浦惠明，等．甘蓝型油菜 Na^{+}/H^{+}逆向转运蛋白基因 BnNHX2 的电子克隆与序列分析［J］．江苏农业科学，2009（2）：23-27.
［115］ 胡茂龙，浦惠明，陈新军，等．双低杂交油菜宁杂 15 号耐盐性鉴定［J］．江苏农业科学，2011，39（2）：144-146.
［116］ 吴君．让盐碱地上开出油菜花［N］．人民日报，2023-09-06（014）.
［117］ 汪波，文静，张凤华，等．耐盐碱油菜品种选育及修复利用盐碱地研究进展［J］．科技导报，2021，39（23）：59-64.
［118］ 王惟萍，柴阿丽，石延霞，等．基于傅里叶变换红外光谱的大白菜根肿病定量测评［J］．光谱学与光谱分析，2015，35（5）：1243-1247.
［119］ 费维新，Hwang SF，王淑芬，等．根肿菌生理小种鉴定与甘蓝型油菜品种资源的抗性评价［J］．中国油料作物学报，2016，38（5）：626-639.
［120］ 张炜．甘蓝抗根肿病的指标体系构建［D］．重庆：西南大学，2019.
［121］ 王秀珍．利用属间杂交将萝卜属的根肿病抗性转移到甘蓝型油菜［D］．北京：中国农业科学院，2019.
［122］ 洪雅婷，沈向群，陈永浩，等．四季萝卜（*Raphanus sativus* var. *radicula*）抗根肿病遗传规律［J］．西北农业学报，2013，22（7）：138-142.

[123] 胡靖锋，杨红丽，徐学忠，等．芸薹属萝卜胞质不育抗根肿病种质创新研究［J］．浙江农业学报，2015，27（8）：1394-1398.

[124] Li C，Zhang S，Li L. Selection of 29 highly informative InDel markers for human identification and paternity analysis in Chinese Han population by the SNPlex genotyping system. Mol Biol Rep，39（3）：3143-315.

[125] Han F Q，Zhang X L，Yuan K W. A user-friendly KASP molecular marker developed for the DGMS-based breeding system in *Brassica oleracea* species［J］. Molecular Breeding，2019，39（6）：1-7.

[126] 张强，张涛，常晓轲，等．一个辣椒胞质雄性不育 SCAR 标记的 KASP 转化及其应用［J］．华北农学报，2019，34（5）：93-98.

[127] Yang G L，Chen S P，Chen L K. Development of a core SNP arrays based on the KASP method for molecular breeding of rice［J］. Rice，2019，12（1）：1-18.

[128] Fang T L，Lei L，Li G Q，et al. Development and deployment of KASP markers for multiple alleles of Lr34 in wheat［J］. Theoretical and Applied Genetics：International Journal of Plant Breeding Research，2020，133（7）：2183-2195.

[129] Zübeyir D，Kahveci E. Development and validation of a user-friendly KASP marker for the Sw-5 locus in tomato［J］. Australasian Plant Pathology，2019，48（5）：503-507.

[130] Suwabe K，Suzuki G，Nunome T，et al. Microstructure of a *Brassica rapa* genome segment homoeologous to the resistance gene cluster on *Arabidopsis* chromosome 4［J］. Breeding Science，2012，62（2）：170-177.

[131] Hatakeyama K，Suwabe K，Tomita R N，et al. Identification and Characterization of Crr1a，a Gene for Resistance to Clubroot Disease（*Plasmodiophora brassicae* Woronin）in *Brassica rapa* L.［J］. PLOS ONE，2013，e54745.

[132] Suwabe K，Tsukazaki H，Iketani H，et al. Simple sequence repeat-based comparative genomics between *Brassica rapa* and *Arabidopsis thaliana*：the genetic origin of clubroot resistance［J］. Genetics，2006，173（1）：309-319.

[133] 战宗祥，江莹芬，朱紫媛，等．与位点 PbBa8.1 紧密连锁分子标记的开发及甘蓝型油菜根肿病抗性育种［J］．中国油料作物学报，2015，37（6）：766-771.

[134] Robert M，Janett E，Jens H，et al. Assembly of custom TALE-type DNA binding domains by modular cloning.［J］. Nucleic acids research，2011，39（13）：5790-5799.

[135] Sarah D，Matthieu D，Emilie C，et al. Evaluation of the Infinium Methylation 450K technology［J］. Epigenomics，2011，3（6）：771-784.

[136] Katherine A S，Mark J，Quinton T，et al. Accelerating public sector rice breeding with high-density KASP markers derived from wholegenome sequencing of

Indica rice [J]. Molecular Breeding, 2018, 38 (4): 1-13.

[137] Matsumoto E, Yasui C, Ohi M, et al. Linkage analysis of RFLP markers for clubroot resistance and pigmentation in Chinese cabbage (*Brassica rapa* ssp. *pekinensis*) [J]. Euphytica, 1998, 104 (2): 79-86.

[138] Suwabe K, Tsukazaki H, Iketani H, et al. Identification of two loci for resistance to clubroot (*Plasmodiophora brassicae* Woronin) in *Brassica rapa* L. [J]. Theoretical and Applied Genetics, 2003, 107 (6): 997-1002.

[139] Suwabe K Tsukazaki H, Iketani H, Hatakeyama K, et al. Simple sequence repeat - based comparative genomics between *Brassica rapa* and *Arabidopsis thaliana*: the genetic origin of clubroot resistance. [J]. Genetics, 2006, 173 (1): 309-319.

[140] Hirai M, Harada T, Kubo N. A novel locus for clubroot resistance in *Brassica rapa* and its linkage markers [J]. Theoretical and Applied Genetics, 2004, 108 (4): 639-643.

[141] Piao Z Y, Deng Y Q, Choi S R. SCAR and CAPS mapping of CRb, a gene conferring resistance to *Plasmodiophora brassicae* in Chinese cabbage (*Brassica rapa* ssp. *pekinensis*) [J]. Theoretical and Applied Genetics, 2004, 108 (8): 1458-1465.

[142] Sakamoto K, Saito A, Hayashida N. Mapping of isolate - specific QTLs for clubroot resistance in Chinese cabbage (*Brassica rapa* L. ssp. *pekinensis*) [J]. Theoretical and Applied Genetics, 2008, 117 (5): 759-760.

[143] Chen J J, Jing J, Zhan Z X, et al. Identification of Novel QTLs for Isolate-Specific Partial Resistance to *Plasmodiophora brassicae* in *Brassica rapa* [J]. PLOS ONE, 2013, 8 (12): e85307.

[144] Pang W X, Liang S, Li X N. Genetic detection of clubroot resistance loci in a new population of *Brassica rapa* [J]. Horticulture, Environment and Biotechnology, 2014, 55 (6): 540-547.

[145] Pang W X, Fu P Y, Li X N, et al. Identification and Mapping of the Clubroot Resistance Gene CRd in Chinese Cabbage (*Brassica rapa* ssp. *pekinensis*) [J]. Frontiers in plant science, 2018, 9: 1-9.

[146] Hatakeyama K, Niwa T, Kato T. The tandem repeated organization of NB-LRR genes in the clubroot-resistant CRb locus in *Brassica rapa* L. [J]. Molecular Genetics and Genomics, 2017, 292 (2): 397-405.

[147] Suwabe K, Tsukazaki H. Identification of two loci for resistance to clubroot in *Brassica rapa* L. [J]. Theoretical and Applied Genetics, 2003, 107 (6): 997-1002.

[148] Hirai M, Harada T, Kubo N, et al. A novel locus for clubroot resistance in *Brassica rapa* and its linkage markers [J]. Theoretical and Applied Genetics,

2004，108（4）：639-643.

[149] 付蓉．分子标记辅助选择在油菜抗根肿病和高油酸育种中的应用［D］．武汉：华中农业大学，2019.

[150] 甘彩霞．萝卜高密度遗传图谱的构建及抗根肿病的 QTL 定位［C］//中国园艺学会．中国园艺学会 2018 年学术年会论文摘要集．北京：中国园艺学会：2018：1.